U0157801

高效办公

Word/Excel/PPT 2019 从入门到精通

（微课视频版）

279 个实例应用+224 集视频讲解+手机扫码看视频+素材源文件+在线交流

精英资讯　编著

中国水利水电出版社
www.waterpub.com.cn
·北京·

内容提要

《Word/Excel/PPT 2019 从入门到精通（微课视频版）》是一本系统讲述 Office 三大办公软件 Word、Excel、PPT 的基础应用教程。全书分为 3 篇，第 1 篇为 Word 文字处理篇，分别从行政办公和人事管理中的文档应用、方案与工作报告文档应用、调查问卷与宣传单页设计等方面介绍 Word 的应用；第 2 篇为 Excel 表格应用篇，分别从日常行政管理、人事招聘、人事信息管理、日常财务管理、考勤加班管理、销售数据管理、工资核算系统等方面介绍 Excel 表格的应用；第 3 篇为 PPT 文稿演示篇，分别从产品介绍、企业宣传、技能培训和形象礼仪培训等方面介绍 PPT 文稿演示的制作。全书从企业的实际应用出发，帮助读者掌握 Word、Excel、PPT 软件应用，熟悉企业日常管理规范中的文档制作方法，为企业的规范运作谋篇布局。

《Word/Excel/PPT 2019 从入门到精通（微课视频版）》一书配有极其丰富的学习资源，包括 224 集同步视频讲解，读者扫描二维码可以随时随地看视频；全书实例的源文件，读者跟着实例学习与操作，效率更高。附赠资源包括 2000 个办公模板，如 Word 文档模板；Excel 官方模板，Excel 财务、市场营销、人力资源模板，Excel 行政、文秘、医疗、保险、教务模板，Excel VBA 应用模板；PPT 经典图形、流程图、PPT 模板、PPT 元素素材等。37 小时的教学视频，包括 Word 范例教学视频、Word 技巧教学视频、Excel 范例教学视频、Excel 技巧教学视频、PPT 教学视频等。

《Word/Excel/PPT 2019 从入门到精通（微课视频版）》面向需要提高 Word、Excel、PPT 应用水平的各层次读者，既适合初入职场或即将进入职场的读者，也适合需要掌握 Word/Excel/PPT 核心技能提升管理运营能力的职场专业人士，本书还可作为高校或计算机培训机构的教材。本书在 Word/Excel/PPT 2019 版本基础上编写，较低版本的读者亦可学习使用本书。

图书在版编目（CIP）数据

Word/Excel/PPT 2019从入门到精通 ：微课视频版 ：高效办公 / 精英资讯编著. -- 北京 ：中国水利水电出版社，2021.8

ISBN 978-7-5170-8802-8

Ⅰ. ①W… Ⅱ. ①精… Ⅲ. ①办公自动化—应用软件 Ⅳ. ①TP317.1

中国版本图书馆CIP数据核字(2020)第157111号

丛 书 名	高效办公
书　　名	Word/Excel/PPT 2019 从入门到精通（微课视频版） Word/Excel/PPT 2019 CONG RUMEN DAO JINGTONG
作　　者	精英资讯　编著
出版发行	中国水利水电出版社 （北京市海淀区玉渊潭南路 1 号 D 座　100038） 网址：www.waterpub.com.cn E-mail：zhiboshangshu@163.com 电话：（010）62572966-2205/2266/2201（营销中心）
经　　售	北京科水图书销售中心（零售） 电话：（010）88383994、63202643、68545874 全国各地新华书店和相关出版物销售网点
排　　版	北京智博尚书文化传媒有限公司
印　　刷	北京富博印刷有限公司
规　　格	190mm×235mm　16 开本　27 印张　611 千字　2 插页
版　　次	2021 年 8 月第 1 版　2021 年 8 月第 1 次印刷
印　　数	0001—5000 册
定　　价	89.80 元

凡购买我社图书，如有缺页、倒页、脱页的，本社发行部负责调换

版权所有 · 侵权必究

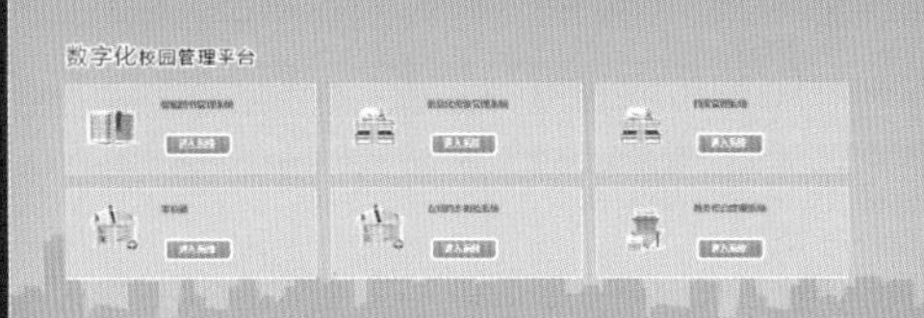

数字化校园管理平台建设方案

【 诺立智能图书管理系统 V4.0 网络版 】

▲ 项目建设方案 1

NuoLi　合肥诺立 教育・出版・研发

服务热线：0551-65124100　15375185653
地址：安徽省合肥市黄山路 716 号通和大厦 B 座 1310 室　邮编：230031

诺立智能图书管理系统是诺立公司自主研发的面向图书管理业务的物联网应用产品，提供图书采购、编目、上架、流通、检索、维护整体解决方案，以及全国所有出版社最新图书目录，创新应用物联网技术，突破性提出“图书上架自动化”的设计理念，解决了图书上架耗时、耗力的普遍难题，极大提高图书上架工作效率和降低人工成本。

产品技术稳定、功能易用，深得用户好评，我们服务主要定位大、中、小学图书馆、公共图书馆。

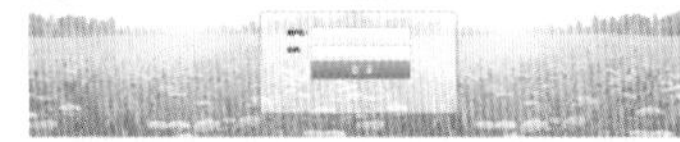

一、系统技术参数

软件服务端运行环境	● 支持 Windows 服务器、Linux 服务器，跨平台运行。 ● 支持 32、64 位 Windows 操作系统
客户端运行环境	● 支持 Windows 系列各版本：Windows 2000、Windows XP、Windows Vista、Windows 7、Windows 8. ● 兼容 IE、GOOGLE、火狐、360 等主流浏览器
软件安装方式	● 支持多种安装方式，包括下载安装、远程安装、脚本安装、WEB 发布安装等。 ● 客户端无须安装。 ● 可与触摸屏无缝集成，实现读者自助服务。

▲ 项目建设方案 2

VR 眼镜调研总结报告

**省儿童医院 VR 眼镜调研总结报告

一、调研目的

1.调查儿童医院的患者及陪护对 VR 眼镜的付费意愿及使用意愿；
2.调查用户对投放 VR 眼镜有什么建议及疑惑，识别投放 VR 眼镜的一些风险；
3.为是否在医院投放 VR 眼镜提供一定的数据支持。

二、调研时间

2018 年 8 月 9 日 10:00-12:00；14:30-17:30。

三、调研人员安排

运营部 6 人，分三组，具体安排如下：

调研人	负责科室
陈洁、刘玲燕	普外科 1、普外科 2、泌尿外科、呼吸科 1
周浩、李佳	血液科、心内科、消化科、呼吸科 2
杨成景、苏洁文	神精外科、骨科、皮肤科、行为发育科

四、调研方法

问卷调研、访谈调研。
此次调研带了 VR 眼镜去医院，让患者及家属亲身体验产品。

五、调研数据分析

1.用户基本情况分析

此次因为时间问题，共调研了心内科、普外科、呼吸科、骨科、皮肤科、消化科等科室，共 35 组患者及陪护。

（1）用户年龄

▲ 调研报告 1

VR 眼镜调研总结报告

2.产品情况分析

（1）基本情况

经调查，VR 产品属近些年兴起的产品，普及度并不高，但绝大多数人群有兴趣了解。

是否使用过VR产品

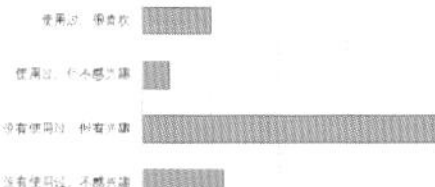

a.使用过 VR 产品的用户总占比为 20%，未使用过 VR 产品的用户总占比为 80%。

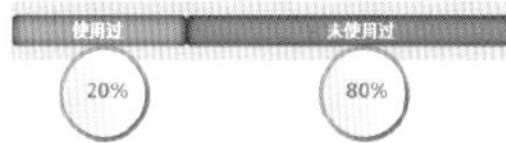

b.使用过 VR 产品的用户中，很喜欢的占比为 71%；使用过 VR 产品的用户中，不感兴趣的占比为 29%。

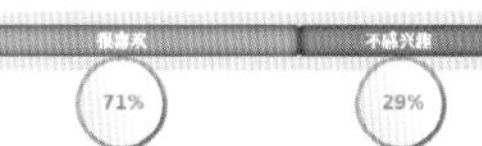

c.未使用过 VR 产品的用户中，感兴趣愿意尝试的占比为 79%；未使用过 VR 产品的用户中，不愿意尝试的占比为 21%。

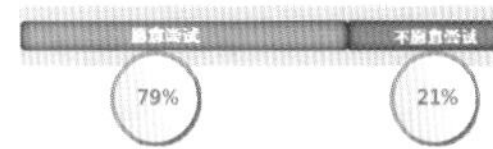

（2）产品偏好分析

选择尝试使用 VR 眼镜的 27 名用户，使用的理由主要为两种：

▲ 调研报告 2

本书精彩案例欣赏

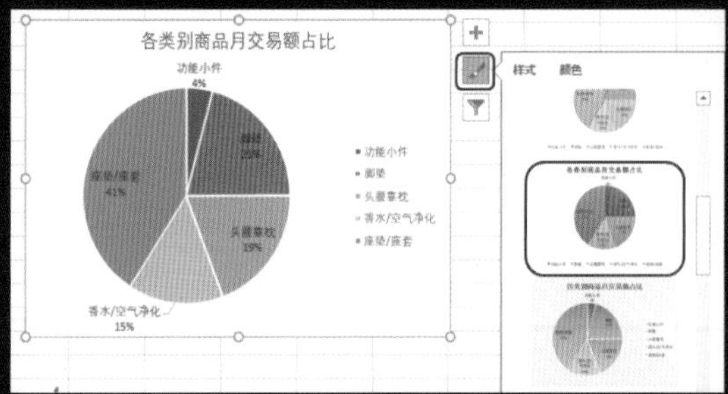

▲ 交易金额比较图表

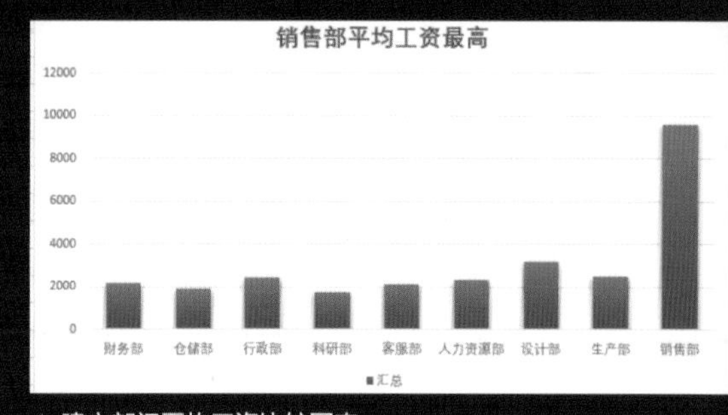

▲ 建立部门平均工资比较图表

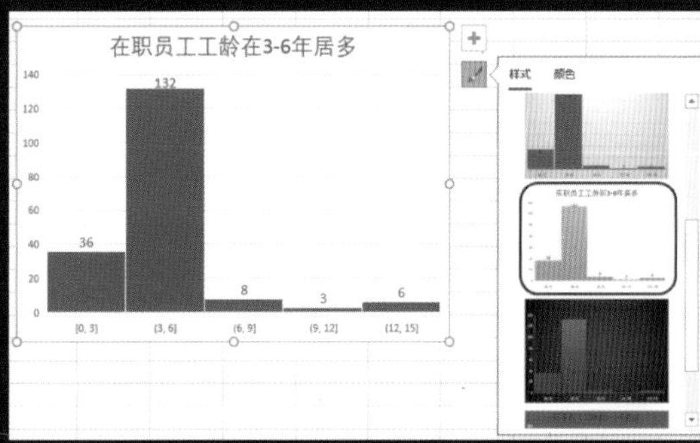

▲ 图表优化设置

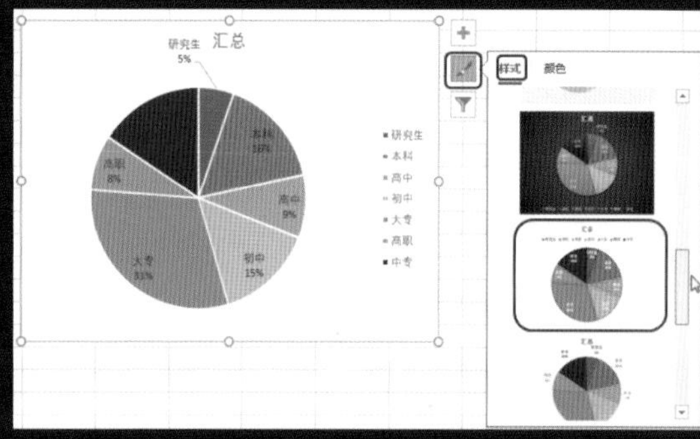

▲ 建立各学历人数分析图表

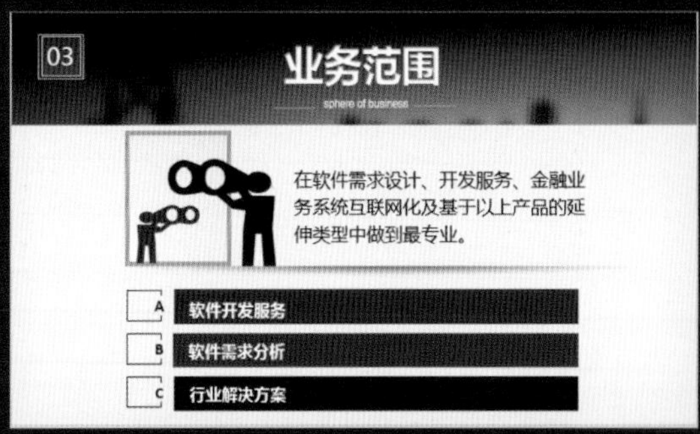

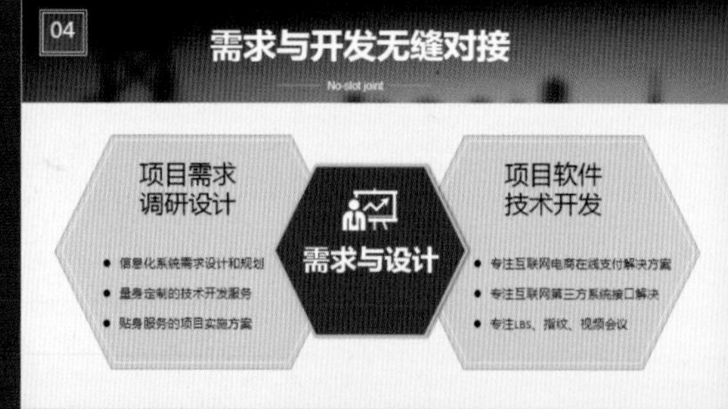

▲ 企业宣传演示文稿范例

前　言

PREFACE

Word、Excel、PPT 是微软办公软件套装 Office 的三大应用软件，其界面友好、操作简便、功能强大，是简单易学、功能强大的 Office 办公软件套装，被广泛应用于各类企业的日常办公中，也是目前应用最广泛的系列办公软件。

为了帮助广大读者快速掌握这三大软件应用的核心技能，我们组织了多位在 Word、Excel、PPT 软件应用领域具有丰富实战经验的专家精心编写了本书。

本书从企业的实际应用出发，分别介绍了 Word、Excel、PPT 在企业运营中的日常应用， 帮助读者学习掌握 Word、Excel、PPT 软件应用，熟悉企业日常管理中的文档制作方法，为企业的规范运作谋篇布局。

本书的知识点与实例相结合，操作步骤与图示相配合，辅以视频讲解，将重点难点“一网打尽”。熟练掌握 Office 的三大办公利器，必将使你工作高效、胜人一筹！

本书特点

① **视频讲解**：本书录制了 224 集视频，包含 Word、Excel、PPT 的常用操作功能讲解及实例分析，用手机扫描书中二维码，可以随时随地看视频。

② **内容详尽**：本书涵盖了 Word、Excel、PPT 的各种使用方法和技巧，并结合范例辅助理解，内容科学合理，好学好用。

③ **实例丰富**：一本书若只讲理论，难免会让人昏昏欲睡；若只讲实例，又易使读者落入“知其然而不知其所以然”的困境。所以本书结合大量实例详细解析 Word、Excel、PPT 的功能和使用方法，又从不同领域对其应用进行反复验证，读者可以举一反三，活学活用，加深记忆。

④ **图解操作**：本书采用图解模式逐一介绍各个功能及其应用技巧，清晰直观，简洁明了，可使读者在最短时间内掌握相关知识点，快速解决办公中的疑难问题。

⑤ **在线服务**：本书提供 QQ 交流群，“三人行，必有我师”，读者可以在群里相互交流，共同进步。

本书资源列表及获取方式

（1）配套资源

本书配套 224 集同步视频，并提供相关的素材及源文件。

（2）拓展学习资源

① 2000 多套办公模板文件。

Excel 官方模板 117 个。
Excel 财务管理模板 90 个。
Excel 市场营销模板 61 个。
Excel 人力资源模板 51 个。
Excel VBA 应用模板 27 个。
Excel 行政、文秘、医疗、保险、教务等模板 847 个。
Excel 其他实用样式与模板 30 个。
PPT 经典图形、流程图 423 个。
PPT 模板 74 个。
PPT 元素素材 20 个。
Word 文档模板 280 个。

② 37 小时的教学视频。

Excel 范例教学视频。
Excel 技巧教学视频。
PPT 教学视频。
Word 范例教学视频。
Word 技巧教学视频。

（3）以上资源的获取及联系方式

“办公那点事儿”微信公众号

① 读者可以扫描左侧的二维码，或在微信公众号中搜索“办公那点事儿”，关注后发送 WXL08802 到公众号后台，获取本书资源下载链接。将该链接复制到电脑浏览器的地址栏中（一定要复制到电脑浏览器的地址栏，在电脑端下载，手机不能下载，也不能在线解压，没有解压密码），根据提示进行下载。建议先选中资源前面的复选框，然后单击“保存到我的百度网盘”按钮，弹出“百度网盘账号密码登录”对话框，登录后将资源保存到自己账号的合适位置。然后启动百度网盘客户端，选择存储在自己账号下的资源，单击“下载”按钮即可开始下载（注意：不能网盘在线解压。另外，下载速度受网速和网盘规则所限，请耐心等待）。

② 加入本书 QQ 交流群 697287678（若群满，会创建新群，请注意加群时的提示，并根据提示加入对应的群），读者间可互相交流学习，作者也会不定期在线答疑解惑。

作者简介

本书由精英资讯组织编写。精英资讯是一个 Excel 技术研讨、项目管理、培训咨询和图书创作的办公协作联盟，其成员多为长期从事行政管理、人力资源管理、财务管理、营销管理、市场分析及 Office 相关培训的工作者。本书编写人员有吴祖珍、姜楠、陈媛、王莹莹、汪洋慧、张发明、吴祖兵、李伟、彭志霞、陈伟、杨国平、张万红、徐宁生、王成香、郭伟民、徐冬冬、袁红英、殷齐齐、韦余靖、徐全锋、殷永盛、李翠利、柳琪、杨素英、张发凌等，在此对他们的付出表示感谢。

致谢

本书能够顺利出版，是作者、编辑和所有审校人员共同努力的结果，在此表示深深感谢。如有疏漏之处，还望读者不吝赐教。

编 者

目 录

CONTENTS

第 1 篇

Word 文字处理篇

第1章 行政办公中的文档

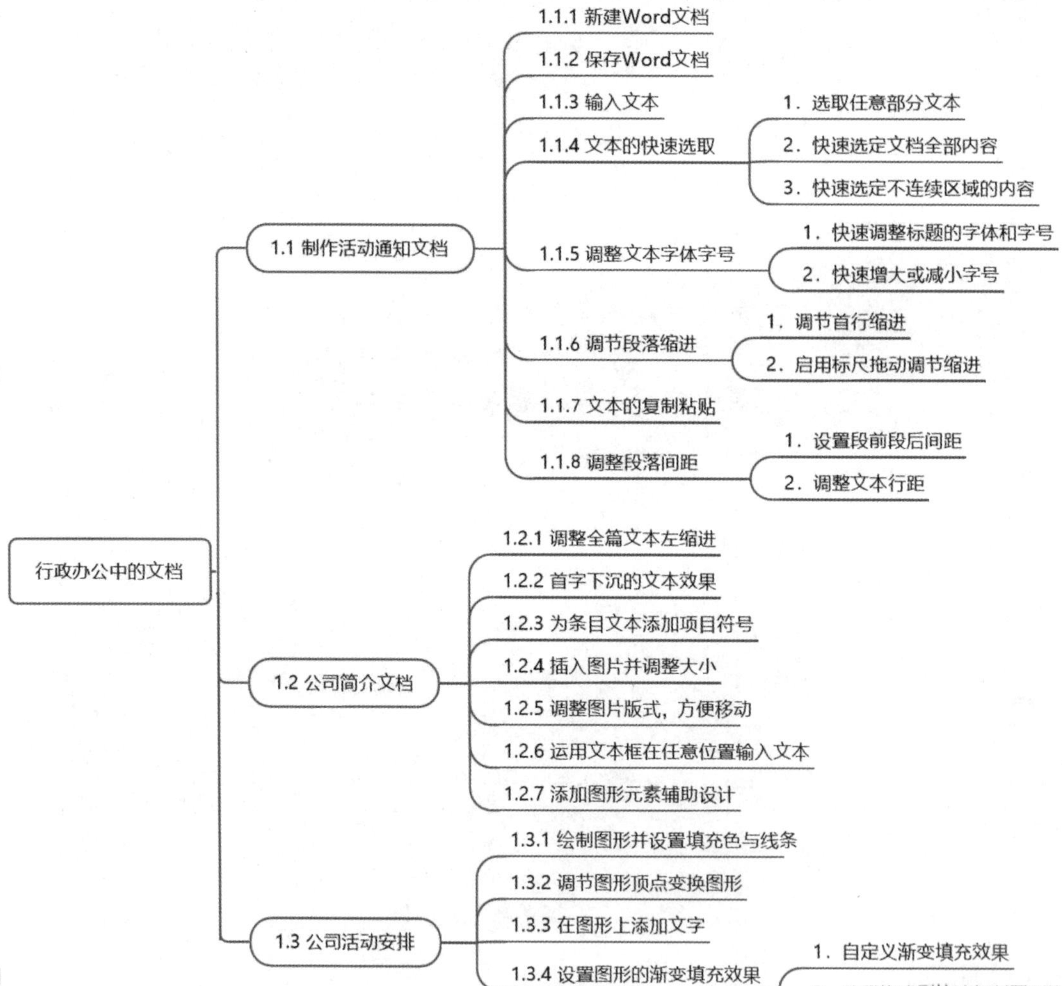

行政办公中的文档
1.1 制作活动通知文档
1.1.1 新建Word文档
1.1.2 保存Word文档
1.1.3 输入文本
1.1.4 文本的快速选取
1．选取任意部分文本
2．快速选定文档全部内容
3．快速选定不连续区域的内容
1.1.5 调整文本字体字号
1．快速调整标题的字体和字号
2．快速增大或减小字号
1.1.6 调节段落缩进
1．调节首行缩进
2．启用标尺拖动调节缩进
1.1.7 文本的复制粘贴
1.1.8 调整段落间距
1．设置段前段后间距
2．调整文本行距
1.2 公司简介文档
1.2.1 调整全篇文本左缩进
1.2.2 首字下沉的文本效果
1.2.3 为条目文本添加项目符号
1.2.4 插入图片并调整大小
1.2.5 调整图片版式，方便移动
1.2.6 运用文本框在任意位置输入文本
1.2.7 添加图形元素辅助设计
1.3 公司活动安排
1.3.1 绘制图形并设置填充色与线条
1.3.2 调节图形顶点变换图形
1.3.3 在图形上添加文字
1.3.4 设置图形的渐变填充效果
1．自定义渐变填充效果
2．使用格式刷快速复制图形格式

1.1 制作活动通知文档

活动通知是公司必备文档。公司有活动时，出一份书面通知，既能让员工知道活动内容，又能提醒大家按时参加。虽然活动通知文档的内容不同，但其主体元素一般大同小异。下面以图 1-1 所示的范例来介绍此类文档的制作方法。

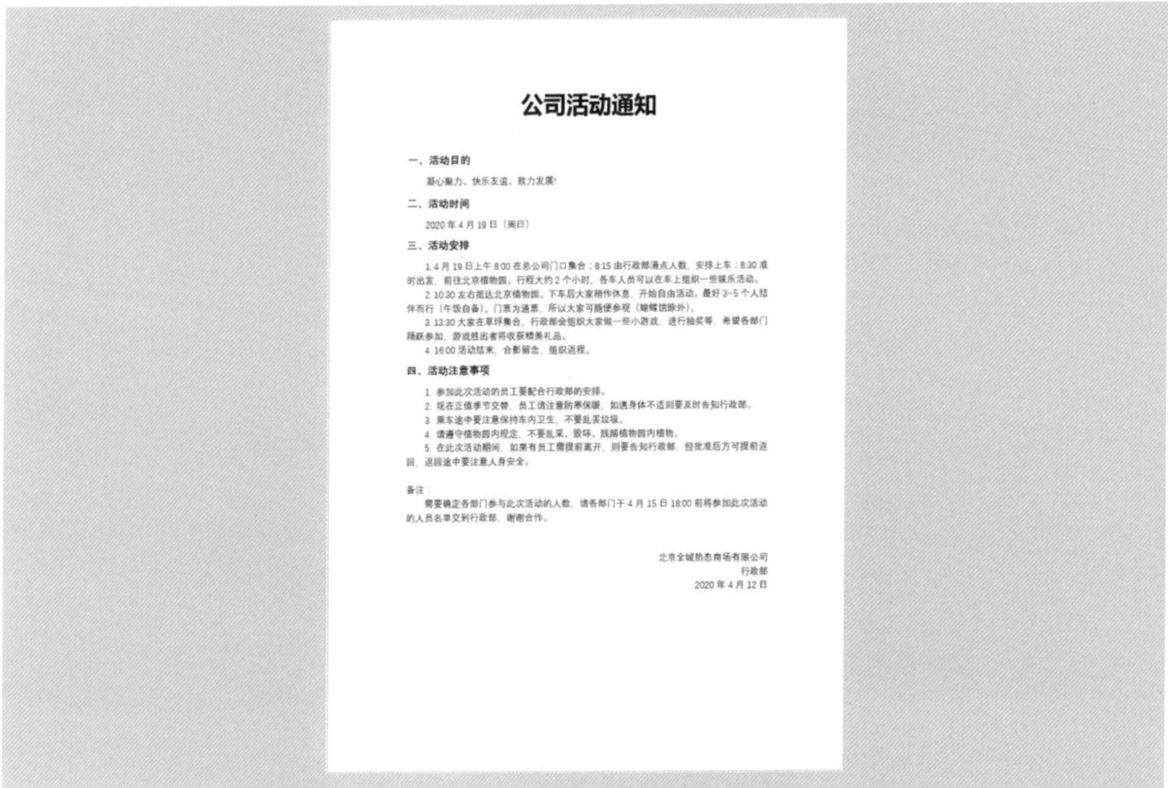

公司活动通知

一、活动目的

凝心聚力、快乐友谊、致力发展！

二、活动时间

2020 年 4 月 19 日（周日）

三、活动安排

1. 4 月 19 日上午 8:00 在总公司门口集合；8:15 由行政部清点人数，安排上车；8:30 准时出发，前往北京植物园。行程大约 2 个小时，各车人员可以在车上组织一些娱乐活动。

2. 10:30 左右抵达北京植物园。下车后大家稍作休息，开始自由活动。最好 3~5 个人结伴而行（午饭自备）。门票为通票，所以大家可随便参观（蝴蝶馆除外）。

3. 13:30 大家在草坪集合，行政部会组织大家做一些小游戏，进行抽奖等，希望各部门踊跃参加，游戏胜出者将收获精美礼品。

4. 16:00 活动结束，合影留念，组织返程。

四、活动注意事项

1. 参加此次活动的员工要配合行政部的安排。
2. 现在正值季节交替，员工请注意防寒保暖，如遇身体不适则要及时告知行政部。
3. 乘车途中要注意保持车内卫生，不要乱丢垃圾。
4. 请遵守植物园内规定，不要乱采、毁坏、践踏植物园内植物。
5. 在此次活动期间，如果有员工需提前离开，则要告知行政部，经批准后方可提前返回，返回途中要注意人身安全。

备注：

需要确定各部门参与此次活动的人数，请各部门于 4 月 15 日 18:00 前将参加此次活动的人员名单交到行政部，谢谢合作。

北京全城热恋商场有限公司
行政部
2020 年 4 月 12 日

图 1-1

1.1.1 新建 Word 文档

扫一扫，看视频

要制作活动通知，第一步必须创建一个新的 Word 文档，然后才能在文档中进行输入、编辑以及文本处理工作。

❶ 如果新建文档，首先要启动 Word 程序。

- Word 程序图标一般在桌面上（如图 1-2 所示），在桌面上双击程序图标即可启动程序。
- 如果 Word 程序图标不在桌面上，可以单击屏幕左下角的 按钮，然后单击“所有程序”，在列表中找到 Word 2019 程序并双击，如图 1-3 所示。

❷ 启动程序后首先进入的是启动界面，界面中显示的是“最近”列表，单击右侧“空白文档”即可创建新文档，如图 1-4 和图 1-5 所示。

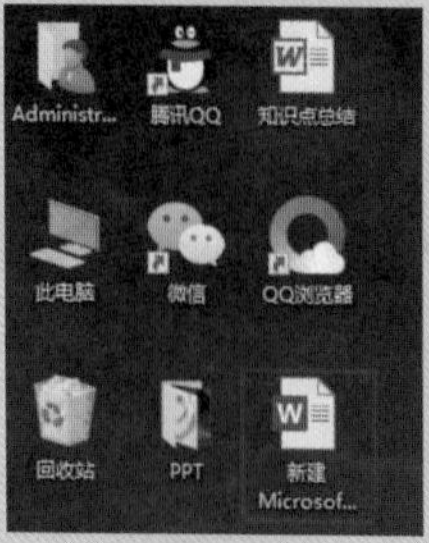

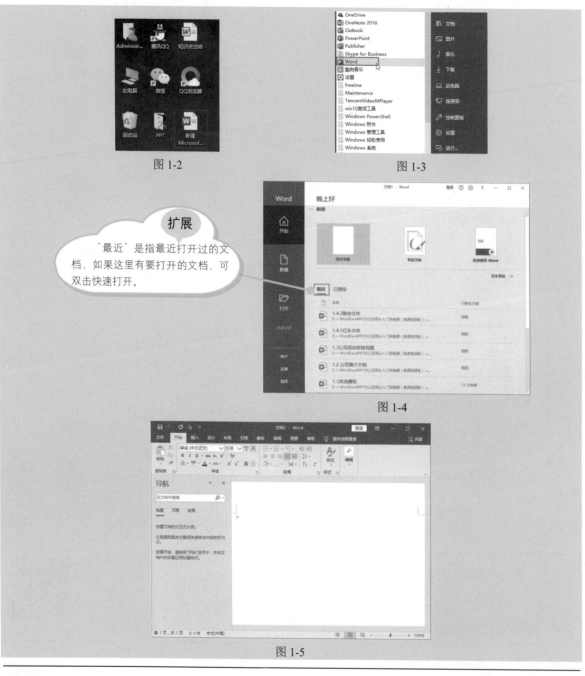

图 1-2

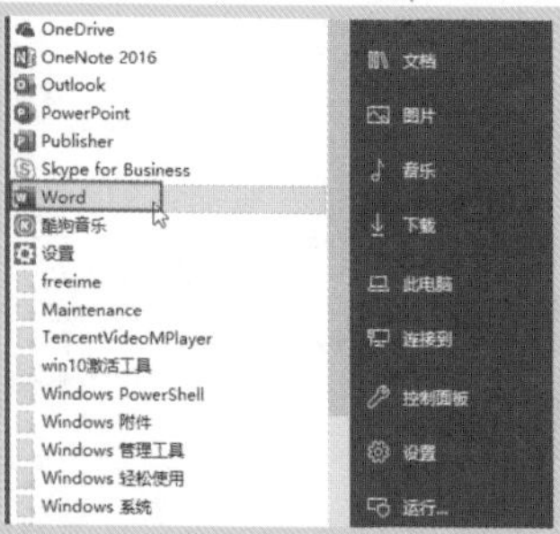

图 1-3

扩展

“最近”是指最近打开过的文档，如果这里有要打开的文档，可双击快速打开。

图 1-4

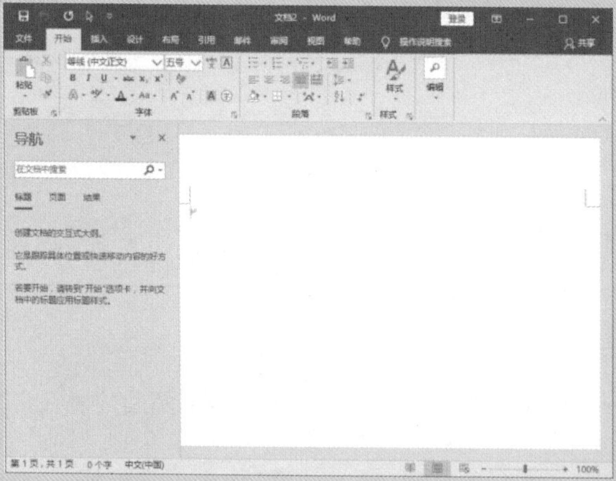

图 1-5

1.1.2　保存 Word 文档

扫一扫，看视频

创建 Word 文档后，需要保存下来才能反复使用，因此使用 Word 程序创建文档时，首要工作是保存文档。为防止操作内容丢失，在后续的编辑过程中，可以一边操作一边更新保存。保存文档时，需要根据文档用途重命名，方便后续查看和使用。

❶ 在文档中输入基本内容，在快速访问工具栏中单击“保存”按钮，如图 1-6 所示。

❷ 在展开的面板中选择“另存为”命令，在右侧的“另存为”页面中单击“浏览”按钮，如图 1-7 所示。

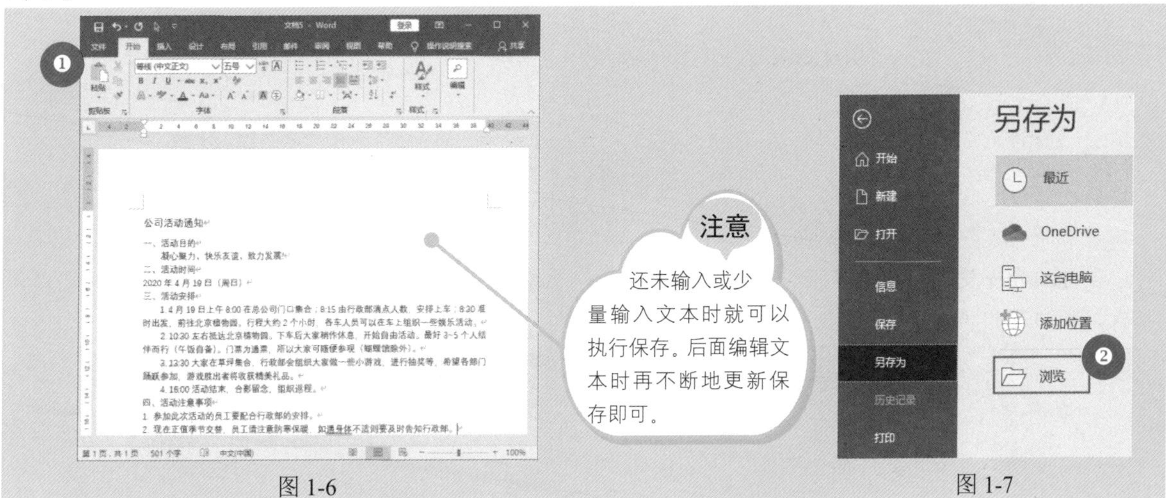

图 1-6　　图 1-7

❸ 设置保存位置。在“文件名”文本框中输入文档名称，单击“保存”按钮（如图 1-8 所示），即可将新建的文档保存到指定的文件夹中。

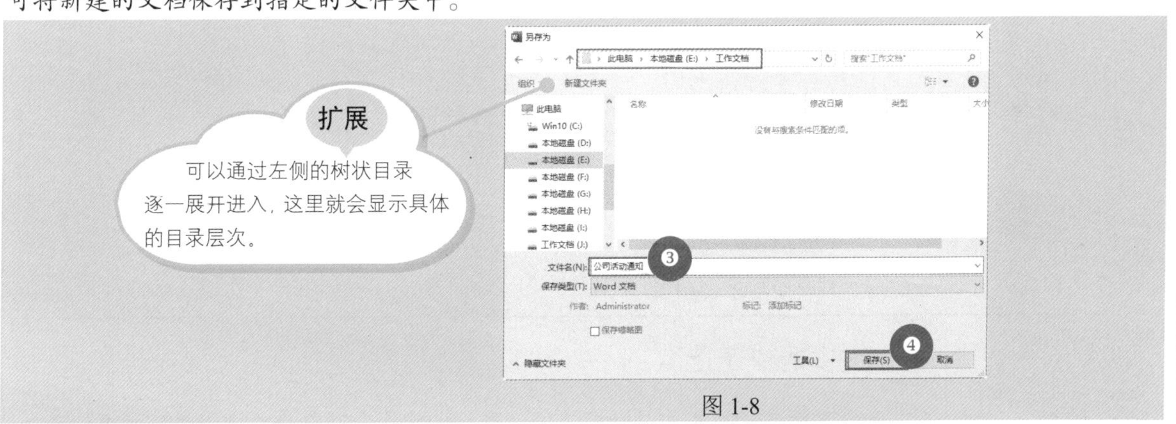

图 1-8

经验之谈

第一次保存新建的文档时，单击“保存”按钮，会弹出“另存为”对话框，提示设置保存位置与文件名等。如果当前文档已经保存（即首次保存），单击“保存”按钮则会覆盖原文档保存，即随时更新保存。为防止断电、死机等突发情况发生，一般都是在建立文档时就设置保存位置与文件名，之后的编辑过程中再不断地更新保存。如果想将文档另存到其他位置，则可以选择“文件”→“另存为”命令，在弹出的“另存为”对话框中重新设置保存位置即可。

1.1.3　输入文本

新建文档后需要在文档中输入文本。定位光标并启用输入法后即可输入文本内容。

扫一扫，看视频

❶ 打开新建的“活动通知”文本，输入文档标题“公司活动通知”，如图 1-9 所示。

❷ 按 Enter 键，切换到下一行，按空格键输入两个空格，然后再输入“一、活动目的”，如图 1-10 所示。

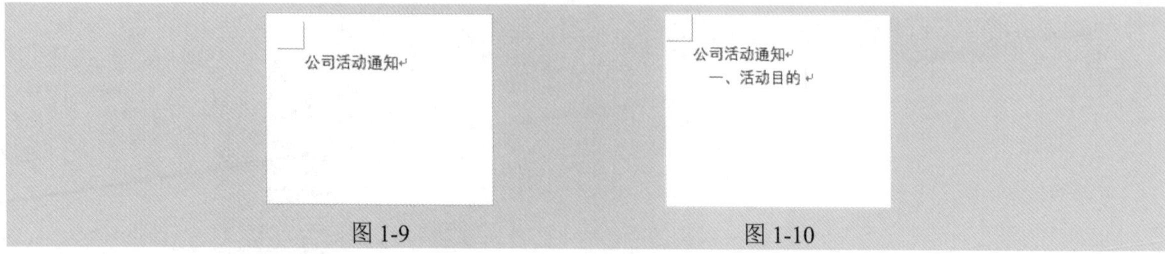

图 1-9　　图 1-10

❸ 按 Enter 键，切换到下一行，按空格键输入两个空格，然后再输入具体内容，直到所有内容输入完成，如图 1-11 所示。

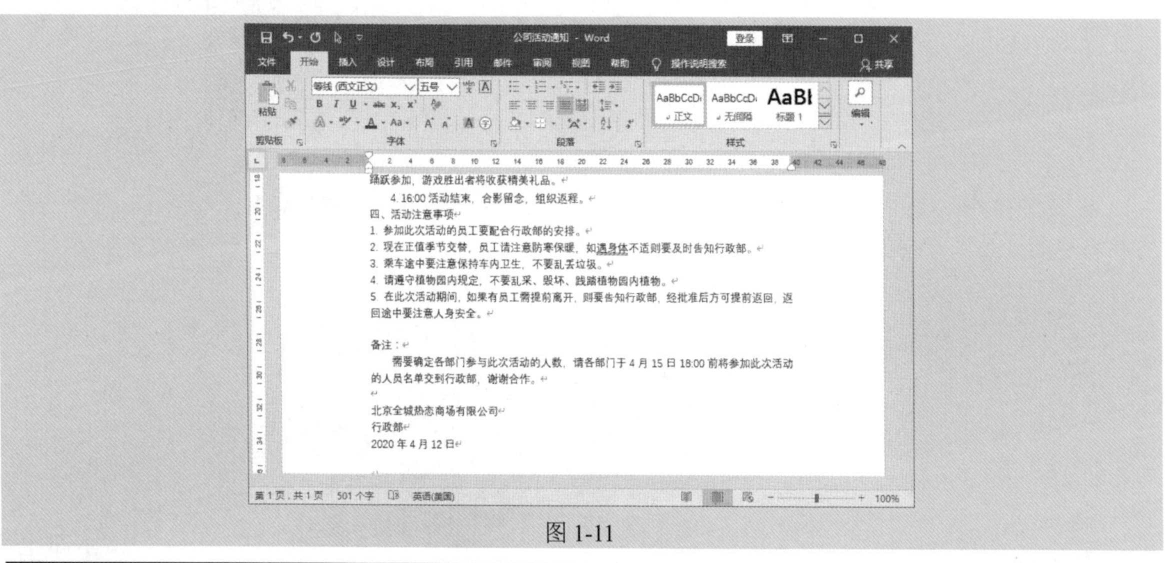

图 1-11

扫一扫，看视频

1.1.4　文本的快速选取

输入文本后，还要对文档做相应的调整和编辑。在对部分文本做调整之前，首先需要将其选中，如选取文档标题、一次性选择不连续的部分、全选文本等。

1. 选取任意部分文本

本例需要选取文档标题，设置字体、字号等，可以拖动鼠标选取。

打开文档，将光标定位到标题的第一个字前面，按住鼠标左键的同时将其拖动到要选取的最后一个字，释放鼠标即可选中，如图 1-12 所示。

2. 快速选定文档全部内容

将活动通知内容全部输入以后，需要一次性选中全部内容，做整体调整，可以使用快捷键一次性全选。

打开文档，按 Ctrl+A 组合键，即可选中全部文本，如图 1-13 所示。

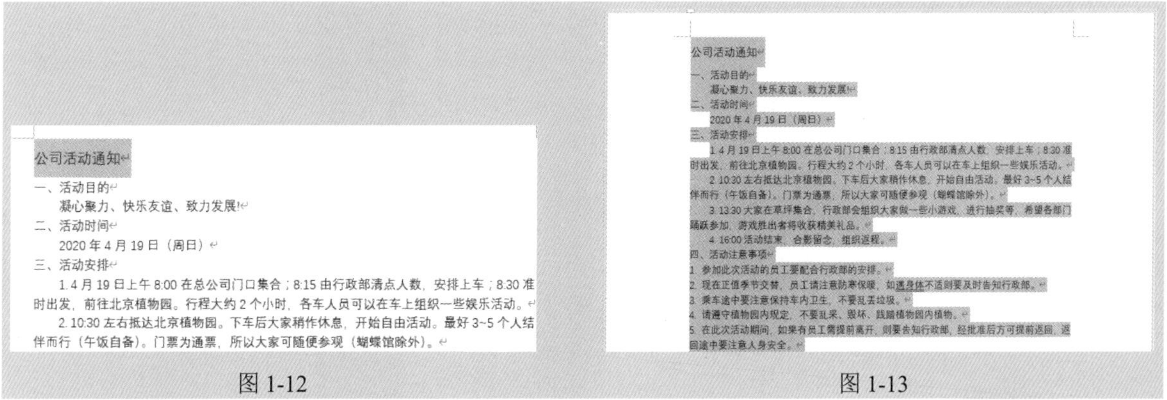

公司活动通知

一、活动目的

凝心聚力、快乐友谊、致力发展!

二、活动时间

2020 年 4 月 19 日（周日）

三、活动安排

1. 4 月 19 日上午 8:00 在总公司门口集合；8:15 由行政部清点人数，安排上车；8:30 准时出发，前往北京植物园。行程大约 2 个小时，各车人员可以在车上组织一些娱乐活动。

2. 10:30 左右抵达北京植物园。下车后大家稍作休息，开始自由活动。最好 3~5 个人结伴而行（午饭自备）。门票为通票，所以大家可随便参观（蝴蝶馆除外）。

公司活动通知

一、活动目的

凝心聚力、快乐友谊、致力发展!

二、活动时间

2020 年 4 月 19 日（周日）

三、活动安排

1. 4 月 19 日上午 8:00 在总公司门口集合；8:15 由行政部清点人数，安排上车；8:30 准时出发，前往北京植物园。行程大约 2 个小时，各车人员可以在车上组织一些娱乐活动。

2. 10:30 左右抵达北京植物园。下车后大家稍作休息，开始自由活动。最好 3~5 个人结伴而行（午饭自备）。门票为通票，所以大家可随便参观（蝴蝶馆除外）。

3. 13:30 大家在草坪集合，行政部会组织大家做一些小游戏，进行抽奖等，希望各部门踊跃参加，游戏胜出者将收获精美礼品。

4. 16:00 活动结束，合影留念，组织返程。

四、活动注意事项

1. 参加此次活动的员工要配合行政部的安排。

2. 现在正值季节交替，员工请注意防寒保暖，如遇身体不适则要及时告知行政部。

3. 乘车途中要注意保持车内卫生，不要乱丢垃圾。

4. 请遵守植物园内规定，不要乱采、毁坏、践踏植物园内植物。

5. 在此次活动期间，如果有员工需提前离开，则要告知行政部，经批准后方可提前返回，返回途中要注意人身安全。

图 1-12　　　　图 1-13

3. 快速选定不连续区域的内容

本例要对通知文档的各个小标题进行统一设置，设置前需要一次性选中这些不连续的标题，选择方法如下。

按住 Ctrl 键，拖动鼠标选中第 1 个标题，再移至第 2 个标题处拖动选中，按相同的方法操作，直到所有标题都被选中后释放 Ctrl 键与鼠标左键，如图 1-14 所示。

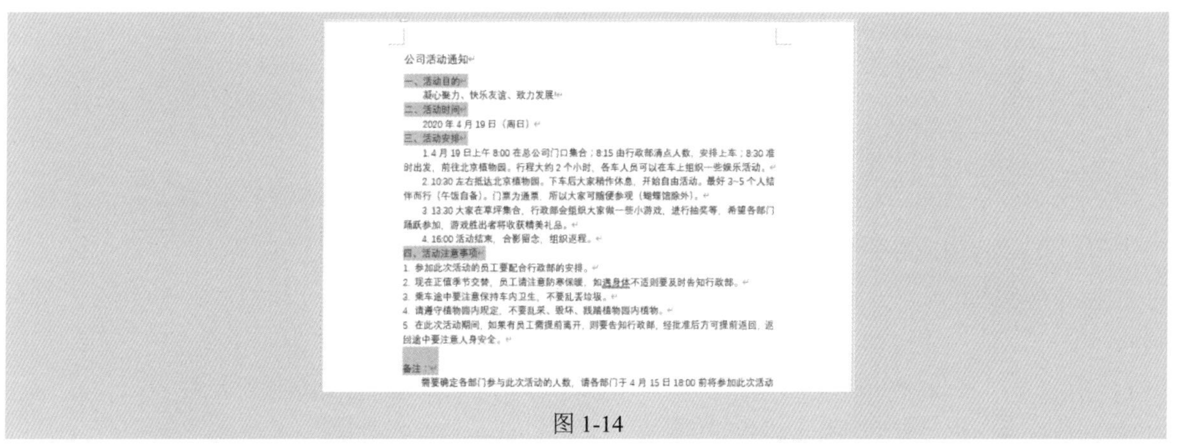

公司活动通知

一、活动目的

凝心聚力、快乐友谊、致力发展!

二、活动时间

2020 年 4 月 19 日（周日）

三、活动安排

1. 4 月 19 日上午 8:00 在总公司门口集合；8:15 由行政部清点人数，安排上车；8:30 准时出发，前往北京植物园。行程大约 2 个小时，各车人员可以在车上组织一些娱乐活动。

2. 10:30 左右抵达北京植物园。下车后大家稍作休息，开始自由活动。最好 3~5 个人结伴而行（午饭自备）。门票为通票，所以大家可随便参观（蝴蝶馆除外）。

3. 13:30 大家在草坪集合，行政部会组织大家做一些小游戏，进行抽奖等，希望各部门踊跃参加，游戏胜出者将收获精美礼品。

4. 16:00 活动结束，合影留念，组织返程。

四、活动注意事项

1. 参加此次活动的员工要配合行政部的安排。

2. 现在正值季节交替，员工请注意防寒保暖，如遇身体不适则要及时告知行政部。

3. 乘车途中要注意保持车内卫生，不要乱丢垃圾。

4. 请遵守植物园内规定，不要乱采、毁坏、践踏植物园内植物。

5. 在此次活动期间，如果有员工需提前离开，则要告知行政部，经批准后方可提前返回，返回途中要注意人身安全。

备注：

需要确定各部门参与此次活动的人数，请各部门于 4 月 15 日 18:00 前将参加此次活动

图 1-14

1.1.5　调整文本字体字号

文本的设置包括字体、字号、颜色等。在新建文档中输入文本时，默认情况下，文本以正文文本的格式输入，通过设置字体、字号可以使部分文本更突出。

扫一扫，看视频

1. 快速调整标题的字体和字号

文档的标题一般都会进行字号增大及字体特殊化等设置，以达到突出显示的目的。

❶ 打开文档，选中标题文本，在“开始”选项卡的“字体”组中单击“字体”下拉按钮，在弹出的下拉列表中选择“微软雅黑”选项（如图 1-15 所示），即可将标题文本字体设置为“微软雅黑”。

❷ 在“开始”选项卡的“字体”组中单击“字号”下拉按钮，在弹出的下拉列表中选择“一号”，如图 1-16 所示。

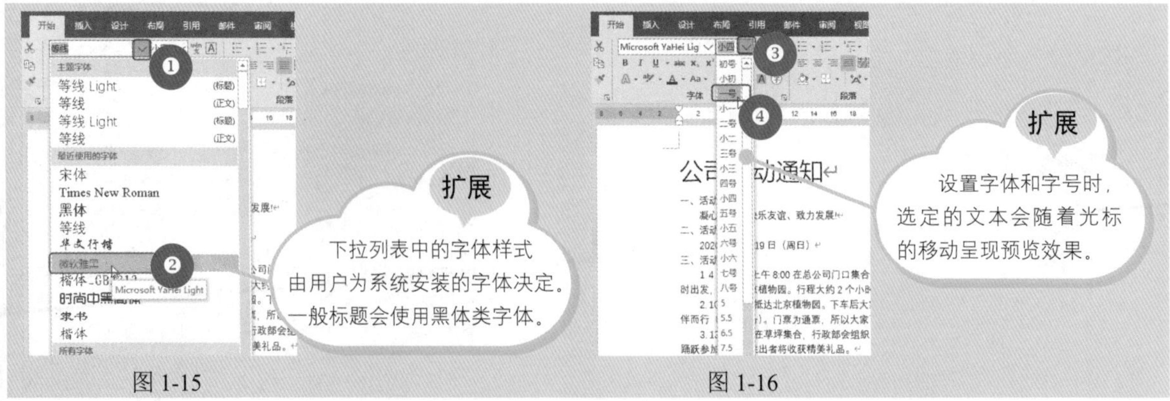

扩展
下拉列表中的字体样式由用户为系统安装的字体决定。一般标题会使用黑体类字体。
扩展
设置字体和字号时，选定的文本会随着光标的移动呈现预览效果。

图 1-15　　图 1-16

❸ 在“开始”选项卡的“字体”组中单击“加粗”按钮 B，并在“段落”组中单击“居中”按钮，即可使标题呈现加粗居中效果，如图 1-17 所示。

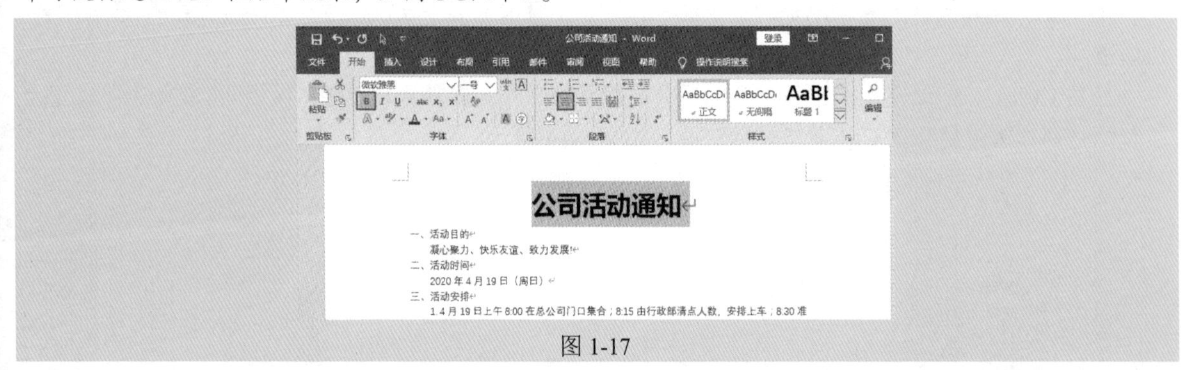

图 1-17

2. 快速增大或减小字号

调整字号时，还可以利用“字体”组中的功能按钮快速设置。例如，下面要一次性调整小标题的字号。

打开文档，一次性选中小标题文本，在“开始”选项卡的“字体”组中单击“增大字号”按钮，如图 1-18 所示为单击两次后的效果，可以看到字体变为了“小四”号。

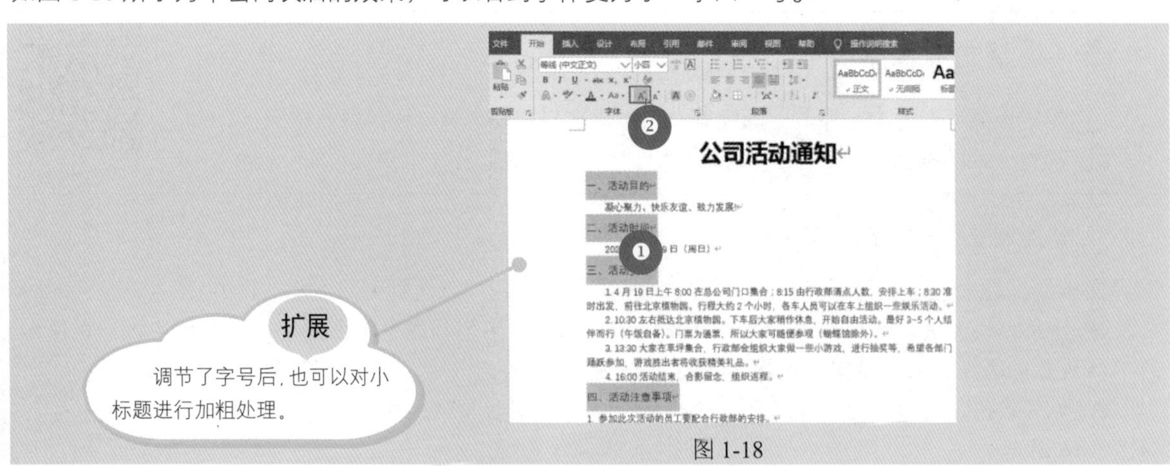

图 1-18

1.1.6 调节段落缩进

扫一扫，看视频

输入文本时，按 Enter 键进入下一段落后，一般通过按空格键让段落前空出两个字符。但在编排文档过程中，有些文本可能是通过其他途径复制而来的，很多段落没有缩进，则需要调节段落缩进。

1. 调节首行缩进

段落首行缩进是文档的基本格式，当段落不具备这个格式时，则可以快速调整。

❶ 选中要调整的段落，在“开始”选项卡的“段落”组中单击右下角的“对话框启动器”按钮（如图 1-19 所示），打开“段落”对话框。

❷ 在“缩进”栏中单击“特殊”右侧的下拉按钮，在弹出的下拉列表中选择“首行”，设置“缩进值”为“2 字符”，如图 1-20 所示。

❸ 单击“确定”按钮，即可得到图 1-21 所示的缩进效果。

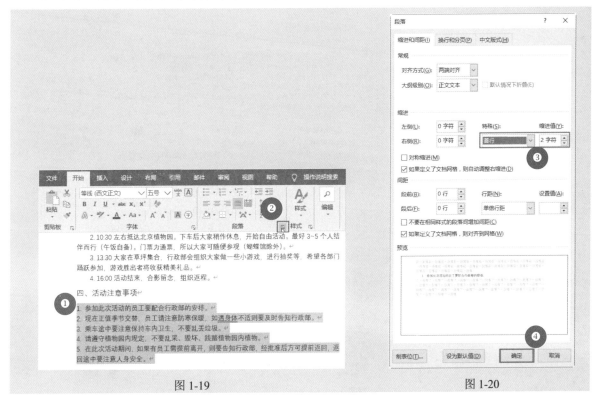

图 1-19

图 1-20

2. 启用标尺拖动调节缩进

另外一种调节缩进的方法是通过标尺调节。此方法具有直观、所见即所得的优势。

❶ 在“视图”选项卡的“显示”组中选中“标尺”复选框，或按 Alt+V+L 组合键显示标尺，如图 1-22 所示。

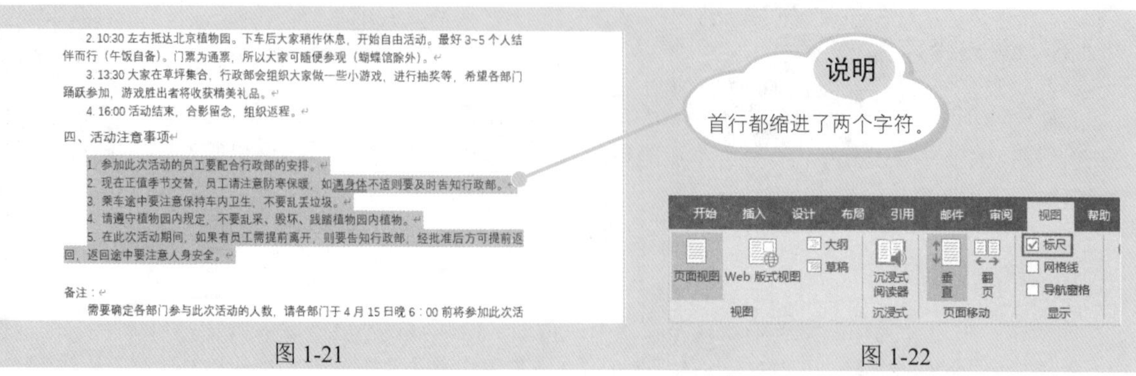

图 1-21　　图 1-22

❷ 选中目标文本，将鼠标指针指向“首行缩进”按钮▽，会出现提示文字（如图 1-23 所示），按住鼠标左键向右拖动，即增大缩进，缩进字符的数值可以通过标尺来判断。调节到数字 2 表示将选中的所有段落都首行缩进 2 个字符，如图 1-24 所示。

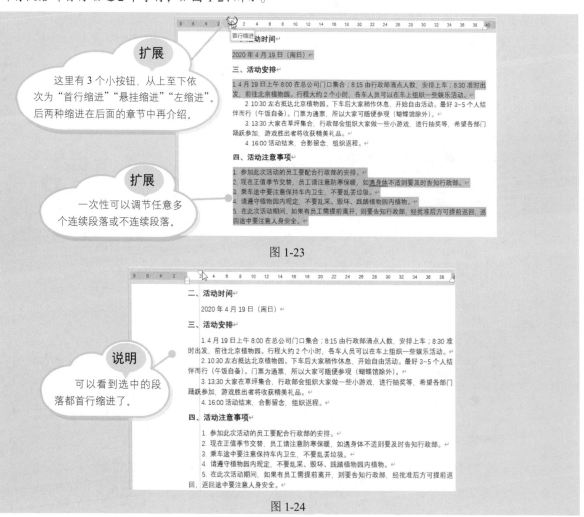

扩展

这里有 3 个小按钮，从上至下依次为“首行缩进”“悬挂缩进”“左缩进”。后两种缩进在后面的章节中再介绍。

扩展

一次性可以调节任意多个连续段落或不连续段落。

图 1-23

说明

可以看到选中的段落都首行缩进了。

图 1-24

1.1.7 文本的复制粘贴

编辑文本时，如果出现重复文本，可以采用复制的方法快速实现。例如，本例秋游活动通知中注意事项中的某些内容与上次公司举行的乒乓球比赛活动通知中的内容的相似，因此可将乒乓球比赛活动通知的内容复制粘贴过来，再作相应的修改即可。

❶ 打开“乒乓球比赛活动通知”文档，选中需要复制的文本，按 Ctrl+C 组合键进行复制，如图 1-25 所示。

❷ 打开“公司活动通知”文档，将光标定位到要粘贴文本的起始位置，按 Ctrl+V 组合键进行粘贴。单击“粘贴选项”下拉按钮，在弹出的下拉列表中选择“只保留文本”选项，如图 1-26 所示。

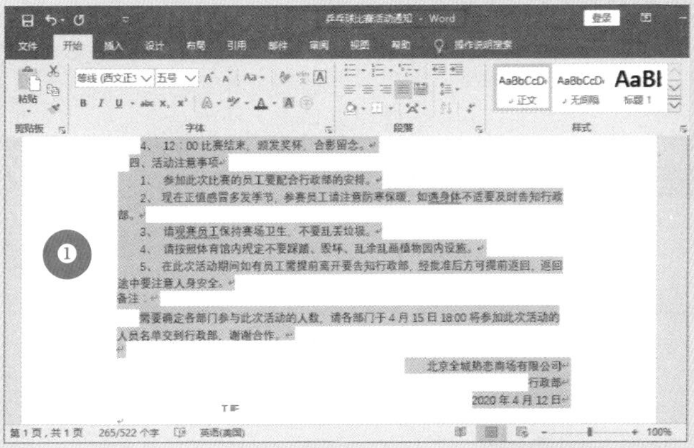

图 1-25

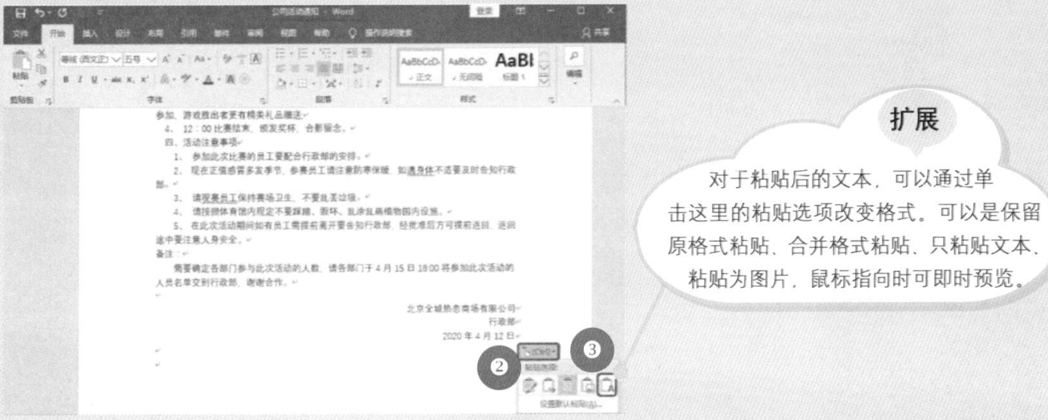

扩展

对于粘贴后的文本，可以通过单击这里的粘贴选项改变格式。可以是保留原格式粘贴、合并格式粘贴、只粘贴文本、粘贴为图片，鼠标指向时可即时预览。

图 1-26

❸ 完成复制粘贴后，再根据本次活动的主题修改文本即可。

1.1.8 调整段落间距

文本输入完成后，调整文本段落间距可以让文档错落有致，更有层次感，是文档排版中必要的操作步骤。

1. 设置段前段后间距

段前间距是指当前段落与前一段落中间的间隔距离，段后间距是指当前段落与后一段落中间的间隔距离。这个距离在排版文档时是必须调整的。本例中的标题文本与后面的段落之间显然要增加段后间距。

❶ 打开文档，选中小标题文本，在“开始”选项卡的“段落”组中单击“对话框启动器”按钮（如图 1-27 所示），打开“段落”对话框。

❷ 在“间距”栏中单击“段后”数值框右侧的调节按钮，即可调整段后间距，设置段后间距为 1 行，如图 1-28 所示。

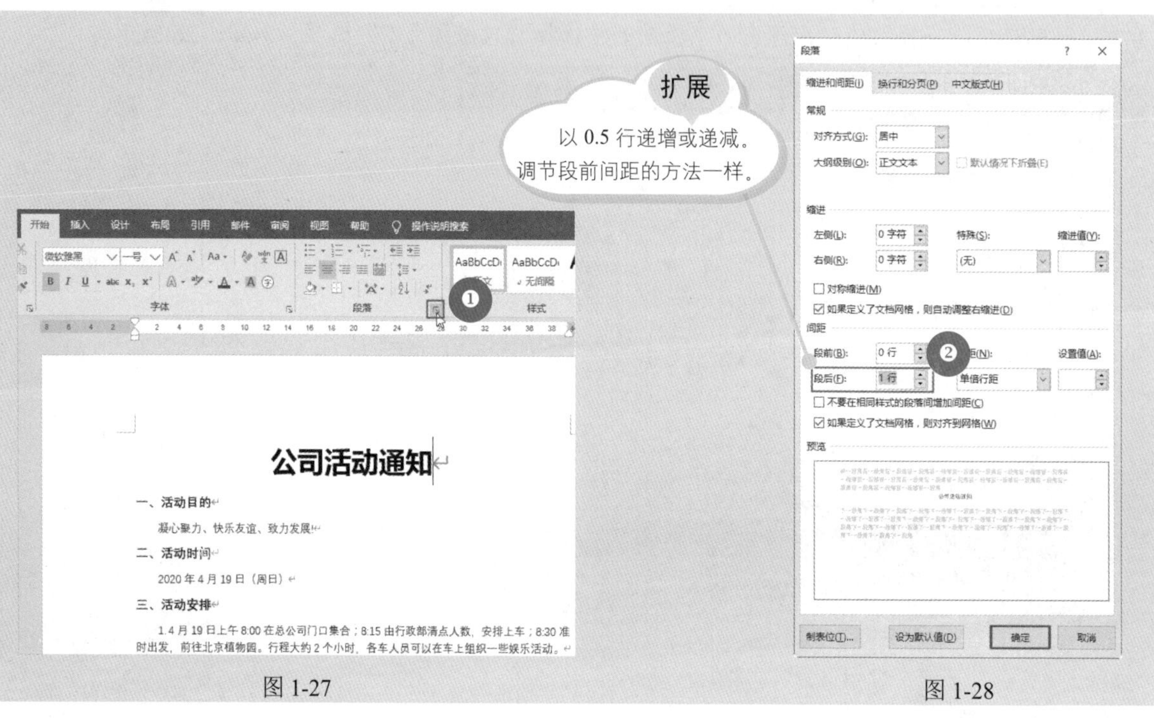

图 1-27　　图 1-28

❸ 单击“确定”按钮，可以看到段后间距增大了，如图 1-29 所示。

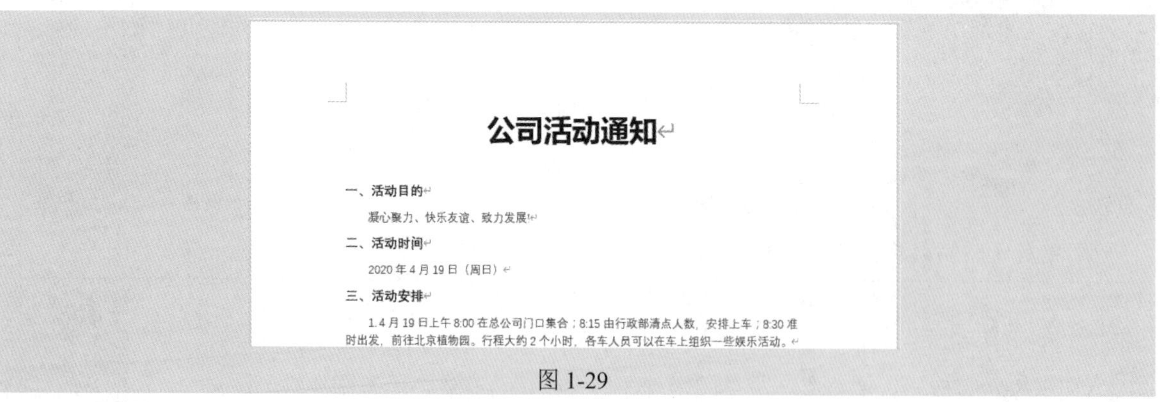

图 1-29

❹ 若文档中还有其他位置需要调节段落间距，则按相同方法调节。

2. 调整文本行距

在日常工作中编排文档时，有些文档内容较少，为使整体页面看起来更丰满，一般要调整行距，即增大行与行之间的距离。下面以调节“四、活动注意事项”中条目的行间距为例来讲解设置方法。

选中目标文本，在“开始”选项卡的“段落”组中单击“行和段落间距”按钮，在弹出的下拉列表中选择“1.5”选项（如图 1-30 所示），即可将小标题文本设置为 1.5 倍行距，如图 1-31 所示。

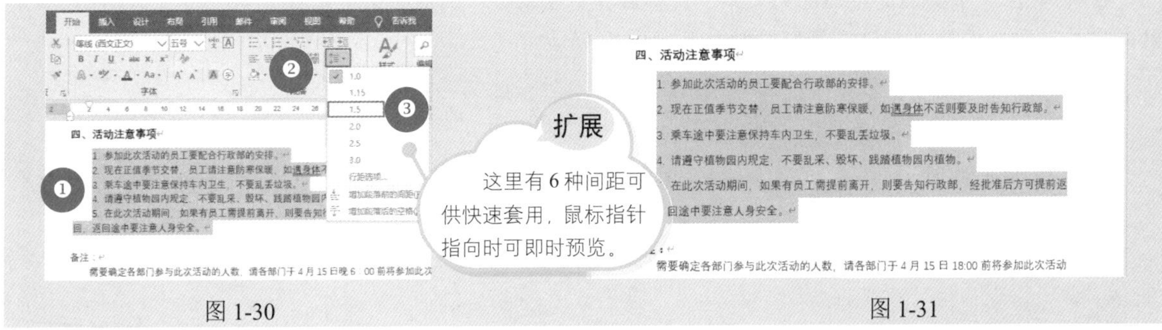

图 1-30　　图 1-31

经验之谈

如果一个段落不超过 1 行，那么通过设置行间距也可以达到调节段前段后间距的目的。但如果一个段落超出 1 行，调节段落间距时只改变段前段后的距离，而不改变段中行之间的距离，则会出现不同的效果。

1.2　公司简介文档

公司简介文档是企业对外宣传的重要方法之一。通过公司简介，客户可以快速了解企业性质、提供的产品或服务等。制作公司简介文档一般采用图文结合的方式，下面以图 1-32 所示的范例讲解此类文档的制作与排版。

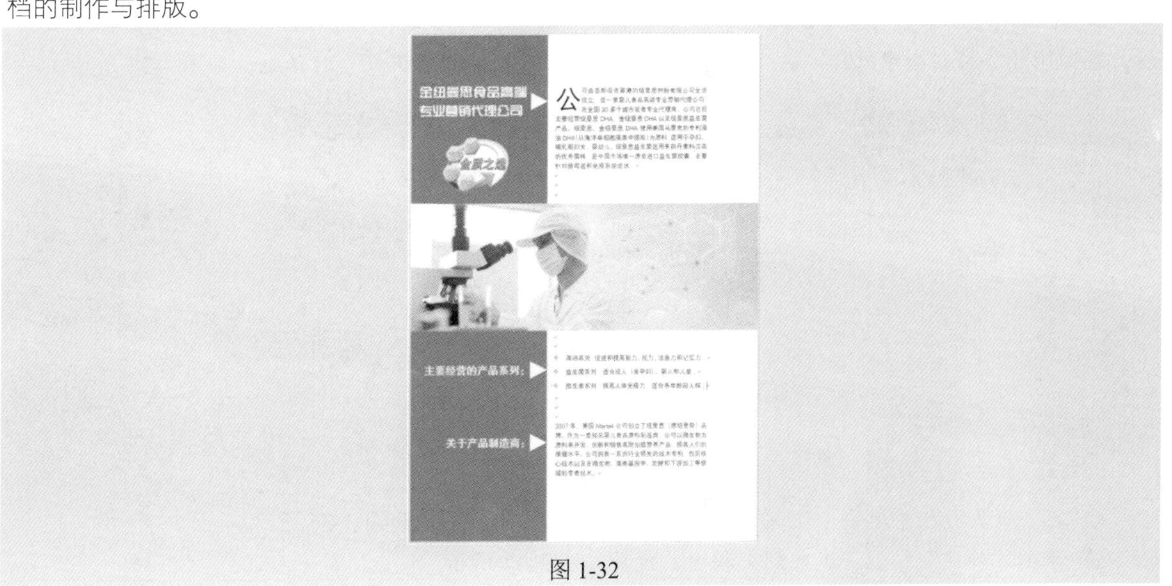

图 1-32

扫一扫，看视频

1.2.1　调整全篇文本左缩进

本例的公司简介文档中的文字都在右侧，左侧需要空出来进行图形设计。可以通过调节文本左缩进一次性让文本移到右侧，然后利用标尺快速调整。

❶ 输入文本后，在“视图”选项卡的“显示”组中选中“标尺”复选框，显示出标尺。

❷ 一次性选中要调整左缩进的文本，鼠标放在“左缩进”调节钮上（如图 1-33 所示），按住鼠标左键向右拖动即可调节左缩进，调整后的效果如图 1-34 所示。

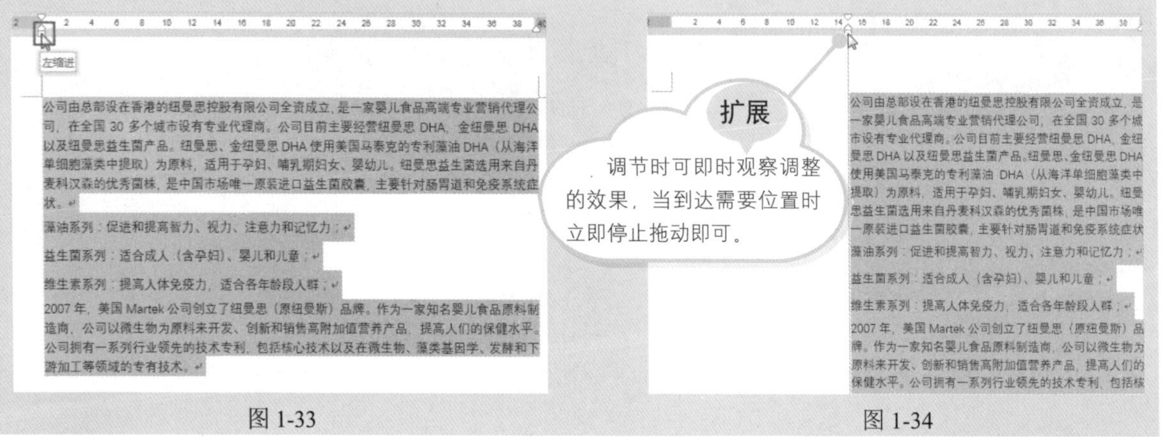

左缩进
扩展
调节时可即时观察调整的效果，当到达需要位置时立即停止拖动即可。

图 1-33　　　图 1-34

扫一扫，看视频

1.2.2　首字下沉的文本效果

为了使简介更加美观，排版时可以将第一段的第一个字设置成下沉的效果，其设置方法如下。

❶ 定位光标于需要首字下沉的段落，在“插入”选项卡的“文本”组中单击“首字下沉”下拉按钮，在弹出的下拉列表中选择“首字下沉选项”选项，打开“首字下沉”对话框，如图 1-35 所示。

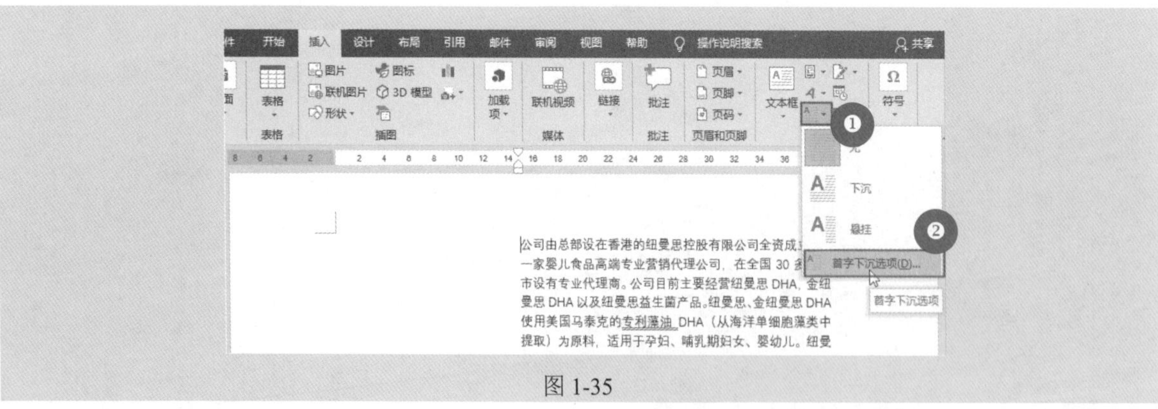

图 1-35

❷ 在“位置”栏中单击“下沉”，设置“下沉行数”为“3”，如图 1-36 所示。

❸ 单击“确定”按钮，返回到文档中，效果如图 1-37 所示。

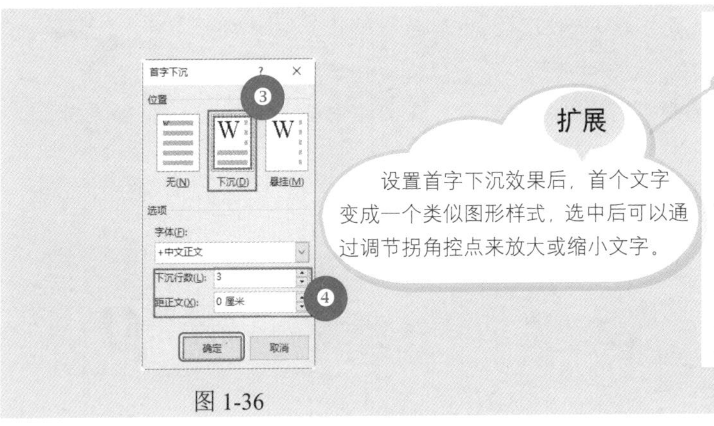

扩展
设置首字下沉效果后，首个文字变成一个类似图形样式，选中后可以通过调节拐角控点来放大或缩小文字。
公司由总部设在香港的纽曼思控股有限公司全资成立，是一家婴儿食品高端专业营销代理公司，在全国 30 多个城市设有专业代理商。公司目前主要经营纽曼思 DHA、金纽曼思 DHA 以及纽曼思益生菌产品。纽曼思、金纽曼思 DHA 使用美国马泰克的专利藻油 DHA（从海洋单细胞藻类中提取）为原料，适用于孕妇、哺乳期妇女、婴幼儿。纽曼思益生菌选用来自丹麦科汉森的优秀菌株，是中国市场唯一原装进口益生菌胶囊，主要针对肠胃道和免疫系统症状。
藻油系列：促进和提高智力、视力、注意力和记忆力；
益生菌系列：适合成人（含孕妇）、婴儿和儿童；
维生素系列：提高人体免疫力，适合各年龄段人群；
2007 年，美国 Martek 公司创立了纽曼思（原纽曼斯）品

图 1-36　　图 1-37

1.2.3　为条目文本添加项目符号

为了使文档内容条理更加清晰，更易阅读，对于一些同级别的条目文本，可以添加项目符号。本例公司简介中可以为产品系列添加项目符号。Word 程序为用户提供了几种项目符号以供快速套用。

扫一扫，看视频

❶ 选中需要添加项目符号的文本，在“开始”选项卡的“段落”组中单击“项目符号”下拉按钮，在弹出的下拉列表中选择需要使用的项目符号，如图 1-38 所示。

❷ 单击所需项目符号（本例选用✧符号）即可应用，效果如图 1-39 所示。

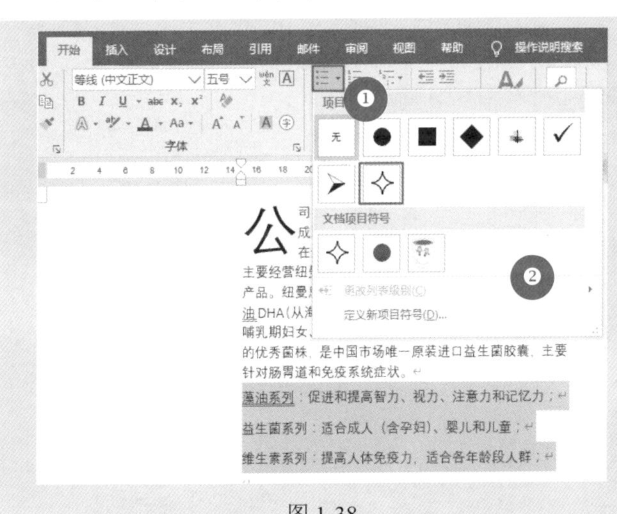

图 1-38　　图 1-39

1.2.4　插入图片并调整大小

公司简介文档中可以穿插安排一些有关公司风貌、产品、研发与生产车间的图片。当然，如何使用这些图片要取决于对文档的设计思路，但图片插入、大小调整等是最基本的操作。

扫一扫，看视频

❶ 将光标定位在要插入图片的起始位置，在“插入”选项卡的“图片”组中单击“图片”按钮，打开“插入图片”对话框，如图 1-40 所示。

❷ 找到图片所在位置，选中图片，单击“插入”按钮，即可在文档中插入图片（如图 1-41 所示），插入后的效果如图 1-42 所示。

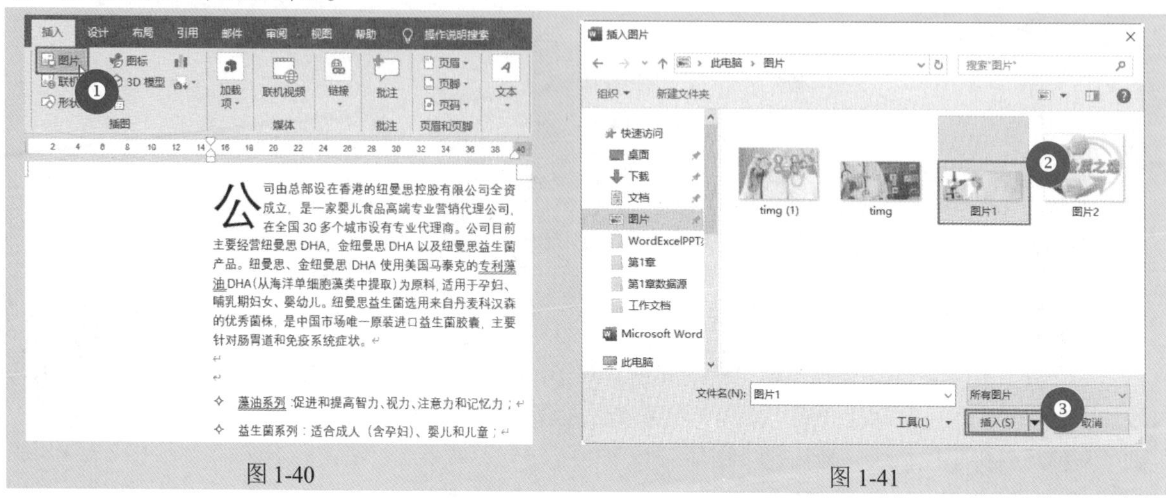
插入
设计
布局
引用
邮件
审阅
视图
帮助
操作说明搜索
图片
图标
3D 模型
加载项
联机视频
链接
批注
页眉
页脚
页码
文本
插图
媒体
批注
页眉和页脚
公司由总部设在香港的纽曼思控股有限公司全资成立，是一家婴儿食品高端专业营销代理公司，在全国 30 多个城市设有专业代理商。公司目前主要经营纽曼思 DHA、金纽曼思 DHA 以及纽曼思益生菌产品。纽曼思、金纽曼思 DHA 使用美国马泰克的专利藻油DHA（从海洋单细胞藻类中提取）为原料，适用于孕妇、哺乳期妇女、婴幼儿。纽曼思益生菌选用来自丹麦科汉森的优秀菌株，是中国市场唯一原装进口益生菌胶囊，主要针对肠胃道和免疫系统症状。
藻油系列：促进和提高智力、视力、注意力和记忆力；
益生菌系列：适合成人（含孕妇）、婴儿和儿童；
插入图片
此电脑 › 图片
组织
新建文件夹
快速访问
桌面
下载
文档
图片
第1章
第1章数据源
工作文档
Microsoft Word
此电脑
timg (1)
timg
图片1
图片2
文件名(N):
图片1
所有图片
工具(L)
插入(S)
取消
图 1-40　　图 1-41

❸ 插入图片后，将光标定位到图片四周的控制点上并拖动鼠标，即可调整图片大小。一般会使用拐角的控制点，以实现成比例放大或缩小图片，如图 1-43 所示。

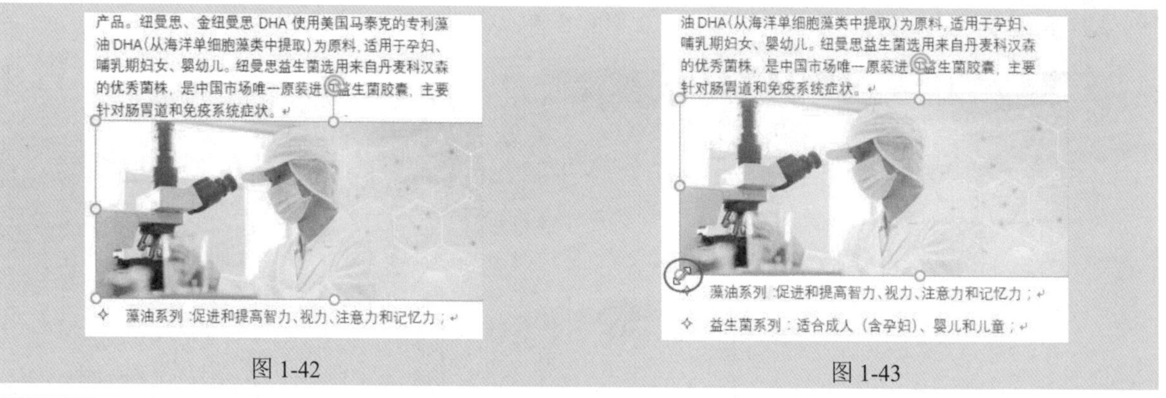
产品。纽曼思、金纽曼思 DHA 使用美国马泰克的专利藻油 DHA（从海洋单细胞藻类中提取）为原料，适用于孕妇、哺乳期妇女、婴幼儿。纽曼思益生菌选用来自丹麦科汉森的优秀菌株，是中国市场唯一原装进口益生菌胶囊，主要针对肠胃道和免疫系统症状。
藻油系列：促进和提高智力、视力、注意力和记忆力；
益生菌系列：适合成人（含孕妇）、婴儿和儿童；
图 1-42　　图 1-43

1.2.5　调整图片版式，方便移动

扫一扫，看视频

插入图片后系统默认为“嵌入型”版式，嵌入型图片只能移动到有软回车的位置，如果想更加方便地任意摆放图片，需要重新设置图片的版式。本例中使用“浮于文字上方”的版式。

❶ 选中图片，在“图片工具-格式”选项卡的“排列”组中单击“环绕文字”下拉按钮，在弹出的下拉列表中选择“浮于文字上方”选项（如图 1-44 所示），即可使图片浮于文字上方。

❷ 将光标移至图片上，当出现四向箭头时按住鼠标左键，即可将图片移动到合适的位置，效果如图 1-45 所示。

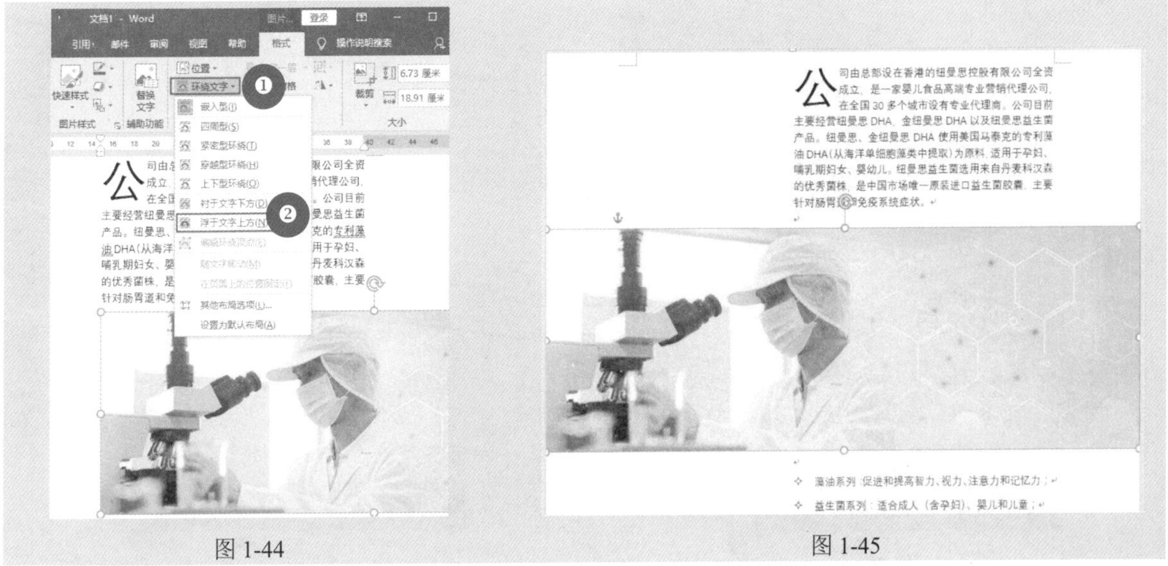

图 1-44　　　　图 1-45

1.2.6 运用文本框在任意位置输入文本

扫一扫，看视频

文本框在设计类文档中使用较多，通过添加文本框，可以在文档中的任意位置（如图片上、图形上等）输入一些补充说明的信息。将文本框与图片或文本等巧妙地结合，可使文档层次分明、条理清晰且更美观。

❶ 在“插入”选项卡的“文本”组中单击“文本框”下拉按钮，在弹出的下拉列表中选择“绘制竖排文本框”选项，如图 1-46 所示。

❷ 当光标变成黑色十字形时，按住鼠标左键，在需要添加文本框的地方开始绘制（如图 1-47 所示），绘制完成后释放鼠标。

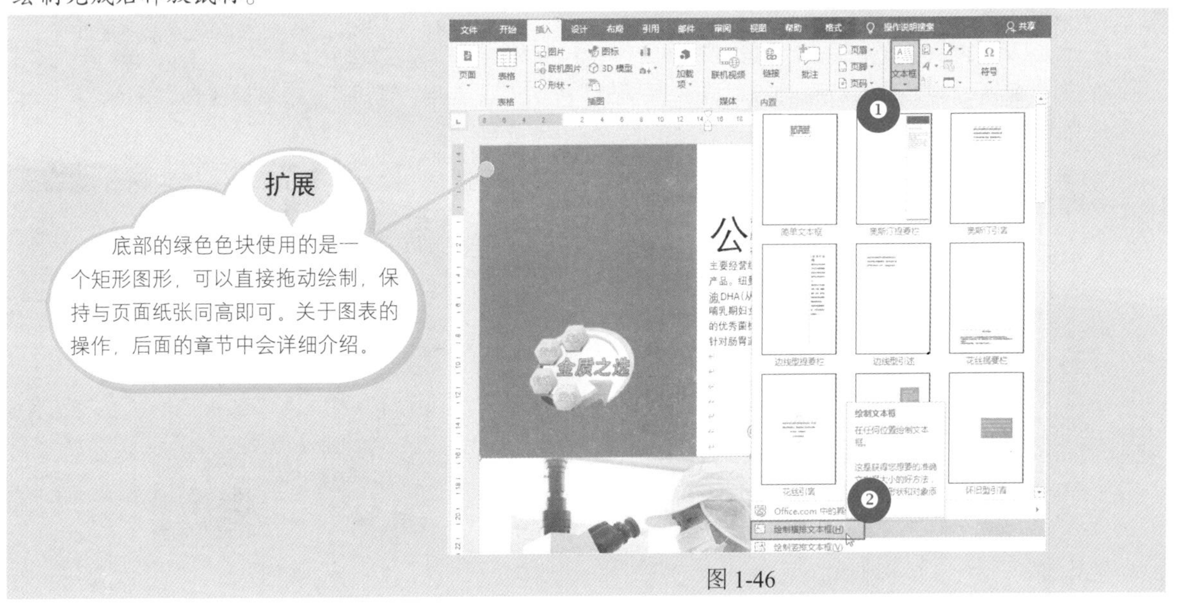

扩展
底部的绿色色块使用的是一个矩形图形，可以直接拖动绘制，保持与页面纸张同高即可。关于图表的操作，后面的章节中会详细介绍。

图 1-46

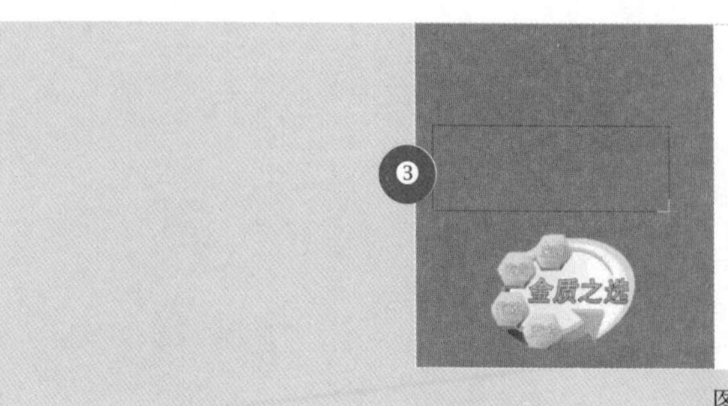

图 1-47

❸ 选中文本框，在“绘图工具-格式”选项卡的“形状样式”组中单击“形状填充”下拉按钮，在弹出的下拉列表中选择“无填充”选项（如图 1-48 所示），即可设置文本框为无填充。

❹ 选中文本框，在“绘图工具-格式”选项卡的“形状样式”组中单击“形状轮廓”下拉按钮，在弹出的下拉列表中选择“无轮廓”选项（如图 1-49 所示），即可设置文本框为无轮廓。

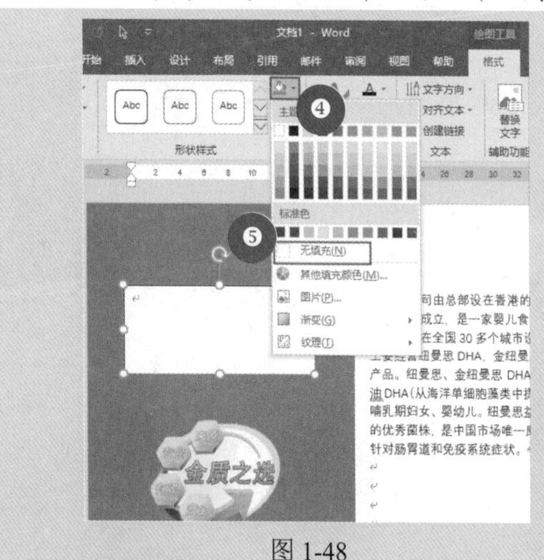

图 1-48

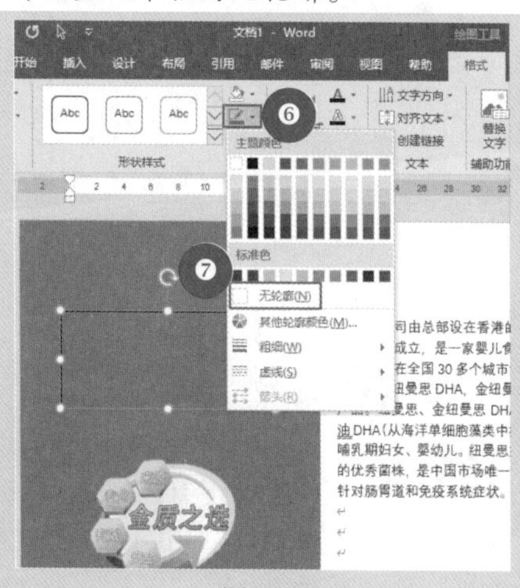

图 1-49

❺ 在文本框内双击定位光标，输入文本，如图 1-50 所示。

❻ 选中文本，将其字体设置为“时尚中黑简体”；字号设置为“二号”；字形设置为“加粗”；字体颜色设置为白色，如图 1-51 所示。

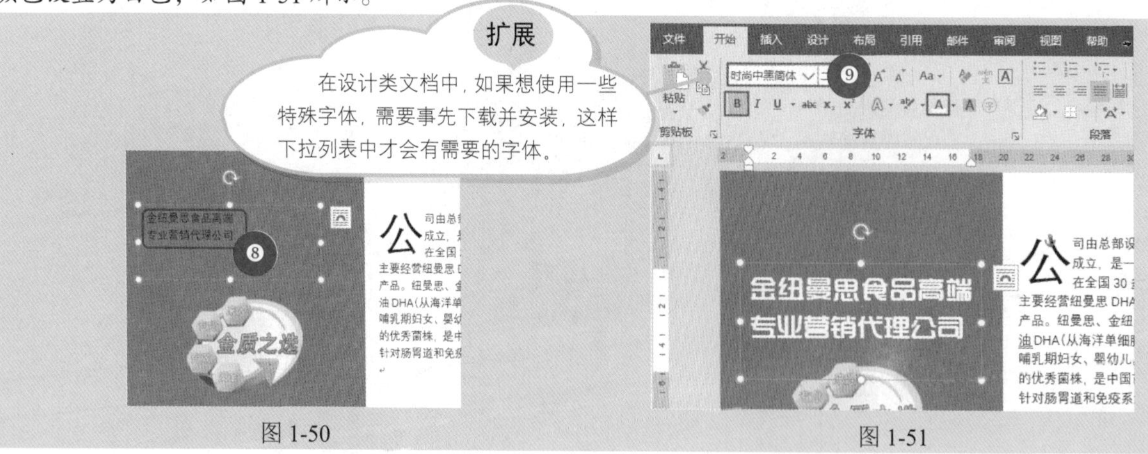

扩展
在设计类文档中，如果想使用一些特殊字体，需要事先下载并安装，这样下拉列表中才会有需要的字体。
金纽曼思食品高端
专业营销代理公司

图 1-50

图 1-51

❼ 以相同的方法添加其他两处文本框，并做相应设置，如图 1-52 所示。

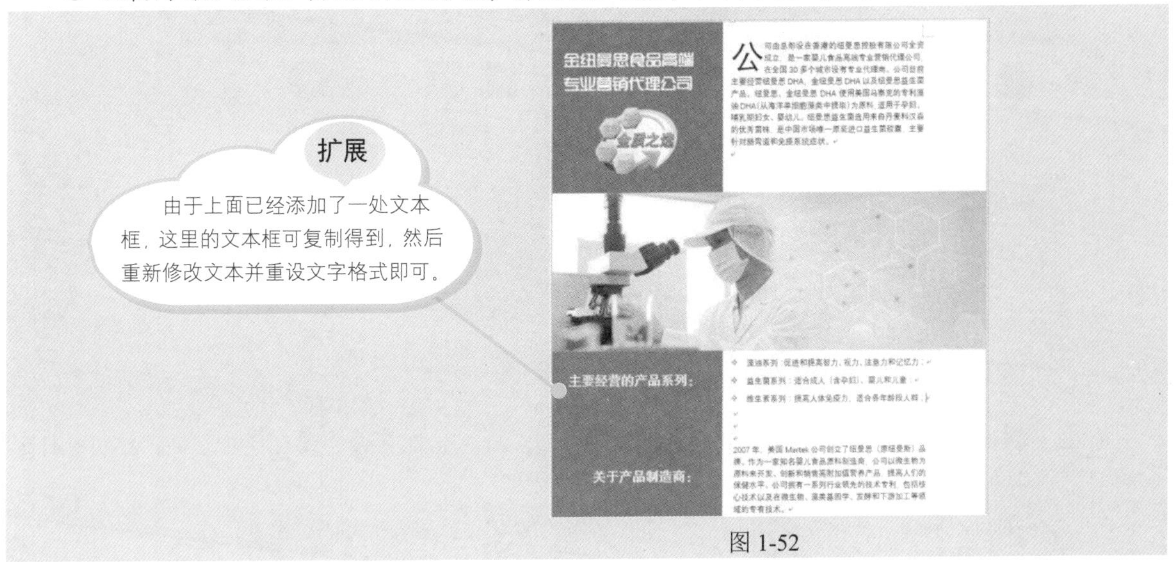

扩展
由于上面已经添加了一处文本框，这里的文本框可复制得到，然后重新修改文本并重设文字格式即可。
金纽曼思食品高端
专业营销代理公司
金质之选
主要经营的产品系列：
关于产品制造商：

图 1-52

1.2.7 添加图形元素辅助设计

扫一扫，看视频

在本例公司简介的“主要经营的产品系列”后添加三角形图形元素。这一方面可以帮助客户快速找到具体产品系列，另一方面也可以辅助设计、美化版面。Word 提供了各种图形元素供使用，按下面的操作可快速添加。

❶ 在“插入”选项卡的“插图”组中单击“形状”下拉按钮，在弹出的下拉列表中选择“等腰三角形”选项，如图 1-53 所示。

❷ 按住鼠标左键，当光标变成黑色十字形时，在需要添加图形的地方开始绘制，绘制完成后释放鼠标，如图 1-54 所示。

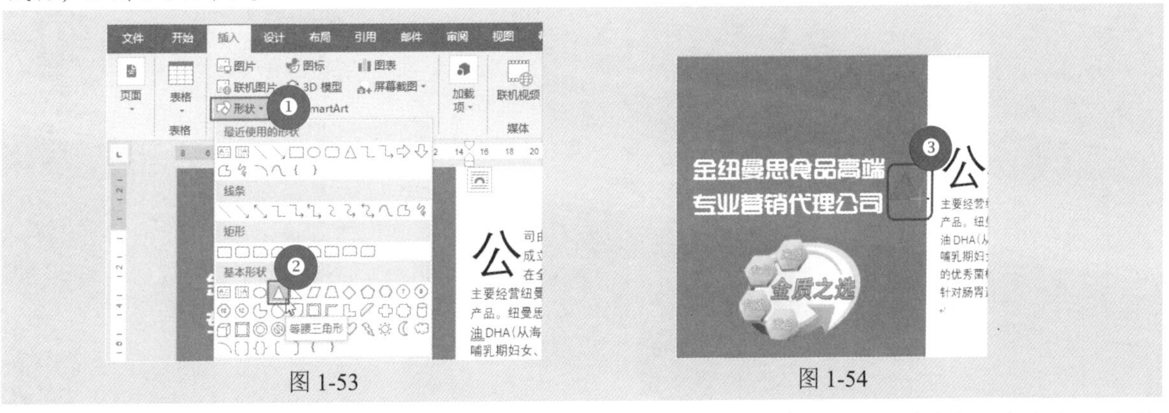

图 1-53　　图 1-54

❸ 选中图形，在“绘图工具-格式”选项卡的“形状样式”组中单击“形状填充”下拉按钮，在弹出的下拉列表中选择“白色,背景 1”（如图 1-55 所示），即可设置图形为白色。

❹ 选中图形，在“绘图工具-格式”选项卡的“形状样式”组中单击“形状轮廓”下拉按钮，在弹出的下拉列表中选择“无轮廓”选项（如图 1-56 所示），即可设置图形为无轮廓。

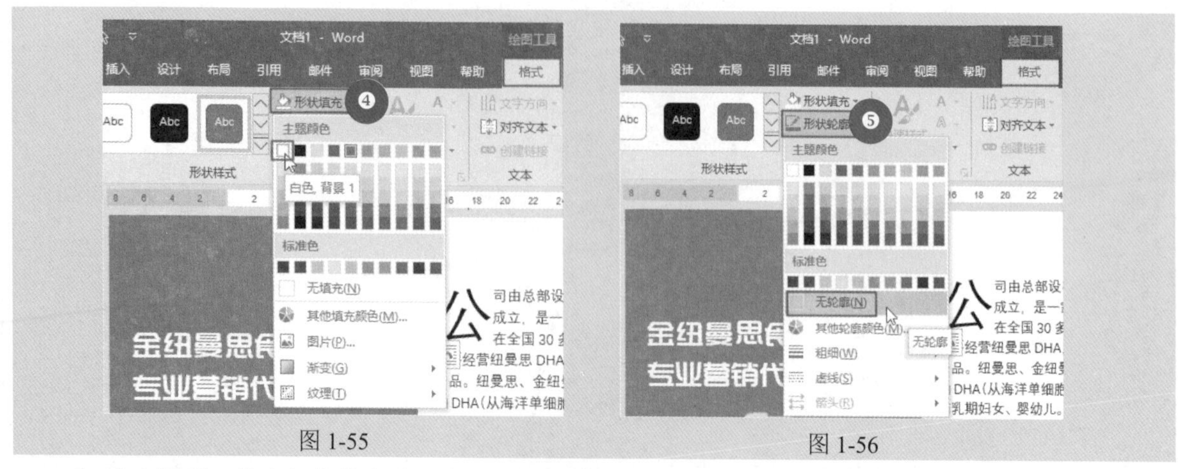
图 1-55　　图 1-56

❺ 选中图形，将光标定位在图形上方的圆形箭头上，如图 1-57 所示，按住鼠标左键，按顺时针方向旋转，将三角形箭头旋转指向右侧文本，如图 1-58 所示。

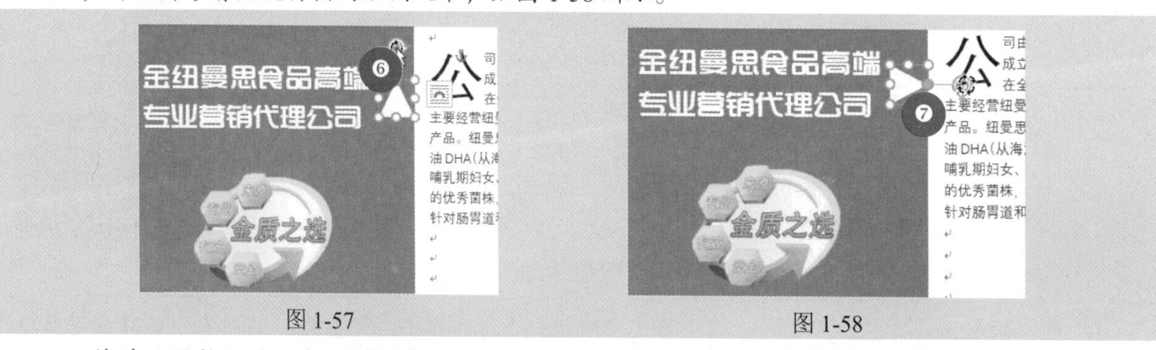
图 1-57　　图 1-58

❻ 将前面调整好的三角形图标复制两个，并分别移至后面两个标题的右侧，如图 1-59 所示。

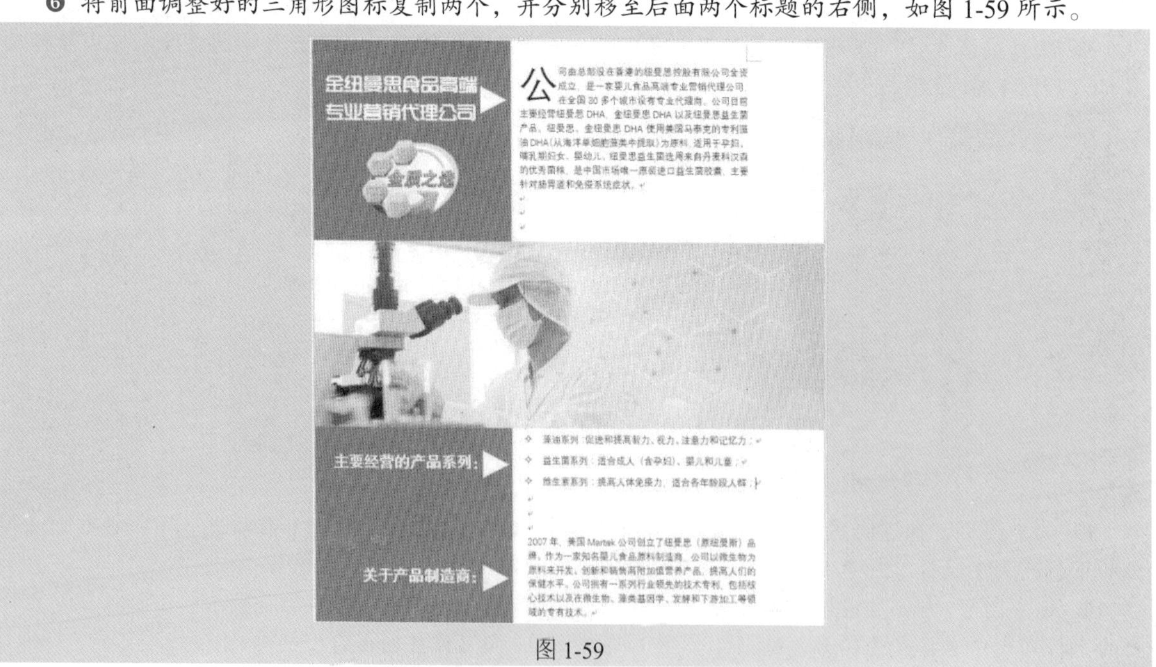

图 1-59

1.3 公司活动安排

将活动以书面形式呈现出来，可方便参与者快速了解时间、地点和参与方式等。所以，编写活动流程时要简洁清晰，让参与者一目了然，快速获取信息。使用 Word 2019 中的形状功能，可绘制出线条、多边形、箭头、流程图、标注、星与旗帜等图形，这些图形可以描述一些组织架构和操作流程，将文本与文本连接起来，并表示出彼此之间的关系。下面以图 1-60 所示的范例来介绍此类文档的制作方法。

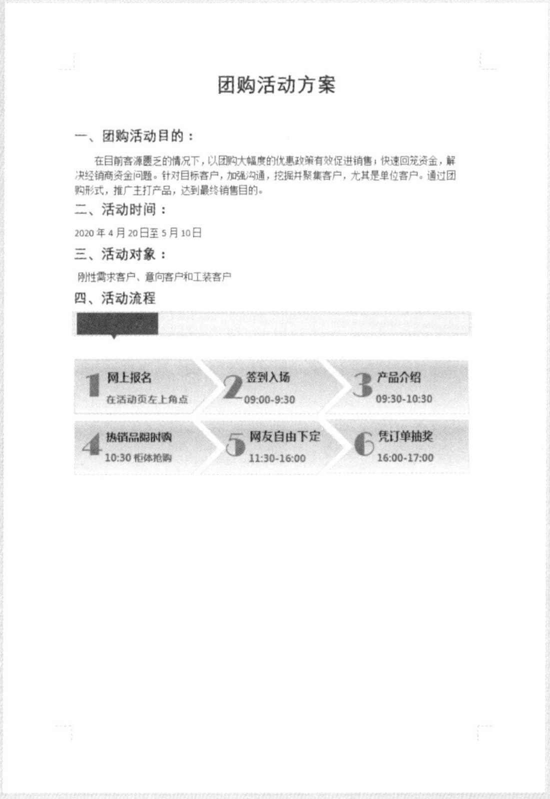

团购活动方案

一、团购活动目的：

在目前客源匮乏的情况下，以团购大幅度的优惠政策有效促进销售；快速回笼资金，解决经销商资金问题。针对目标客户，加强沟通，挖掘并聚集客户，尤其是单位客户。通过团购形式，推广主打产品，达到最终销售目的。

二、活动时间：

2020 年 4 月 20日至 5 月 10日

三、活动对象：

刚性需求客户、意向客户和工装客户

四、活动流程

1 网上报名 在活动页左上角点

2 签到入场 09:00-9:30

3 产品介绍 09:30-10:30

4 热销品限时购 10:30 柜体抢购

5 网友自由下定 11:30-16:00

6 凭订单抽奖 16:00-17:00

图 1-60

1.3.1 绘制图形并设置填充色与线条

扫一扫，看视频

程序的“形状”列表中显示了多种图形，可根据设计思路选用需要的图形。选择图形后可进行绘制，并对图形进行填充颜色、边框线条等格式设置。

❶ 打开“团购活动方案”文档，在“插入”选项卡的“插图”组中单击“形状”下拉按钮，在弹出的下拉列表的“基本形状”栏中选择“矩形”，如图 1-61 所示。

❷ 此时鼠标指针变为“十”样式，在需要的位置上按住鼠标左键拖动，至合适位置后释放鼠标，即可得到矩形，如图 1-62 所示。

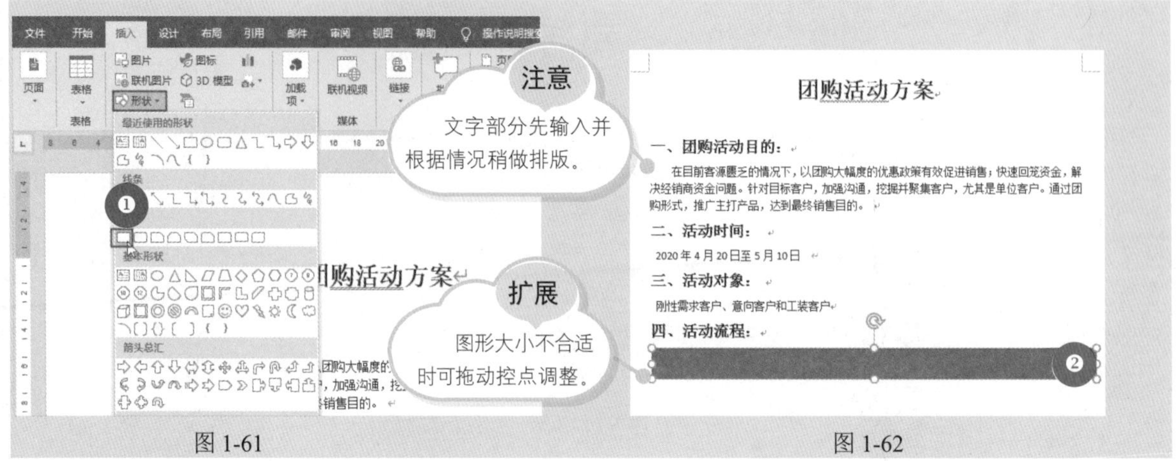

图 1-61　　图 1-62

❸ 在图形上右击，在弹出的快捷菜单中选择“设置形状格式”命令，如图 1-63 所示。

❹ 打开“设置形状格式”窗格，单击“填充与线条”按钮，展开“线条”栏，单击“颜色”下拉按钮，在弹出的下拉列表中选择“白色，背景 1，深色 15%”，在“宽度”数值框中输入“2.5 磅”，然后单击“复合类型”右侧下拉按钮，在弹出的下拉列表中选择“双线”选项，如图 1-64 所示。

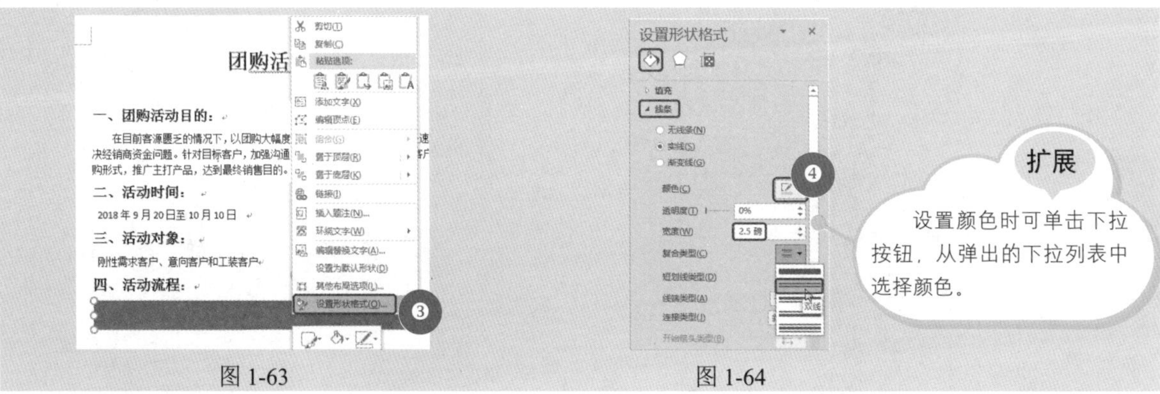

图 1-63　　图 1-64

❺ 展开“填充”栏，选中“纯色填充”单选按钮，设置填充色为“白色，背景 1，深色 5%”，如图 1-65 所示。

❻ 完成上面的设置后，效果如图 1-66 所示。

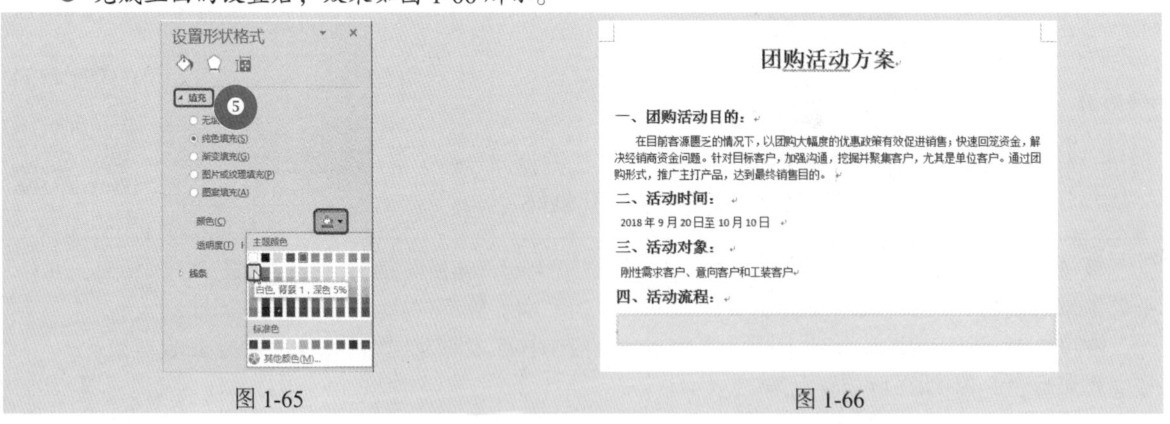

图 1-65　　图 1-66

❼ 在“插入”选项卡的“插图”组中单击“形状”下拉按钮，在弹出的下拉列表的“流程图”栏中选择“流程图：合并”，如图 1-67 所示。

❽ 按住鼠标左键向右下角拖动，至合适位置后释放鼠标，即可绘制出图形。选中图形，在“绘图工具-格式”选项卡的“形状样式”组中单击“形状填充”下拉按钮，在弹出的下拉列表中选择“深红”，如图 1-68 所示。

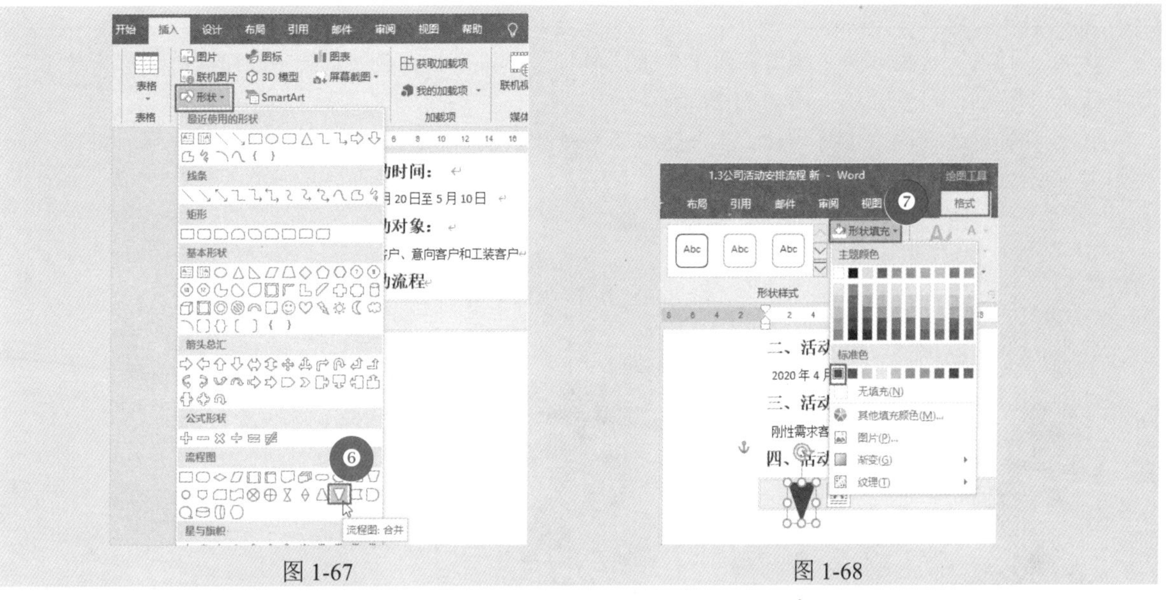

图 1-67　　图 1-68

❾ 单击“形状轮廓”下拉按钮，在弹出的下拉列表中选择“无轮廓”选项，如图 1-69 所示。

❿ 按照相同的方法绘制一个矩形，并填充为“深红”“无轮廓”，按图 1-70 所示放置。

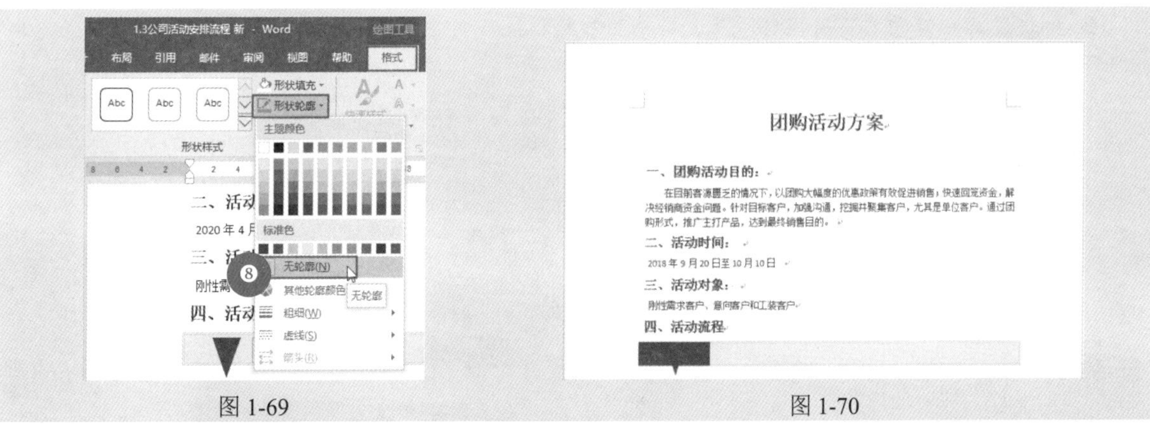

图 1-69　　图 1-70

经验之谈

当图形过多并叠放在一起时，默认是最先绘制的在最下面，最后绘制的在最上面。根据设计思路，有时需要调节图形的叠放次序。

选中目标图形并右击，在弹出的快捷菜单中有“置于顶层”与“置于底层”命令，分别指向可以实现“上移一层”或“下移一层”等操作。

扫一扫，看视频

1.3.2 调节图形顶点变换图形

虽然程序提供的自选图形很多，但却不一定能完全满足设计需要，这时可以对图形进行变换，通过拖动图形的顶点可任意调节图形的外观，直至需要的样式。下面以活动流程安排中变换图形顶点为例介绍。

❶ 在“插入”选项卡的“插图”组中单击“形状”下拉按钮，在弹出的下拉列表的“箭头总汇”栏中选择“箭头：五边形”，如图 1-71 所示。

❷ 按住鼠标左键向右下角拖动，至合适位置后释放鼠标，绘制出一个“箭头：五边形”图形，如图 1-72 所示。

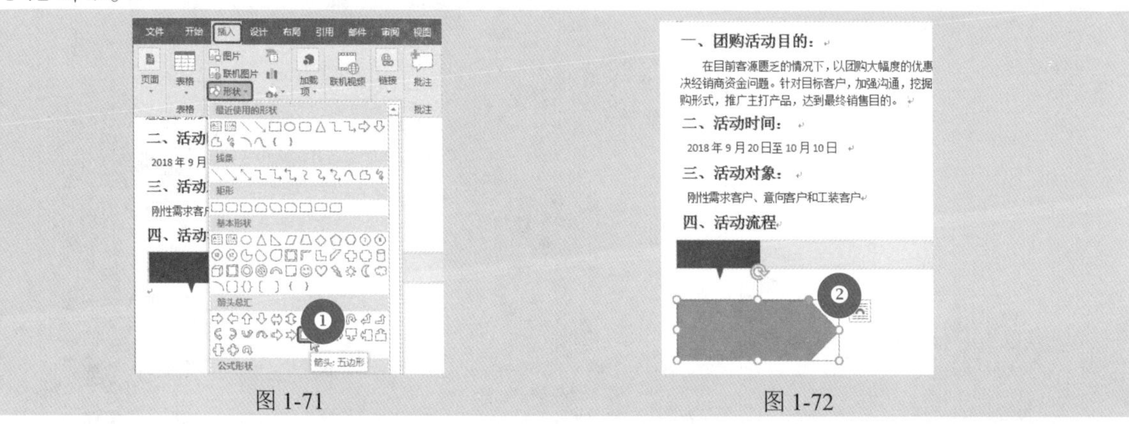

图 1-71　　图 1-72

❸ 在“插入”选项卡的“插图”组中单击“形状”下拉按钮，在弹出的下拉列表的“箭头总汇”栏中选择“燕尾形”，如图 1-73 所示。

❹ 按住鼠标左键向右下角拖动，至合适位置后释放鼠标，绘制出一个“燕尾形”图形，在“大小”组中设置，调整两个图形为同高同宽，如图 1-74 所示。

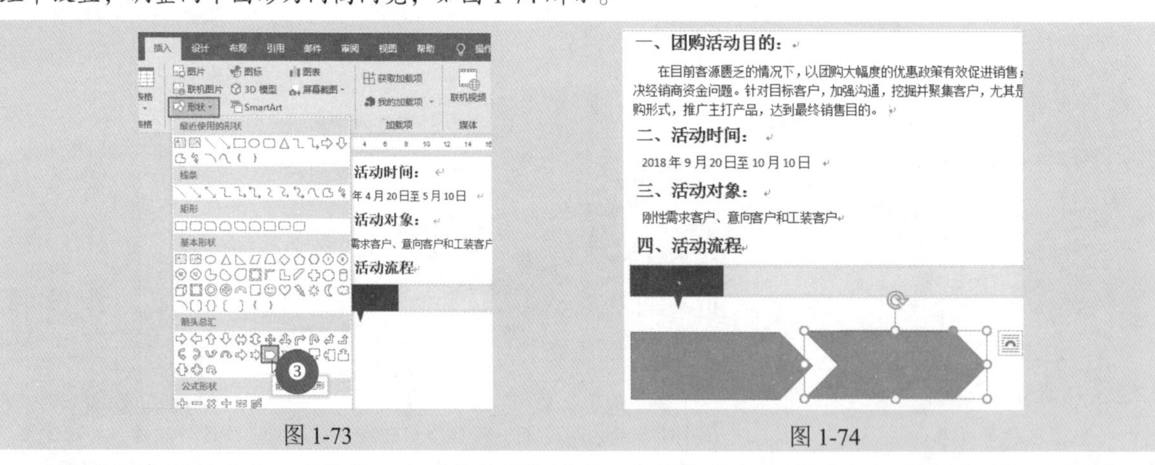

图 1-73　　图 1-74

❺ 按照相同的方法，再绘制一个“燕尾形”图形。在“绘图工具-格式”选项卡的“插入形状”组中单击“编辑形状”下拉按钮，在弹出的下拉列表中选择“编辑顶点”选项，如图 1-75 所示。此时图形的顶点会变成黑色实心正方形，将光标放在顶点位置上，会变成如图 1-76 所示的形状。

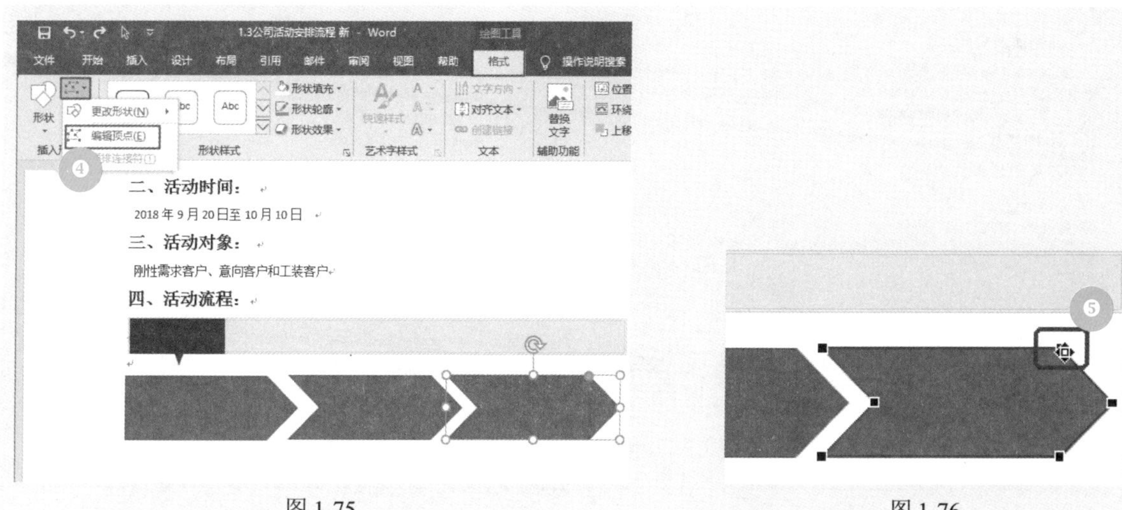

图 1-75　　　　图 1-76

❻ 单击右上角的顶点，向右拖动至适当的位置后释放鼠标（如图 1-77 所示），即可调整图形的外观，如图 1-78 所示。

图 1-77　　　　图 1-78

❼ 调整另一个顶点，得到如图 1-79 所示的图形。

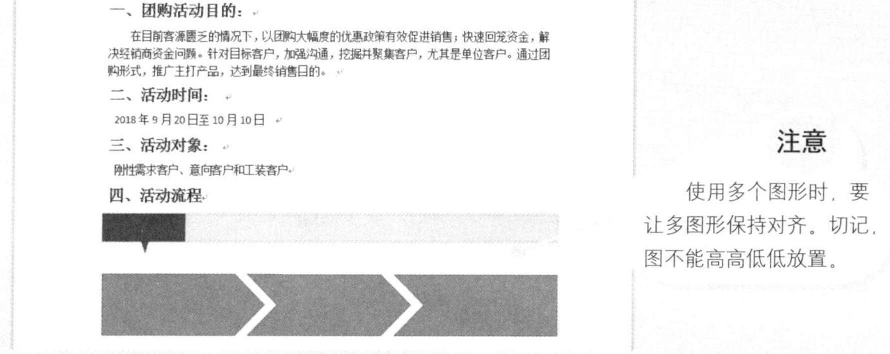

图 1-79

❽ 按住 Ctrl 键，依次在各个图形上单击，同时选中 3 个图形，按 Ctrl+C 组合键复制，再按 Ctrl+V 组合键粘贴，如图 1-80 所示。

❾ 将光标放在粘贴得到的图形上，待其变成四向箭头形状时按住鼠标左键拖动，将图形移到合适的位置，如图 1-81 所示。

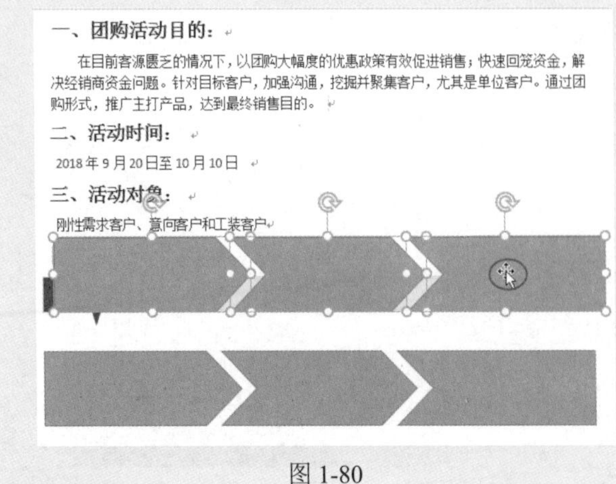

图 1-80

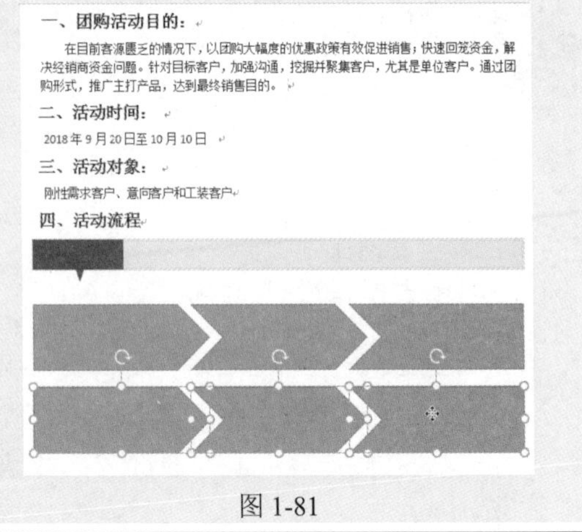

图 1-81

扫一扫，看视频

1.3.3 在图形上添加文字

绘制图形后，可以在图形上添加文本框来输入文字，这样操作更便于对文字位置的调整。将文字与图形结合可以使文档更有层次感和设计感。在图形上添加文本框的方法如下。

❶ 在“插入”选项卡的“文本”组中单击“文本框”下拉按钮，在弹出的下拉列表的“内置”栏中选择“简单文本框”选项（如图 1-82 所示），即可插入文本框，如图 1-83 所示。

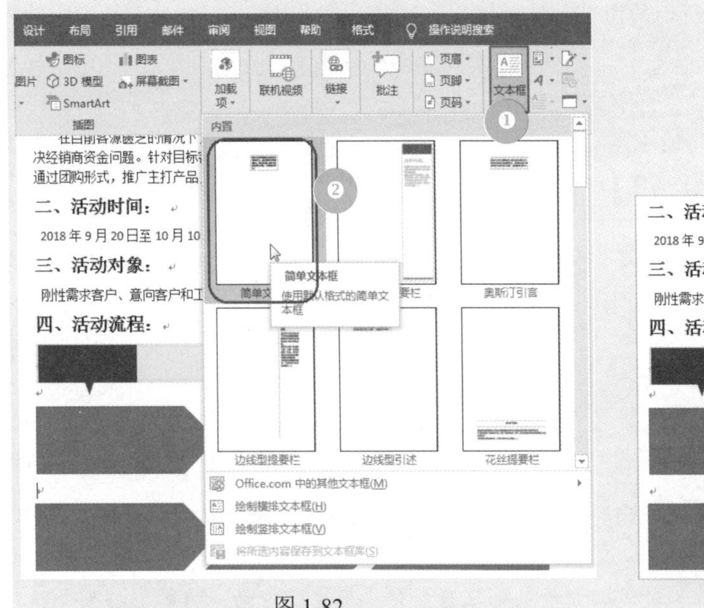

图 1-82

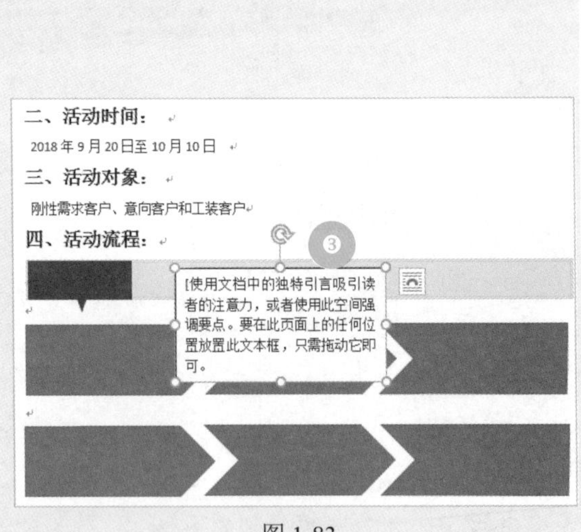

图 1-83

❷ 在文本框中输入文字“网上报名”，如图 1-84 所示。

❸ 设置字体为“微软雅黑”，字号为“小四”，单击“加粗”按钮，如图 1-85 所示。

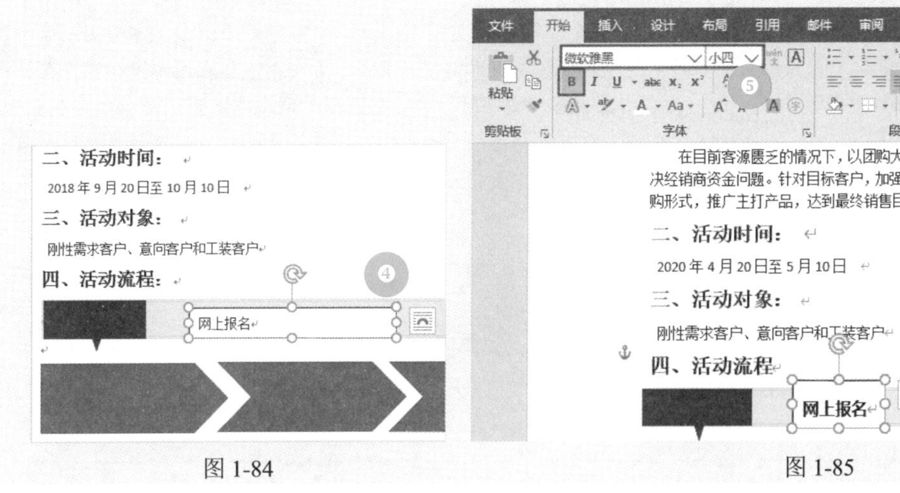

图 1-84　　　　图 1-85

❹ 选中文本框，在“绘图工具-格式”选项卡的“形状样式”组中单击“形状填充”下拉按钮，在弹出的下拉列表中选择“无填充”选项，如图 1-86 所示。

❺ 单击“形状轮廓”下拉按钮，在弹出的下拉列表中选择“无轮廓”选项，如图 1-87 所示。

❻ 利用复制粘贴的方式得到多个无填充、无轮廓的文本框，分别添加不同的文字，并摆放于合适的位置，可以达到如图 1-88 所示的效果。

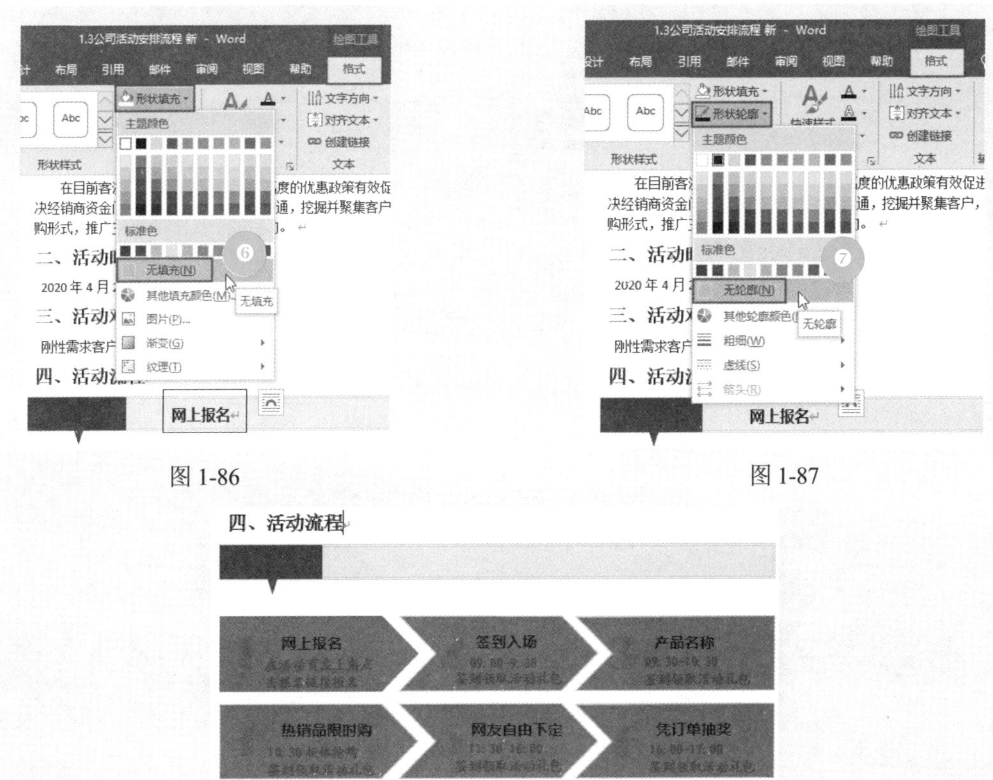

图 1-86　　　　图 1-87

图 1-88

经验之谈

除了在图形上添加文本框输入文本外，还可以直接在图形上输入文本。方法是直接在图形上右击，在弹出的快捷菜单中选择“添加文字”命令。但是，在图形上添加文字时，文字位置不方便任意放置，并且文字稍放大就会超出图形。像本例的一个图形上就使用了多种不同层次的文字，一共使用了 3 个文本框。如果采用直接在图形上添加文字的方式是无法实现的，必须采用多文本框组合来完成设计。

扫一扫，看视频

1.3.4 设置图形的渐变填充效果

在文档中绘制图形后，为图形设置填充颜色是一个必要的美化步骤。图形的填充一般分为纯色填充、渐变填充、图片或纹理填充、图案填充 4 种，其中纯色填充与渐变填充最常用。

1. 自定义渐变填充效果

绘制图形后，图形边框的设置是依据文档的整体风格决定的。为图形设置渐变填充效果时，可以先选择颜色，程序会根据选择的颜色给出几种可供选择的渐变方式，从中快速选择即可。

❶ 选中第一个图形，在“绘图工具-格式”选项卡的“形状样式”组中单击“形状填充”下拉按钮，在弹出的下拉列表中选择“白色，背景 1”，如图 1-89 所示。

❷ 单击“形状填充”下拉按钮，在弹出的下拉列表中选择“渐变”→“线性向下”选项，如图 1-90 所示。

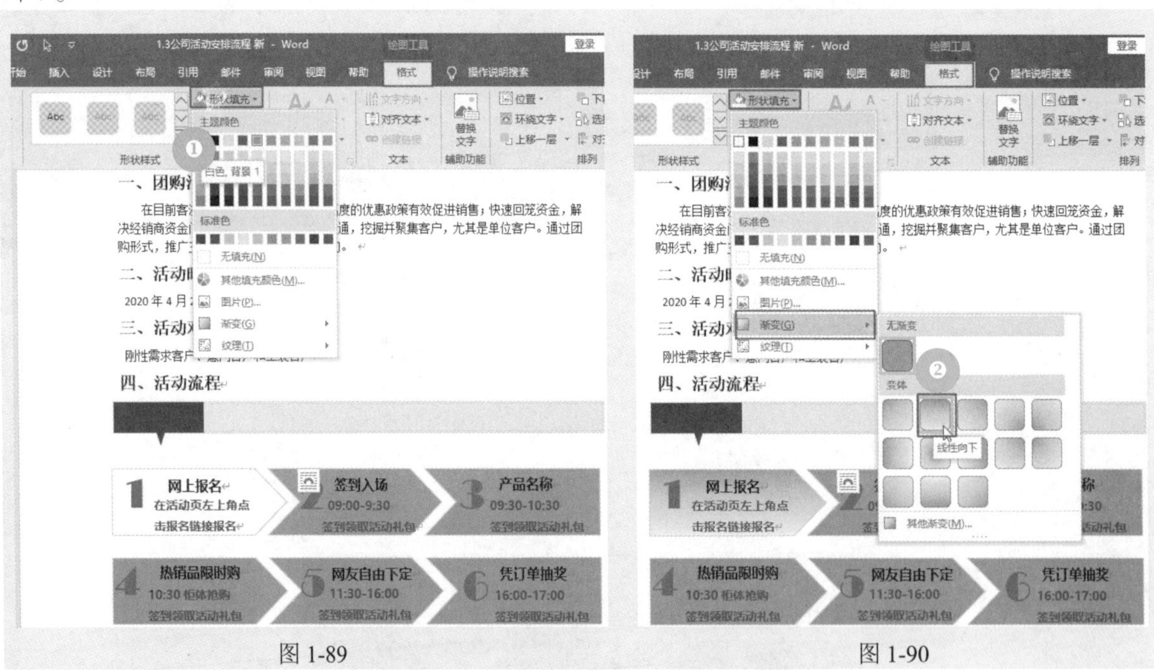

图 1-89　　图 1-90

❸ 完成全部设置后，即可为图形设置渐变填充效果，如图 1-91 所示。

扩展

设置填充效果后，图形的边框线还是默认状态。如果更改，方法很简单，可以单击“形状样式”组中的“形状轮廓”下拉按钮，在弹出的下拉列表中选择所需颜色，如选择灰色线条。

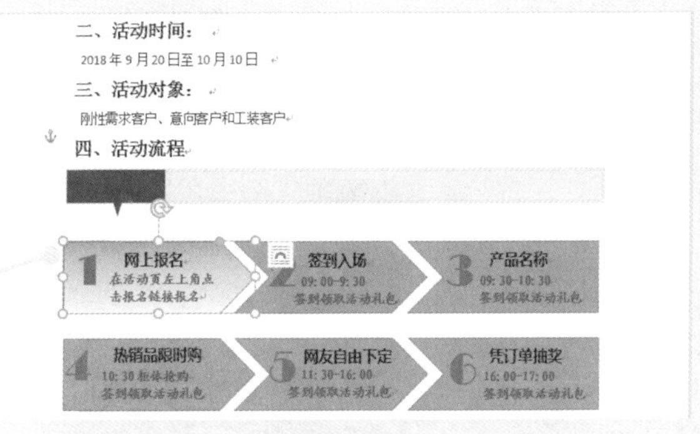

图 1-91

2. 使用格式刷快速复制图形格式

执行上述步骤后，只完成了第一个图形的格式设置。如后面的图形要应用相同的格式，无须逐一设置，可以使用格式刷功能快速复制图形的格式。操作方法如下。

❶ 选中设置完成的第一个图形，在“开始”选项卡的“剪贴板”组中双击“格式刷”按钮，如图 1-92 所示。

扩展

单击“格式刷”按钮可刷一次格式，双击“格式刷”按钮可多次重复复制格式。

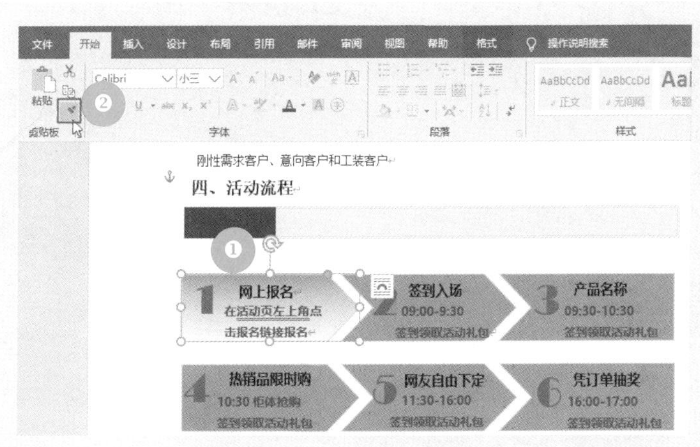

图 1-92

❷ 双击“格式刷”按钮后，将光标移至文档中，即可看到光标变成了刷子形状（如图 1-93 所示），在图形上单击一次，即可复制格式，如图 1-94 所示。

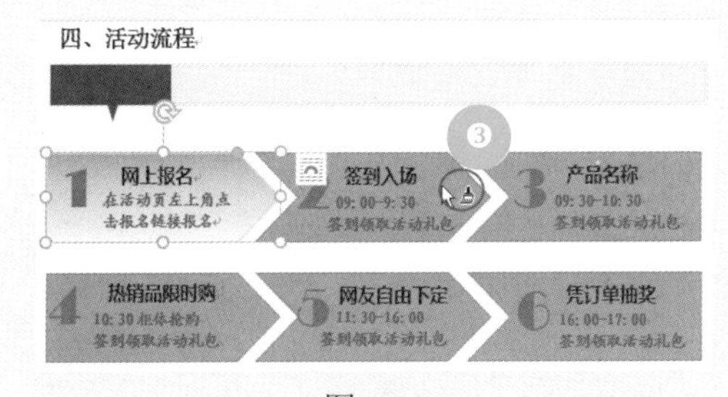

图 1-93

图 1-94

❸ 在其他图形上单击，依次引用格式，如图 1-95 所示。

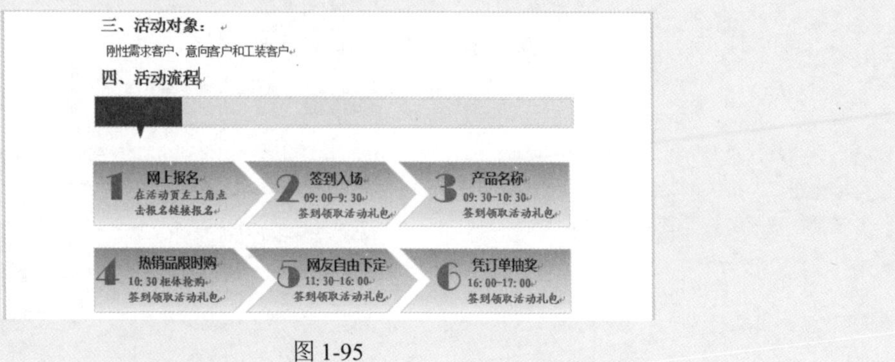

图 1-95

第 2 章

人事管理中的文档

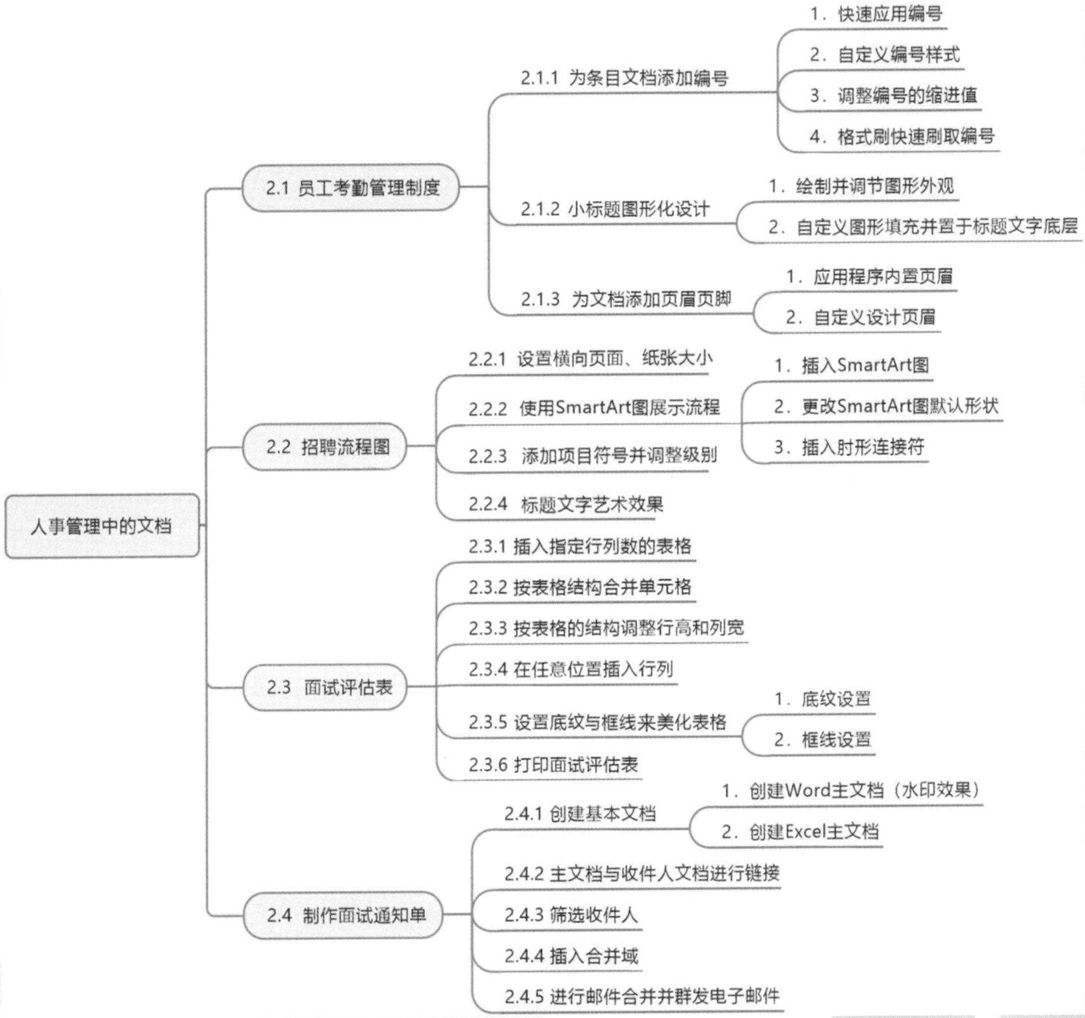

- 人事管理中的文档
  - 2.1 员工考勤管理制度
    - 2.1.1 为条目文档添加编号
      - 1. 快速应用编号
      - 2. 自定义编号样式
      - 3. 调整编号的缩进值
      - 4. 格式刷快速刷取编号
    - 2.1.2 小标题图形化设计
      - 1. 绘制并调节图形外观
      - 2. 自定义图形填充并置于标题文字底层
    - 2.1.3 为文档添加页眉页脚
      - 1. 应用程序内置页眉
      - 2. 自定义设计页眉
  - 2.2 招聘流程图
    - 2.2.1 设置横向页面、纸张大小
    - 2.2.2 使用SmartArt图展示流程
      - 1. 插入SmartArt图
      - 2. 更改SmartArt图默认形状
      - 3. 插入肘形连接符
    - 2.2.3 添加项目符号并调整级别
    - 2.2.4 标题文字艺术效果
  - 2.3 面试评估表
    - 2.3.1 插入指定行列数的表格
    - 2.3.2 按表格结构合并单元格
    - 2.3.3 按表格的结构调整行高和列宽
    - 2.3.4 在任意位置插入行列
    - 2.3.5 设置底纹与框线来美化表格
      - 1. 底纹设置
      - 2. 框线设置
    - 2.3.6 打印面试评估表
  - 2.4 制作面试通知单
    - 2.4.1 创建基本文档
      - 1. 创建Word主文档（水印效果）
      - 2. 创建Excel主文档
    - 2.4.2 主文档与收件人文档进行链接
    - 2.4.3 筛选收件人
    - 2.4.4 插入合并域
    - 2.4.5 进行邮件合并并群发电子邮件

2.1 员工考勤管理制度

考勤制度是为维护企业的正常工作秩序，严肃企业纪律，使员工自觉遵守工作时间和劳动纪律而制定的。考勤制度的完善，不仅可以增强员工的时间观念，提高工作效率，还可以大大改善单位的精神面貌，提升企业的整体形象。在 Word 中制作员工考勤管理制度文档非常容易，但建立基本文档的同时应合理排版并设计文档，进而提升文档的视觉效果与专业性。图 2-1 所示为制作完成的公司员工考勤制度文档，下面以此文档为例介绍制作过程中的相关知识点。

公司员工考勤制度

一、作息时间

1. 公司实行每周 5 天工作制
   上午 9:00 – 12:00
   下午 14:00 – 18:00
2. 部门负责人办公时间：8:45 –12:00　　13:55 – 18:10
3. 行政部经理、行政管理员、考勤员办公时间：8:30 –12:05　　13:55 – 18:10
4. 保洁员：7:30 – 11:00　　14:30 – 19:00
5. 全体员工一律实行每天上下班 4 次打卡制度。
6. 上班时间因个人原因外出，应办理请假手续，否则按旷工进行处理。
7. 在公司办公室以外的工作场所：工作人员务必在约定时间的前 5 分钟到达指定地点，召集人必须提前 15 分钟到达指定地点。

二、违纪界定

员工违纪分为迟到、早退、旷工、脱岗和睡岗等五种，管理程序如下。

1. 迟到：指未按规定到达工作岗位（或作业地点）。迟到 30 分钟以内的，每次扣 10 元；迟到 30 分钟以上的扣半天基本工资；迟到超过 1 小时的扣全天工资。
2. 早退：指提前离开工作岗位下班。早退 3 分钟以内的，每次扣 10 元；早退 30 分钟以上按旷工半天处理。↵
3. 旷工：指未经同意或按规定程序办理请假手续而未正常上班。旷工半天扣 1 天工资，旷工一天扣 2 天工资；一月内连续旷工 3 天或累计旷工 5 天的，做自动解除合同处理；全年累计旷工 7 天的做开除处理。
4. 脱岗：指员工在上班期间未履行任何手续而擅自离开工作岗位，脱岗一次罚款 20 元。
5. 睡岗：指员工在上班期间打瞌睡。睡岗一次罚款 20 元；造成重大损失的，由职责人自行承担。

三、请假制度

假别分为病假、事假、婚假、产假、年假、工伤假、丧假等七种。注：凡发生病假与事假任意一次则取消当月全勤奖。

1. 病假：指员工生病务必进行治疗而请的假别；病假务必持县级以上医院证明，无有效证明按旷工处理；出具虚假证明加倍处罚；病假每月 2 日内扣除 50%的基本日工资；超过 2 天按事假扣薪。
2. 事假：指员工因事务必亲自办理而请的假别；但全年事假累计不得超过 30 天，超过天数按旷工处理；事假按实际天数扣罚日薪。
3. 婚假：指员工到达法定结婚年龄并办理结婚证明而请的假别。
4. 年假：指员工在公司工作满 1 年后可享受 3 天带薪休假，可逐年递增，但最多不得超过 7 天，特殊状况根据工作潜力决定；年假务必提前申报当年使用。

图 2-1

扫一扫，看视频

2.1.1 为条目文档添加编号

编号用来表明内容的大分类、小分类，从而使文章变得层次分明，容易阅读。

1. 快速应用编号

程序中提供了几种可以直接应用的编号样式。只要准确选中文本，就可以快速为目标文本应用编号。

❶ 选中要添加编号的段落文本，在“开始”选项卡的“段落”组中单击“编号”下拉按钮，在弹出的下拉列表中单击要插入的编号格式，如图 2-2 所示。

❷ 单击合适的编号，即可在目标位置插入编号，图 2-3 所示应用的是数字序号，图 2-4 所示应用的是字母序号。

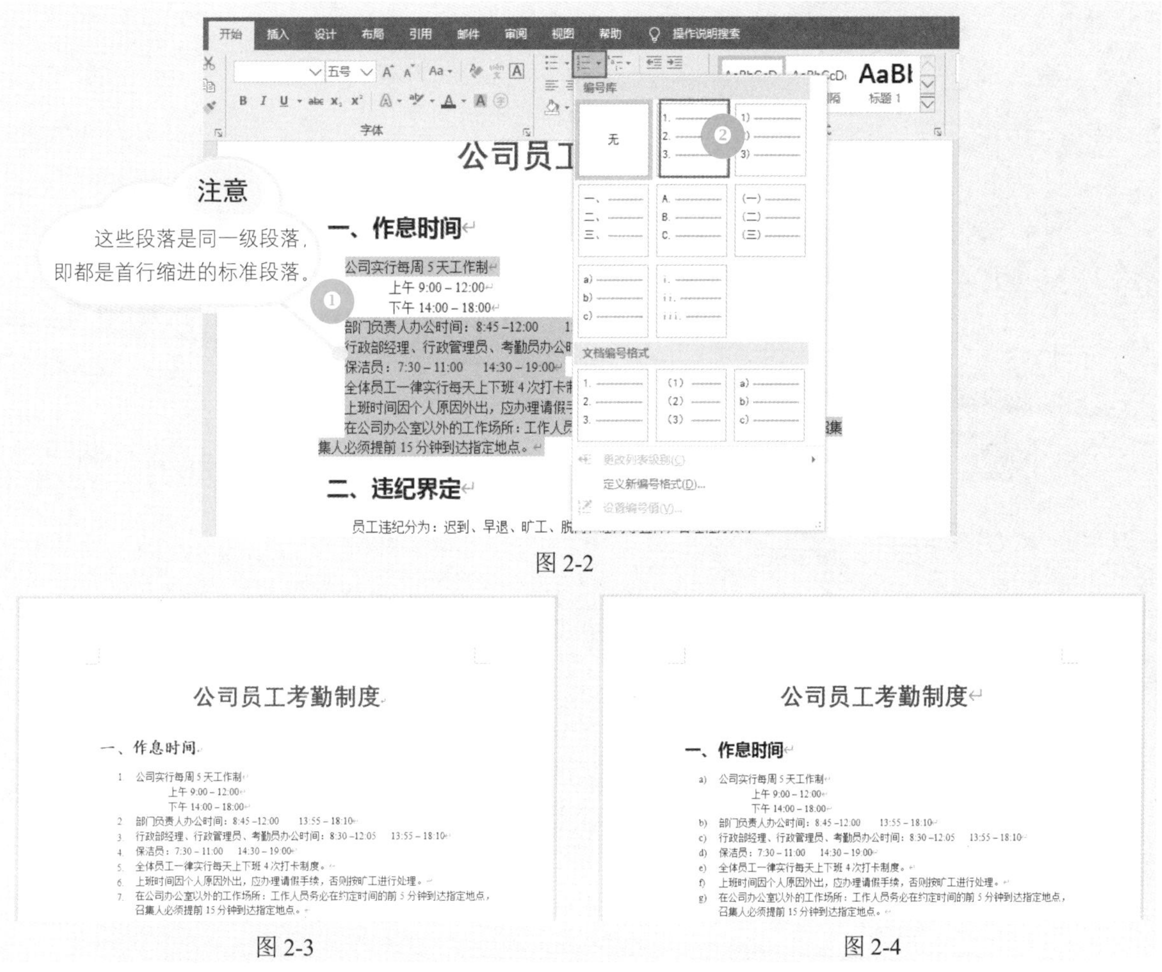

图 2-2

图 2-3

图 2-4

2. 自定义编号样式

除了使用程序内置的样式外，还可以自定义编号的样式。使用这个功能可以创建一些个性化的编号样式。

❶ 选中要添加编号的段落文本，在“开始”选项卡的“段落”组中单击“编号”下拉按钮，在弹出的下拉菜单中选择“自定义新编号格式”命令，打开“定义新编号格式”对话框，如图 2-5 所示。

❷ 在“编号格式”编辑框中设置编号格式，本例在原序号前添加左括号。选中序号及添加的元素，单击“字体”按钮，如图 2-6 所示。

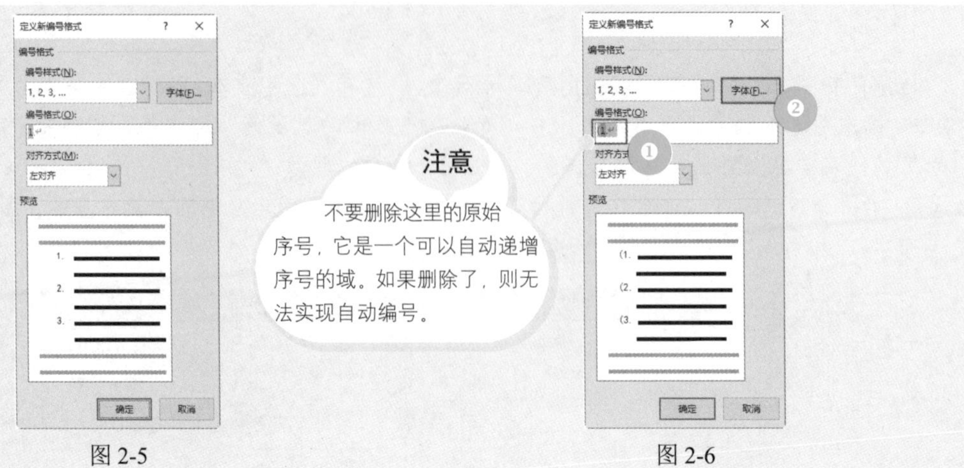

图 2-5　　图 2-6

③ 打开“字体”对话框，重新设置字体、字形、字号，在“下划线线型”下拉列表框中选择所需的下划线，并设置下划线的颜色，如图 2-7 所示。

④ 单击“确定”按钮，回到“定义新编号格式”对话框，即可以看到预览效果，如图 2-8 所示。

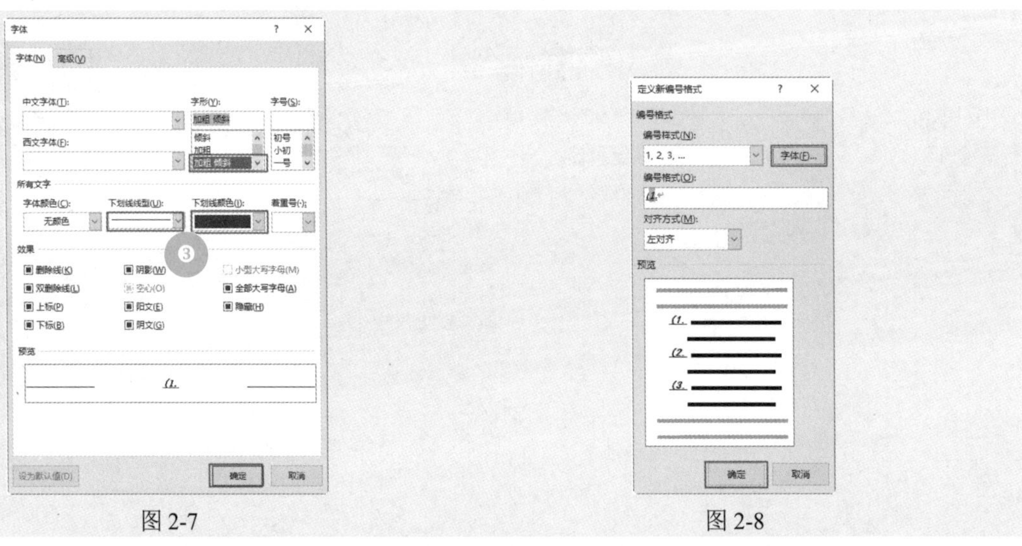

图 2-7　　图 2-8

⑤ 单击“确定”按钮回到文档中，可以看到选中的段落前都添加了自定义的编号，如图 2-9 所示。

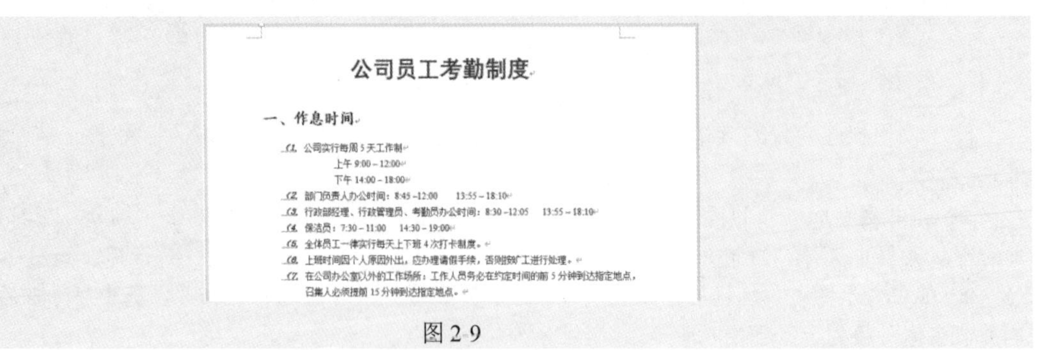

图 2-9

3. 调整编号的缩进值

从图 2-9 中可以看到默认添加的编号紧邻文字，如果中间空出一些距离，可以提高美观度。可以按如下方法调整编号的缩进值。

❶ 在编号上右击，在弹出的快捷菜单中选择“调整列表缩进”命令（如图 2-10 所示），打开“调整列表缩进量”对话框。

❷ 在“文本缩进”数值框中增大默认值，如图 2-11 所示。

❸ 单击“确定”按钮，可以看到编号与文本之间增大了距离，如图 2-12 所示。

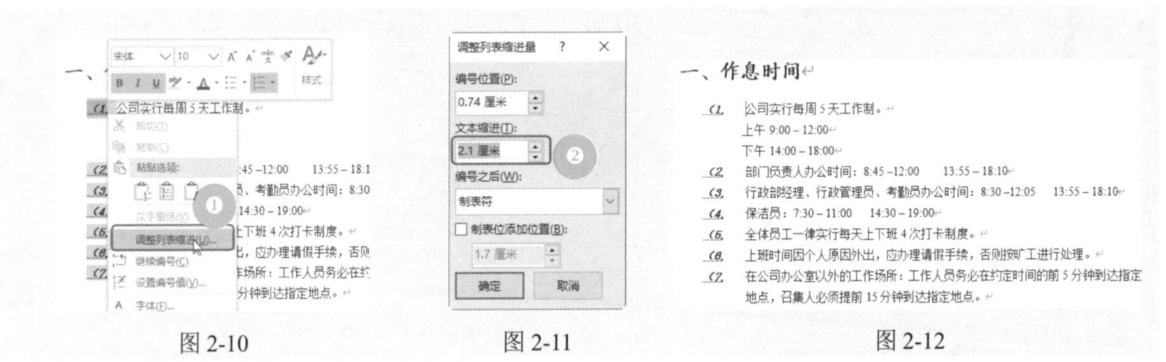

图 2-10　　图 2-11　　图 2-12

4. 格式刷快速刷取编号

为某一处文档添加了编号后，其他位置（或其他文档中）也需要使用这种格式的编号，可以使用格式刷复制格式，让其他位置快速获取相同格式的编号。

❶ 选中已添加编号的文本，在“开始”选项卡的“剪贴板”组中单击“格式刷”按钮，实现复制格式，如图 2-13 所示。

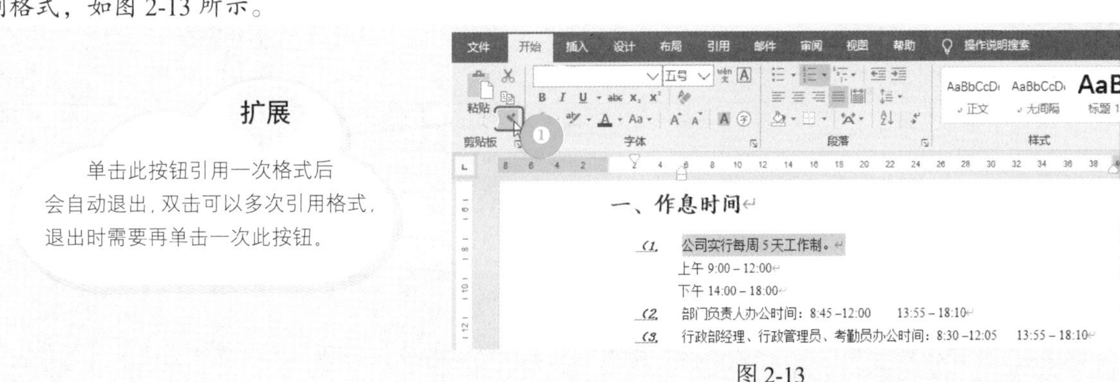

图 2-13

❷ 在其他需要使用编号的文本上拖动（如图 2-14 所示），释放鼠标后即可出现相同格式的编号，如图 2-15 所示。

❸ 在图 2-15 中可以看到，系统默认编号是连续的，但是这时想使用的是不连续的编号，即重新从 1 开始编号。选中第二处编号，右击，在弹出的快捷菜单中选择“重新开始于 1”命令（如图 2-16 所示），设置后的编号效果如图 2-17 所示。

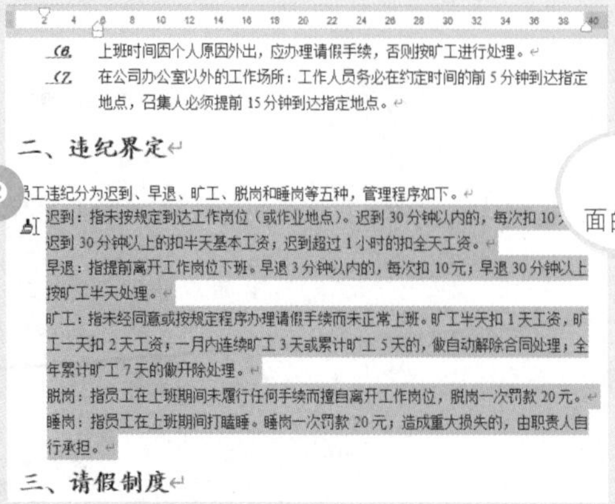

说明

默认编号延续前面的编号，是连续的。

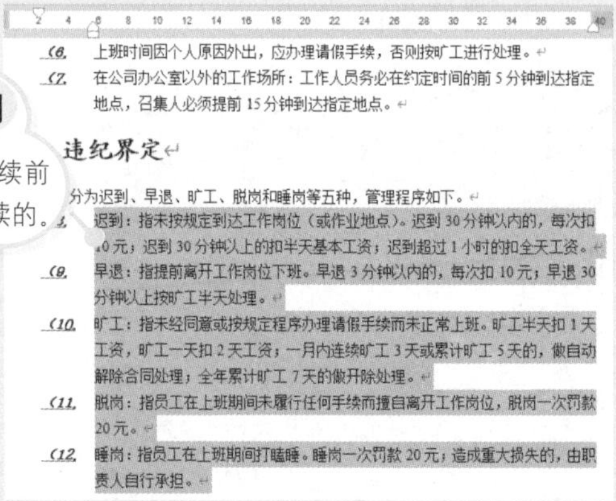

图 2-14

图 2-15

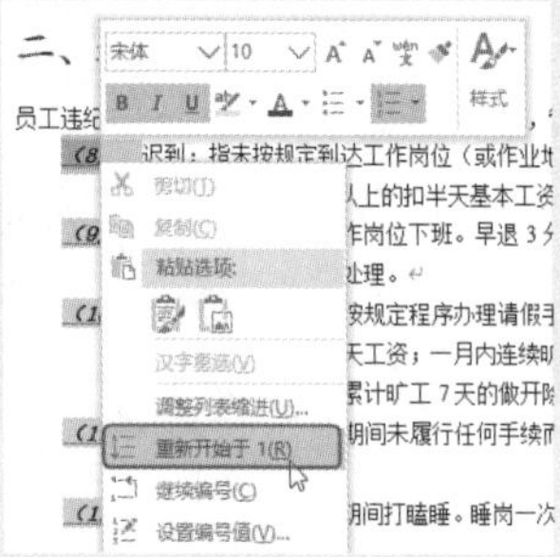

图 2-16

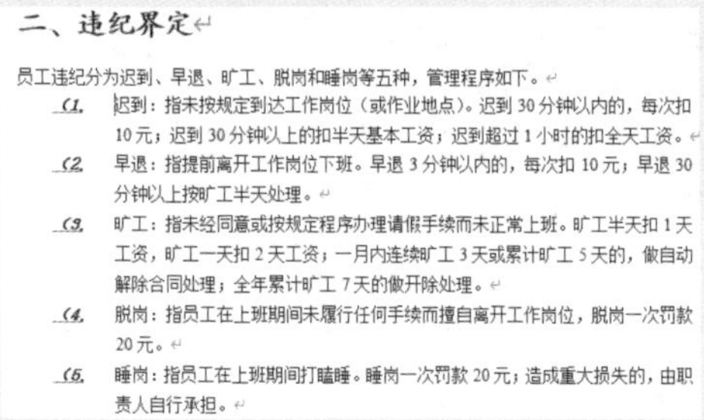

图 2-17

扫一扫，看视频

2.1.2 小标题图形化设计

对小标题文本进行图形化设计是美化文档的一种常用方式，主要是利用程序中提供的图形进行组合设计。根据个人设计思路不同，其最终呈现效果有所不同。下面介绍本例的设计方法。

1. 绘制并调节图形外观

本例要使用的是平行四边形图形，除了使用原始图形外，还可以调整图形的外观样式，从而更加满足设计需求。

❶ 在“插入”选项卡的“插图”组中单击“形状”下拉按钮，在弹出的下拉列表的“基本形状”栏中选择“平行四边形”，如图 2-18 所示。

❷ 此时鼠标指针变为“+”形状，在需要的位置上按住鼠标左键拖动，至合适位置后释放鼠标，即可得到平行四边形，如图 2-19 所示。

❸ 鼠标指针指向图形左上角的黄色控点，按住鼠标左键向右拖动，可调节图形的角度，如图 2-20 所示。

❹ 复制图形并水平放置在右侧，然后将鼠标指针指向右侧中间控点（如图 2-21 所示），按住鼠标左键向左拖动，调节图形宽度；按相同方法再复制一个图形，并调整使其变窄；3 个图形水平放置，如图 2-22 所示。

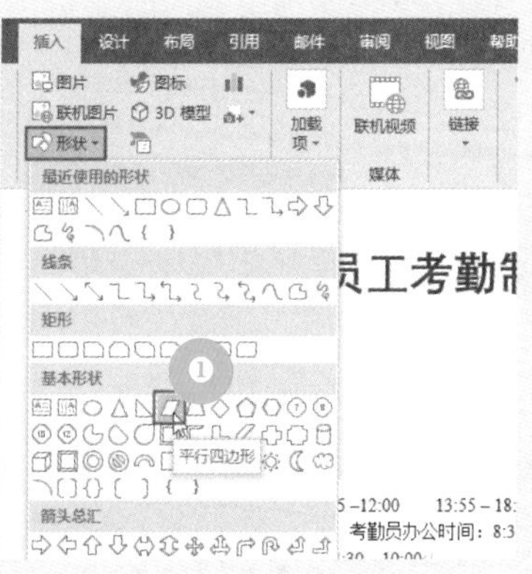

图 2-18

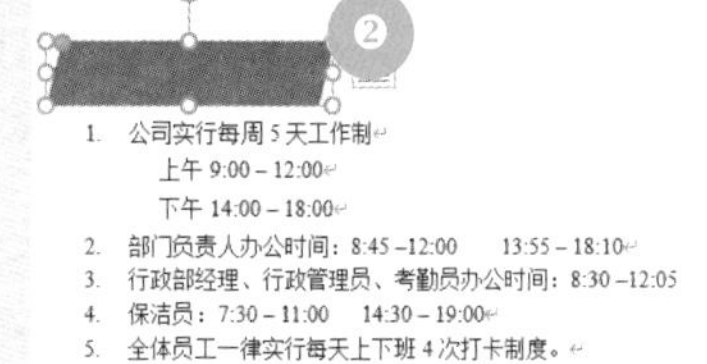

图 2-19

说明

拖动时看到图形的角度发生了变化。

图 2-20

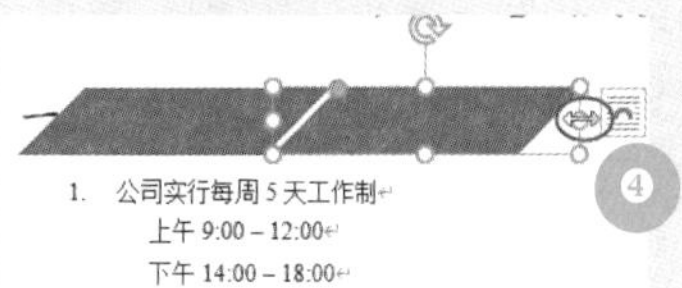

图 2-21

图 2-22

❺ 选中图形并右击，在弹出的快捷菜单中选择“编辑顶点”命令（如图 2-23 所示），即可进入顶点编辑状态，鼠标指针变为如图 2-24 所示的形状。

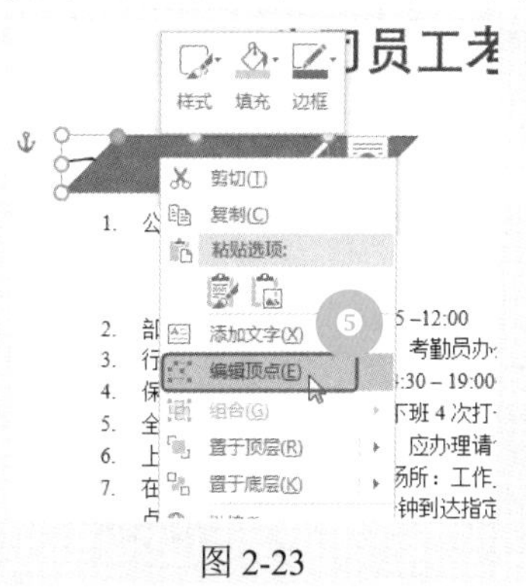

图 2-23

图 2-24

❻ 将鼠标指针指向左上角的顶点，水平向左拖动鼠标，至适当位置后释放，得到的图形如图 2-25 所示。

图 2-25

2. 自定义图形填充并置于标题文字底层

通过上面的绘制与编辑，得到需要的图形框架后，还需要设置图形置于底层显示的版式，才能让图形位于标题文字的底层，起到美化设计的作用。

❶ 选中第一个图形并右击，在弹出的快捷菜单项部有 3 个功能按钮，单击“填充”下拉按钮，在打开的下拉列表中选择填充颜色，如图 2-26 所示。

❷ 按相同方法设置其他两个图形的颜色，如图 2-27 所示。

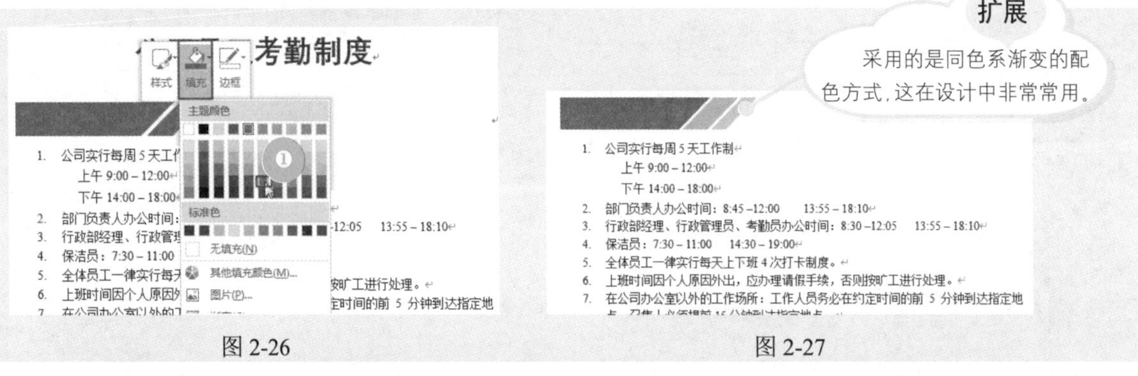

图 2-26　　图 2-27

❸ 全选 3 个图形，在“绘图工具-格式”选项卡的“排列”组中单击“环绕文字”下拉按钮，在弹出的下拉列表中选择“衬于文字下方”选项（如图 2-28 所示），即可实现如图 2-29 所示的效果。

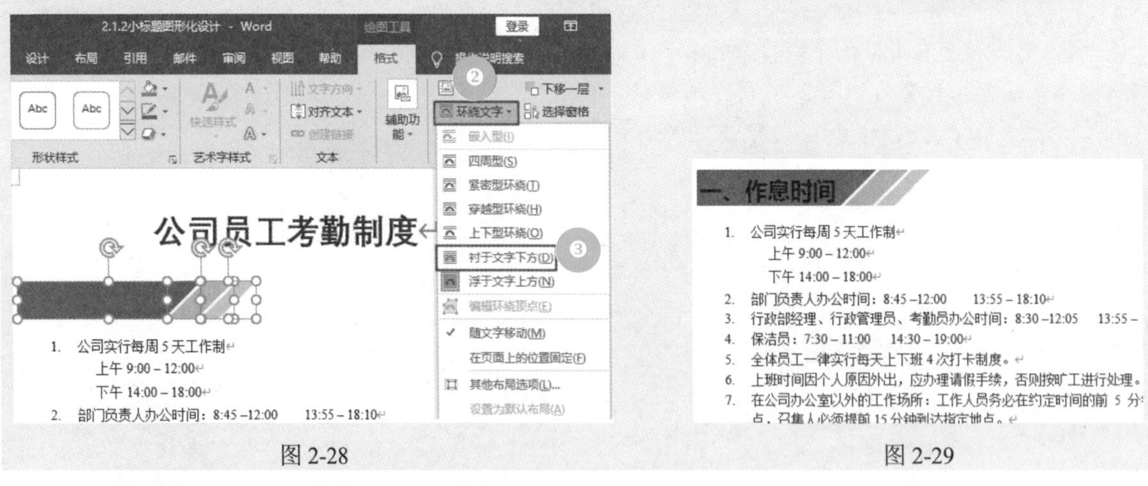

图 2-28　　图 2-29

❹ 在这个图形下绘制一条直线，色彩同第一个图形，如图 2-30 所示。

❺ 复制图形，用于装饰其他小标题，如图 2-31 所示。

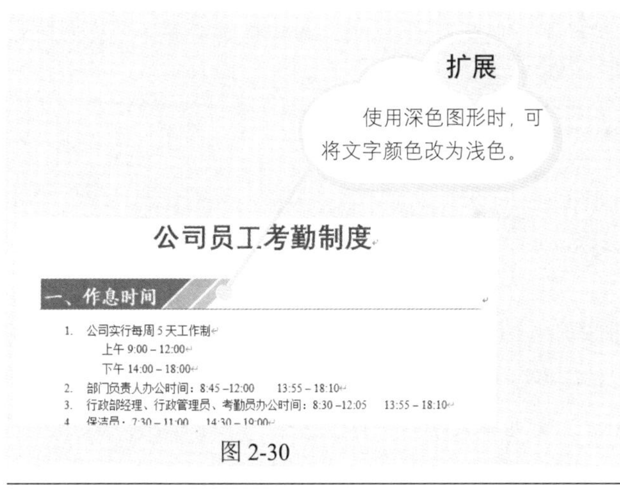

图 2-30

公司员工考勤制度

一、作息时间

1. 公司实行每周5天工作制
上午 9:00－12:00
下午 14:00－18:00
2. 部门负责人办公时间：8:45－12:00　13:55－18:10
3. 行政部经理、行政管理员、考勤员办公时间：8:30－12:05　13:55－18:10
4. 保洁员：7:30－11:00　14:30－19:00
5. 全体员工一律实行每天上下班4次打卡制度。
6. 上班时间因个人原因外出，应办理请假手续，否则按旷工进行处理。
7. 在公司办公室以外的工作场所：工作人员务必在约定时间的前5分钟到达指定地点，召集人必须提前15分钟到达指定地点。

二、违纪界定

员工违纪分为迟到、早退、旷工、脱岗和睡岗等五种，管理程序如下。

8. 迟到：指未按规定到达工作岗位（或作业地点），迟到30分钟以内的，每次扣10元；迟到30分钟以上的扣半天基本工资；迟到超过1小时的扣全天工资。
9. 早退：指提前离开工作岗位下班。早退3分钟以内的，每次扣10元；早退30分钟以上按旷工半天处理。
10. 旷工：指未经同意或按规定程序办理请假手续而未正常上班。旷工半天扣1天工资，旷工一天扣2天工资；一月内连续旷工3天或累计旷工5天的，做自动解除合同处理；全年累计旷工7天的做开除处理。
11. 脱岗：指员工在上班期间未履行任何手续而擅自离开工作岗位，脱岗一次罚款20

图 2-31

2.1.3 为文档添加页眉页脚

专业的商务文档都少不了对页眉页脚的设置。页眉通常显示文档的附加信息，显示文档名称、单位名称、企业 Logo 等，也可以设计简易图形修饰整体页面。页脚通常显示企业的宣传标语、页码等。文档拥有专业的页眉页脚，则能立即提升文档的专业性与视觉效果。

扫一扫，看视频

1. 应用程序内置页眉

Word 2019 为用户提供了 20 多种页眉和页脚样式，供用户直接套用。这些内置的页眉页脚应用起来非常方便，套用后再补充编辑即可。

❶ 在文档的页眉区双击，进入页眉页脚编辑状态。在“页眉和页脚工具-设计”选项卡的“页眉和页脚”组中单击“页眉”下拉按钮，弹出下拉列表，如图 2-32 所示。

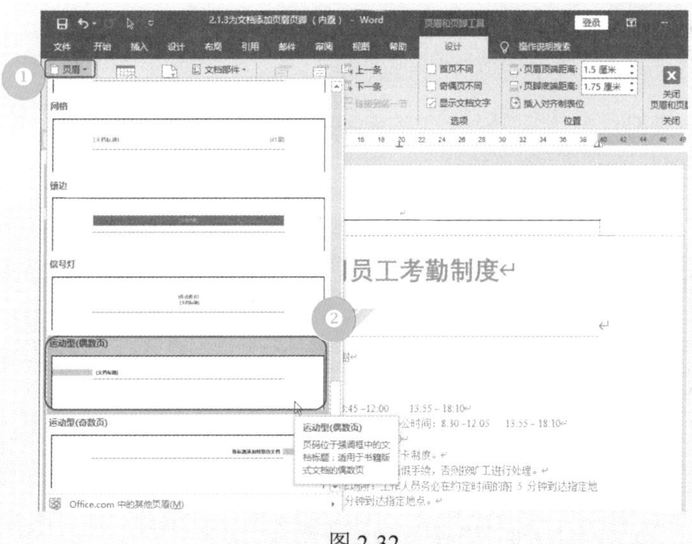

图 2-32

❷ 在下拉列表中选择页眉的样式，如选择“运动型（偶数页）”选项，即可将该页眉样式应用到文档中，效果如图 2-33 所示。

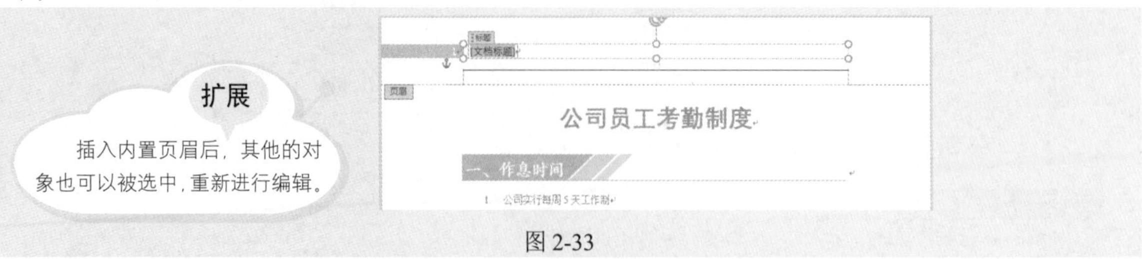

图 2-33

❸ 在“文档标题”处输入页眉的文本内容，并选中输入的文字，如图 2-34 所示。

❹ 在“开始”选项卡的“字体”组中可以重新设置页眉文字的字体、字号、字体颜色，如图 2-35 所示。

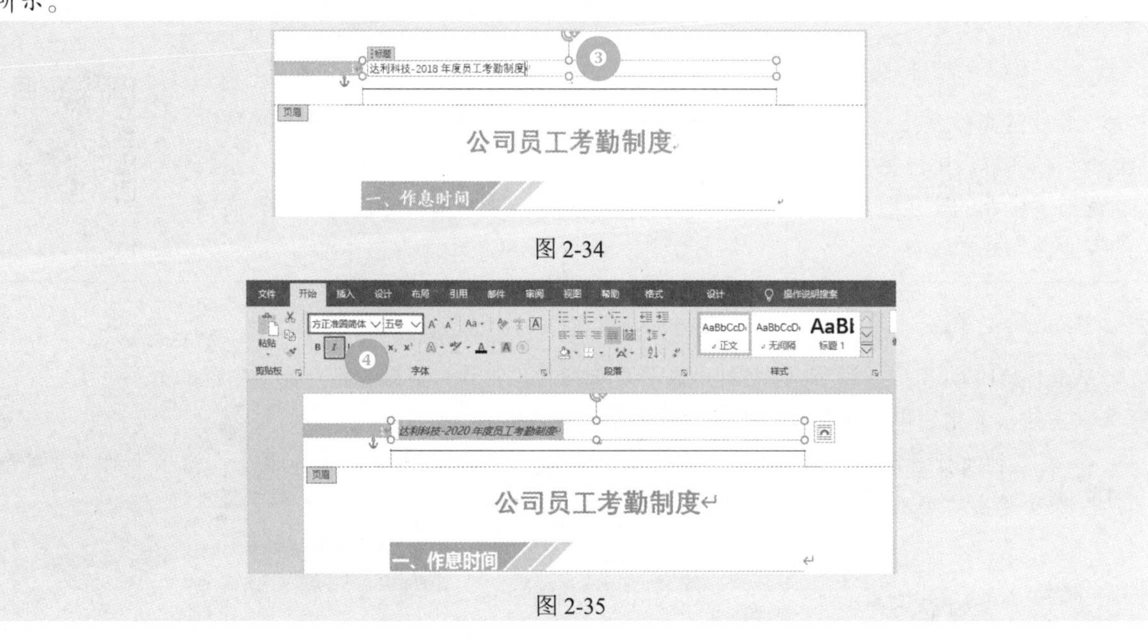

图 2-34

图 2-35

❺ 设置完成后，在页眉以外的其他任意位置单击，退出页眉页脚编辑状态，即可看到页眉效果，如图 2-36 所示。

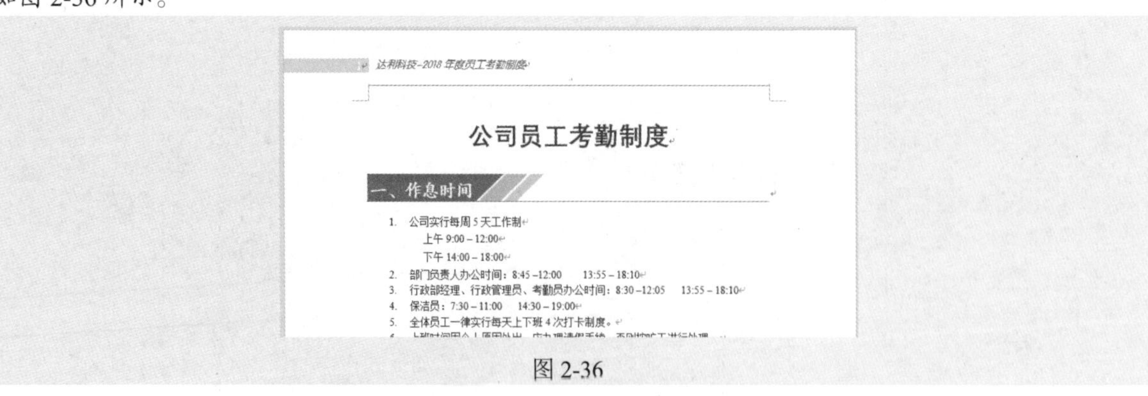

图 2-36

2. 自定义设计页眉

除了使用程序内置的页眉，也可以自定义设计页眉，如在页眉中添加图片、绘制文本框、添加图形装饰等。本例中的页眉设计如下。

❶ 在文档的页眉处双击，进入页眉编辑状态。在“插入”选项卡的“插图”组中单击“图片”按钮（如图 2-37 所示），打开“插入图片”对话框。

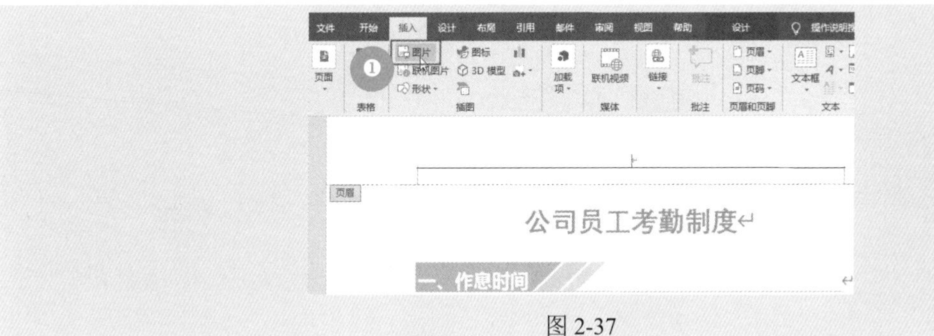

图 2-37

❷ 从址址栏中进入图片的保存位置，选中图片，单击“插入”按钮（如图 2-38 所示），即可在页眉中插入图片，如图 2-39 所示。

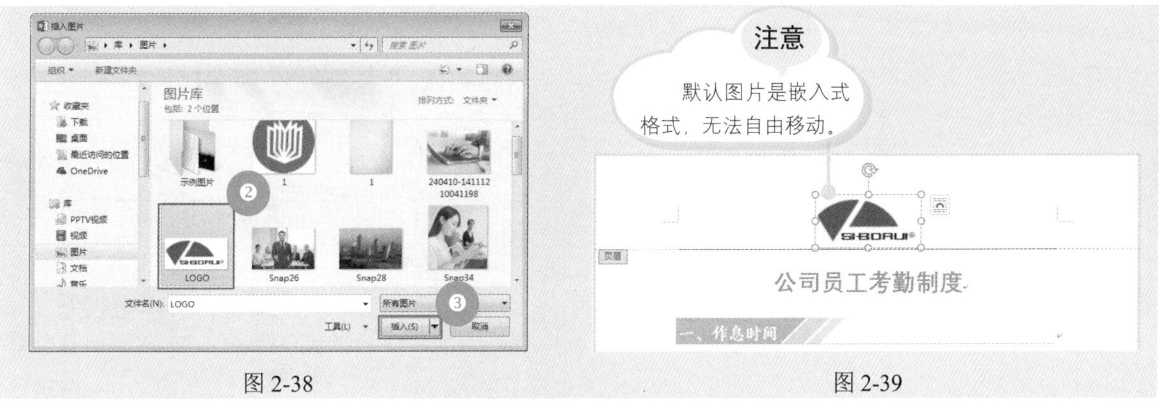

图 2-38　　图 2-39

❸ 插入页眉中的图片默认是以嵌入式格式显示的，无法自由移动，并且大小也不一定符合设计要求，因此需要更改图片的版式为“浮于文字上方”，以方便随意移动图片到合适位置。选中插入的图片，并单击右上角的“布局选项”按钮，在打开的下拉列表中选择“浮于文字上方”，如图 2-40 所示。

❹ 执行上述操作后，调节图片到合适的大小，并移动到目标位置，如图 2-41 所示。

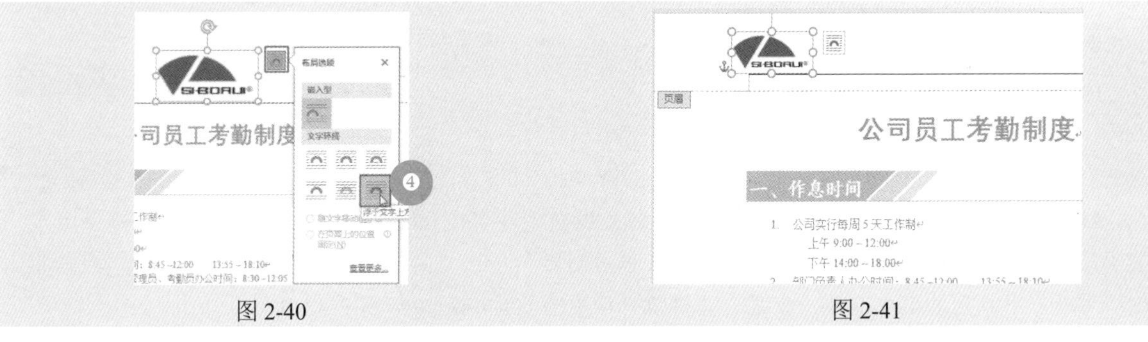

图 2-40　　图 2-41

❺ 在图片旁绘制文本框并输入文字（如图 2-42 所示），然后将光标定位到“专业”后面，在“插入”选项卡的“符号”组中单击“符号”下拉按钮，在弹出的下拉列表中选择“其他符号”选项（如图 2-43 所示），打开“符号”对话框。

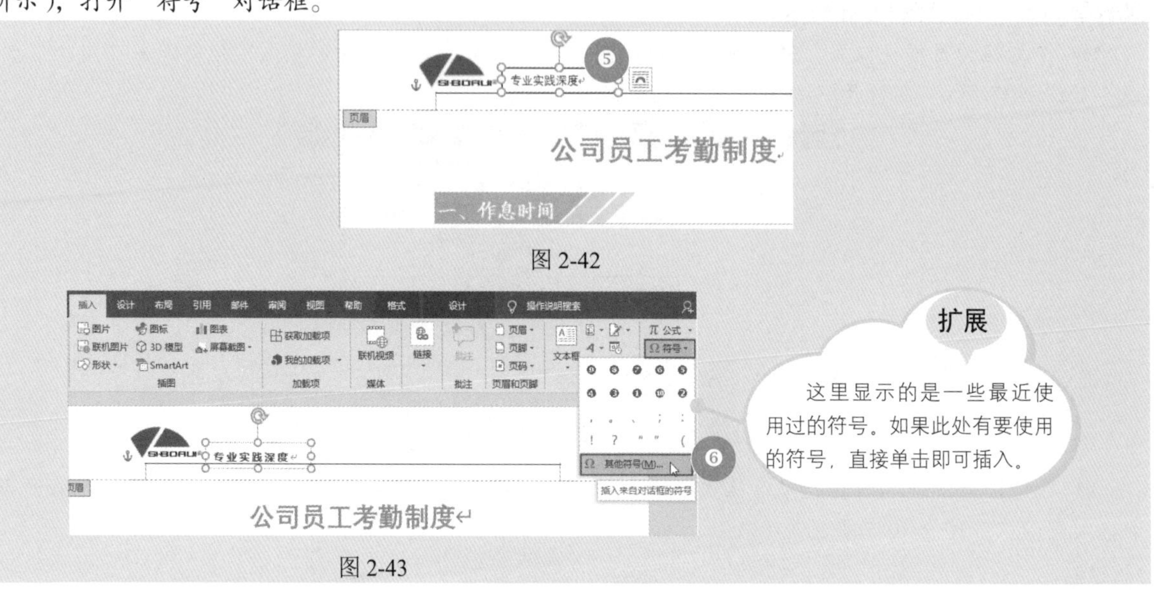

扩展
这里显示的是一些最近使用过的符号。如果此处有要使用的符号，直接单击即可插入。

图 2-42

图 2-43

❻ 在符号列表框中查找圆点符号并选中（如图 2-44 所示），单击“插入”按钮即可插入该符号，如图 2-45 所示。

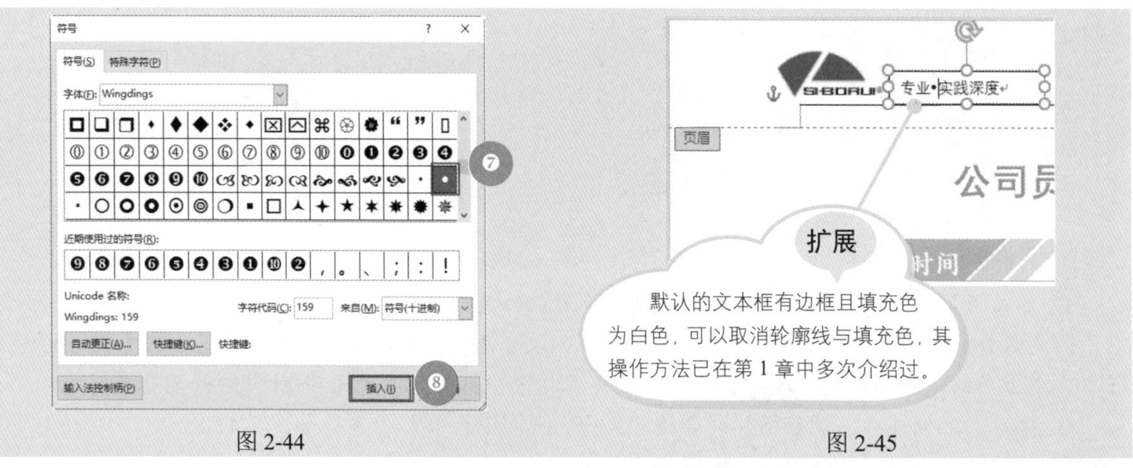

扩展
默认的文本框有边框且填充色为白色，可以取消轮廓线与填充色，其操作方法已在第 1 章中多次介绍过。

图 2-44　　图 2-45

❼ 按相同的方法在“实践”文字后再插入相同符号（可复制得到），如图 2-46 所示。

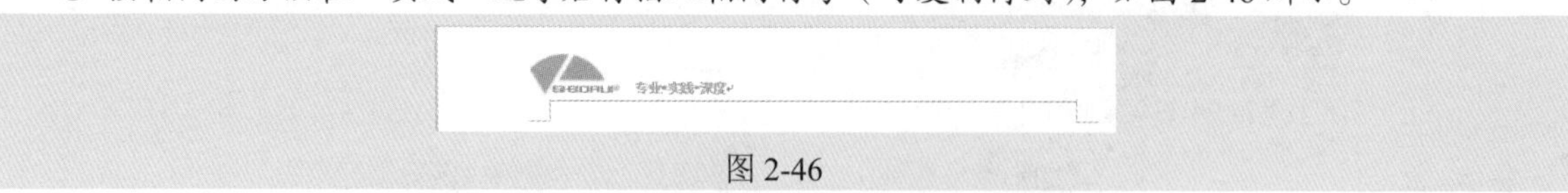

图 2-46

❽ 从图 2-46 中可以看到文字间距过于紧密，现在需要实现让文字稍分散显示的效果。选中文字，在“开始”选项卡的“字体”组中单击“对话框启动器”按钮（图 2-47 所示），打开“字体”对话框。在“间距”下拉列表框中选择“加宽”，“磅值”设置为“1.5 磅”，如图 2-48 所示。

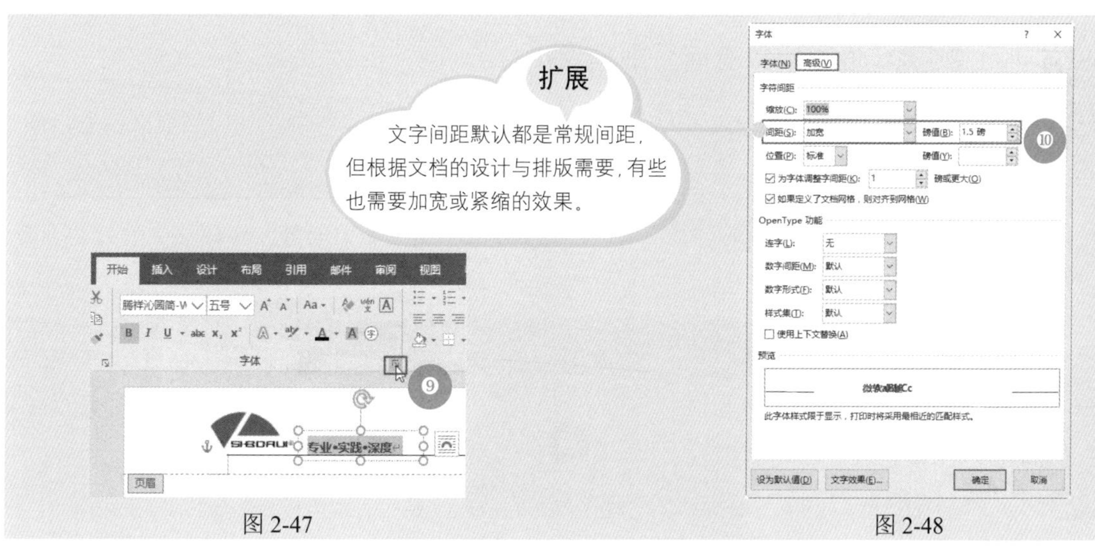

图 2-47　　图 2-48

❾ 单击“确定”按钮，即可实现加宽文字间距的效果，如图 2-49 所示。

图 2-49

2.2　招聘流程图

招聘流程图是人事部门常用的一种文档。设计完成的文档要面向大众，在一定程度上也代表着企业的形象，因此设计时一方面要清晰展示流程，另一方面要注重设计感。图 2-50 所示为设计完成的企业招聘流程文档，下面将以此为例介绍制作过程中的相关要点。

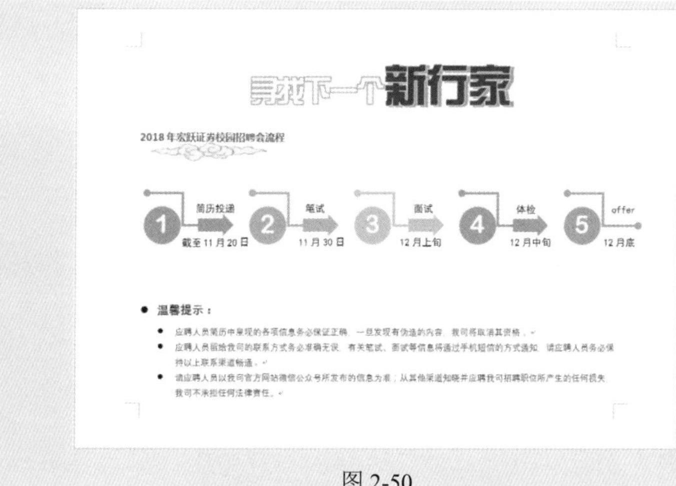

图 2-50

扫一扫，看视频

2.2.1 设置横向页面、纸张大小

纸张方向分为纵向和横向，创建新文档时默认都是纵向。如果当前文档适合使用横向的显示方式，需要重新设置文档的纸张方向。

❶ 打开文档，在“布局”选项卡的“页面设置”组中单击“对话框启动器”按钮，打开“页面设置”对话框，如图 2-51 所示。

图 2-51

❷ 选择“页边距”选项卡，在“纸张方向”中选择“横向”，如图 2-52 所示。

❸ 选择“纸张”选项卡，单击“纸张大小”右侧下拉按钮，在弹出的下拉列表框中选择“16 开”，如图 2-53 所示。

❹ 单击“确定”按钮，即可看到当前的纸张方向，如图 2-54 所示。

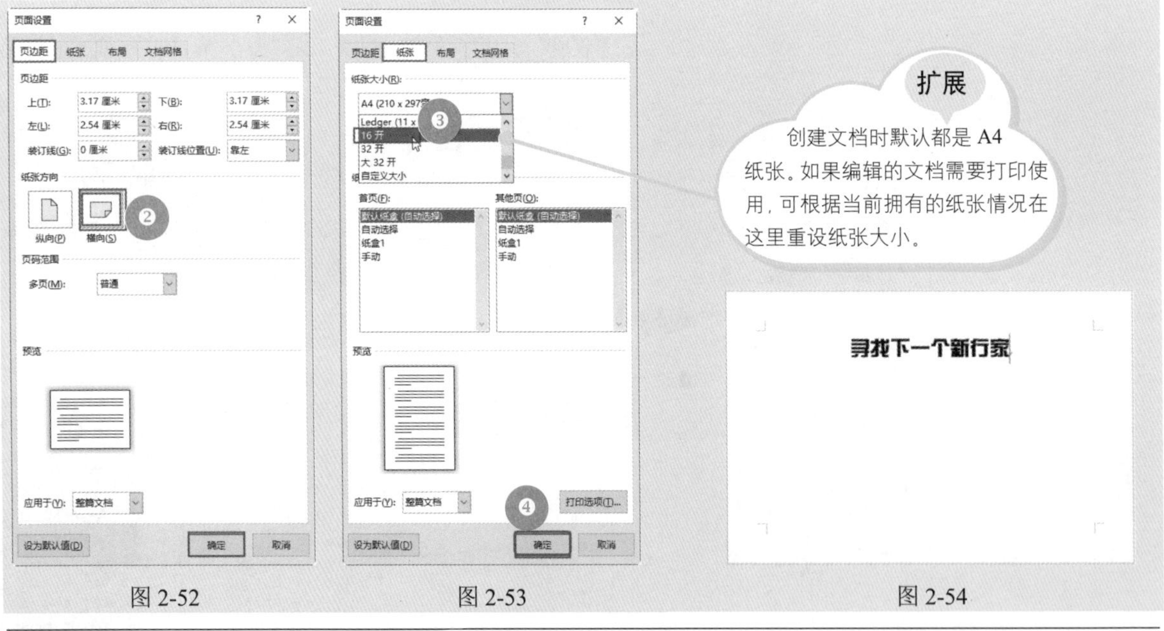

扩展
创建文档时默认都是 A4 纸张。如果编辑的文档需要打印使用，可根据当前拥有的纸张情况在这里重设纸张大小。
寻找下一个新行家

图 2-52　图 2-53　图 2-54

扫一扫，看视频

2.2.2 使用 SmartArt 图展示流程

Word 中提供了 SmartArt 图示功能，SmartArt 图有多种类型，利用此图形可以很方便地表达多种数据关系，如列表关系、流程关系、循环关系等。

1. 插入 SmartArt 图

选定要使用的 SmartArt 图类型后，可以将 SmartArt 图插入到文档中，还可以进行增加形状个数、改变形状样式等操作。

❶ 在“插入”选项卡的“插图”组中单击 SmartArt 按钮（如图 2-55 所示），打开“选择 SmartArt 图形”对话框。

图 2-55

❷ 该对话框展示了 SmartArt 图形的所有类型，根据需要选择合适的类型。选择“流程”选项卡，在中间的列表框中选择“基本流程”，如图 2-56 所示。

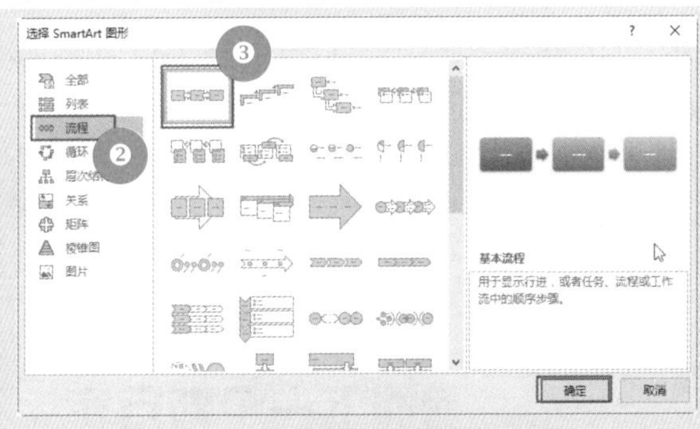

图 2-56

❸ 单击“确定”按钮，即可在文档中插入 SmartArt 图形。系统默认一般是 3 个图形，图形不够时需要添加。在“SmartArt 工具-设计”选项卡的“创建图形”组中单击“添加形状”按钮（如图 2-57 所示），单击一次即可添加一个图形，要添加几个图形就单击几次，如图 2-58 所示。

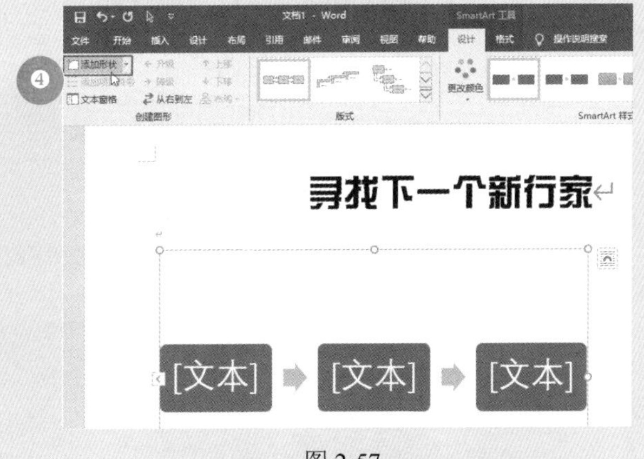

图 2-57

❹ 拖动 SmartArt 图周围的控点可调节 SmartArt 图的大小，拖动右侧中间控点可调节 SmartArt 图的宽度，如图 2-59 所示。

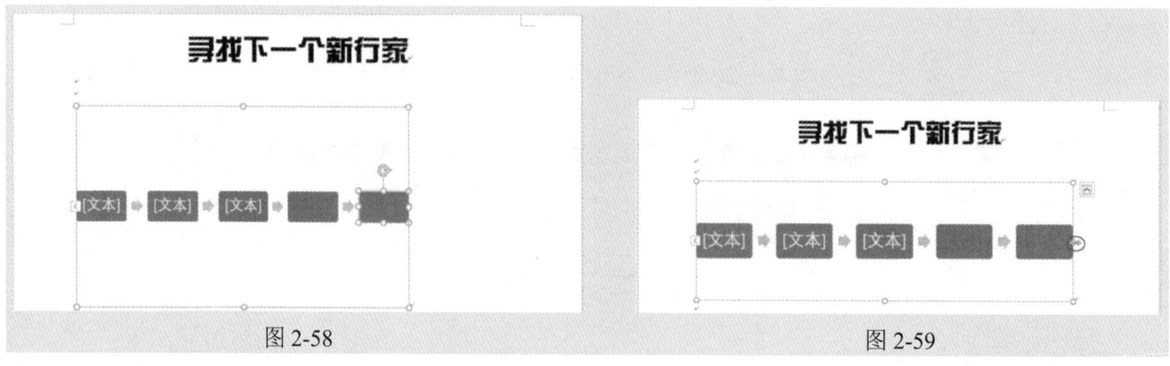

图 2-58　　图 2-59

2. 更改 SmartArt 图默认形状

插入 SmartArt 图后，可以更改默认的图形样式。如本例中要将圆角矩形更改为正圆形，同时也需要调节箭头的宽度。其操作方法如下。

❶ 在“SmartArt 工具-格式”选项卡的“形状”组中单击“更改形状”下拉按钮，在弹出的下拉列表中选择“椭圆”（如图 2-60 所示），效果如图 2-61 所示。

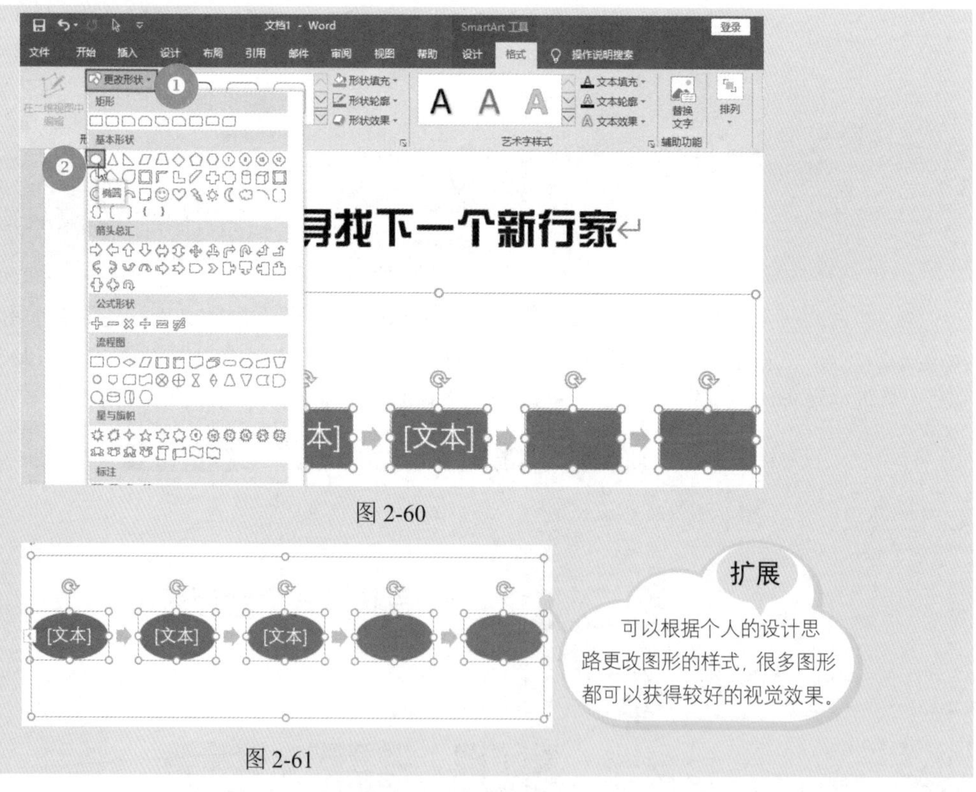

图 2-60

图 2-61

❷ 保持图形的选中状态，在“SmartArt 工具-格式”选项卡的“大小”组中将图形的宽度与高度设置为相同（如图 2-62 所示），设置后的图形效果如图 2-63 所示。

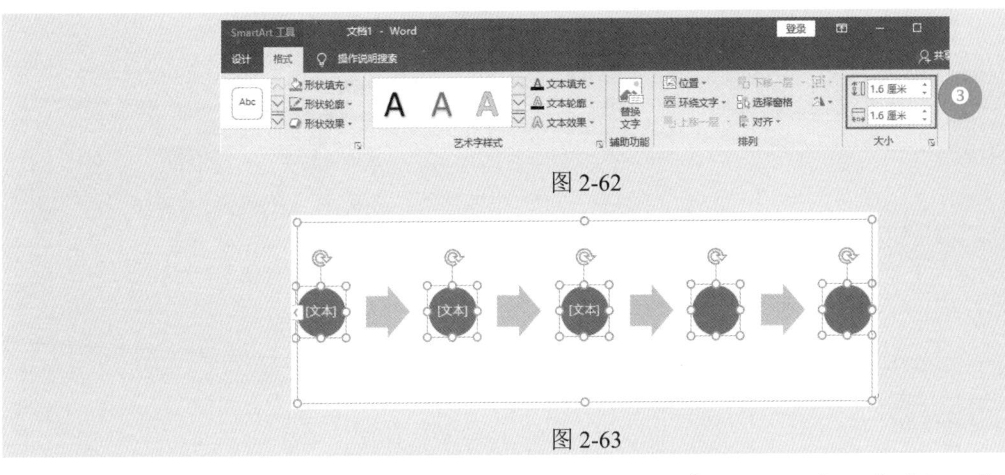

图 2-62

图 2-63

❸ 选中所有箭头图形，在“SmartArt 工具-格式”选项卡的“大小”组中重新调整图形的高度，如图 2-64 所示。

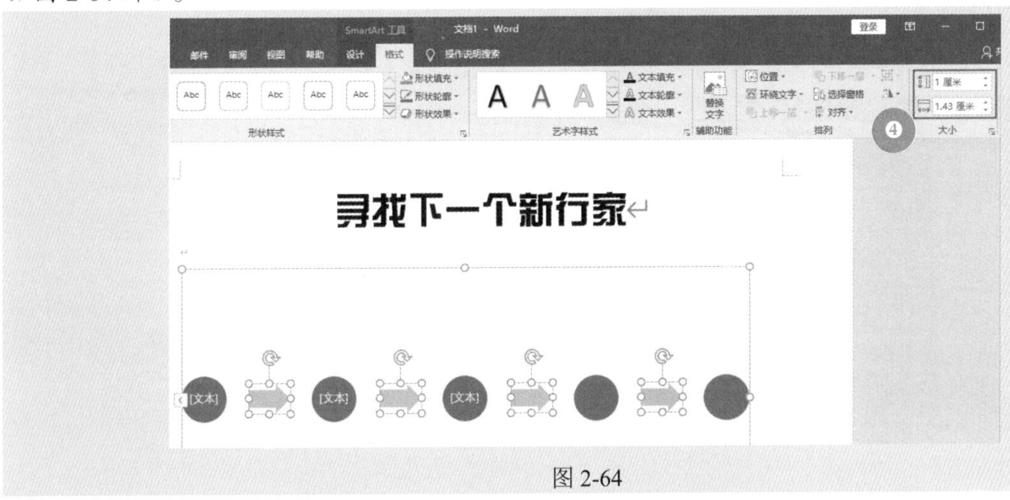

图 2-64

❹ 在有文本占位符的图形上单击一次可进入输入状态，输入文本。在新添加的图形上输入文本时需要右击，在弹出的快捷菜单中选择“编辑文字”命令（如图 2-65 所示），进入编辑状态即可输入文本。

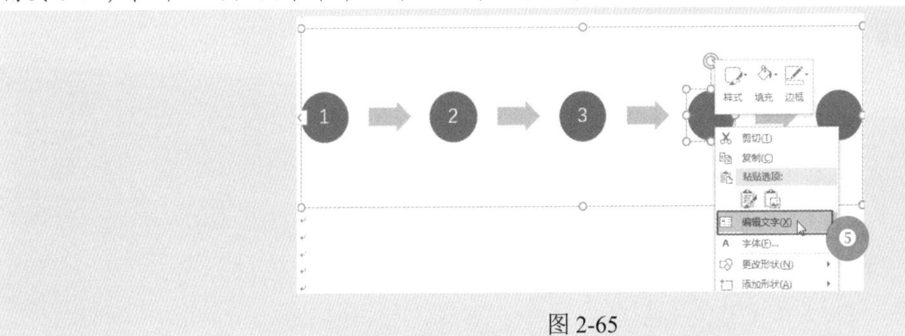

图 2-65

❺ 选中图形，在“SmartArt 工具-设计”选项卡的“SmartArt 样式”组中单击“更改颜色”下拉按钮，在弹出的下拉列表中选择要设置的颜色，如“彩色-个性色”，如图 2-66 所示。

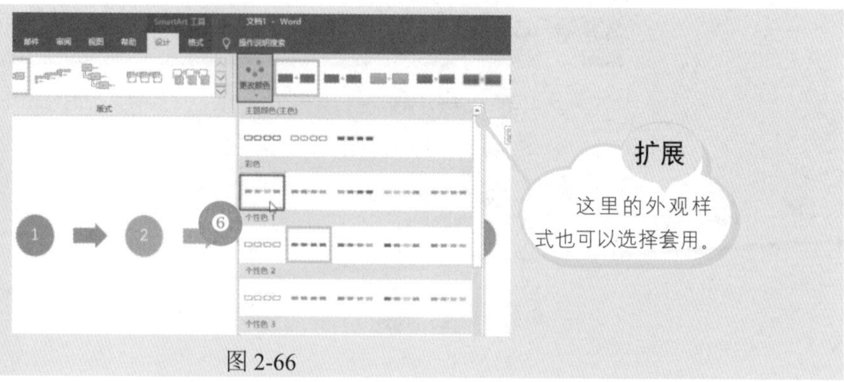

图 2-66

3. 插入肘形连接符

本例中的肘形连接符用于对 SmartArt 图的辅助设计。

❶ 打开文档，在“插入”选项卡的“插图”组中单击“形状”下拉按钮，在弹出的下拉列表中选择“连接符：肘形”，如图 2-67 所示。

❷ 绘制图形，如图 2-68 所示。

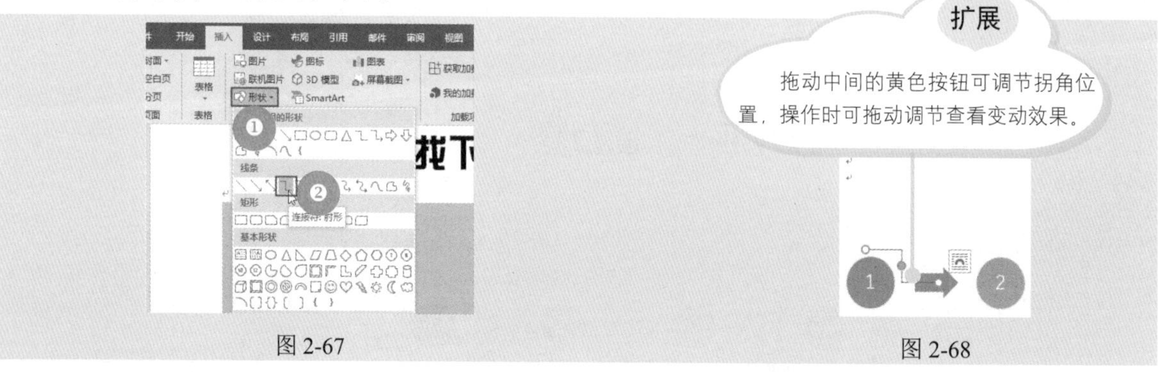

图 2-67

图 2-68

❸ 选中图形，在“绘图工具-格式”选项卡的“形状样式”组中单击“对话框启动器”按钮，打开“设置形状格式”窗格。设置“宽度”为“3 磅”，单击“开始箭头类型”右侧下拉按钮，在弹出的下拉列表中选择“圆型箭头”，如图 2-69 所示。设置后的图形效果如图 2-70 所示。

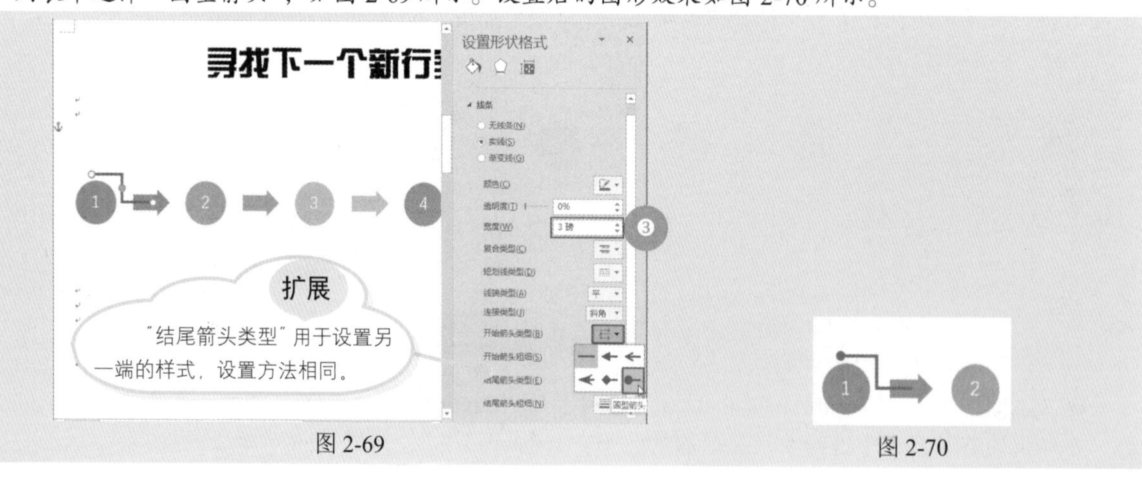

图 2-69

图 2-70

❹ 将圆型箭头图形分别复制到其他圆形的右侧，并按圆形的颜色设置肘形连接符的颜色，如图 2-71 所示。

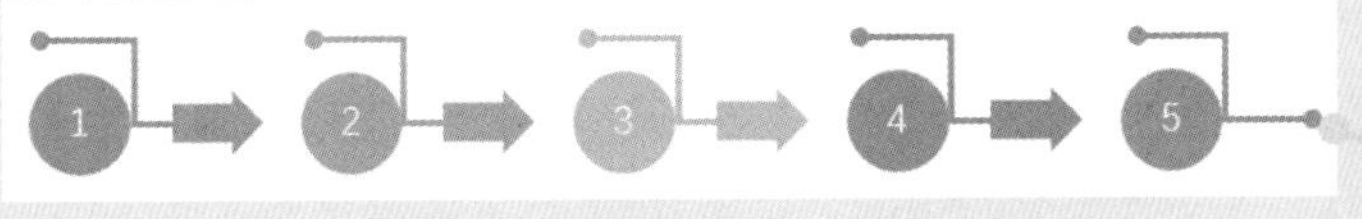

扩展

最后一个图形需要设置结尾箭头也为圆型箭头。

图 2-71

❺ 在图形上添加文本框并输入文字，如图 2-72 所示。

图 2-72

2.2.3 添加项目符号并调整级别

当文本是同一段落级别时，为其添加的项目符号也将是同一级别的。如果希望项目符号能分级别显示，可以在添加项目符号后调节。

扫一扫，看视频

❶ 选中需要添加项目符号的文本，在“开始”选项卡的“段落”组中单击“项目符号”下拉按钮，在弹出的下拉列表中选择项目符号，如图 2-73 所示。

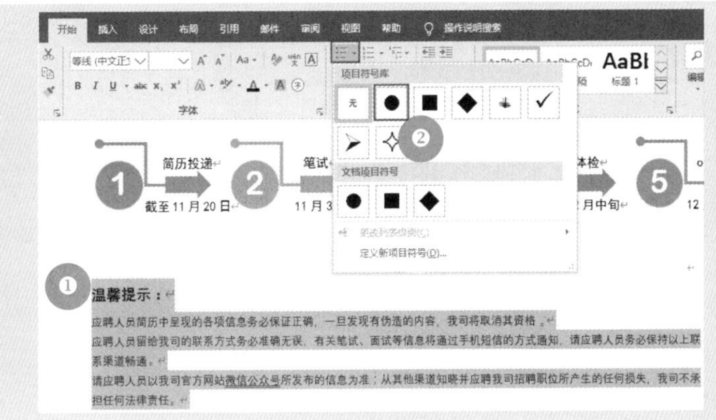

图 2-73

❷ 单击项目符号后的应用效果如图 2-74 所示。

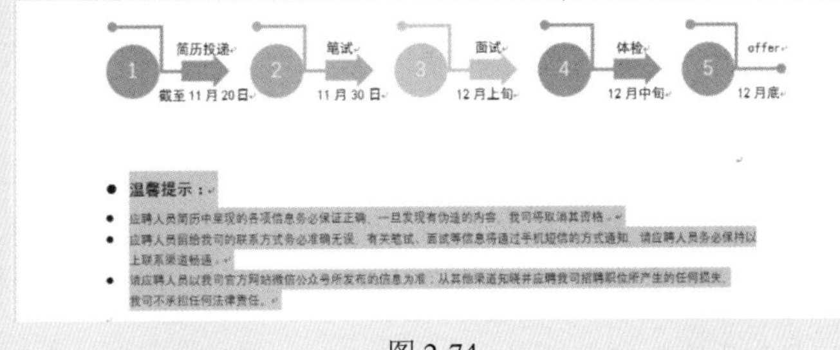

图 2-74

❸ 如果要让“温馨提示”文字以下的条目显示为下一级，需要将其他条目进行降级处理。选中文本，在“开始”选项卡的“段落”组中单击“项目符号”下拉按钮，在弹出的下拉列表中选择“更改列表级别”→“2 级”，如图 2-75 所示。

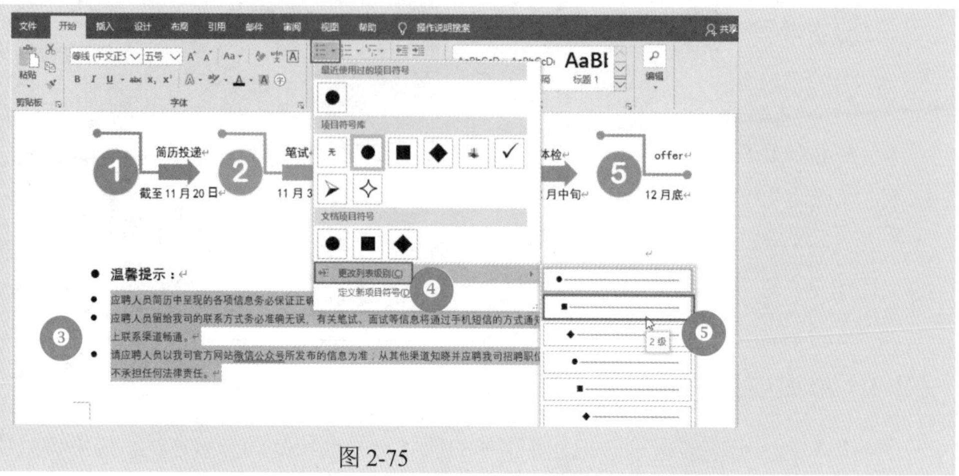

图 2-75

❹ 执行上述操作后，文本效果如图 2-76 所示。

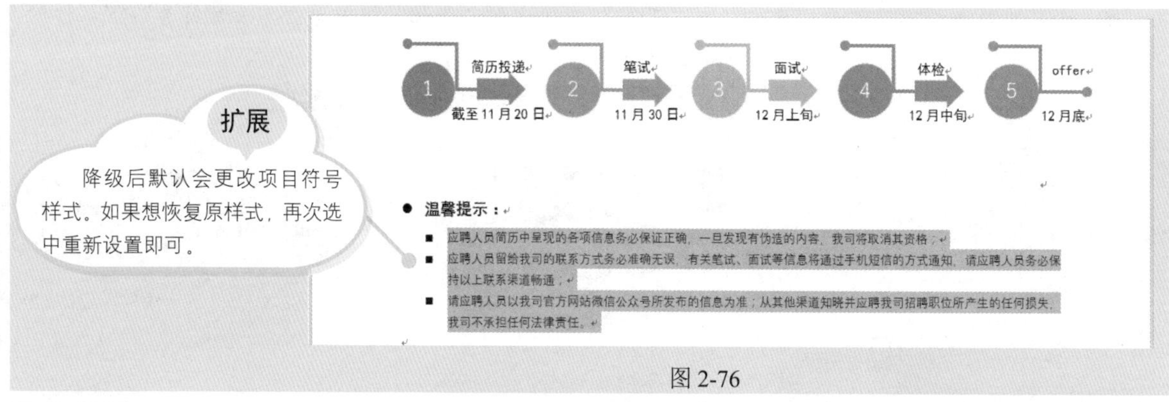

图 2-76

扫一扫，看视频

2.2.4 标题文字艺术效果

本例文档的标题文字适合做特殊设计，从而增加文档的整体视觉效果。可以设置标题文字的艺术字效果，具体操作如下。

❶ 选中目标文字，在“开始”选项卡的“字体”组中单击“文本效果和版式”下拉按钮，在弹出的下拉列表中可以选择艺术字样式（光标指向时即时预览），如图 2-77 所示。

❷ 选中“新行家”目标文字，可以按相同方法设置另一种艺术字样式，如图 2-78 所示。

❸ 选中“新行家”目标文字，重新设置其字号。然后单击“文本效果和版式”下拉按钮，在弹出的下拉列表中选择“阴影”→“阴影选项”命令（图 2-79 所示），打开“设置文本效果格式”窗格，可重新调节阴影的角度与距离，如图 2-80 所示。

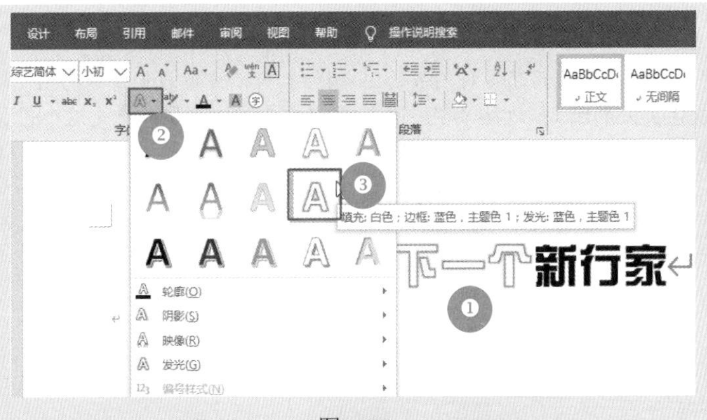

图 2-77

图 2-78

图 2-79

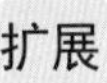
扩展

调节时文字立即显示效果，可根据设计思路不断进行调整。

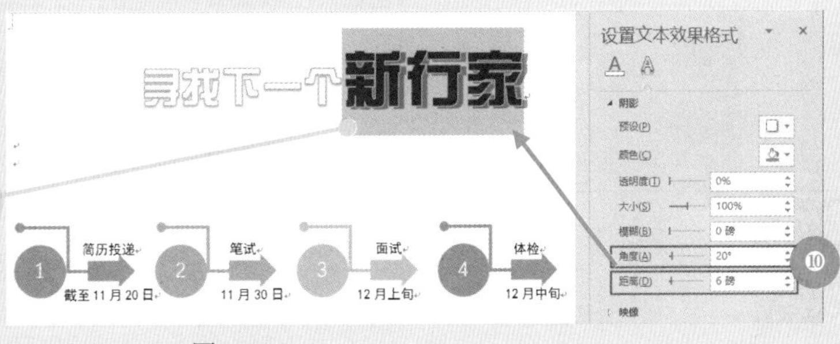

图 2-80

经验之谈

艺术字实际是程序内置的一些应用了多种效果的固定样式，可以方便我们快速套用。当我们指向一种样式时，它会出现类似“填充:黑色，文本色 1；边框:白色……”等提示文字，这实际就是这个艺术字所应用的一些格式设置。因此，在套用艺术字样式后，也可以对一些效果进行补充修改，如改变阴影效果、发光效果、轮廓线、填充色等。

艺术字是基于原字体的，即套用艺术字效果后只改变它的外观样式，并不改变它的字体。如果更改了字体，则不会改变其外观样式，读者在应用时可以自由切换查看效果。

2.3 面试评估表

面试评估表是人事部门进行人事招聘时经常使用的一种表格，在 Word 中创建这种表格可以很方便地实现文字与表格混排，也方便编辑出有设计感的文件头。图 2-81 所示为制作完成的面试评估表，下面以此表为例介绍在 Word 中应用表格的相关知识点。

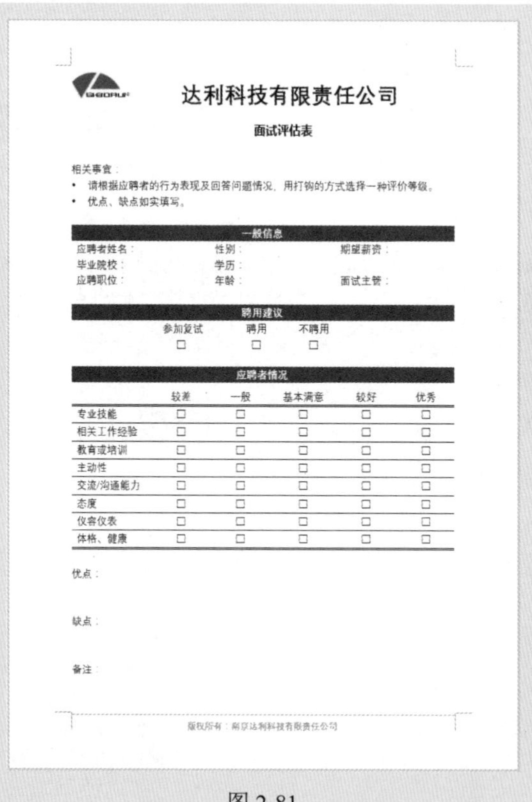

达利科技有限责任公司

面试评估表

相关事宜：
- 请根据应聘者的行为表现及回答问题情况，用打钩的方式选择一种评价等级。
- 优点、缺点如实填写。

一般信息		
应聘者姓名：	性别：	期望薪资：
毕业院校：	学历：	
应聘职位：	年龄：	面试主管：

聘用建议		
参加复试	聘用	不聘用
□	□	□

应聘者情况	较差	一般	基本满意	较好	优秀
专业技能	□	□	□	□	□
相关工作经验	□	□	□	□	□
教育或培训	□	□	□	□	□
主动性	□	□	□	□	□
交流/沟通能力	□	□	□	□	□
态度	□	□	□	□	□
仪容仪表	□	□	□	□	□
体格、健康	□	□	□	□	□

优点：

缺点：

备注：

版权所有：南京达利科技有限责任公司

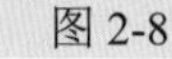

图 2-81

扫一扫，看视频

2.3.1 插入指定行列数的表格

编辑好基本文档后，将光标定位到目标位置，然后执行插入表格的操作。

❶ 打开文档并定位到需要插入表格的位置，在“插入”选项卡的“表格”组中单击“表格”下拉按钮，在弹出的下拉列表中选择“插入表格”选项，如图 2-82 所示。

❷ 打开“插入表格”对话框，在“表格尺寸”栏的“列数”数值框中输入“6”，在“行数”数值框中输入“18”，如图 2-83 所示。

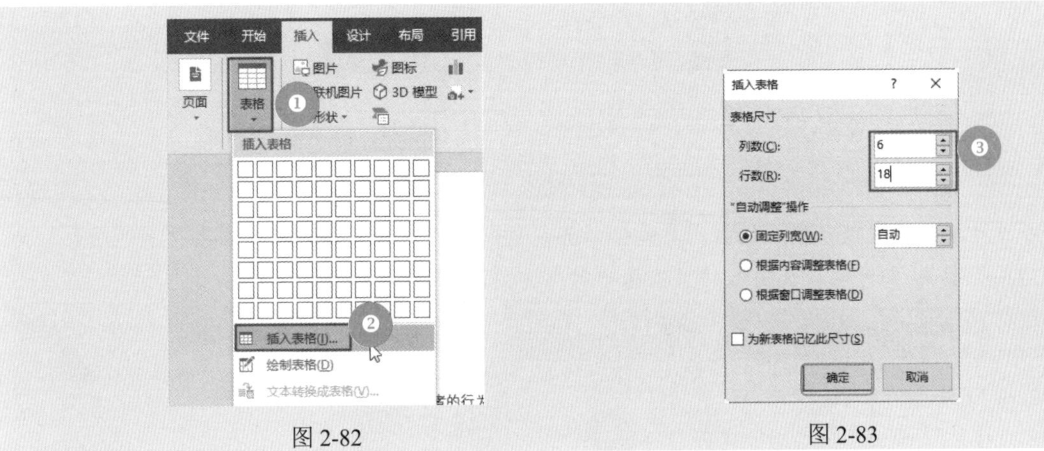

图 2-82　　　　图 2-83

❸ 单击“确定”按钮，即可在文档中插入一个 18 行 6 列的表格，如图 2-84 所示。

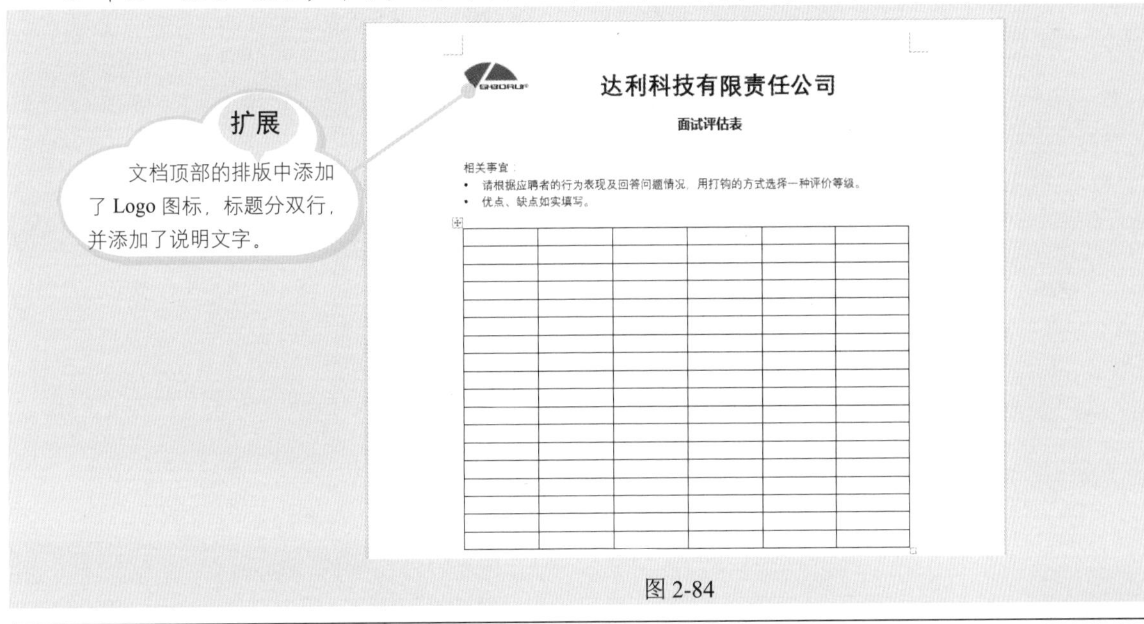

图 2-84

2.3.2　按表格结构合并单元格

插入的表格是最基本的结构，在实际应用中经常需要进行合并单元格处理。

扫一扫，看视频

❶ 选中需要合并的单元格，在“表格工具-布局”选项卡的“合并”组中单击“合并单元格”按钮（图 2-85 所示），即可将选中的多个单元格合并为一个单元格，如图 2-86 所示。

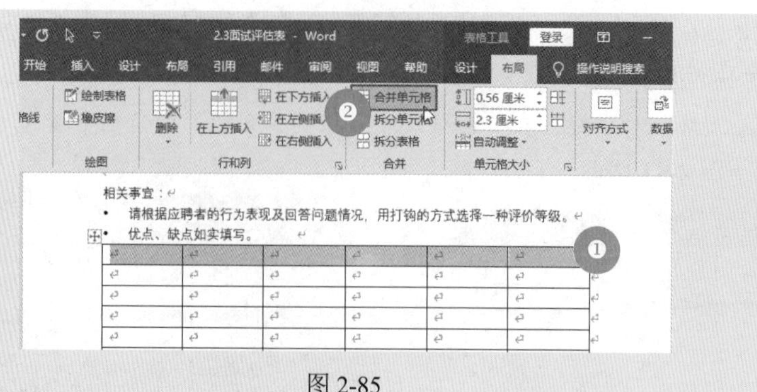

图 2-85

❷ 合并单元格后系统默认输入的数据靠左侧对齐。这时在“对齐方式”组中单击“水平居中”按钮（如图 2-86 所示），即可实现让输入的数据居中对齐，如图 2-87 所示。

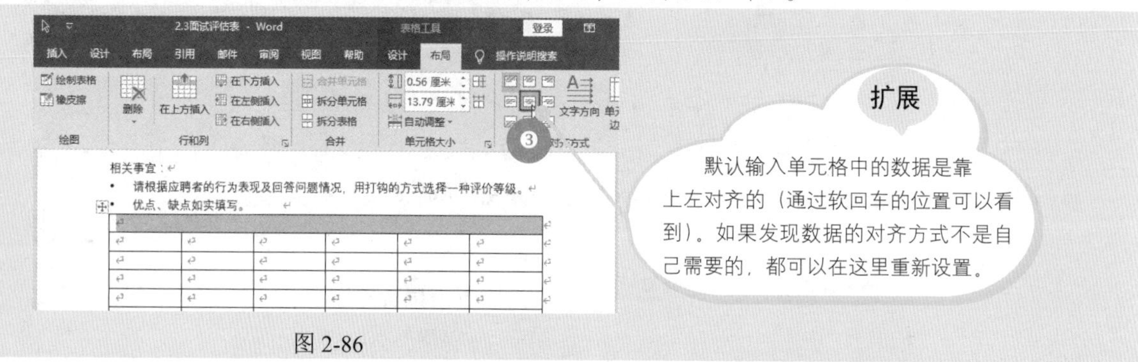

图 2-86

❸ 按照上述相同的方法合并其他需要合并的单元格，并输入信息，如图 2-88 所示。

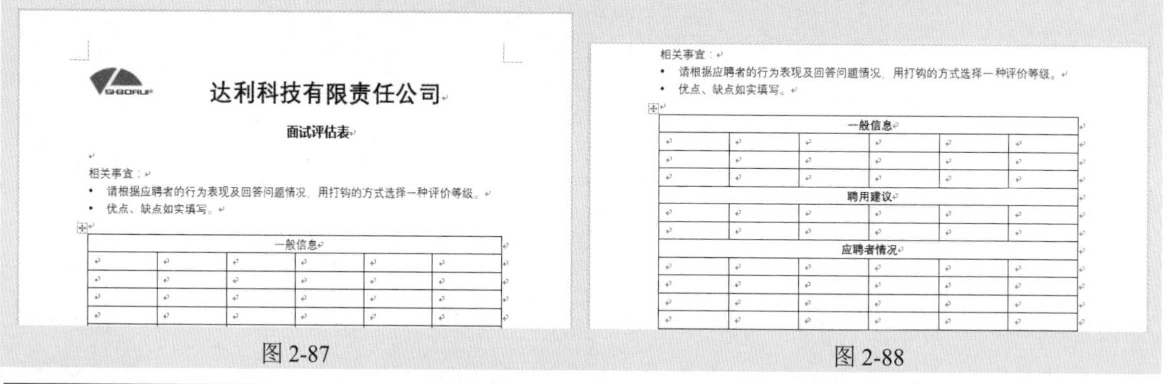

图 2-87　　图 2-88

扫一扫，看视频

2.3.3 按表格的结构调整行高和列宽

插入表格时，其默认行高列宽很少能正好满足需求，因此需要在制作时对行高、列宽进行自定义调整。

❶ 将光标移至需要调整列宽的列边框线上，当光标变成双向箭头时（如图 2-89 所示），按住鼠标左键向右拖动，增加列宽，如图 2-90 所示。

一般信息					
应聘者姓名：		性别：		期望薪资：	
毕业院校：		学历：			
应聘职位：		年龄：		面试主管：	
聘用建议					
	参加复试	聘用	不聘用		
应聘者情况					
	较差	一般	基本满意	较好	优秀
专业技能					
相关工作经验					
教育或培训					
主动性					
交流/沟通能力					
态度					
仪容仪表					
体格、健康					

图 2-89

一般信息					
应聘者姓名：		性别：		期望薪资：	
毕业院校：		学历：			
应聘职位：		年龄：		面试主管：	
聘用建议					
	参加复试	聘用	不聘用		
应聘者情况					
	较差	一般	基本满意	较好	优秀
专业技能					
相关工作经验					
教育或培训					
主动性					
交流/沟通能力					
态度					
仪容仪表					
体格、健康					

图 2-90

❷ 如果多行（多列）需要使用相同的高度（宽度），则可以一次性选中多行（多列），在“表格工具-布局”选项卡的“单元格大小”组的“高度”数值框（“宽度”数值框）中通过单击右侧的调节按钮调节，如图 2-91 所示。（本例是相对默认行高，将选中的行稍稍增大了行高）

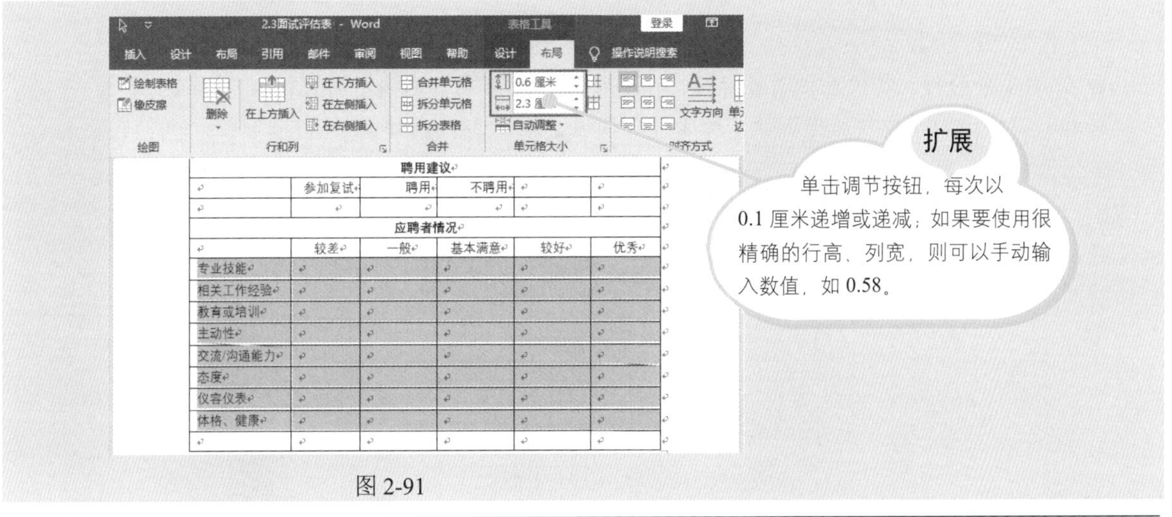

聘用建议					
	参加复试	聘用	不聘用		
应聘者情况					
	较差	一般	基本满意	较好	优秀
专业技能					
相关工作经验					
教育或培训					
主动性					
交流/沟通能力					
态度					
仪容仪表					
体格、健康					

图 2-91

2.3.4 在任意位置插入行列

在编辑表格时，如果发现最初添加的行数、列数不够，可以在现有表格的基础上插入新行或新列。

扫一扫，看视频

❶ 选中表格，定位光标位置（如本例定位到“聘用建议”文字后），在“表格工具-布局”选项卡的“行和列”组中单击“在上方插入”按钮（如图 2-92 所示），即可在光标所在行的上方插入新行，如图 2-93 所示。

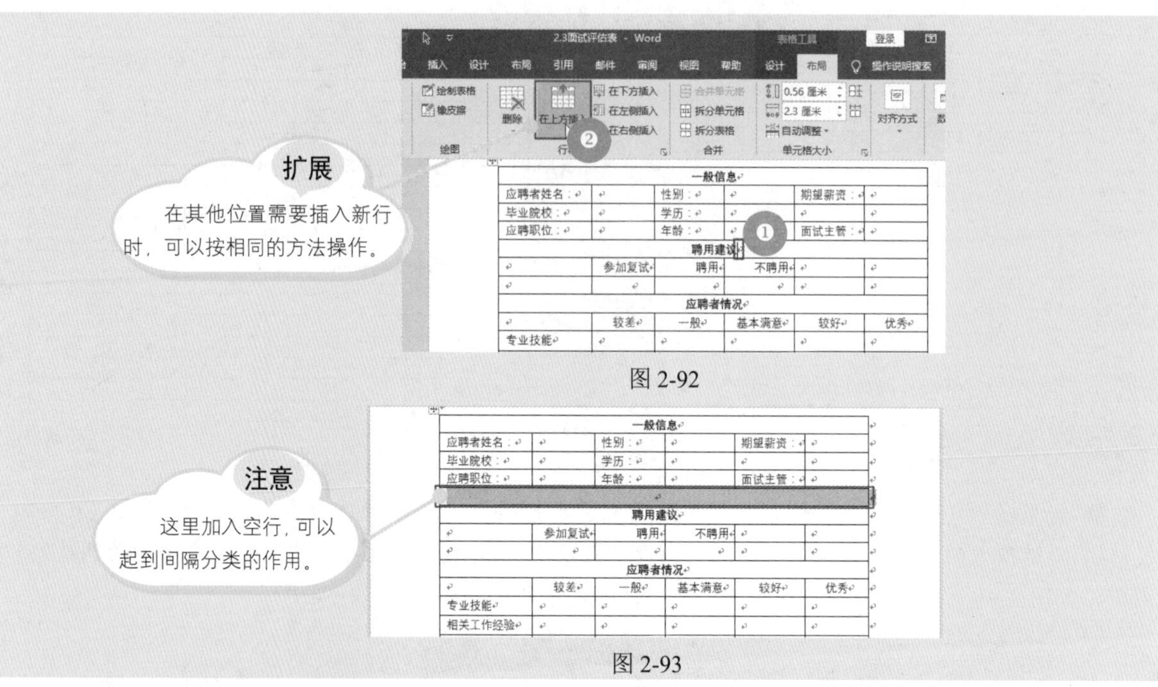

扩展
在其他位置需要插入新行时，可以按相同的方法操作。
注意
这里加入空行，可以起到间隔分类的作用。

图 2-92

图 2-93

❷ 删除多余的行。定位光标到目标行，在“表格工具-布局”选项卡的“行和列”组中单击“删除”下拉按钮，在弹出的下拉列表中选择“删除行”选项，如图 2-94 所示。

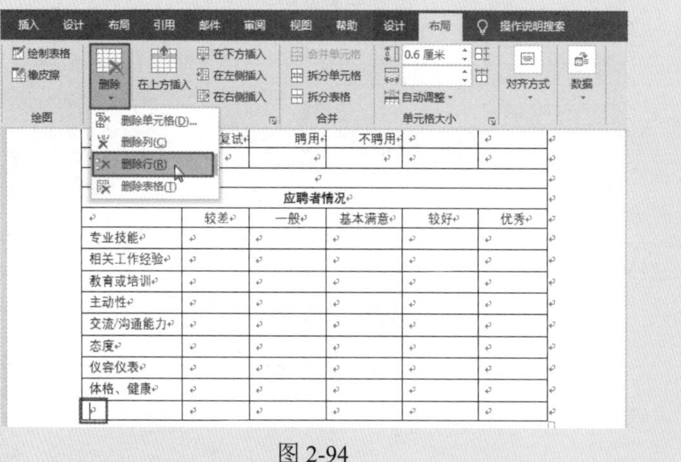

图 2-94

扫一扫，看视频

2.3.5 设置底纹与框线来美化表格

系统默认插入的表格线条为黑色实线且无底纹。排版表格时，如果能对表格进行底纹与框线设置，则可以让整体版面增色不少。

1. 底纹设置

底纹一般用于一些标识性数据，起到区分数据、优化视觉效果的作用。

选择需设置填充颜色的单元格或单元格区域，在“表格工具-设计”选项卡的“表格样式”组中单击“底纹”下拉按钮，在弹出的下拉列表中选择底纹颜色，如“黑色，文字 1，淡色 25%”（如图 2-95 所示），单击即可应用。

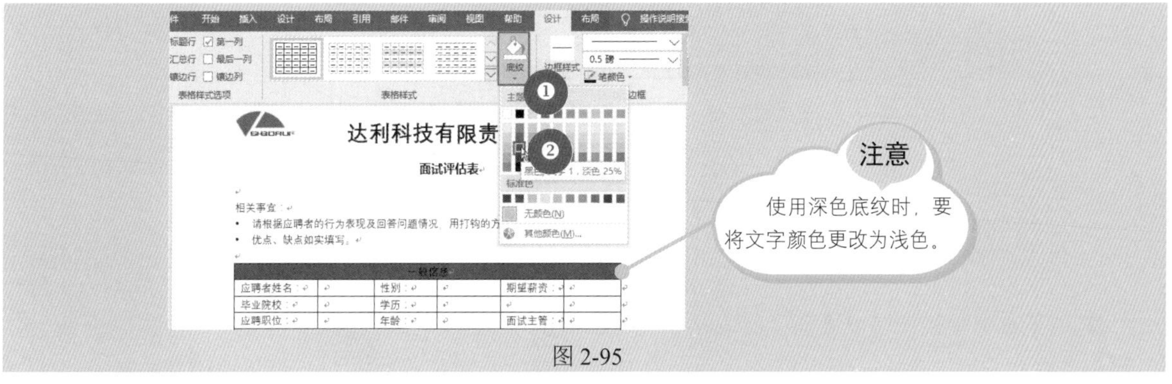

注意
使用深色底纹时，要将文字颜色更改为浅色。

图 2-95

2．框线设置

表格使用系统默认的黑色框线，仅仅可以达到展现数据的目的。而一个好的边框设计思路不仅可以表达数据，还可以让表格呈现完全不一样的视觉效果。下面来学习如何进行框线设置。

❶ 选择整个表格，在“表格工具-设计”选项卡的“边框”组中单击“边框”下拉按钮，在弹出的下拉列表中选择“无框线”选项（如图 2-96 所示），即可取消表格的所有框线，如图 2-97 所示。

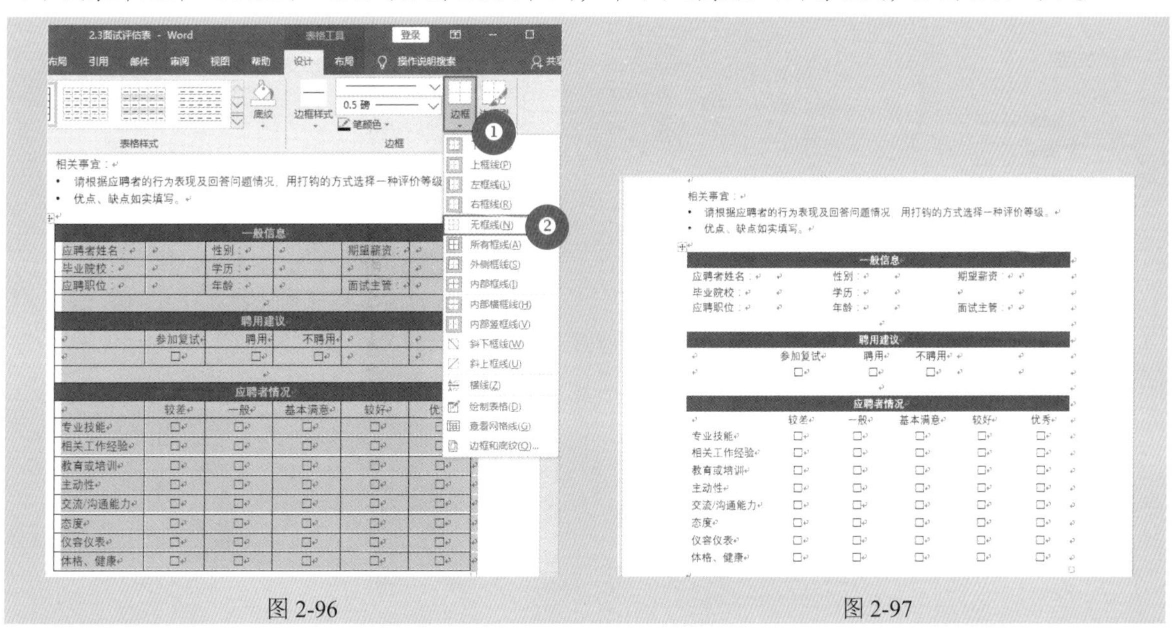

图 2-96　　图 2-97

❷ 选择“专业技能”文字所在行及以下所有行，单击“边框”下拉按钮，在弹出的下拉列表中选择“内部横框线”选项（如图 2-98 所示），即可为选中的单元格区域应用横框线，如图 2-98 所示。

❸ 在“边框”组中单击“笔样式”右侧的下拉按钮，在弹出的下拉列表中可以重新选择线条的样式，如图 2-99 所示。

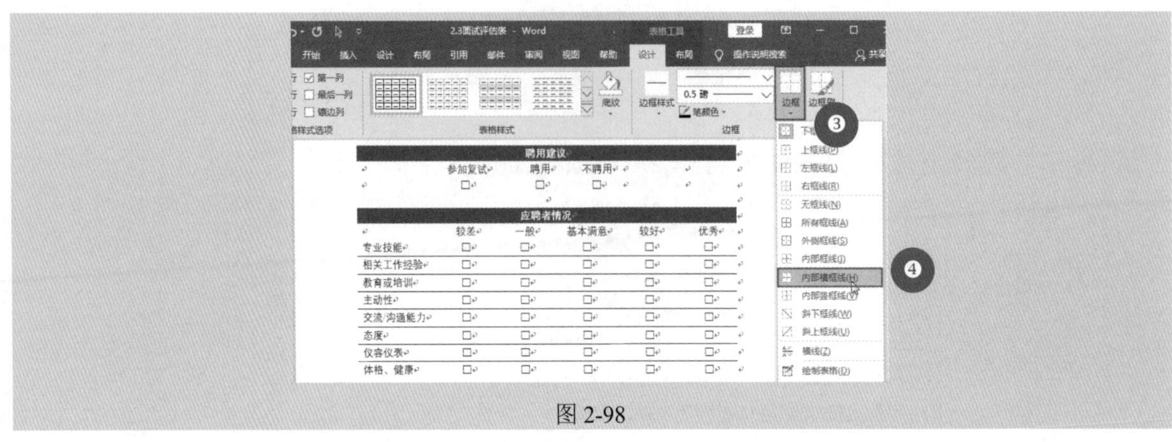

图 2-98

❹ 在第❸步中设置了线条样式后，选中“专业技能”文字所在行及以下所有行，单击“边框”下拉按钮，在弹出的下拉列表中选择“上框线”选项，可以看到上边线重新应用了所设置的线条格式，如图 2-100 所示。

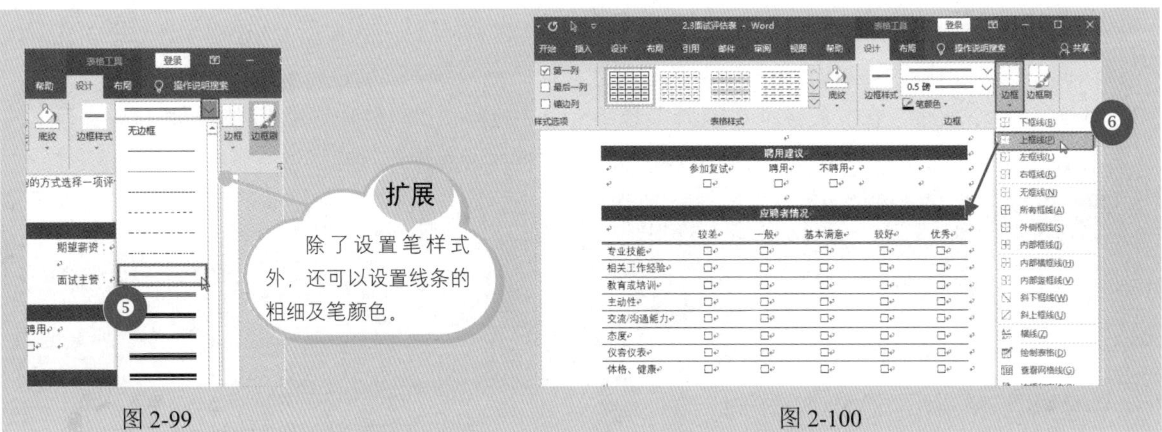

扩展
除了设置笔样式外，还可以设置线条的粗细及笔颜色。

图 2-99　　图 2-100

❺ 保持选中状态不变，继续单击“边框”下拉按钮，在弹出的下拉列表中选择“下框线”选项，可以看到下边线重新应用了所设置的线条格式，如图 2-101 所示。

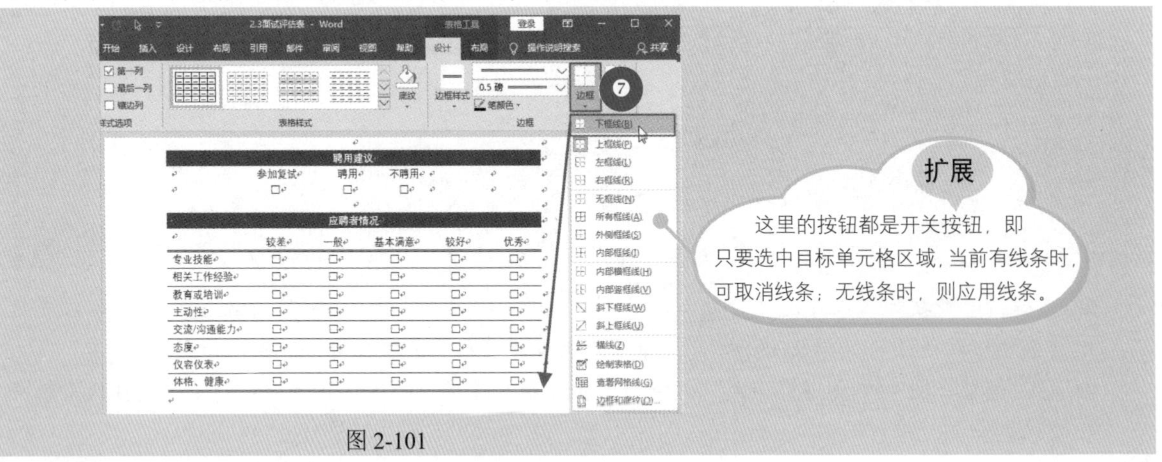

扩展
这里的按钮都是开关按钮，即只要选中目标单元格区域，当前有线条时，可取消线条；无线条时，则应用线条。

图 2-101

经验之谈

在“边框”下拉列表中有多个边框应用项，可以根据所选定的单元格区域隐藏框线或添加框线。无论应用哪种边框，其操作程序都是先选中目标单元格区域，再设置边框线条的样式，然后选择相应的应用项。

另外，设置了线条格式后，有时会自动启用“边框刷”，这时不必惊慌，只要在“边框刷”按钮上单击一次，取消其启用状态即可恢复表格。

2.3.6 打印面试评估表

扫一扫，看视频

制作完成的面试评估表一般需要打印使用。执行文档打印前，可以先进行打印预览，待版面满足要求时再执行打印。

❶ 打开目标文档，选择“文件”→“打印”命令，右侧的“打印”页面中显示了打印预览效果及各个打印设置选项，如图 2-102 所示。

❷ 在文档排版过程中，只要将页面排得饱满，其打印效果一般是符合要求的。只需在“份数”框中输入要打印的份数，连接好打印机执行“打印”命令即可。

❸ 单击“设置”选项最下方的“页面设置”链接，可以打开“页面设置”对话框，在“页边距”选项卡中可以重新设置上、下、左、右的页边距（即正文距离页面四周的距离），如图 2-103 所示；切换到“纸张”选项卡，可以重新设置纸张的大小，如图 2-104 所示。

经验之谈

对于页边距与纸张的设置，建议在输入主体文档、预备排版前就根据实际情况设置（可以在设置后就进行预览），如果文档排版完毕才设置这两项，则文档的主体内容会根据页面的大小自动调整，这样有时会造成已排版的效果出现少量错乱，则又需要重新调整。

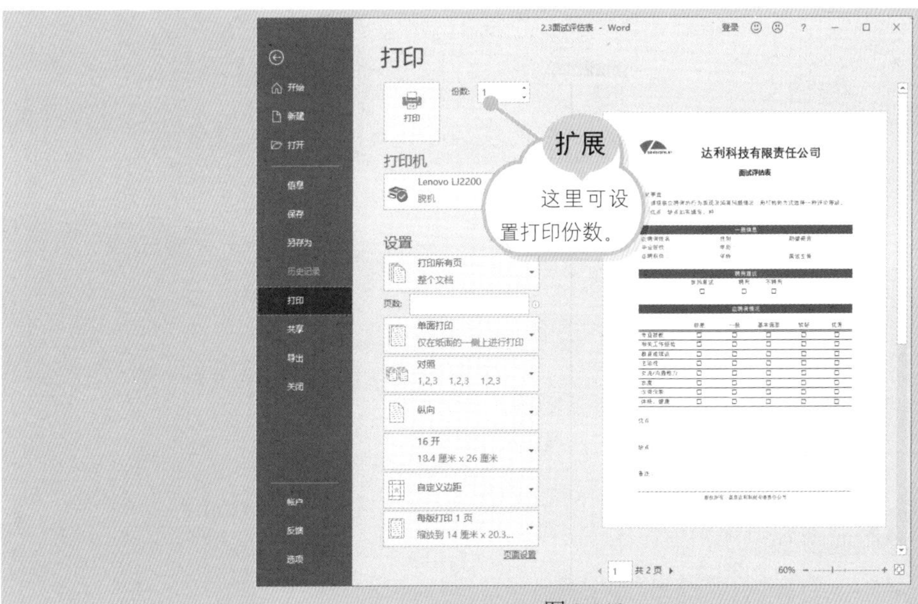

图 2-102

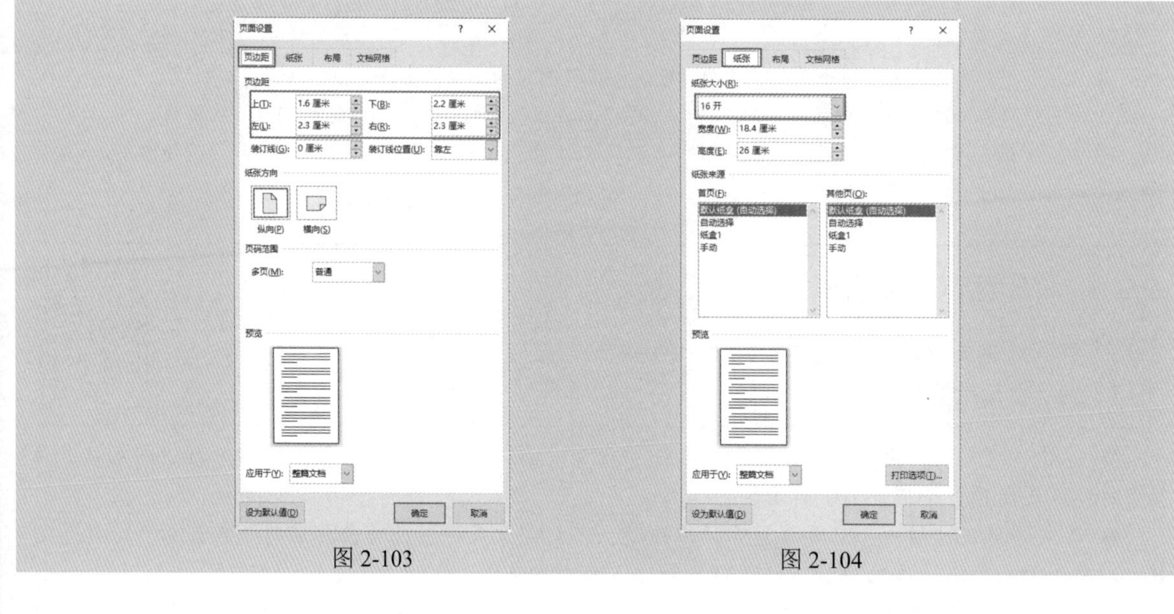

图 2-103　　　　图 2-104

2.4　制作面试通知单

图 2-105 所示为面试通知单的文档内容。面试通知单或邀请函等文档具有一个特征，即除了收函人姓名或称谓有所不同，其他部分的内容是完全相同的。通过邮件合并功能可以实现让所有生成的通知单或邀请函中人员的姓名与称谓都能自动填写，轻松地达到批量制作的目的。

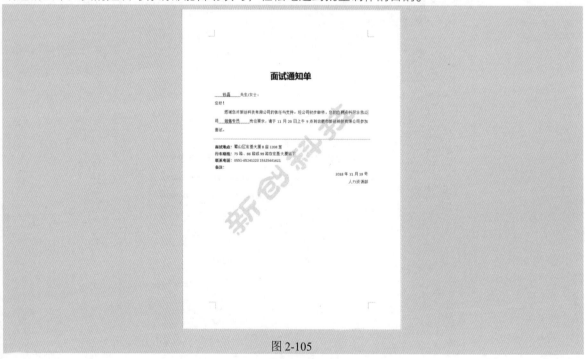

面试通知单

___钱鑫___先生/女士：

您好！

感谢您对新创科技有限公司的信任与支持。经公司初步审核，您的应聘资料符合我公司__销售专员___岗位要求，请于 11 月 20 日上午 9 点到合肥市新创科技有限公司参加面试。

面试地点：蜀山区宏基大厦 B 座 1208 室

行车路线：75 路、86 路或 99 路在宏基大厦站下

联系电话：0551-65241223 15325441621

备注：

2018 年 11 月 19 号

人力资源部

图 2-105

2.4.1　创建基本文档

邮件合并是将文档内容相同的部分制作成一个主文档，有变化的部分制作成数据源，然后将数据源中的信息合并到主文档。下面介绍在 Word 中进行邮件合并的具体操作方法。

1. 创建 Word 主文档（水印效果）

创建 Word 主文档时，一般是拟订好相关的文字信息，然后将需要填写的部分空出来即可。另外可以为文档添加文字水印效果，具体操作如下。

❶ 输入主文档的内容并排版，在“设计”选项卡的“页面背景”组中单击“水印”下拉按钮，在弹出的下拉列表中选择“自定义水印”选项，如图 2-106 所示。

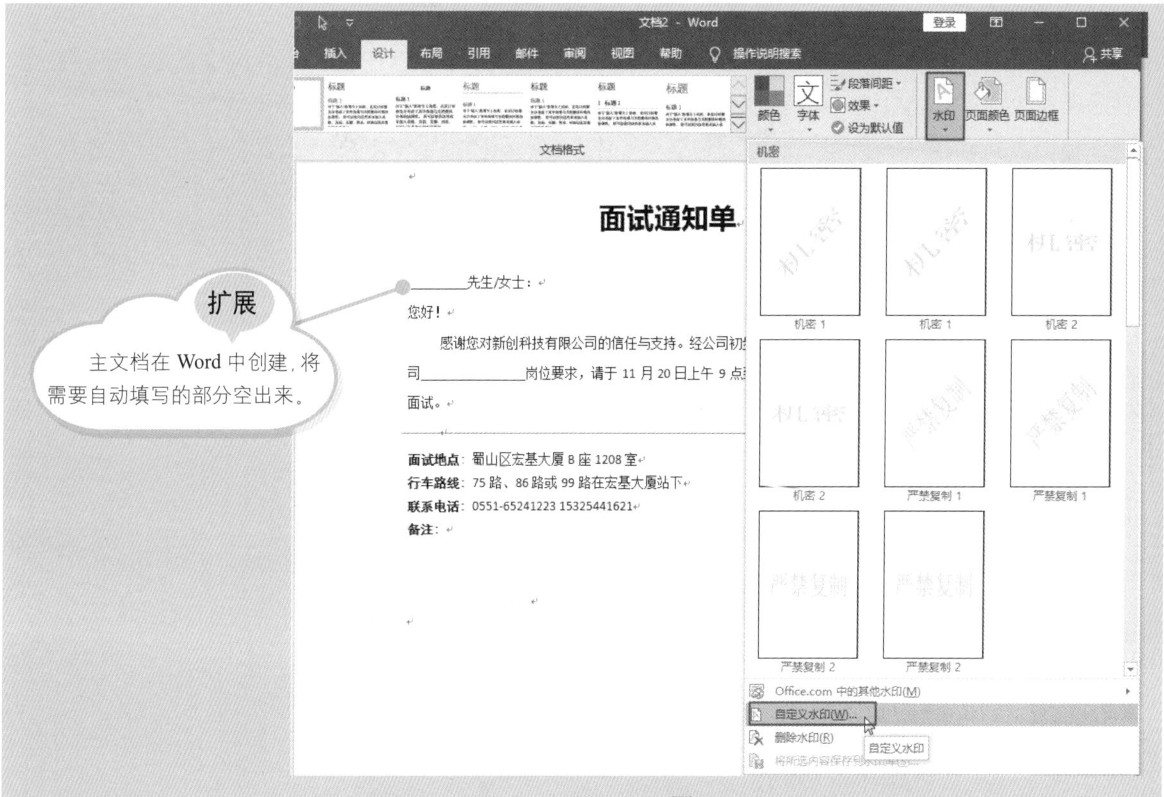

扩展

主文档在 Word 中创建，将需要自动填写的部分空出来。

图 2-106

❷ 打开“水印”对话框，选中“文字水印”单选按钮，输入水印文字并设置字体（单击“字体”右侧的下拉按钮，在打开的下拉列表中选择字体），如图 2-107 所示。

❸ 单击“确定”按钮，返回文档中即可看到添加的水印效果，如图 2-108 所示。

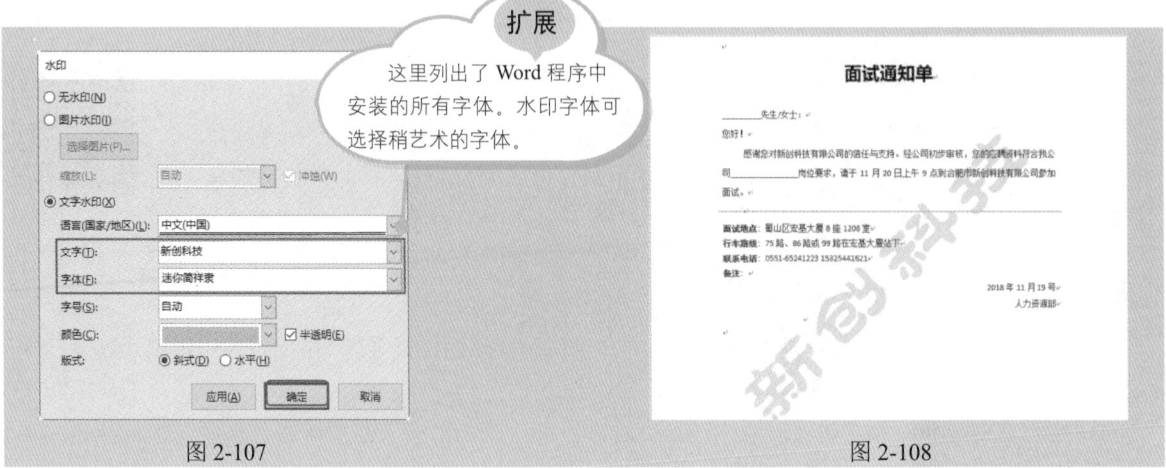

图 2-107　　　　图 2-108

2. 创建 Excel 主文档

制作数据源的方法有两种，一种是直接使用现有的数据源（可以在 Excel 表格中事先创建好），另一种是新建数据源。这里使用现有数据源，图 2-109 所示为在 Excel 中创建好的数据源。

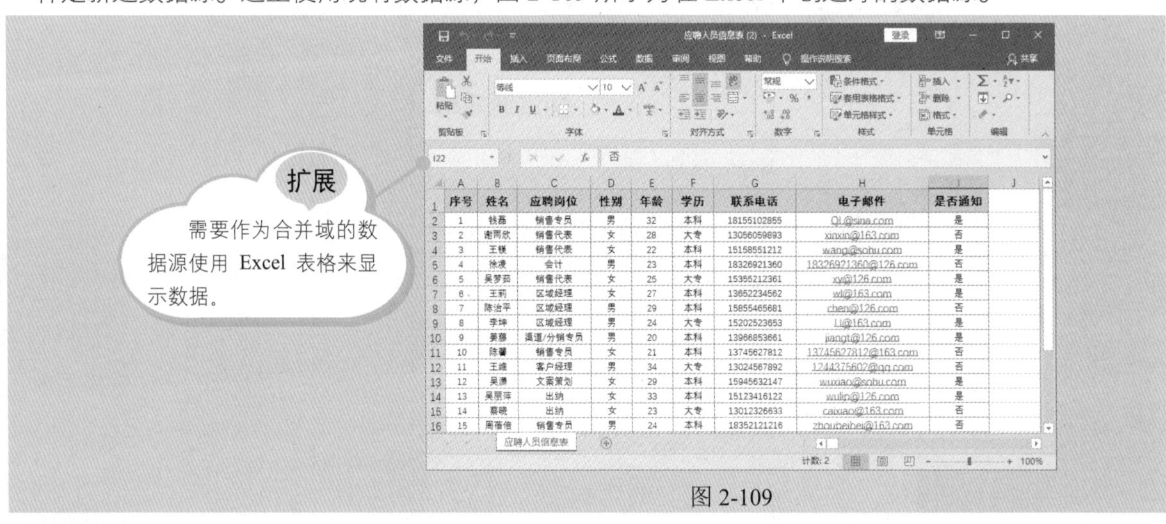

序号	姓名	应聘岗位	性别	年龄	学历	联系电话	电子邮件	是否通知
1	钱磊	销售专员	男	32	本科	18155102855	QL@sina.com	是
2	谢雨欣	销售代表	女	28	大专	13056059893	xinxin@163.com	否
3	王镁	销售代表	女	22	本科	15158551212	wang@sohu.com	是
4	徐凌	会计	男	23	本科	18326921360	18326921360@126.com	否
5	吴梦茹	销售代表	女	25	大专	15355212361	xy@126.com	是
6	王莉	区域经理	女	27	本科	13652234562	wl@163.com	是
7	陈治平	区域经理	男	29	本科	15855465681	chen@126.com	否
8	李坤	区域经理	男	24	大专	15202523653	Li@163.com	是
9	姜藤	渠道/分销专员	男	20	本科	13966853661	jiangt@126.com	是
10	陈馨	销售专员	女	21	本科	13745627812	13745627812@163.com	否
11	王维	客户经理	男	34	大专	13024567892	1244375602@qq.com	否
12	吴潇	文案策划	女	29	本科	15945632147	wuxiao@sohu.com	是
13	吴丽萍	出纳	女	33	本科	15123416122	wulin@126.com	是
14	蔡晓	出纳	女	23	大专	13012326633	caixiao@163.com	否
15	周蓓倍	销售专员	男	24	本科	18352121216	zhoubeibei@163.com	否

图 2-109

2.4.2　主文档与收件人文档进行链接

扫一扫，看视频

有了主文档后，需要通过邮件合并功能将主文档与收件人文档进行链接，从而生成待使用的合并域。

❶ 打开“面试通知单”主文档，在“邮件”选项卡的“开始邮件合并”组中单击“选择收件人”下拉按钮，在弹出的下拉列表中选择“使用现有列表”选项（如图 2-110 所示），打开“选取数据源”对话框。

❷ 找到数据源所在位置，选中“应聘人员信息表”，单击“打开”按钮（如图 2-111 所示），打开“选择表格”对话框。

❸ 单击“确定”按钮（如图 2-112 所示），打开“邮件合并收件人”对话框。

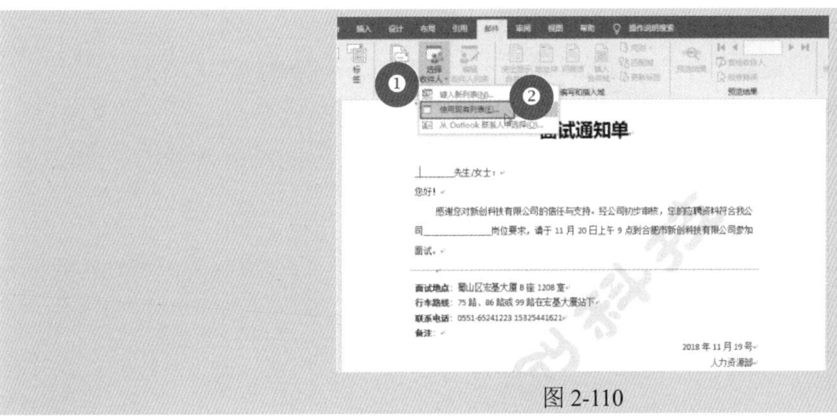

图 2-110

❹ 单击“确定”按钮，此时 Excel 数据表与 Word 已经关联好了。

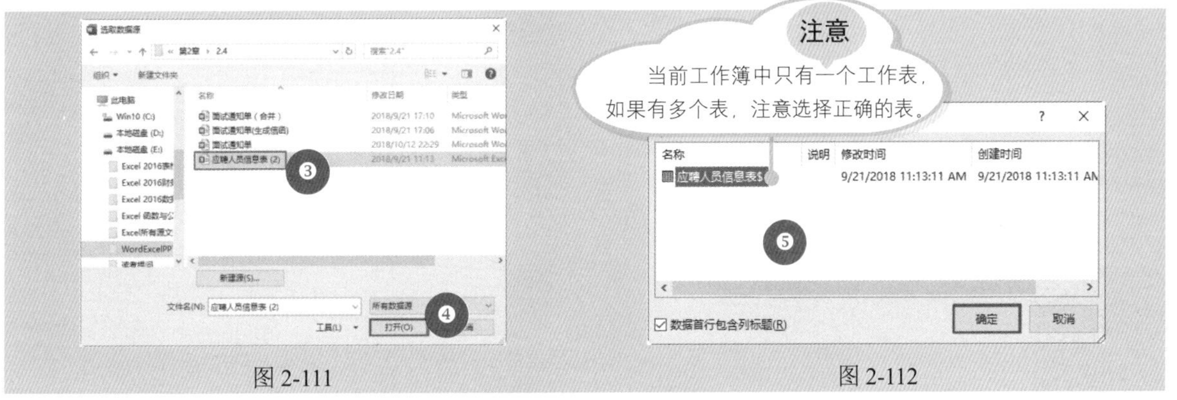

注意
当前工作簿中只有一个工作表，
如果有多个表，注意选择正确的表。

图 2-111

图 2-112

2.4.3 筛选收件人

数据源表格中记录了全部应聘人员的信息，默认情况下是所有人的通知文档。如果不是所有人都需要通知面试，则需要对数据源进行筛选。

❶ 在“邮件”选项卡的“开始邮件合并”组中单击“编辑收件人列表”按钮（如图 2-113 所示），打开“邮件合并收件人”对话框。

❷ 那些不需要生成发出文档的取消勾选其前面的复选框，如图 2-114 所示。

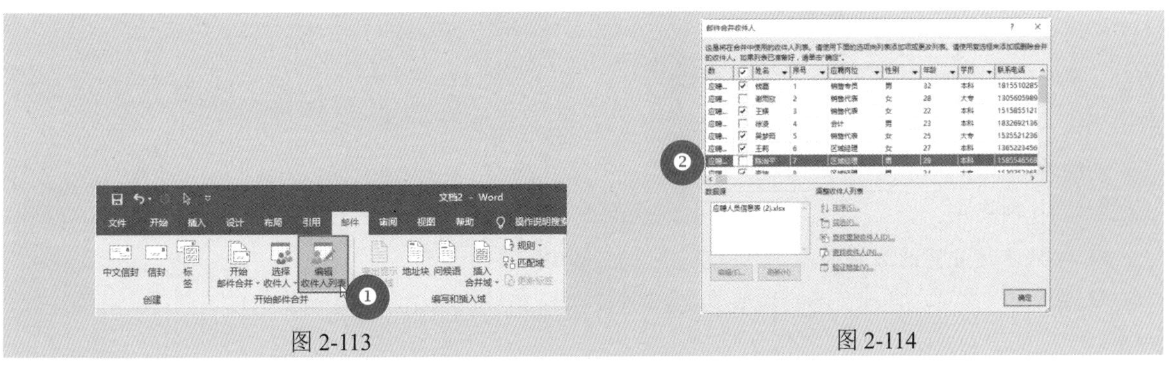
图 2-113

图 2-114

❸ 如果数据表具有筛选字段，则可以设置筛选条件来实现筛选。本例中有一列专门记录了是否通知面试，则可以单击下面的“筛选”链接，打开“筛选和排序”对话框。打开“域”下拉列表框，选择“是否通知”，在“比较关系”下拉列表框中选择“等于”，在“比较对象”文本框中输入“是”，如图 2-115 所示。

❹ 单击“确定”按钮，返回到“邮件合并收件人”对话框，可以看到收件人列表中只显示了通知面试的应聘人员，如图 2-116 所示。

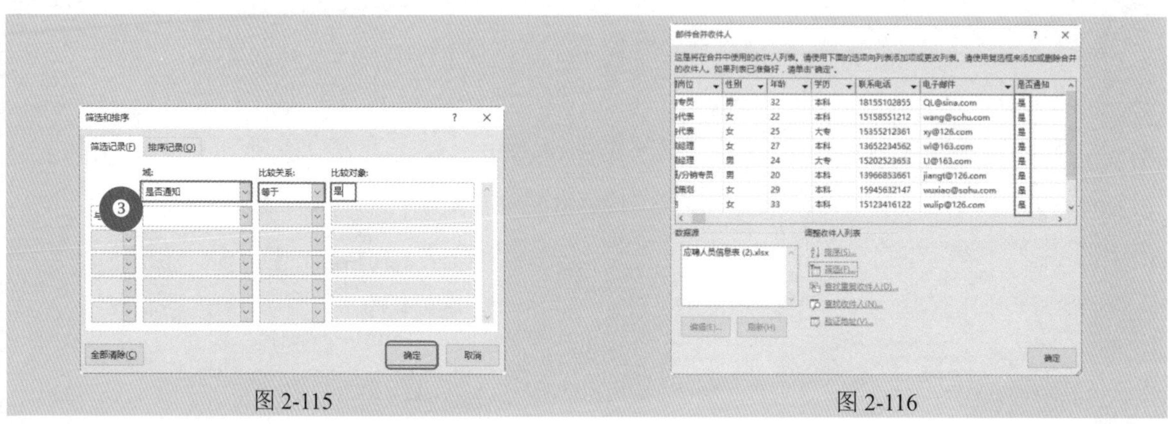

图 2-115　　图 2-116

❺ 单击“确定”按钮，返回 Word 工作界面。

扫一扫，看视频

2.4.4　插入合并域

完成了主文档与联系人文件的链接后，接着需要进行插入合并域操作，即将域名称插入主文档，最后执行合并时则可以生成批量文档。

❶ 将光标定位到需要插入域的位置上（如填写姓名的位置），在“邮件”选项卡的“编写和插入域”组中单击“插入合并域”下拉按钮，在弹出的下拉列表中选择“姓名”选项（如图 2-117 所示），即可完成一个域的插入，如图 2-118 所示。

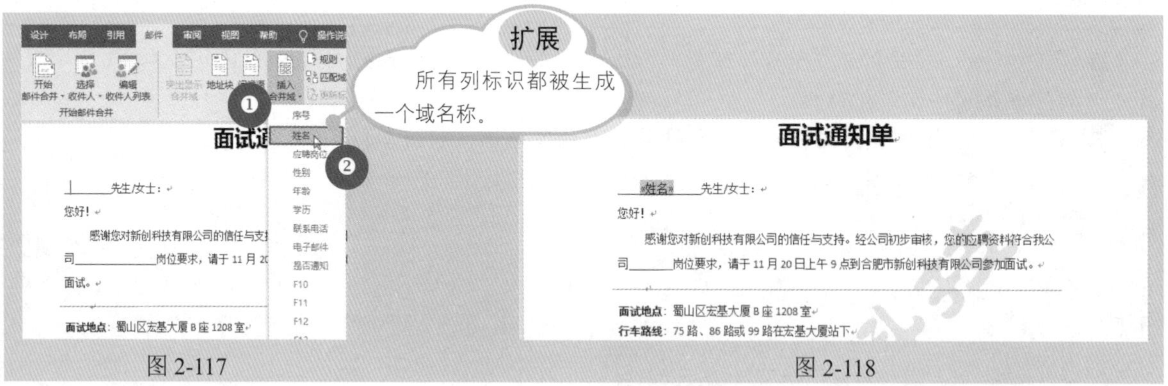

图 2-117　　图 2-118

❷ 按照上述相同的方法插入“应聘岗位”域，如图 2-119 所示。

❸ 在“预览结果”组中单击“预览结果”按钮，可以看到插入域的位置被替换成了数据，如图 2-120 所示。

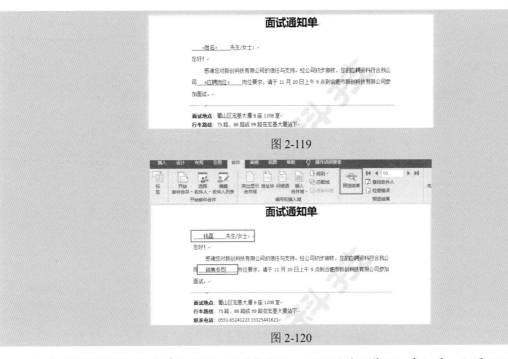

图 2-119

图 2-120

❹ 在“预览结果”组中单击“下一记录”按钮，可以继续预览下一条记录，如图 2-121 所示。

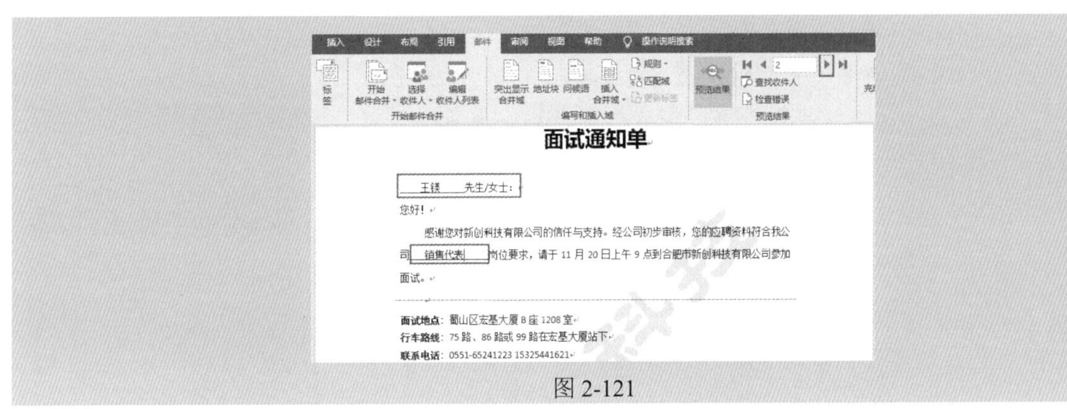

图 2-121

❺ 在“邮件”选项卡的“完成”组中单击“完成并合并”下拉按钮，在弹出的下拉列表中选择“编辑单个文档”选项（如图 2-122 所示），打开“合并到新文档”对话框。

❻ 选中“全部”单选按钮（如图 2-123 所示），单击“确定”按钮，即可进行邮件合并，生成批量文档，如图 2-124 所示（图中给出了两个文档，其他略）。

图 2-122

图 2-123

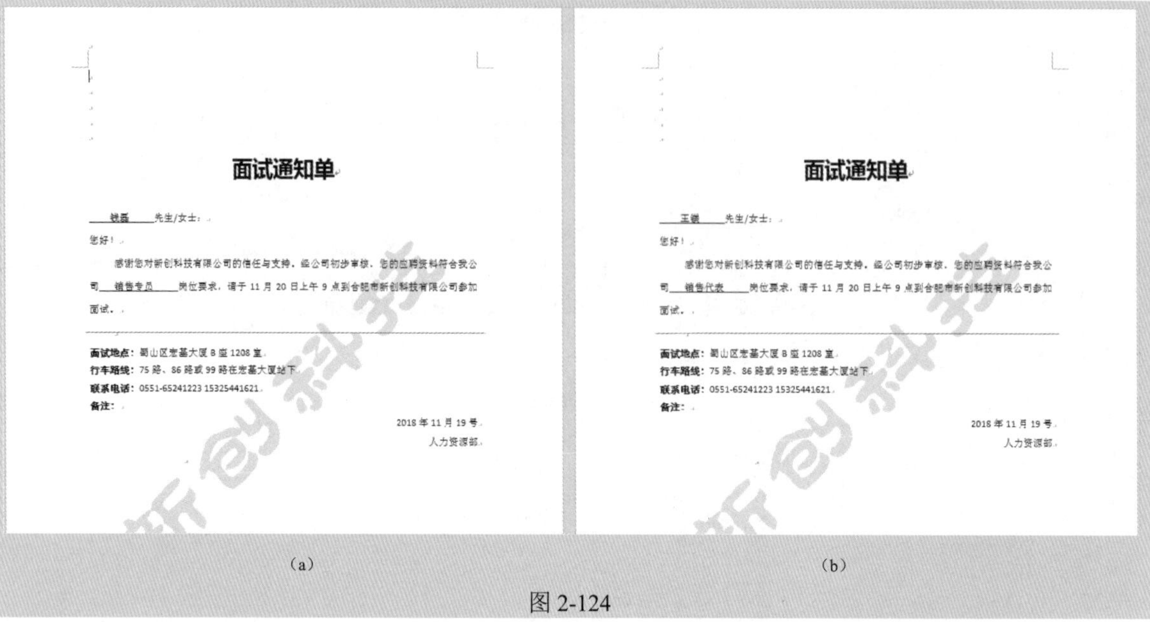

面试通知单

钱磊 先生/女士：

您好！

感谢您对新创科技有限公司的信任与支持，经公司初步审核，您的应聘资料符合我公司 销售专员 岗位要求，请于 11 月 20 日上午 9 点到合肥市新创科技有限公司参加面试。

面试地点： 蜀山区宏基大厦 B 座 1208 室

行车路线： 75 路、86 路或 99 路在宏基大厦站下

联系电话： 0551-65241223 15325441621

备注：

2018 年 11 月 19 号

人力资源部

（a）

面试通知单

王镪 先生/女士：

您好！

感谢您对新创科技有限公司的信任与支持，经公司初步审核，您的应聘资料符合我公司 销售代表 岗位要求，请于 11 月 20 日上午 9 点到合肥市新创科技有限公司参加面试。

面试地点： 蜀山区宏基大厦 B 座 1208 室

行车路线： 75 路、86 路或 99 路在宏基大厦站下

联系电话： 0551-65241223 15325441621

备注：

2018 年 11 月 19 号

人力资源部

（b）

图 2-124

❼ 此时即可一次性批量打印这些文档，以信函的方式寄出。

经验之谈

在操作过程中，如果关闭了文档，那么再次打开文档时，都会弹出 Microsoft Word 提示框，询问是否将数据库中的数据放置到文档中，单击“是”按钮即重新建立链接，如图 2-125 所示。

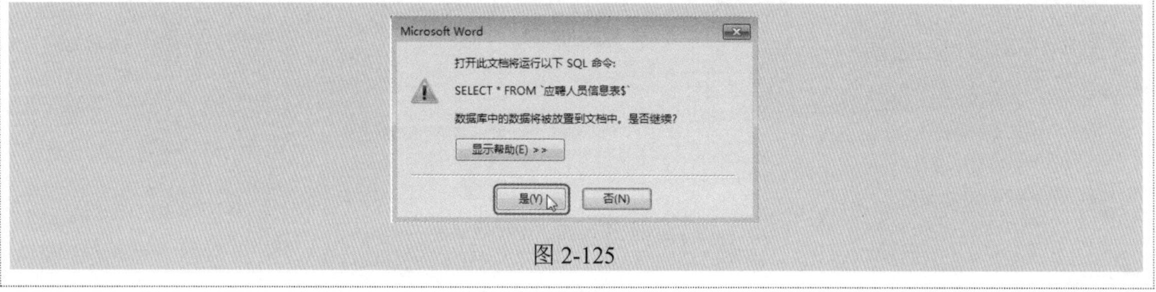

图 2-125

扫一扫，看视频

2.4.5 进行邮件合并并群发电子邮件

插入合并域后，可以生成批量文档打印，也可以以群发电子邮件的方式批量发出通知。

❶ 在“邮件”选项卡的“完成”组中单击“完成并合并”下拉按钮，在弹出的下拉列表中选择“发送电子邮件”选项。

❷ 打开“合并到电子邮件”对话框，打开“收件人”下拉列表框，选择“电子邮件”选项（如图 2-126 所示），在“主题行”文本框中输入“面试通知单”，在“发送记录”栏中选中“全部”单选按钮，单击“确定”按钮，即可群发电子邮件，如图 2-127 所示。

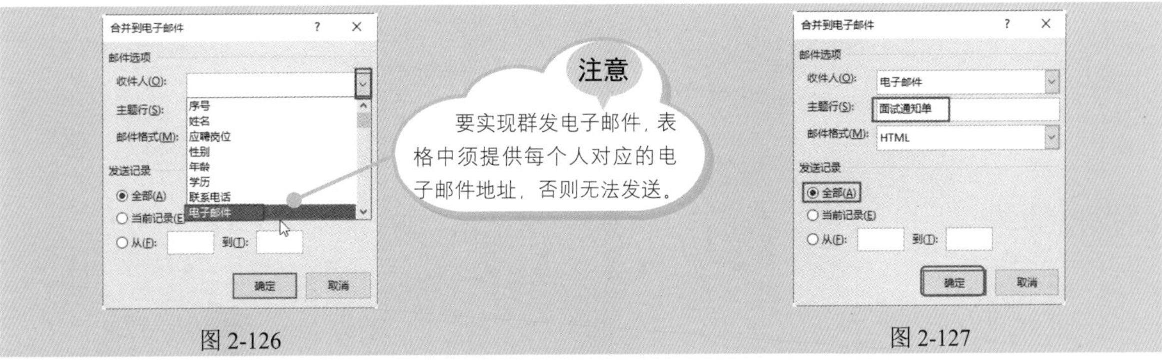

图 2-126　　图 2-127

经验之谈

本例中需要合并的域只有两个，而有些情况下有多个域需要合并。例如，合并生成学生成绩单时需要合并的域就会稍微多一些，如姓名、各个科目的成绩值等，这个合并域的数据就是从 Excel 表格中来的。为使数据更加简明，像这个文档，其实可以在 Excel 中只使用“姓名”和“应聘岗位”两列，即只需将通知面试的人员名单和应聘岗位依次输入表格中，然后插入这两个域到相应的位置即可。

第 3 章

方案与工作报告文档

方案与工作报告文档
3.1 行程方案
3.1.1 自定义标题与正文的间距
3.1.2 自定义“★”为项目符号
3.1.3 自定义设计专业的页眉
3.1.4 文档中图片的处理
1．插入图片并调节大小
2．裁剪图片
3．设置图片边框
4．通过套用形状快速美化图片
3.1.5 建立文档目录
3.1.6 设置图片页面背景
3.2 项目建设方案
3.2.1 为文档添加封面
3.2.2 建立多级目录
3.2.3 在页眉、页脚中合理应用图片
1．建立页眉时启用“首页不同”
2．设计页眉
3．插入页码
3.2.4 创建显示技术参数的表格
1．创建表格并设置边框
2．文字的输入及设置
3.3 调研报告
3.3.1 复制使用Excel分析图表
3.3.2 表格与文本的环绕混排
3.3.3 利用图形创建分析图表

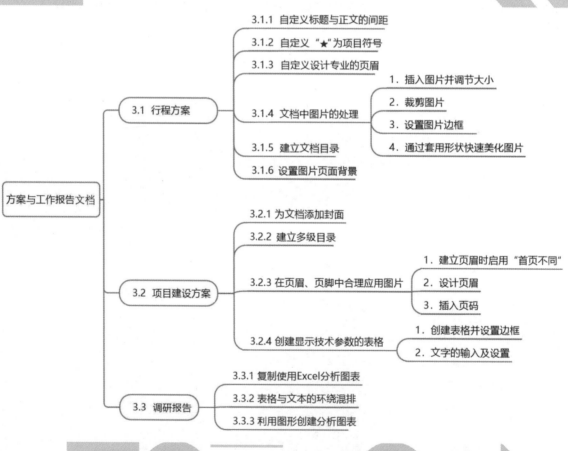

3.1 行程方案

方案是从目的、要求、方式、方法、进度等方面部署具体、周密并有很强可操作性的计划。最常见的文案有旅游行程方案、项目实施方案、项目建设方案等。图 3-1 所示为设计的旅游行程方案，其制作要点涉及页眉、目录建立、图文混排等知识点。

图 3-1

3.1.1 自定义标题与正文的间距

扫一扫，看视频

在输入文档后进行排版时，一般都需要重新设置标题与正文间的间距，也可以重新设置标题的段后间距。这是普通文档的基本格式。

❶ 将光标定位在标题所在的段落中，在“开始”选项卡的“段落”组中单击“对话框启动器”按钮 ◲（如图 3-2 所示），打开“段落”对话框。

❷ 在“间距”栏中单击“段后”数值框右侧的调节钮，将间距调节为“1 行”，如图 3-3 所示。

❸ 单击“确定”按钮，可以看到段后间距被调整了，如图 3-4 所示。

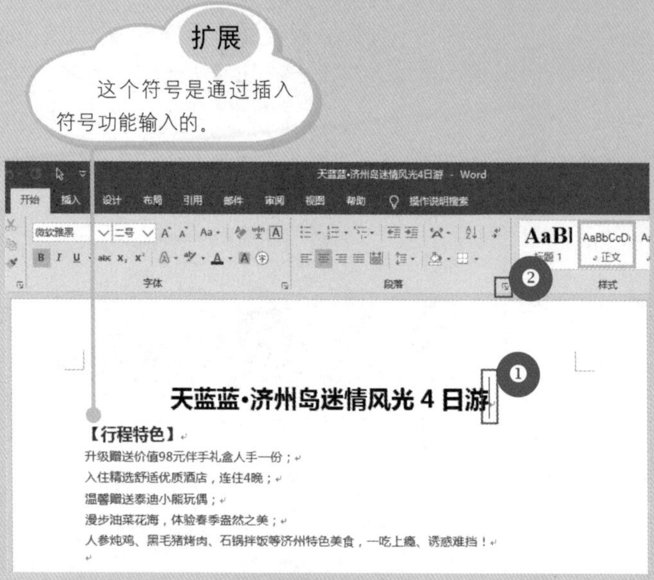

扩展

这个符号是通过插入符号功能输入的。

图 3-2

图 3-3

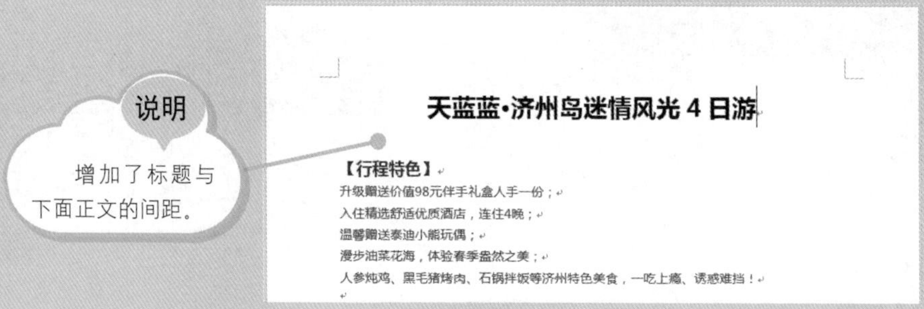

说明

增加了标题与下面正文的间距。

图 3-4

扫一扫，看视频

3.1.2 自定义“★”为项目符号

前面的章节中多次介绍项目符号，通过添加项目符号可以让文档的条目更加清晰。除了使用程序内置的几种项目符号外，也可以自定义其他符号，作为项目符号使用。本例中需要自定义“★”为项目符号。

❶ 选中需要添加项目符号的文本，在“开始”选项卡的“段落”组中单击“项目符号”下拉按钮，在弹出的下拉列表中选择“定义新项目符号”选项（如图 3-5 所示），打开“定义新项目符号”对话框，如图 3-6 所示。

❷ 单击“符号”按钮，打开“符号”对话框，在列表中找到“★”符号，如图 3-7 所示。

❸ 单击“确定”按钮，返回到“定义新项目符号”对话框中。单击“字体”按钮，打开“字体”对话框，重新设置字号和颜色，如图 3-8 所示。

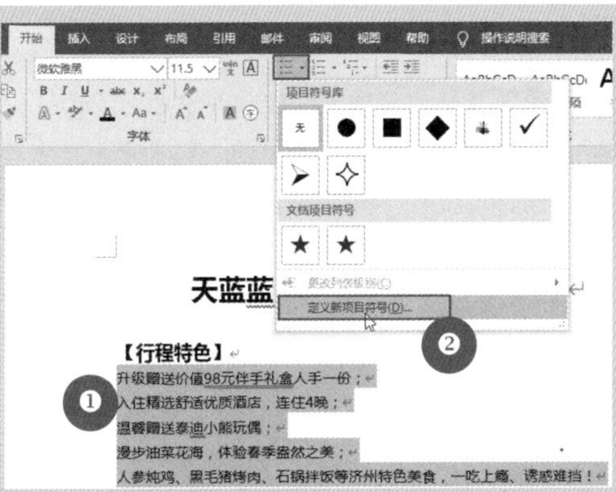

图 3-5

图 3-6

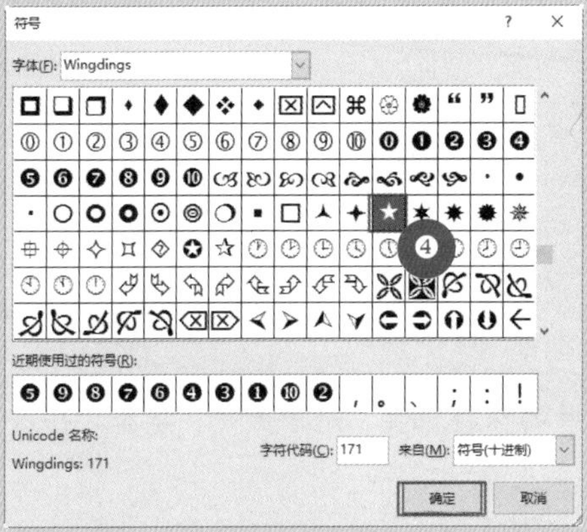

图 3-7

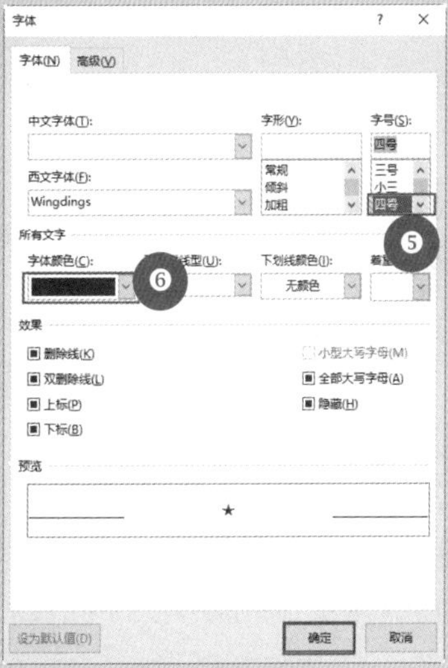

图 3-8

❹ 单击“确定”按钮，返回到“定义新项目符号”对话框中，可以看到预览效果，如图 3-9 所示。单击“确定”按钮，可以看到文档添加自定义项目符号后的效果，如图 3-10 所示。

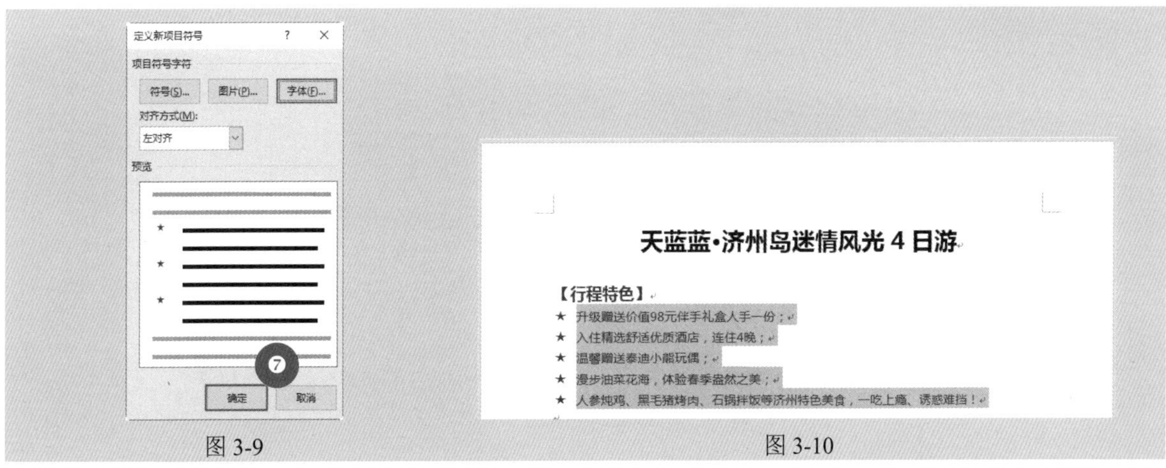

图 3-9

图 3-10

经验之谈

有的读者说，这种情况可以直接插入“★”符号，然后各段前复制使用即可，这种办法也是可行的。但是如果使用定义新项目符号的方法，定义一次的项目符号会显示在“最近使用过的项目符号”列表中，在项目符号上右击，在弹出的快捷菜单中选择“添加到库”选项（如图 3-11 所示），可以将定义的新项目符号添加到程序的项目符号库中（即下面的“项目符号库”列表中），以后再使用的时候就非常方便了。

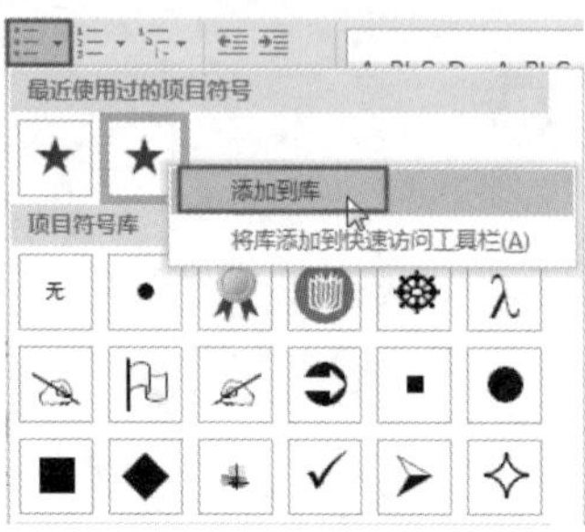

图 3-11

扫一扫，看视频

3.1.3 自定义设计专业的页眉

专业正式的文档少不了添加页眉，可以在页眉中组合使用图片、大小不同的文本，制作有设计感的页眉。

❶ 在文档的页眉处双击，进入页眉编辑状态。在“页眉和页脚工具-设计”选项卡的“插入”组中单击“图片”按钮，如图 3-12 所示。

❷ 打开“插入图片”对话框，在地址栏中进入图片的保存位置，选中图片，单击“插入”按钮（如图 3-13 所示），即可在页眉中插入 Logo 图片。

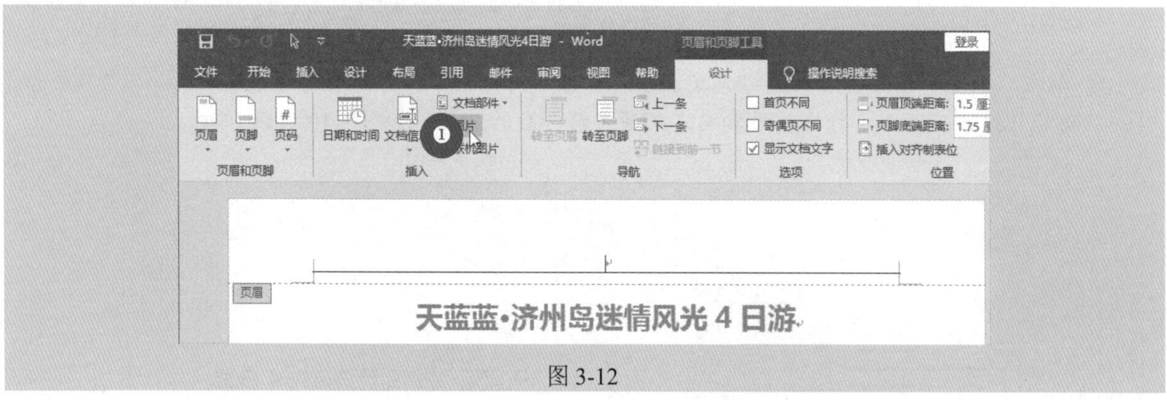

图 3-12

❸ 选中插入的图片并单击右上角的“布局选项”按钮，在弹出的下拉列表中选择“浮于文字上方”选项，如图 3-14 所示。

❹ 执行上述操作后，调节图片到合适的大小，并移动到目标位置，如图 3-15 所示。

图 3-13

图 3-14

图 3-15

❺ 将光标定位到横线上软回车处，输入公司名称，并在“开始”选项卡的“字体”组中设置字体、字号，如图 3-16 所示。

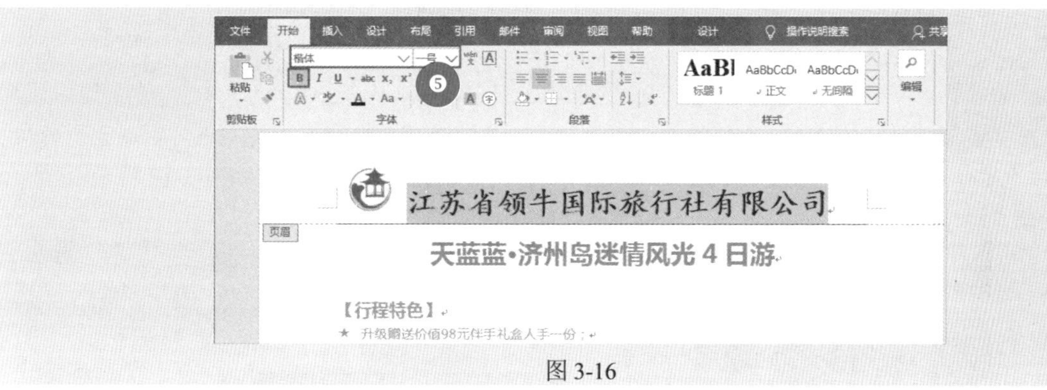

图 3-16

❻ 按 Enter 键切换到下一行，输入公司英文名称，再切换到下一行，输入经营许可证号等其他信息，并为文字设置不同的字号，最终效果如图 3-17 所示。

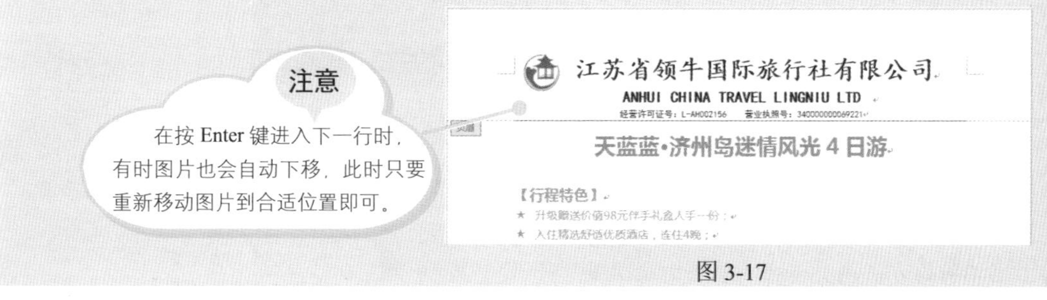

图 3-17

扫一扫，看视频

3.1.4　文档中图片的处理

在排版商务办公文档时，图片的应用必不可少。将图片与文字结合，可以形象地表达信息，起到点缀、美化文档的作用。而在应用图片时，要考虑图片的适用性，插入图片后也要调整图片大小、位置，以使整个文档达到协调的效果。

1. 插入图片并调节大小

可以从电脑中选择需插入的图片，也可以插入联机图片，一般我们会将需要使用的图片事先保存到电脑中，然后再按步骤插入。插入图片后，首先需要根据实际情况调整图片的位置和大小。

❶ 将光标定位到需要插入图片的位置，在“插入”选项卡的“插图”组中单击“图片”按钮，如图 3-18 所示。

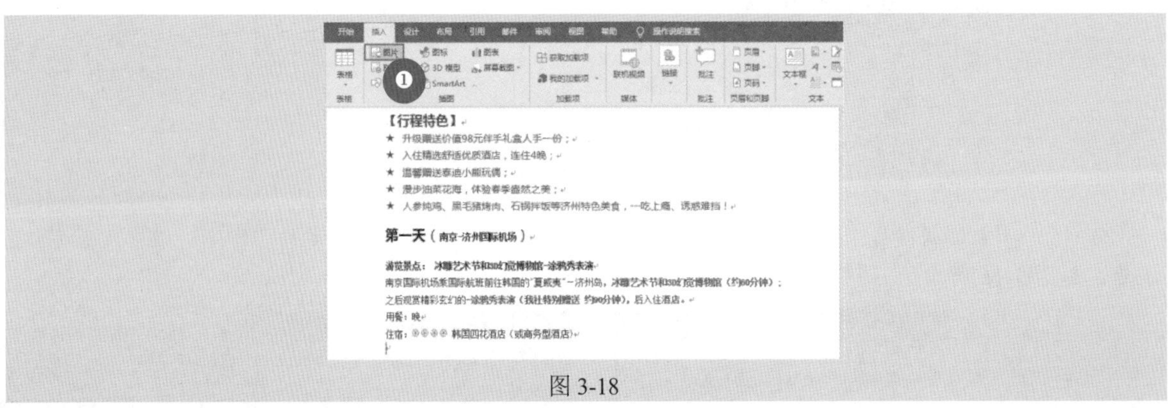

图 3-18

❷ 打开“插入图片”对话框，在地址栏中需要逐步定位到保存图片的文件夹（也可以从左边的树状目录中依次定位），选中目标图片（这里要使用 3 张图片，可以一次性选中），如图 3-19 所示。

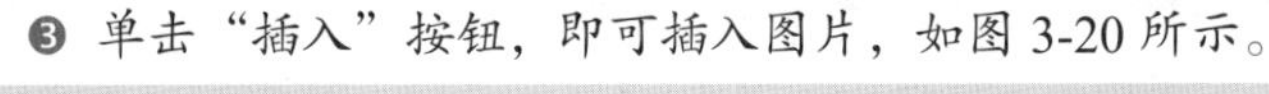

❸ 单击“插入”按钮，即可插入图片，如图 3-20 所示。

图 3-19　　图 3-20

❹ 选中图片，将鼠标指针指向拐角控点，当它变成倾斜的双向箭头形状时，按住鼠标左键拖动，可以让图片的高度、宽度同比例增减，如图 3-21 所示。

❺ 按上述相同的方法调整其余几张图片的大小，如图 3-22 所示。

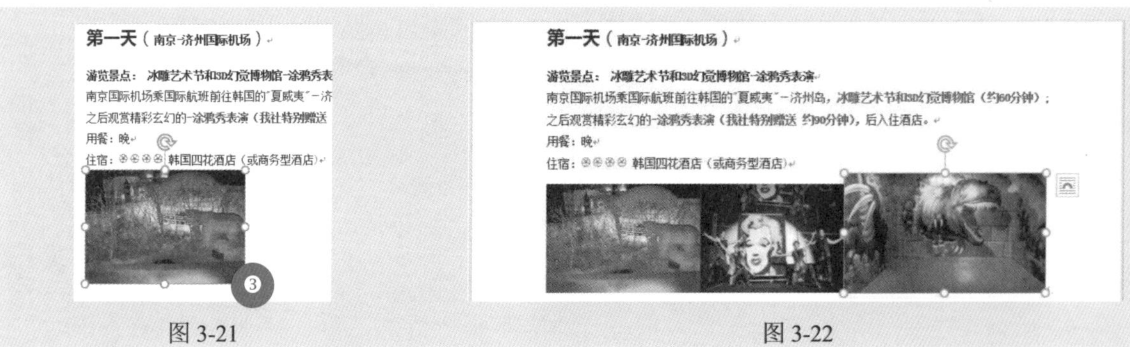

图 3-21　　　　图 3-22

2．裁剪图片

当插入的图片有多余的部分时，可以直接在 Word 程序中裁剪，而不需要借助其他图片处理工具。如图 3-22 所示，3 张图片摆放在一起，显然第三张图片与其他两张图片的横纵比例差距过大，需要对其进行裁剪处理。

❶ 选中目标图片，在“图片工具-格式”选项卡的“大小”组中单击“裁剪”按钮（如图 3-23 所示），此时图片四周会出现黑色的边框，如图 3-24 所示。

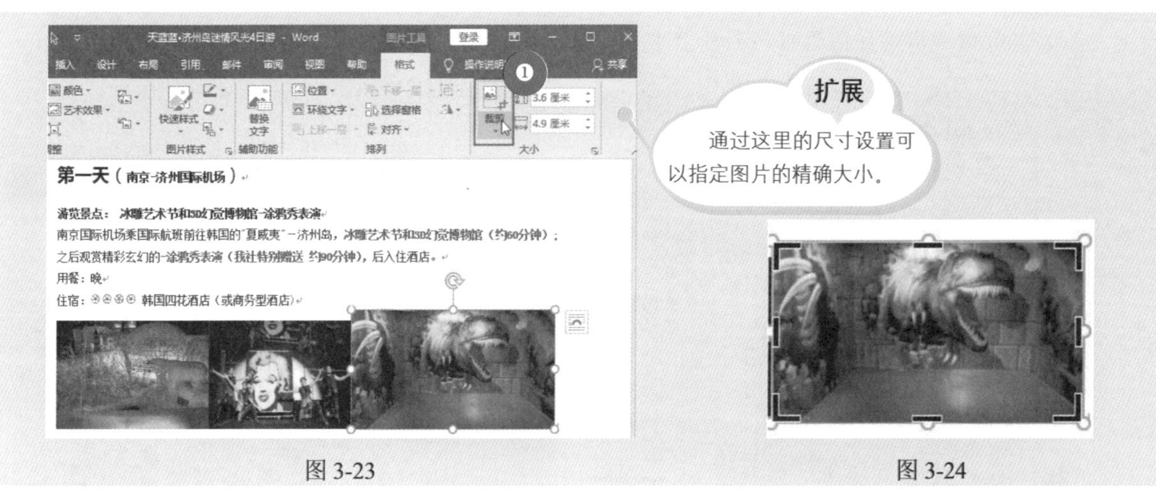

图 3-23　　　　图 3-24

❷ 将鼠标指针指向任意上、下、左、右控点，按住鼠标左键拖动，灰色区域即为将被裁剪掉的区域，如图 3-25 所示。调整好要裁剪掉的区域后，在图片以外任意位置单击即可实现裁剪。

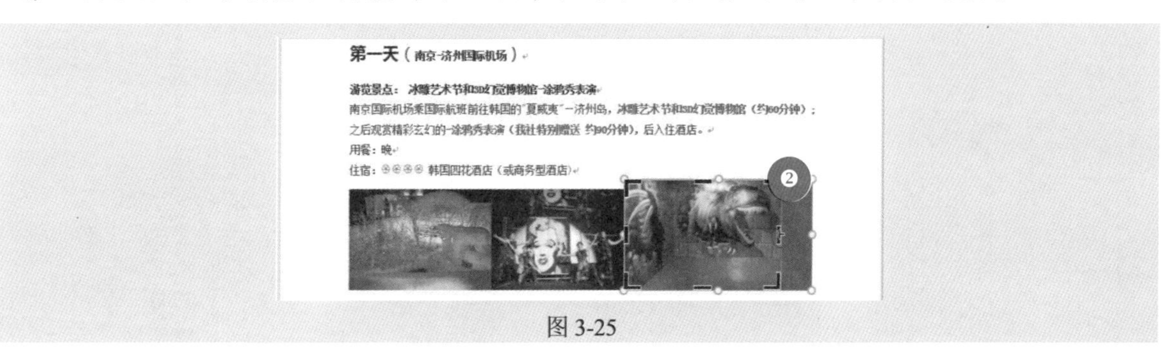

图 3-25

❸ 将裁剪后的图片与其他两张图片设置为高度相等，效果如图 3-26 所示。

注意

几张图片并放时忌高低不同，可以在“大小”组中为图片精确设置相同的高度。

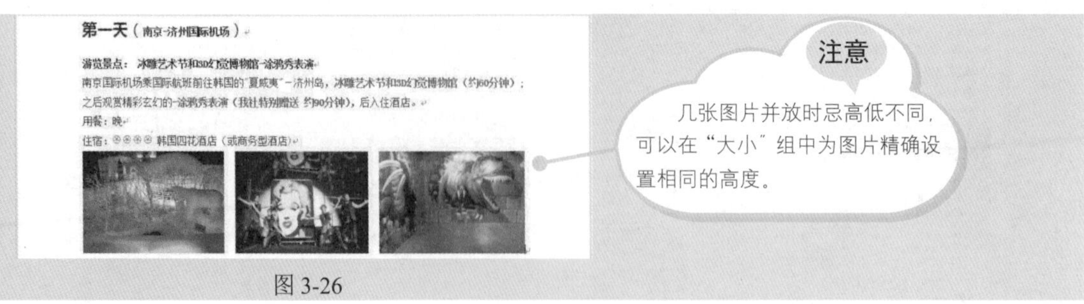

图 3-26

3. 设置图片边框

对于一些不规则的图片，可以为其设置统一边框，这样图片摆放在一起会工整、规范很多。此处介绍设置边框的方法。

❶ 选中目标图片，在“图片工具-格式”选项卡的“图片样式”组中单击“图片边框”下拉按钮，在弹出的下拉列表中首先选择线条颜色，然后选择“粗细”选项，在弹出的子列表中选择边框线条的粗细值（如图 3-27 所示），单击即可应用。

❷ 设置第一幅图片后，在“开始”选项卡的“剪贴板”组中双击“格式刷”按钮（如图 3-28 所示），然后分别在其他需要引用相同边框的图片上单击即可应用相同格式，如图 3-29 所示。

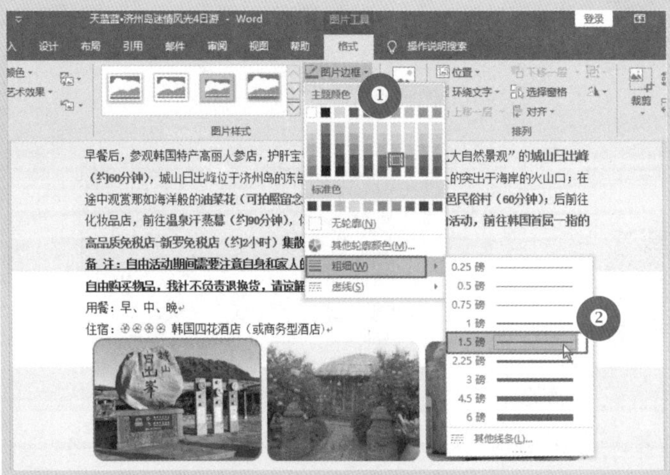

图 3-27

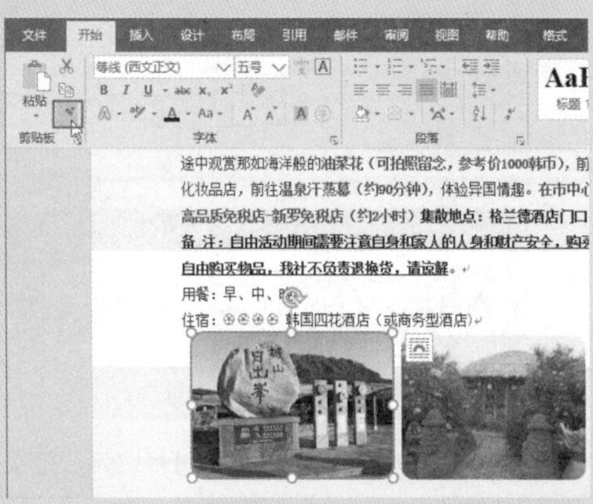

图 3-28

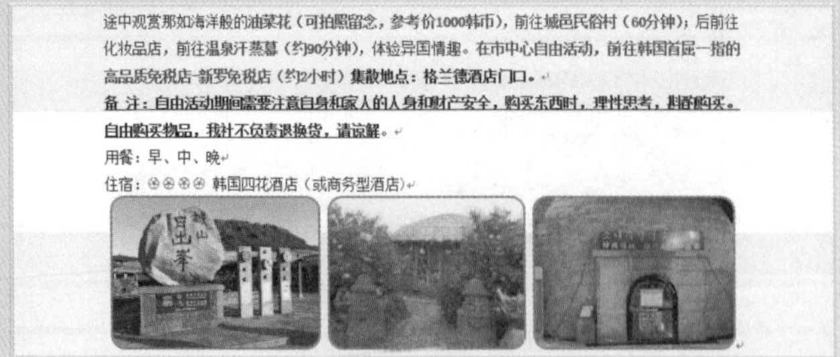

图 3-29

4．通过套用形状快速美化图片

Word 中预置了很多种图片外观样式，这些图片样式有设置边框的、设置阴影的、改变外观形状的、设置立体样式的等，这些预设样式是经过多步设置才能实现的。因此，当想为图片设置外观样式时，可以试着套用这些样式，并预览找到满意效果。

❶ 选中图片，在“图片工具-格式”选项卡的“图片样式”组中单击“其他”按钮（如图 3-30 所示），弹出图片样式下拉列表，如图 3-31 所示。

❷ 选择合适的图片样式，如“映像圆角矩形”，单击即可应用，应用后的效果如图 3-32 所示。

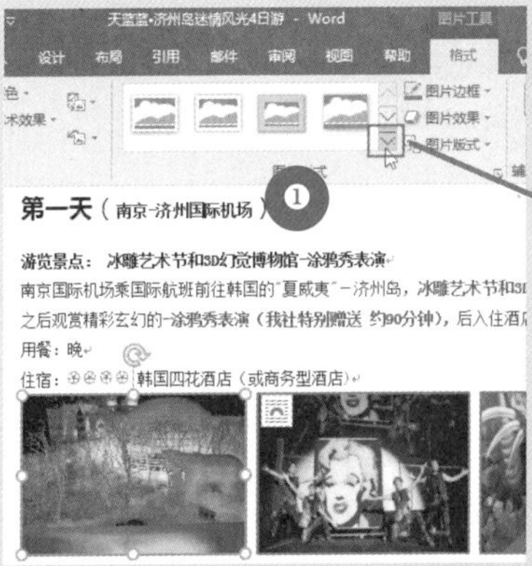

图 3-30

图 3-31

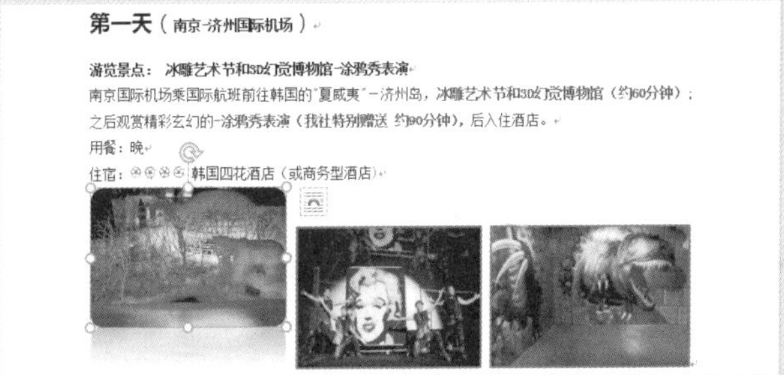

图 3-32

❸ 利用“格式刷”为其他图片快速应用相同的样式，如图 3-33 所示。

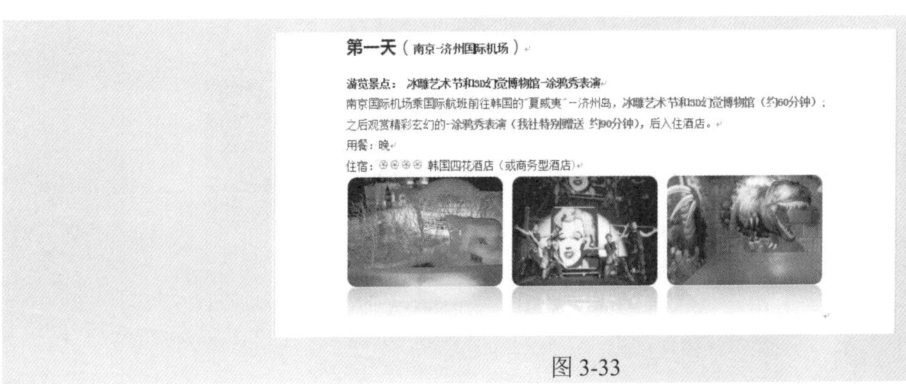

图 3-33

扫一扫，看视频

3.1.5 建立文档目录

如果一篇文档较长，为了能快速定位阅读，需要为文档建立清晰的目录。目录在长文档中的作用很大，它使文档的结构一目了然，同时通过目录可以快速定位，提高查找速度。未经设置时，文档是不存在各级目录的，下面介绍为当前文档建立目录的方法。

❶ 打开文档，首先定位光标到要设置为目录的段落中，在“开始”选项卡的“样式”组中单击“标题 1”样式（如图 3-34 所示），即可将该文本建立为一级目录。

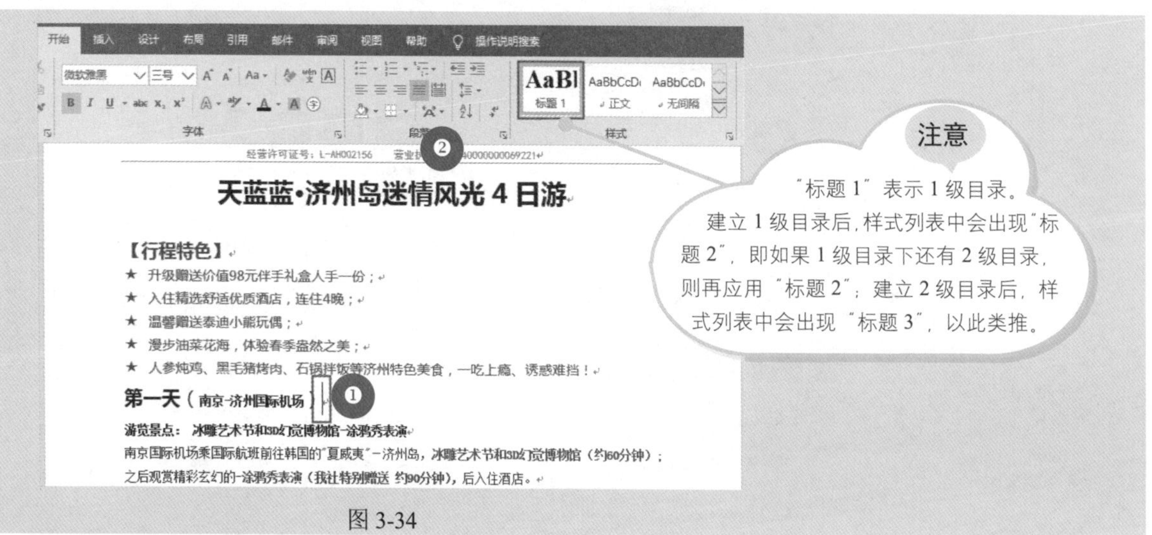

注意
"标题 1"表示 1 级目录。
建立 1 级目录后，样式列表中会出现"标题 2"，即如果 1 级目录下还有 2 级目录，则再应用"标题 2"；建立 2 级目录后，样式列表中会出现"标题 3"，以此类推。
天蓝蓝•济州岛迷情风光 4 日游
【行程特色】
第一天（南京-济州国际机场）

图 3-34

❷ 选中第一个设置完成的目录，双击“格式刷”按钮，在需要建立为目录的段落上拖动刷取相同的格式，如图 3-35 所示。

❸ 建立目录后，在“视图”选项卡的“显示”组中选中“导航窗格”复选框，则可以显示出目录导航（如图 3-36 所示），此时可以看到清晰的文档目录，通过单击目录可以实现快速定位。

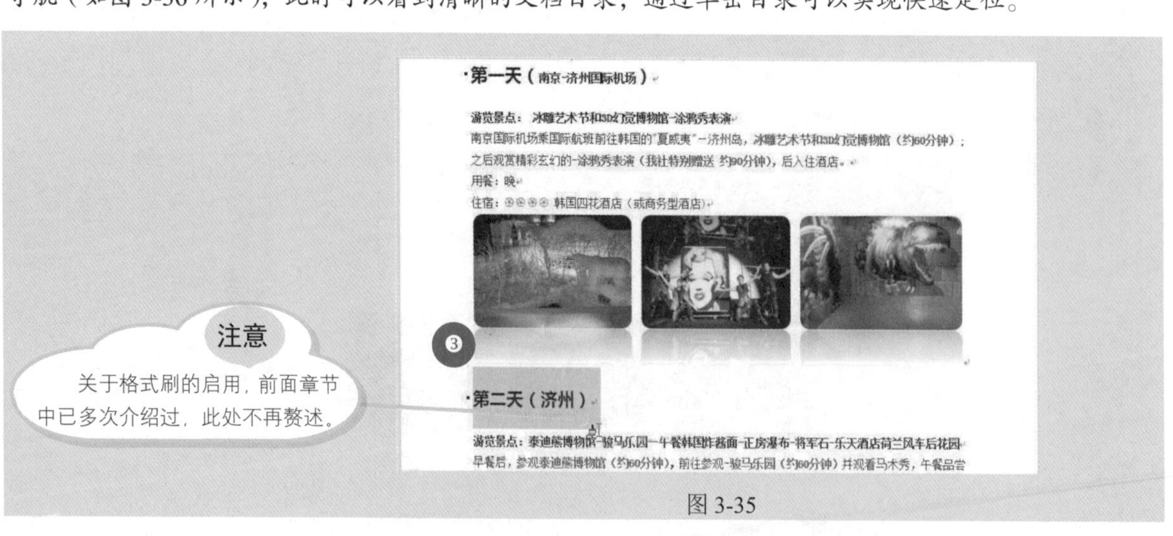

注意
关于格式刷的启用，前面章节中已多次介绍过，此处不再赘述。
第一天（南京-济州国际机场）
第二天（济州）

图 3-35

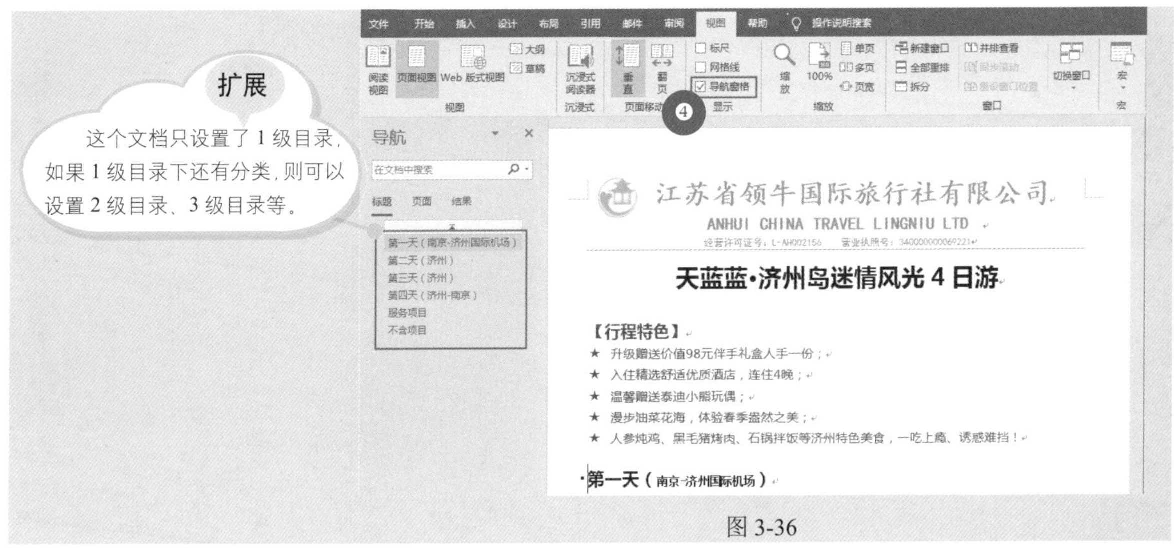

图 3-36

3.1.6 设置图片页面背景

扫一扫，看视频

页面背景默认为白色，可以根据文档的应用环境重新设置页面背景，如彩色背景、图片背景等。

❶ 打开文档，在“设计”选项卡的“页面背景”组中单击“页面颜色”下拉按钮，在弹出的下拉列表中选择“填充效果”选项，如图 3-37 所示。

❷ 打开“填充效果”对话框，选择“图片”选项卡，单击“选择图片”按钮，如图 3-38 所示。打开“选择图片”对话框，进入保存图片的文件夹中，选中图片，如图 3-39 所示。

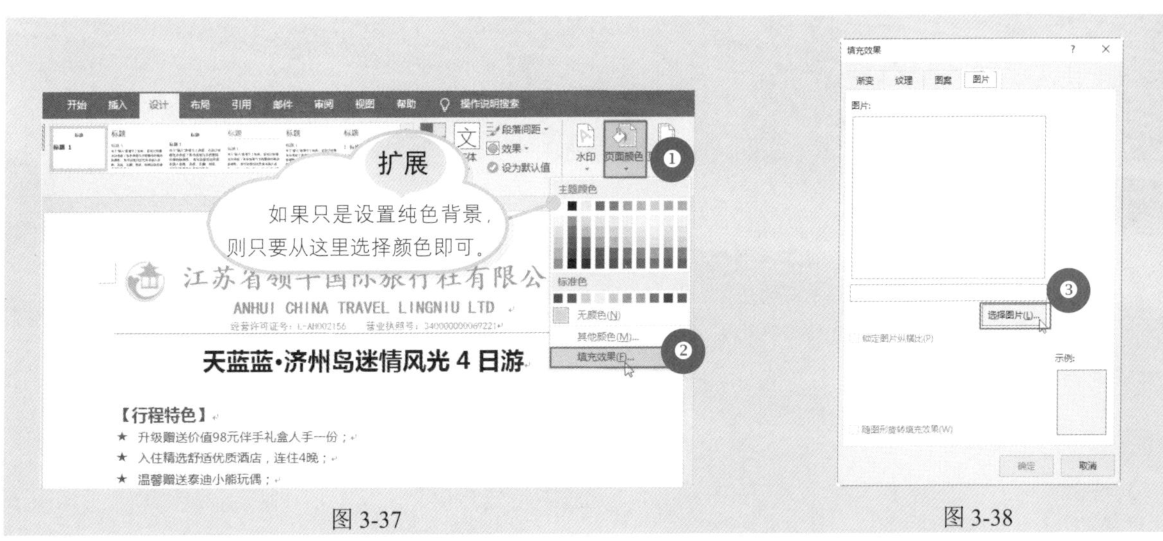

图 3-37　　图 3-38

❸ 单击“插入”按钮，返回“填充效果”对话框，可以看到预览效果，如图 3-40 所示。再次单击“确定”按钮，即可完成图片背景效果的设置，如图 3-41 所示。

图 3-39

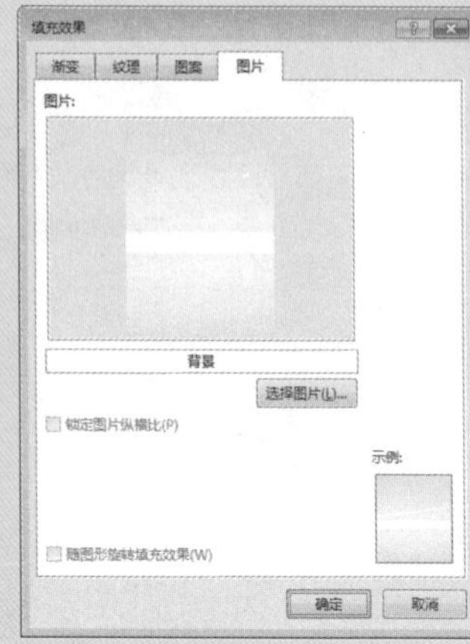

图 3-40

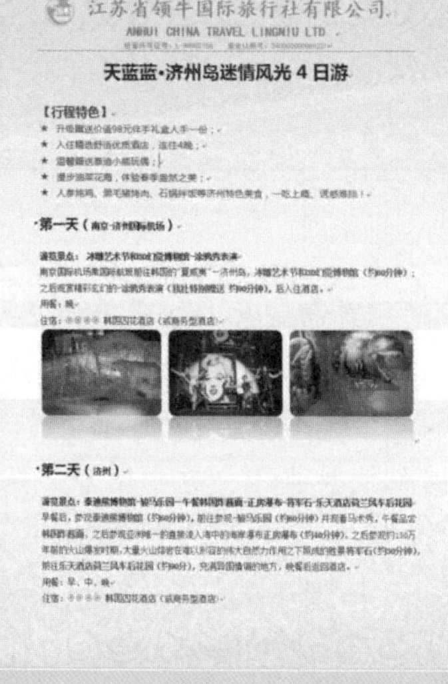

图 3-41

经验之谈

选择要作为背景的图片时应注意以下两点。

①不应选择过于花哨、色彩艳丽的图片，这样会掩盖正文内容，需要寻找适合作为背景的图片。

②作为背景显示的原始图片的横纵比例应与页面大致相符，这样才能保障一个页面一幅图片，避免出现图片拼接的情况。

3.2 项目建设方案

项目建设方案是指为完成某项目而进行的活动或工作过程的方案制订，是项目能否成功实施的重要保障和依据。图 3-42 所示为制作完成的项目建设方案。

图 3-42

3.2.1 为文档添加封面

扫一扫，看视频

有些商务文档需要使用封面。封面要求包含文档的主题信息，另外可以再使用图片、图形辅助设计，呈现更好的视觉效果。

在“插入”选项卡的“页面”组中单击“封面”下拉按钮，在弹出的下拉列表的“内置”栏中选择任意选项，即可插入封面。如选择“边线型”选项（如图 3-43 所示），在文档中插入的封面，如图 3-44 所示。

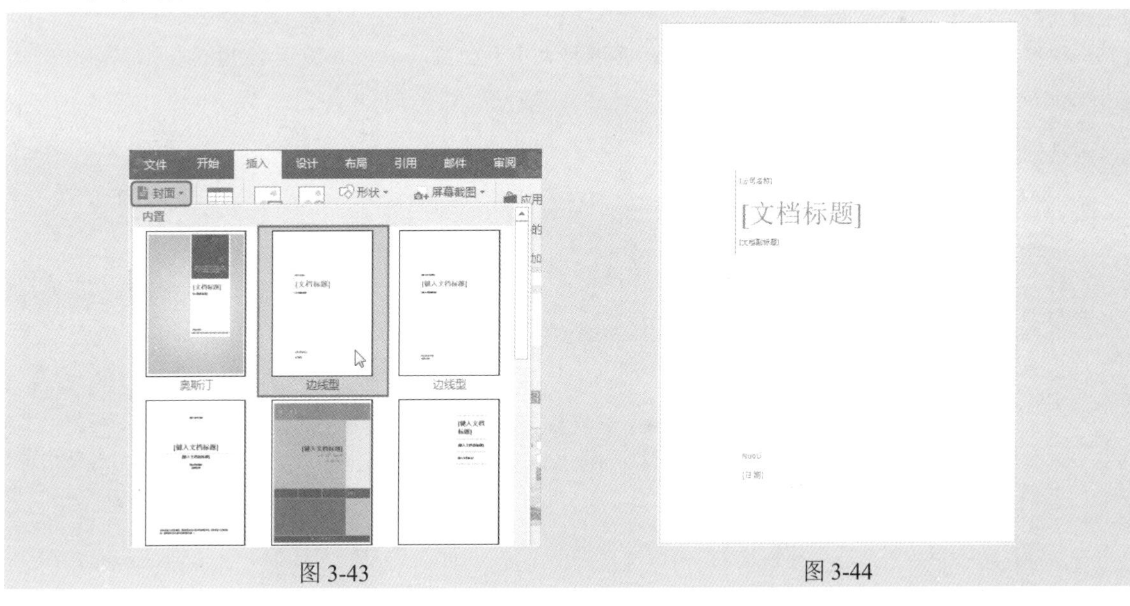

图 3-43　　图 3-44

插入封面后，可以在提示文字处输入文档标题、公司名称等内容。如果“内置”栏中提供的封面没有适合的，用户可以选择插入空白页，自定义封面。本例中采用插入空白页自定义封面的方式。

❶ 鼠标指针在文档定格处单击，在“插入”选项卡的“页面”组中单击“空白页”按钮（如图 3-45 所示），即可在首页前插入空白页。

❷ 在“插入”选项卡的“插图”组中单击“图片”按钮（如图 3-46 所示），打开“插入图片”对话框。

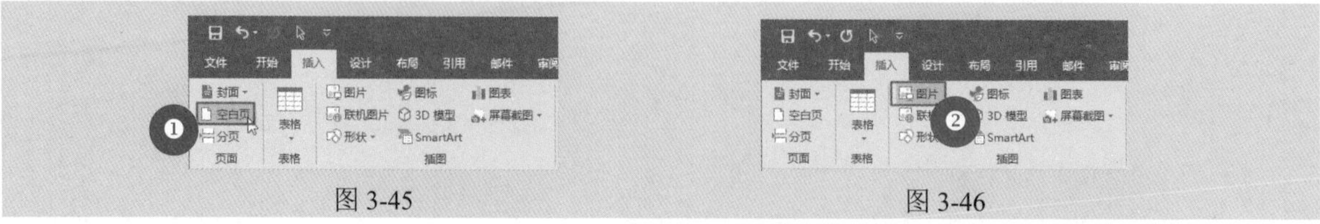

图 3-45　　图 3-46

❸ 在左侧目录树中依次进入要使用的图片的保存位置，单击选中目标图片，如图 3-47 所示。

❹ 单击“插入”按钮，即可将图片插入文档中。调整图片的大小并居中放置，如图 3-48 所示。

图 3-47　　图 3-48

❺ 按照上述相同的方法插入另一张图片，并调整大小和位置，效果如图 3-49 所示。

数字化校园管理平台
扩展
默认插入的图片是嵌入型版式，无法自由移动，需要将版式更改为“浮于文字上方”版式（此知识点在前面介绍过）。
Education Publishing Development

图 3-49

❻ 在 Logo 图片下方定位光标，输入文本“数字化校园管理平台建设方案”，依次设置字体格式为“黑体”“小初”“加粗”；按 Enter 键，在下一行输入文字，如图 3-50 所示。

图 3-50

❼ 在“插入”选项卡的“插图”选项组中单击“形状”下拉按钮，在弹出的下拉列表的“线条”栏中选择“直线”选项，在 1 级目录的文本下绘制线条。选中线条，在“绘图工具-格式”选项卡中单击“形状样式”组中的“形状填充”下拉按钮，在弹出的下拉列表中设置线条的颜色为橙色，“粗细”为“4.5 磅”，如图 3-51 所示。

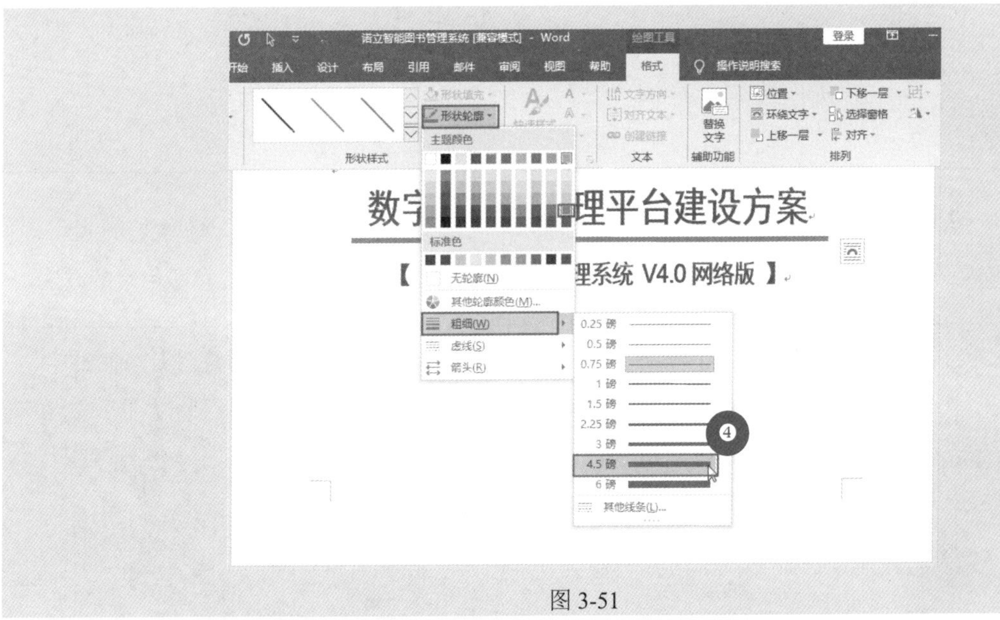

图 3-51

❽ 在文字上绘制适当大小的矩形（图形大小、摆放等根据设计思路展开），然后将其选中，单击右上角的“布局选项”按钮，在弹出的下拉列表中选择“衬于文字下方”选项，如图 3-52 所示。执行命令后可以看到如图 3-53 所示的效果。

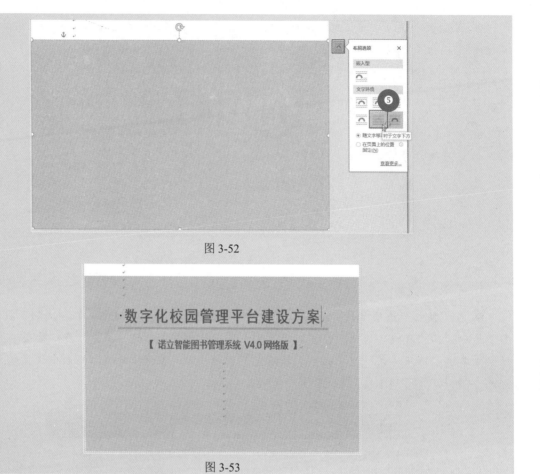

图 3-52

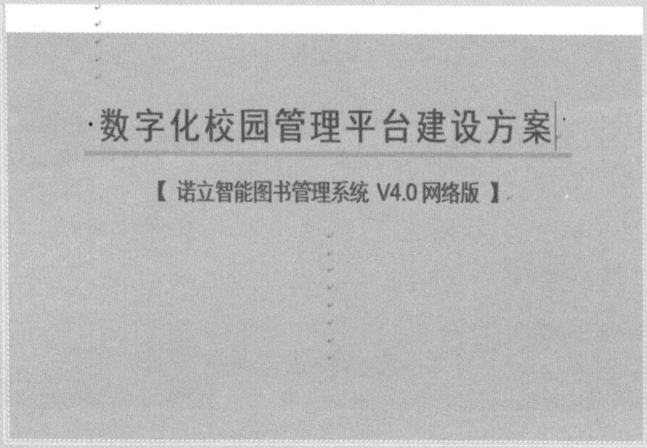

图 3-53

扫一扫，看视频

3.2.2　建立多级目录

3.1 节的范例中已介绍过创建目录的方法，本小节继续介绍建立多级目录的方法。

❶ 在“视图”选项卡的“视图”组中单击“大纲”按钮（如图 3-54 所示），切换到大纲视图下。

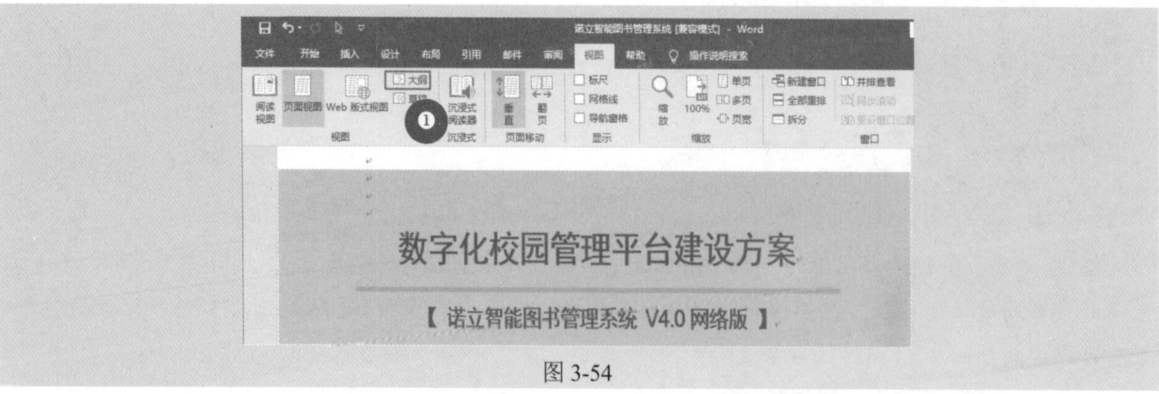

图 3-54

❷ 在大纲视图中可以看到所有的文本都是正文级别。将光标定位到要设置为 1 级目录的段落中，在“大纲工具”选项组中单击“正文文本”右侧的下拉按钮（因为默认都为“正文文本”），在弹出的下拉列表中选择“1 级”选项（如图 3-55 所示），即可将此段落设置为 1 级目录。

❸ 将光标定位到要设置为 2 级目录的段落中，按相同的方法在下拉列表中选择“2 级”目录级别，如图 3-56 所示。

❹ 将光标定位到要设置为 3 级目录的段落中，按上述相同的方法在下拉列表中选择“3 级”目录级别，如图 3-57 所示。

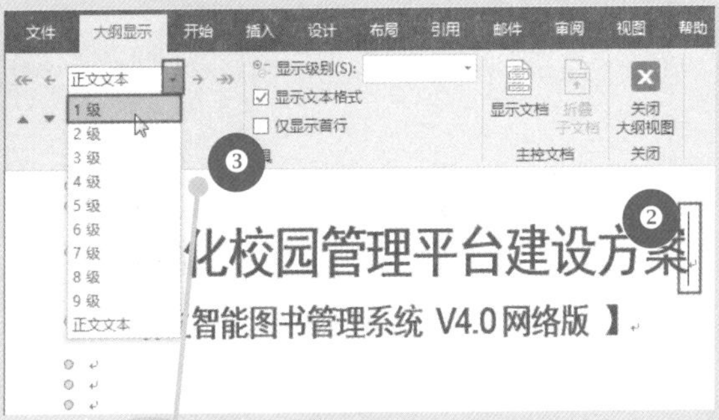

图 3-55

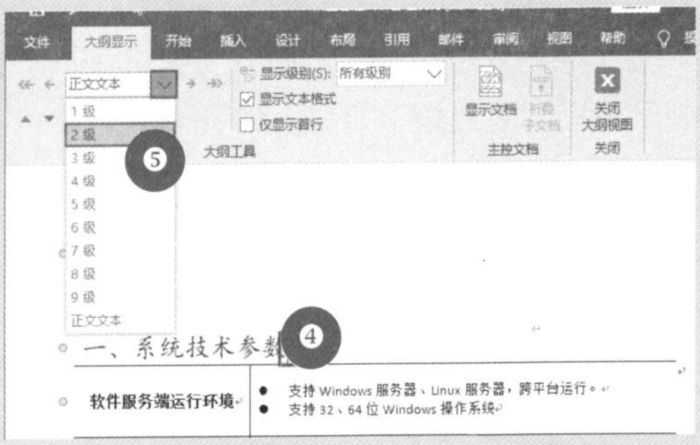

图 3-56

扩展

有多处 2 级目录时则按相同的方法设置。

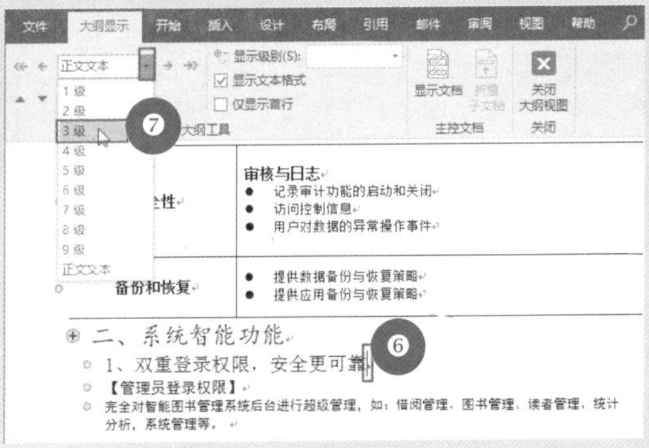

图 3-57

❺ 按上述相同的方法建立所有目录后，在“关闭”选项组中单击“关闭大纲视图”按钮返回到文档中，可以在导航窗格中看到显示的目录，如图 3-58 所示。

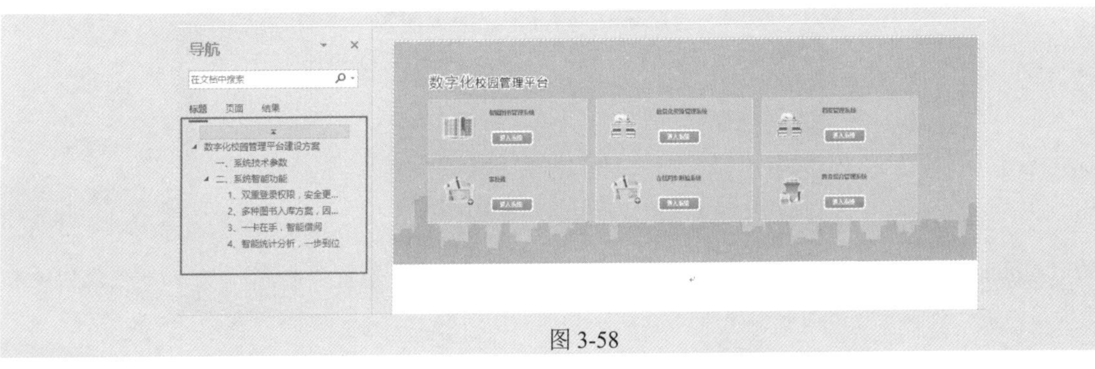

图 3-58

扫一扫，看视频

3.2.3 在页眉、页脚中合理应用图片

除了插入 Logo 图片外，还可以在页眉顶部插入长图片，起到美化文档的作用，具体操作如下。

1. 建立页眉时启用“首页不同”

因为首页是封面，不需要设置页眉或使用不同于正文的页眉，因此在设置前需要启用“首页不同”选项。启用后所做的页眉设置不应用于首页，只应用于下面的正文。

在页眉处双击，进入页眉页脚编辑状态。在“页眉和页脚工具-设计”选项卡的“选项”组中选中“首页不同”复选框，如图 3-59 所示。

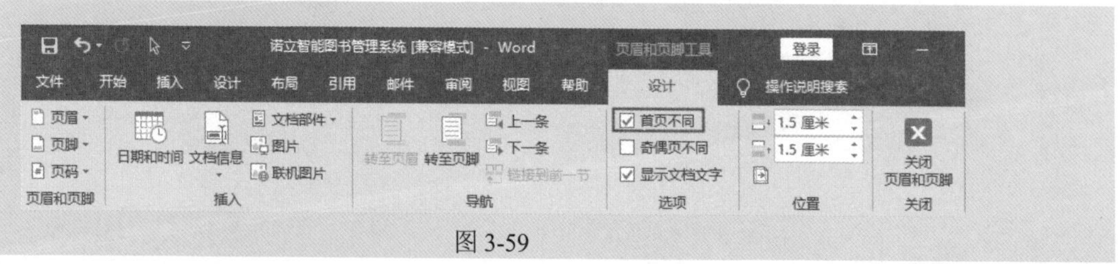

图 3-59

经验之谈

设置页眉页脚时，除了启用“首页不同”选项外，还可以启用“奇偶页不同”复选框。启用后首页、奇数页、偶数页就都是单独的对象了，可以分别为它们设置不同效果的页眉与页脚。如果不选中这些复选框，设置页眉后，其效果将应用于该文档的每一页中。

2. 设计页眉

本例的页眉中使用了 Logo 图片、装饰图片、大小号文字分行显示，并且大号文字与小号文字中间用横线间隔。这种页眉看似简单，但若不知操作技巧，则无法实现。

❶ 按照 3.1.3 小节的介绍，从第❶步进行到第❺步，得到如图 3-60 所示的效果。

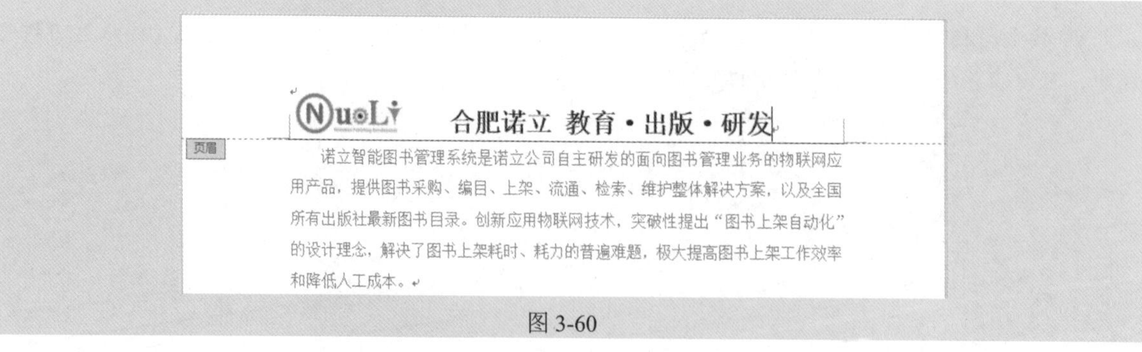

图 3-60

❷ 按 Enter 键切换到下一行，这时可以看到默认横线自动下移（如图 3-61 所示），而想实现的效果是用横线间隔第一行文字与下面的文字。

图 3-61

❸ 保持光标位置不动，在“开始”选项卡的“字体”组中单击“清除所有格式”按钮，这时可以看到光标在横线以下位置闪烁，如图 3-62 所示。

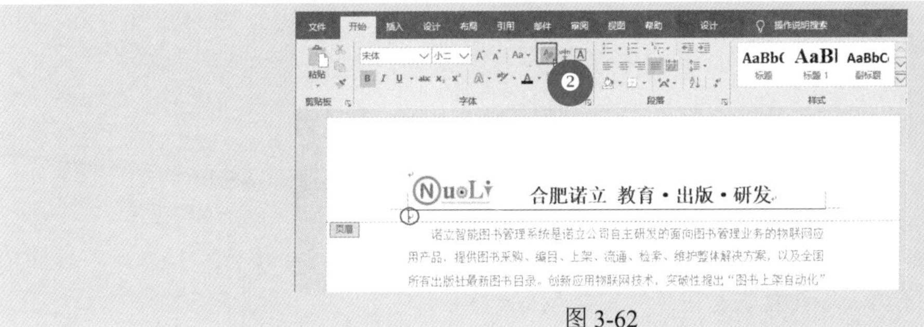

图 3-62

❹ 在光标处输入文字并设置字体格式，需要切换到下一行时按 Enter 键切换，如图 3-63 所示。

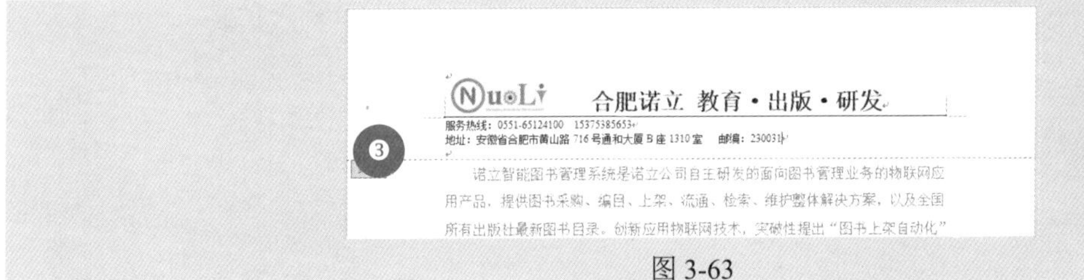

图 3-63

❺ 在“页眉和页脚工具-设计”选项卡的“插入”组中单击“图片”按钮，打开“插入图片”对话框。在地址栏中进入图片的保存位置，选中目标图片，如图 3-64 所示。

❻ 单击“插入”按钮，即可将图片插入页眉中，如图 3-65 所示。

扩展
选用图片时注意挑选适合装饰页眉的图片，可以事先准备并保存。
合肥诺立 教育·出版·研发

图 3-64

图 3-65

❼ 单击图片右上角的“布局选项”按钮，在弹出的下拉列表中选择“穿越型环绕”选项，如图 3-66 所示。

图 3-66

❽ 将光标指向图片，待它变成四向箭头形状后按住鼠标左键拖动，将图片移至图 3-67 所示的位置（贴页面顶端），并根据页面大小合理调整图片的宽度和高度。

图 3-67

经验之谈

除了 Logo 图片外，如果还要在页眉页脚中使用图片，要注意对图片的合理选取。例如，本例中的图片都是事先处理好的，应用到页眉与页脚中非常合适，如果随意拉来图片就使用，只会让文档的最终效果大打折扣。

3. 插入页码

当文档的页码较多时，为方便查看，或使打印时不至于出现混乱，可以为文档添加页码。

❶ 在页脚区双击，切换到页脚编辑区域，如图 3-68 所示。

❷ 在“页眉和页脚工具-设计”选项卡的“页眉和页脚”组中单击“页码”下拉按钮，在弹出的下拉列表中选择“当前位置”，在其子列表中则可以选择页码样式，如图 3-69 所示。

❸ 例如，单击“马赛克”样式，应用效果如图 3-70 所示。

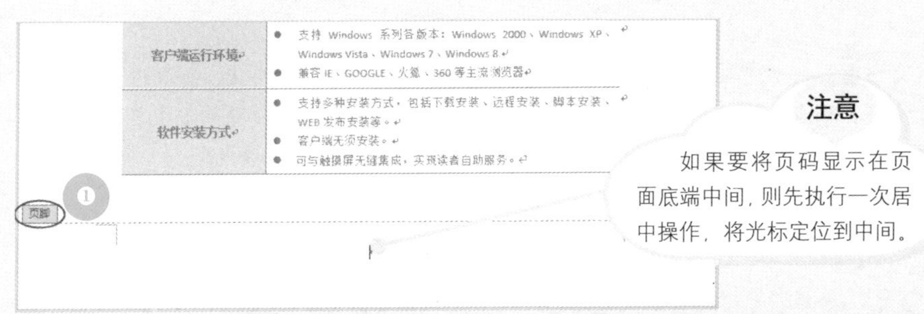
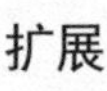

注意

如果要将页码显示在页面底端中间，则先执行一次居中操作，将光标定位到中间。

图 3-68

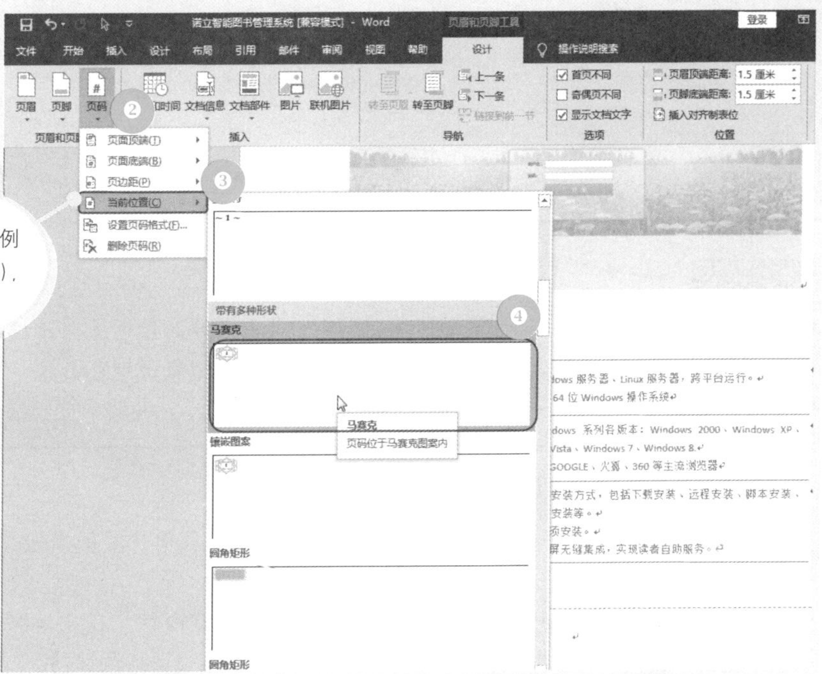

扩展

也可以直接单击“页面底端”，这时不管光标定位在什么位置，示例中显示页码在哪个位置（左、中、右），应用后页码就显示在什么位置。

图 3-69

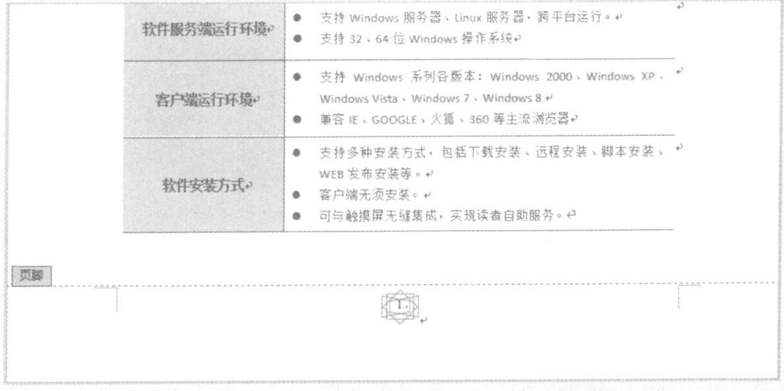

图 3-70

经验之谈

在任意新文档中，只要进入页眉页脚编辑状态，页眉中就会出现一条横线，如果设计中不需要这条横线，可以按如下方法将其取消。进入页眉和页脚编辑状态后，右击，在弹出的快捷菜单中单击“样式”下拉按钮，在弹出的下拉列表中选择“清除格式”选项（如图 3-71 所示），即可清除横线。

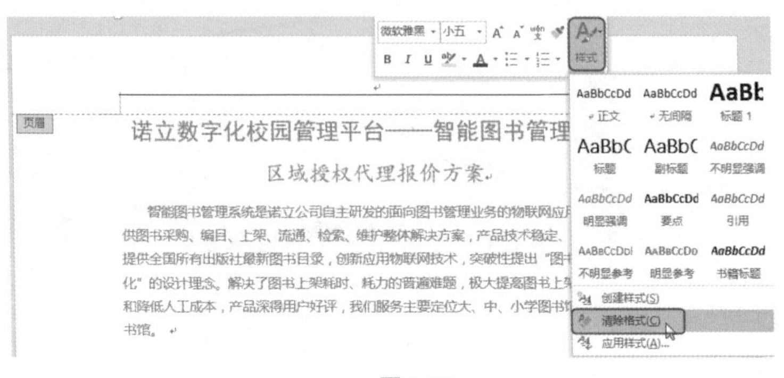

图 3-71

扫一扫，看视频

3.2.4　创建显示技术参数的表格

在项目建设方案文档中，常常需要对项目的基本信息进行系统性介绍。这时如果创建表格，将信息填写进去，会使得信息更加有条理，也更加直观。下面要在当前这篇项目介绍文档的“一、系统技术参数”标题下添加表格，具体操作如下。

1. 创建表格并设置边框

2.3 节中已介绍过表格的创建方法。技术参数填写表格一般使用较为简易的表格格式，只需设置好表格的边框及表内文字与数据的对齐方式即可。

❶ 将光标定位在“一、系统技术参数”标题下的空白行，在“插入”选项卡的“表格”组中单击“表格”下拉按钮，如图 3-72 所示。

❷ 在弹出的下拉列表中移动鼠标指针，选择 2×6 表格（如图 3-73 所示），然后单击即可在光标位置插入一个 2 列 6 行的表格，如图 3-74 所示。

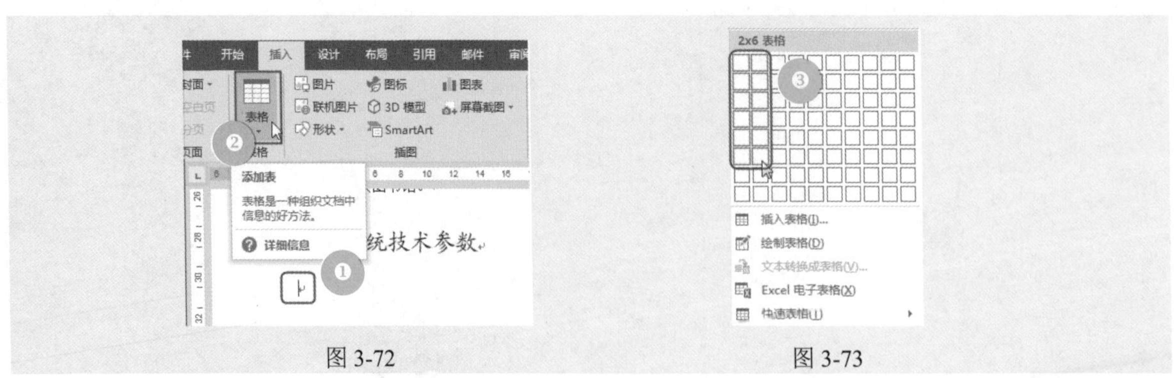

图 3-72　　　　图 3-73

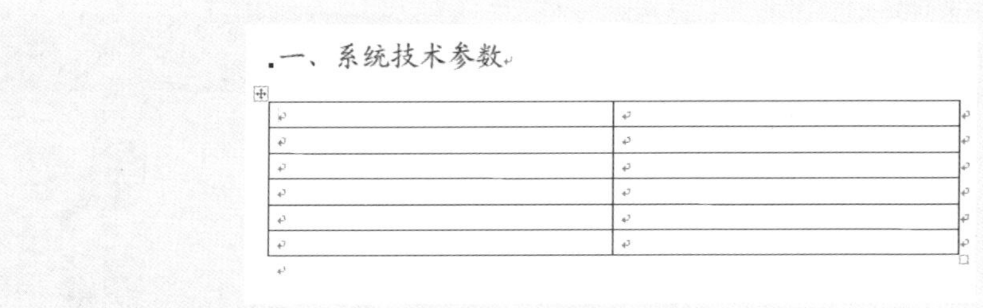

图 3-74

❸ 在表格的左上角单击“选择表格”按钮⊞，选中整个表格，然后在“表格工具-设计”选项卡的“边框”组中单击“边框”下拉按钮（如图 3-75 所示），在弹出的下拉列表中选择“左框线”选项，即可取消左侧框线，如图 3-76 所示。

❹ 按照上述相同的方法取消右侧框线，表格效果如图 3-77 所示。

图 3-75

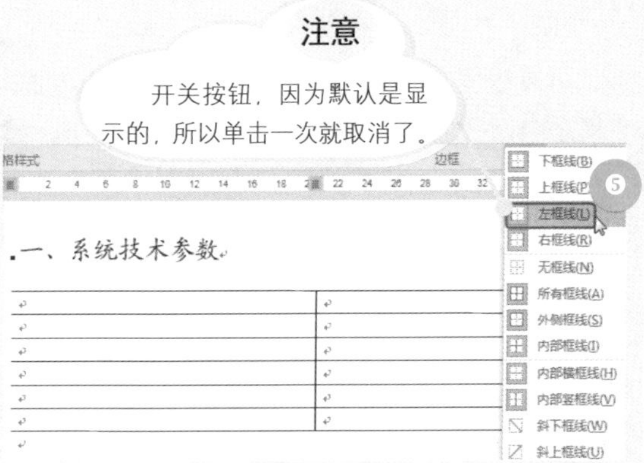

注意

开关按钮，因为默认是显示的，所以单击一次就取消了。

图 3-76

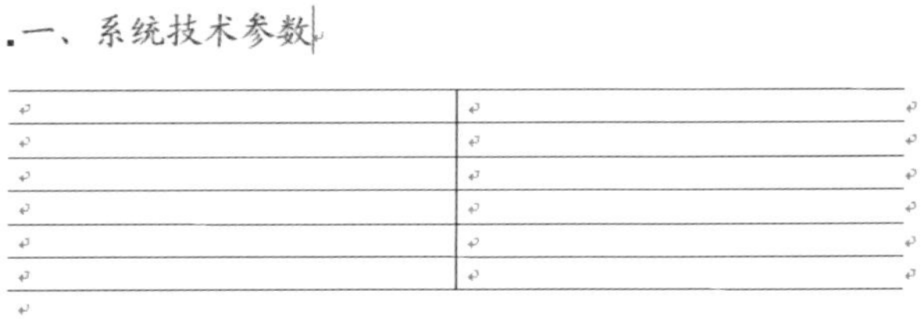

图 3-77

❺ 将光标移至需要调整列框的边线上，当它变成⫲形状时，按住鼠标左键向左拖动，调整列宽到合适的大小，如图 3-78 所示。

❻ 选中表格的第一列，在“表格工具-设计”选项卡的“表格样式”组中单击“底纹”下拉按钮，在弹出的下拉列表中选择所需的颜色，即可为选中的列填充底纹颜色，如图 3-79 所示。

图 3-78

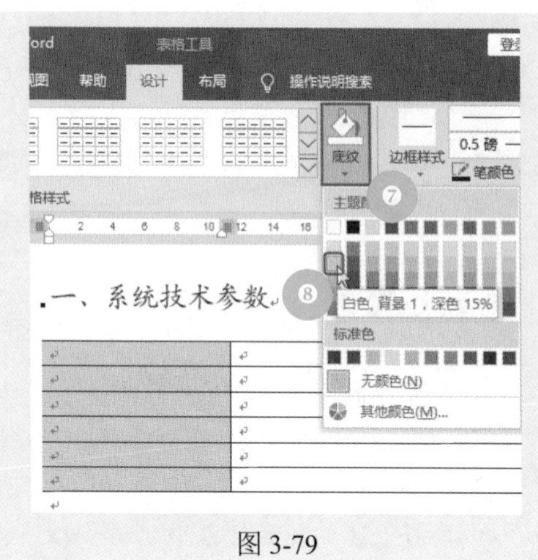

图 3-79

2. 文字的输入及设置

可以根据实际情况设置表格中文字和数据的对齐方式，如果一列数据中数据的长度差距不大，可以使用居中对齐方式，如果一列数据长短不一，建议使用左对齐方式。

❶ 保持第一列为选中状态，在“布局”选项卡的“对齐方式”组中单击“水平居中”按钮，如图 3-80 所示。此后在设置该格式的表格中输入的文字将呈现水平居中的效果。

❷ 在表格中输入系统技术参数的基本信息，如图 3-81 所示（第一列居中显示，第二列因为文字较多，使用左对齐的方式）。

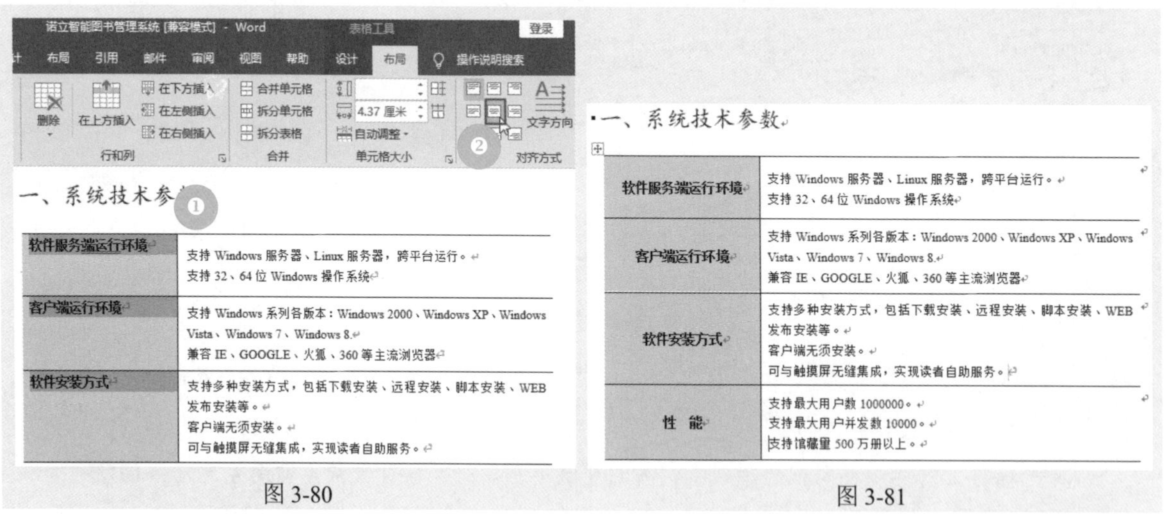

图 3-80　　图 3-81

❸ 选中要添加项目符号的文字，在“开始”选项卡的“段落”组中单击“项目符号”下拉按钮，如图 3-82 所示。

❹ 在弹出的下拉列表中选择任意项目符号（如图 3-83 所示），即可为选中的文本添加项目符号，效果如图 3-84 所示。

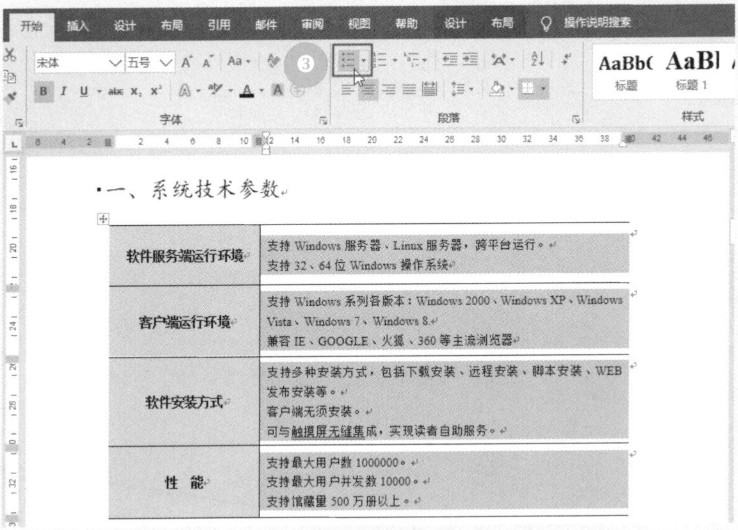

一、系统技术参数

软件服务端运行环境	支持 Windows 服务器、Linux 服务器，跨平台运行。 支持 32、64 位 Windows 操作系统
客户端运行环境	支持 Windows 系列各版本：Windows 2000、Windows XP、Windows Vista、Windows 7、Windows 8. 兼容 IE、GOOGLE、火狐、360 等主流浏览器
软件安装方式	支持多种安装方式，包括下载安装、远程安装、脚本安装、WEB 发布安装等。 客户端无须安装。 可与触摸屏无缝集成，实现读者自助服务。
性 能	支持最大用户数 1000000。 支持最大用户并发数 10000。 支持馆藏量 500 万册以上。

图 3-82

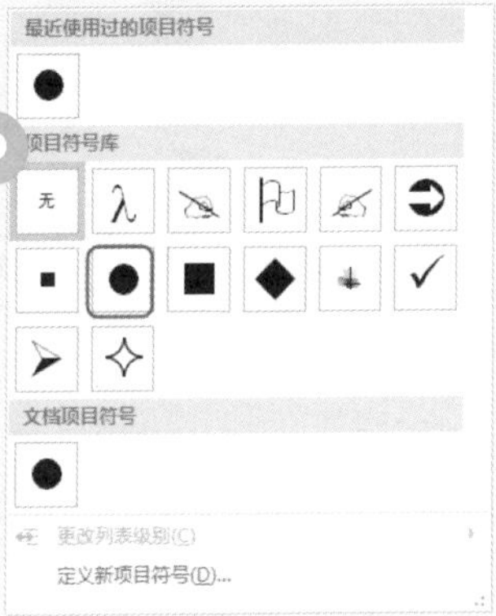

图 3-83

一、系统技术参数

软件服务端运行环境	● 支持 Windows 服务器、Linux 服务器，跨平台运行。 ● 支持 32、64 位 Windows 操作系统
客户端运行环境	● 支持 Windows 系列各版本：Windows 2000、Windows XP、Windows Vista、Windows 7、Windows 8. ● 兼容 IE、GOOGLE、火狐、360 等主流浏览器
软件安装方式	● 支持多种安装方式，包括下载安装、远程安装、脚本安装、WEB 发布安装等。 ● 客户端无须安装。 ● 可与触摸屏无缝集成，实现读者自助服务。
性 能	● 支持最大用户数 1000000。 ● 支持最大用户并发数 10000。 ● 支持馆藏量 500 万册以上。

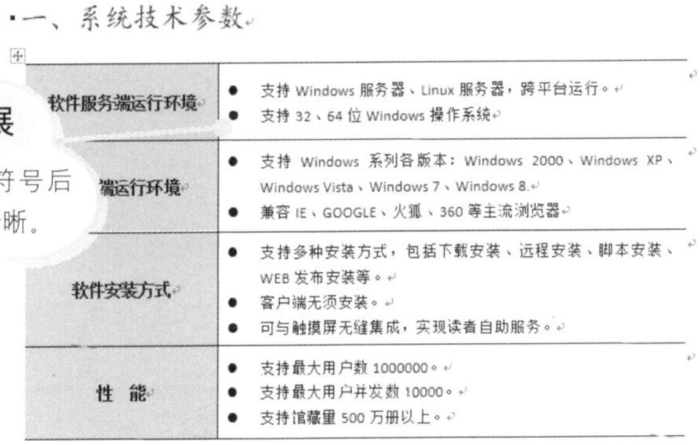

扩展

添加了项目符号后可以让条目更加清晰。

图 3-84

3.3 调研报告

调研报告的核心是实事求是地反映和分析客观事实。调研报告主要包括两个部分：一是调查，二是研究。调查，应该深入实际，准确地反映客观事实，不凭主观想象，按事物的本来面目了解事物，详细地钻研材料。研究，即在掌握客观事实的基础上认真分析，透彻地揭示事物的本质。图 3-85 所示为制作完成的调研报告文档范例。

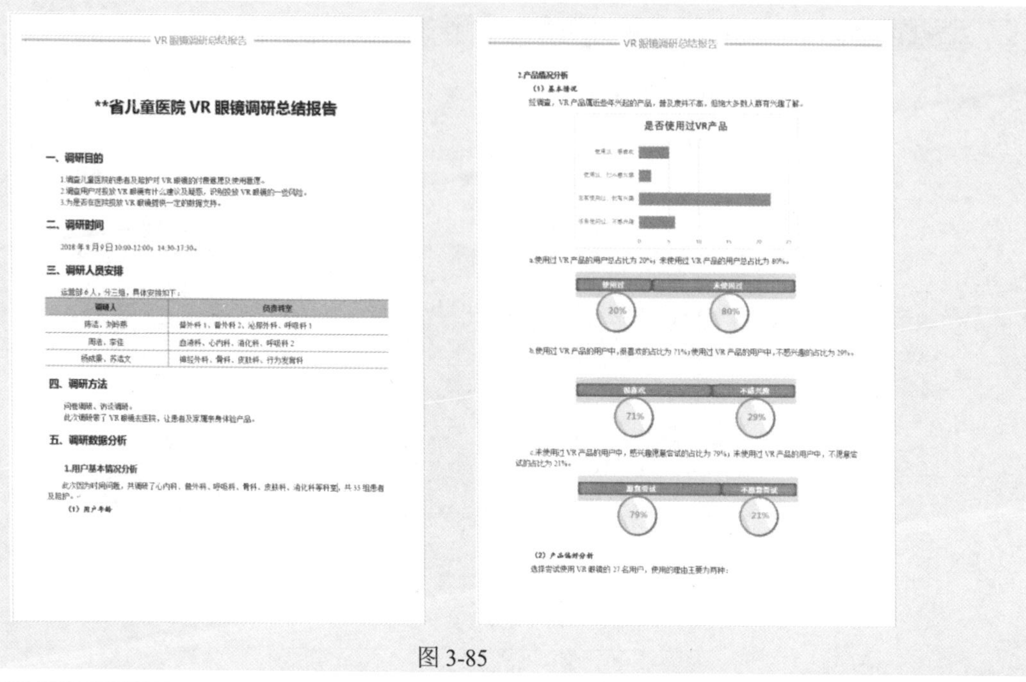

VR 眼镜调研总结报告

**省儿童医院 VR 眼镜调研总结报告

一、调研目的

1.调查儿童医院的患者及陪护对 VR 眼镜的付费意愿及使用意愿。
2.调查用户对投放 VR 眼镜有什么建议及疑惑，识别投放 VR 眼镜的一些风险。
3.为是否在医院投放 VR 眼镜提供一定的数据支持。

二、调研时间

2018 年 8 月 9 日 10:00-12:00，14:30-17:30。

三、调研人员安排

运营部 6 人，分三组，具体安排如下：

调研人	负责科室
陈洁、刘玲燕	普外科 1、普外科 2、泌尿外科、呼吸科 1
周涛、李佳	血液科、心内科、消化科、呼吸科 2
杨成豪、苏浩文	神经外科、骨科、皮肤科、行为发育科

四、调研方法

问卷调研、访谈调研。
此次调研带了 VR 眼镜去医院，让患者及家属亲身体验产品。

五、调研数据分析

1.用户基本情况分析

此次因为时间问题，共调研了心内科、普外科、呼吸科、骨科、皮肤科、消化科等科室，共 33 组患者及陪护。

（1）用户年龄

VR 眼镜调研总结报告

2.产品情况分析

（1）基本情况

经调查，VR 产品属近些年兴起的产品，普及度并不高，但绝大多数人群有兴趣了解。

是否使用过VR产品

a.使用过 VR 产品的用户总占比为 20%；未使用过 VR 产品的用户总占比为 80%。

使用过	未使用过
20%	80%

b.使用过 VR 产品的用户中，很喜欢的占比为 71%；使用过 VR 产品的用户中，不感兴趣的占比为 29%。

很喜欢	不感兴趣
71%	29%

c.未使用过 VR 产品的用户中，感兴趣愿意尝试的占比为 79%；未使用过 VR 产品的用户中，不愿意尝试的占比为 21%。

愿意尝试	不愿意尝试
79%	21%

（2）产品偏好分析

选择尝试使用 VR 眼镜的 27 名用户，使用的理由主要为两种：

图 3-85

扫一扫，看视频

3.3.1 复制使用 Excel 分析图表

通过调研获取相关数据后，表格统计与图表分析是常用的分析方式。对于图表的创建一般会使用专业的 Excel 软件，待 Excel 图表建立完毕后，则可以复制到 Word 文档中使用。

❶ 在 Excel 中建立图表后，按 Ctrl+C 组合键复制，如图 3-86 所示。

❷ 切换到 Word 文档中，定位要插入图表的位置，如图 3-87 所示。

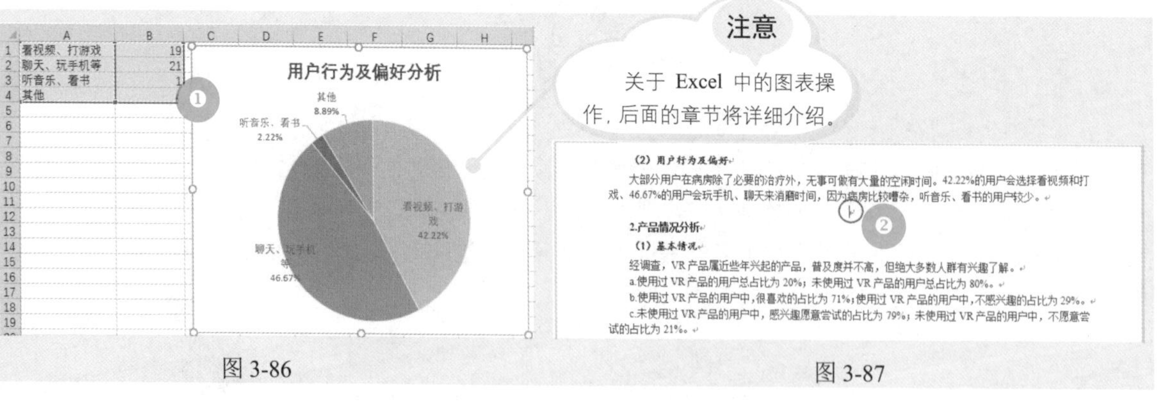

图 3-86　　图 3-87

❸ 在"开始"选项卡的"剪贴板"组中单击"粘贴"下拉按钮，在弹出的下拉列表中选择"图片"，如图 3-88 所示。

❹ 可以根据统计数据的需要选择不同的图表类型，图 3-89 所示为从 Excel 中复制得到的条形图。

扩展

这里有多种粘贴形式，其中第 3、4 种会将 Excel 数据与复制到 Word 中的图表进行连接，当 Excel 中的数据有变动时，Word 中的图表也能自动更新，但这会占用较大内存，可根据实际情况选择使用。

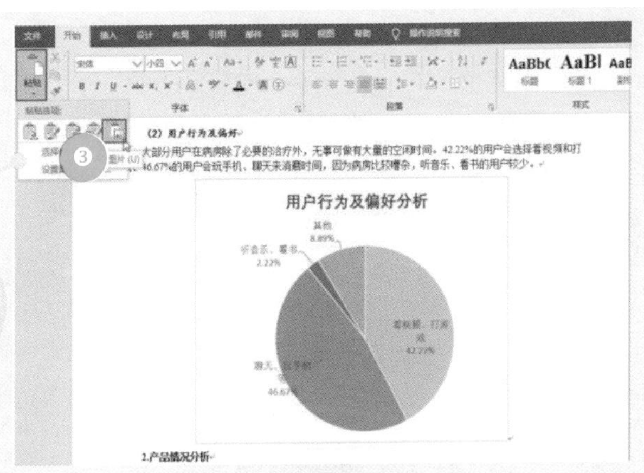

图 3-88

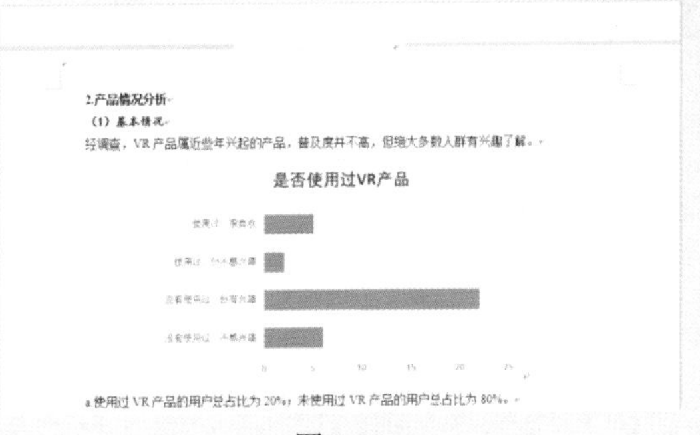

图 3-89

3.3.2 表格与文本的环绕混排

扫一扫，看视频

与图片一样，表格被插入文档中之后，默认是嵌入式版式。当表格较窄时（如图 3-90 所示），可以通过重新设置表格的版式来实现环绕混排。

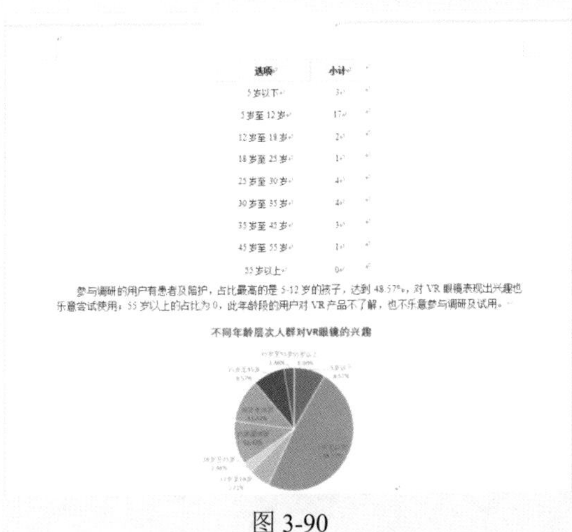

图 3-90

❶ 选中表格，在“表格工具-布局”选项卡的“表”组中单击“属性”按钮，如图 3-91 所示。

❷ 打开“表格属性”对话框，选择“表格”选项卡，在“文字环绕”栏中选择“环绕”，如图 3-92 所示。

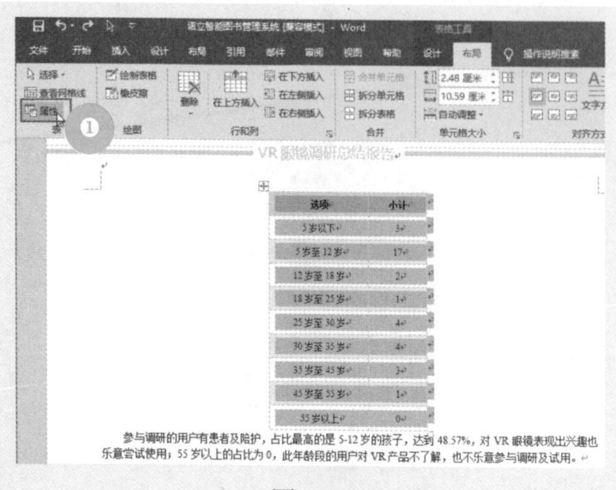

图 3-91

图 3-92

❸ 单击“确定”按钮，效果如图 3-93 所示。选中表格，将光标指向左上角的四向箭头，按住鼠标左键拖动到需要的位置上，拖动时表格四周的文本自动环绕重排，如图 3-94 所示。

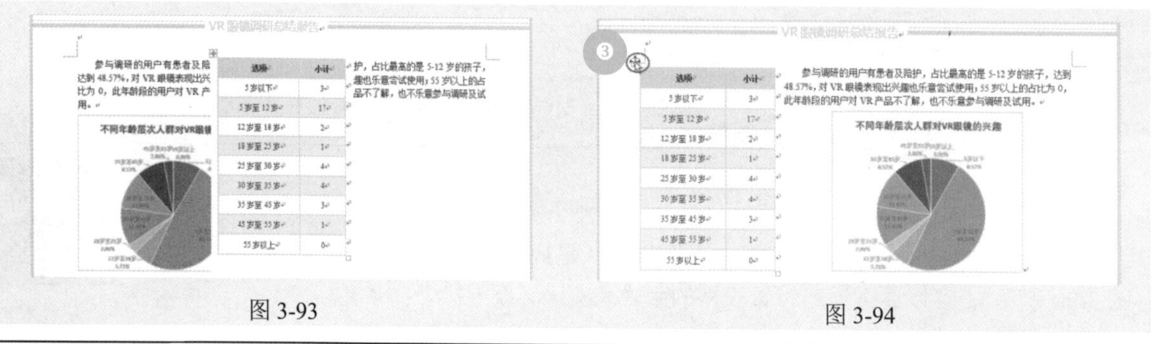

图 3-93

图 3-94

扫一扫，看视频

3.3.3 利用图形创建分析图表

除了复制使用 Excel 中的图表来展示分析结果外，在 Word 中也可以灵活使用图形来绘制图表。其优点在于设计可以更加灵活，呈现效果可以更加美观。

❶ 在要插入图表的位置空出绘制图表的间距，绘制 3 个圆角矩形，一个大的位于底部作为修饰图形，两个小的根据百分比值分别设置不同的长度与颜色，如图 3-95 所示。

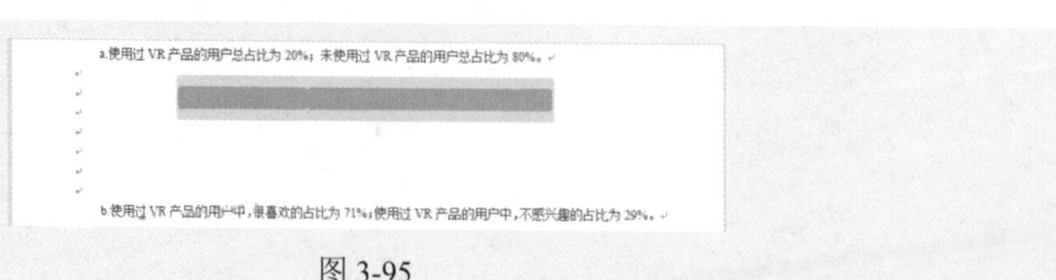

图 3-95

❷ 在上方的两个矩形上添加文本框，输入标识文字，如图 3-96 所示。

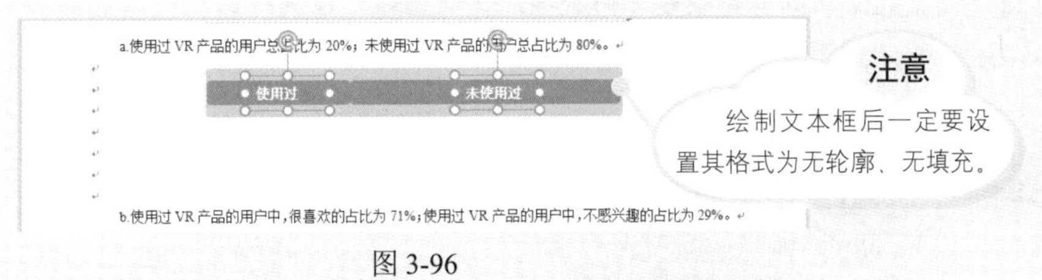

图 3-96

❸ 选中两个圆角矩形，在“绘图工具-格式”选项卡的“形状样式”组中单击“形状效果”下拉按钮，在弹出的下拉列表中选择“阴影”→“内部 中”（如图 3-97 所示），应用后的图形如图 3-98 所示。

❹ 在前一个图形上绘制两个正圆，上方一个略小于另一个，并设置不同的填充颜色，如图 3-99 所示。

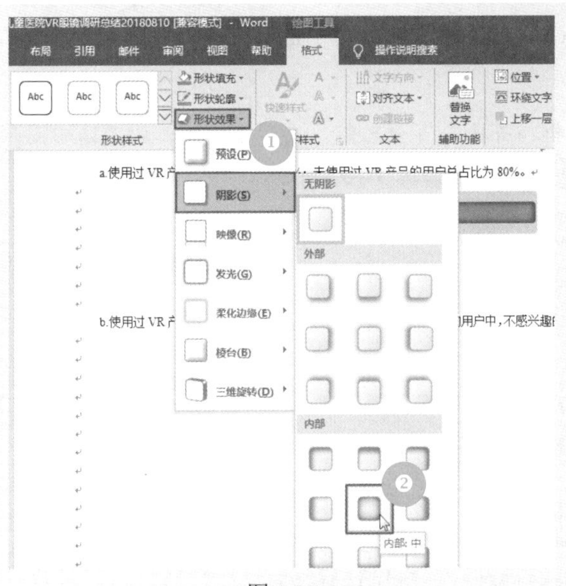

图 3-97

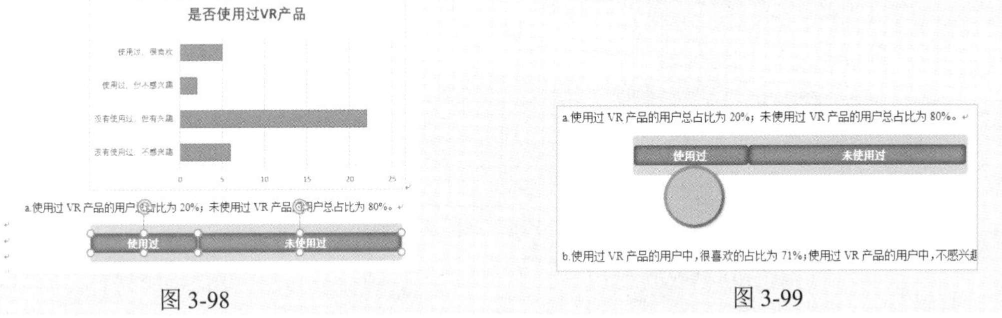

图 3-98　　图 3-99

❺ 选中上方圆形，在“绘图工具-格式”选项卡的“形状样式”组中单击“对话框启动器”按钮（如图 3-100 所示），打开“设置形状格式”窗格。

❻ 单击“填充与线条”按钮，在“填充”栏中选中“渐变填充”单选按钮；在“渐变光圈”栏中

通过单击按钮删除原光圈，只保留两个光圈（如果光圈不够，则单击按钮添加光圈），分别拖放到起始位置与结束位置；设置起始位置的光圈颜色为白色，结束位置的光圈颜色为灰色，设置角度为 180，如图 3-101 所示。

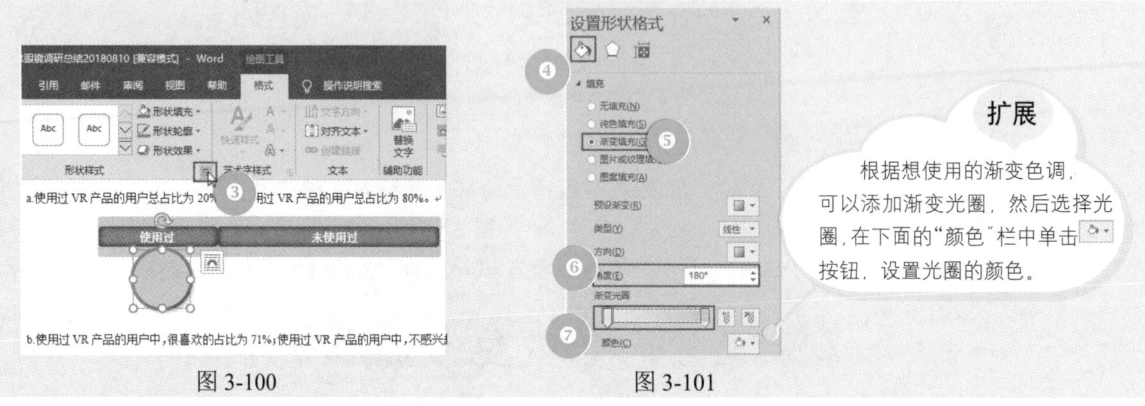

图 3-100　　　　图 3-101

⑦ 在图形上添加文本框，并输入百分比值。编辑完成后，同时选中图形，右击，在弹出的快捷菜单中选择“组合”→“组合”命令，如图 3-102 所示。

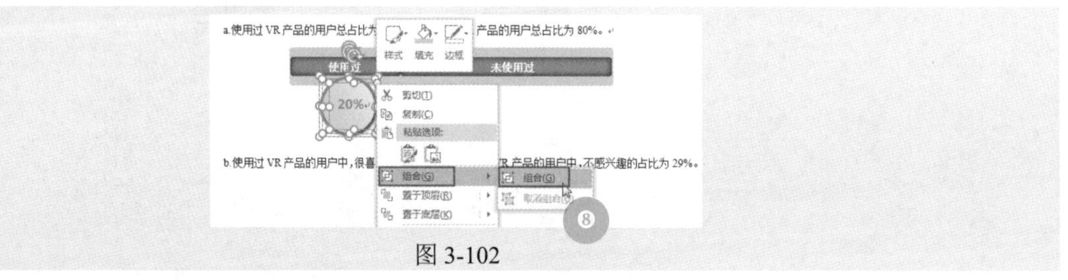

图 3-102

⑧ 组合图形后，复制图形并重新修改百分比值，如图 3-103 所示。

⑨ 完成上面的图表制作后，可以复制使用。当表达不同的百分比值时，只需根据实际情况调整两个代表百分比值的矩形的长短即可，如图 3-104 所示。

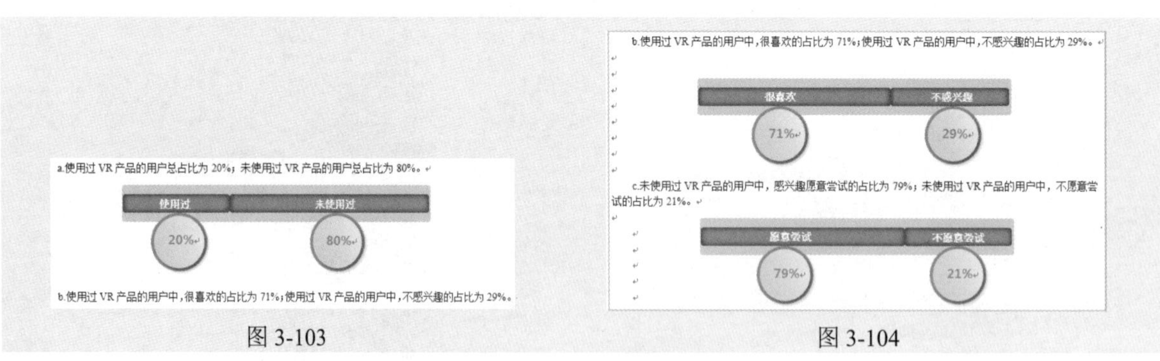

图 3-103　　　　图 3-104

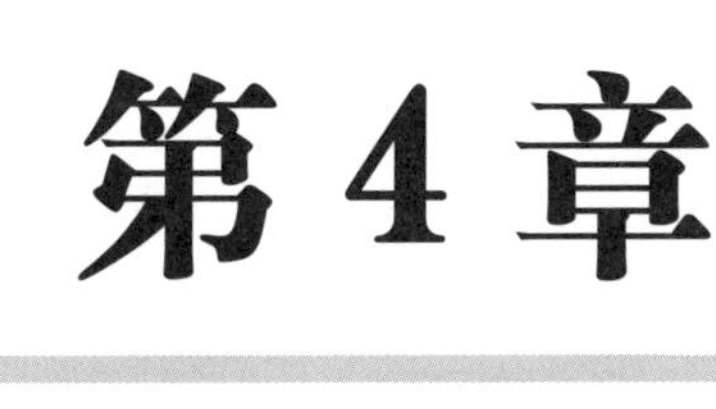

第4章 调查问卷与宣传单页设计

- 调查问卷与宣传单页设计
  - 4.1 设计产品调查问卷
    - 4.1.1 添加页面边框
    - 4.1.2 绘制下划线
      - 1．快速添加下划线
      - 2．自定义下划线的格式
    - 4.1.3 添加用于勾选的符号“□”
    - 4.1.4 图文结合的小标题设计效果
      - 1．绘制图形
      - 2．添加小标题文字
    - 4.1.5 运用制表符编制如表格般的对齐文本
      - 1．Tab键快速建立制表符
      - 2．自定义建立制表符
      - 3．设置制表符的前导符
    - 4.1.6 图片水印效果
  - 4.2 公司宣传彩页范例
    - 4.2.1 设置图形虚线边框及渐变填充
      - 1. 设置图形虚线边框
      - 2. 设置图形渐变填充
    - 4.2.2 文字的艺术效果
    - 4.2.3 SmartArt图辅助设计
    - 4.2.4 图形沉于文字底部装饰版面

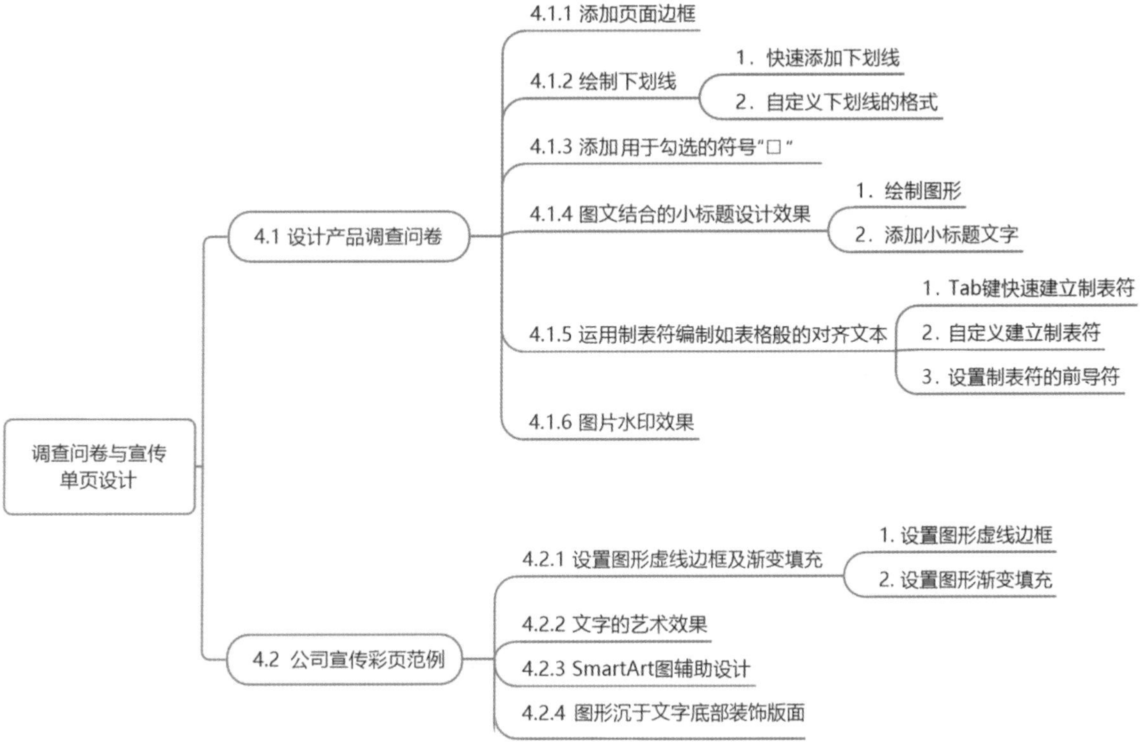

4.1　设计产品调查问卷

企业无论是推出新产品、提供新服务，还是开展某些短期活动等，为了能了解相关的销售或售后反馈情况，可以设计调查问卷文档。此文档的设计一般以问题形式呈现，以方便被调查者以最便捷的方式给出反馈，同时文档的整体页面还应保持视觉上的美观度。下面以图 4-1 所示的调查问卷表为例，分步讲解调查问卷的制作方法。

客户满意度调查表

护理时间：_____年_____月_____日　　客户经理：__________
护理诉求：____________________　　联系电话：__________

尊敬的客户，非常感谢您对我们会所的帮助和支持，追求客户满意是我们会所一贯的宗旨，为了给您提供更优的服务，我们占用您几分钟宝贵的时间，敬请您填写此调查表。我们美容会所需要您的支持，我们会积极采纳您宝贵的建议和意见！

1 您对我会所的满意度（请打分）

服务态度	1	2	3	4	5
售后服务	1	2	3	4	5
美容师手法	1	2	3	4	5
产品效果	1	2	3	4	5
护理项目	1	2	3	4	5

2 您去美容院最注重哪些项目（可选择多项）

□ 基础护理　□ 美白祛斑
□ 抗衰老护理　□ 丰胸
□ 高端仪器　□ 中医养生
□ 减肥瘦身　□ 心灵沟通

3 您选择一家美容院最重要的三个原因（选择三项）

□ 地理位置　□ 产品/项目效果　□ 服务仪器是否齐全
□ 服务态度　□ 服务项目是否齐全　□ 售后服务
□ 产品/项目价格　□ 美容师手法　□ 异议处理

本次服务的总体满意度评价：　□ 优　□ 良　□ 中　□ 差

为了下一次为您提供更好的服务，请您提供宝贵意见和建议：

客户签名：__________

图 4-1

扫一扫，看视频

4.1.1　添加页面边框

页面边框是在页面周围的边框，它可以吸引注意力，并增添文本的整体视觉效果。用户可以使用各种线条样式、宽度和颜色创建边框，或者根据文档的不同主题选择带有趣味主题的艺术边框，具体操作如下。

❶ 打开“调查问卷”文档，在“设计”选项卡的“页面背景”组中单击“页面边框”按钮，如图 4-2 所示。

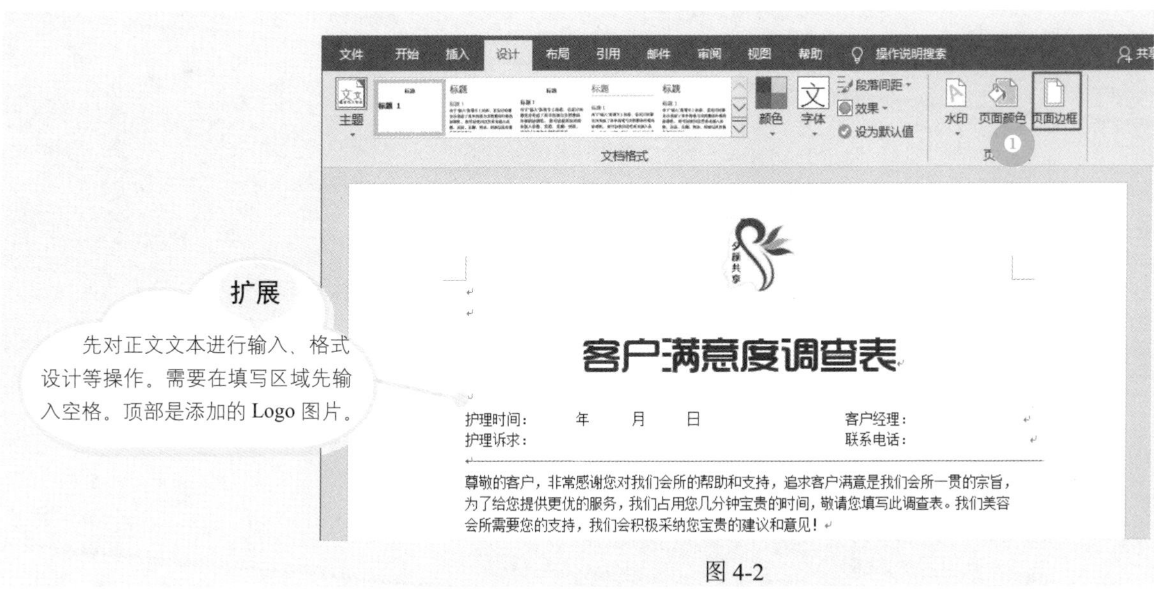

图 4-2

❷ 打开“边框和底纹”对话框，在“设置”列表框中选中“方框”选项，单击“颜色”右侧的下拉按钮，在弹出的下拉列表中选择紫色，如图 4-3 所示。

❸ “样式”默认为“实线”，宽度设置为“2.25 磅”，如图 4-4 所示。

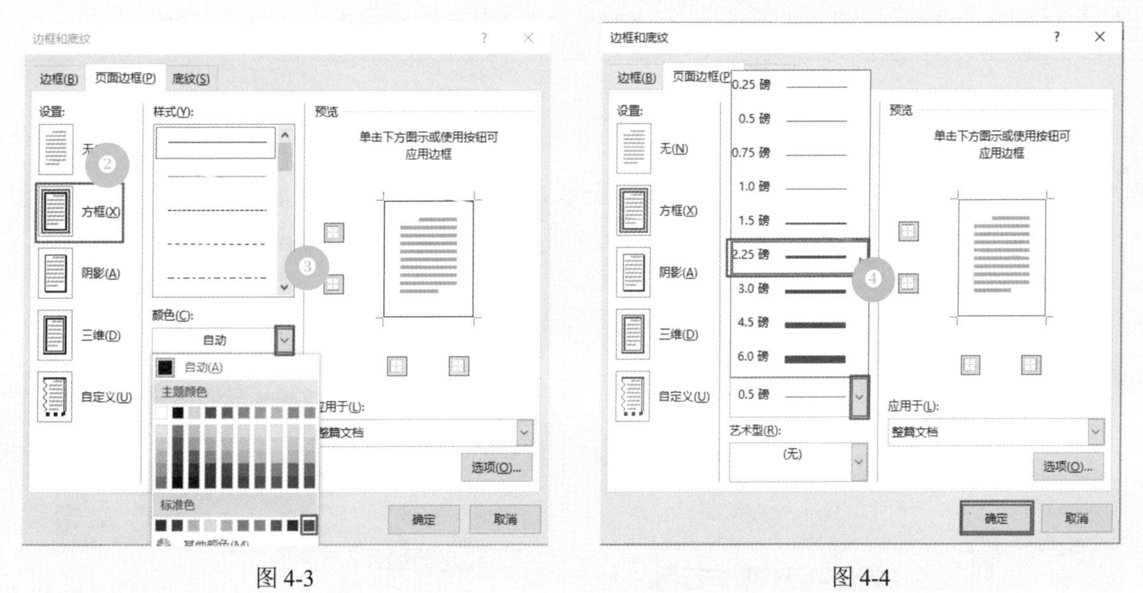

图 4-3　　图 4-4

❹ 单击“确定”按钮，返回到 Word 工作界面，即可看到文档添加了页面边框，如图 4-5 所示。

客户满意度调查表

护理时间：　年　月　日　　客户经理：
护理诉求：　　联系电话：

尊敬的客户，非常感谢您对我们会所的帮助和支持，追求客户满意是我们会所一贯的宗旨，为了给您提供更优的服务，我们占用您几分钟宝贵的时间，敬请您填写此调查表。我们美容会所需要您的支持，我们会积极采纳您宝贵的建议和意见！

服务态度
售后服务
美容师手法
产品效果
护理项目

基础护理　美白祛斑
抗衰老护理　丰胸
高端仪器　中医养生
减肥瘦身　心灵沟通

图 4-5

扫一扫，看视频

4.1.2　绘制下划线

在某些特定的文本下添加下划线，可以起到着重强调的作用。而在制作调查问卷时，给待填写的空白区域添加下划线，则是用来提醒读者填写文本的。

1. 快速添加下划线

“字体”组中有“下划线”按钮，通过该按钮可以快速添加下划线。

❶ 打开“调查问卷”文档，输入文本时按空格键空出空位，然后选中需要添加下划线的区域，在“开始”选项卡的“字体”组中单击“下划线”按钮（如图 4-6 所示），即可为选中区域添加下划线，如图 4-7 所示。

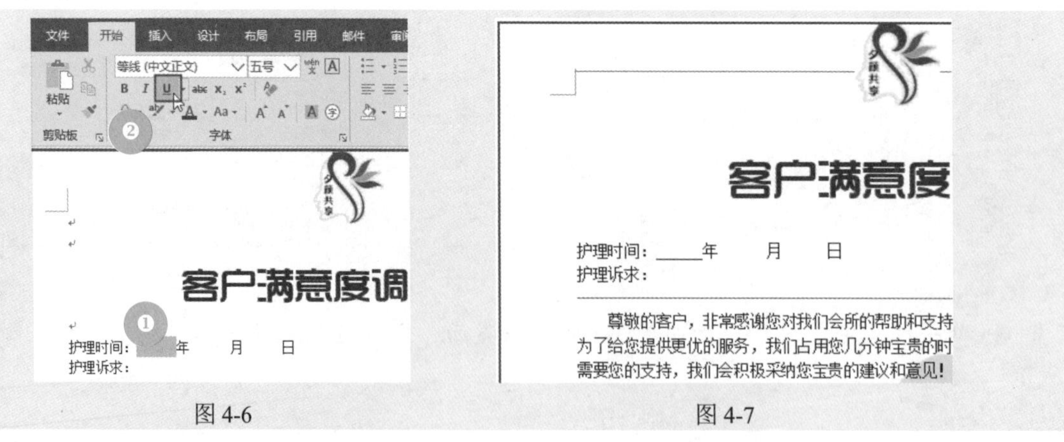

图 4-6　　图 4-7

❷ 选中其他需要绘制下划线的区域（选择多个区域时可以按住 Ctrl 键不放，依次选择），如图 4-8 所示，单击“下划线”按钮，即可添加下划线，如图 4-9 所示。

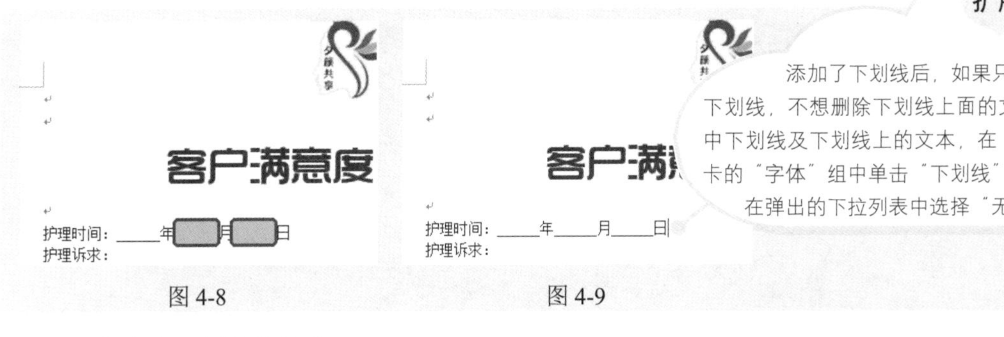

图 4-8　　图 4-9

扩展

添加了下划线后，如果只想删除下划线，不想删除下划线上面的文本，可以选中下划线及下划线上的文本，在"开始"选项卡的"字体"组中单击"下划线"下拉按钮，在弹出的下拉列表中选择"无"即可。

2. 自定义下划线的格式

因为 Word 默认的下划线格式是单线的下划线，所以当不需要设置特殊格式时，单击"下划线"按钮即可。如果需要使用特殊格式的下划线，可以按如下方法添加。

❶ 选中需要添加下划线的区域，在"开始"选项卡的"字体"组中单击"下划线"下拉按钮，在弹出的下拉列表中选择"点式下划线"，如图 4-10 所示。

❷ 单击"下划线"下拉按钮，在弹出的下拉列表中选择"下划线颜色"选项，在弹出的子列表中选择颜色，如此处选择紫色（如图 4-11 所示），即可添加虚线样式的紫色下划线。

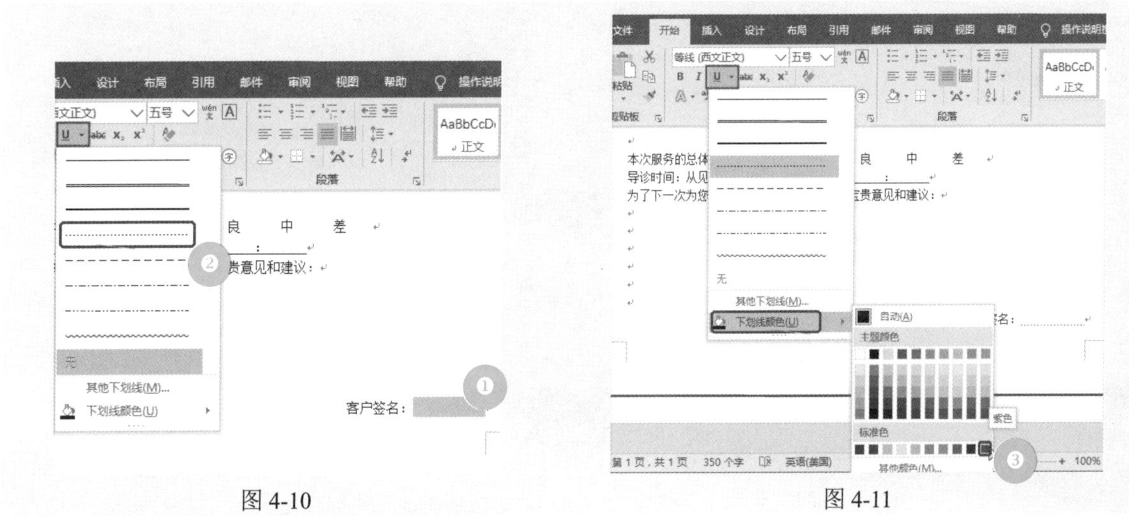

图 4-10　　图 4-11

4.1.3 添加用于勾选的符号"□"

调查问卷中经常有用来勾选答案的"□"符号，这个符号可以通过插入符号来添加。Word 提供的符号很多，如果想添加其他符号，都可以按本例介绍的方法操作。

扫一扫，看视频

❶ 将光标定位在要添加"□"符号的文本前面，在"插入"选项卡的"符号"组中单击"符号"下拉按钮，在弹出的下拉列表中选择"其他符号"选项，如图 4-12 所示。

❷ 打开"符号"对话框，打开"字体"下拉列表框，选择 Wingdings2 选项；拖动符号列表框的滚动条，找到"□"符号后单击，将其选中，如图 4-13 所示。

图 4-12

❸ 单击“插入”按钮，即可在光标处插入“□”符号，如图 4-14 所示。

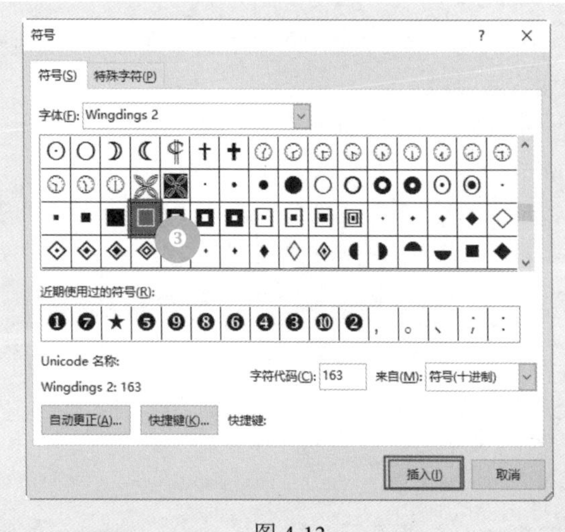

图 4-13

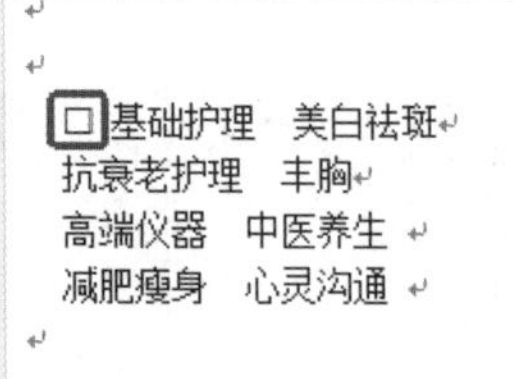

图 4-14

❹ 第一次添加了“□”符号后，此符号会显示在“符号”下拉列表中（如图 4-15 所示），可以方便后面的添加使用，如图 4-16 所示。

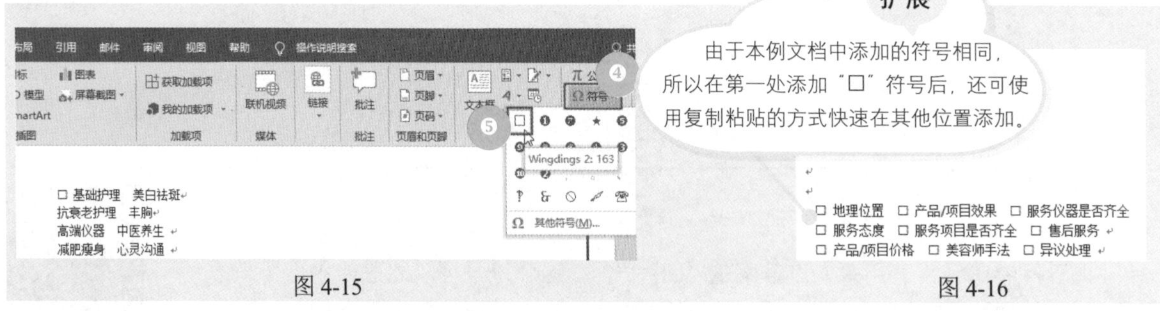

图 4-15　　图 4-16

4.1.4 图文结合的小标题设计效果

扫一扫，看视频

图形与文字结合的小标题属于本例中的一个设计思路，它能够清晰地划分各个内容区块，同时也能极大地提升文档页面的整体视觉效果。下面以“调查问卷”文档为例介绍相关知识点，读者可举一反三，延伸出更多的设计思路。

1. 绘制图形

首先根据设计思路绘制出需要使用的图形。本例要求使用无填充的矩形框框住分块内容。

❶ 在“插入”选项卡的“插图”组中单击“形状”下拉按钮，在弹出的下拉列表的“矩形”栏中选择“矩形”(如图 4-17 所示)，在文档中绘制矩形，如图 4-18 所示。

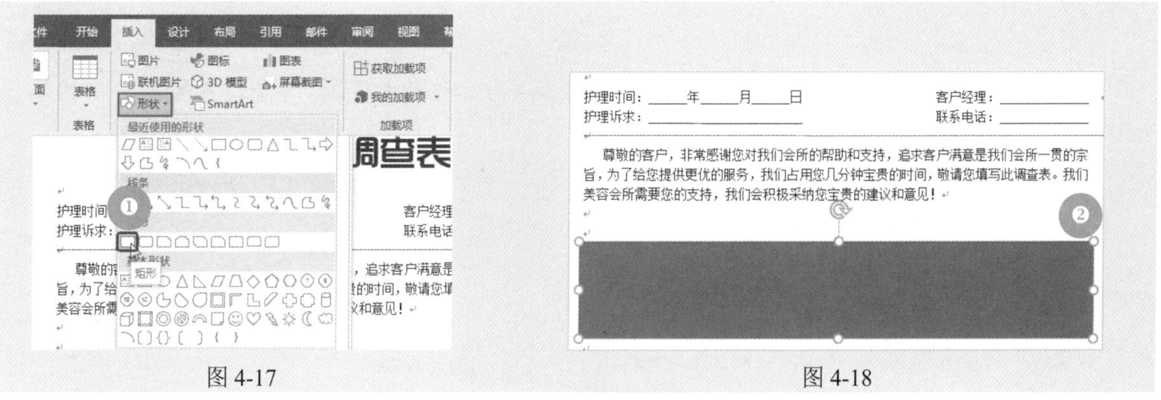

图 4-17　　图 4-18

❷ 选中图形，在“绘图工具-格式”选项卡的“形状样式”组中单击“形状填充”下拉按钮，在弹出的下拉列表中选择“无填充”选项，如图 4-19 所示。

❸ 单击“形状轮廓”下拉按钮，在弹出的下拉列表中选择紫色；接着单击“形状轮廓”下拉按钮，在弹出的下拉列表中选择“粗细”→“1 磅”，如图 4-20 所示。

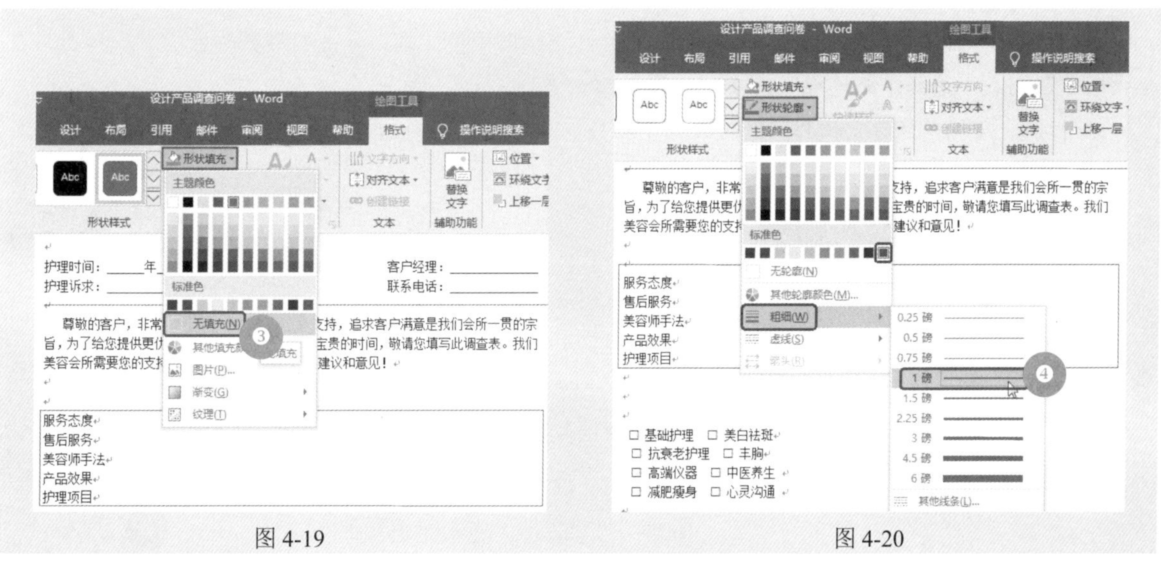

图 4-19　　图 4-20

2. 添加小标题文字

对于每一区块内容，需要添加小标题。具体操作如下。

❶ 在“插入”选项卡的“文本”组中单击“文本框”下拉按钮，在弹出的下拉列表中选择“绘制横排文本框”选项，在框线上方绘制文本框，并输入文本“您对我会所的满意度(请打分)”，如图 4-21 所示。

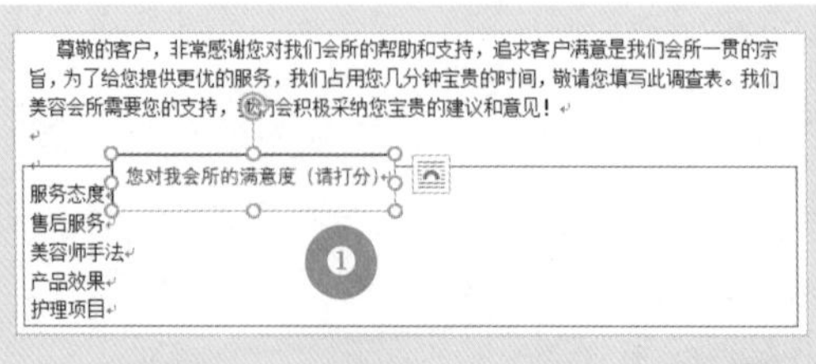

图 4-21

❷ 选中文本，在“开始”选项卡的“字体”组中设置字体格式（字体、字号与颜色等），如图 4-22 和图 4-23 所示。

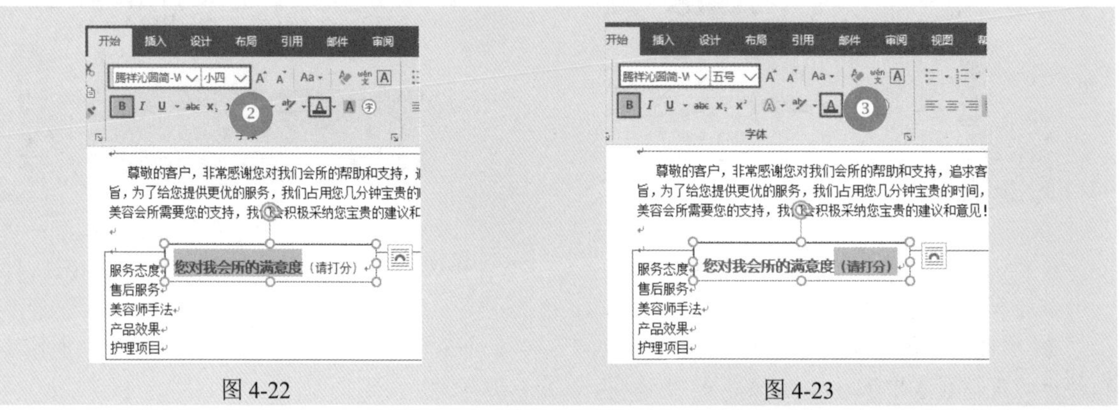

图 4-22　　图 4-23

❸ 选中文本框，在“绘图工具-格式”选项卡的“形状样式”组中单击“形状轮廓”下拉按钮，在弹出的下拉列表中选择“无轮廓”选项，如图 4-24 所示。

❹ 按照上述相同的方法操作，给另外两个部分的内容绘制相同的边框和用于输入小标题文字的文本框，如图 4-25 所示。

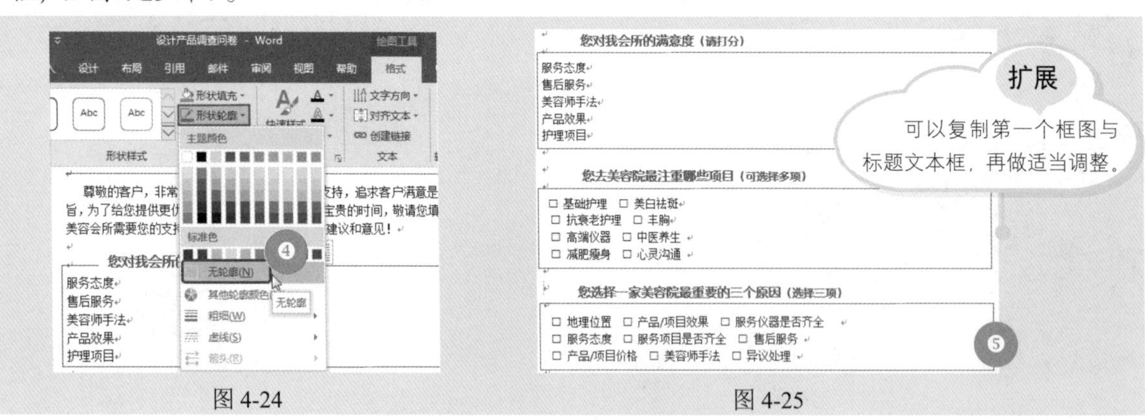

图 4-24　　图 4-25

❺ 在第一部分标题前绘制一个文本框，输入序号，如图 4-26 所示。

❻ 选中文本框后右击，然后单击顶部出现的“边框”下拉按钮，在弹出的下拉列表中选择“无轮廓”选项，如图 4-27 所示。

❼ 选中序号，在“字体”组中设置字体格式（包括字体、字号、颜色等），如图 4-28 所示。

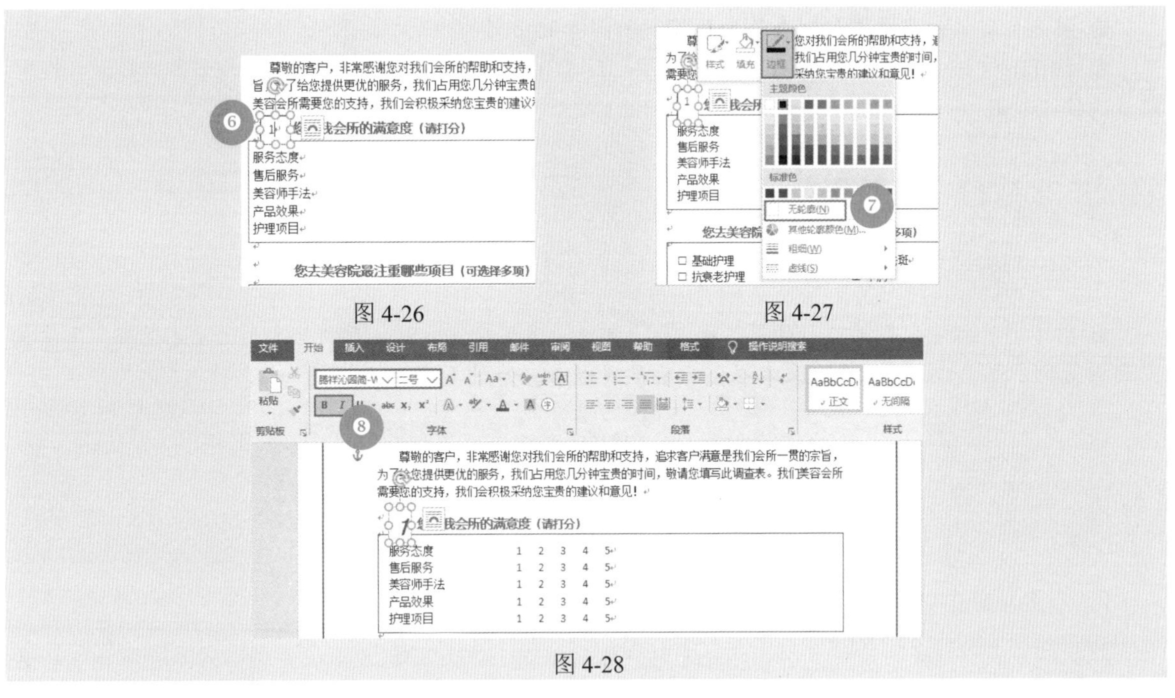

图 4-26　　图 4-27

图 4-28

❽ 选中小标题，按 Ctrl+C 组合键进行复制，按 Ctrl+V 组合键粘贴，并将文本框中的序号依次更改为“2”与“3”，如图 4-29 所示。

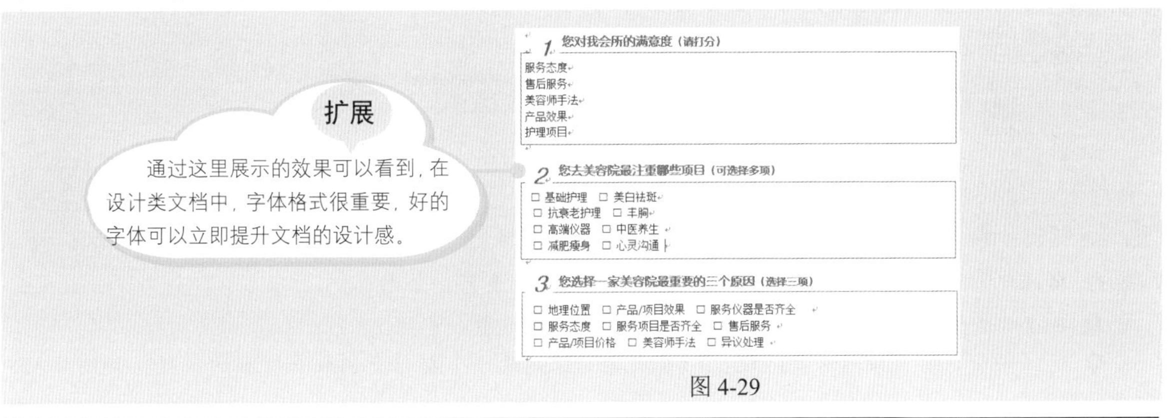

图 4-29

4.1.5　运用制表符编制如表格般的对齐文本

扫一扫，看视频

制表符是一种定位符号，它可以协助用户在输入内容时快速定位至某一指定的位置，从而以纯文本的方式制作出形如表格般整齐的内容。

1. Tab 键快速建立制表符

键盘上的 Tab 键叫作制表键，利用它可以快速建立制表符。按一次 Tab 键，以 4 个字符作为默认制表位，即中间间隔 4 个字符。

❶ 将光标定位到需要添加制表符的位置，如图 4-30 所示。

❷ 按 Tab 键一次，得到图 4-31 所示的效果。这里需要注意，如果对齐的文本长度差距较大，则可以多次按 Tab 键，如图 4-32 所示。

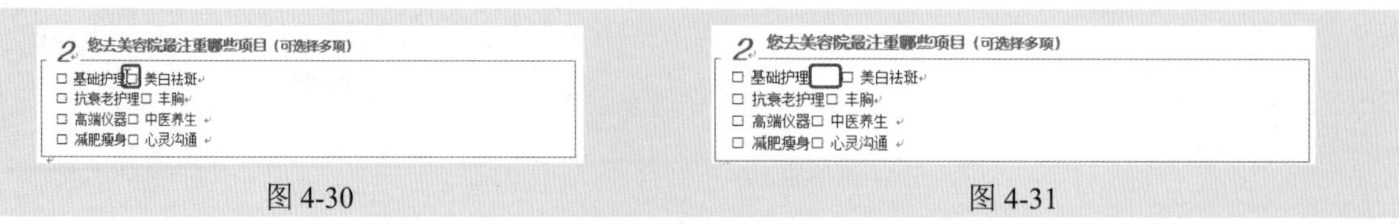

图 4-30　　图 4-31

❸ 接着将光标定位到第二行的第二个“□”前面，多次按 Tab 键，直到与上面的文本对齐。依次按上面相同的方法操作，可以看到文本很整齐地呈现出来，如图 4-33 所示。

图 4-32　　图 4-33

2. 自定义建立制表符

常见的制表符对齐方式有 5 种，包括左对齐制表符 、右对齐制表符 、居中式制表符 、小数点对齐制表符 、竖线对齐制表符 。下面举例介绍左对齐制表符。

❶ 在文本“服务态度”后单击，然后单击水平标尺最左端的制表符类型按钮，每单击一次切换一种制表符类型，这里切换为“左对齐式制表符”，如图 4-34 所示。

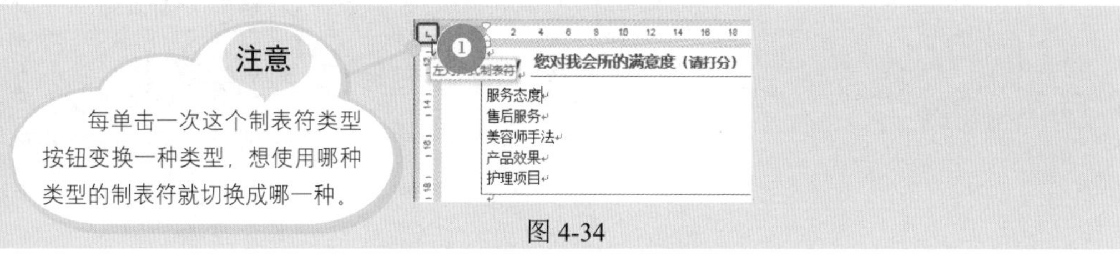

图 4-34

❷ 在标尺上的适当位置单击一次，即可插入左对齐制表符，如图 4-35 所示。

❸ 再添加 4 个间距相同的左对齐制表符，如图 4-36 所示。

❹ 建立制表符后，按一次 Tab 键，即可快速定位到第一个左对齐制表符所在的位置，如图 4-37 所示。

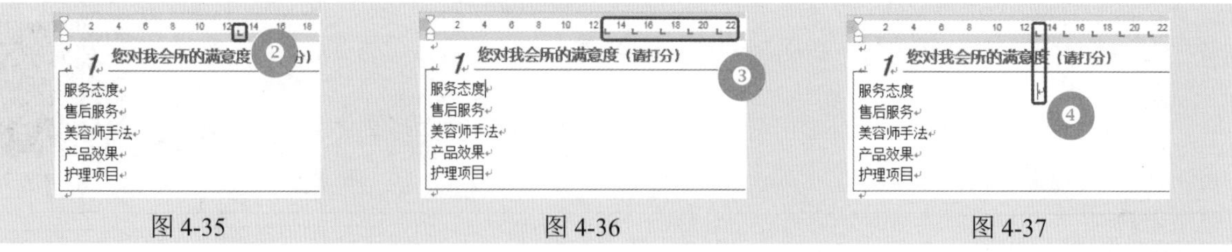

图 4-35　　图 4-36　　图 4-37

❺ 在此位置输入文本“1”。再按一次 Tab 键，即可快速定位到第二个左对齐制表符所在的位置，如图 4-38 所示。

❻ 依次按 Tab 键，定位到其他位置并输入文本，如图 4-39 所示。

❼ 当进入下一行时，先将光标定位到那一行，再依次按 Tab 键，逐一定位并输入文本，效果如图 4-40 所示。

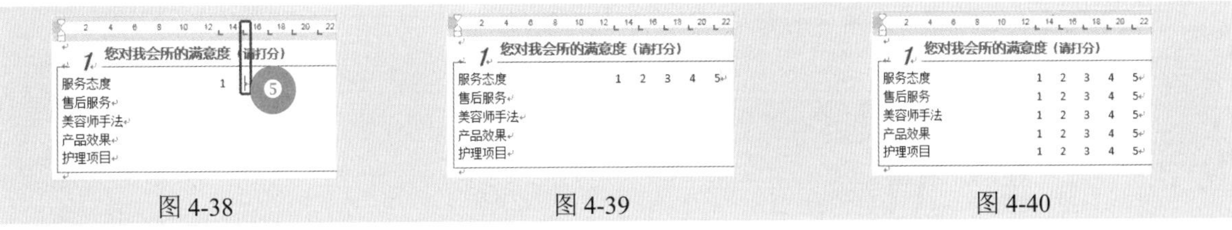

图 4-38　　　　图 4-39　　　　图 4-40

3. 设置制表符的前导符

制表符的前导符指的是每个制表符前的一些连接符。下面介绍添加前导符的方法，可以根据制作文档时的实际需要添加合适的前导符。

❶ 选中目标文本，在“开始”选项卡的“段落”组中单击“对话框启动器”按钮，如图 4-41 所示。

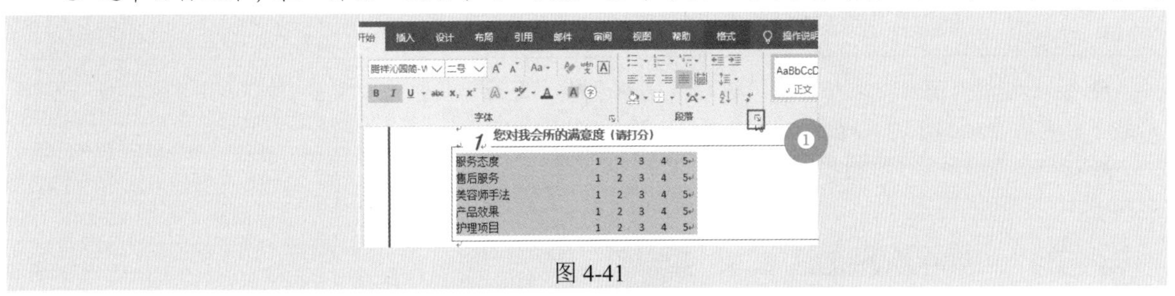

图 4-41

❷ 打开“段落”对话框，选择“缩进和间距”选项卡，单击左下角的“制表位”按钮，如图 4-42 所示。

❸ 打开“制表位”对话框，在“制表位位置”列表框中选择目标位置，如选择“14.85 字符”选项，在“引导符”栏中选中“2……（2）”单选按钮，如图 4-43 所示。

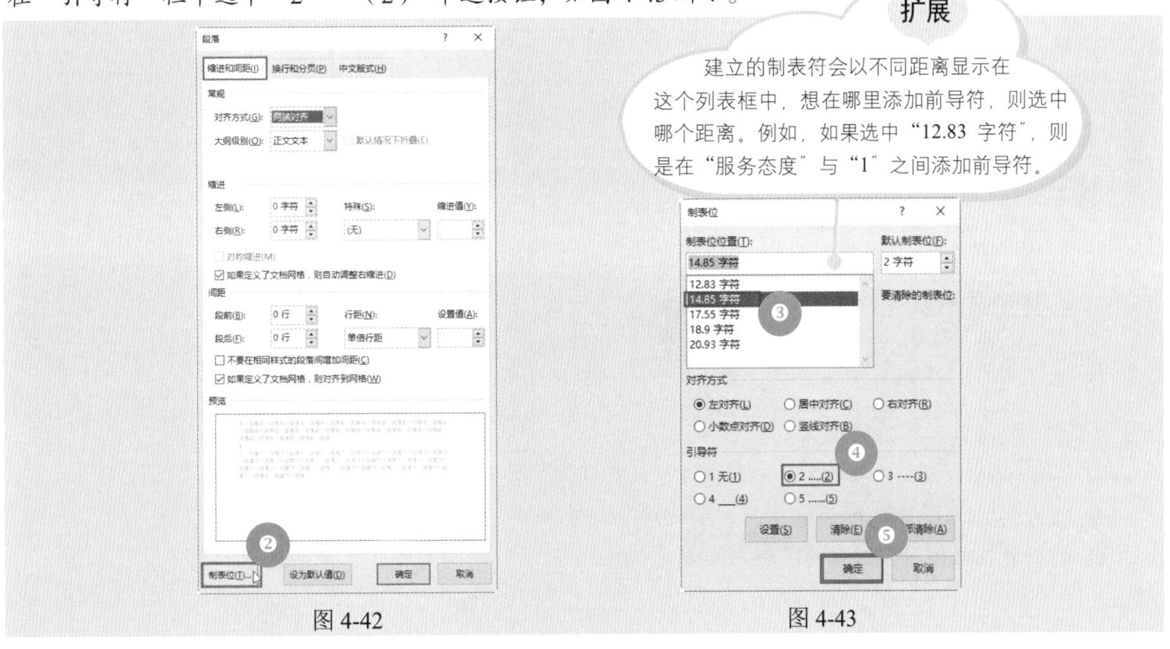

扩展
建立的制表符会以不同距离显示在这个列表框中，想在哪里添加前导符，则选中哪个距离。例如，如果选中“12.83 字符”，则是在“服务态度”与“1”之间添加前导符。

图 4-42　　　　图 4-43

❹ 单击“确定”按钮，即可添加前导符，效果如图 4-44 所示。

❺ 再次打开“制表位”对话框，在“制表符位置”列表框中选择下一个距离，并选择需要的前导符，依次设置可以达到图 4-45 所示的效果。

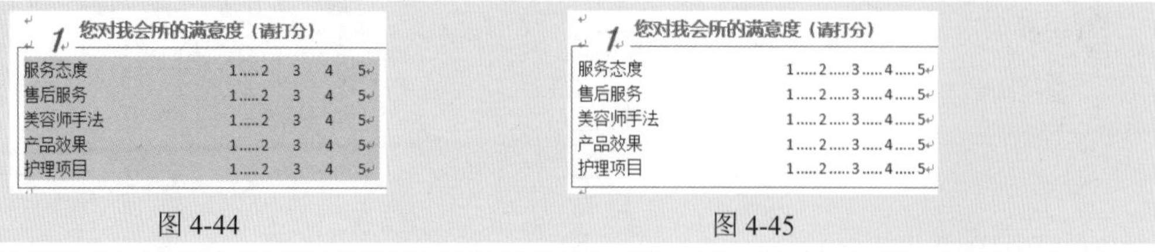

图 4-44　　图 4-45

扫一扫，看视频

4.1.6 图片水印效果

除了前面介绍过的文字水印，还可以为文档添加图片水印。例如，建立完本例的调查问卷文档后，可以为其添加图片水印，提升文档的视觉效果。

❶ 打开“调查问卷”文档，在“设计”选项卡的“页面背景”组中单击“水印”下拉按钮，在弹出的下拉列表中选择“自定义水印”选项，如图 4-46 所示。

❷ 打开“水印”对话框，选中“图片水印”单选按钮，单击“选择图片”按钮，如图 4-47 所示。

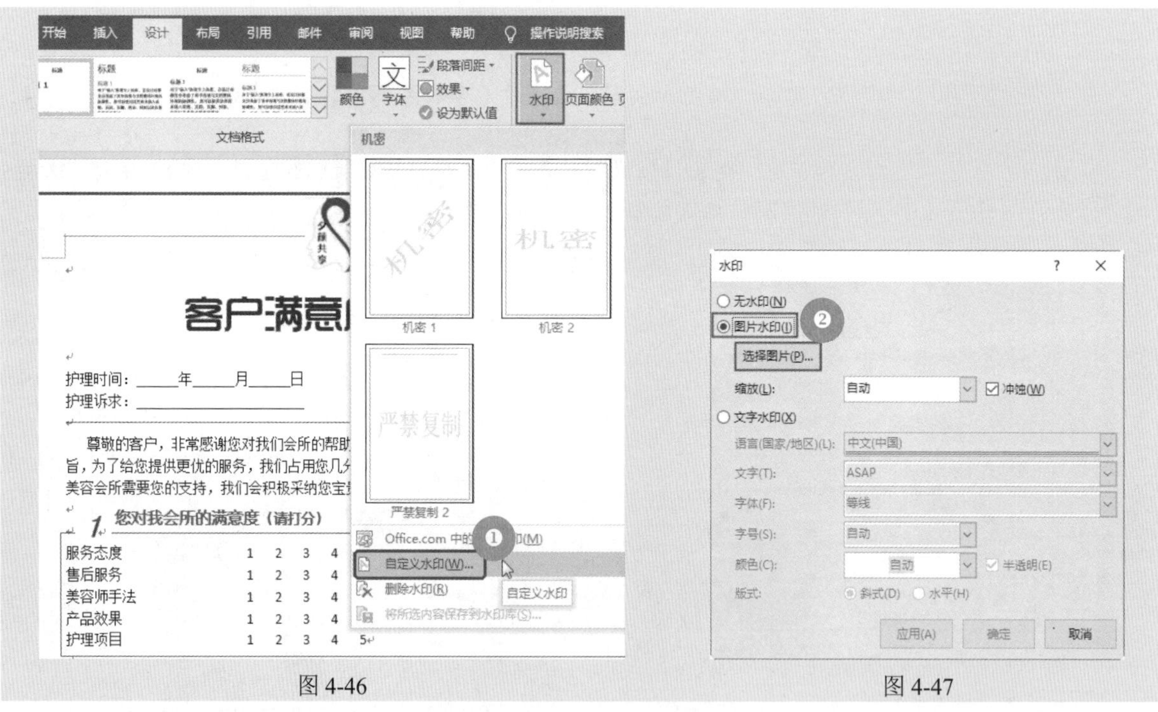

图 4-46　　图 4-47

❸ 打开“插入图片”对话框，在“从文件”栏中单击“浏览”按钮，如图 4-48 所示。

❹ 打开“插入图片”对话框，进入要插入的水印图片所在的文件夹，单击选中所需图片，如图 4-49 所示。

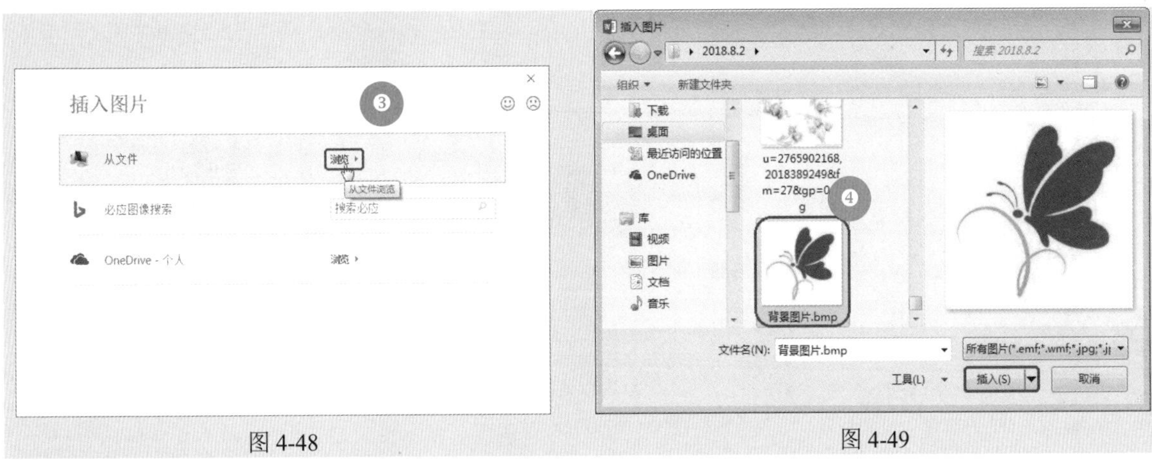

图 4-48

图 4-49

❺ 单击“插入”按钮，返回到“水印”对话框，单击“确定”按钮（如图 4-50 所示），即可在文档中插入水印图片，效果如图 4-1 所示。

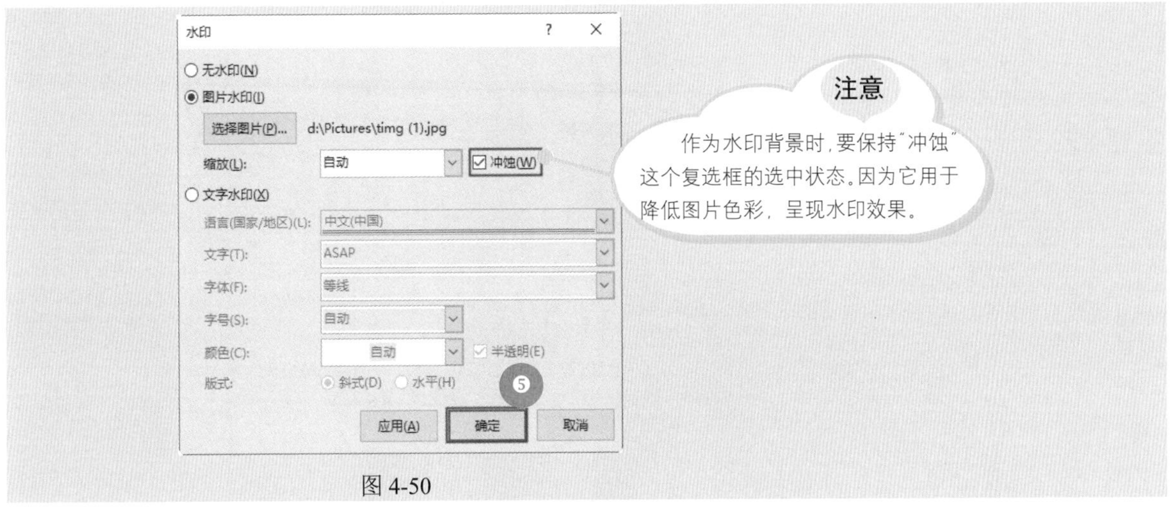

图 4-50

4.2 公司宣传彩页范例

公司宣传彩页文档一般都需要使用图形图片来辅助设计，在 Word 中合理排版文档，并搭配合理的设计方案，也可以设计出效果不错的宣传彩页文档。图 4-51 所示的文档，正是在 Word 中制作的宣传彩页，通过图形、图片、颜色的合理搭配，取得了不错的效果。下面以这个文档为例，介绍如何在 Word 中制作公司宣传彩页。

首先将基本文字输入文档中，按前面介绍过的排版文档的方法对文字进行初步排版，效果如图 4-52 所示。

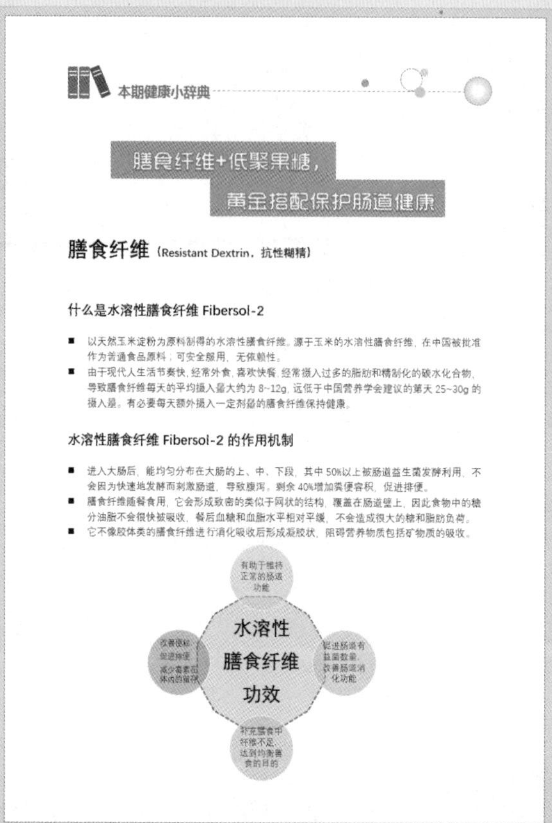
本期健康小辞典
膳食纤维+低聚果糖，
黄金搭配保护肠道健康
膳食纤维（Resistant Dextrin，抗性糊精）
什么是水溶性膳食纤维 Fibersol-2
水溶性膳食纤维 Fibersol-2 的作用机制
水溶性
膳食纤维
功效

图 4-51

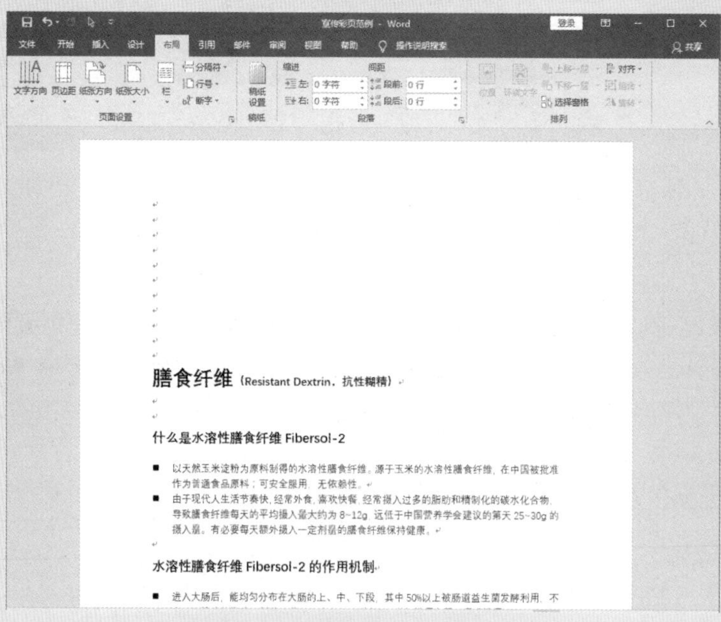
宣传彩页范例 - Word
膳食纤维（Resistant Dextrin，抗性糊精）
什么是水溶性膳食纤维 Fibersol-2
水溶性膳食纤维 Fibersol-2 的作用机制

图 4-52

4.2.1 设置图形虚线边框及渐变填充

绘制线条或图形后，默认都是粗细为“1 磅”的实线，填充色为纯色填充。根据设计思路可以重新设置图形的边框线样式及填充效果。

1．设置图形虚线边框

绘制图形后，利用“形状轮廓”按钮可以对图形的轮廓、颜色、线型、粗细等进行设置。

❶ 打开“宣传单页设计”文档，在顶部预留位置插入小图，添加文本框并输入“本期健康小辞典”，如图 4-53 所示。

图 4-53

❷ 在文本框后插入直线线条，保持线条的选中状态，在“绘图工具-格式”选项卡的“形状样式”组中单击“形状轮廓”下拉按钮，在弹出的下拉列表中先设置线条的颜色，接着选择“虚线”，在子列表中选择“短划线”样式，如图 4-54 所示。

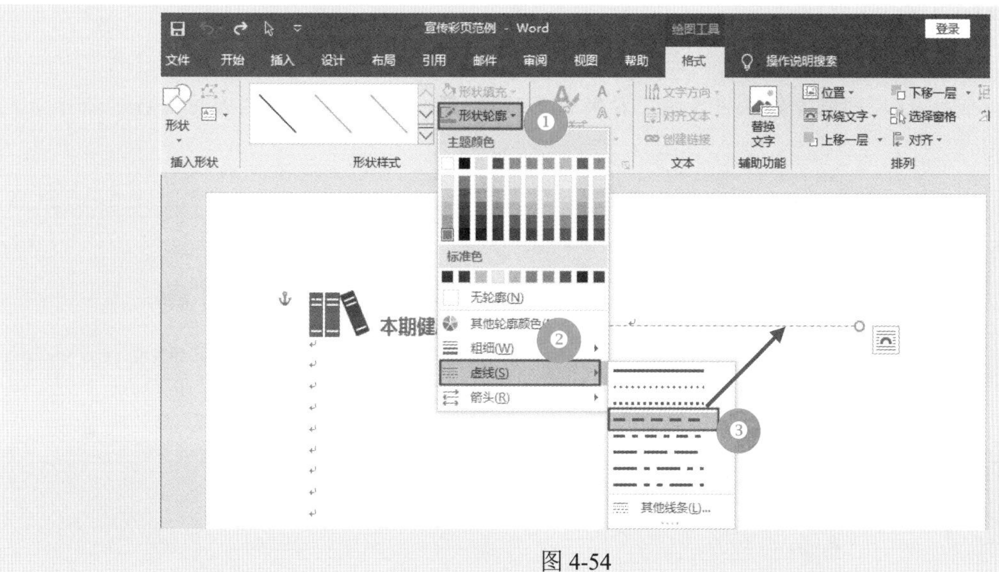

图 4-54

❸ 在线条周围绘制几个用于装饰版面的圆形，默认的图形都是纯色填充、实线边框。选中图形，在“绘图工具-格式”选项卡的“形状样式”组中单击“形状填充”下拉按钮，在弹出的下拉列表中选择“无填充”，如图 4-55 所示。

❹ 单击“形状轮廓”下拉按钮，在弹出的下拉列表中先设置线条的颜色，接着选择“虚线”，在子列表中选择“方点”样式，如图 4-56 所示。

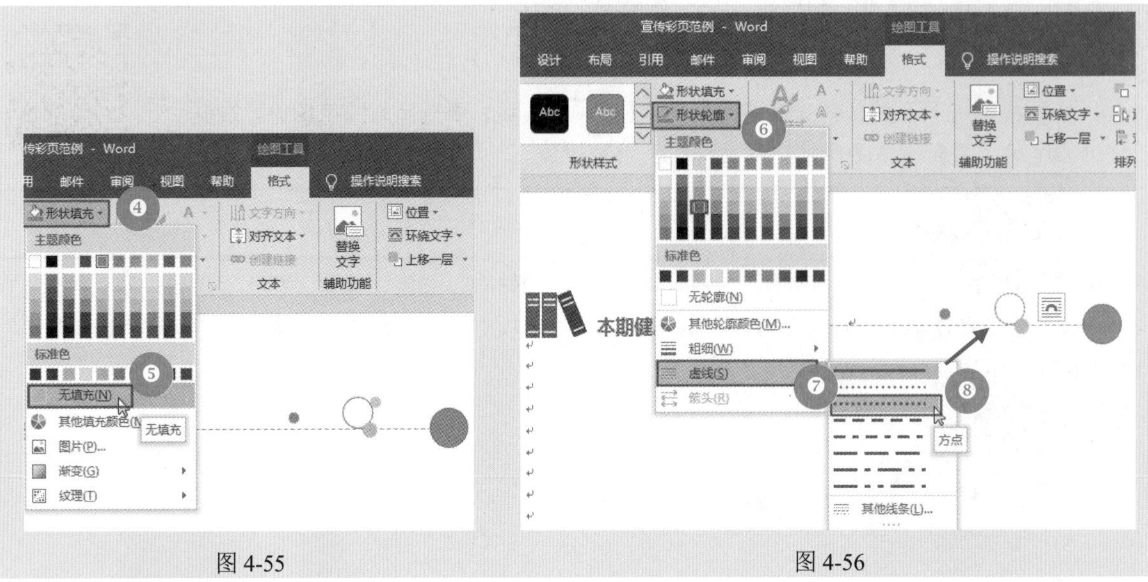

图 4-55　　图 4-56

2. 设置图形渐变填充

设置图形的渐变填充可以增强图形的视觉效果。在应用图形的过程中经常需要使用此效果。

❶ 选中图形，在“绘图工具-格式”选项卡的“形状样式”组中单击“对话框启动器“按钮，打开“设置形状格式”窗格。

❷ 选中“渐变填充”单选按钮，单击“预设渐变”右侧的下拉按钮，在弹出的下拉列表中选择“顶部聚光灯-个性色 4”；接着单击“方向”右侧的下拉按钮，在弹出的下拉列表中选择“从中心”，如图 4-57 所示。

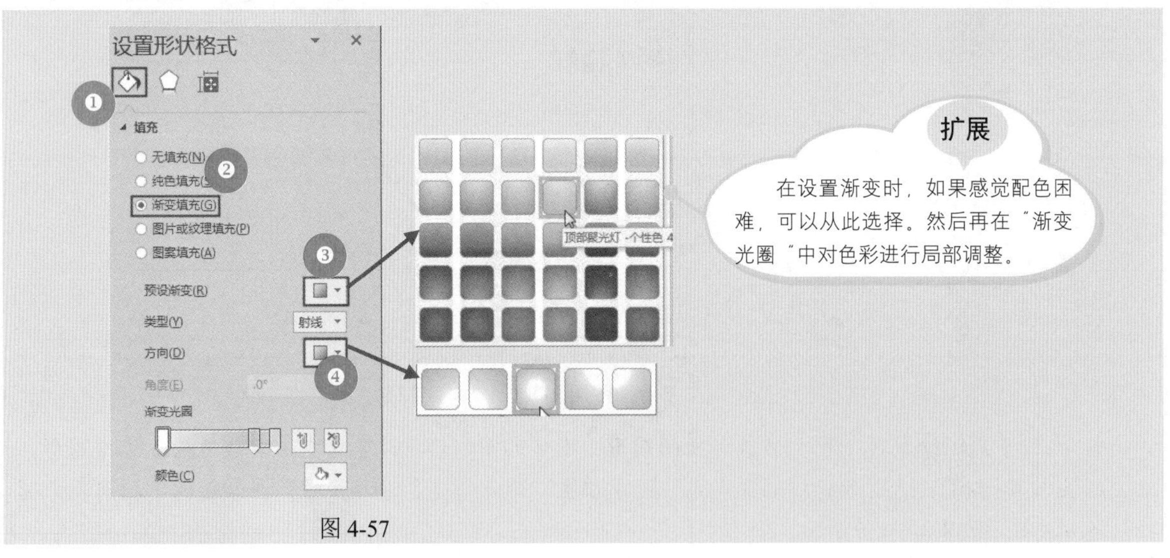

图 4-57

❸ 执行上述操作后，图形渐变填充效果如图 4-58 所示。

图 4-58

4.2.2 文字的艺术效果

扫一扫，看视频

使用 Word 提供的艺术字功能，可以让一些大号字体呈现不一样的效果，既突出显示又能美化版面。

❶ 绘制两个矩形并拼接放置，然后在矩形上绘制文本框并添加文字（这里的文本框都需要设置为无轮廓、无填充的效果，前面章节已多次介绍过），如图 4-59 所示。

❷ 选中文本框中的文字，在“开始”选项卡的“字体”组中单击“文字效果和版式”下拉按钮，如图 4-60 所示。

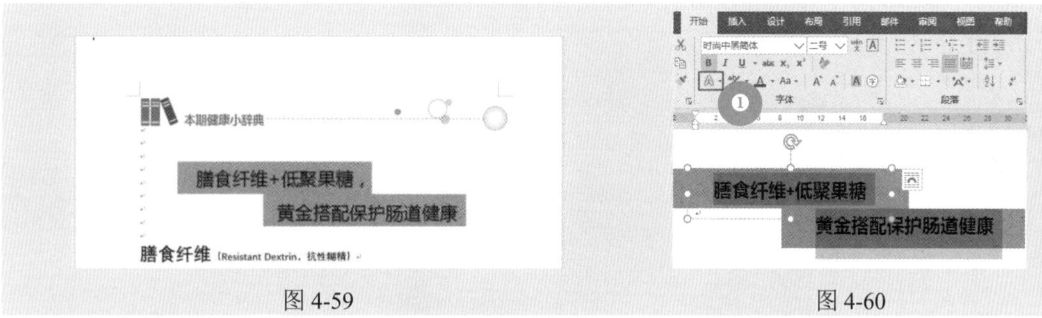

图 4-59　　图 4-60

❸ 在弹出的下拉列表中有多种艺术字样式（如图 4-61 所示），单击即可套用，如图 4-62 所示。

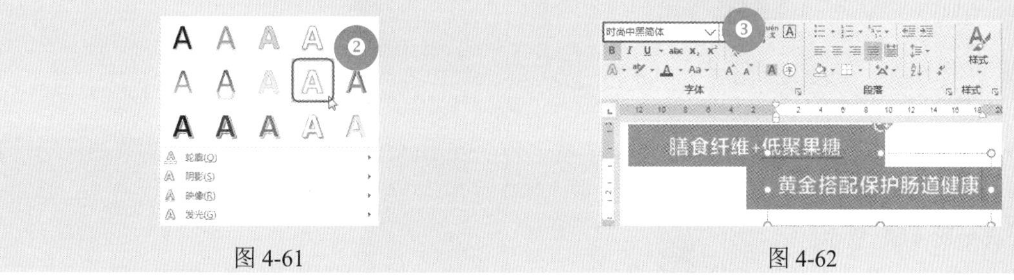

图 4-61　　图 4-62

4.2.3 SmartArt 图辅助设计

扫一扫，看视频

SmartArt 图可以用图示的方式展示各种数据关系，其中图形种类众多，可以选择使用合适的图形并逐步修改，以满足当前的设计需要。

❶ 定位光标到需要插入图形的位置，在“插入”选项卡的“插图”选项组中单击 SmartArt 按钮，如图 4-63 所示。

❷ 打开“选择 SmartArt 图形”对话框，其中展示了所有类型，根据需要选择合适的类型。选择“循环”选项卡，在中间的列表框中选择“射线维恩图”，如图 4-64 所示。

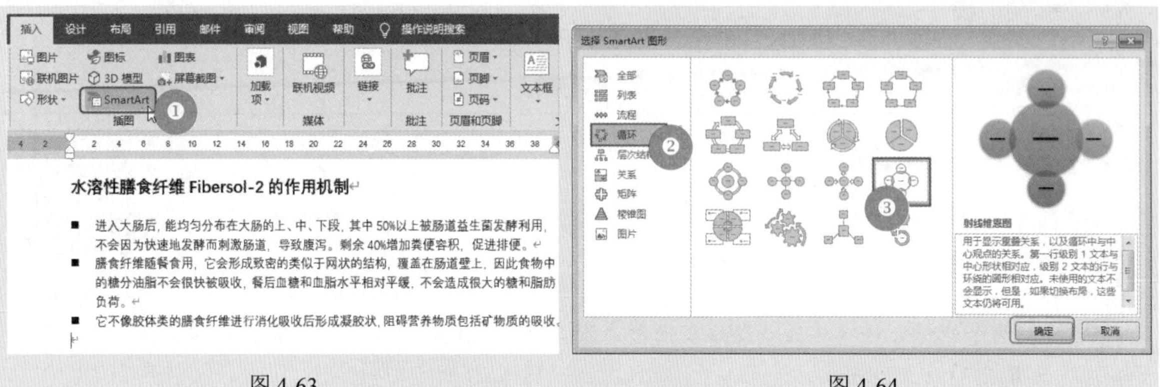

图 4-63　　图 4-64

❸ 单击“确定”按钮，即可在文档中插入 SmartArt 图形，如图 4-65 所示。

❹ 在各图形中输入文字，如图 4-66 所示。

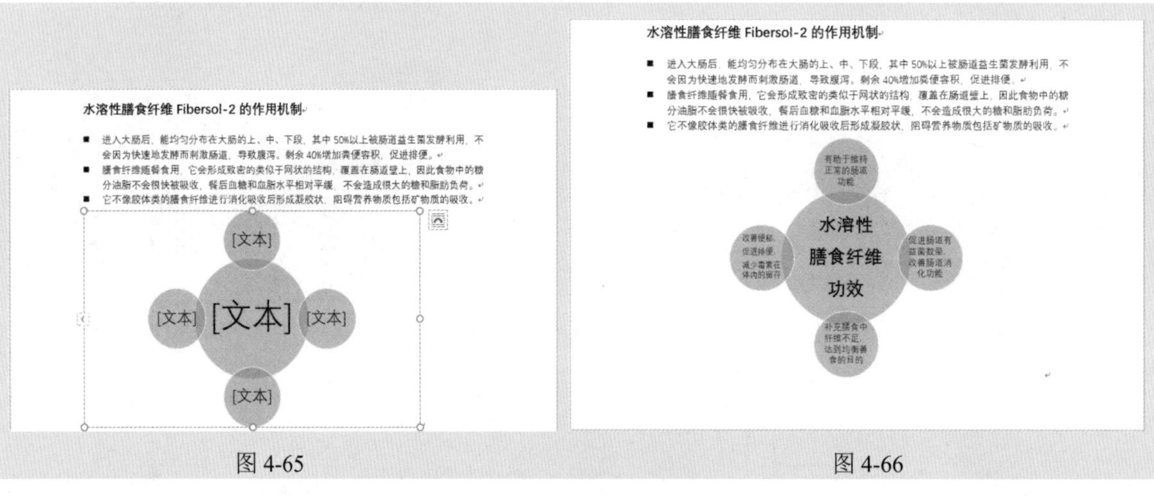

图 4-65　　图 4-66

❺ 选中图形，在“SmartArt 工具-设计”选项卡的“SmartArt 样式”组中单击“更改颜色”下拉按钮，在弹出的下拉列表中选择要设置的颜色，如“彩色范围-个性色 4 至 5”，如图 4-67 所示。单击即可应用，效果如图 4-68 所示。

❻ 选中中部大圆，为其设置特殊的虚线边框（设置方法与 4.2.1 小节中的介绍一致），如图 4-69 所示。

❼ 保持图形的选中状态，在“SmartArt 工具-格式”选项卡的“形状”组中单击“更改形状”下拉按钮，在弹出的下拉列表中可以重新选择图形样式，如选择“十二边形”，如图 4-70 所示。单击即可应用，效果如图 4-71 所示。

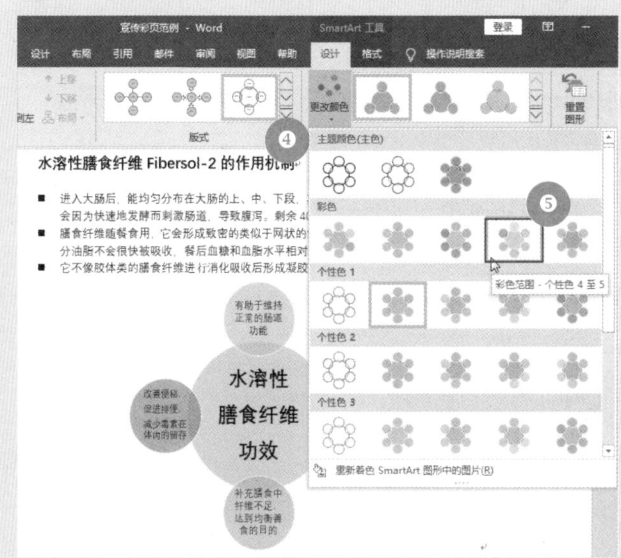
图 4-67

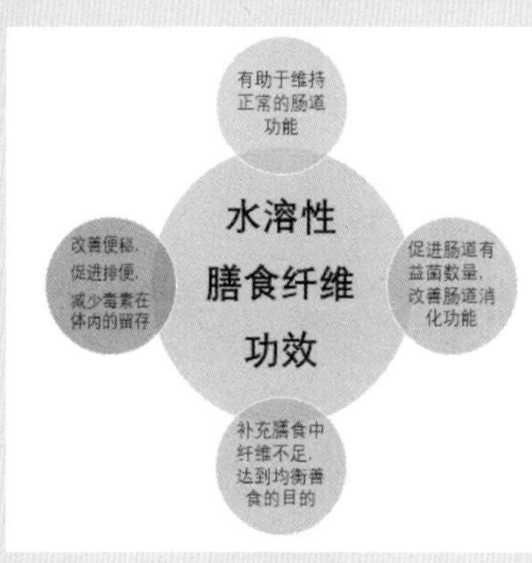

图 4-68

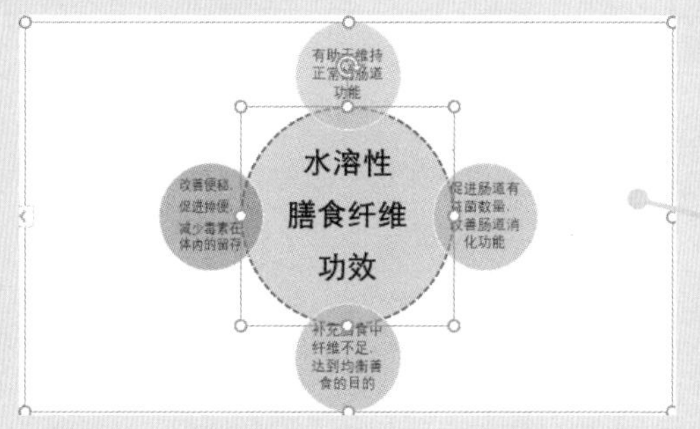
图 4-69

扩展

每个图形对象都可以单独选中，再进行局部设计。例如，重新设置图形的填充色、边框线、图形样式等。

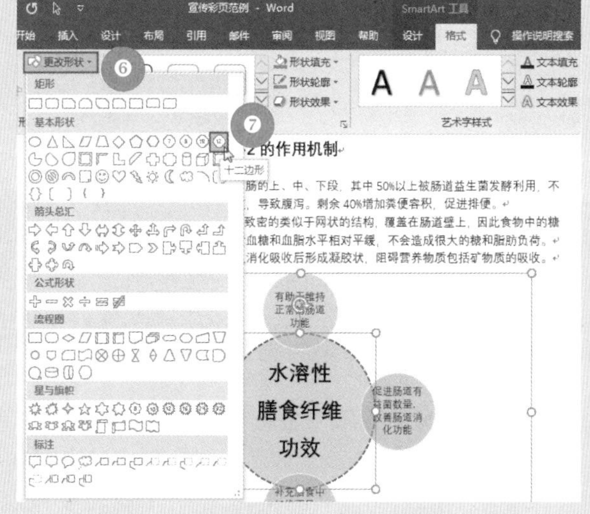
图 4-70

图 4-71

扫一扫，看视频

4.2.4 图形沉于文字底部装饰版面

本例中设计一个沉于底部的图形，以布局整个页面，塑造出粉色边框的效果，因此还需要搭配页面颜色设置。

❶ 打开文档，在“设计”选项卡的“页面背景”组中单击“页面颜色”下拉按钮，在弹出的下拉列表中选择“其他颜色”选项，如图 4-72 所示。

❷ 在弹出的“颜色”对话框中选择粉色，如图 4-73 所示。单击“确定”按钮，即可将粉色应用到页面，如图 4-74 所示。

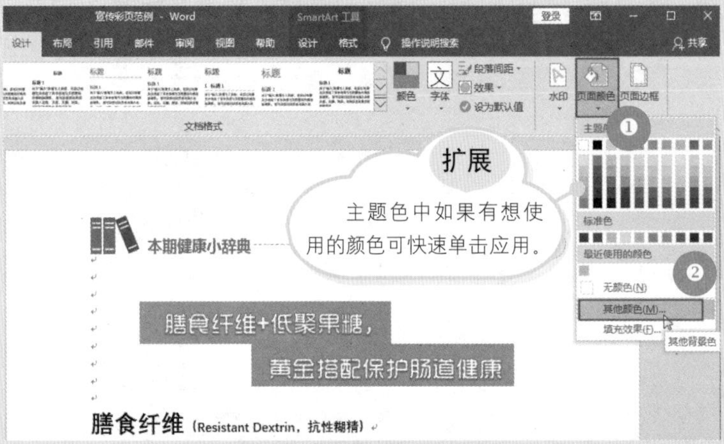

图 4-72

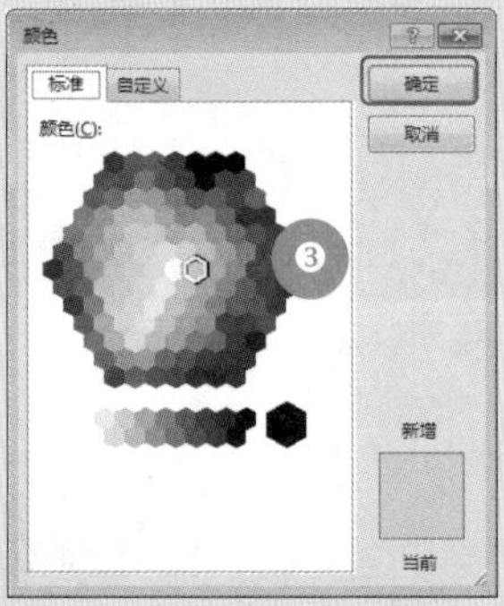

图 4-73

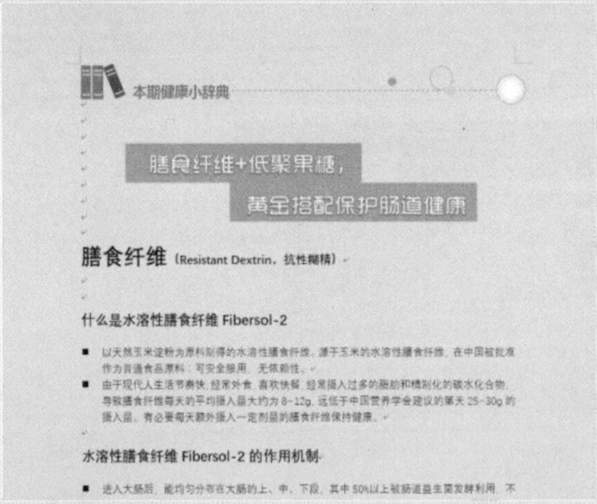

图 4-74

❸ 绘制一个略小于页面的矩形（四周露出粉色页面），默认图形覆盖在页面上方，如图 4-75 所示。

❹ 选中图形并将其设置为白色填充，在“绘图工具-格式”选项卡的“排列”组中单击“环绕文字”下拉按钮，在弹出的下拉列表中选择“衬于文字下方”选项（如图 4-76 所示），即可将图形衬于文字下方显示。

图 4-75

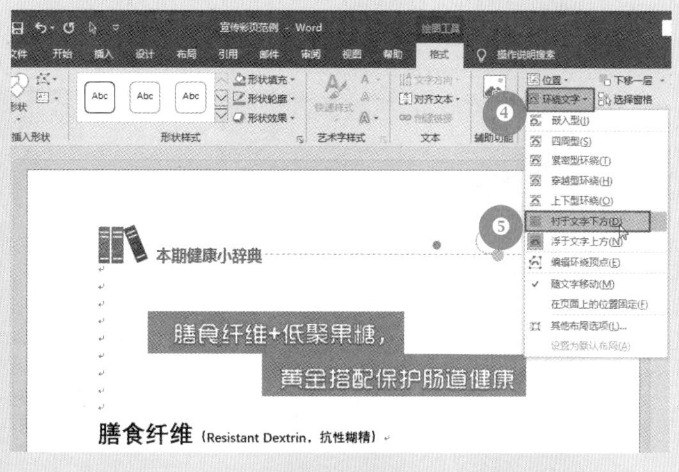
宣传彩页范例 - Word
绘图工具
文件
开始
插入
设计
布局
引用
邮件
审阅
视图
帮助
格式
操作说明搜索
形状填充
形状轮廓
形状效果
插入形状
形状样式
艺术字样式
对齐文本
文本
位置
环绕文字
下移一层
选择窗格
嵌入型(I)
四周型(S)
紧密型环绕(T)
穿越型环绕(H)
上下型环绕(O)
衬于文字下方(D)
浮于文字上方(N)
编辑环绕顶点(E)
随文字移动(M)
在页面上的位置固定(F)
其他布局选项(L)...
设置为默认布局(A)
本期健康小辞典
膳食纤维+低聚果糖，
黄金搭配保护肠道健康
膳食纤维（Resistant Dextrin，抗性糊精）

图 4-76

第 2 篇

Excel 表格应用篇

第 5 章

日常行政管理中的表格

- 日常行政管理中的表格
  - 5.1 办公用品采购申请表
    - 5.1.1 保存工作簿并重命名工作表
      - 1. 保存工作簿
      - 2. 按照表格的用途重命名工作表
    - 5.1.2 标题文本的特殊化设置
    - 5.1.3 自定义设置表格边框底纹
      - 1. 设置表格区域边框
      - 2. 设置单元格的部分框线修饰表格
      - 3. 设置表格底纹
    - 5.1.4 长文本的强制换行
    - 5.1.5 任意调节单元格的行高、列宽
  - 5.2 会议纪要表
    - 5.2.1 规划表格结构
      - 1. 合并单元格
      - 2. 调整行高或列宽
      - 3. 补充插入新行
    - 5.2.2 表格美化设置
      - 1. 在标题处添加底纹
      - 2. 设置标题框线
    - 5.2.3 打印会议纪要表
  - 5.3 参会人员签到表
    - 5.3.1 为表头文字添加会计用单下划线
    - 5.3.2 插入图片修饰表格
    - 5.3.3 隔行底纹的美化效果
  - 5.4 客户资料管理表
    - 5.4.1 新增客户详情表
    - 5.4.2 客户资料汇总表
      - 1. 序号的快速填充
      - 2. 填充以0开头的编号
      - 3. 快速填充输入相同文本
    - 5.4.3 表格安全保护
  - 5.5 学员信息管理表
    - 5.5.1 设置“性别”列的选择输入序列
    - 5.5.2 计算续费到期日期
    - 5.5.3 判断学员费用是否到期及缴费提醒
  - 5.6 安全生产知识考核成绩表
    - 5.6.1 计算总成绩、平均成绩、合格情况、名次
      - 1. 计算总成绩、平均成绩
      - 2. 计算每位员工考核合格情况以及取得的名次
    - 5.6.2 特殊标记出平均分高于90分的记录
    - 5.6.3 查询任意员工的考核成绩

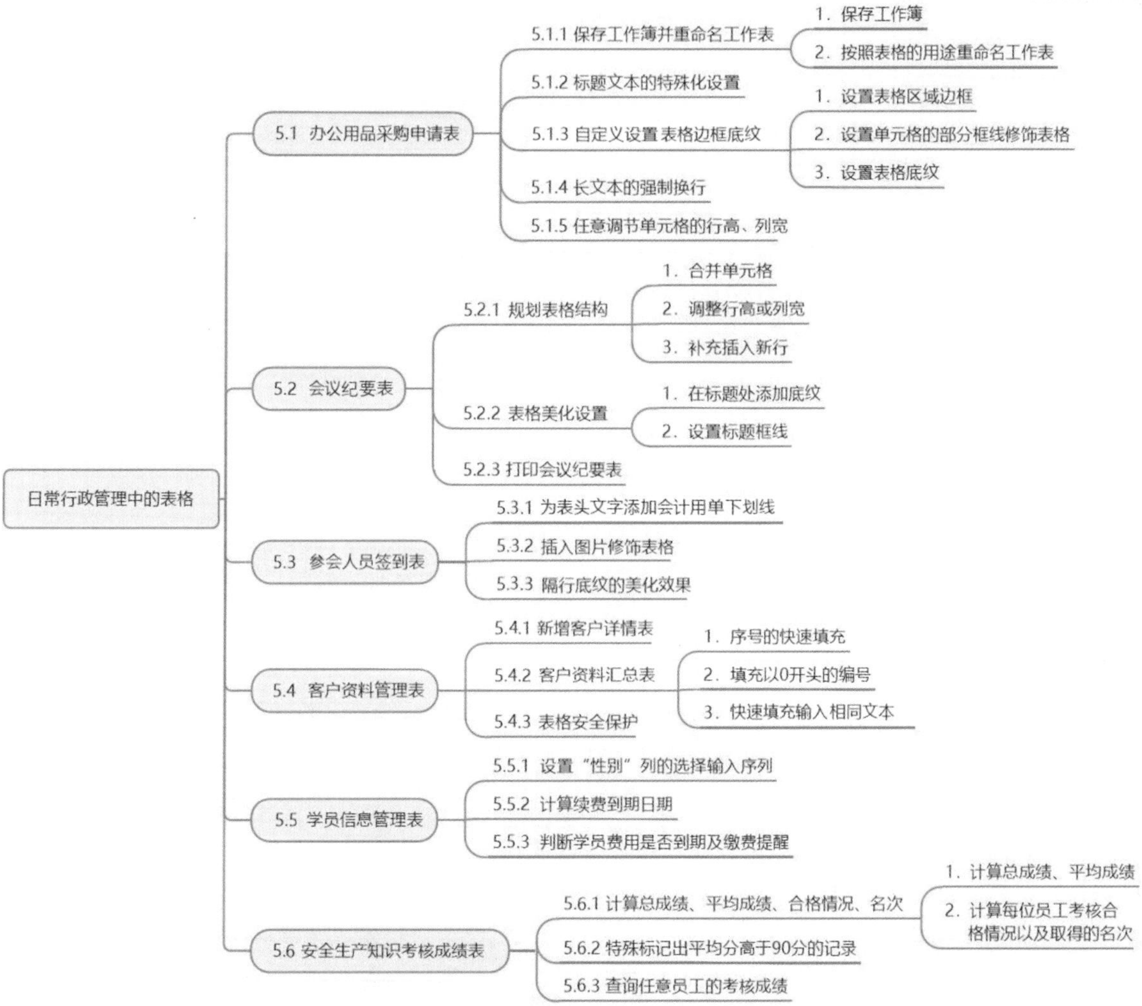

5.1 办公用品采购申请表

办公用品采购申请表是日常办公中常用的表格之一，它便于统计各部门办公用品采购申请情况，也可以作为下次申请采购的参考。

办公用品采购申请表根据企业性质会略有差异，但其主体元素一般大同小异，下面以图 5-1 所示的范例来介绍此类表格的创建方法。

办公用品采购申请表

申请部门__________ 申请日期__________

序号	办公用品名称	规格/品牌	数量	备注
1	插座	4开4位	2	3米
2	插座	4开4位	2	5米
3	插座	1开8位	1	
4	签字笔	晨光	5	
5				
6				
7				
8				
9				
10				
11				
12				
13				
14				
15				
16				

申请人签字： 主管领导签字：

说明：
1. 各部门申请采购办公用品时需填写本单，本单一式两份，一份交于办公室留档备查， 一份交于财务部用作费用报时用表；
2. 申请采购办公用品需要在每月25日、26日报送办公室统一采购；
3. 提交本单时申请人与申请人主管领导应签字完毕。

图 5-1

5.1.1 保存工作簿并重命名工作表

扫一扫，看视频

创建工作簿后需要保存下来才能反复使用。因此，使用 Excel 程序创建表格时，首要工作是保存工作簿。如果一个工作簿中使用多张不同的工作表，还需要根据表格用途重命名工作表（工作表默认的名称为 Sheet1、Sheet2、Sheet3……）

1. 保存工作簿

创建工作簿后，可以先对工作簿执行保存操作，以防操作内容丢失。在后续的编辑过程中，可以一边操作一边更新保存。

❶ 在工作表中输入表格的基本内容，然后在快速访问工具栏中单击“保存”按钮，如图 5-2 所示。

❷ 在展开的面板中单击“浏览”按钮（如图 5-3 所示），打开“另存为”对话框。

❸ 设置保存位置，在“文件名”文本框中输入工作簿名称，单击“保存”按钮（如图 5-4 所示），即可将新建的工作簿保存到指定的文件夹中。

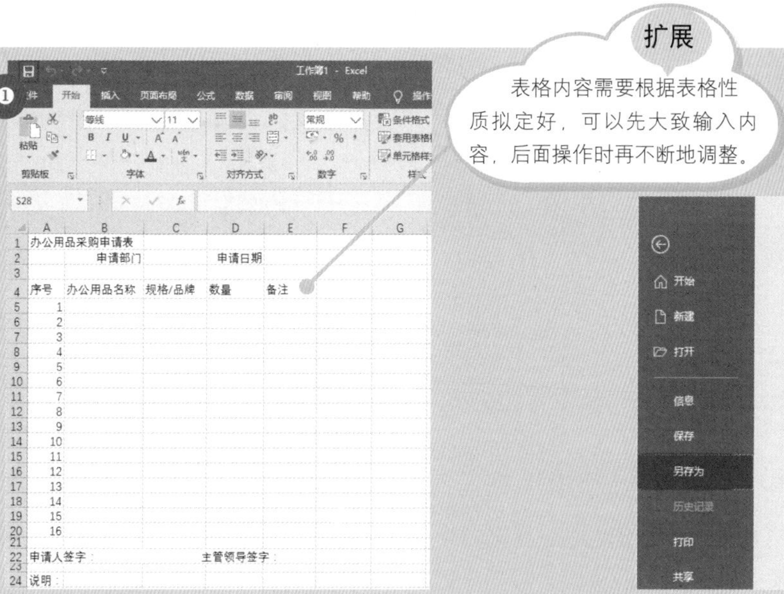

扩展

表格内容需要根据表格性质拟定好，可以先大致输入内容，后面操作时再不断地调整。

图 5-2

图 5-3

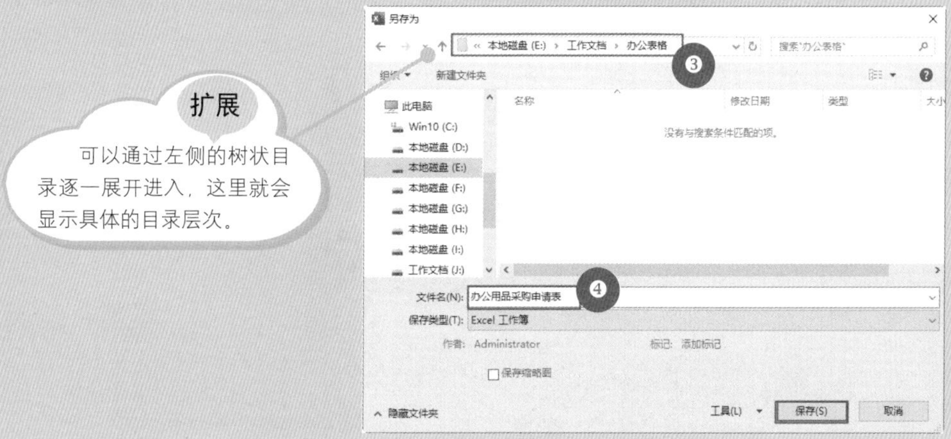

扩展

可以通过左侧的树状目录逐一展开进入，这里就会显示具体的目录层次。

图 5-4

经验之谈

在新建工作簿后第一次保存时，单击“保存”按钮，会打开“另存为”对话框，提示设置保存位置与文件名等。如果当前工作簿已经保存了（即首次保存后），单击“保存”按钮则会覆盖原文档保存（即随时更新保存）。如果想将工作簿另存到其他位置，则可使用“文件”选项卡中的“另存为”命令，打开“另存为”对话框，重新设置保存位置保存即可。

2. 按照表格的用途重命名工作表

工作表的默认名称为 Sheet1、Sheet2、Sheet3……。通常会根据工作表的内容性质对其重命名。

在要重命名的工作表标签上双击，进入名称编辑状态（如图 5-5 所示），直接输入新名称，然后按 Enter 键即可，如图 5-6 所示。

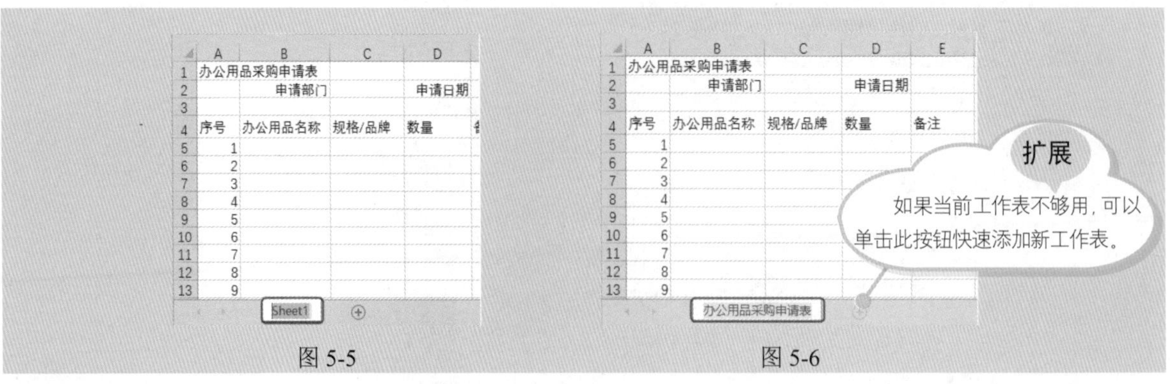

扩展
如果当前工作表不够用，可以单击此按钮快速添加新工作表。

图 5-5　　　　图 5-6

扫一扫，看视频

5.1.2　标题文本的特殊化设置

标题文本经过特殊化设置，能够清晰地区分标题与表格内容，同时提升表格的整体视觉效果。标题文字的格式一般包括跨表居中设置与字体格式设置。

❶ 选中 A1:E1 单元格区域，在“开始”选项卡的“对齐方式”组中单击“合并后居中”按钮，如图 5-7 所示。

❷ 保持选中状态，在“开始”选项卡的“字体”组中，可以按自己的设计要求重新设置字体与字号。设置后标题可以达到图 5-8 所示的效果。

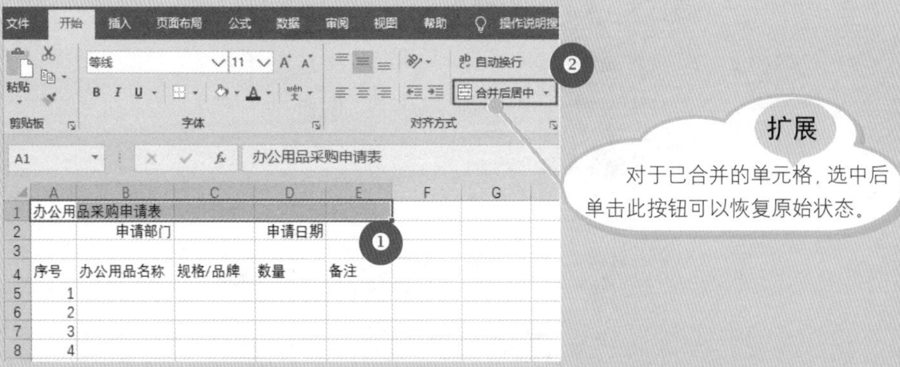

扩展

对于已合并的单元格，选中后单击此按钮可以恢复原始状态。

图 5-7

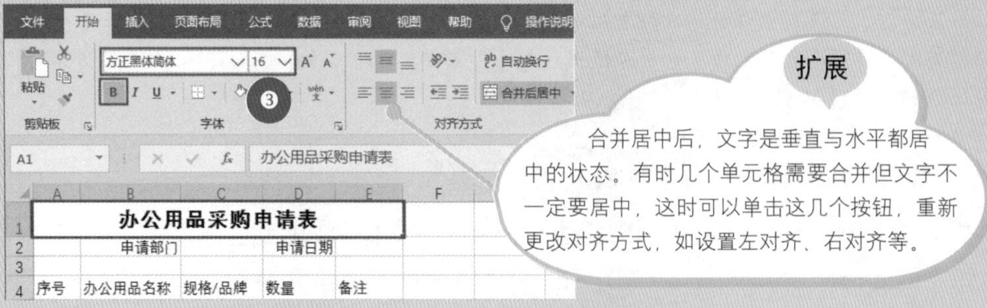

扩展

合并居中后，文字是垂直与水平都居中的状态。有时几个单元格需要合并但文字不一定要居中，这时可以单击这几个按钮，重新更改对齐方式，如设置左对齐、右对齐等。

图 5-8

5.1.3 自定义设置表格边框底纹

扫一扫，看视频

Excel 2019 默认显示的网格线是用于辅助单元格编辑的，实际上这些线条是不存在的（打印预览状态下可以看到）。编辑表格后，如果想打印使用，需要为其添加边框。另外，为了美化表格，增强表达效果，特定区域的底纹设置也是很常用的一项操作。

1. 设置表格区域边框

边框一般设置在除表格标题或表格表头之外的编辑区域内，添加边框的操作方法如下。

❶ 选中 A4:E20 单元格区域，在“开始”选项卡的“对齐方式”组中单击“对话框启动器”按钮，如图 5-9 所示。

❷ 打开“设置单元格格式”对话框，选择“边框”选项卡，在“样式”列表框中选择线条样式，在“颜色”下拉列表框中选择要使用的线条颜色，在“预置”栏中单击“外边框”和“内部”按钮，即可将设置的样式和颜色同时应用到表格内外边框中去，如图 5-10 所示。

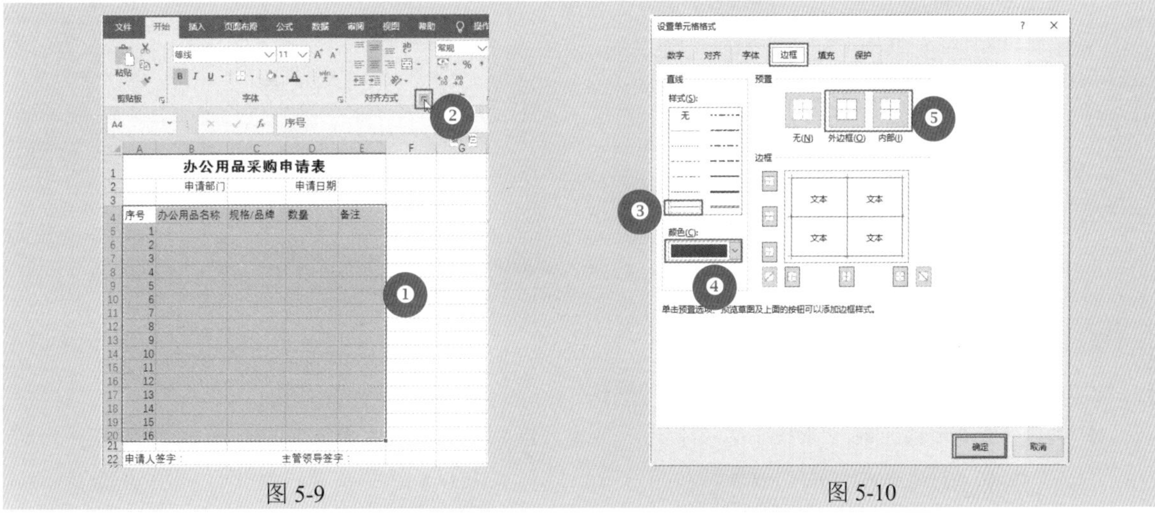

图 5-9　　　　图 5-10

❸ 设置完成后，单击“确定”按钮，即可看到边框的效果，如图 5-11 所示。

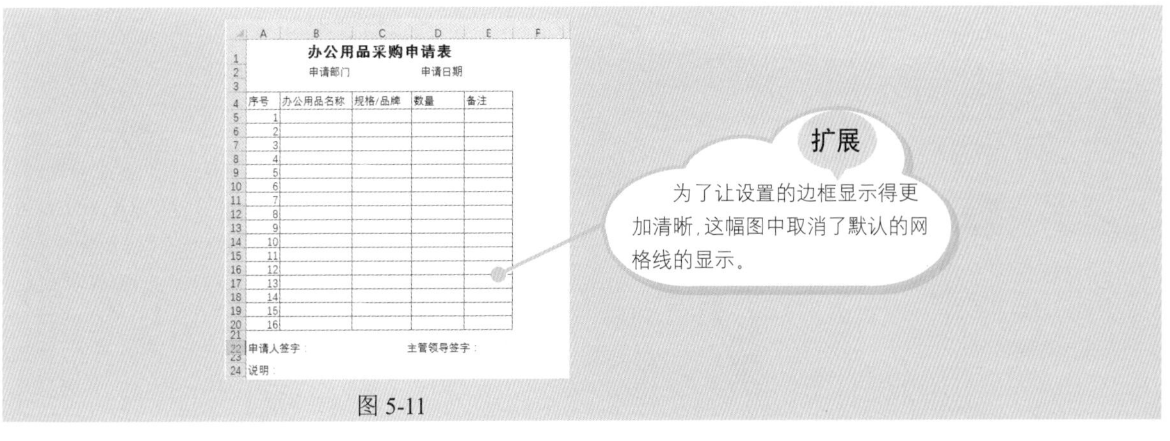

图 5-11

2. 设置单元格的部分框线修饰表格

单元格的框线并非是选中哪一块区域就一定在该区域设置全部的外边框与内边框，也可以只应用部分框线来达到修饰表格的目的。如图 5-12 所示，C2 与 E2 单元格中就显示了下框线，塑造了一种填写线条。这种设置操作参见下面的步骤。

选中 A3 单元格，按上一例中相同的方法打开“设置单元格格式”对话框。先设置线条样式与颜色，在选择应用范围时，只需单击“下框线”按钮即可，如图 5-13 所示。同理，如果想将线条应用于其他位置，就单击相应的按钮。

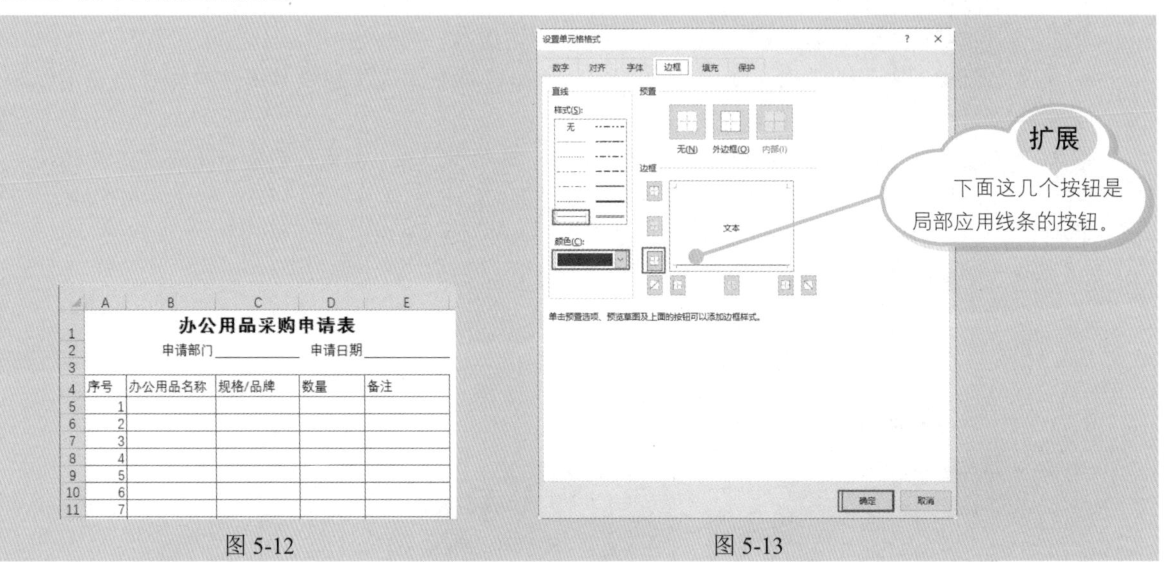

图 5-12　　图 5-13

3. 设置表格底纹

设置底纹一方面可以突显一些数据，另一方面也可以起到美化表格的作用。

❶ 选中 A1 单元格，在“开始”选项卡的“字体”组中单击“填充颜色”下拉按钮，在弹出的下拉列表中选择一种填充色，鼠标指针指向颜色时预览效果，单击即可应用，如图 5-14 所示。

❷ 本表中还在表格底部位置使用了底纹色，如图 5-15 所示。

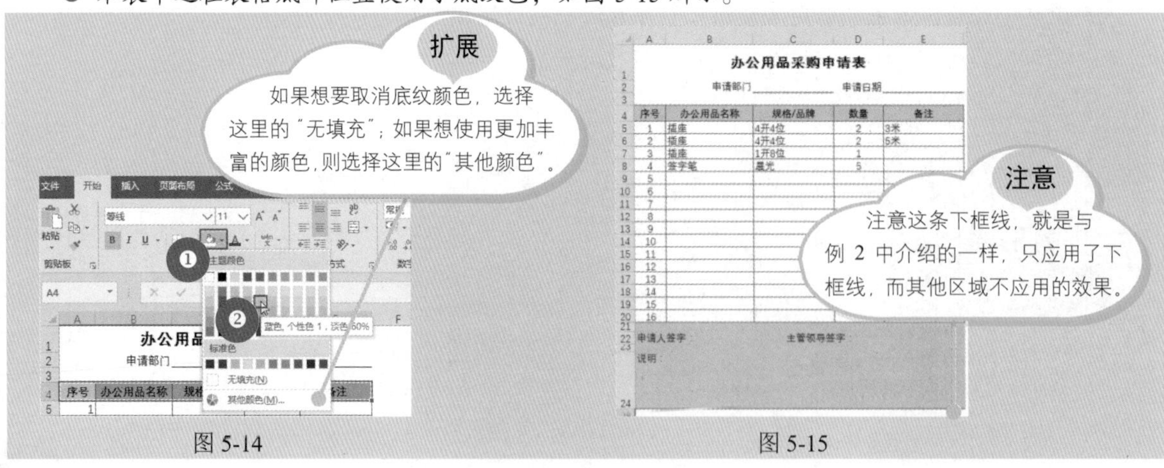

图 5-14　　图 5-15

5.1.4 长文本的强制换行

扫一扫，看视频

在 Excel 单元格输入文本时，不像在 Word 文档中想换一行时就按 Enter 键。Excel 单元格中的文本不会自动换行，因此在输入文本时，若想让整体排版效果更加合理，有时需要强制换行。例如，图 5-16 所示的 A24:E24 单元格区域是一个合并后的区域，首先输入了“说明：”文字，显然后面的说明内容是按条目显示的，每一条应分行显示。要随意进入下一行的输入，就要强制换行。

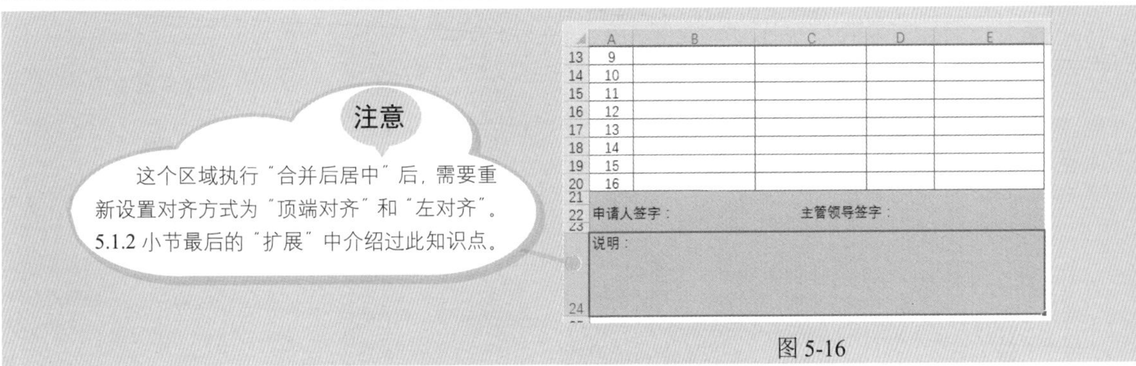

注意
这个区域执行“合并后居中”后，需要重新设置对齐方式为“顶端对齐”和“左对齐”。5.1.2 小节最后的“扩展”中介绍过此知识点。
申请人签字：
主管领导签字：
说明：

图 5-16

❶ 输入“说明：”文字后，按 Alt+Enter 组合键，即可进入下一行，可以看到光标在下一行中闪烁，如图 5-17 所示。

❷ 输入第一条文字后，按 Alt+Enter 组合键，光标切换到下一行，输入文字即可，如图 5-18 所示。

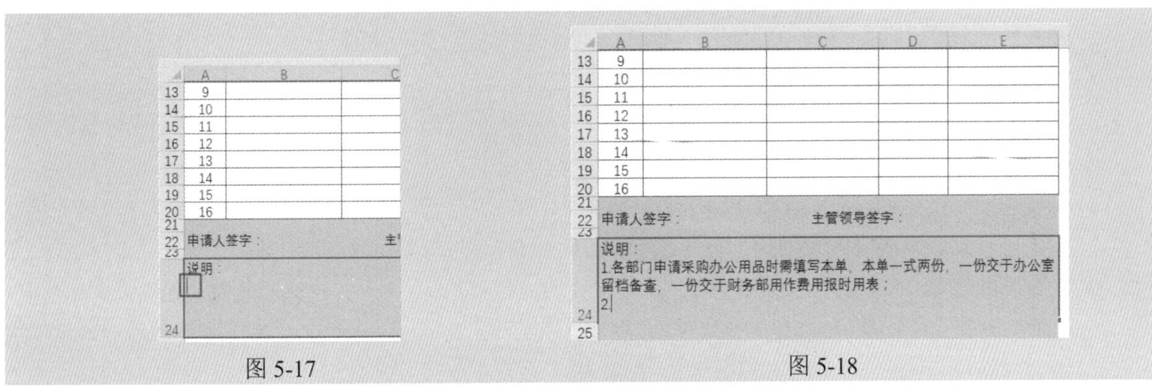

图 5-17

图 5-18

5.1.5 任意调节单元格的行高、列宽

扫一扫，看视频

进行 5.1.4 小节操作讲解时，第 24 行的行高很高，除了默认的行高列宽外，还可以根据实际需要调节单元格的行高或列宽。比如对表格标题所在行，一般可增大行高、放大字体来提升整体视觉效果。

❶ 将光标指向要调整行的边线上，当它变为双向对拉箭头形状时（如图 5-19 所示），按住鼠标左键向下拖动即可增大行高（如图 5-20 所示），释放鼠标后的显示效果如图 5-21 所示。

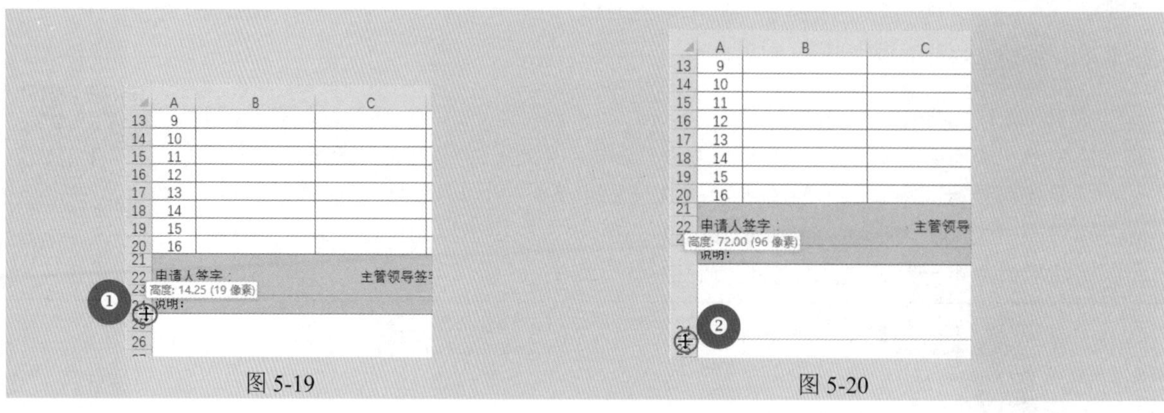

图 5-19　　图 5-20

❷ 同理，要调节列宽时，只要将鼠标指针指向要调整列的边线上，按住鼠标左键向右拖动增大列宽，向左拖动减小列宽，如图 5-22 所示。

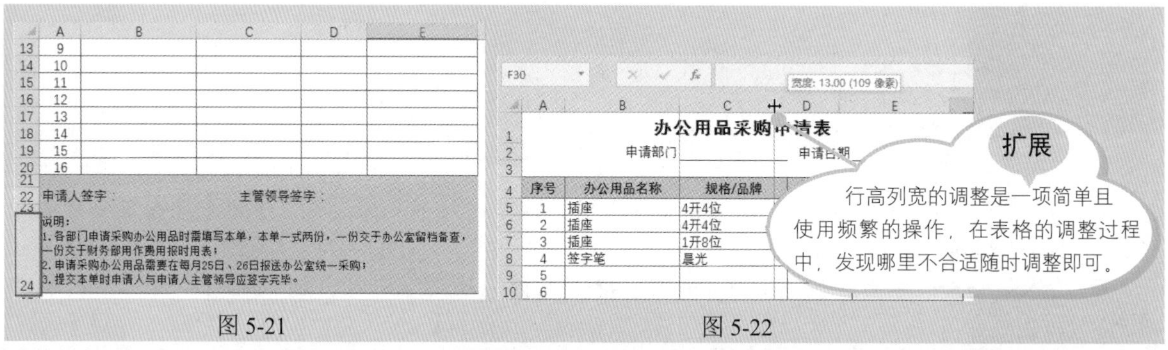

图 5-21　　图 5-22

经验之谈

要一次调整多行的行高或多列的列宽，关键在于准确选中要调整的行或列。选中之后，调整的方法与单行单列的调整方法一样。

下面普及一下一次性选中连续行（列）和不连续行（列）的方法。

- 如果要一次性调整的行（列）是连续的，选取时可以在要选择的起始行（列）的行标（列标）上单击鼠标，然后按住鼠标左键拖动，即可选中多行或多列。
- 如果要一次性调整的行（列）是不连续的，可首先选中第一行（列），按住 Ctrl 键，再依次在要选择的其他行（列）的行标（列标）上单击，即可选择多个不连续的行（列）。

5.2　会议纪要表

会议纪要表是日常办公中常见的表格之一，它便于我们在会议中记录会议的主题、时间、地点等基本信息，更重要的是记录会议讨论内容及决议等相关信息。因此行政部门可以建立表格，以备会议使用。

下面以图 5-23 所示的范例来介绍此类表格的创建方法。

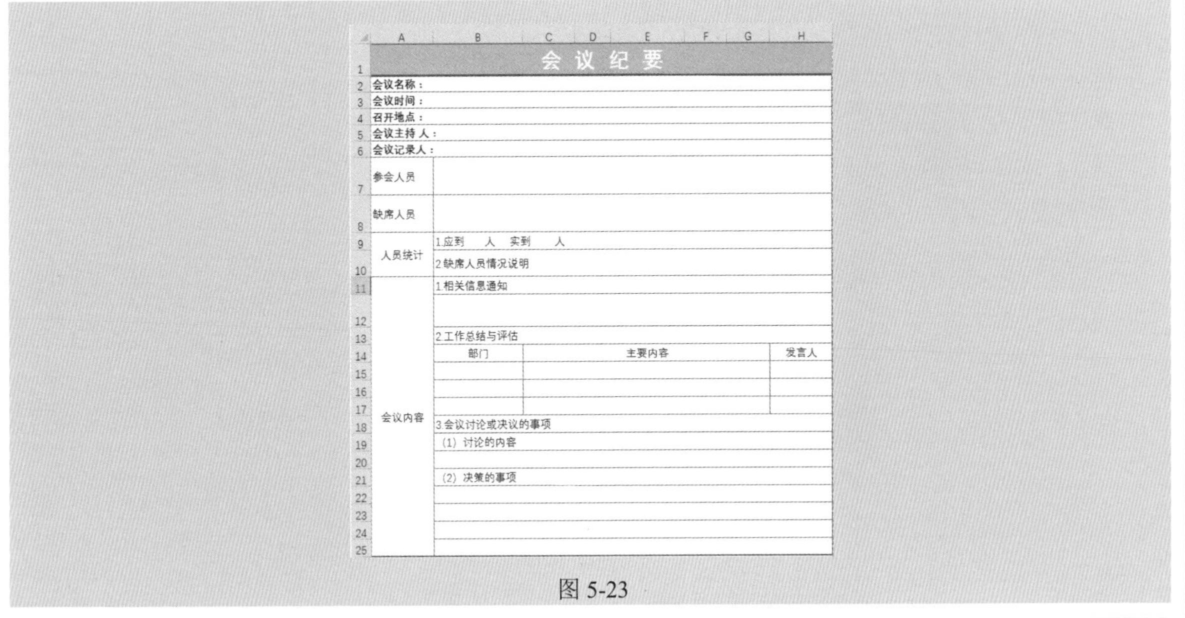

图 5-23

5.2.1 规划表格结构

此表格设置主要涉及字体格式设置、单元格行高列宽的设置、文字对齐方式等。另外，在表格操作中，有时会有缺漏、多余的情况发生，这时需要进行插入或删除操作。

扫一扫，看视频

1. 合并单元格

在“会议纪要表”中，有多处数据需要进行合并处理。建表是一个不断调整的过程，可以先输入数据，然后再进行合并单元格、调整行高列宽、插入行列等多项操作，最终形成合理的结构。

❶ 输入基本数据，选中 A2:F2 单元格区域，在“开始”选项卡的“对齐方式”组中单击“合并后居中”下拉按钮，在弹出的下拉列表中选择“合并单元格”选项（如图 5-24 所示），即可合并多个单元格。

❷ 按相同的操作方法将其他位置需要合并的单元格都进行合并，合并后的表格如图 5-25 所示。

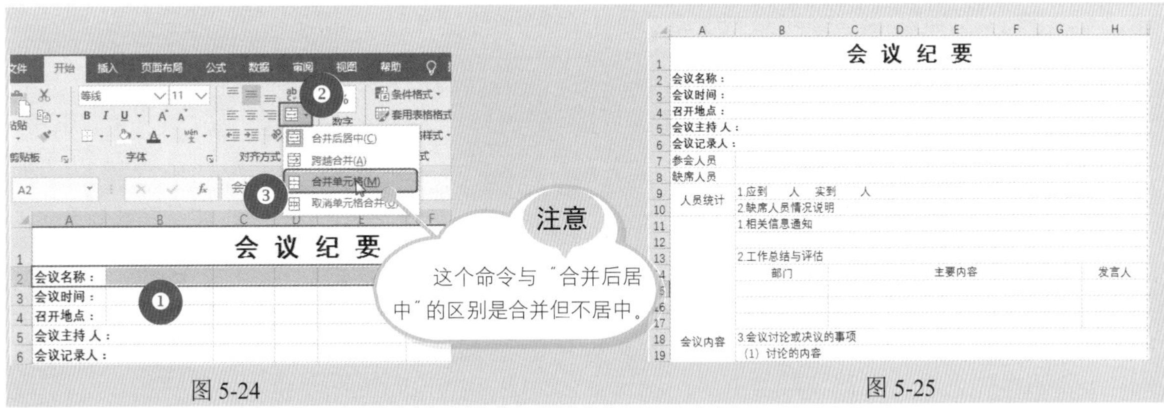

图 5-24　　图 5-25

2. 调整行高或列宽

除了默认行高列宽外，很多时候要按实际需要调整行高列宽。

❶ 选中要调整行高的行（如本例中的 7、8 行），在“开始”选项卡的“单元格”组中单击“格式”下拉按钮，在弹出的下拉列表中选择“行高”选项，如图 5-26 所示。

❷ 打开“行高”对话框，输入精确的行高值，如图 5-27 所示。

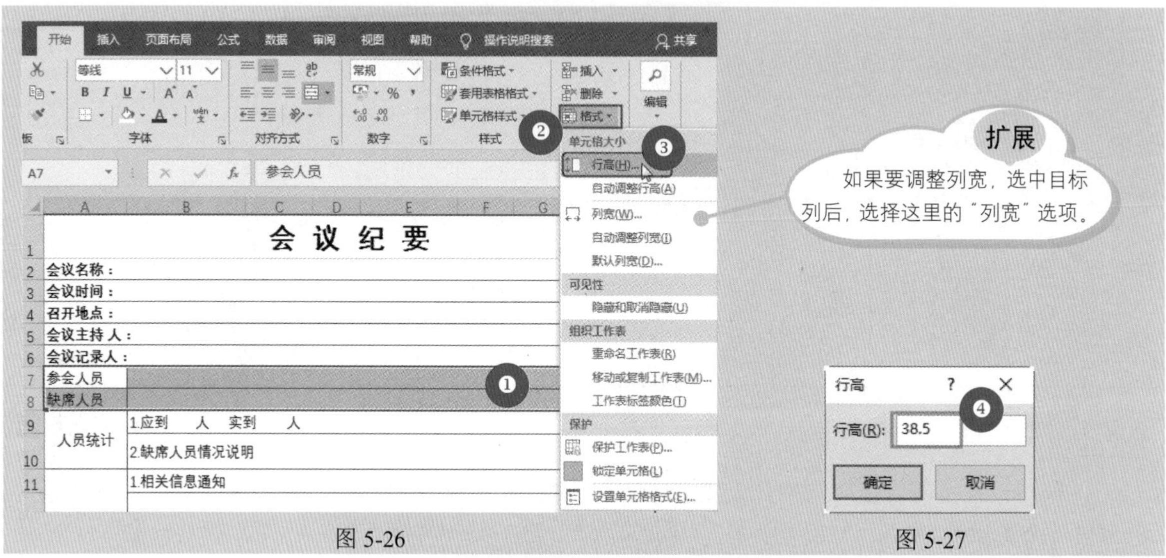

图 5-26　　图 5-27

❸ 单击“确定”按钮，即可调整选中行的行高，效果如图 5-28 所示。

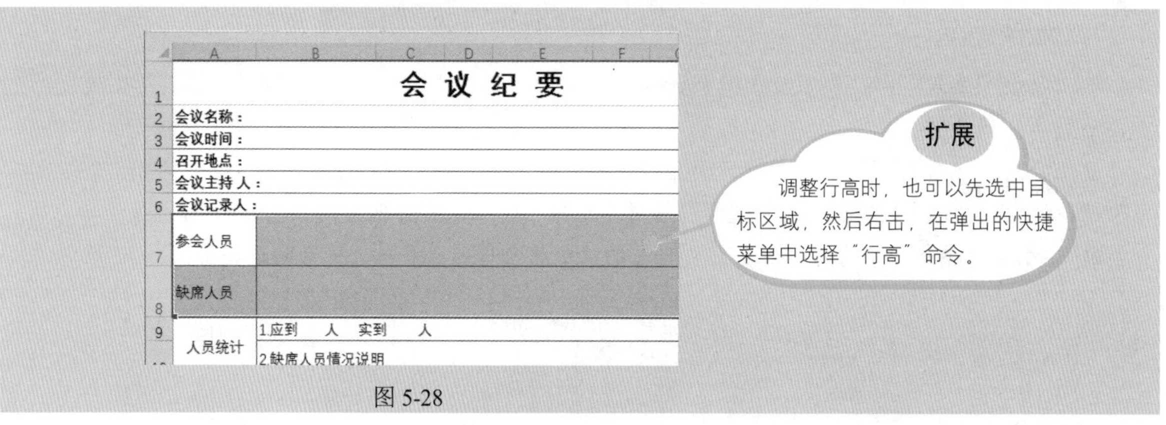

图 5-28

3. 补充插入新行

规划表格结构时，有时会有缺漏、多余的情况。这时，在已有的表格框架下，可以在任意需要的位置随时插入或删除单元格或行列。

选中 B15 单元格，切换到“开始”选项卡，在“单元格”组中单击“插入”下拉按钮，在弹出的下拉列表中选择“插入工作表行”选项（如图 5-29 所示），即可在选中的单元格上方插入新行，效果如图 5-30 所示。

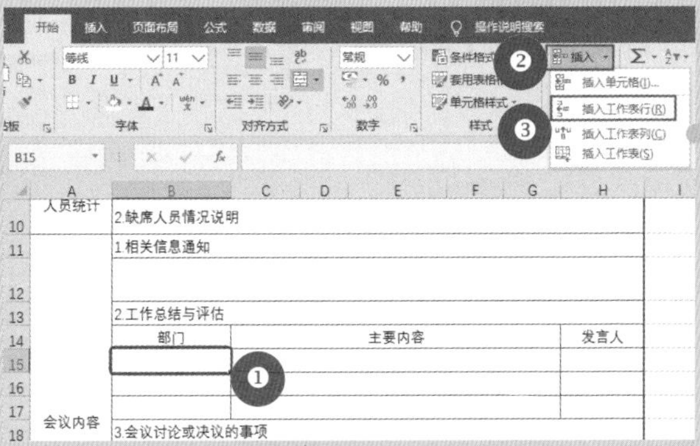

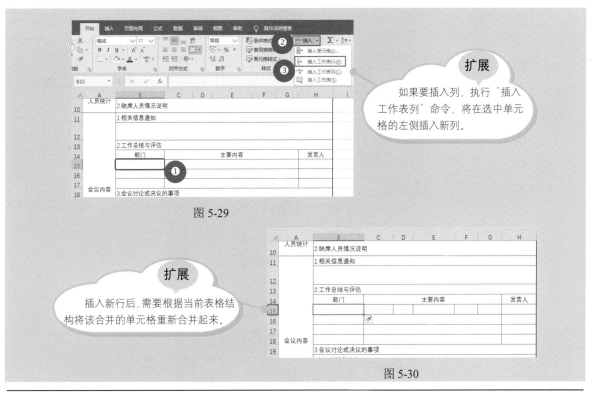

扩展

如果要插入列，执行“插入工作表列”命令，将在选中单元格的左侧插入新列。

图 5-29

扩展

插入新行后，需要根据当前表格结构将该合并的单元格重新合并起来。

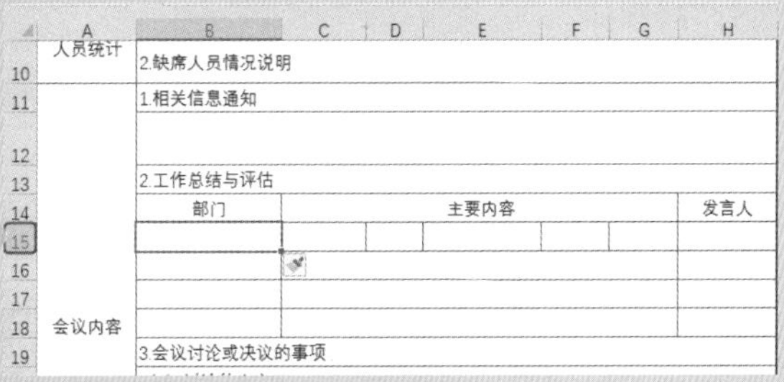

图 5-30

5.2.2 表格美化设置

扫一扫，看视频

创建的表格默认是没有特殊格式的。为了增强表格的表达效果，可以为表格设置字体、添加底纹以及设置框线来进行美化。

1. 在标题处添加底纹

在“会议纪要表”中，要求为标题所在区域添加底纹效果。

❶ 选中标题区域，即 A1 单元格，在“开始”选项卡的“字体”组中单击“填充颜色”下拉按钮，在弹出的下拉列表的“主题颜色”栏中选择浅绿色（如图 5-31 所示），即可为标题设置纯色填充的底纹效果。

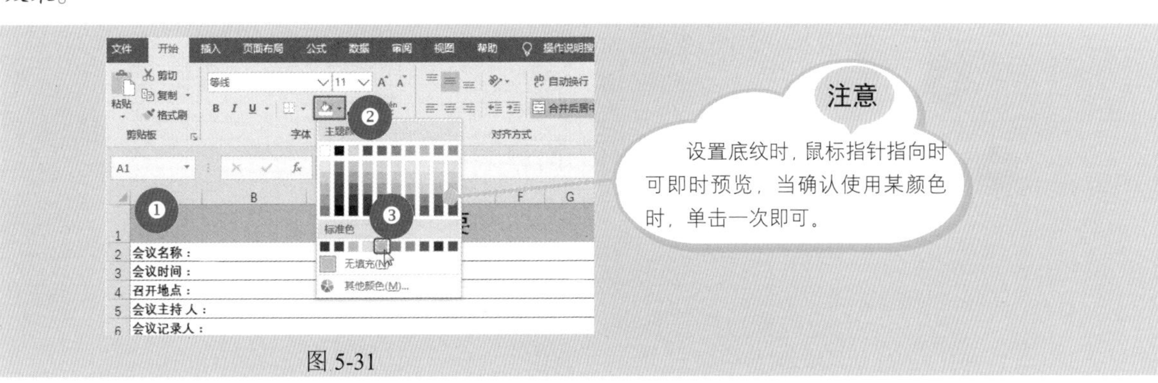

注意
设置底纹时，鼠标指针指向时可即时预览，当确认使用某颜色时，单击一次即可。

图 5-31

❷ 保持选中状态，在“开始”选项卡的“字体”组中单击“字体颜色”下拉按钮，在弹出的下拉列表中重新设置字体颜色为白色，如图 5-32 所示。完成设置后的标题效果如图 5-33 所示。

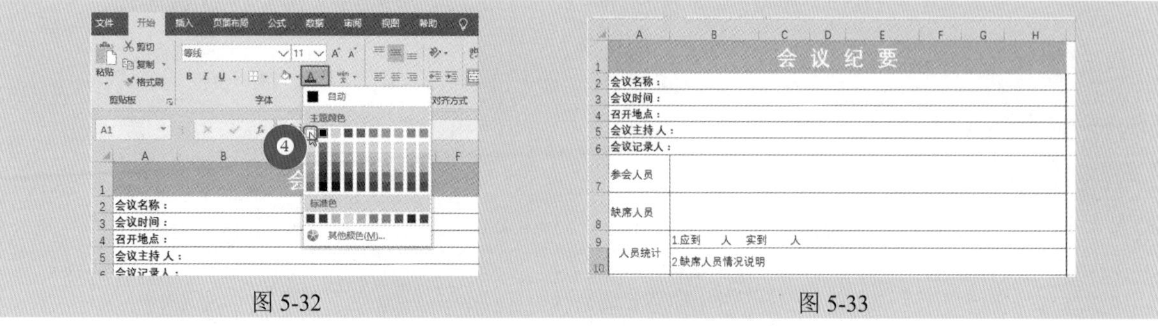

图 5-32　　图 5-33

2．设置标题框线

在“会议纪要表”中，要求为标题区域设置上下粗线条框线、左右无框线的边框效果，其操作方法如下。

❶ 选中标题所在单元格，在“开始”选项卡的“数字”组中单击“对话框启动器”按钮，如图 5-34 所示。

扩展
这里也可以先进行颜色、线型的设置，再选择线条的应用位置。对于线条，也可以从下拉列表中设置。单击下拉按钮，即可在弹出的下拉列表中快速设置。

图 5-34

❷ 打开“设置单元格格式”对话框，选择“边框”选项卡，在“样式”列表框中先选择边框样式，然后在“颜色”下拉列表框中选择边框颜色，在“边框”栏中分别单击“上边框”和“下边框”按钮（如图 5-35 所示），即可将设置的线条样式与颜色应用到上边框与下边框，效果如图 5-36 所示。

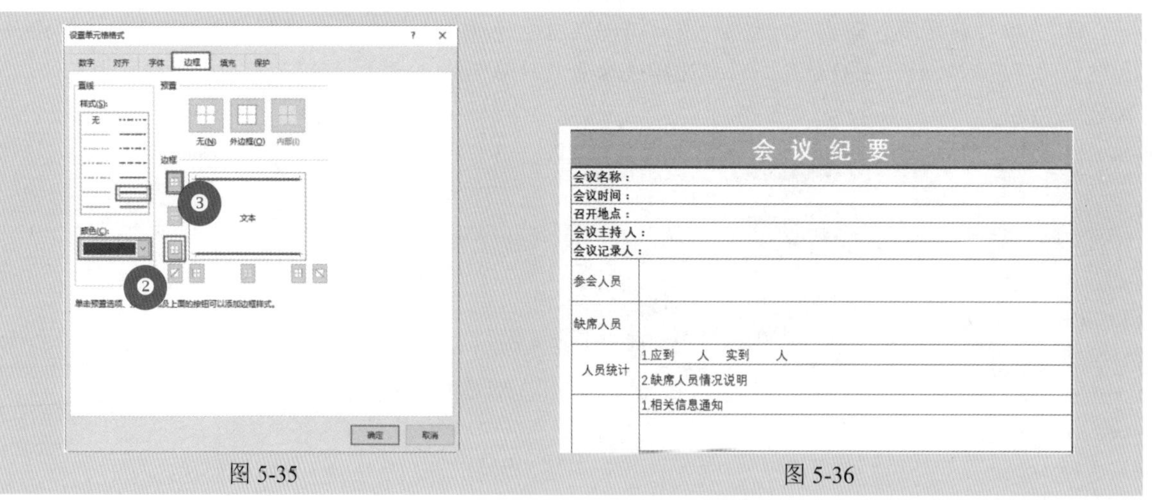

图 5-35　　图 5-36

5.2.3 打印会议纪要表

会议纪要表制作完毕后，一般需要打印出来使用。打印前需要进入打印预览状态，查看打印效果。如果表格效果不佳，还需要进行页面调整。

❶ 表格编辑完成后，单击“文件”菜单项，在弹出的下拉菜单中选择“打印”命令，在“打印”窗口右侧展示了打印预览效果，如图 5-37 所示。通过打印预览可以看到此表格打印在一张纸时内容过少，整体版面不够美观，需要进行调整。

图 5-37

❷ 在图 5-37 中单击⊖按钮，返回到表格编辑状态，重新统一增大表格的行高，调整后再进入打印预览状态中查看效果，如图 5-38 所示。

说明
调整后，版面更加饱满了，但右边的边距明显大于左边。

图 5-38

❸ 单击“设置”栏下方的“页面设置”链接，打开“页面设置”对话框，选择“页边距”选项卡，增大上边距的距离，然后在“居中方式”栏中选中“水平”复选框，如图 5-39 所示。

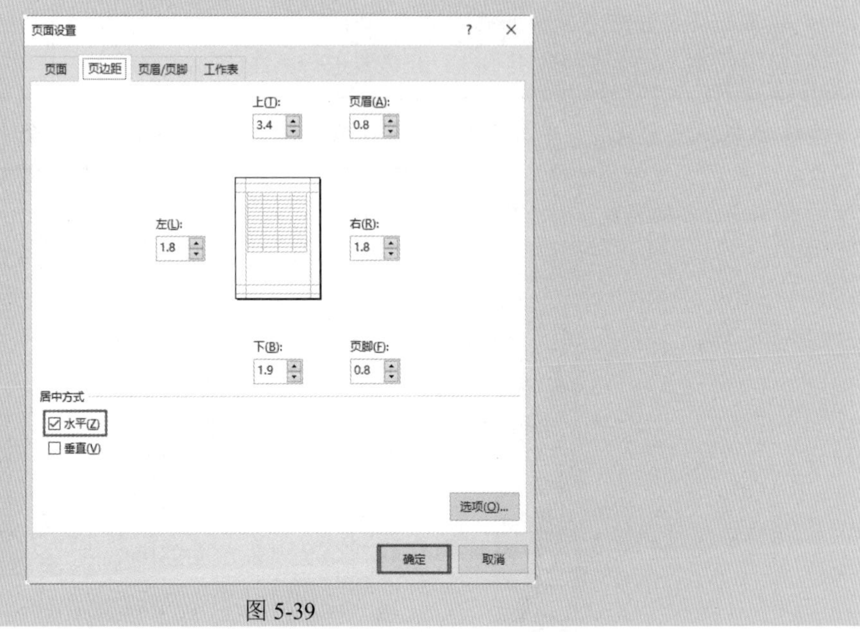

图 5-39

❹ 单击“确定”按钮，可以看到当前的打印版面已经很饱满，并且打印到纸张中间了，如图 5-40 所示。在“份数”数值框中输入要打印的份数，执行打印即可。

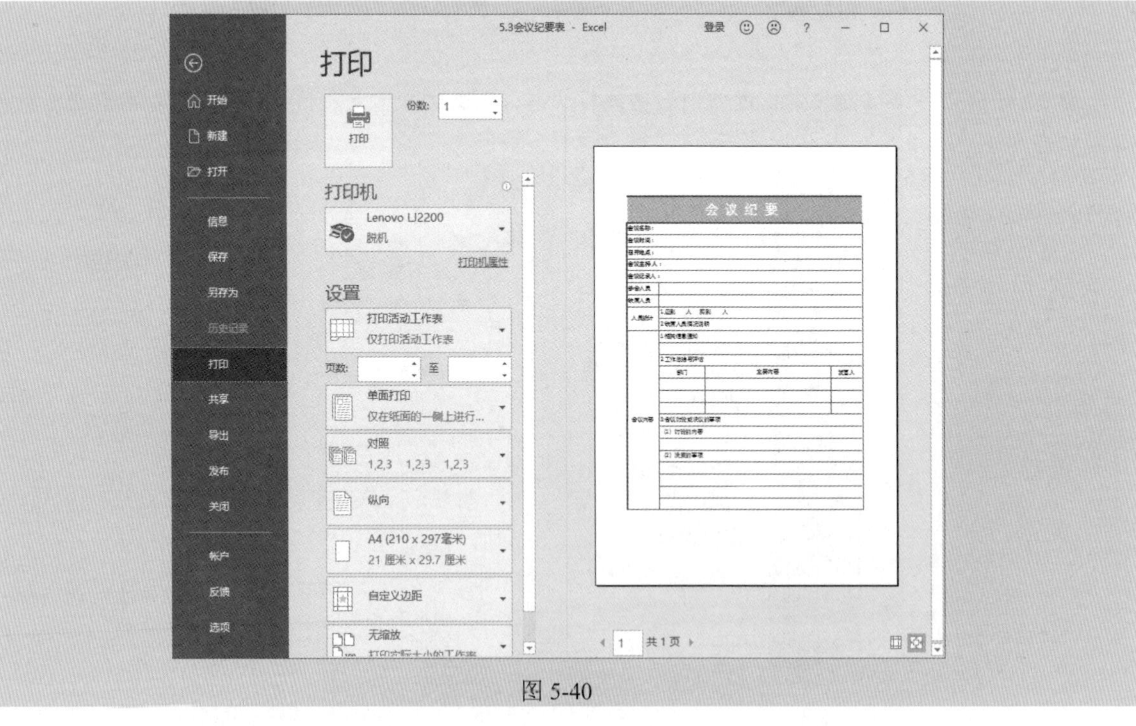

图 5-40

5.3 参会人员签到表

参会人员签到表是公司会议中常见的表格之一。一般公司会议前都会有一个签到表，便于统计参会人数的信息。该表主要包含会议的名称、会议日期、参会人员姓名、单位、职务等相关信息。

下面以图 5-41 所示的范例来介绍此类表格的创建方法。

图 5-41

5.3.1 为表头文字添加会计用单下划线

为标题文字添加下划线效果是一种很常见的修饰标题的方式，下面为本例的标题添加会计用单下划线。

❶ 在“开始”选项卡的“字体”组中单击“对话框启动器”按钮（如图 5-42 所示），打开“设置单元格格式”对话框。

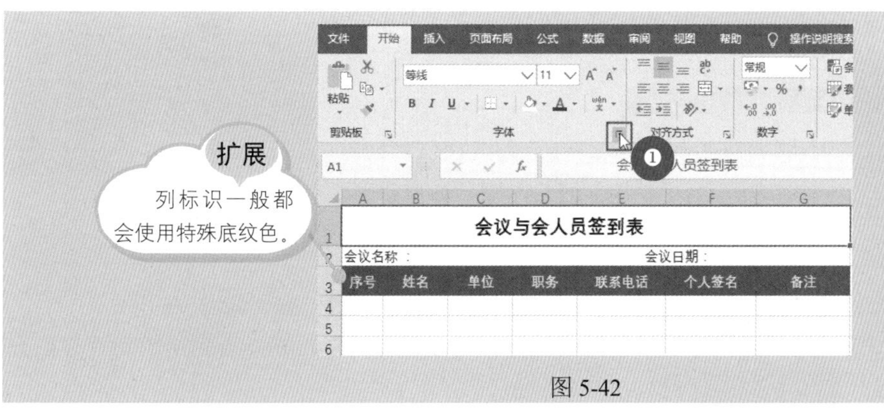

图 5-42

❷ 选择“字体”选项卡，在“下划线”下拉列表框中选择“会计用单下划线”选项（如图 5-43 所示），单击“确定”按钮，即可得到如图 5-44 所示的效果。

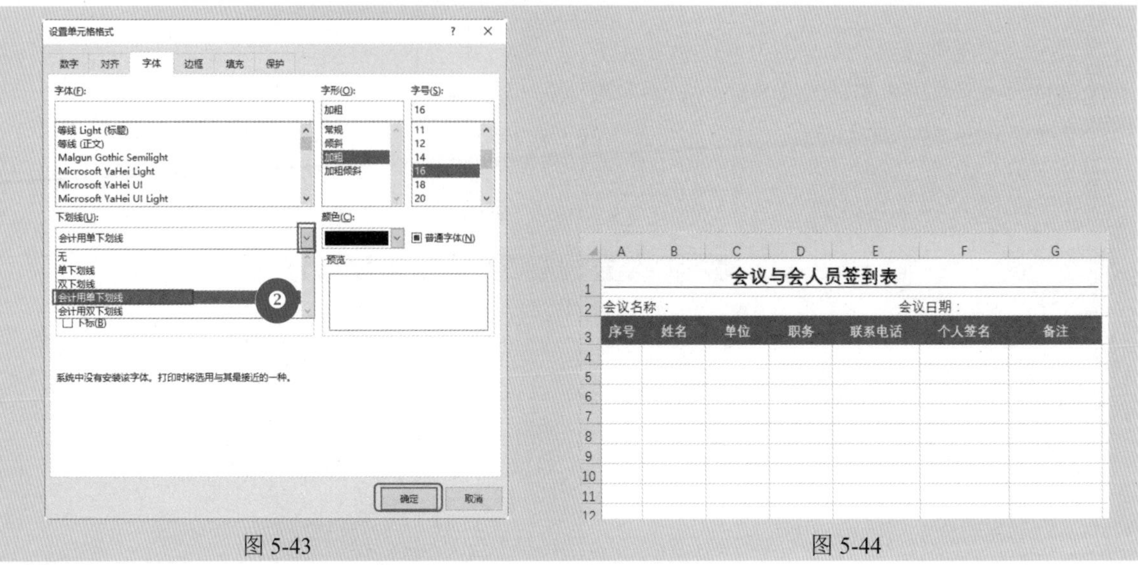

图 5-43　　图 5-44

扫一扫，看视频

5.3.2　插入图片修饰表格

针对一些需要打印使用的表格，可以添加少量小图片，以起到装饰表格的作用。可以先将图片保存到电脑中，然后在插入表格中使用。

❶ 在“插入”选项卡的“插图”组中单击“图片”按钮（如图 5-45 所示），打开“插入图片”对话框。

❷ 进入保存图片的文件夹，选中目标图片，如图 5-46 所示。

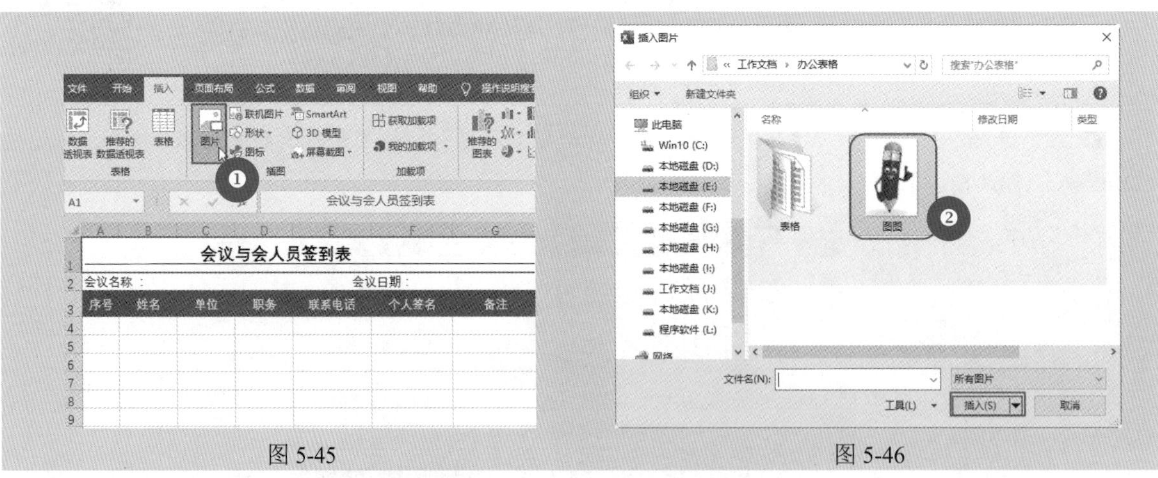

图 5-45　　图 5-46

❸ 单击“插入”按钮，返回到工作表中，即可插入选中的图片，如图 5-47 所示。

❹ 将鼠标指针移至顶端旋转控点上，按住鼠标左键进行旋转，如图 5-48 所示。然后将图片移到合适位置，如图 5-49 所示。

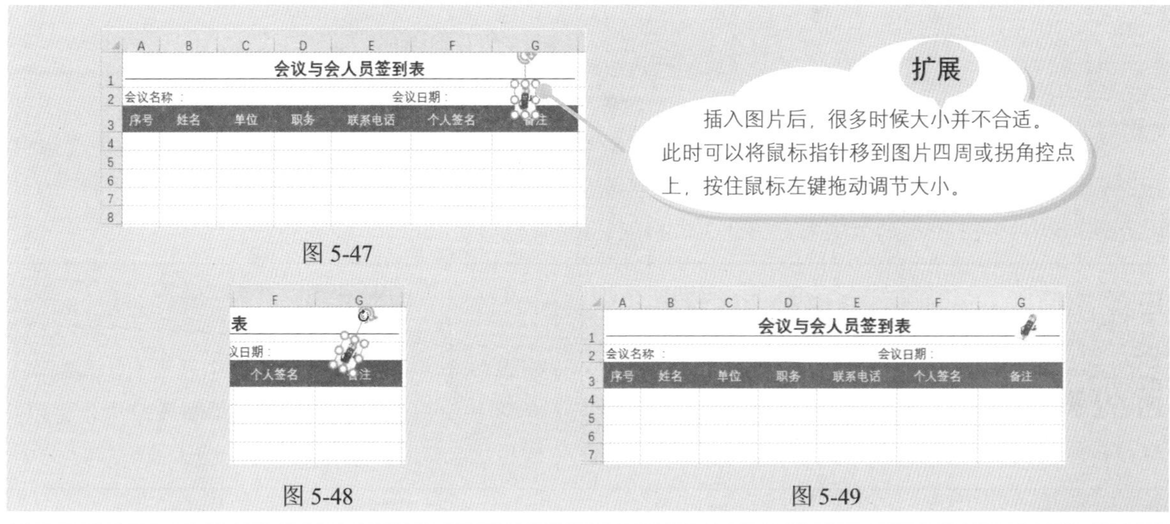

图 5-47

图 5-48

图 5-49

5.3.3 隔行底纹的美化效果

前面学习了连续单元格的底纹设置，本例中要使用隔行底纹的美化效果。

扫一扫，看视频

❶ 先为表格包含列标识在内的区域添加边框线，然后按住 Ctrl 键，依次选中需要设置底纹的单元格区域，如图 5-50 所示。

❷ 在“开始”选项卡的“字体”组中单击“填充颜色”下拉按钮，在弹出的下拉列表中选择浅灰色（如图 5-51 所示），即可为选中的单元格设置纯色填充的底纹效果。鼠标指针指向时可即时预览，单击即可应用。

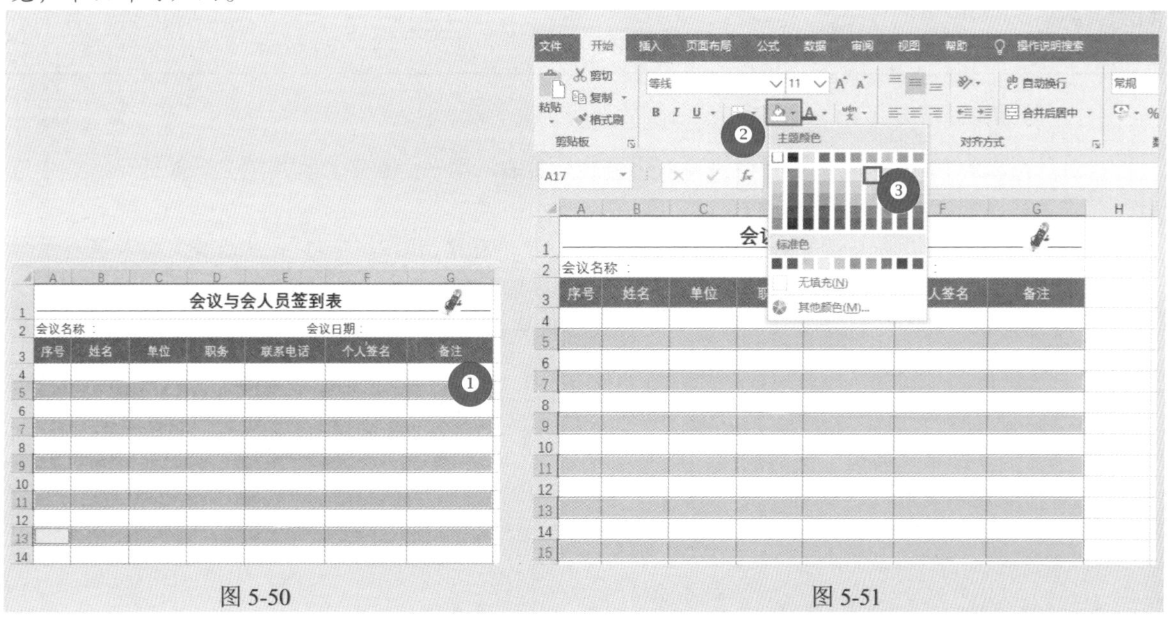

图 5-50

图 5-51

5.4 客户资料管理表

客户资料的管理是企业维护客户关系的最基础环节。它便于对客户资料进行系统管理，避免零散存放而导致丢失，因此客户资料管理表在企业中起着至关重要的作用。

下面以图 5-52 所示的范例来介绍此类表格的创建方法。

扫一扫，看视频

5.4.1 新增客户详情表

图 5-53 所示是一个“新增客户详情表”，新增客户时会填写这个表单（此表制作后可打印使用）。后期为了便于对公司的客户资料进行统一管理，填写表单后，可以在 Excel 中建立“客户资料汇总表”（详见 5.4.2 小节）。

客户资料管理表

NO	合作日期	单位	联系人	性别	部门	职位	通信地址	联系电话
001	2018/8/1	上海宜城信息科	陈伟	男	科研部	经理	海市浦东新区陆家嘴环路5号	1397
002	2018/8/2	北京盛天电子商	葛玲玲	女	科研部	经理	北京市东城西区长安街1号	1897
003	2018/7/3	上海益华信息技	张家梁	男	科研部	经理	上海市浦东新区世纪大道108号	1789
004	2018/8/14	上海巡城科技	陆婷婷	女	科研部	职员	上海市浦东新区即墨路85号	1368
005	2018/8/25	洛阳韩硕科技	唐糖	女	科研部	职员	河南省洛阳市市南区毛家湾人民路12号	1586
006	2018/7/6	上海佳节电脑	王亚磊	男	生产部	职员	上海市浦东新区银城中路32号	1598
007	2018/8/17	嵩山严科科技	徐文停	女	生产部	职员	河南省嵩山市南区嵩山路12号	1308
008	2018/8/8	天津鸿鼎信息	苏秦	男	生产部	主管	天津市长安街1号	1597
009	2018/8/29	北京天一科技	潘鹏	男	生产部	主管	北京市海定区万寿路10号	1789

图 5-52

客户档案信息

客户类别：				公司性质：	
客户资料				财务资料	
通讯地址：				户名：	
邮编：				税号：	
公司地址：				开户行：	
邮编：				账号：	
客户负责人：		电话：		财务联系人：	
业务负责人：		电话：		备注：	
储运负责人：		电话：			
发货地址：					

图 5-53

扫一扫，看视频

5.4.2 客户资料汇总表

要制作“客户资料汇总表”，除了基本的表格操作外，还需要输入连续的序号来进行编号，输入统一的日期格式，为表格添加安全保护等操作。

1．序号的快速填充

Excel 的填充功能可以帮助用户快速输入序号。只要输入第一个数字，利用填充功能即可快速生成批量序号，从而提高输入效率，具体操作如下。

❶ 输入基本数据，并且设置好列标识格式。选中 A3 单元格，输入值“1”，然后将光标放置在该单元格右下角位置，此时光标会变成黑色十字形，如图 5-54 所示。

❷ 按住鼠标左键向下拖动至结尾处，光标经过的区域被选中，在光标右下角的值框中显示为“1”（如图 5-55 所示），即表示所选中的单元格区域将填充值“1”。

❸ 释放鼠标左键，得到如图 5-56 所示的填充效果。

❹ 单击“自动填充选项”下拉按钮，在弹出的下拉列表中选择“填充序列”单选按钮（如图 5-57 所示），即可快速填充序列，如图 5-58 所示。

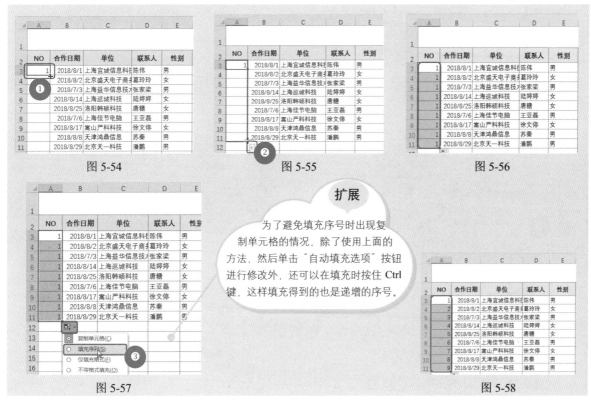

图 5-54

图 5-55

图 5-56

图 5-57

扩展

为了避免填充序号时出现复制单元格的情况，除了使用上面的方法，然后单击“自动填充选项”按钮进行修改外，还可以在填充时按住 Ctrl 键，这样填充得到的也是递增的序号。

图 5-58

2．填充以 0 开头的编号

有时编号会呈现“01”“001”等“以 0”开头的样式，此时若是直接输入，按 Enter 键，输入的仍然是数值“1”。

❶ 选中 A3 单元格，在“开始”选项卡的“数字”组中单击“对话框启动器”按钮（如图 5-59 所示），打开“设置单元格格式”对话框。

❷ 在“分类”列表框中选择“文本”，如图 5-60 所示。

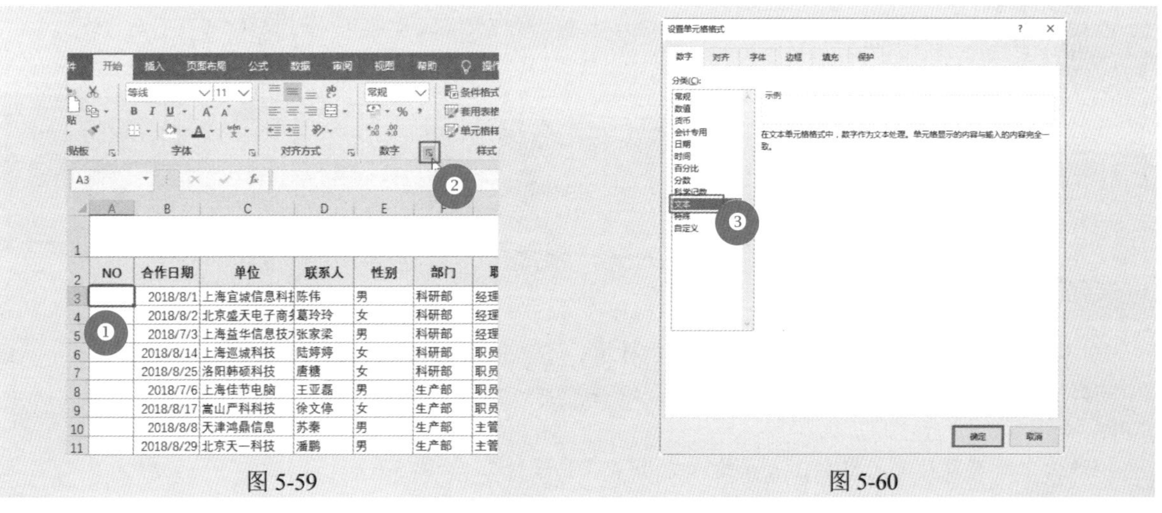

图 5-59　　图 5-60

❸ 单击“确定”按钮，完成单元格格式设置。在 A3 单元格中输入值“001”，按 Enter 键后，即可正确显示，如图 5-61 所示。

❹ 选中 A3 单元格，将光标移至该单元格的右下角，待它变成十字形时，按住鼠标左键向下拖动，进行序号填充。向下填充到 A11 单元格，右侧的显示框中显示“009”，即一直填充到序号“009”，如图 5-62 所示。

❺ 释放鼠标左键，填充完成，如图 5-63 所示。

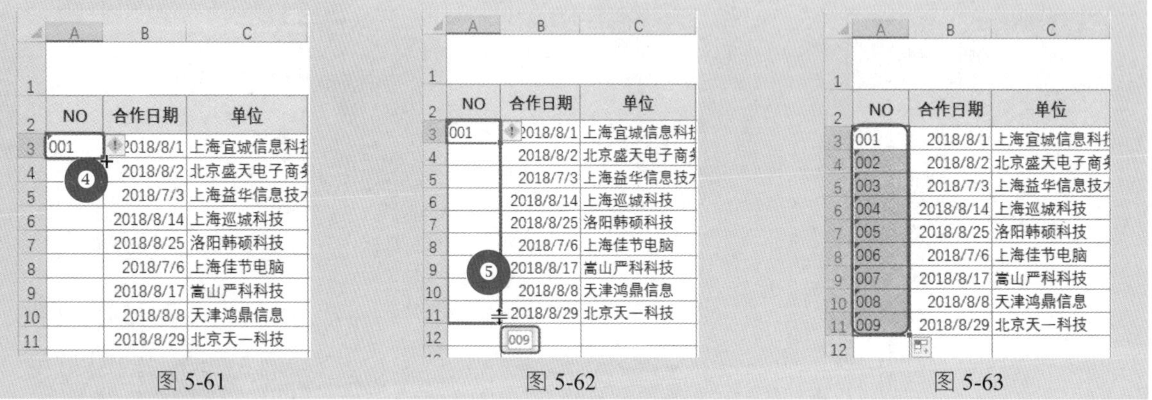

图 5-61　图 5-62　图 5-63

3. 快速填充输入相同文本

在 Word 中有相同的文本需要输入时，可以采用复制粘贴的方法。同样，在 Excel 中也可以采用复制粘贴的方法，同时还可以采用填充的方法快速输入相同文本。

❶ 在 K5:K7 单元格区域中数据是相同的，则在 K5 单元格中输入文本，然后单击选中该单元格，将光标放在该单元格的右下角，它会变成十字形，如图 5-64 所示。

❷ 按住鼠标左键向下拖动至 K7 单元格，释放鼠标左键，即可将 K5 单元格中的文本填充到连续的单元格中，如图 5-65 所示。

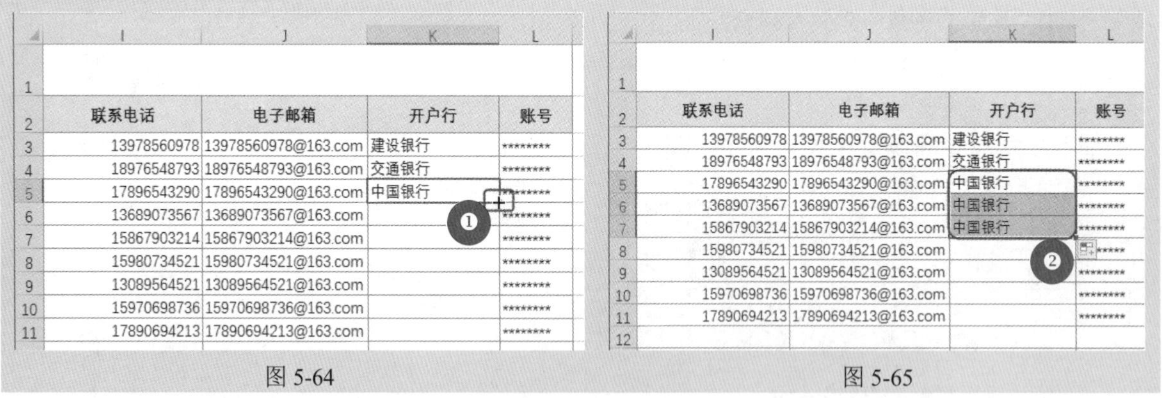

图 5-64　图 5-65

如果有些不连续的单元格需要使用相同的数据，可以使用如下技巧输入。

❶ 同时选中需要输入相同数据的单元格，若某些单元格不相邻，可在按住 Ctrl 键的同时逐个单击选中，如图 5-66 所示。

❷ 选中所有目标单元格后，直接输入文字“农业银行”，如图 5-67 所示。

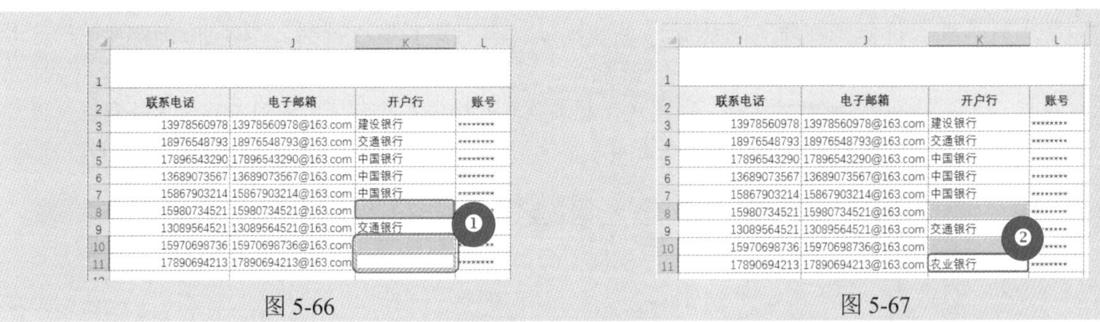

图 5-66　　　　图 5-67

❸ 按 Ctrl+Enter 组合键，则刚才选中的所有单元格同时填充了该数据，效果如图 5-68 所示。

联系电话	电子邮箱	开户行	账号
13978560978	13978560978@163.com	建设银行	********
18976548793	18976548793@163.com	交通银行	********
17896543290	17896543290@163.com	中国银行	********
13689073567	13689073567@163.com	中国银行	********
15867903214	15867903214@163.com	中国银行	********
15980734521	15980734521@163.com	农业银行	********
13089564521	13089564521@163.com	交通银行	********
15970698736	15970698736@163.com	农业银行	********
17890694213	17890694213@163.com	农业银行	********

图 5-68

5.4.3 表格安全保护

扫一扫，看视频

表格编辑完成后，如果不想让他人随意更改，可以对表格进行安全保护，如设置密码、限制编辑等。如本例的“客户资料管理”文件具有一定的保密性质，因此编辑者可对表格实施保护。

❶ 在“审阅”选项卡的“更改”组中单击“保护工作表”按钮（如图 5-69 所示），打开“保护工作表”对话框。

❷ 在“取消工作表保护时使用的密码”文本框中输入密码，保持默认勾选“保护工作表及锁定的单元格内容”复选框，然后在“允许此工作表的所有用户进行”列表框中取消选中所有的复选框，如图 5-70 所示。

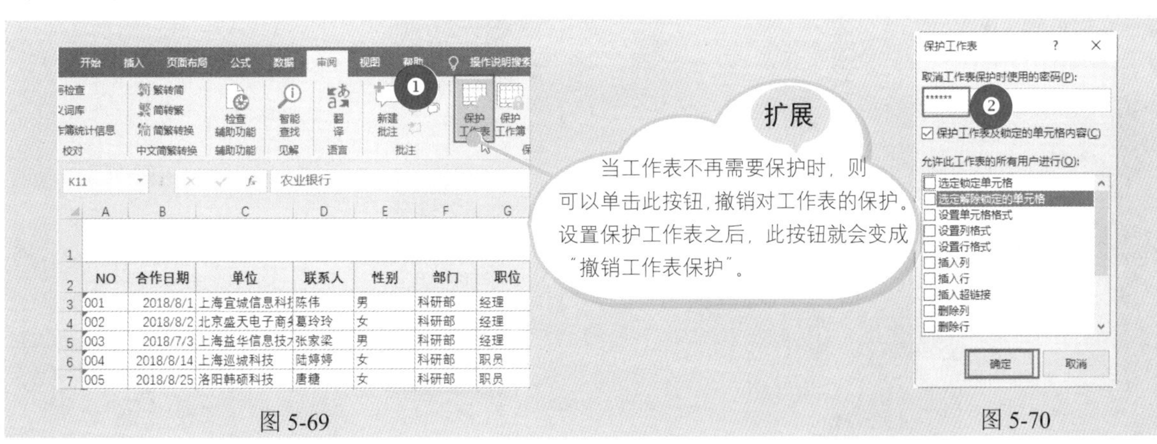

图 5-69　　　　图 5-70

❸ 单击“确定”按钮，打开“确认密码”对话框，在“重新输入密码”文本框中输入密码，如图 5-71 所示。

❹ 单击“确定”按钮，关闭对话框，即完成保护工作表的操作。此时可以看到工作表中很多设置项都呈现灰色不可操作状态，如图 5-72 所示。当双击单元格试图编辑时，也会弹出提示对话框，如图 5-73 所示。

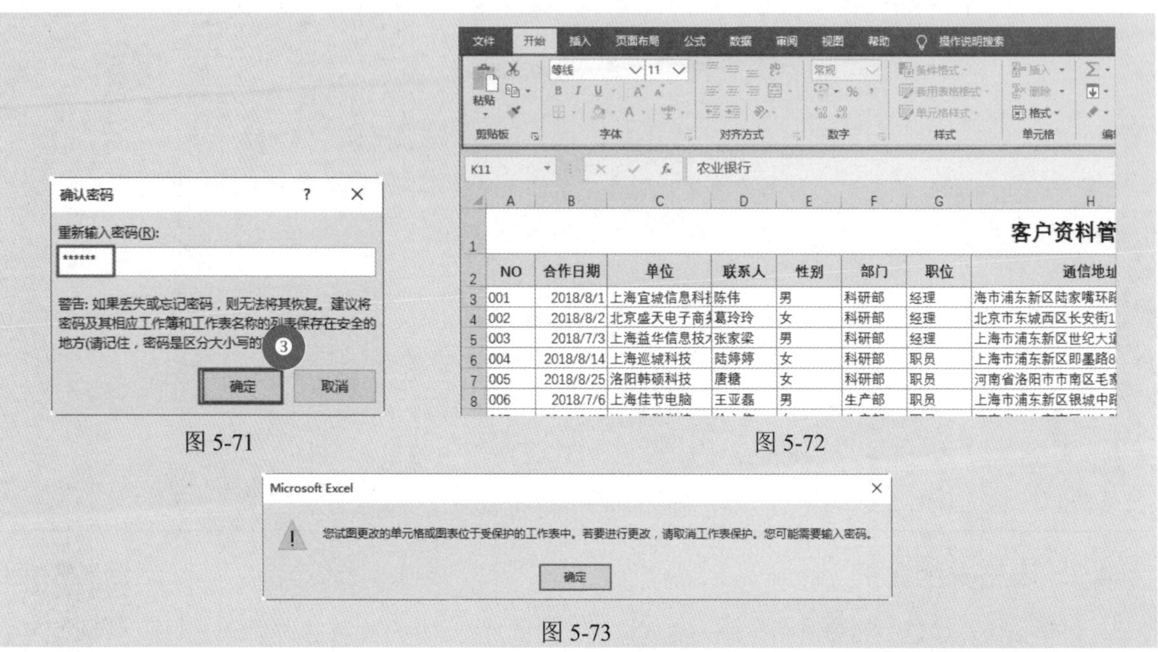

图 5-71

图 5-72

图 5-73

如果工作簿的数据比较重要，不想让他人随意打开查看，则可以为工作簿设置加密，以实现只有输入正确的密码才能打开工作簿的功能。

❶ 单击“文件”菜单项，如图 5-74 所示。

❷ 在弹出的下拉菜单中选择“信息”命令，在右侧的“信息”页面中单击“保护工作簿”下拉按钮，在弹出的下拉列表中选择“用密码进行加密”选项，如图 5-75 所示。

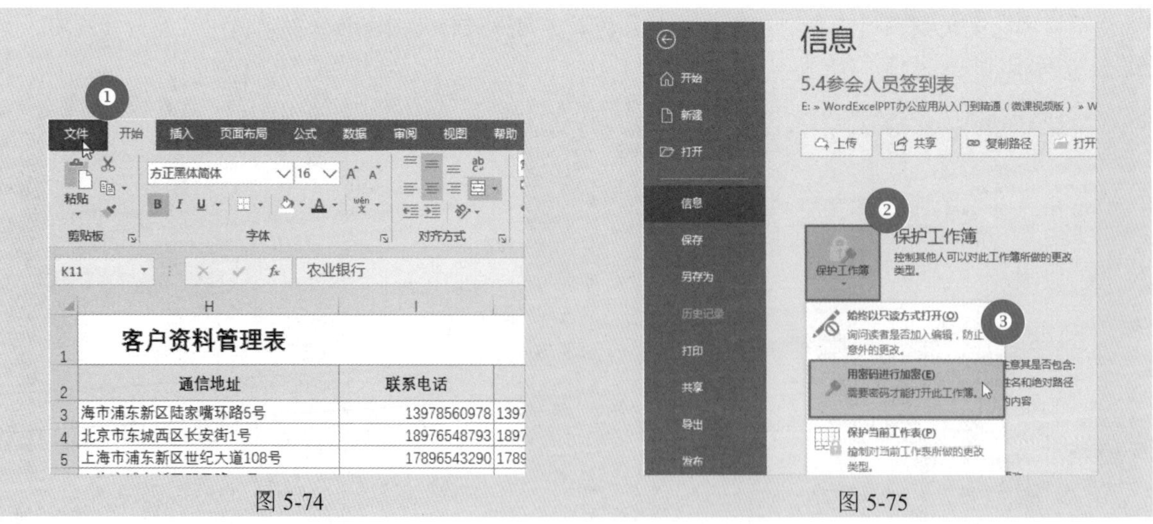

图 5-74

图 5-75

❸ 打开“加密文档”对话框，在“密码”文本框中输入密码，如图 5-76 所示。

❹ 单击“确定”按钮，打开“确认密码”对话框，在“重新输入密码”文本框中输入密码，如图 5-77 所示。

图 5-76　　　　图 5-77

❺ 单击“确定”按钮，即可完成工作簿的保护，如图 5-78 所示。

❻ 再次打开工作簿时，会弹出图 5-79 所示“密码”对话框，只有输入正确的密码，单击“确定”按钮，才能打开工作簿。

图 5-78　　　　图 5-79

5.5 学员信息管理表

“学员信息管理表”经常用于各种培训教育机构，它便于对每位学员的信息情况进行系统的管理，也便于很好地了解学员缴费是否到期。

下面以图 5-80 所示的范例来介绍此类表格的创建方法。

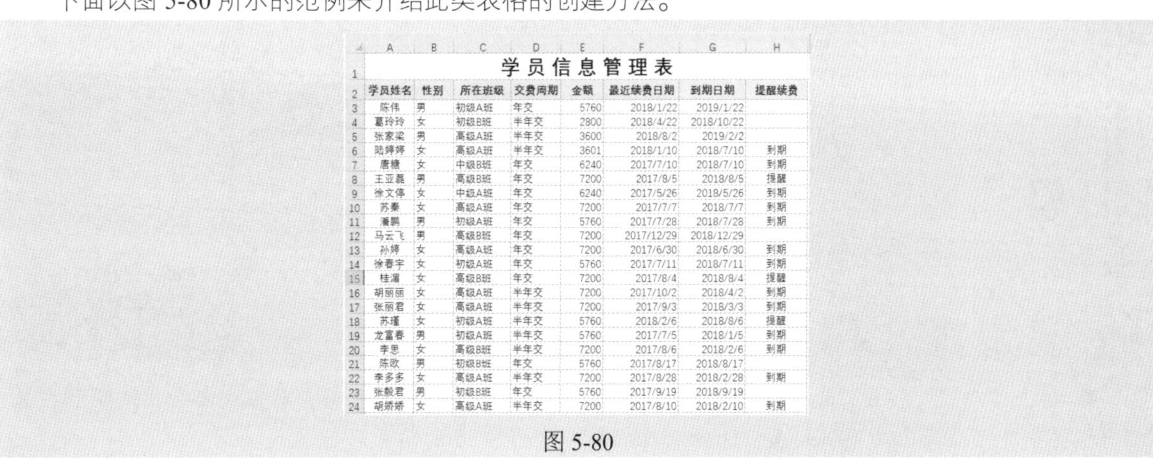

学员信息管理表

学员姓名	性别	所在班级	交费周期	金额	最近续费日期	到期日期	提醒续费
陈伟	男	初级A班	年交	5760	2018/1/22	2019/1/22	
葛玲玲	女	初级B班	半年交	2800	2018/4/22	2018/10/22	
张家梁	男	高级A班	半年交	3600	2018/8/2	2019/2/2	
陆婷婷	女	高级A班	半年交	3601	2018/1/10	2018/7/10	到期
唐糖	女	中级B班	年交	6240	2017/7/10	2018/7/10	到期
王亚磊	男	高级B班	年交	7200	2017/8/5	2018/8/5	提醒
徐文停	女	中级A班	年交	6240	2017/5/26	2018/5/26	到期
苏秦	女	高级A班	年交	7200	2017/7/7	2018/7/7	到期
潘鹏	男	初级A班	年交	5760	2017/7/28	2018/7/28	到期
马云飞	男	高级B班	年交	7200	2017/12/29	2018/12/29	
孙婷	女	高级A班	年交	7200	2017/6/30	2018/6/30	到期
徐春宇	女	初级A班	年交	5760	2017/7/11	2018/7/11	到期
桂湄	女	高级B班	年交	7200	2017/8/4	2018/8/4	提醒
胡丽丽	女	高级A班	半年交	7200	2017/10/2	2018/4/2	到期
张丽君	女	高级A班	半年交	7200	2017/9/3	2018/3/3	到期
苏瑾	女	初级A班	半年交	5760	2018/2/6	2018/8/6	提醒
龙富春	男	初级A班	半年交	5760	2017/7/5	2018/1/5	到期
李思	女	高级B班	半年交	7200	2017/8/6	2018/2/6	到期
陈欧	男	初级B班	年交	5760	2017/8/17	2018/8/17	
李多多	女	高级A班	半年交	7200	2017/8/28	2018/2/28	到期
张毅君	男	初级B班	年交	5760	2017/9/19	2018/9/19	
胡娇娇	女	高级A班	半年交	7200	2017/8/10	2018/2/10	到期

图 5-80

扫一扫，看视频

5.5.1 设置“性别”列的选择输入序列

“性别”列的数据包含“男”和“女”，为方便数据录入，可以通过数据验证功能来设置选择输入序列。

❶ 学员信息管理表属于数据明细表，设计此类表格重点在于把表格应包含的项目规划好，数据应按条目逐一记录，以方便后期的统计运算等。图 5-81 所示为输入的表格标题与列标识。

图 5-81

❷ 选中“性别”列，在“数据”选项卡的“数据工具”组中单击“数据验证”下拉按钮，在弹出的下拉列表中选择“数据验证”选项，如图 5-82 所示。

❸ 打开“数据验证”对话框，选择“设置”选项卡，在“允许”下拉列表框中选择“序列”选项（如图 5-83 所示），然后在“来源”文本框中输入“男,女”（注意，中间使用半角逗号隔开），如图 5-84 所示。

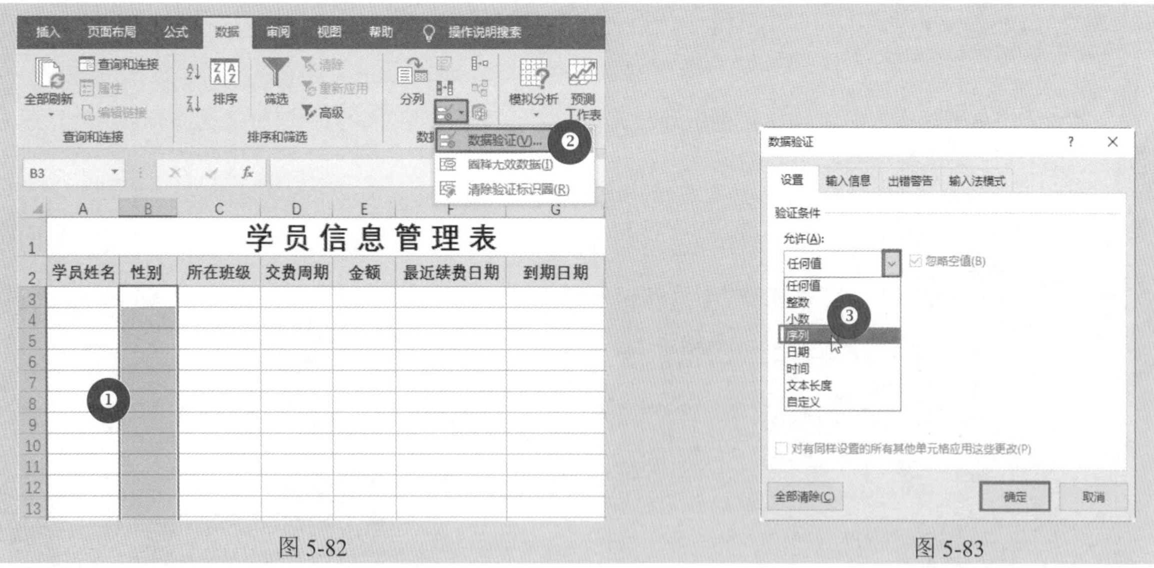

图 5-82

图 5-83

❹ 单击“确定”按钮，返回到工作表中，选中“性别”列任一单元格，其右侧都会出现下拉按钮，单击该按钮即可从弹出的下拉列表中选择输入性别，如图 5-85 所示。

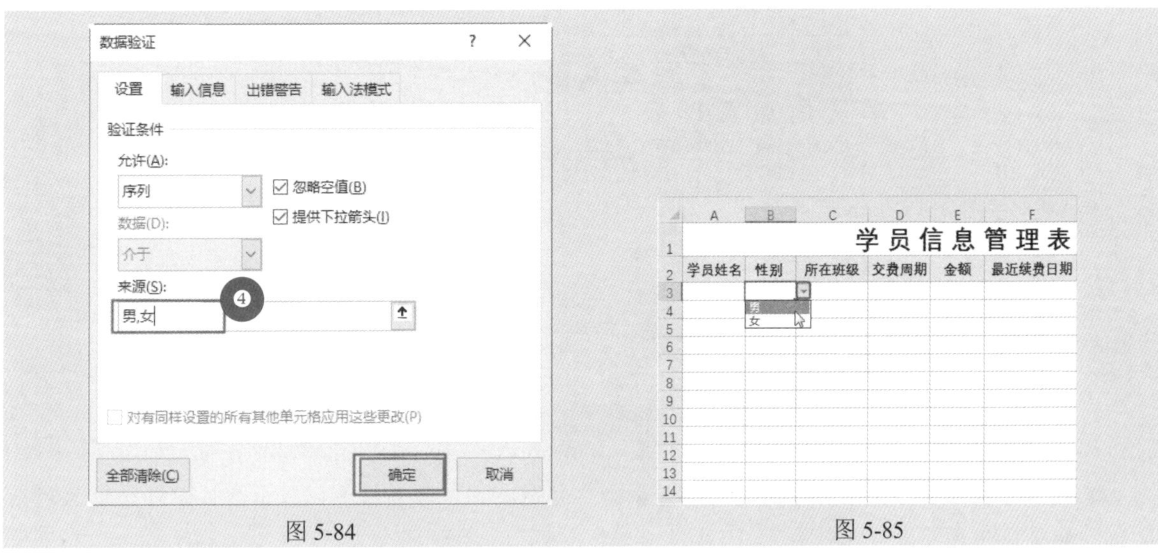

图 5-84　　　　　　　　　　图 5-85

❺ 完成表格设置后，即可按实际情况输入数据条目，如图 5-86 所示。

学员信息管理表							
学员姓名	性别	所在班级	交费周期	金额	最近续费日期	到期日期	提醒续费
陈伟	男	初级A班	年交	5760	2018/1/22		
葛玲玲	女	初级B班	半年交	2800	2018/4/22		
张家梁	男	高级A班	半年交	3600	2018/8/2		
陆婷婷	女	高级A班	半年交	3601	2018/1/10		
唐糖	女	中级B班	年交	6240	2017/7/10		
王亚磊	男	高级B班	年交	7200	2017/8/5		
徐文停	女	中级A班	年交	6240	2017/5/26		
苏秦	女	高级A班	年交	7200	2017/7/7		
潘鹏	男	初级A班	年交	5760	2017/7/28		
马云飞	男	高级B班	年交	7200	2017/12/29		
孙婷	女	高级A班	年交	7200	2017/6/30		
徐春宇	女	初级A班	年交	5760	2017/7/11		
桂湄	女	高级B班	年交	7200	2017/8/4		
胡丽丽	女	高级A班	半年交	7200	2017/10/2		
张丽君	女	高级A班	半年交	7200	2017/9/3		
苏瑾	女	初级A班	半年交	5760	2018/2/6		

图 5-86

5.5.2　计算续费到期日期

在“学员信息管理表”中，学员交费周期有两种，分别是“年交”和“半年交”。通过最近交费日期来计算到期日期，可以使用 EDATE 函数建立一个公式，从而计算出到期日期，具体操作如下。

扫一扫，看视频

❶ 选中 G3 单元格，在编辑栏中输入如下公式：

=IF(D3="年交",EDATE(F3,12),EDATE(F3,6))

❷ 按 Enter 键，即可根据缴费周期、最近缴费日期判断出第一名学员到期日期，如图 5-87 所示。

G3 =IF(D3="年交",EDATE(F3,12),EDATE(F3,6)) ❶

	A	B	C	D	E	F	G
1	学员信息管理表						
2	学员姓名	性别	所在班级	交费周期	金额	最近续费日期	到期日期
3	陈伟	男	初级A班	年交	5760	2018/1/22	2019/1/22
4	葛玲玲	女	初级B班	半年交	2800	2018/4/22	
5	张家梁	男	高级A班	半年交	3600	2018/8/2	
6	陆婷婷	女	高级A班	半年交	3601	2018/1/10	
7	唐糖	女	中级B班	年交	6240	2017/7/10	
8	王亚磊	男	高级B班	年交	7200	2017/8/5	
9	徐文停	女	中级A班	年交	6240	2017/5/26	
10	苏秦	女	高级A班	年交	7200	2017/7/7	
11	潘鹏	男	初级A班	年交	5760	2017/7/28	
12	马云飞	男	高级B班	年交	7200	2017/12/29	
13	孙婷	女	高级A班	年交	7200	2017/6/30	
14	徐春宇	女	初级A班	年交	5760	2017/7/11	

注意

如果需要统一日期格式，可以在“开始”选项卡的“数字”组中单击“对话框启动器”按钮，打开“设置单元格格式”对话框设置。具体操作参考 5.2.2 小节。

图 5-87

❸ 选中 G3 单元格，拖动右下角的填充柄向下复制公式，即可批量判断出各位学员学费的到期日期，如图 5-88 所示。

	A	B	C	D	E	F	G	
1	学员信息管理表							
2	学员姓名	性别	所在班级	交费周期	金额	最近续费日期	到期日期	提
3	陈伟	男	初级A班	年交	5760	2018/1/22	2019/1/22	
4	葛玲玲	女	初级B班	半年交	2800	2018/4/22	2018/10/22	
5	张家梁	男	高级A班	半年交	3600	2018/8/2	2019/2/2	
6	陆婷婷	女	高级A班	半年交	3601	2018/1/10	2018/7/10	
7	唐糖	女	中级B班	年交	6240	2017/7/10	2018/7/10	
8	王亚磊	男	高级B班	年交	7200	2017/8/5	2018/8/5	
9	徐文停	女	中级A班	年交	6240	2017/5/26	2018/5/26	
10	苏秦	女	高级A班	年交	7200	2017/7/7	2018/7/7	
11	潘鹏	男	初级A班	年交	5760	2017/7/28	2018/7/28	
12	马云飞	男	高级B班	年交	7200	2017/12/29	2018/12/29	
13	孙婷	女	高级A班	年交	7200	2017/6/30	2018/6/30	
14	徐春宇	女	初级A班	年交	5760	2017/7/11	2018/7/11	
15	桂湄	女	高级B班	年交	7200	2017/8/4	2018/8/4	
16	胡丽丽	女	高级A班	半年交	7200	2017/10/2	2018/4/2	
17	张丽君	女	高级A班	半年交	7200	2017/9/3	2018/3/3	
18	苏瑾	女	初级A班	半年交	5760	2018/1/2	2018/7/2	

❷

图 5-88

公式解析

EDATE 函数返回表示某个日期的序列号，即该日期与指定日期 (start_date) 相隔（之前或之后）指示的月份数。

= EDATE (❶起始日,❷之前或之后的月份数)

扩展

如果指定为正值，将生成起始日之后的日期；如果指定值为负值，将生成起始日之前的日期。

=IF(D3="年交",EDATE(F3,12),EDATE(F3,6))

如果 D3 中显示的是“年交”，则返回日期为以 F3 为起始日，间隔 12 个月后的日期；否则返回日期为以 F3 为起始日，间隔 6 个月后的日期。

5.5.3 判断学员费用是否到期及缴费提醒

扫一扫，看视频

上面介绍了学员缴费到期日期的计算公式，现在可以设计一个公式来显示学员目前费用是否到期，以及在离到期日期 5 天（包含第 5 天）之内的显示“提醒”，未到期的显示“空白”。可以使用 IF 函数配合 TODAY 函数建立公式，从而实现自动判断。

❶ 选中 H3 单元格，在编辑栏中输入以下公式：

=IF(G3-TODAY()<=0,"到期",IF(G3-TODAY()<=5,"提醒",""))

❷ 按 Enter 键，即可判断出第一位学员的缴费情况，如图 5-89 所示。

H3 =IF(G3-TODAY()<=0,"到期",IF(G3-TODAY()<=5,"提醒","")) ②

	A	B	C	D	E	F	G	H
1	学员信息管理表							
2	学员姓名	性别	所在班级	交费周期	金额	最近续费日期	到期日期	提醒续费
3	陈伟	男	初级A班	年交	5760	2018/1/22	2019/1/22	①
4	葛玲玲	女	初级B班	半年交	2800	2018/4/22	2018/10/22	
5	张家梁	男	高级A班	半年交	3600	2018/8/2	2019/2/2	
6	陆婷婷	女	高级A班	半年交	3601	2018/1/10	2018/7/10	
7	唐糖	女	中级B班	年交	6240	2017/7/10	2018/7/10	
8	王亚磊	男	高级B班	年交	7200	2017/8/5	2018/8/5	
9	徐文停	女	中级A班	年交	6240	2017/5/26	2018/5/26	
10	苏秦	女	高级A班	年交	7200	2017/7/7	2018/7/7	
11	潘鹏	男	初级A班	年交	5760	2017/7/28	2018/7/28	
12	马云飞	男	高级B班	年交	7200	2017/12/29	2018/12/29	
13	孙婷	女	高级A班	年交	7200	2017/6/30	2018/6/30	
14	徐春宇	女	初级A班	年交	5760	2017/7/11	2018/7/11	
15	桂湄	女	高级B班	年交	7200	2017/8/4	2018/8/4	
16	胡丽丽	女	高级A班	半年交	7200	2017/10/2	2018/4/2	
17	张丽君	女	高级A班	半年交	7200	2017/9/3	2018/3/3	

图 5-89

❸ 选中 H3 单元格，拖动右下角的填充柄，向下复制公式，即可批量判断出各学员的缴费情况，如图 5-90 所示。

	A	B	C	D	E	F	G	H
1	学员信息管理表							
2	学员姓名	性别	所在班级	交费周期	金额	最近续费日期	到期日期	提醒续费
3	陈伟	男	初级A班	年交	5760	2018/1/22	2019/1/22	
4	葛玲玲	女	初级B班	半年交	2800	2018/4/22	2018/10/22	
5	张家梁	男	高级A班	半年交	3600	2018/8/2	2019/2/2	③
6	陆婷婷	女	高级A班	半年交	3601	2018/1/10	2018/7/10	到期
7	唐糖	女	中级B班	年交	6240	2017/7/10	2018/7/10	到期
8	王亚磊	男	高级B班	年交	7200	2017/8/5	2018/8/5	提醒
9	徐文停	女	中级A班	年交	6240	2017/5/26	2018/5/26	到期
10	苏秦	女	高级A班	年交	7200	2017/7/7	2018/7/7	到期
11	潘鹏	男	初级A班	年交	5760	2017/7/28	2018/7/28	到期
12	马云飞	男	高级B班	年交	7200	2017/12/29	2018/12/29	
13	孙婷	女	高级A班	年交	7200	2017/6/30	2018/6/30	到期
14	徐春宇	女	初级A班	年交	5760	2017/7/11	2018/7/11	到期
15	桂湄	女	高级B班	年交	7200	2017/8/4	2018/8/4	提醒
16	胡丽丽	女	高级A班	半年交	7200	2017/10/2	2018/4/2	到期
17	张丽君	女	高级A班	半年交	7200	2017/9/3	2018/3/3	到期
18	苏瑾	女	初级A班	半年交	5760	2018/2/6	2018/8/6	提醒
19	龙富春	男	初级A班	半年交	5760	2017/7/5	2018/1/5	到期

图 5-90

公式解析

TODAY 函数返回当前日期的序列号。

=IF(G3-TODAY()<=0,"到期",IF(G3-TODAY()<=5,"提醒",""))

①用 TODAY 函数返回当前日期，再用 G3 减去当前的日期，如果差值小于等于 0，表示到期。

②G3 单元格日期减去当前日期，如果小于等于 5，返回"提醒"文字，否则返回空白。

5.6 安全生产知识考核成绩表

安全生产知识考核是企业日常行政管理中经常进行的一项工作。在表格中统计出数据后，对数据进行计算是必不可少的。例如，在成绩表中计算每位员工的总成绩、平均成绩，对其合格情况的综合性进行判断，都可以利用 Excel 中提供的计算工具、统计分析工具等实现。下面以图 5-91 所示的范例来介绍此类表格的创建方法。

	A	B	C	D	E	F	G
1	安全生产知识考核成绩表						
2		得分情况		统计分析			
3	姓名	选择题	解答题	总成绩	平均成绩	合格情况	名次
4	程菊	80	87	167	83.5	补考	9
5	古晨	85	88	173	86.5	合格	7
6	桂萍	78	89	167	83.5	补考	9
7	霍晶	86	90	176	88	合格	6
8	李汪洋	74	78	152	76	补考	12
9	廖凯	76	80	156	78	补考	11
10	潘美玲	96	94	190	95	合格	2
11	董晓迪	95	96	191	95.5	合格	1
12	王先仁	89	90	179	89.5	合格	4
13	张俊	89	90	179	89.5	合格	4
14	张振梅	85	87	172	86	合格	8
15	章华	98	91	189	94.5	合格	3
16							

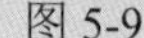

图 5-91

扫一扫，看视频

5.6.1 计算总成绩、平均成绩、合格情况、名次

利用求和函数 SUM、求平均值函数 AVERAGE 可以实现成绩的总分计算和平均分计算，利用逻辑函数 IF 可以实现根据分数判断合格情况。

1. 计算总成绩、平均成绩

本表中记录了员工考核成绩中的选择题成绩以及解答题成绩，现在要计算出员工的总成绩以及平均成绩，具体操作如下。

❶ 输入基本数据，以及设置标题格式、边框等（5.1 节已介绍过，在此不再赘述）。如图 5-92 所示，选中 D4 单元格，在编辑栏中首先输入以下公式：

=SUM()

❷ 将光标定位到括号中间，然后选中 B4:C4 单元格区域，添加单元格引用范围（即参与计算的单元格区域），如图 5-93 所示。

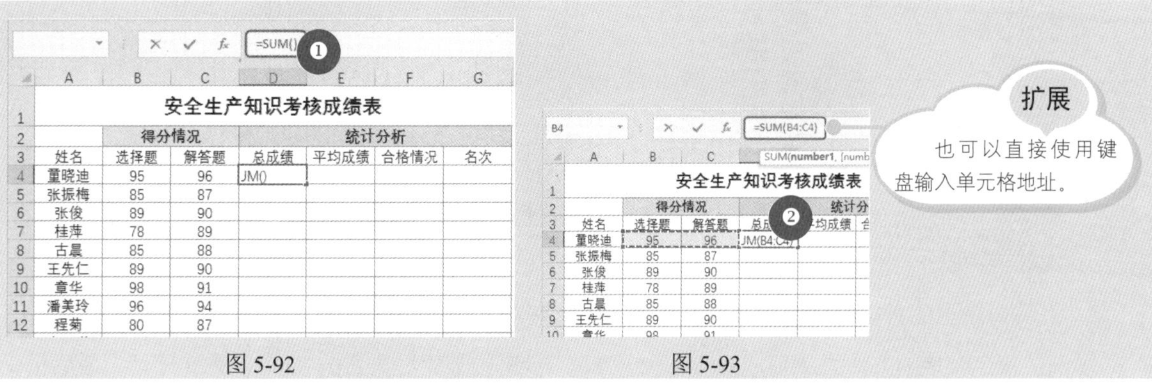

图 5-92　　图 5-93

❸ 按 Enter 键，计算出第一位员工的总成绩，如图 5-94 所示。

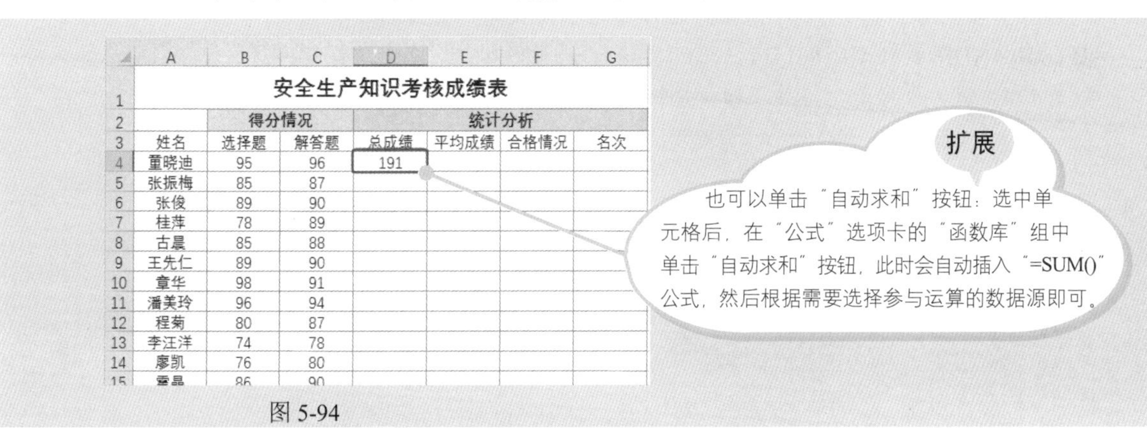

安全生产知识考核成绩表
也可以直接使用键盘输入单元格地址。
ROUND 函数用于确定计算的平均值保留两位小数。
扩展
也可以单击"自动求和"按钮：选中单元格后，在"公式"选项卡的"函数库"组中单击"自动求和"按钮，此时会自动插入"=SUM()"公式，然后根据需要选择参与运算的数据源即可。

图 5-94

❹ 如图 5-95 所示，选中 E3 单元格，在编辑栏中输入如下公式：

=ROUND(AVERAGE(B4:C4),2)

❺ 按 Enter 键，计算出第一位员工的平均成绩，如图 5-96 所示。

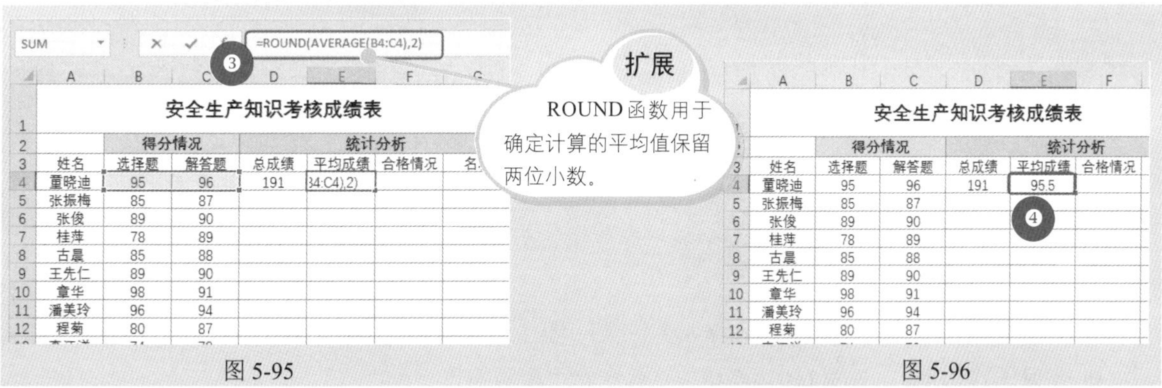

图 5-95　　图 5-96

❻ 选中 D4:E4 单元格区域，拖动右下角的填充柄向下填充公式，一次性计算出所有员工的总成绩与平均成绩，如图 5-97 所示。

	A	B	C	D	E	F	G
1	安全生产知识考核成绩表						
2		得分情况		统计分析			
3	姓名	选择题	解答题	总成绩	平均成绩	合格情况	名次
4	董晓迪	95	96	191	95.5		
5	张振梅	85	87	172	86		
6	张俊	89	90	179	89.5		
7	桂萍	78	89	167	83.5		
8	古晨	85	88	173	86.5		
9	王先仁	89	90	179	89.5		
10	章华	98	91	189	94.5		
11	潘美玲	96	94	190	95		
12	程菊	80	87	167	83.5		
13	李汪洋	74	78	152	76		
14	廖凯	76	80	156	78		
15	霍晶	86	90	176	88		

图 5-97

2．计算每位员工考核合格情况以及取得的名次

本例中设定合格的条件是单项成绩全部大于 80，或者总成绩大于 170；反之则需要补考。最后根据总成绩计算出排名情况，具体操作如下。

❶ 如图 5-98 所示，选中 F4 单元格，在编辑栏中输入如下公式：

=IF(OR(AND(B4>80,C4>80),D4>170),"合格","补考")

❷ 按 Enter 键，得出第一位员工的合格情况，如图 5-99 所示。

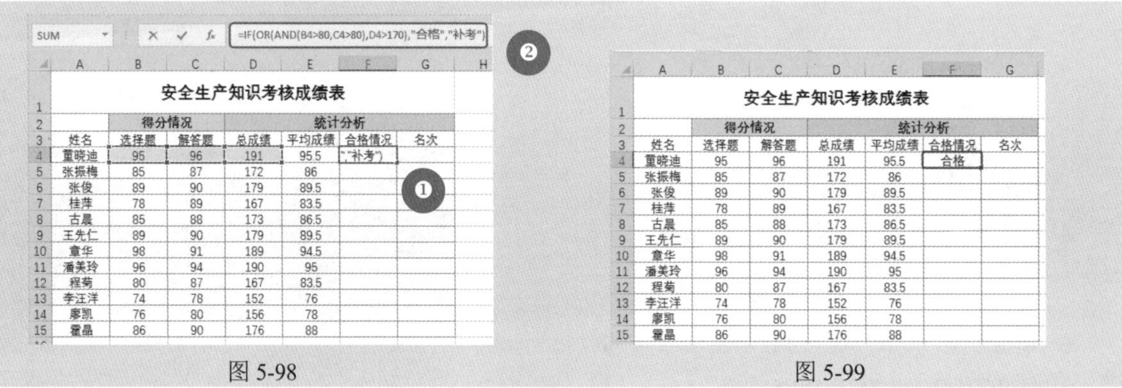

	A	B	C	D	E	F	G
1	安全生产知识考核成绩表						
2		得分情况		统计分析			
3	姓名	选择题	解答题	总成绩	平均成绩	合格情况	名次
4	董晓迪	95	96	191	95.5	","补考")	
5	张振梅	85	87	172	86		
6	张俊	89	90	179	89.5		
7	桂萍	78	89	167	83.5		
8	古晨	85	88	173	86.5		
9	王先仁	89	90	179	89.5		
10	章华	98	91	189	94.5		
11	潘美玲	96	94	190	95		
12	程菊	80	87	167	83.5		
13	李汪洋	74	78	152	76		
14	廖凯	76	80	156	78		
15	霍晶	86	90	176	88		

图 5-98

	A	B	C	D	E	F	G
1	安全生产知识考核成绩表						
2		得分情况		统计分析			
3	姓名	选择题	解答题	总成绩	平均成绩	合格情况	名次
4	董晓迪	95	96	191	95.5	合格	
5	张振梅	85	87	172	86		
6	张俊	89	90	179	89.5		
7	桂萍	78	89	167	83.5		
8	古晨	85	88	173	86.5		
9	王先仁	89	90	179	89.5		
10	章华	98	91	189	94.5		
11	潘美玲	96	94	190	95		
12	程菊	80	87	167	83.5		
13	李汪洋	74	78	152	76		
14	廖凯	76	80	156	78		
15	霍晶	86	90	176	88		

图 5-99

❸ 选中 F4 单元格，向下填充公式，一次性得出所有员工的合格情况，如图 5-100 所示。

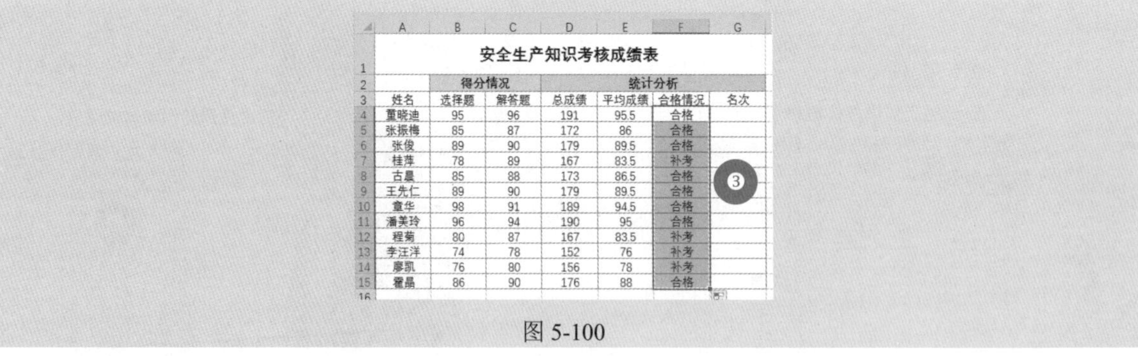

	A	B	C	D	E	F	G
1	安全生产知识考核成绩表						
2		得分情况		统计分析			
3	姓名	选择题	解答题	总成绩	平均成绩	合格情况	名次
4	董晓迪	95	96	191	95.5	合格	
5	张振梅	85	87	172	86	合格	
6	张俊	89	90	179	89.5	合格	
7	桂萍	78	89	167	83.5	补考	
8	古晨	85	88	173	86.5	合格	
9	王先仁	89	90	179	89.5	合格	
10	章华	98	91	189	94.5	合格	
11	潘美玲	96	94	190	95	合格	
12	程菊	80	87	167	83.5	补考	
13	李汪洋	74	78	152	76	补考	
14	廖凯	76	80	156	78	补考	
15	霍晶	86	90	176	88	合格	

图 5-100

❹ 如图 5-101 所示，选中 G4 单元格，在编辑栏中输入如下公式：

=RANK(D4,$D$4:$D$15)

❺ 按 Enter 键，得出第一位员工的名次，如图 5-102 所示。

❻ 选中 G4 单元格，向下填充公式，一次性得出所有员工的排名情况，如图 5-103 所示。

SUM　=RANK(D4,$D$4:$D$15)　❺

	A	B	C	D	E	F	G
1	安全生产知识考核成绩表						
2		得分情况		统计分析			
3	姓名	选择题	解答题	总成绩	平均成绩	合格情况	名次
4	董晓迪	95	96	191	95.5	合格	$D$15)
5	张振梅	85	87	172	86	合格	
6	张俊	89	90	179	89.5	合格	
7	桂萍	78	89	167	83.5	补考	
8	古晨	85	88	173	86.5	合格	
9	王先仁	89	90	179	89.5	合格	
10	章华	98	91	189	94.5	合格	
11	潘美玲	96	94	190	95	合格	
12	程菊	80	87	167	83.5	补考	
13	李汪洋	74	78	152	76	补考	
14	廖凯	76	80	156	78	补考	
15	霍晶	86	90	176	88	合格	

❹

图 5-101

	A	B	C	D	E	F	G
1	安全生产知识考核成绩表						
2		得分情况		统计分析			
3	姓名	选择题	解答题	总成绩	平均成绩	合格情况	名次
4	董晓迪	95	96	191	95.5	合格	1
5	张振梅	85	87	172	86	合格	
6	张俊	89	90	179	89.5	合格	
7	桂萍	78	89	167	83.5	补考	
8	古晨	85	88	173	86.5	合格	
9	王先仁	89	90	179	89.5	合格	
10	章华	98	91	189	94.5	合格	
11	潘美玲	96	94	190	95	合格	
12	程菊	80	87	167	83.5	补考	
13	李汪洋	74	78	152	76	补考	
14	廖凯	76	80	156	78	补考	
15	霍晶	86	90	176	88	合格	

图 5-102

	A	B	C	D	E	F	G
1	安全生产知识考核成绩表						
2		得分情况		统计分析			
3	姓名	选择题	解答题	总成绩	平均成绩	合格情况	名次
4	董晓迪	95	96	191	95.5	合格	1
5	张振梅	85	87	172	86	合格	8
6	张俊	89	90	179	89.5	合格	4
7	桂萍	78	89	167	83.5	补考	9
8	古晨	85	88	173	86.5	合格	7
9	王先仁	89	90	179	89.5	合格	4
10	章华	98	91	189	94.5	合格	3
11	潘美玲	96	94	190	95	合格	2
12	程菊	80	87	167	83.5	补考	9
13	李汪洋	74	78	152	76	补考	12
14	廖凯	76	80	156	78	补考	11
15	霍晶	86	90	176	88	合格	6

❻

图 5-103

5.6.2　特殊标记出平均分高于 90 分的记录

当前工作表中统计了所有员工的考核成绩，为了方便查看，需要突出显示平均成绩大于 90 分的员工。要实现这种显示效果，可以利用“条件格式”功能，具体操作如下。

扫一扫，看视频

❶ 选中 E4:E15 单元格区域，在“开始”选项卡的“样式”组中单击“条件格式”下拉按钮，在弹出的下拉列表中选择“突出显示单元格规则”→“大于”选项，打开“大于”对话框，如图 5-104 所示。

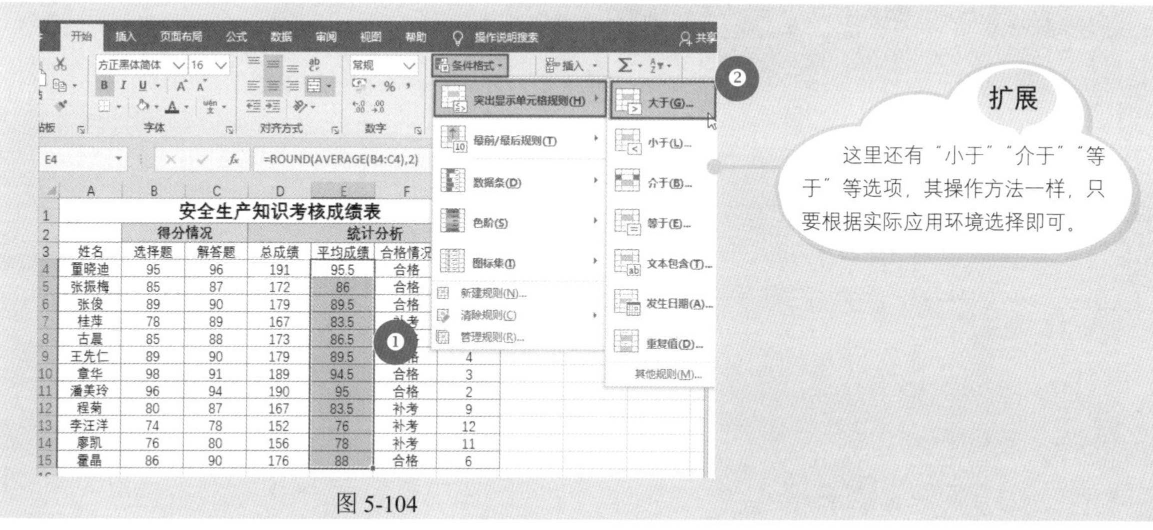

图 5-104

❷ 在“为大于以下值的单元格设置格式”设置框中输入“90”，如图 5-105 所示。

❸ 单击“确定”按钮，返回到工作表中，即可看到大于 90 分的单元格特殊显示，如图 5-106 所示。

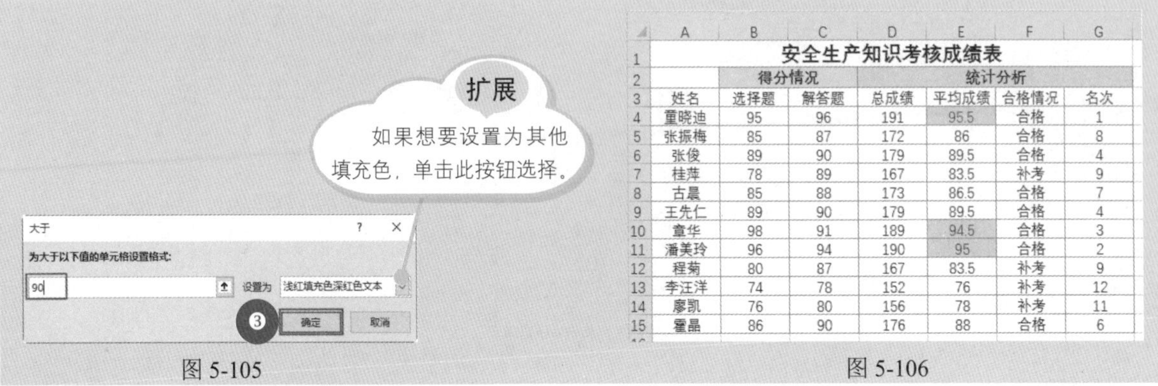

	A	B	C	D	E	F	G
1	安全生产知识考核成绩表						
2		得分情况		统计分析			
3	姓名	选择题	解答题	总成绩	平均成绩	合格情况	名次
4	董晓迪	95	96	191	95.5	合格	1
5	张振梅	85	87	172	86	合格	8
6	张俊	89	90	179	89.5	合格	4
7	桂萍	78	89	167	83.5	补考	9
8	古晨	85	88	173	86.5	合格	7
9	王先仁	89	90	179	89.5	合格	4
10	章华	98	91	189	94.5	合格	3
11	潘美玲	96	94	190	95	合格	2
12	程菊	80	87	167	83.5	补考	9
13	李汪洋	74	78	152	76	补考	12
14	廖凯	76	80	156	78	补考	11
15	霍晶	86	90	176	88	合格	6

图 5-105　　　　图 5-106

5.6.3 查询任意员工的考核成绩

扫一扫，看视频

如果参加考试的员工过多，要想查看任意一位员工的成绩，可以建立一个查询表，只要输入员工的姓名就可以查询到该员工的各项成绩。利用 LOOKUP 函数可以实现这种查询。

❶ 选中“姓名”列的任一单元格，在“数据”选项卡的“排序和筛选”组中单击“升序”按钮（如图 5-107 所示），即可将数据按姓名升序排列，如图 5-108 所示。

经验之谈

这一步排序操作是为了后面使用 LOOKUP 函数做准备的。LOOKUP 函数可从单行、单列区域或一个数组返回值。其第一个参数为查找目标，第二个参数为查找区域，而这个查找区域的数据必须要按升序排列才能实现正确查找。

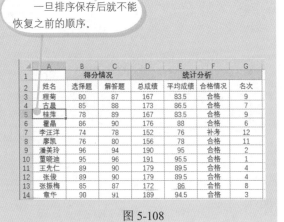

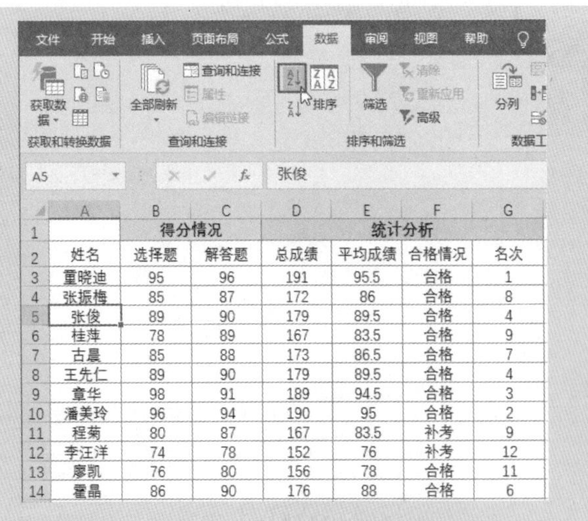

	A	B	C	D	E	F	G
1		得分情况		统计分析			
2	姓名	选择题	解答题	总成绩	平均成绩	合格情况	名次
3	董晓迪	95	96	191	95.5	合格	1
4	张振梅	85	87	172	86	合格	8
5	张俊	89	90	179	89.5	合格	4
6	桂萍	78	89	167	83.5	合格	9
7	古晨	85	88	173	86.5	合格	7
8	王先仁	89	90	179	89.5	合格	4
9	章华	98	91	189	94.5	合格	3
10	潘美玲	96	94	190	95	合格	2
11	程菊	80	87	167	83.5	补考	9
12	李汪洋	74	78	152	76	补考	12
13	廖凯	76	80	156	78	合格	11
14	霍晶	86	90	176	88	合格	6

图 5-107

注意

一旦排序保存后就不能恢复之前的顺序。

	A	B	C	D	E	F	G
1		得分情况		统计分析			
2	姓名	选择题	解答题	总成绩	平均成绩	合格情况	名次
3	程菊	80	87	167	83.5	合格	9
4	古晨	85	88	173	86.5	合格	7
5	桂萍	78	89	167	83.5	合格	9
6	霍晶	86	90	176	88	合格	6
7	李汪洋	74	78	152	76	补考	12
8	廖凯	76	80	156	78	合格	11
9	潘美玲	96	94	190	95	合格	2
10	董晓迪	95	96	191	95.5	合格	1
11	王先仁	89	90	179	89.5	合格	4
12	张俊	89	90	179	89.5	合格	4
13	张振梅	85	87	172	86	合格	8
14	章华	98	91	189	94.5	合格	3

图 5-108

❷ 复制表格的列标识，粘贴到 A17 单元格中（也可以粘贴到其他空白位置或新的工作表中），并在 A18 单元格中输入任意一位员工的姓名，如图 5-109 所示。

❸ 选中 B18 单元格，在编辑栏中输入如下公式：

=LOOKUP($A$18,$A$2:$A$14,B2:B14)

按 Enter 键，即可查看“桂萍”的第一项成绩，如图 5-110 所示。

	A	B	C	D	E	F	G
1		得分情况		统计分析			
2	姓名	选择题	解答题	总成绩	平均成绩	合格情况	名次
3	程菊	80	87	167	83.5	合格	9
4	古晨	85	88	173	86.5	合格	7
5	桂萍	78	89	167	83.5	合格	9
6	霍晶	86	90	176	88	合格	6
7	李汪洋	74	78	152	76	补考	12
8	廖凯	76	80	156	78	合格	11
9	潘美玲	96	94	190	95	合格	2
10	董晓迪	95	96	191	95.5	合格	1
11	王先仁	89	90	179	89.5	合格	4
12	张俊	89	90	179	89.5	合格	4
13	张振梅	85	87	172	86	合格	8
14	章华	98	91	189	94.5	合格	3
15							
16							
17	姓名	选择题	解答题	总成绩	平均成绩	合格情况	名次
18	桂萍						

图 5-109

B18　=LOOKUP($A$18,$A$2:$A$14,B2:B14)

	A	B	C	D	E	F	G
1		得分情况		统计分析			
2	姓名	选择题	解答题	总成绩	平均成绩	合格情况	名次
3	程菊	80	87	167	83.5	合格	9
4	古晨	85	88	173	86.5	合格	7
5	桂萍	78	89	167	83.5	合格	9
6	霍晶	86	90	176	88	合格	6
7	李汪洋	74	78	152	76	补考	12
8	廖凯	76	80	156	78	合格	11
9	潘美玲	96	94	190	95	合格	2
10	董晓迪	95	96	191	95.5	合格	1
11	王先仁	89	90	179	89.5	合格	4
12	张俊	89	90	179	89.5	合格	4
13	张振梅	85	87	172	86	合格	8
14	章华	98	91	189	94.5	合格	3
15							
16							
17	姓名	选择题	解答题	总成绩	平均成绩	合格情况	名次
18	桂萍	78					

图 5-110

❹ 选中 B18 单元格，向右填充公式，即可返回“桂萍”的全部成绩，如图 5-111 所示。选中 C18 单元格，可以看到公式中只有“B2:B14”变成了“C2:C14”（如图 5-112 所示），因为这个单元格中要返回的值是在 C 列中。

❺ 要查看其他员工的成绩时，只需要在 A18 单元格中输入员工的姓名，并按 Enter 键，即可查看该员工的全部成绩，如图 5-113 所示。

B18　=LOOKUP($A$18,$A$2:$A$14,B2:B14)

	A	B	C	D	E	F	G
1		得分情况		统计分析			
2	姓名	选择题	解答题	总成绩	平均成绩	合格情况	名次
3	程菊	80	87	167	83.5	合格	9
4	古晨	85	88	173	86.5	合格	7
5	桂萍	78	89	167	83.5	合格	9
6	霍晶	86	90	176	88	合格	6
7	李汪洋	74	78	152	76	补考	12
8	廖凯	76	80	156	78	合格	11
9	潘美玲	96	94	190	95	合格	2
10	董晓迪	95	96	191	95.5	合格	1
11	王先仁	89	90	179	89.5	合格	4
12	张俊	89	90	179	89.5	合格	4
13	张振梅	85	87	172	86	合格	8
14	章华	98	91	189	94.5	合格	3
15							
16							
17	姓名	选择题	解答题	总成绩	平均成绩	合格情况	名次
18	桂萍	78	89	167	83.5	合格	9

图 5-111

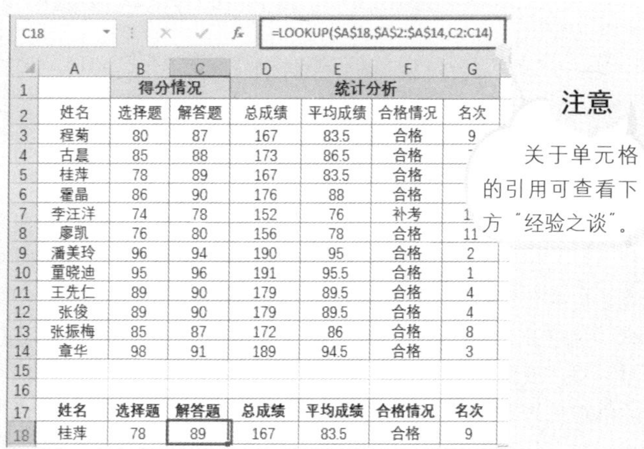

C18　=LOOKUP($A$18,$A$2:$A$14,C2:C14)

	A	B	C	D	E	F	G
1		得分情况		统计分析			
2	姓名	选择题	解答题	总成绩	平均成绩	合格情况	名次
3	程菊	80	87	167	83.5	合格	9
4	古晨	85	88	173	86.5	合格	
5	桂萍	78	89	167	83.5	合格	
6	霍晶	86	90	176	88	合格	
7	李汪洋	74	78	152	76	补考	1
8	廖凯	76	80	156	78	合格	11
9	潘美玲	96	94	190	95	合格	2
10	董晓迪	95	96	191	95.5	合格	1
11	王先仁	89	90	179	89.5	合格	4
12	张俊	89	90	179	89.5	合格	4
13	张振梅	85	87	172	86	合格	8
14	章华	98	91	189	94.5	合格	3
15							
16							
17	姓名	选择题	解答题	总成绩	平均成绩	合格情况	名次
18	桂萍	78	89	167	83.5	合格	9

图 5-112

注意

关于单元格的引用可查看下方“经验之谈”。

	A	B	C	D	E	F	G
1		得分情况		统计分析			
2	姓名	选择题	解答题	总成绩	平均成绩	合格情况	名次
3	程菊	80	87	167	83.5	合格	9
4	古晨	85	88	173	86.5	合格	7
5	桂萍	78	89	167	83.5	合格	9
6	霍晶	86	90	176	88	合格	6
7	李汪洋	74	78	152	76	补考	12
8	廖凯	76	80	156	78	合格	11
9	潘美玲	96	94	190	95	合格	2
10	董晓迪	95	96	191	95.5	合格	1
11	王先仁	89	90	179	89.5	合格	4
12	张俊	89	90	179	89.5	合格	4
13	张振梅	85	87	172	86	合格	8
14	章华	98	91	189	94.5	合格	3
15							
16							
17	姓名	选择题	解答题	总成绩	平均成绩	合格情况	名次
18	潘美玲	96	94	190	95	合格	2

图 5-113

公式解析

LOOKUP 函数可从单行、单列区域或一个数组返回值。LOOKUP 函数具有两种语法形式：向量形式和数组形式。

向量形式语法：= LOOKUP (❶查找值,❷数组 1,❸数组 2)

在单行区域或单列区域（称为“向量”）中查找值，然后返回第二个单行区域或单列区域中相同位置的值。即在数组 1 中查找对象，找到后返回对应在数组 2 中相同位置上的值。本例公式就是使用的向量形式语法。

数组形式语法：= LOOKUP (❶查找值,❷数组)

在数组的第一行或第一列中查找指定的值，并返回数组最后一行或最后一列内同一位置的值。即在数组的首列中查找对象，找到后返回对应在数组最后一列上的值。

=LOOKUP($A$18,$A$2:$A$14,B2:B14)

在 A2:A14 中查找与 A18 相同的姓名，找到返回对应在 B2:B14 单元格区域相同位置上的值。

经验之谈

公式中对数据源的引用有相对引用与绝对引用两种方式。相对引用是指把单元格中的公式复制到新的位置时，公式中的单元格地址会随之改变。绝对引用是指把公式复制或者填入新的位置时，公式中对单元格的引用保持不变。当在公式中选择一块单元格区域作为数据源参与计算时，其默认的引用方式是相对引用。如果某一块单元格区域在公式复制时不能变动，则要使用绝对引用方式，即需要在单元格地址前添加“$”符号。如本例的公式“=LOOKUP($A$18,$A$2:$A$14,B2:B14)”，无论公式怎么复制，查找对象单元格 A18 不能变动，所以使用绝对引用；用于查找的数组“A2:A14”不能变动（始终要在这个单元格区域中查找姓名），必须使用绝对引用；用于返回值的单元格，因为需要返回“选择题”“解答题”“总成绩”等一系列数据，所以必须是变动的，要使用相对引用，让其随着公式向右复制而自动变化。

第6章

人事招聘中的表格

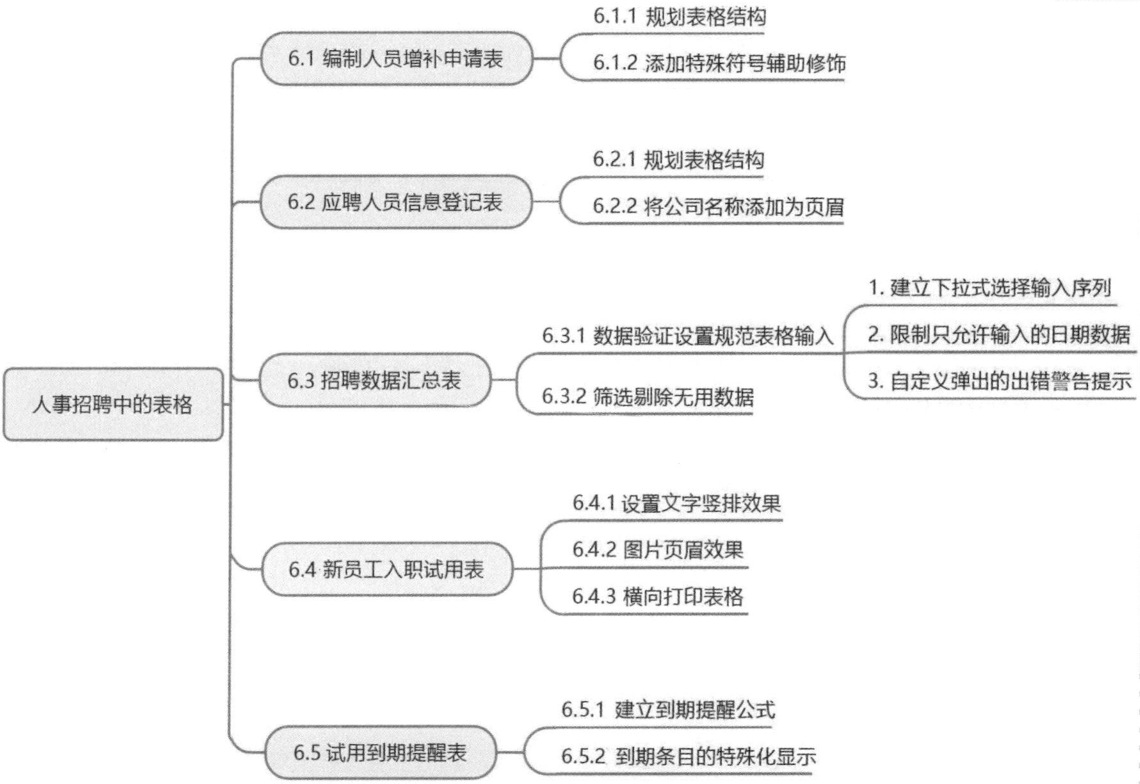

- 人事招聘中的表格
  - 6.1 编制人员增补申请表
    - 6.1.1 规划表格结构
    - 6.1.2 添加特殊符号辅助修饰
  - 6.2 应聘人员信息登记表
    - 6.2.1 规划表格结构
    - 6.2.2 将公司名称添加为页眉
  - 6.3 招聘数据汇总表
    - 6.3.1 数据验证设置规范表格输入
      - 1. 建立下拉式选择输入序列
      - 2. 限制只允许输入的日期数据
      - 3. 自定义弹出的出错警告提示
    - 6.3.2 筛选剔除无用数据
  - 6.4 新员工入职试用表
    - 6.4.1 设置文字竖排效果
    - 6.4.2 图片页眉效果
    - 6.4.3 横向打印表格
  - 6.5 试用到期提醒表
    - 6.5.1 建立到期提醒公式
    - 6.5.2 到期条目的特殊化显示

6.1　编制人员增补申请表

人员增补申请表用于企业的某个部门需要增加员工时，由主管人员向人事部门发出申请而需要填写的表格。人员增补申请表包括申请部门、增补职位、增补理由、增补人数以及增补条件等。

人员增补申请表根据设计者思路不同会有少许差异，下面以图 6-1 所示为例介绍此类表格的制作要点。

人员增补申请表

申请部门	销售部		增补职位	区域经理	需求人数	8人
申请增补理由	□ 扩大编制　□ 辞职补充　□ 储备人力 □ 短期需要　□ 兼职人员　□ 其他					
工作性质						
希望报到日期						
增补岗位的目的及作用	保证各区产品的正常销售					
应聘资格条件	1	性别:	男、女不限			
	2	婚姻:	不限			
	3	户籍要求:	不限			
	4	年龄:	25～35岁			
	5	学历:	大专以上			
	6	工作年限:	2年以上工作经验			
	7	工作地点:	全国			
	8	技能需求:	掌握市场渠道管理与促销等策划知识、能出差			
	9	岗位职责:	与经销商协作统筹片区产品销售			
部门经理签名				总经理审批		

图 6-1

6.1.1　规划表格结构

扫一扫，看视频

此表格主要涉及单元格行高列宽的设置、文字对齐方式、表格边框设置等操作。

❶ 选中包含数据的所有行，在“开始”选项卡的“单元格”组中单击“格式”下拉按钮，在弹出的下拉列表中选择“行高”选项，如图 6-2 所示。

❷ 打开“行高”对话框，输入精确的行高值，这里设置为 19.5，如图 6-3 所示。

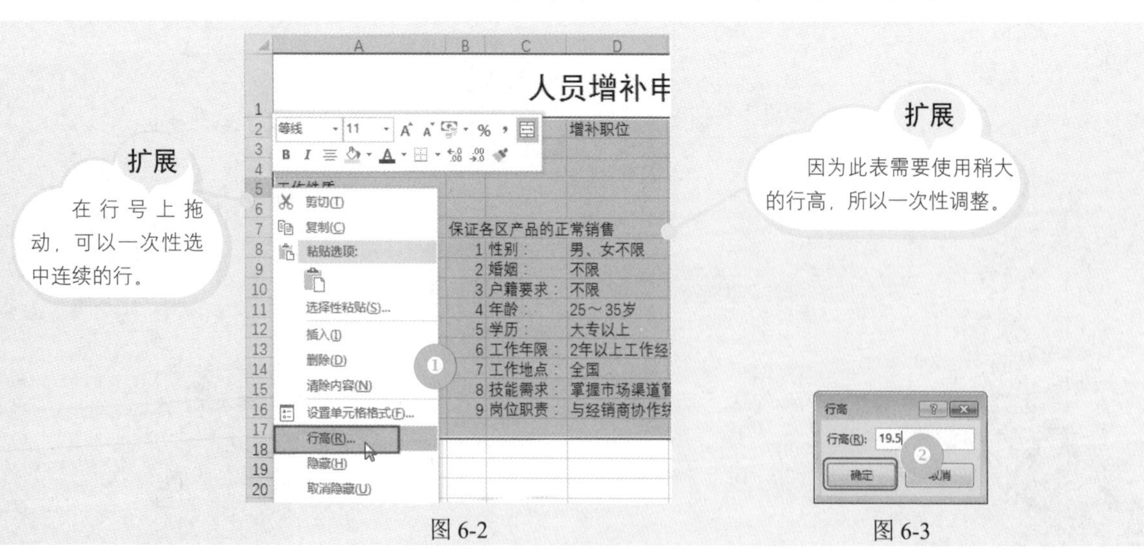

图 6-2　　图 6-3

③ 单击“确定”按钮，即可一次性调整选中行的行高，效果如图 6-4 所示。

④ 选中需要合并单元格的区域，如 A3:A4 单元格区域，在“开始”选项卡的“对齐方式”组中单击“合并后居中”按钮（如图 6-5 所示），即可合并多个单元格，如图 6-6 所示。

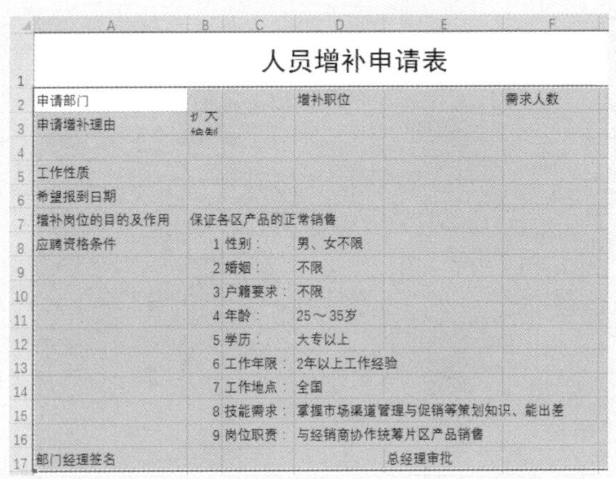

图 6-4

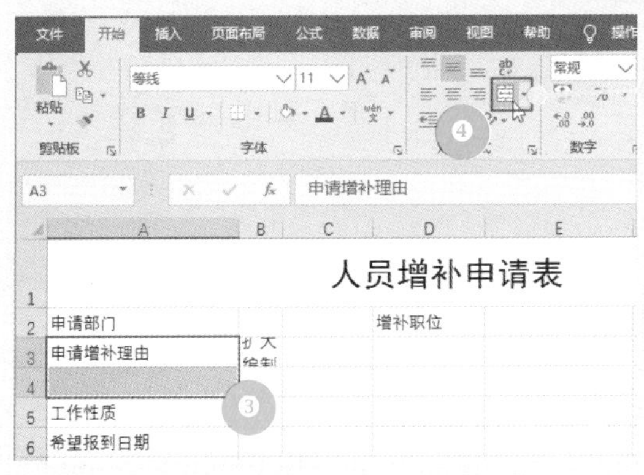

图 6-5

扩展

如果合并单元格并不想居中显示，则单击此下拉按钮，在弹出的下拉列表中选择“合并单元格”选项即可。

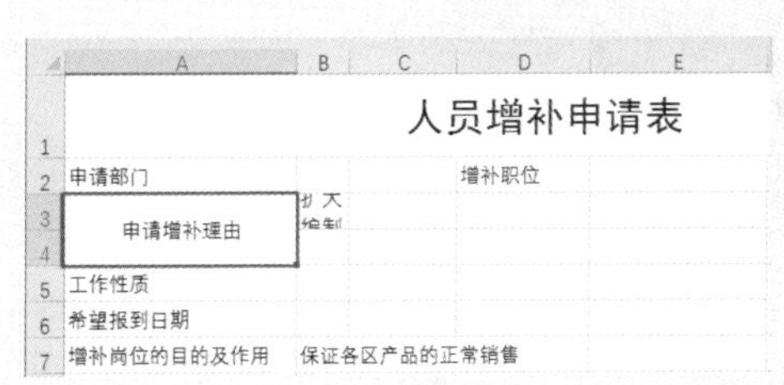

图 6-6

⑤ 按上述相同的操作方法将所有需要合并的单元格进行合并，如图 6-7 所示。

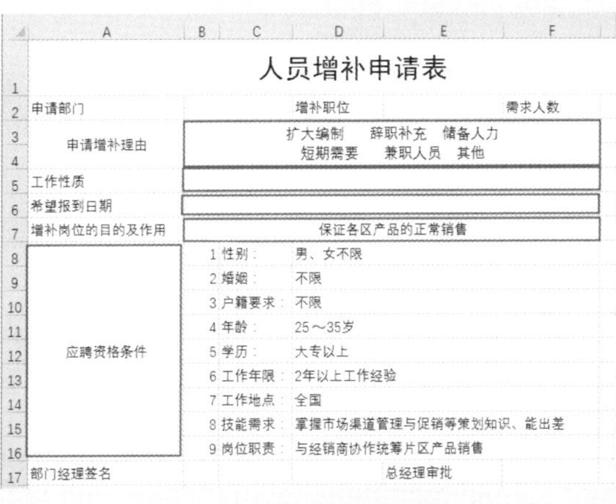

图 6-7

⑥ 一次性选中需要填写数据的区域，在“开始”选项卡的“字体”组中单击“填充颜色”下拉按钮，在弹出的下拉列表的“主题颜色”栏中选择“白色 背景1，深色15%”，即可为选中的区域设置底纹，如图6-8所示。

扩展

如要一次性选中多个不连续的单元格，只需按住Ctrl键，依次单击选择即可。

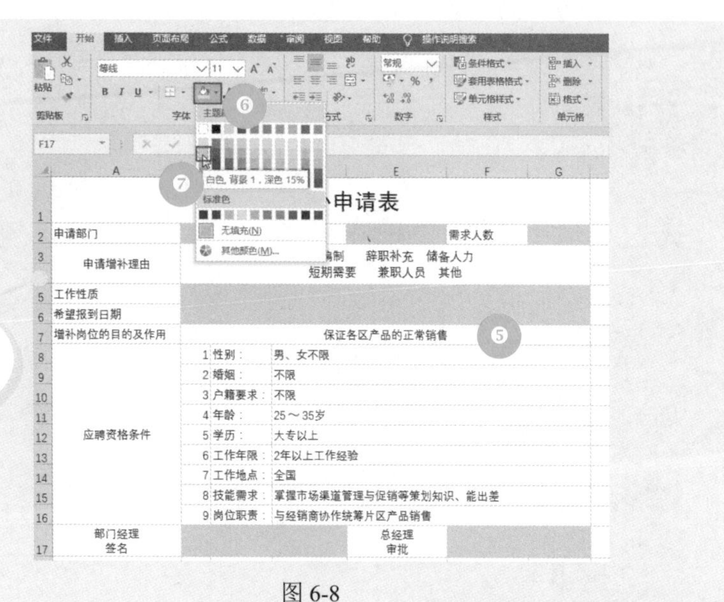

图6-8

⑦ 选中除标题外的表格编辑区域，在“开始”选项卡的“对齐方式”组中单击“对话框启动器”按钮，打开“设置单元格格式”对话框。

⑧ 选择“边框”选项卡，在“样式”列表框中选择粗线条并设置颜色为深灰色，单击一次“外边框”按钮；接着再选择虚线样式，并设置颜色为浅灰色，然后单击一次“内部”按钮，如图6-9所示。

⑨ 单击“确定”按钮，其应用效果如图6-10所示。

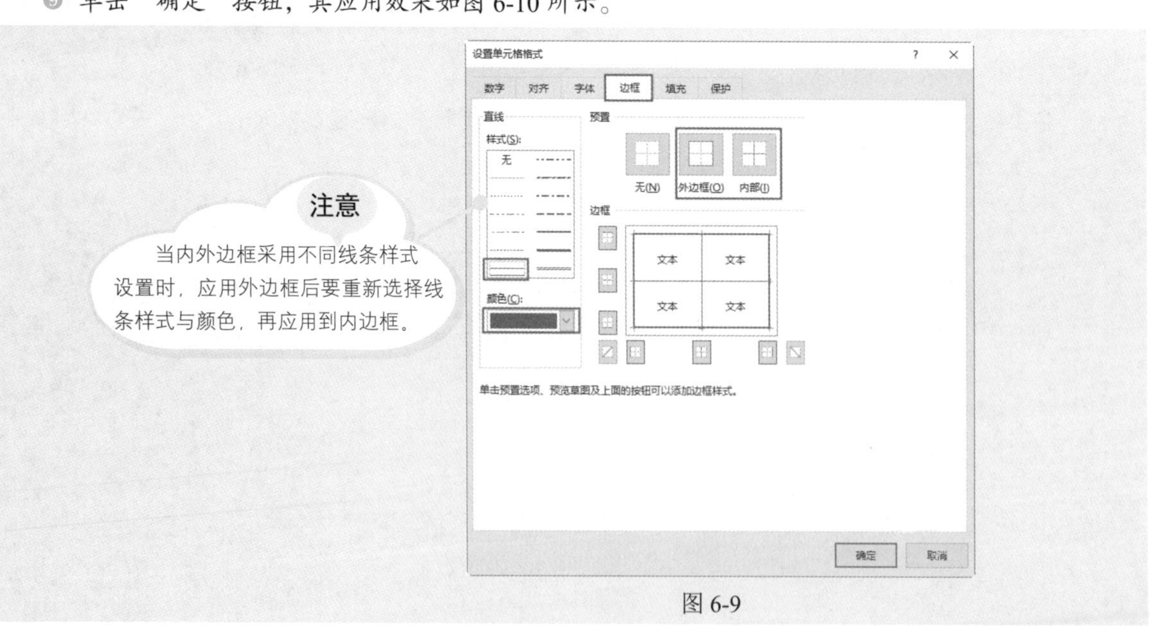

图6-9

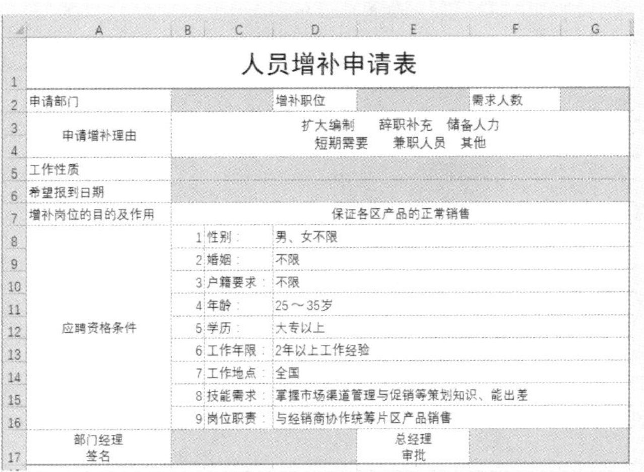

人员增补申请表					
申请部门		增补职位		需求人数	
申请增补理由	扩大编制　辞职补充　储备人力 短期需要　兼职人员　其他				
工作性质					
希望报到日期					
增补岗位的目的及作用	保证各区产品的正常销售				
应聘资格条件	1	性别：	男、女不限		
	2	婚姻：	不限		
	3	户籍要求：	不限		
	4	年龄：	25～35岁		
	5	学历：	大专以上		
	6	工作年限：	2年以上工作经验		
	7	工作地点：	全国		
	8	技能需求：	掌握市场渠道管理与促销等策划知识、能出差		
	9	岗位职责：	与经销商协作统筹片区产品销售		
部门经理签名		总经理审批			

图 6-10

6.1.2　添加特殊符号辅助修饰

在很多表格中，为了辅助修饰，需要添加特殊符号。例如，在需要选中的情况下，可以在需要选中的内容前面添加勾选框，以起到辅助作用。

扫一扫，看视频

❶ 双击 B3 单元格，将光标放置在要插入符号的位置，然后在“插入”选项卡的“符号”组中单击“符号”按钮，打开“符号”对话框，如图 6-11 所示。

❷ 在“字体”下拉列表框中选择 Wingdings 2，在符号列表框中选中“□”，如图 6-12 所示。

❸ 单击“插入”按钮，即可在选中的单元格位置插入特殊符号，如图 6-13 所示。

扩展

根据实际情况选择合适的符号。

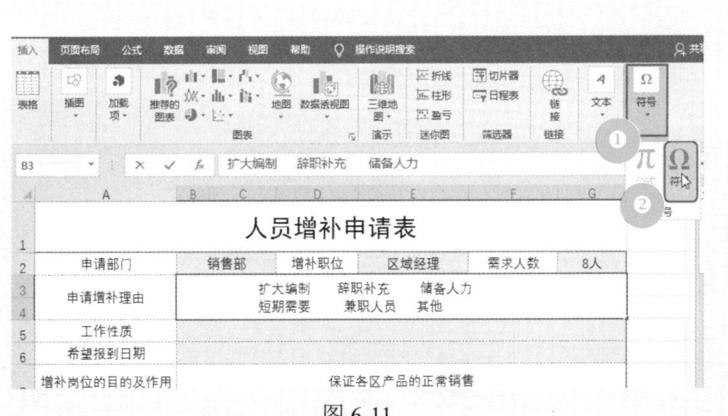

图 6-11

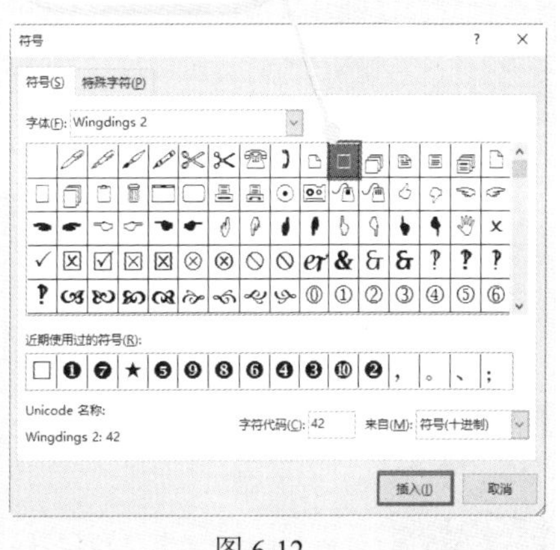

图 6-12

❹ 按 Ctrl+C 组合键复制插入的符号，粘贴到需要插入的单元格中，效果如图 6-14 所示。

图 6-13

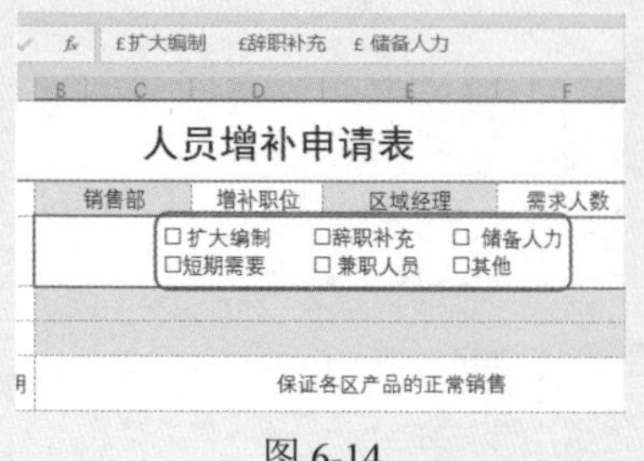

图 6-14

6.2 应聘人员信息登记表

应聘人员信息登记表是一种非常常用的表格，利用 Excel 程序可以轻松地创建表格，通过打印操作即可使用。创建应聘人员登记表时，涉及表格创建、表格行高列宽、表格边框设置等基本操作。同时还可以设计页眉效果，以使打印出的表格更具专业性。

应聘人员信息登记表应包含如图 6-15 所示的相关元素，下面以此表为例介绍制作要点。

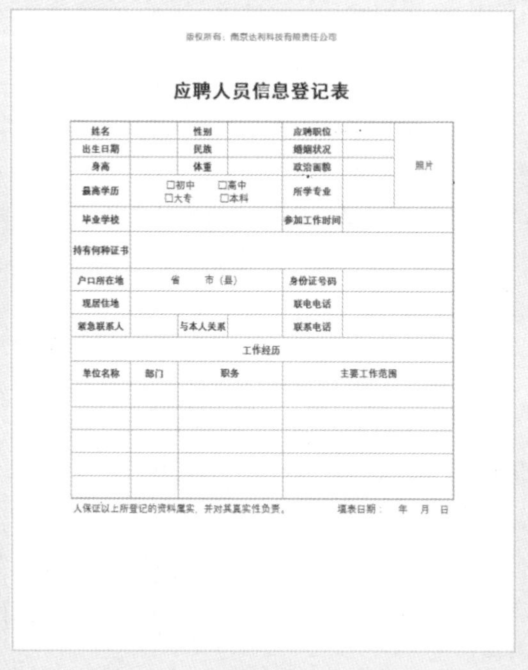

版权所有：南京达利科技有限责任公司

应聘人员信息登记表

姓名		性别		应聘职位		照片
出生日期		民族		婚姻状况		
身高		体重		政治面貌		
最高学历	□初中 □高中 □大专 □本科			所学专业		
毕业学校				参加工作时间		
持有何种证书						
户口所在地	省 市（县）			身份证号码		
现居住地				联电电话		
紧急联系人		与本人关系		联系电话		
工作经历						
单位名称	部门	职务		主要工作范围		

人保证以上所登记的资料属实，并对其真实性负责。　　填表日期：　年　月　日

图 6-15

扫一扫，看视频

6.2.1 规划表格结构

规划表格结构时，仍然要进行行高列宽的调整、单元格的合并、表格边框设置等操作。这个操作是一个不断调整的过程，当发现功能不全或效果不满意时，可以随时修改。

❶ 打开“应聘人员信息登记表”工作簿，输入基本数据。选中所有包含数据区域的行，鼠标指针指向行号的边线上，当出现上下对拉箭头时，按住鼠标左键向下拖动（随着拖动显示出当前行高值，如图 6-16 所示），达到满意行高时释放鼠标，即可实现一次性调整行高。

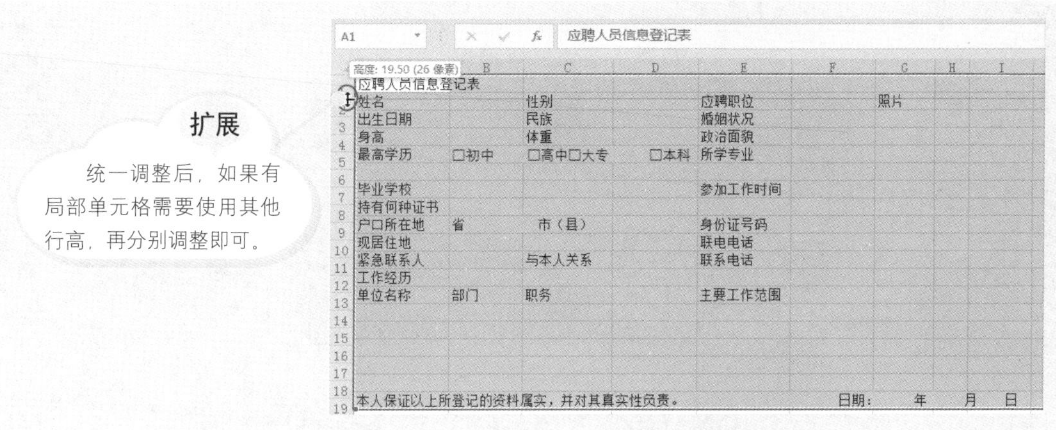

图 6-16

❷ 输入基本数据后，有多处单元格需要合并处理。例如，选中 A1:H1 单元格区域，在“开始”选项卡的“对齐方式”组中单击“合并后居中”下拉按钮，在弹出的下拉列表中选择“合并后居中”选项（如图 6-17 所示），即可合并此区域。然后按上述相同的方法，对其他需要合并单元格的区域都进行合并处理。

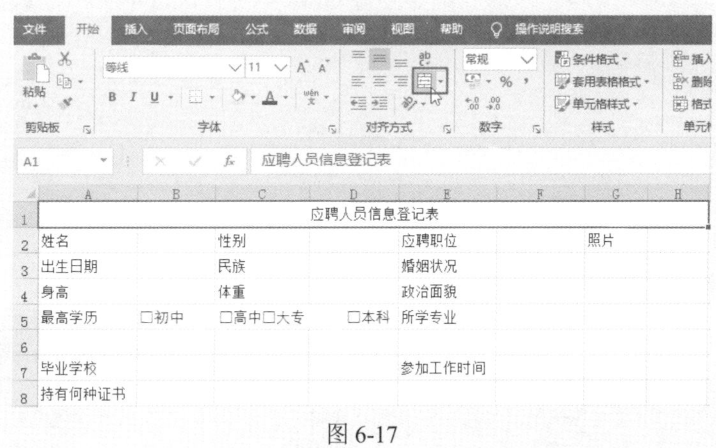

图 6-17

❸ 进行合并居中处理后，有些单元格中的数据是居中显示的，而有些单元格中的数据是左对齐的，可以一次性选中所有数据区域，在“开始”选项卡的“对齐方式”组中单击“ ”两个按钮，以实现让数据水平与垂直方向都居中，如图 6-18 所示。

❹ 选中 A2:H19 单元格区域，在“开始”选项卡的“数字”组中单击“对话框启动器”按钮，打开“设置单元格格式”对话框，分别设置外边框与内边框，如图 6-19 所示。

❺ 单击“确定”按钮，应用效果如图 6-20 所示。

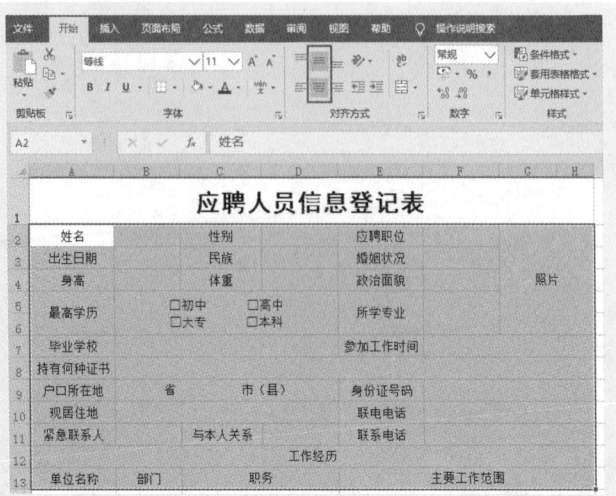

图 6-18

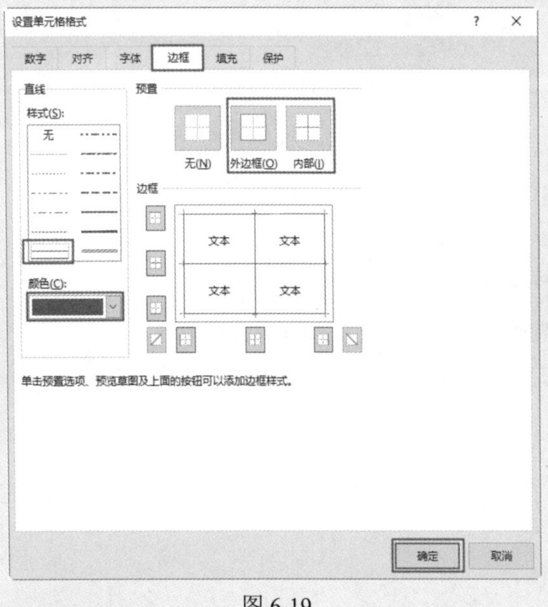

图 6-19

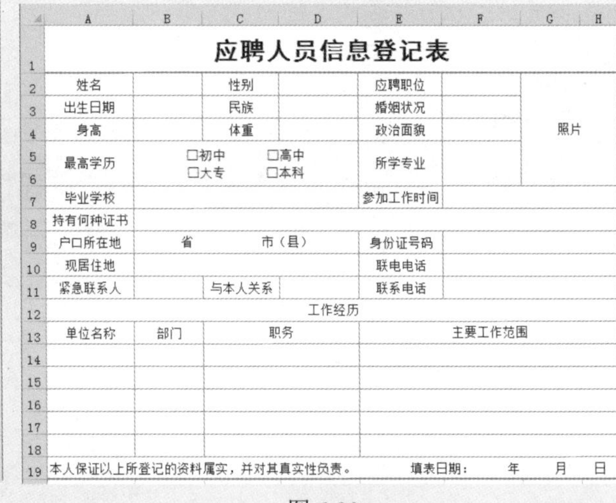

图 6-20

扫一扫，看视频

6.2.2 将公司名称添加为页眉

对外使用的表格可以在编辑完成后添加公司名称、宣传标识等页眉文字。这样表格打印完成后会更加工整规范。

❶ 在“视图”选项卡的“工作簿视图”组中单击“页面布局”按钮（如图 6-21 所示），进入页面视图中，可以看到页面顶端有“添加页眉”字样，如图 6-22 所示。

❷ 在“添加页眉”文字处单击，输入页眉文字，在“开始”选项卡的“字体”组中可设置页眉文字的字体、字号、颜色等，如图 6-23 所示。

图 6-21

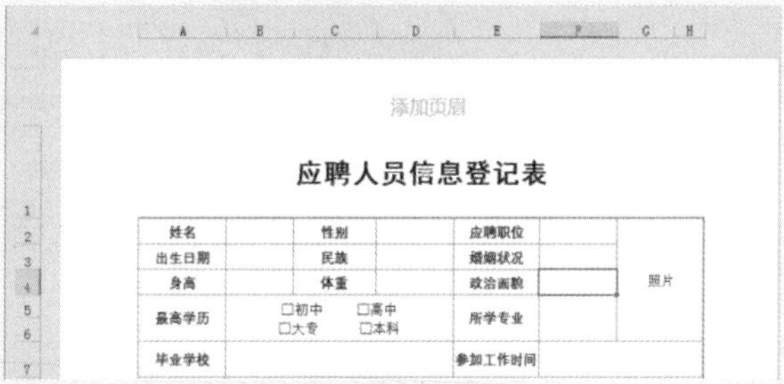

图 6-22

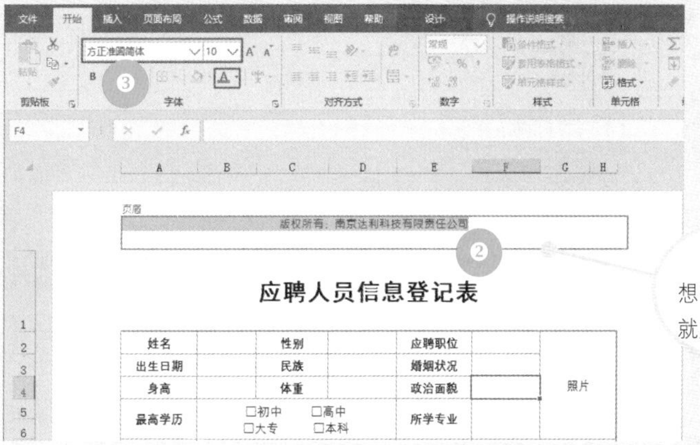

图 6-23

扩展

页眉区共3个编辑框，想在哪个位置显示文字，就定位到哪个框中输入。

❸ 单击“文件”菜单项，在弹出的下拉菜单中选择“打印”命令，可以在打印预览中看到页眉文字，如图 6-24 所示。

图 6-24

6.3 招聘数据汇总表

一轮完整的招聘工作包含初试、复试等多个环节，各个环节中产生的数据需要建立表格来管理。图 6-25 所示的范例为模拟某公司 2018 年 7 月份的招聘情况建立的数据汇总表。下面的学习可以使读者了解此类表格的创建。

招聘数据汇总表

2020年5月份

序号	姓名	性别	年龄	应聘日期	应聘岗位	学历	初试			复试			录用		
							初试时间	初试人	是否复试	复试时间	复试人	是否录用	通知录用	是否接受	备注
1	简佳丽	女	30	2020/5/1	营销经理	本科	2020/5/6	刘宇	是	2020/5/12	蒋正男	是	已发	是	
2	郝强	男	32	2020/5/1	营销经理	本科	2020/5/5	刘宇	否						
3	谢欣欣	女	28	2020/5/1	销售代表	大专	2020/5/5	黎姿饶	否						
4	王镁	女	22	2020/5/1	销售代表	本科	2020/5/5	黎姿饶	是	2020/5/12	于蓝	是	已发	是	
5	郝俊	男	23	2020/5/1	销售代表	本科	2020/5/5	黎姿饶	否						
6	吴梦茹	女	25	2020/5/2	销售代表	大专	2020/5/5	黎姿饶	是	2020/5/12	于蓝	是	已发	否	已找到工作
7	王莉	女	27	2020/5/2	区域经理	本科	2020/5/5	刘宇	否						
8	陈琛	男	29	2020/5/2	区域经理	本科	2020/5/5	刘宇	是	2020/5/12	蒋正男	是			
9	李坤	男	24	2020/5/2	区域经理	大专	2020/5/5	刘宇	否						
10	姜藤	男	20	2020/5/2	渠道/分销专员	本科	2020/5/5	黎姿饶	是	2020/5/12	于蓝	是	已发	否	
11	宋倩倩	女	21	2020/5/2	渠道/分销专员	本科	2020/5/5	刘宇	是	2020/5/12	于蓝	是	已发	是	
12	王维	男	34	2020/5/3	客户经理	大专	2020/5/5	刘宇	否						
13	胡雅丽	女	36	2020/5/3	客户经理	本科	2020/5/5	黎姿饶	是	2020/5/12	蒋正男	是	已发	是	
14	吴潇	女	29	2020/5/3	文案策划	本科	2020/5/5	黎姿饶	是	2020/5/12	于蓝	是	已发	是	
15	吴丽萍	女	33	2020/5/3	出纳员	本科	2020/5/5	黎姿饶	否						
16	蔡晓	女	23	2020/5/3	出纳员	大专	2020/5/5	黎姿饶	是	2020/5/12	于蓝	是	已发	是	

应聘人员统计表　Sheet1

图 6-25

6.3.1 数据验证设置规范表格输入

扫一扫，看视频

使用数据验证控制数据的输入，是在输入数据之前，通过给单元格设置限制条件，限制单元格只能输入什么类型的值、输入什么范围的值。一旦不满足其设置条件，数据就会被阻止输入。还可以提前设置数据出错警告提醒。数据验证设置可以有效避免数据的错误输入，提高数据的输入效率。

1. 建立下拉式选择输入序列

设置"序列"验证条件可以实现数据只在所定义的序列列表中选择输入，有效防止错误输入。当所输入的数据只有固定的几个选项时，可以先进行此验证条件的设置。

❶ 新建工作表并且输入列标识等基本信息，然后选中 C5:C22 单元格区域，在"数据"选项卡的"数据工具"组中单击"数据验证"下拉按钮，在弹出的下拉列表中选择"数据验证"选项，如图 6-26 所示。

❷ 打开"数据验证"对话框，选择"设置"选项卡，在"允许"下拉列表框中选择"序列"选项，在"来源"文本框中输入"男,女"，如图 6-27 所示。

❸ 切换到"输入信息"选项卡，在"输入信息"文本框中输入"请从下拉列表中单击性别!"，如图 6-28 所示。

❹ 单击"确定"按钮，即可为单元格添加下拉按钮（选中单元格时会显示输入信息），单击下拉按钮，即可在弹出的下拉列表中选择要输入的数据，如图 6-29 所示。

图 6-26

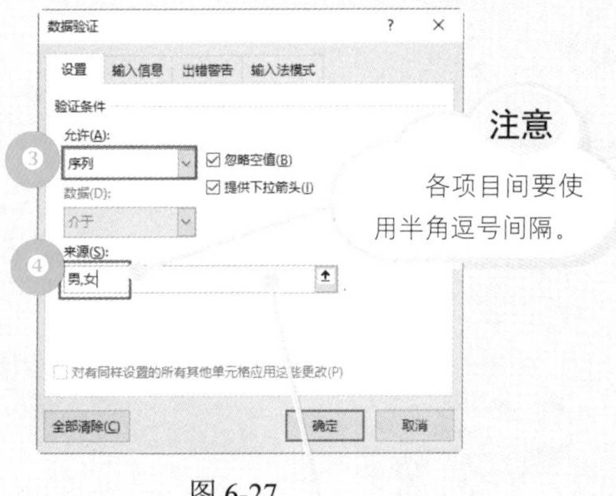

图 6-27

注意

各项目间要使用半角逗号间隔。

图 6-28

扩展

序列的来源也可以是工作表中已有的数据列表。这时只要单击右侧的"拾取"按钮，返回到表格中选中目标区域，即可将其作为来源。

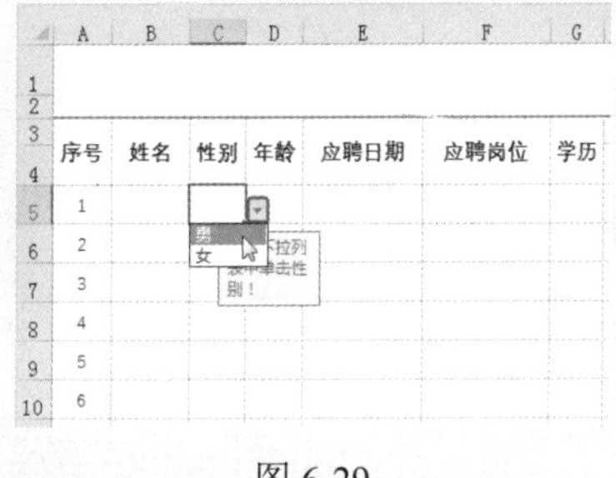

图 6-29

❺ 按照上述方法设置其他可选择的序列，如"应聘岗位""学历"等，在此不再赘述。

2. 限制只允许输入的日期数据

本例中规定：应聘日期、初试时间、复试时间只能录入 2020/5/1-2020/6/1 之间的日期。为了防止数据输入错误，可以设置数据验证，规定只允许输入指定范围内的日期，当输入其他类型数据或输入的日期不在指定范围内时，会自动弹出错误信息提示框。

❶ 选中要设置数据验证的单元格区域，在"数据"选项卡的"数据工具"组中单击"数据验证"下拉按钮，在弹出的下拉列表中选择"数据验证"选项，如图 6-30 所示。

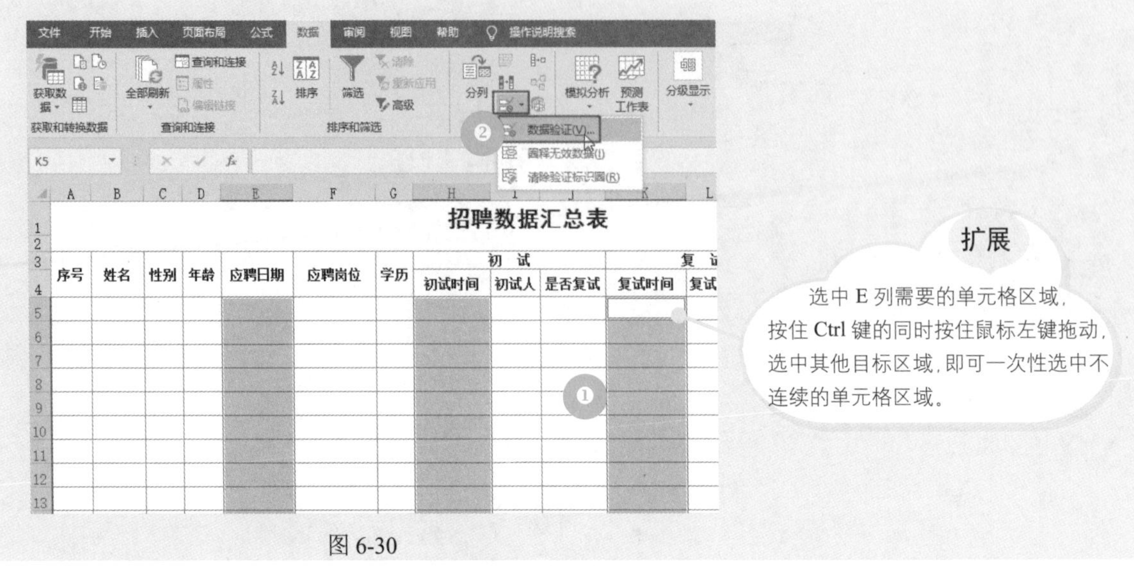

图 6-30

❷ 打开“数据验证”对话框，选择“设置”选项卡，在“允许”下拉列表框中选择“日期”，在“数据”下拉列表中选择“介于”，在“开始日期”和“结束日期”框中分别输入日期值，如图 6-31 所示。

❸ 单击“确定”按钮，完成设置。当输入不符合要求的日期后会弹出提示对话框，如图 6-32 所示。

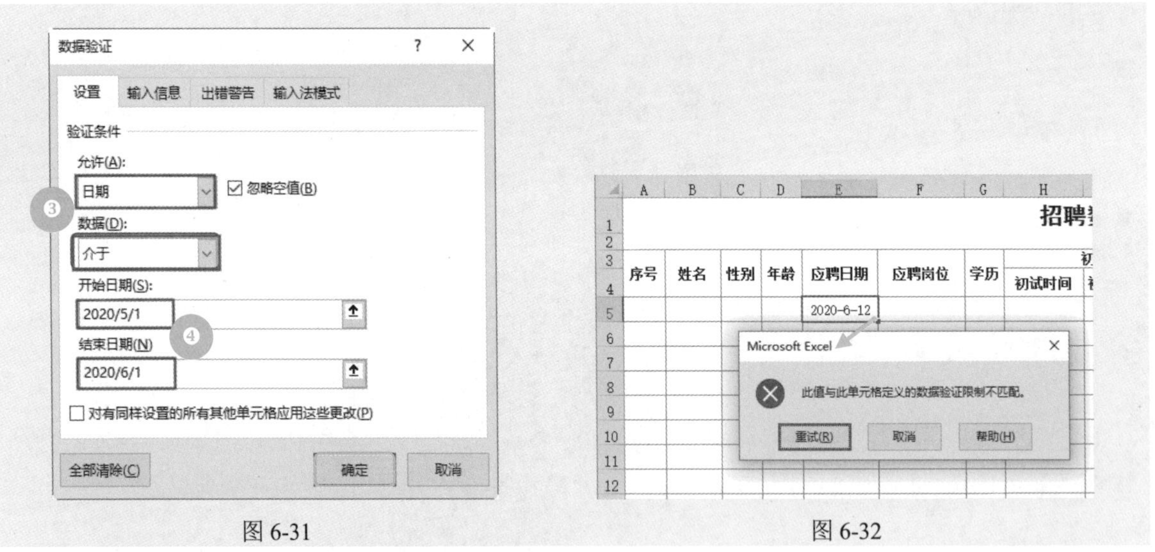

图 6-31　　图 6-32

3. 自定义弹出的出错警告提示

当输入的数据不满足验证条件时，会弹出系统默认的错误提示，除此之外还可以自定义出错警告的提示信息，从而提示用户正确输入数据。

❶ 选中要设置数据验证的单元格区域，在“数据”选项卡的“数据工具”组中单击“数据验证”下拉按钮，在弹出的下拉列表中选择“数据验证”选项，如图 6-33 所示。

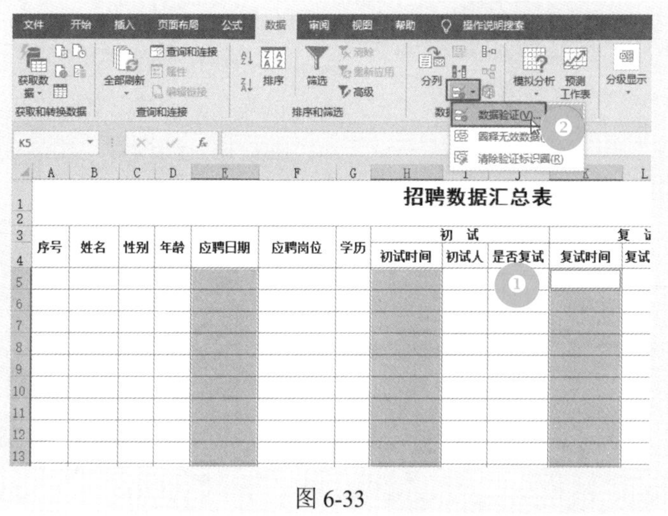

图 6-33

❷ 打开“数据验证”对话框，选择“错误警告”选项卡，在“样式”下拉列表框中选择“警告”，在“错误信息”文本框中输入相应的内容，如图 6-34 和图 6-35 所示。

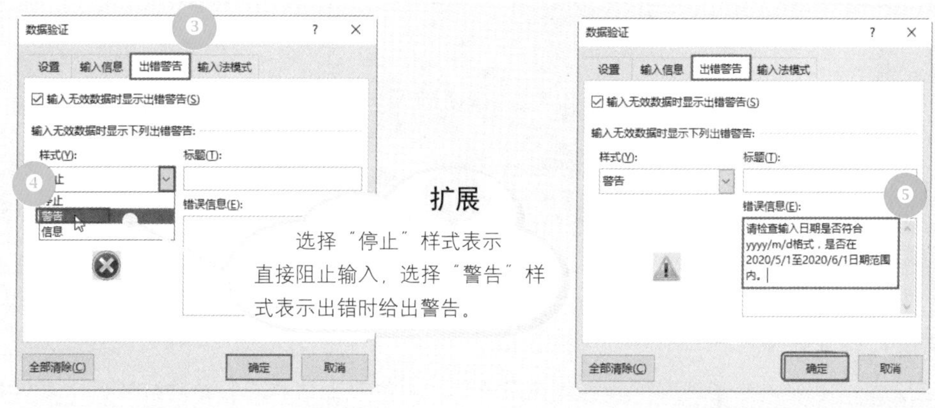

图 6-34　　　　图 6-35

❸ 单击“确定”按钮，完成设置。当输入不符合要求的日期后，弹出的警告提示框提示了应该如何正确输入日期，如图 6-36 所示。

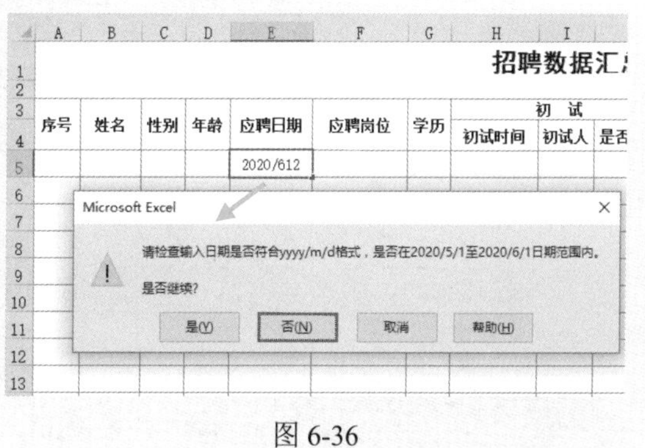

图 6-36

扫一扫，看视频

6.3.2 筛选剔除无用数据

在招聘的过程中，很多应聘者会被筛选剔除掉，如通过对“初试通过”这一列的筛选操作可以实现剔除初试未通过的数据，通过对“复试通过”这一列的筛选操作可以实现剔除复试未通过的数据。

❶ 在“数据”选项卡的“排序和筛选”组中单击“筛选”按钮（如图 6-37 所示），此时所有列标识都会添加筛选按钮。

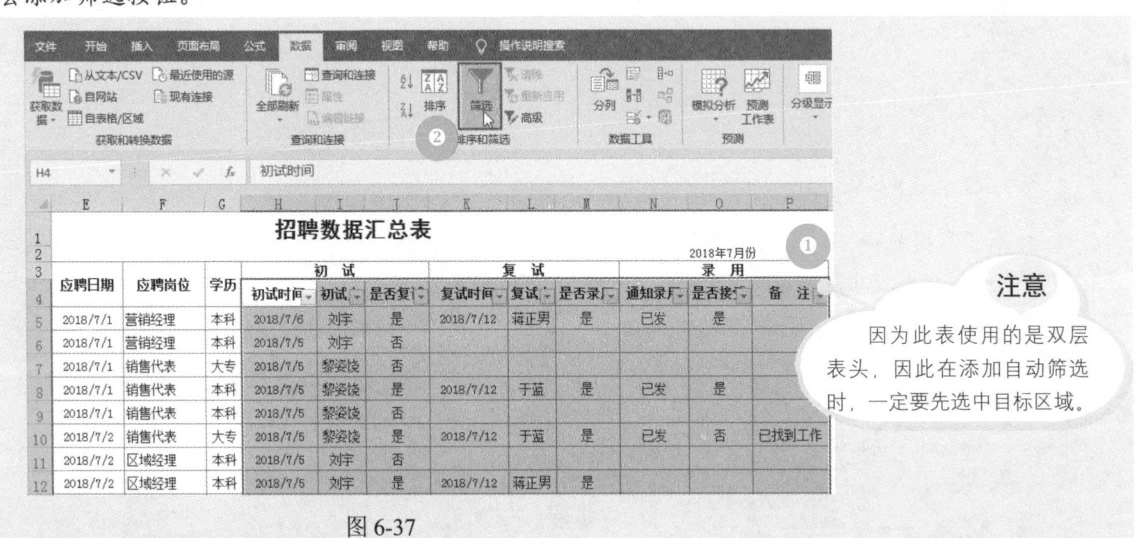

招聘数据汇总表

2018年7月份

应聘日期	应聘岗位	学历	初试时间	初试	是否复试	复试时间	复试	是否录用	通知录用	是否接受	备注
2018/7/1	营销经理	本科	2018/7/6	刘宇	是	2018/7/12	蒋正男	是	已发	是	
2018/7/1	营销经理	本科	2018/7/5	刘宇	否						
2018/7/1	销售代表	大专	2018/7/5	黎姿饶	否						
2018/7/1	销售代表	本科	2018/7/5	黎姿饶	是	2018/7/12	于蓝	是	已发	是	
2018/7/1	销售代表	本科	2018/7/5	黎姿饶	否						
2018/7/2	销售代表	大专	2018/7/5	黎姿饶	是	2018/7/12	于蓝	是	已发	否	已找到工作
2018/7/2	区域经理	本科	2018/7/5	刘宇	否						
2018/7/2	区域经理	本科	2018/7/5	刘宇	是	2018/7/12	蒋正男	是			

图 6-37

❷ 单击“是否复试”列标识右侧的筛选按钮，在弹出的下拉列表中取消选中“空白”复选框，选中“是”复选框（如图 6-38 所示），此时复试未通过的人员都被剔除掉，显示的是所有通过复试的应聘者数据，如图 6-39 所示。

❸ 如果要继续查看本月招聘人员的实际录用情况，则按照上述相同的操作方法对“是否接受”这个字段进行筛选（如图 6-40 所示），得到的就是即将入职人员的数据，效果如图 6-41 所示。

图 6-38

招聘数据汇总表

2018年7月份

应聘日期	应聘岗位	学历	初试时间	初试	是否复试	复试时间	复试	是否录用	通知录用	是否接受
2018/7/1	营销经理	本科	2018/7/6	刘宇	是	2018/7/12	蒋正男	是	已发	是
2018/7/1	销售代表	本科	2018/7/5	黎姿饶	是	2018/7/12	于蓝	是	已发	是
2018/7/2	销售代表	大专	2018/7/5	黎姿饶	是	2018/7/12	于蓝	是	已发	否
2018/7/2	区域经理	本科	2018/7/5	刘宇	是	2018/7/12	蒋正男	是		
2018/7/2	渠道/分销专员	本科	2018/7/5	黎姿饶	是	2018/7/12	于蓝	是	已发	否
2018/7/2	渠道/分销专员	本科	2018/7/5	刘宇	是	2018/7/12	于蓝	是	已发	是
2018/7/3	客户经理	本科	2018/7/5	黎姿饶	是	2018/7/12	蒋正男	是	已发	是
2018/7/3	文案策划	本科	2018/7/5	黎姿饶	是	2018/7/12	于蓝	是	已发	是
2018/7/3	出纳员	大专	2018/7/5	黎姿饶	是	2018/7/12	于蓝	是	已发	是
2018/7/3	采购员	本科	2018/7/5	黎姿饶	是	2018/7/12	于蓝	是	已发	是
2018/7/3	采购员	大专	2018/7/5	黎姿饶	是	2018/7/12	于蓝	是	已发	是

图 6-39

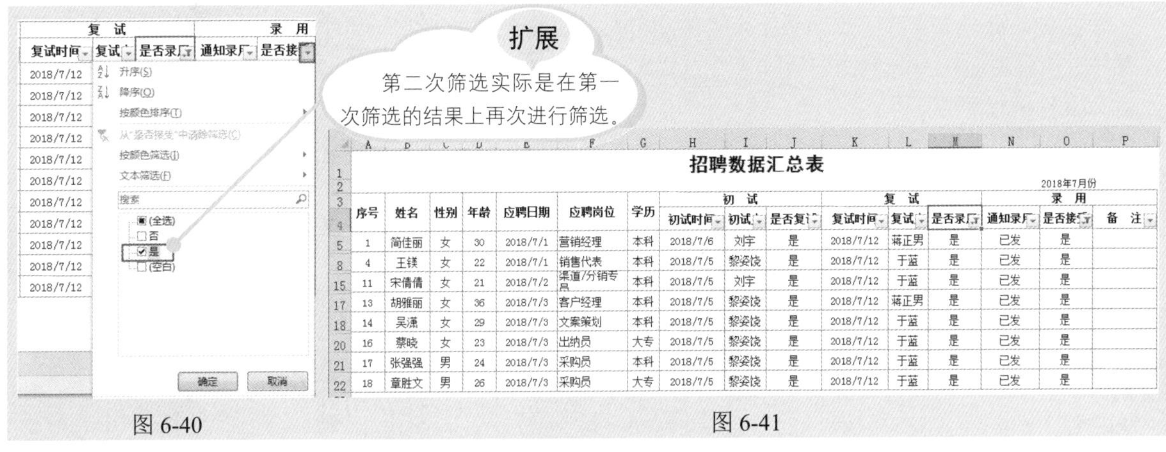

图 6-40

招聘数据汇总表

2018年7月份

序号	姓名	性别	年龄	应聘日期	应聘岗位	学历	初试			复试			录用		
							初试时间	初试	是否复试	复试时间	复试	是否录用	通知录用	是否接	备注
1	简佳丽	女	30	2018/7/1	营销经理	本科	2018/7/6	刘宇	是	2018/7/12	蒋正男	是	已发	是	
4	王镁	女	22	2018/7/1	销售代表	本科	2018/7/5	黎姿饶	是	2018/7/12	于蓝	是	已发	是	
11	宋倩倩	女	21	2018/7/2	渠道/分销专员	本科	2018/7/5	刘宇	是	2018/7/12	于蓝	是	已发	是	
13	胡雅丽	女	36	2018/7/3	客户经理	本科	2018/7/5	黎姿饶	是	2018/7/12	蒋正男	是	已发	是	
14	吴潇	女	29	2018/7/3	文案策划	本科	2018/7/5	黎姿饶	是	2018/7/12	于蓝	是	已发	是	
16	蔡晓	女	23	2018/7/3	出纳员	大专	2018/7/5	黎姿饶	是	2018/7/12	于蓝	是	已发	是	
17	张强强	男	24	2018/7/3	采购员	本科	2018/7/5	黎姿饶	是	2018/7/12	于蓝	是	已发	是	
18	章胜文	男	26	2018/7/3	采购员	大专	2018/7/5	黎姿饶	是	2018/7/12	于蓝	是	已发	是	

图 6-41

6.4 新员工入职试用表

新员工入职后，通常会有一定期限的试用期。为了记录试用期新员工的工作情况，人事部门一般都需要使用新员工入职试用表。图 6-42 所示为建立完成的新员工入职试用表，可按此框架建立自己的新员工入职试用表。

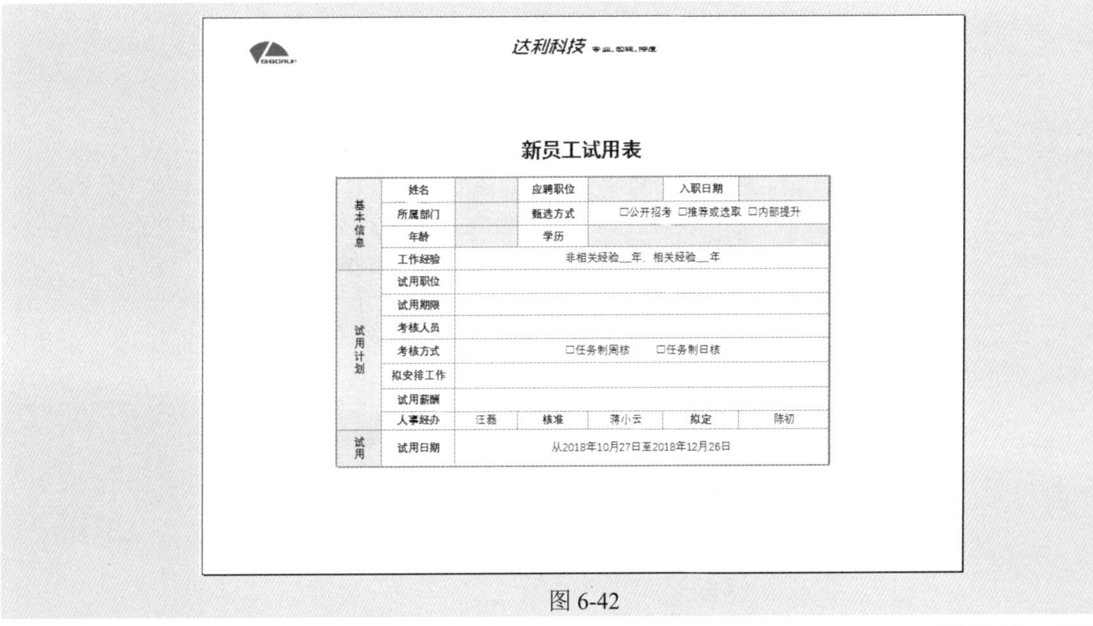

达利科技

新员工试用表

基本信息	姓名		应聘职位		入职日期	
	所属部门		甄选方式	□公开招考 □推荐或选取 □内部提升		
	年龄		学历			
	工作经验	非相关经验__年、相关经验__年				
试用计划	试用职位					
	试用期限					
	考核人员					
	考核方式	□任务制周核 □任务制日核				
	拟安排工作					
	试用薪酬					
	人事经办	汪磊	核准	蒋小云	拟定	陈初
试用	试用日期	从2018年10月27日至2018年12月26日				

图 6-42

6.4.1 设置文字竖排效果

建立表格时，一般情况下单元格输入的数据都是横向排列的，若用户希望数据竖向排列，可以通过设置单元格格式来实现。

扫一扫，看视频

按住 Ctrl 键，依次选中想显示为竖排文字的数据区域。在“开始”选项卡的“对齐方式”组中单击“方向”下拉按钮，在弹出的下拉列表中选择“竖排文字”选项（如图 6-43 所示），即可得到竖排文本效果，如图 6-44 所示。

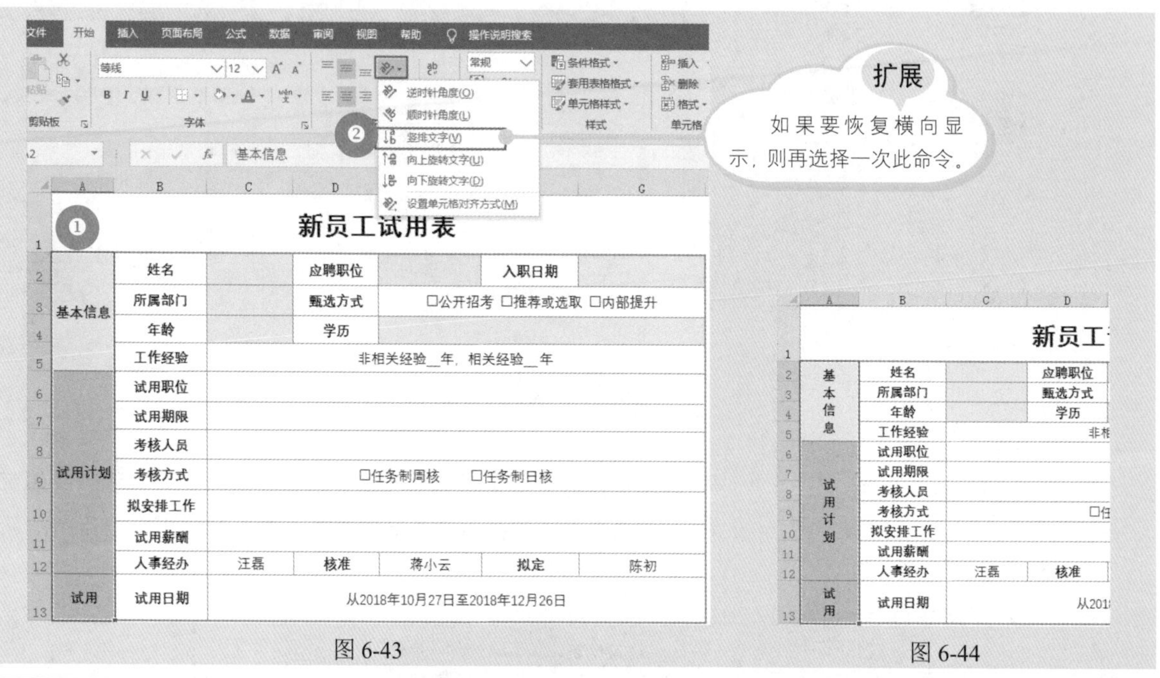

图 6-43　　图 6-44

扫一扫，看视频

6.4.2　图片页眉效果

在 Excel 中，除了使用文字页眉外，还可以将图片（如企业 Logo 图片、装饰图片等）作为页眉显示。另外，由于默认插入页眉中的图片显示的是链接而不是图片本身，因此需要借助下面的方法调整，让图片适应表格的页眉。

❶ 在“视图”选项卡的“工作簿视图”组中单击“页面布局”按钮（如图 6-45 所示），进入页面视图，可以看到页面顶端有“添加页眉”字样。

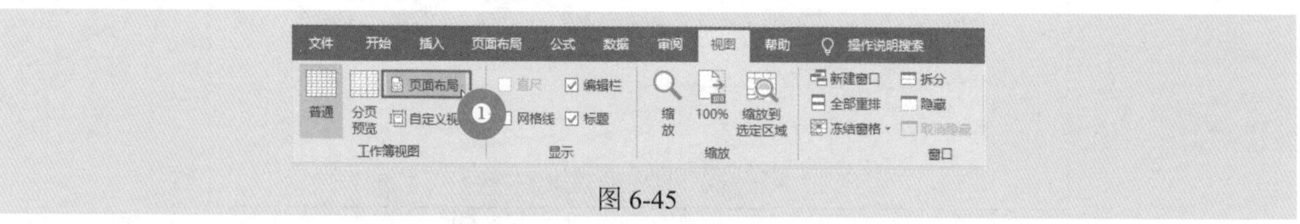

图 6-45

❷ 单击页眉区域的第一个框，在“页眉和页脚工具-设计”选项卡的“页眉和页脚元素”组中单击“图片”按钮，如图 6-46 所示。

❸ 打开“插入图片”对话框，进入要使用图片的保存路径，选中图片，如图 6-47 所示。单击“插入”按钮，插入图片后默认显示的是图片的链接，而并不显示真正的图片，如图 6-48 所示。

❹ 想要查看图片，在页眉区以外任意位置单击，即可看到图片页眉，如图 6-49 所示。

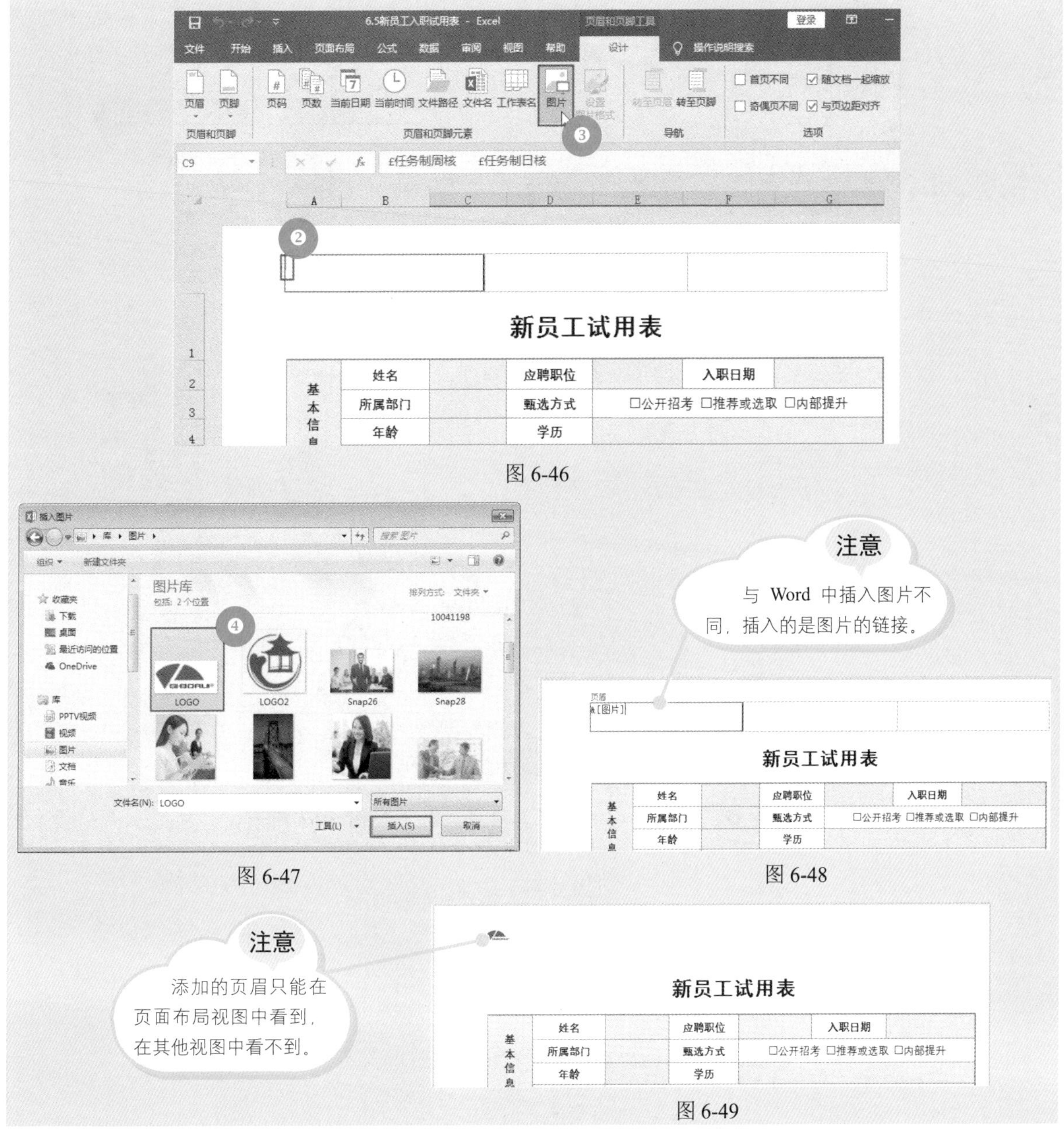
6.5新员工入职试用表 - Excel
页眉和页脚工具
新员工试用表
注意
与 Word 中插入图片不同，插入的是图片的链接。
注意
添加的页眉只能在页面布局视图中看到，在其他视图中看不到。

图 6-46

图 6-47

图 6-48

图 6-49

❺ 从图 6-49 中可以看到页眉中的图片过小，需要对其进行调整。在页眉区单击，在编辑框中选中图片链接，在“页眉和页脚工具-设计”选项卡的“页眉和页脚元素”组中单击“设置图片格式”按钮（如图 6-50 所示），打开“设置图片格式”对话框。

❻ 在“大小”选项卡中设置图片的“高度”和“宽度”，如图 6-51 所示。

❼ 单击“确定”按钮返回到表格中，再退出页眉编辑状态，可以看到调整后的图片，如图 6-52 所示。

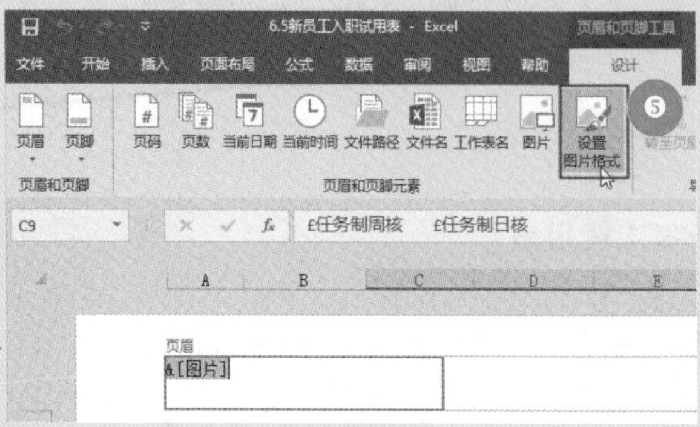

图 6-50

图 6-51

图 6-52

❽ 将光标定位到页眉的中框，输入文字并设置其格式，效果如图 6-53 所示。

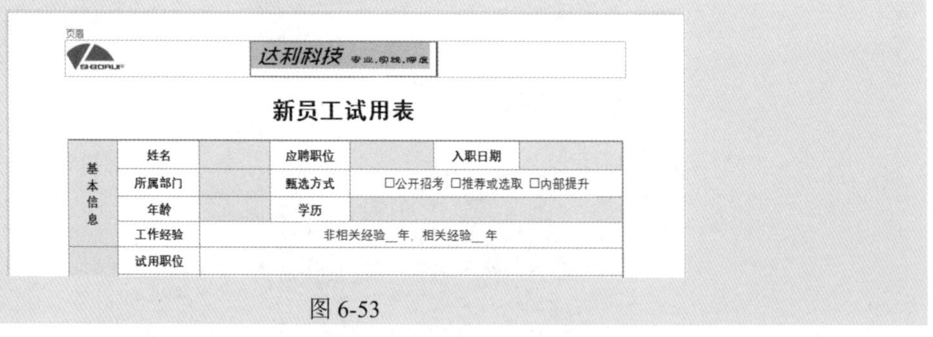

图 6-53

扫一扫，看视频

6.4.3 横向打印表格

打印工作表时纸张的方向默认为 A4 纵向，如果表格是横向样式，则需要设置纸张为横向，并通过打印预览查看后再执行打印。

❶ 在“页面布局”选项卡的“页面设置”组中单击“纸张方向”下拉按钮，在弹出的下拉列表中选择“横向”选项，如图 6-54 所示。

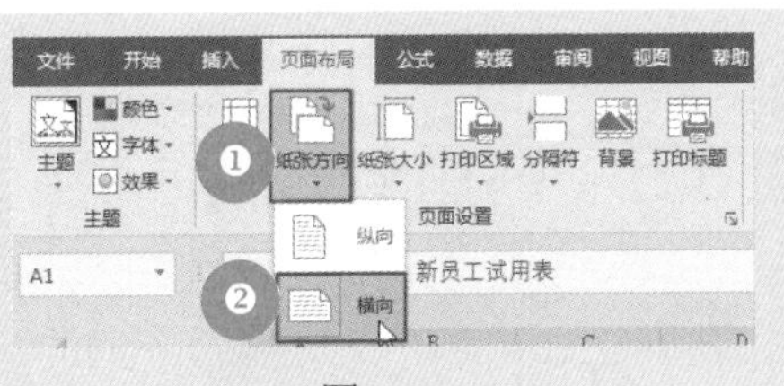

图 6-54

❷ 进入打印预览页面后，可以看到默认的竖向表格更改为横向显示，如图 6-55 所示。

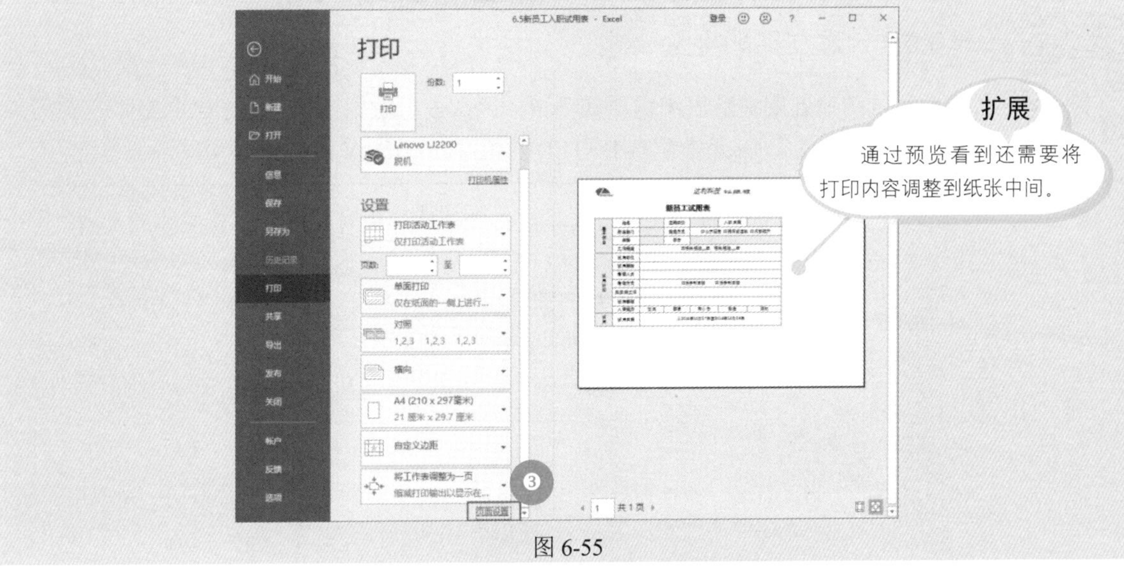

图 6-55

❸ 单击“设置”栏下方的“页面设置”链接，打开“页面设置”对话框，选择“页边距”选项卡，增大上边距的距离，然后在“居中方式”栏中选中“水平”与“垂直”复选框，如图 6-56 所示。

❹ 单击“确定”按钮，可以重新看到预览效果，此时表格已显示到纸张中央，如图 6-57 所示。

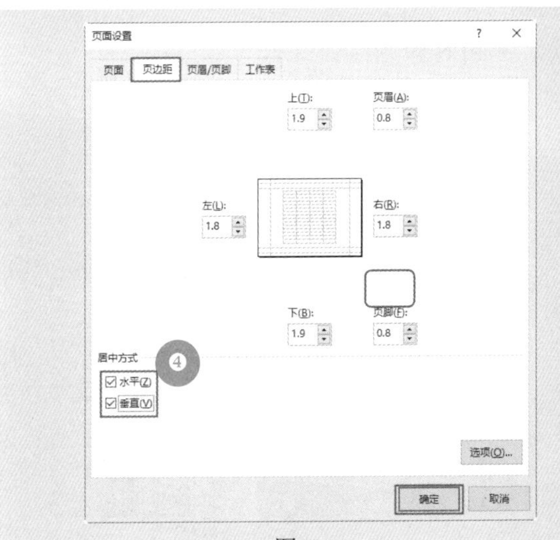

图 6-56

图 6-57

6.5 试用到期提醒表

企业招聘新员工时，根据部门与职位的不同，一般会给予不同的试用期，试用期结束后方能决定是否让员工转正。因此，人力资源部门可以创建一个试用期到期提醒表，提前为员工的转正或辞退办理相关手续。

扫一扫，看视频

6.5.1 建立到期提醒公式

试用期到期提醒表中需要使用日期函数进行数据计算，用于判断是否达到指定的试用期。使用 IF 函数配合 DATEDIF 函数、TODAY 函数可以实现这个功能。

❶ 将某一日期的新员工的入职时间、试用天数等数据工整地记录到表格中，如图 6-58 所示。

试用期到期提醒表				
姓名	部门	入职时间	试用天数	是否到试用期
李多多	生产部	2020/3/10	30	
张毅君	生产部	2020/3/20	30	
胡娇娇	生产部	2020/3/20	30	
董晓迪	生产部	2020/3/5	30	
张振梅	设计部	2020/3/3	60	
张俊	设计部	2020/3/3	60	
桂萍	仓储部	2020/3/17	30	
古晨	仓储部	2020/3/17	30	
王先仁	科研部	2020/2/27	40	
章华	科研部	2020/2/20	40	

图 6-58

❷ 选中 E3 单元格，在编辑栏中输入如下公式：

=IF(DATEDIF(C3,TODAY(),"D")>D3,"到期","未到期")

按 Enter 键，即可判断第一位员工的试用期是否到期，如图 6-59 所示。

❸ 选中 E3 单元格，拖动右下角的填充柄向下复制公式，批量判断其他员工的试用期是否到期，如图 6-60 所示。

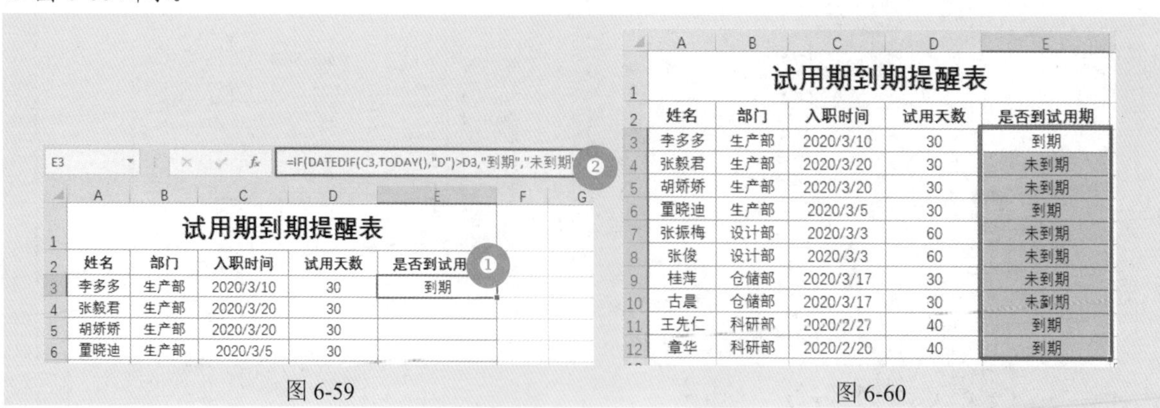

试用期到期提醒表				
姓名	部门	入职时间	试用天数	是否到试用期
李多多	生产部	2020/3/10	30	到期
张毅君	生产部	2020/3/20	30	
胡娇娇	生产部	2020/3/20	30	
董晓迪	生产部	2020/3/5	30	

图 6-59

试用期到期提醒表				
姓名	部门	入职时间	试用天数	是否到试用期
李多多	生产部	2020/3/10	30	到期
张毅君	生产部	2020/3/20	30	未到期
胡娇娇	生产部	2020/3/20	30	未到期
董晓迪	生产部	2020/3/5	30	到期
张振梅	设计部	2020/3/3	60	未到期
张俊	设计部	2020/3/3	60	未到期
桂萍	仓储部	2020/3/17	30	未到期
古晨	仓储部	2020/3/17	30	未到期
王先仁	科研部	2020/2/27	40	到期
章华	科研部	2020/2/20	40	到期

图 6-60

公式解析

DATEDIF 函数用于计算两个日期值间隔的年数、月数、日数。

= DATEDIF(❶起始日期,❷终止日期,❸返回值类型)

这个参数用于指定函数的返回值类型。

- "Y"　返回两个日期值间隔的整年数
- "M"　返回两个日期值间隔的整月数
- "D"　返回两个日期值间隔的天数

=IF(DATEDIF(C3,TODAY(),"D")>D3,"到期","未到期")

①计算 C3 单元格的日期与当前日期之间的差值。并判断这个差值是否大于 D3 中的值。

②如果①步值为真，返回"到期"文字，否则返回"未到期"文字。

6.5.2　到期条目的特殊化显示

扫一扫，看视频

如果试用期到期提醒表中的条目众多，可以设置条件格式让到期条目特殊化显示，从而方便查看试用期到期的人员。

❶ 选中 E 列，在"开始"选项卡的"样式"组中单击"条件格式"下拉按钮，在弹出的下拉列表中选择"突出显示单元格规则"→"等于"选项，如图 6-61 所示。

图 6-61

❷ 打开"等于"对话框，在"为等于以下值的单元格设置格式"设置框中输入"到期"，如图 6-62 所示。

❸ 单击"确定"按钮，返回到工作表中，即可看到所有值等于"到期"的单元格都采用特殊显示方式，如图 6-63 所示。

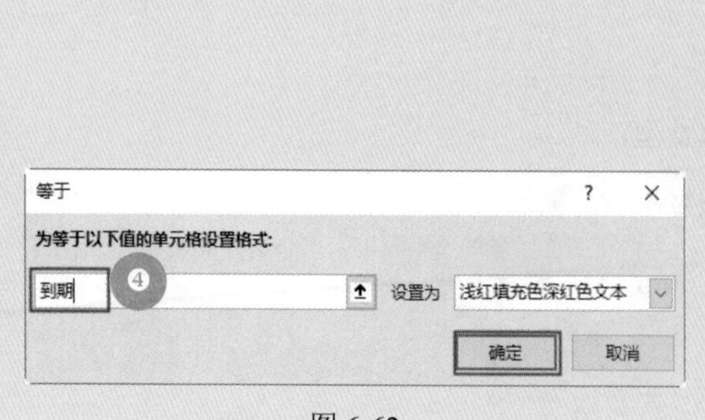

图 6-62

试用期到期提醒表

姓名	部门	入职时间	试用天数	是否到试用期
李多多	生产部	2020/3/10	30	到期
张毅君	生产部	2020/3/20	30	未到期
胡娇娇	生产部	2020/3/20	30	未到期
董晓迪	生产部	2020/3/5	30	到期
张振梅	设计部	2020/3/3	60	未到期
张俊	设计部	2020/3/3	60	未到期
桂萍	仓储部	2020/3/17	30	未到期
古晨	仓储部	2020/3/17	30	未到期
王先仁	科研部	2020/2/27	40	到期
章华	科研部	2020/2/20	40	到期

图 6-63

第 7 章

人事信息管理中的表格

- 人事信息管理中的表格
  - 7.1 创建人事信息管理表
    - 7.1.1 限制整表输入空格
    - 7.1.2 人事信息数据表中特殊文本的输入
      - 1.“冻结窗口”方便数据查看
      - 2. 正确输入身份证号码
      - 3. 快速输入离职原因
    - 7.1.3 工号的批量填充
      - 1. 防止重复输入员工编号
      - 2. 批量填充员工编号
    - 7.1.4 从身份证号码中提取有效信息
      - 1. 提取性别
      - 2. 计算年龄
    - 7.1.5 工龄计算
  - 7.2 员工学历层次分析报表
    - 7.2.1 用数据透视表建立各学历人数统计报表
    - 7.2.2 用建立各学历人数分析图表
  - 7.3 员工年龄层次分析报表
    - 7.3.1 用透视表建立各年龄层次人数统计报表
    - 7.3.2 建立各年龄层次人数分析图表
  - 7.4 员工稳定性分析直方图
    - 7.4.1 创建直方图
    - 7.4.2 图表优化设置
  - 7.5 人员流动情况分析表（两年内）
  - 7.6 离职原因统计表
  - 7.7 职级考核评定表
  - 7.8 员工岗位异动表
  - 7.9 劳动合同续签维护表

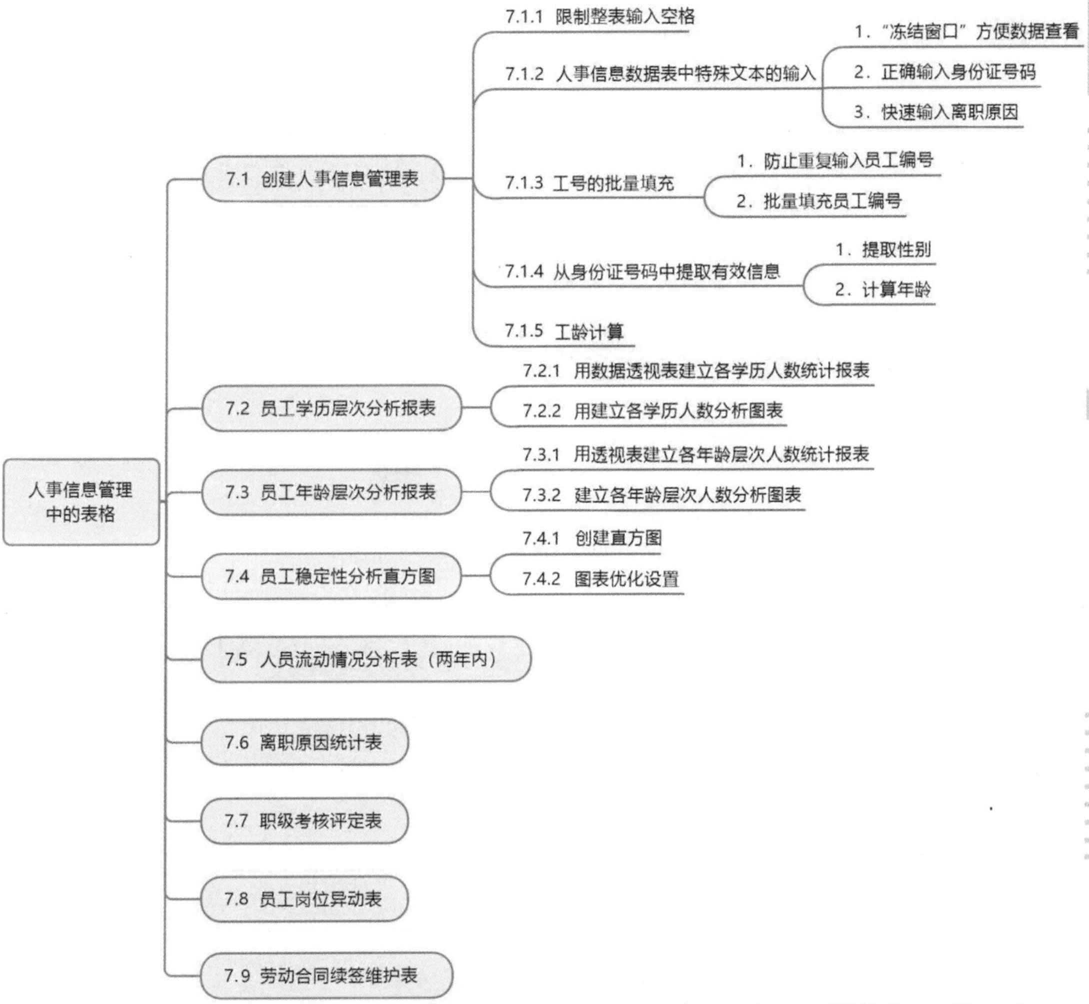

7.1 创建人事信息管理表

人事信息管理表是企业人事管理中最基本的表格，每一项人事工作基本上都与此表有所关联。完善的人事信息能够帮助企业对一段时期的人事情况进行准确分析，如员工稳定性、年龄层次、学历层次、人员流失情况等。

人事信息管理表中通常包括员工编号、姓名、性别、所属部门、身份证号、学历、入职时间、离职时间、离职原因以及联系方式等。建立人事信息表前，需要将表格包含的要素拟订出来，以完成对表格结构的设计。

7.1.1 限制整表输入空格

扫一扫，看视频

在实际工作中，员工信息表数据的输入与维护可能不是同一个人，为了防止一些错误输入，一般会采用设定数据验证来限制输入或给出输入提示。下面设置整表的数据验证，以防止输入空格。因为空格的存在会破坏数据的连续性，给后期数据的统计、查找等带来阻碍。

❶ 新建工作簿并命名为“人事信息数据表”，接着重命名 Sheet1 工作表为“人事信息数据”，设置表格标题、边框以及底纹，输入表格列标识，完成人事信息数据表的框架设计。

❷ 选中 B3:M300 单元格区域（除“员工编号”列与列标识），在“数据”选项卡的“数据工具”组中单击“数据验证”下拉按钮，在弹出的下拉列表中选择“数据验证”选项，如图 7-1 所示。

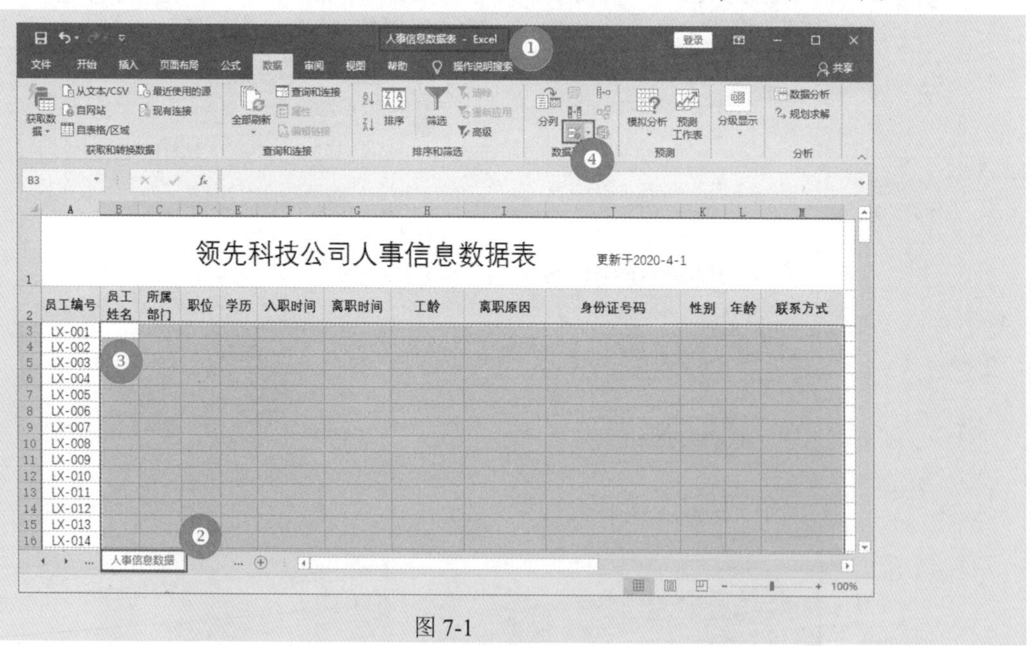

图 7-1

❸ 打开“数据验证”对话框，选择“设置”选项卡，在“允许”下拉列表框中选择“序列”选项，接着在“来源”文本框中输入公式“=SUBSTITUTE(B3," ","")=B3”，如图 7-2 所示。

扩展

SUBSTITUTE 函数用于在文本字符串中用新字符替代旧字符。此处公式表示把 B3 单元格中的空格替换为空值，然后判断是否与 B3 单元格中的数据相等，如果相等，允许输入，如果不相等，则弹出阻止提示对话框。

图 7-2

❹ 切换到“出错警告”选项卡，设置出错警告信息，如图 7-3 所示。

❺ 单击“确定”按钮，返回到工作表中。当在选择的单元格区域输入空格时，就会弹出提示对话框（如图 7-4 所示），单击“取消”按钮，重新输入即可。

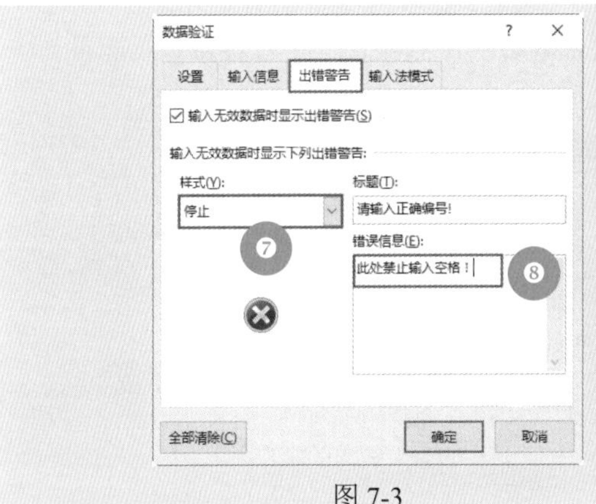

图 7-3

图 7-4

❻ 信息输入完成后，表格如图 7-5 所示。

领先科技公司人事信息数据表　更新于2020-4-1

员工编号	员工姓名	所属部门	职位	学历	入职时间	离职时间	工龄	离职原因	身份证号码	性别	年龄	联系方式
	张楚	客服部	经理	本科	2014/2/10							18012365418
	汪滕	客服部	专员	本科	2014/2/11							18025698741
	刘先	客服部	专员	本科	2014/2/11							15855821456
	黄雅黎	客服部	专员	大专	2014/2/12							15987456321
	夏梓	客服部	专员	中专	2014/2/13	2017/5/19						13125632541
	胡伟立	客服部	专员	初中	2014/2/14							13625546523
	江华	客服部	专员	本科	2014/2/15							13698745862
	方小妹	客服部	专员	高职	2014/2/16							15842365412
	陈友	客服部	专员	中专	2014/2/17							15036521225
	王莹	客服部	专员	初中	2014/2/18	2017/11/15						18021456320
	任玉军	仓储部	仓管	大专	2014/2/19							13125642315
	鲍骏	仓储部	司机	高职	2014/2/20							13845681111
	王启秀	仓储部	司机	中专	2014/2/21	2018/5/1						15987620360
	张宇	仓储部	司机	初中	2014/2/22							13620136954
	张鹤鸣	仓储部	司机	高职	2014/2/23	2016/1/22						18245693125
	黄俊	仓储部	仓管	本科	2014/2/24	2016/10/11						13326541023
	肖念	仓储部	仓管	大专	2014/2/25							13852300125
	余琴	仓储部	统计员	本科	2014/2/26							15745632581
	张梦宇	仓储部	主管	本科	2014/2/27							13655487899
	王劲	仓储部	叉车工	中专	2014/2/28							15526538896

图 7-5

经验之谈

①输入身份证号码时，如果直接输入，则会显示为科学计数的方式，此时需要先将单元格区域的格式设置为文本，再重新输入身份证号码，这一操作会在 7.1.2 小节中介绍。

②输入基本数据时，性别、年龄、工龄几列不需要手工输入，它们可以通过对已输入的身份证号码进行公式计算自动返回，后面的 7.1.4 节会介绍该方法。

③员工编号可以通过填充的方式快速输入，7.1.3 节介绍了该操作方法。

扫一扫，看视频

7.1.2　人事信息数据表中特殊文本的输入

人事信息数据表中包含“离职原因”和“身份证号码”这两列重要的数据，身份证号码需要事先设置文本格式，而离职原因可以通过设置数据验证为“序列”来实现选择性输入。

1. “冻结窗口”方便数据查看

“人事信息数据”表的条目数特别多，为了方便查看，可以将标题行和列标识单元格区域冻结起来，向下滚动查看时就会始终显示标题行系列标识。

❶ 选中 A3 单元格，在“视图”选项卡的“窗口”组中单击“冻结窗格”下拉按钮，在弹出的下拉列表中选择“冻结窗格”选项，如图 7-6 所示。

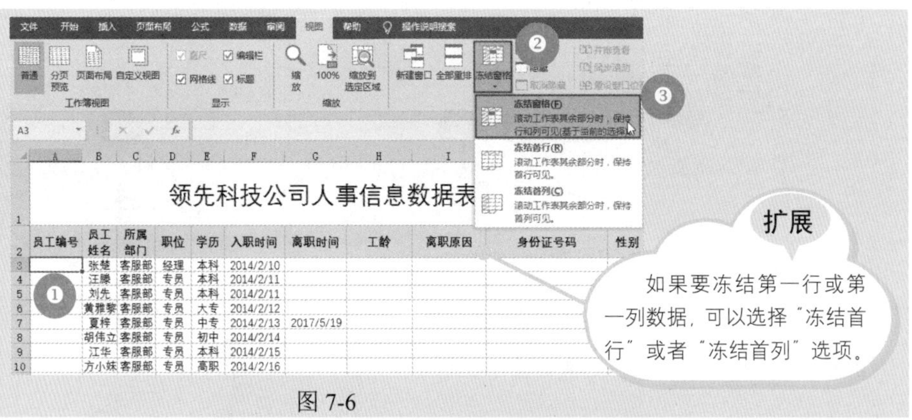

图 7-6

❷ 此时即可冻结标题行和第二行列标识单元格区域，向下滚动查看数据时，会始终显示标题行和列标识单元格区域，如图 7-7 所示。

领先科技公司人事信息数据表

员工编号	员工姓名	所属部门	职位	学历	入职时间	离职时间	工龄	离职原
	江华	客服部	专员	本科	2014/2/15			
	方小妹	客服部	专员	高职	2014/2/16			
	陈友	客服部	专员	中专	2014/2/17			
	王莹	客服部	专员	初中	2014/2/18	2017/11/15		
	任玉军	仓储部	仓管	大专	2014/2/19			
	鲍骏	仓储部	司机	高职	2014/2/20			
	王启秀	仓储部	司机	中专	2014/2/21	2018/5/1		
	张宇	仓储部	司机	初中	2014/2/22			
	张鹤鸣	仓储部	司机	高职	2014/2/23	2016/1/22		
	黄俊	仓储部	仓管	本科	2014/2/24	2016/10/11		
	肖念	仓储部	仓管	大专	2014/2/25			

扩展

其他长数据表格都可以按此方法实现冻结标题行和第二行列标识单元格区域，以方便数据查看。

图 7-7

2. 正确输入身份证号码

人事信息数据中的员工身份证号码是由 18 位数字组成的，如果直接在默认的“常规”数值格式单元格中输入 18 位数字，会显示为科学计数法，这时需要事先把要输入身份证号码的单元格区域设置为“文本”格式，然后再输入身份证号码。

❶ 选中要输入身份证号码的 J 列，在“开始”选项卡的“数字”组中打开“数字格式”下拉列表框，从中选择“文本”选项（如图 7-8 所示），即可将所选单元格区域设置为文本格式。

扩展
也可以在输入 18 位身份证号码时先输入“'”（半角状态），再依次输入数字。

图 7-8

❷ 依次在 J 列单元格输入身份证号码即可，如图 7-9 所示。

	A	B	C	D	E	F	G	H	I	J
1	领先科技公司人事信息数据表									更新于2018-8-8
2	员工编号	员工姓名	所属部门	职位	学历	入职时间	离职时间	工龄	离职原因	身份证号码
3		张楚	客服部	经理	本科	2014/2/10				340222197809053378
4		汪滕	客服部	专员	本科	2014/2/11				340221196804063334
5		刘先	客服部	专员	本科	2014/2/11				340102197102138990
6		黄雅黎	客服部	专员	大专	2014/2/12				340103199012301237
7		夏梓	客服部	专员	中专	2014/2/13	2017/5/19			340223197005153355
8		胡伟立	客服部	专员	初中	2014/2/14				340102197703041178
9		江华	客服部	专员	本科	2014/2/15				340102197612047990
10		方小妹	客服部	专员	高职	2014/2/16				340102197412070997
11		陈友	客服部	专员	中专	2014/2/17				520100198601022536
12		王莹	客服部	专员	初中	2014/2/18	2017/11/15			340102198605091278
13		任玉军	仓储部	仓管	大专	2014/2/19				340102198810031448
14		鲍骏	仓储部	司机	高职	2014/2/20				520100198410272436
15		王启秀	仓储部	司机	中专	2014/2/21	2018/5/1			340400198209039876
16		张宇	仓储部	司机	初中	2014/2/22				520100198512234658
17		张鹤鸣	仓储部	司机	高职	2014/2/23	2016/1/22			340400198904282689
18		黄俊	仓储部	仓管	本科	2014/2/24	2016/10/11			320400197001237654
19		肖念	仓储部	仓管	大专	2014/2/25				320400196803311234
20		余琴	仓储部	统计员	本科	2014/2/26				520100197609262346

图 7-9

3. 快速输入离职原因

“人事信息数据”表中的离职原因是记录员工离开公司的理由，在 7.7 节中会根据这一列数据建立离职员工统计表。利用“数据验证”功能可以在人事信息数据表中快速输入员工的离职原因。

❶ 首先在表格空白区域输入各种离职原因，然后选中“离职原因”列，在“数据”选项卡的“数据工具”组中单击“数据验证”下拉按钮，在弹出的下拉列表中选择“数据验证”选项，如图 7-10 所示。

图 7-10

❷ 打开“数据验证”对话框，选择“设置”选项卡，在“允许”下拉列表框中选择“序列”选项，在“来源”文本框中输入公式“=$P$9:$P$20”（也可以单击右边的拾取器按钮，拾取表格中的区域），如图 7-11 所示。

❸ 单击“确定”按钮，返回到工作表中。单击 I12 单元格右侧的下拉按钮，即可实现在打开的下拉列表中快速选择离职原因，如图 7-12 所示。

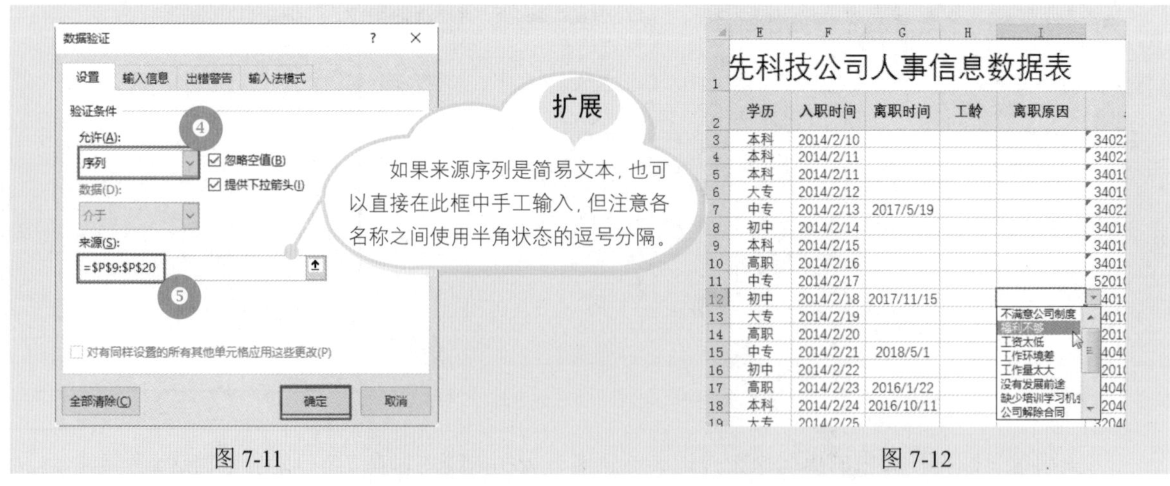

扩展
如果来源序列是简易文本，也可以直接在此框中手工输入，但注意各名称之间使用半角状态的逗号分隔。

图 7-11　　图 7-12

❹ 按照实际情况依次填写每一位离职员工的离职原因，最终效果如图 7-13 所示。

员工姓名	所属部门	职位	学历	入职时间	离职时间	工龄	离职原因	身份证号码
张楚	客服部	经理	本科	2014/2/10				340222197809053378
汪滕	客服部	专员	本科	2014/2/11				340221196804063334
刘先	客服部	专员	本科	2014/2/11				340102197102138990
黄雅黎	客服部	专员	大专	2014/2/12				340103199012301237
夏梓	客服部	专员	中专	2014/2/13	2017/5/19		工资太低	340223197005153355
胡伟立	客服部	专员	初中	2014/2/14				340102197703041178
江华	客服部	专员	本科	2014/2/15				340102197612047990
方小妹	客服部	专员	高职	2014/2/16				340102197412070997
陈友	客服部	专员	中专	2014/2/17				520100198601022536
王莹	客服部	专员	初中	2014/2/18	2017/11/15		转换行业	340102198605091278
任玉军	仓储部	仓管	大专	2014/2/19				340102198810031448
鲍骏	仓储部	司机	高职	2014/2/20				520100198410272436
王启秀	仓储部	司机	中专	2014/2/21	2018/5/1		家庭原因	340400198209039876
张宇	仓储部	司机	初中	2014/2/22				520100198512234658
张鹤鸣	仓储部	司机	高职	2014/2/23	2016/1/22		转换行业	340400198904282689
黄俊	仓储部	仓管	本科	2014/2/24	2016/10/11		转换行业	320400197001237654
肖念	仓储部	仓管	大专	2014/2/25				320400196803311234
余琴	仓储部	统计员	本科	2014/2/26				520100197609262346
张梦宇	仓储部	主管	本科	2014/2/27				360102197803243984

图 7-13

7.1.3　工号的批量填充

扫一扫，看视频

人事信息数据表中的首列一般记录的是员工的工号。如果工号是连续的，可以使用填充功能实现快速输入；如果工号是不连续的，还可以通过“数据验证”设置公式条件，防止手误输入重复的员工编号。

1．防止重复输入员工编号

员工编号作为员工在企业中的标识，是唯一的，但又是相似的。在“人事信息数据”表中手工输入员工编号时，为避免输入错误，可以为“员工编号”列设置数据验证，从而有效避免输入重复工号。

❶ 选中 A3:A300 单元格区域，在“数据”选项卡的“数据工具”组中单击“数据验证”下拉按钮，在弹出的下拉列表中选择“数据验证”选项，如图 7-14 所示。

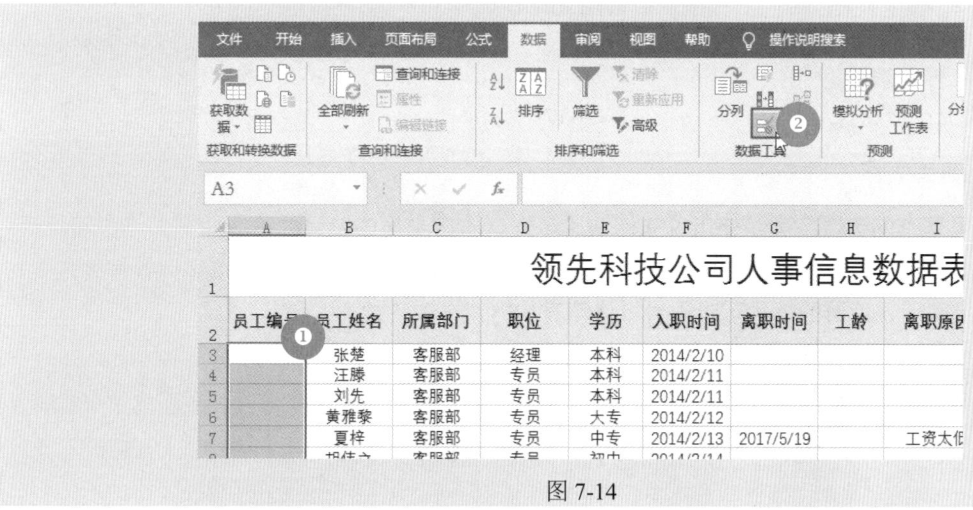

图 7-14

❷ 打开“数据验证”对话框，选择“设置”选项卡，在“允许”下拉列表框中选择“自定义”选项，接着在“公式”文本框中输入公式“=COUNTIF($A$3:$A$300,A3)=1”，如图 7-15 所示。

❸ 切换到“出错警告”选项卡，在“标题”文本框中输入“重复编号！”，在“错误信息”文本框中输入“输入编号重复，请重新输入！”，如图 7-16 所示。

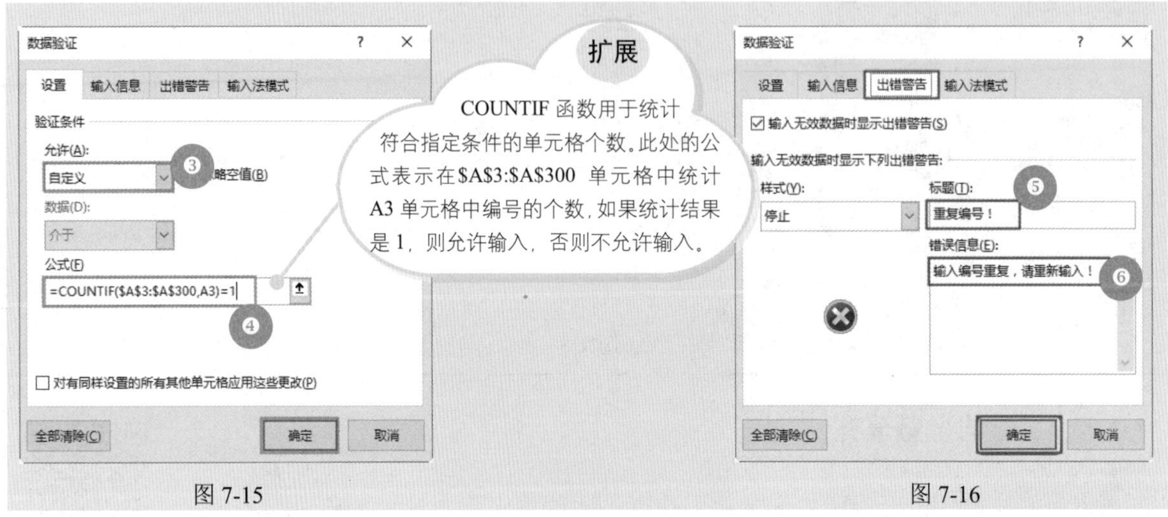

图 7-15　　图 7-16

❹ 单击“确定”按钮，返回工作表中，此时为选中的单元格设置了数据验证。输入编号时，一旦出现重复的编号则会弹出阻止对话框，并且显示关于编号输入的提示文字，如图 7-17 所示。

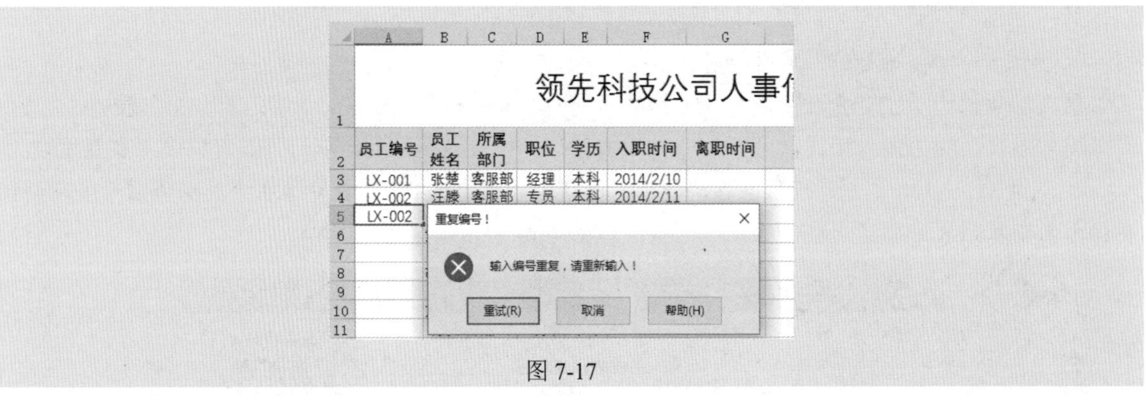

图 7-17

2. 批量填充员工编号

如果员工编号具有序列性，可以使用填充柄快速填充。本例中员工编号的设计原则为“公司标识+序号”的编排方式。例如首个编号为“LX-001”，在初期建表时，一般会采用依次按序列编号的方式，因此当输入首个编号后，后面的编号可以通过批量填充的方式一次性输入。

❶ 选中 A3 单元格，输入“LX-001”，按 Enter 键，如图 7-18 所示。

❷ 选中 A3 单元格，将鼠标指针指向该单元格右下角，当其变为黑色十字形时，向下拖动填充柄填充序列（如图 7-19 所示），到目标位置释放鼠标即可快速填充员工编号，如图 7-20 所示。

扩展

也可以选中包括填充源在内的单元格区域，按 Ctrl+D 组合键快速填充。

图 7-18　　　　图 7-19　　　　图 7-20

7.1.4　从身份证号码中提取有效信息

身份证号码是人事信息表中的一项重要数据，建表时一般都需要规划此项标识。身份证号码包含了持证人的多项信息，第 7~14 位表示出生年月日，第 17 位表示性别，单数为男性，双数为女性。本节会设置相关公式，根据身份证号码提取性别、年龄等信息。

扫一扫，看视频

1. 提取性别

从“人事信息数据”表的身份证号码第 17 位数字的奇偶性可以判断员工性别。使用 MOD 和 MID 函数可以提取出性别信息。

❶ 选中 K3 单元格，在编辑栏中输入以下公式：

=IF(MOD(MID(J3,17,1),2)=1,"男","女")

按 Enter 键即可根据身份证号码提取出第一位员工的性别信息，如图 7-21 所示。

❷ 选中 K3 单元格，拖动右下角的填充柄向下复制公式，依次根据身份证号码提取出其他员工的性别信息，如图 7-22 所示。

K3　=IF(MOD(MID(J3,17,1),2)=1,"男","女")

科技公司人事信息数据表　更新于2020-4-1

学历	入职时间	离职时间	工龄	离职原因	身份证号码	性别	年龄	联系方式
本科	2014/2/10				340222197809053378	男		18012365418
本科	2014/2/11				340221196804063334			18025698741
本科	2014/2/11				340102197102138990			15855821456
大专	2014/2/12				340103199012301237			15987456321
中专	2014/2/13	2017/5/19		工资太低	340223197005153355			13125632541
初中	2014/2/14				340102197703041178			13625546523
本科	2014/2/15				340102197612047990			13698745862
高职	2014/2/16				340102197412070997			15842365412
中专	2014/2/17				520100198601022536			15036521225

图 7-21

	A	B	C	D	E	F	G	H	I	J	K
1	领先科技公司人事信息数据表									更新于2020-4-1	
2	员工编号	员工姓名	所属部门	职位	学历	入职时间	离职时间	工龄	离职原因	身份证号码	性别
3	LX-001	张楚	客服部	经理	本科	2014/2/10				340222197809053378	男
4	LX-002	汪滕	客服部	专员	本科	2014/2/11				340221196804063334	男
5	LX-003	刘先	客服部	专员	本科	2014/2/11				340102197102138990	男
6	LX-004	黄雅黎	客服部	专员	大专	2014/2/12				340103199012301237	男
7	LX-005	夏梓	客服部	专员	中专	2014/2/13	2017/5/19		工资太低	340223197005153355	男
8	LX-006	胡伟立	客服部	专员	初中	2014/2/14				340102197703041178	男
9	LX-007	江华	客服部	专员	本科	2014/2/15				340102197612047990	男
10	LX-008	方小妹	客服部	专员	高职	2014/2/16				340102197412070997	男
11	LX-009	陈友	客服部	专员	中专	2014/2/17				520100198601022536	男
12	LX-010	王莹	客服部	专员	初中	2014/2/18	2017/11/15		转换行业	340102198605091278	男
13	LX-011	任玉军	仓储部	仓管	大专	2014/2/19				340102198810031448	女
14	LX-012	鲍骏	仓储部	司机	高职	2014/2/20				520100198410272436	男
15	LX-013	王启秀	仓储部	司机	中专	2014/2/21	2018/5/1		家庭原因	340400198209039876	男
16	LX-014	张宇	仓储部	司机	初中	2014/2/22				520100198512234658	男
17	LX-015	张鹤鸣	仓储部	司机	高职	2014/2/23	2016/1/22		转换行业	340400198904282689	女
18	LX-016	黄俊	仓储部	仓管	本科	2014/2/24	2016/10/11		转换行业	320400197001237654	男
19	LX-017	肖念	仓储部	仓管	大专	2014/2/25				320400196803311234	男
20	LX-018	余琴	仓储部	统计员	本科	2014/2/26				520100197609262346	女
21	LX-019	张梦宇	仓储部	主管	本科	2014/2/27				360102197803243984	女

图 7-22

公式解析

1. MOD 函数

MOD 函数用来返回两数相除的余数。

=MOD(❶被除数,❷除数)

2. MID 函数

MID 函数用于返回文本字符串中从指定位置开始的特定数目的字符，该数目由用户指定。

=MID(❶提取的文本,❷指定从哪个位置开始提取,❸提取字符个数)

3. IF 函数

IF 函数是 Excel 中最常用的函数之一，它根据指定的条件来判断“真”（TRUE）、“假”（FALSE），从而返回其相对应的内容。

① MID 函数从 J3 单元格中第 17 位数字开始，并提取一位字符。

=IF(MOD(MID(J3,17,1),2)=1,"男","女")

② 使用 MOD 函数将①步中提取的字符与 2 相除得到余数。并判断余数是否等于 1，如果是，返回 TRUE，否则返回 FALSE。

③ IF 函数根据②步值返回最终结果，TRUE 值返回“男”，FALSE 值返回“女”。

注意

当余数为 1 时不能整除，表示是奇数，最终对应结果是“男”；否则对应结果是“女”。

2．计算年龄

已知身份证号码后，可以使用 MID 函数和 YEAR 函数计算出每位员工的年龄。根据人事信息数据表中的年龄还可以进行年龄层次分布情况的统计。

❶ 选中 L3 单元格，在编辑栏中输入如下公式：

=YEAR(TODAY())-MID(J3,7,4)

按 Enter 键即可根据身份证号码提取出第一位员工的年龄，如图 7-23 所示。

L3 =YEAR(TODAY())-MID(J3,7,4)

	A	B	C	D	E	F	G	H	I	J	K	L
1	领先科技公司人事信息数据表									更新于2020-4-1		
2	员工编号	员工姓名	所属部门	职位	学历	入职时间	离职时间	工龄	离职原因	身份证号码	性别	年龄
3	LX-001	张楚	客服部	经理	本科	2014/2/10		5		340222197809053378	男	42
4	LX-002	汪滕	客服部	专员	本科	2014/2/11		5		340221196804063334	男	
5	LX-003	刘先	客服部	专员	本科	2014/2/11		5		340102197102138990	男	
6	LX-004	黄雅黎	客服部	专员	大专	2014/2/12		5		340103199012301237	男	
7	LX-005	夏梓	客服部	专员	中专	2014/2/13	2017/5/19	3	工资太低	340223197005153355	男	
8	LX-006	胡伟立	客服部	专员	初中	2014/2/14		5		340102197703041178	男	
9	LX-007	江华	客服部	专员	本科	2014/2/15		5		340102197612047990	男	
10	LX-008	方小妹	客服部	专员	高职	2014/2/16		5		340102197412070997	男	

图 7-23

❷ 选中 L3 单元格，拖动右下角的填充柄向下复制公式，依次根据身份证号码提取出其他员工的年龄，如图 7-24 所示。

	A	B	C	D	E	F	G	H	I	J	K	L
1	领先科技公司人事信息数据表									更新于2020-4-1		
2	员工编号	员工姓名	所属部门	职位	学历	入职时间	离职时间	工龄	离职原因	身份证号码	性别	年龄
3	LX-001	张楚	客服部	经理	本科	2014/2/10		5		340222197809053378	男	42
4	LX-002	汪滕	客服部	专员	本科	2014/2/11		5		340221196804063334	男	52
5	LX-003	刘先	客服部	专员	本科	2014/2/11		5		340102197102138990	男	49
6	LX-004	黄雅黎	客服部	专员	大专	2014/2/12		5		340103199012301237	男	30
7	LX-005	夏梓	客服部	专员	中专	2014/2/13	2017/5/19	3	工资太低	340223197005153355	男	50
8	LX-006	胡伟立	客服部	专员	初中	2014/2/14		5		340102197703041178	男	43
9	LX-007	江华	客服部	专员	本科	2014/2/15		5		340102197612047990	男	44
10	LX-008	方小妹	客服部	专员	高职	2014/2/16		5		340102197412070997	男	46
11	LX-009	陈友	客服部	专员	中专	2014/2/17		5		520100198601022536	男	34
12	LX-010	王莹	客服部	专员	初中	2014/2/18	2017/11/15	3	转换行业	340102198605091278	男	34
13	LX-011	任玉军	仓储部	仓管	大专	2014/2/19		5		340102198810031448	女	32
14	LX-012	鲍骏	仓储部	司机	高职	2014/2/20		5		520100198410272436	男	36
15	LX-013	王启秀	仓储部	司机	中专	2014/2/21	2018/5/1	4	家庭原因	340400198209039876	男	38
16	LX-014	张宇	仓储部	司机	初中	2014/2/22		5		520100198512234658	男	35
17	LX-015	张鹤鸣	仓储部	司机	高职	2014/2/23	2016/1/22	1	转换行业	340400198904282689	女	31
18	LX-016	黄俊	仓储部	仓管	本科	2014/2/24	2016/10/11	2	转换行业	320400197001237654	男	50
19	LX-017	肖念	仓储部	仓管	大专	2014/2/25		5		320400196803311234	男	52
20	LX-018	余琴	仓储部	统计员	本科	2014/2/26		5		520100197609262346	女	44

图 7-24

公式解析

YEAR 函数用于返回某日期对应的年数，返回值为 1900～9999 之间的整数。它只有一个参数，即是日期值。

=YEAR(日期值)

① TODAY 函数返回系统当前时间。再使用 YEAR 函数提取年份值。

=YEAR(TODAY())-MID(J3,7,4)

② 从身份证号码第 7 位开始提取，提取 4 个字符，即提取年份值。再使用①步中的年份减去该年份，即得出年龄。

扫一扫，看视频

7.1.5 工龄计算

在人事信息数据表中，还可以根据入职时间使用函数计算出员工的工龄。随着时间的推移，工龄也会自动重新计算。

❶ 选中 H3 单元格，在编辑栏中输入如下公式：

=IF(G3="",DATEDIF(F3,TODAY(),"Y"),DATEDIF(F3,G3,"Y"))

按 Enter 键即可根据离职时间和入职时间计算出第一位员工的工龄，如图 7-25 所示。

H3　=IF(G3="",DATEDIF(F3,TODAY(),"Y"),DATEDIF(F3,G3,"Y"))

领先科技公司人事信息数据表

员工编号	员工姓名	所属部门	职位	学历	入职时间	离职时间	工龄	离职原因	身份证
LX-001	张楚	客服部	经理	本科	2014/2/10		5		340222197
LX-002	汪滕	客服部	专员	本科	2014/2/11				340221196
LX-003	刘先	客服部	专员	本科	2014/2/11				340102197
LX-004	黄雅黎	客服部	专员	大专	2014/2/12				340103199
LX-005	夏梓	客服部	专员	中专	2014/2/13	2017/5/19		工资太低	340223197
LX-006	胡伟立	客服部	专员	初中	2014/2/14				340102197
LX-007	江华	客服部	专员	本科	2014/2/15				340102197
LX-008	方小妹	客服部	专员	高职	2014/2/16				340102197
LX-009	陈友	客服部	专员	中专	2014/2/17				520100198

图 7-25

❷ 选中 H3 单元格，拖动右下角的填充柄向下复制公式，依次得到其他员工的工龄，如图 7-26 所示。

领先科技公司人事信息数据表　　更新于2020-4-1

员工编号	员工姓名	所属部门	职位	学历	入职时间	离职时间	工龄	离职原因	身份证号码	性别	年龄
LX-001	张楚	客服部	经理	本科	2014/2/10		5		340222197809053378	男	42
LX-002	汪滕	客服部	专员	本科	2014/2/11		5		340221196804063334	男	52
LX-003	刘先	客服部	专员	本科	2014/2/11		5		340102197102138990	男	49
LX-004	黄雅黎	客服部	专员	大专	2014/2/12		5		340103199012301237	男	30
LX-005	夏梓	客服部	专员	中专	2014/2/13	2017/5/19	3	工资太低	340223197005153355	男	50
LX-006	胡伟立	客服部	专员	初中	2014/2/14		5		340102197703041178	男	43
LX-007	江华	客服部	专员	本科	2014/2/15		5		340102197612047990	男	44
LX-008	方小妹	客服部	专员	高职	2014/2/16		5		340102197412070997	男	46
LX-009	陈友	客服部	专员	中专	2014/2/17		5		520100198601022536	男	34
LX-010	王莹	客服部	专员	初中	2014/2/18	2017/11/15	3	转换行业	340102198605091278	男	34
LX-011	任玉军	仓储部	仓管	大专	2014/2/19		5		340102198810031448	女	32
LX-012	鲍骏	仓储部	司机	高职	2014/2/20		5		520100198410272436	男	36
LX-013	王启秀	仓储部	司机	中专	2014/2/21	-2018/5/1	4	家庭原因	340400198209039876	男	38
LX-014	张宇	仓储部	司机	初中	2014/2/22		5		520100198512234658	男	35
LX-015	张鹤鸣	仓储部	司机	高职	2014/2/23	2016/1/22	1	转换行业	340400198904282689	女	31
LX-016	黄俊	仓储部	仓管	本科	2014/2/24	2016/10/11	2	转换行业	320400197001237654	男	50
LX-017	肖念	仓储部	仓管	大专	2014/2/25		5		320400196803311234	男	52
LX-018	余琴	仓储部	统计员	本科	2014/2/26		5		520100197609262346	女	44

图 7-26

公式解析

DATEDIF 函数用于计算两个日期之间的年数、月数和天数。

日期可以是带引号的字符串、日期序列号、单元格引用、其他公式的计算结果等。

= DATEDIF(❶起始日期,❷终止日期,❸返回值类型)

第 3 参数用于指定函数的返回值类型，共有 6 种设定。

- "Y"　返回两个日期值间隔的整年数
- "M"　返回两个日期值间隔的整月数
- "D"　返回两个日期值间隔的天数
- "MD"　返回两个日期值间隔的天数（忽略日期中的年和月）
- "YM"　返回两个日期值间隔的月数（忽略日期中的年和日）
- "YD"　返回两个日期值间隔的天数（忽略日期中的年）

① IF 函数判断 G3 单元格离职日期是否为空，并分别执行②和③步。

③ 计算出从 F3 单元格的日期到 G3 单元格日期之间的相差年份。

=IF(G3="",DATEDIF(F3,TODAY(),"Y"),DATEDIF(F3,G3,"Y"))

② 计算出从 F3 单元格的日期到今天日期之间的相差年份。

注意

如果员工未离职，就计算当前日期与入职日期间的差值，如果员工已离职，则计算离职日期与入职日期间的差值。

7.2 员工学历层次分析报表

对于一个快速发展的企业而言，对骨干型员工的培养是非常重要的。为了了解公司人员结构，可以通过分析学历层次来了解企业员工的知识水平。

本节会根据 7.1 节中创建的“人事信息数据”表建立员工学历层次分析报表，了解员工的学历分布情况。

7.2.1 用数据透视表建立各学历人数统计报表

扫一扫，看视频

建立了员工人事信息数据表后，可以利用数据透视表快速统计企业员工各学历的人数比例情况。数据透视表是 Excel 用来分析数据的利器，它可以按所设置的字段对数据表进行快速汇总统计与分析，并根据分析目的的不同再次更改字段位置，重新获取统计结果。数据透视表的数据计算方式也是多样的，如求和、求平均值、最大值以及计数等，不同的数据分析需求可以选择对应的计算方式。

❶ 选中 E2:E187 单元格区域，在“插入”选项卡的“表格”组中单击“数据透视表”按钮，如图 7-27 所示。

❷ 打开“创建数据透视表”对话框，选中“选择一个表或区域”单选按钮，“表/区域”框中显示了选中的单元格区域，在“选择放置数据透视表的位置”栏中默认选中“新工作表”单选按钮，如图 7-28 所示。

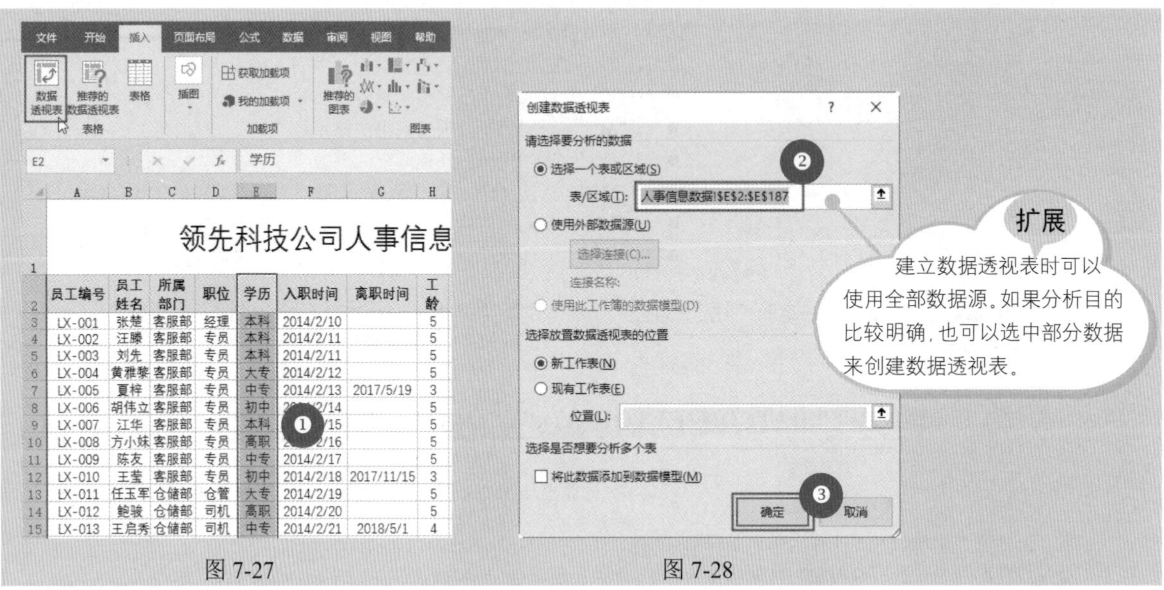

图 7-27　　图 7-28

❸ 单击“确定”按钮，即可在新工作表中创建数据透视表。将其命名为“员工学历层次分布透视表”，如图 7-29 所示。

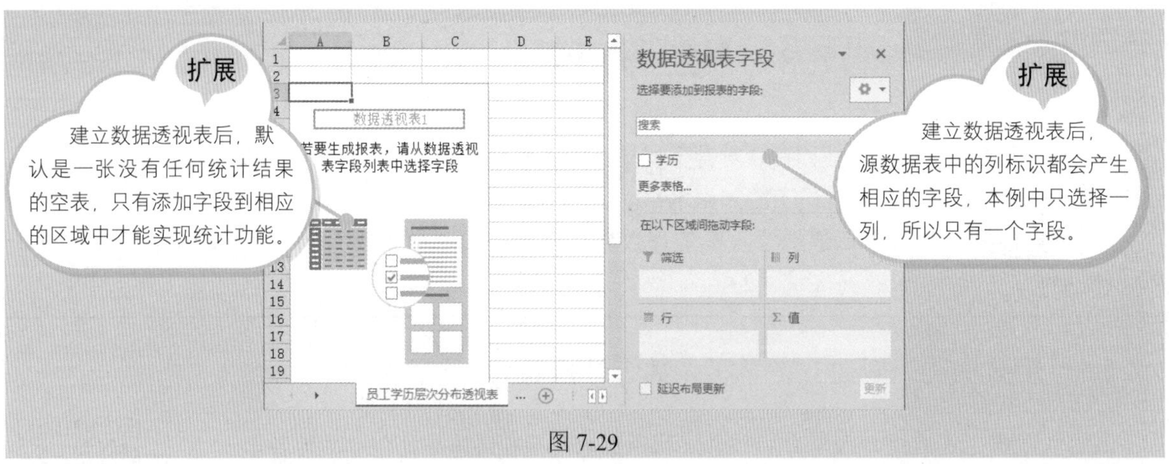

图 7-29

❹ 在字段列表中选中“学历”字段，按住鼠标左键将其拖动到“行”区域中；再次选中“学历”字段，按住鼠标左键将其拖动到“值”区域中，得到的统计结果如图 7-30 所示。

❺ 在“值”下拉区域中右击“计数项：学历”，在弹出的快捷菜单中选择“值字段设置”命令，如图 7-31 所示。

行标签	计数项:学历
研究生	10
本科	30
高中	17
初中	27
大专	57
高职	15
中专	29
总计	185

图 7-30

❻ 打开“值字段设置”对话框，在其中选择“值显示方式”选项卡，在“值显示方式”下拉列表中选择“列汇总的百分比”，在“自定义名称”文本框中输入“人数”，如图 7-32 所示。

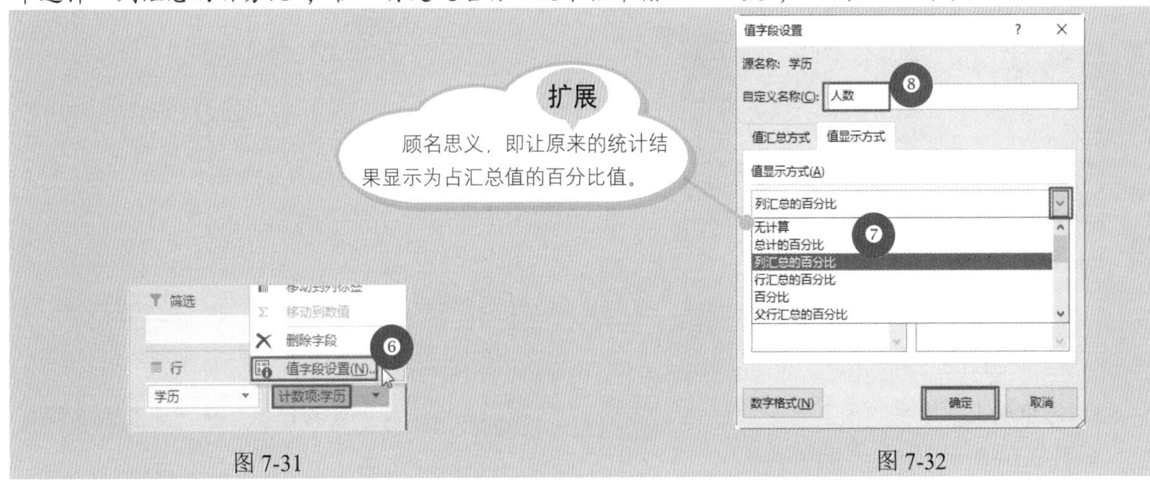

图 7-31　　图 7-32

❼ 单击“确定”按钮，返回工作表中，得到图 7-33 所示的数据透视表。从中可以看到大专学历的人数占比最高，其次是本科、中专和初中学历的人数占比，研究生、高职和高中学历的人数占比最低。

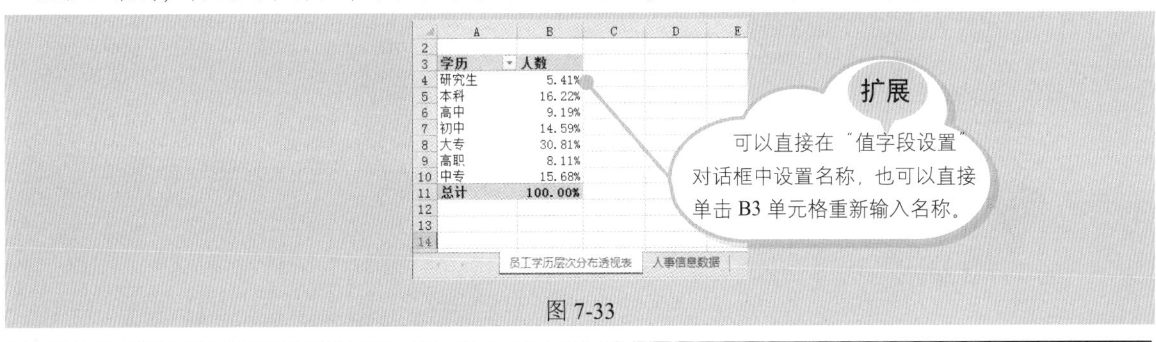

学历	人数
研究生	5.41%
本科	16.22%
高中	9.19%
初中	14.59%
大专	30.81%
高职	8.11%
中专	15.68%
总计	100.00%

图 7-33

7.2.2 建立各学历人数分析图表

扫一扫，看视频

建立各学历人数统计报表后，可以使用数据透视图快速建立分析图表，将抽象的数据以图形化显示。本例可以以饼图展现各个学历的占比。

❶ 选中数据透视表中的任一单元格，在“数据透视表工具-分析”选项卡的“工具”组中单击“数据透视图”按钮，如图 7-34 所示。

❷ 打开“插入图表”对话框，选择合适的图表类型，这里选择“饼图”（如图 7-35 所示），单击“确定”按钮，即可在工作表中插入数据透视图。

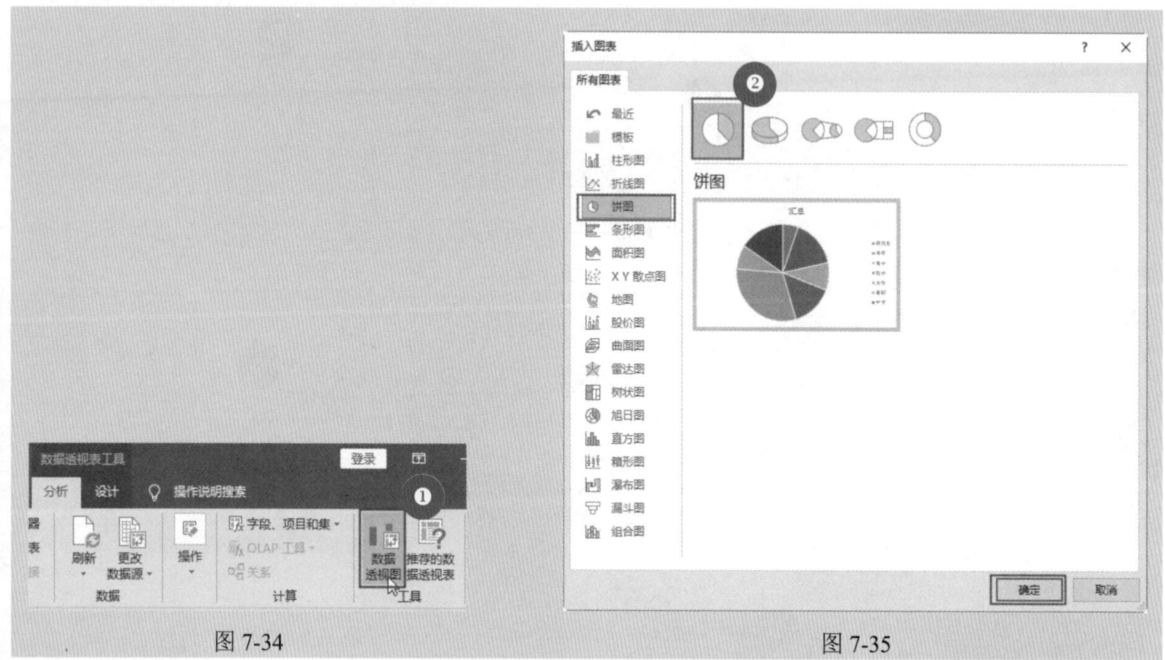

图 7-34　　图 7-35

❸ 选中图表，单击“图表元素”按钮，在弹出的下拉列表中选择“数据标签”→“更多选项”选项，如图 7-36 所示。

❹ 打开“设置数据标签格式”窗格，在“标签选项”栏下选中“类别名称”和“百分比”复选框，如图 7-37 所示。设置完成后关闭该窗格，得到如图 7-38 所示的图表。

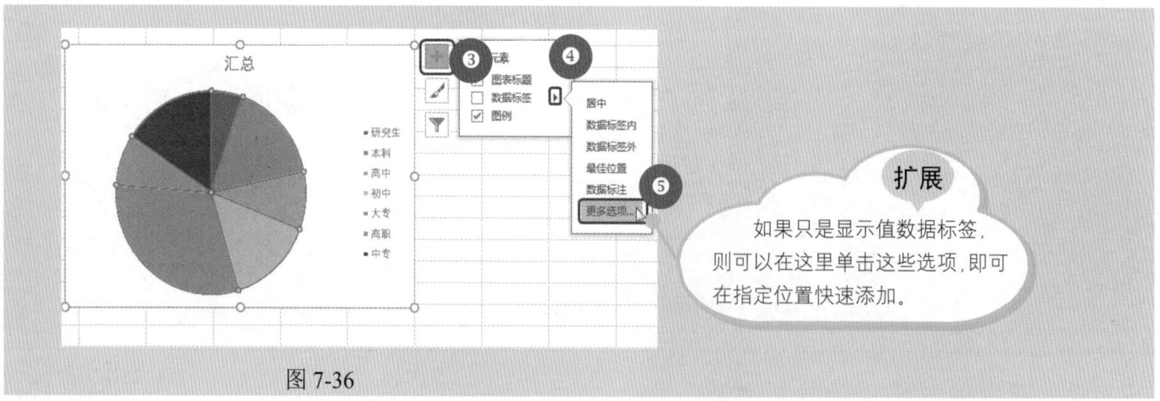

图 7-36

❺ 选中图表，单击“图表样式”按钮，在弹出的下拉列表中单击“样式”标签，在样式列表中选择“样式 8”，如图 7-39 所示。

❻ 重新输入标题，最终效果如图 7-40 所示。从中可以看到大专学历的人数所占比例最大。

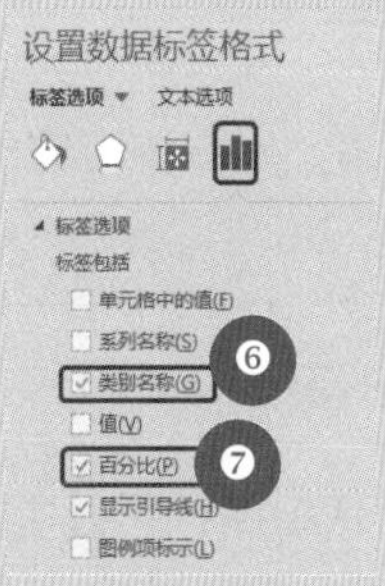

设置数据标签格式

标签选项 ▼ 文本选项

标签选项

标签包括

单元格中的值(F)

系列名称(S)

类别名称(G) ⑥

值(V)

百分比(P) ⑦

显示引导线(H)

图例项标示(L)

图 7-37

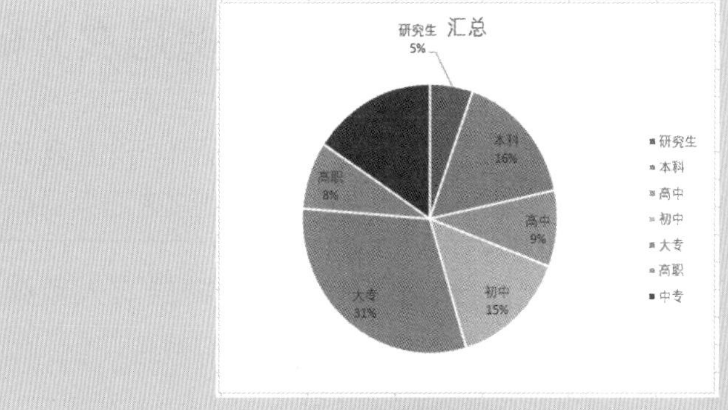

图 7-38

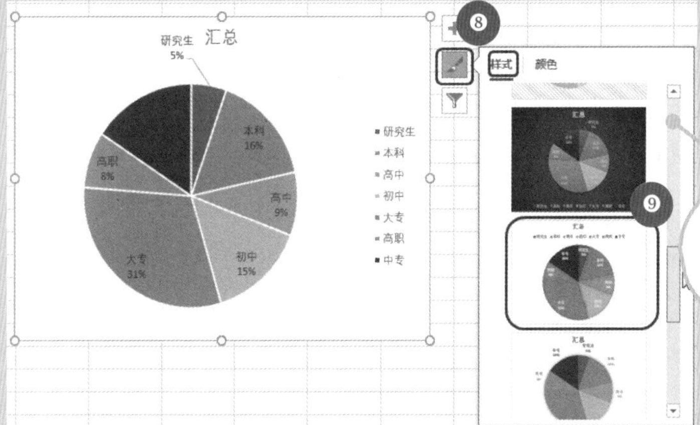

图 7-39

扩展

这里的样式是程序内置的一些设置了图表区域填充效果、数据系列格式等效果的样式，可供用户快速套用。对于初学者而言，套用图表样式是优化图表的快捷方法。

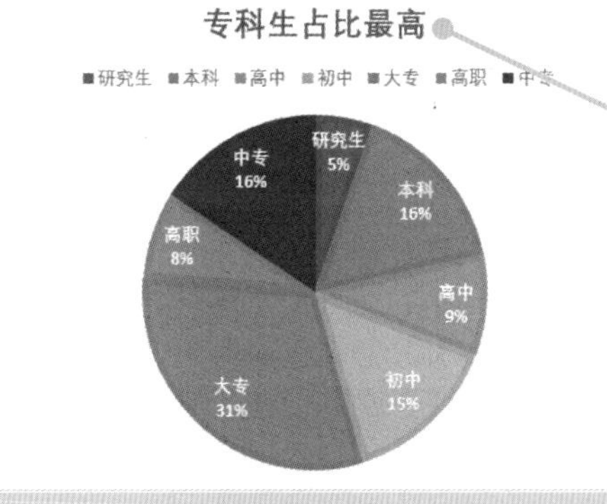

图 7-40

扩展

图表标题可以直观地阐明所要表达的信息，因此可以将分析结论写入标题。

经验之谈

图表的标题是图表中的一个必要元素。标题的命名并不只是一个摆设，而是可以阐明所要表达的信息。对图表标题有两方面要求：一是图表标题要设置得足够鲜明；二是一定要把图表想表达的信息写入标题。标题明确的图表能够更快速地引导阅读者理解图表意思，读懂分析目的。图表的标题可以使用如“会员数量持续增加”“A、B 两种产品库存不足”“新包装销量明显提升”等类似直达主题的标题。

7.3 员工年龄层次分析报表

通过企业员工的年龄层次可以掌握人员结构是年轻化还是老龄化。本节会根据创建的人事信息数据表建立员工年龄层次分析报表，从而直观显示分析结果。

扫一扫，看视频

7.3.1 用透视表建立各年龄层次人数统计报表

使用“年龄”列数据建立数据透视表和数据透视图，可以实现对公司员工年龄层次的分析。

❶ 选中 L2:L187 单元格区域，在“插入”选项卡的“表格”组中单击“数据透视表”按钮，如图 7-41 所示。

❷ 打开“创建数据透视表”对话框，选中“选择一个表或区域”单选按钮，“表/区域”框中显示了选中的单元格区域，在“选择放置数据透视表的位置”栏中默认选中“新工作表”单选按钮，如图 7-42 所示。

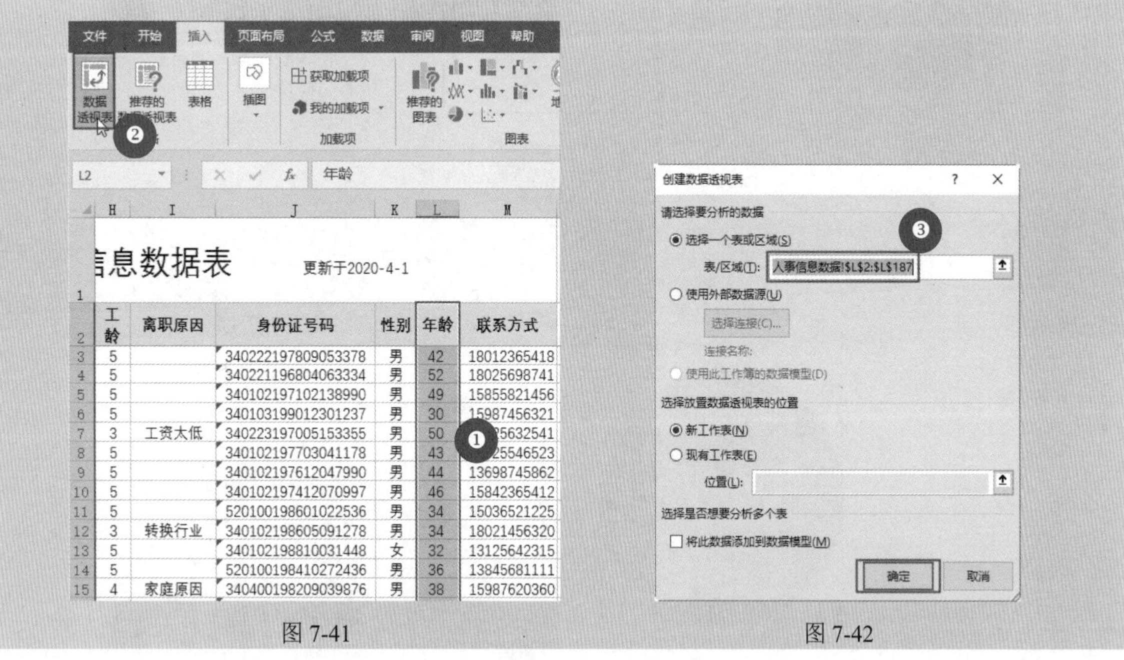

图 7-41　　　　图 7-42

❸ 单击“确定”按钮，即可在新工作表中创建数据透视表。分别拖动“年龄”字段到“行”区域和“值”区域中，得到年龄统计结果，如图 7-43 所示。

❹ 选中 B4 单元格并右击，在弹出的快捷菜单中选择“值字段设置”命令，如图 7-44 所示。

❺ 打开“值字段设置”对话框，选择“值汇总方式”选项卡，在“选择用于汇总所选字段数据的计算类型”下拉列表框中选择“计数”，然后在“自定义名称”文本框中输入“人数”，如图 7-45 所示。

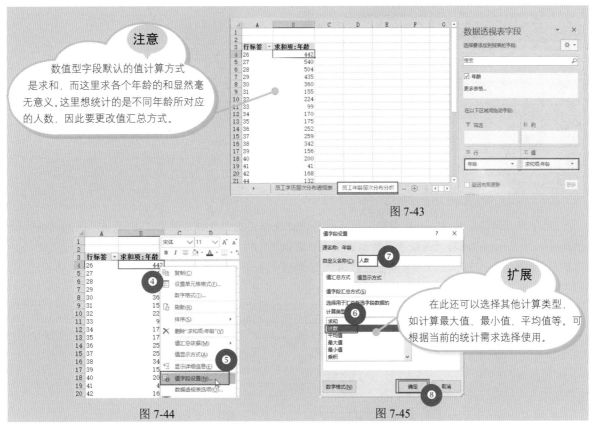

注意

数值型字段默认的值计算方式是求和，而这里求各个年龄的和显然毫无意义。这里想统计的是不同年龄所对应的人数，因此要更改值汇总方式。

图 7-43

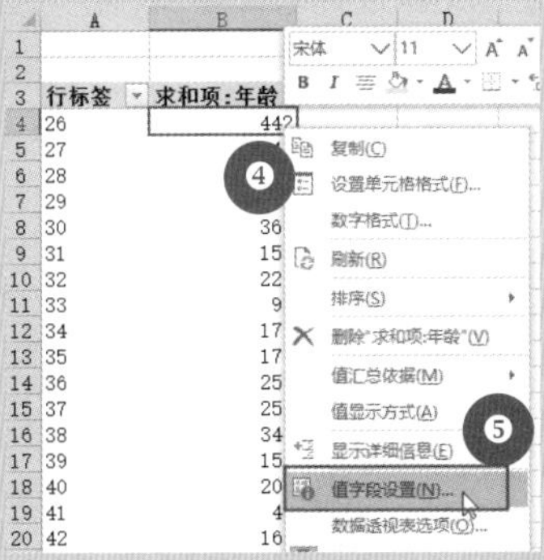

图 7-44

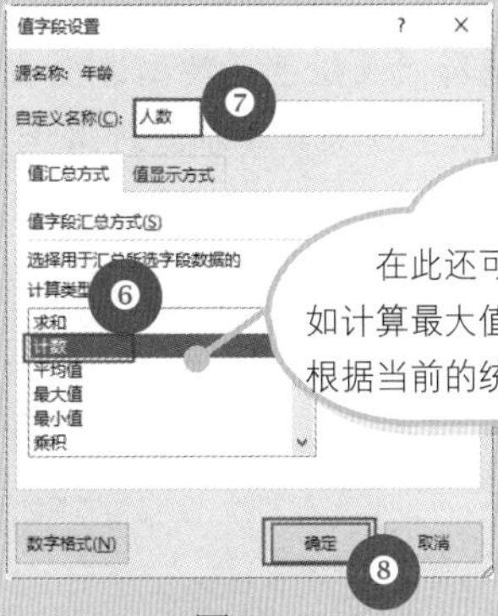

扩展

在此还可以选择其他计算类型，如计算最大值、最小值、平均值等。可根据当前的统计需求选择使用。

图 7-45

❻ 单击“确定”按钮，即可统计出各个年龄对应的人数。选中“人数”字段下方任一单元格并右击，在弹出的快捷菜单中选择“值显示方式”→“总计的百分比”命令，如图 7-46 所示。

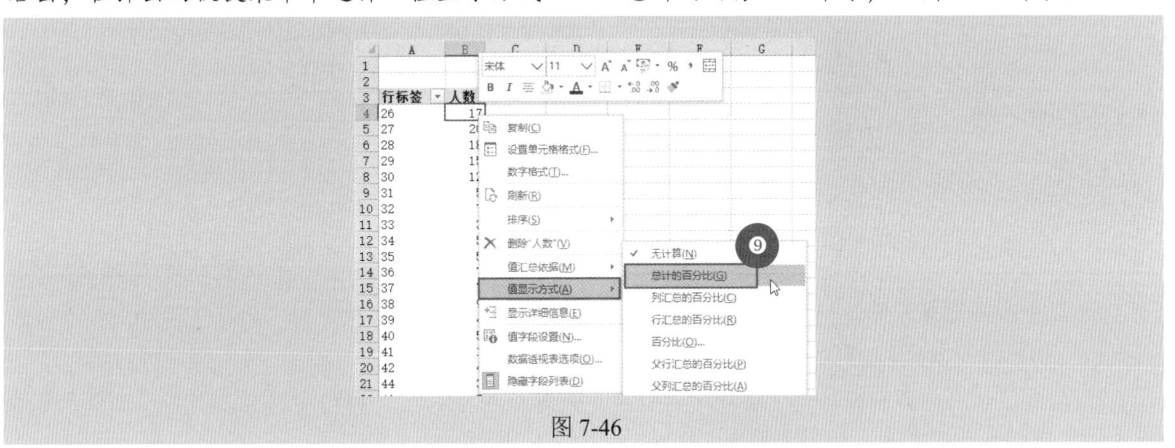

图 7-46

❼ 此时可以看到数据以百分比格式显示。单击 A3 单元格并输入名称“年龄分组”，再选中行标签的任意单元格，在“数据透视表工具-分析”选项卡的“组合”组中单击“分组选择”按钮，如图 7-47 所示。

❽ 打开“组合”对话框，设置“步长”为 10，其他保持默认设置不变，如图 7-48 所示。

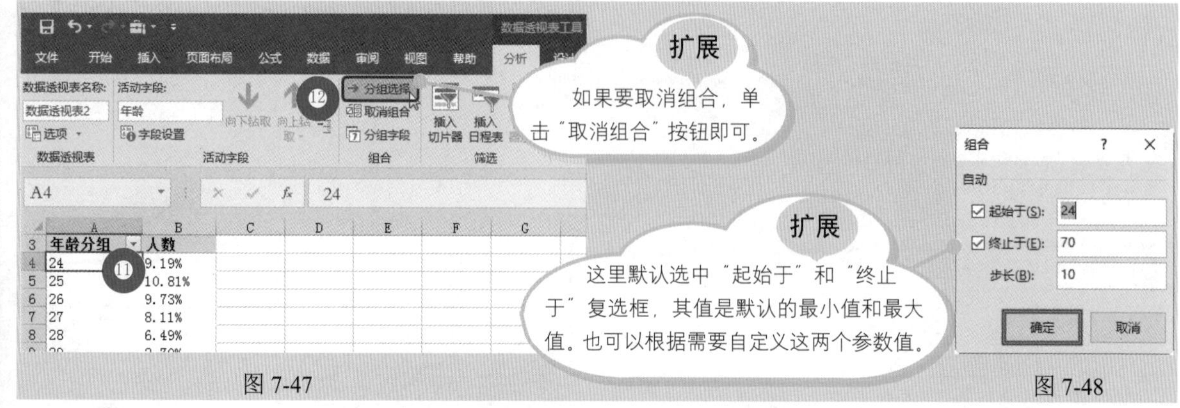

图 7-47　　图 7-48

❾ 单击"确定"按钮，即可看到分组后的年龄段数据。在"数据透视表工具-设计"选项卡的"数据透视表样式"组中选择"浅橙色，数据透视表样式浅色 14"选项，即可快速美化数据透视表。最后将报表中的"人数"列标识更改为"各年龄段占比"。从透视表中可以看到 24～33 岁之间的人数占比最大，如图 7-49 所示。

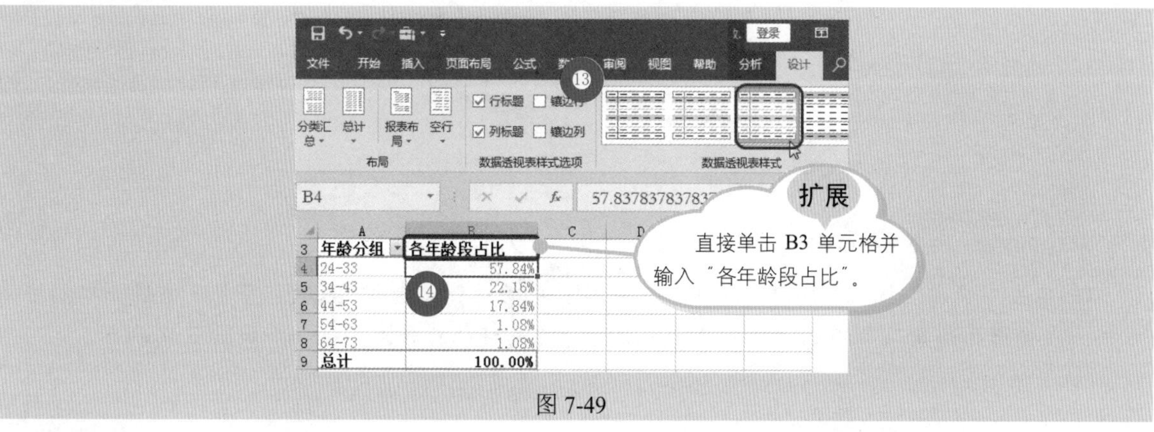

图 7-49

扫一扫，看视频

7.3.2　建立各年龄层次人数分析图表

根据人事信息数据表中的"年龄"列数据建立数据透视表后，可以创建数据透视图，直观查看分析结果。

❶ 选中数据透视表中任一单元格，在"数据透视表工具-分析"选项卡的"工具"组中单击"数据透视图"按钮，如图 7-50 所示。

❷ 打开"插入图表"对话框，选择合适的图表类型，这里选择"饼图"，单击"确定"按钮，即可在工作表中插入饼图图表，如图 7-51 所示。

❸ 选中图表，单击"图表元素"按钮，在弹出的下拉列表中选择"图表标题"→"更多选项"选项（如图 7-52 所示），打开"设置数据标签格式"窗格。

❹ 在"标签选项"栏下分别选中"类别名称"和"百分比"复选框，如图 7-53 所示。

❺ 在图表标题框中重新输入标题，如图 7-54 所示。从图表中可以看到企业员工的年龄趋于年轻化。

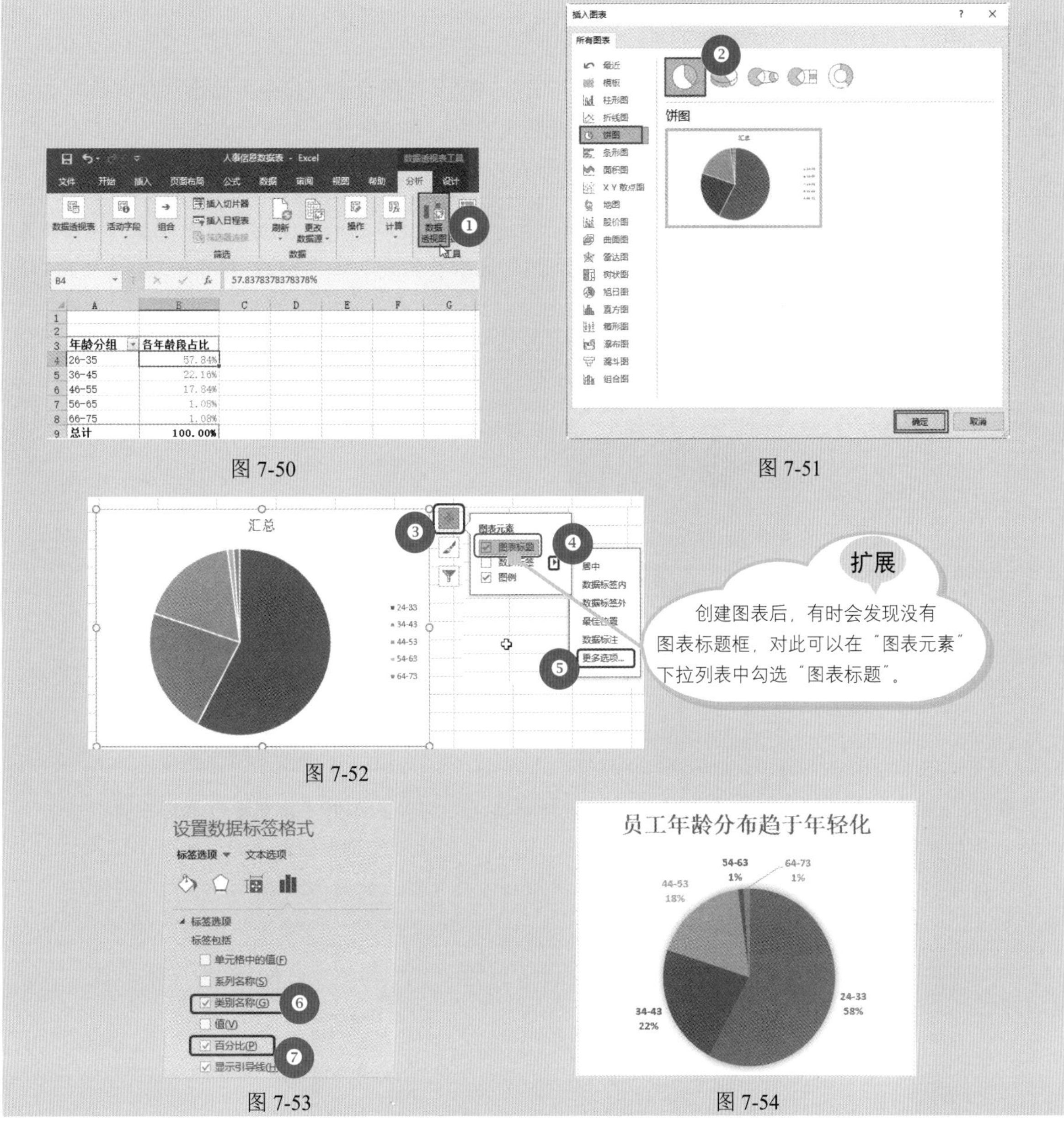

图 7-50　图 7-51　图 7-52　图 7-53　图 7-54

7.4　员工稳定性分析直方图

企业员工保持稳定可以保障企业持续稳定地发展。因此，对于企业员工稳定性的分析也是人事部门的一项重要工作。

要想实现对公司员工稳定性的分析，可以根据 7.1 节建立的“人事信息数据表”，将“工龄”列数据建立直方图，再根据直方图分析哪个工龄段的人数最多。

扫一扫，看视频

7.4.1 创建直方图

对工龄进行分段统计，可以分析公司员工的稳定性。在人事信息数据表中，通过计算出的工龄数据可以快速创建直方图。直方图是一种统计型图表，它可以直观显示各工龄段人数分布情况。

❶ 在“人事信息数据”表中选中“工龄”列，在“插入”选项卡的“图表”组中单击“插入统计图表”下拉按钮，在弹出的下拉列表中选择“直方图”选项（如图 7-55 所示），即可在工作表中插入默认格式的直方图，如图 7-56 所示。

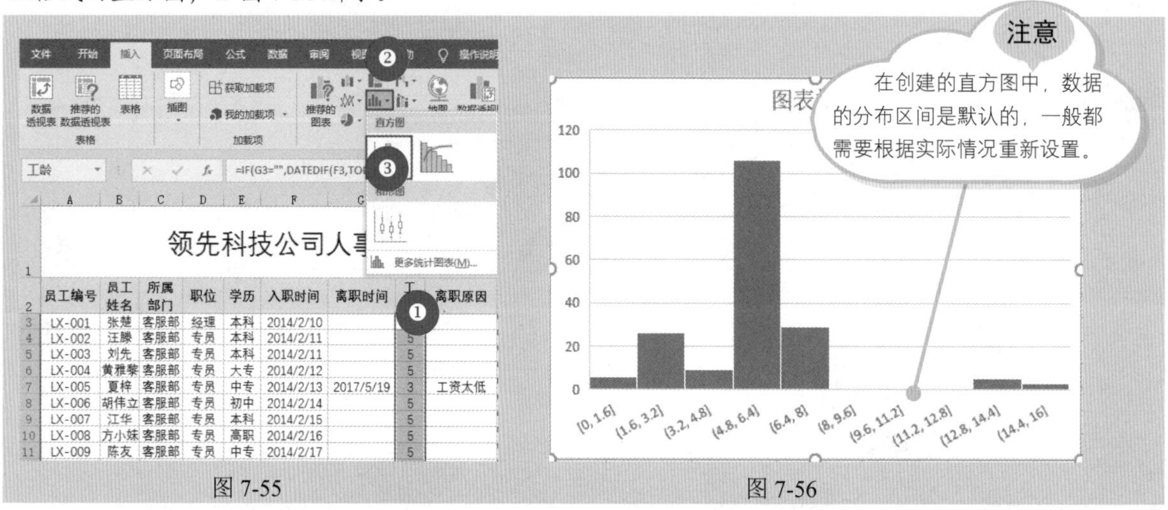

图 7-55　　图 7-56

❷ 双击图表中的水平坐标轴，打开“设置坐标轴格式”窗格。选中“箱宽度”单选按钮，在其右侧的数值框中输入“3.0”。选中“箱数”单选按钮，在其右侧的数值框中输入“5”，如图 7-57 所示。执行上述操作后，可以看到图表变为 5 个柱子，且工龄按 3 年分段，如图 7-58 所示。

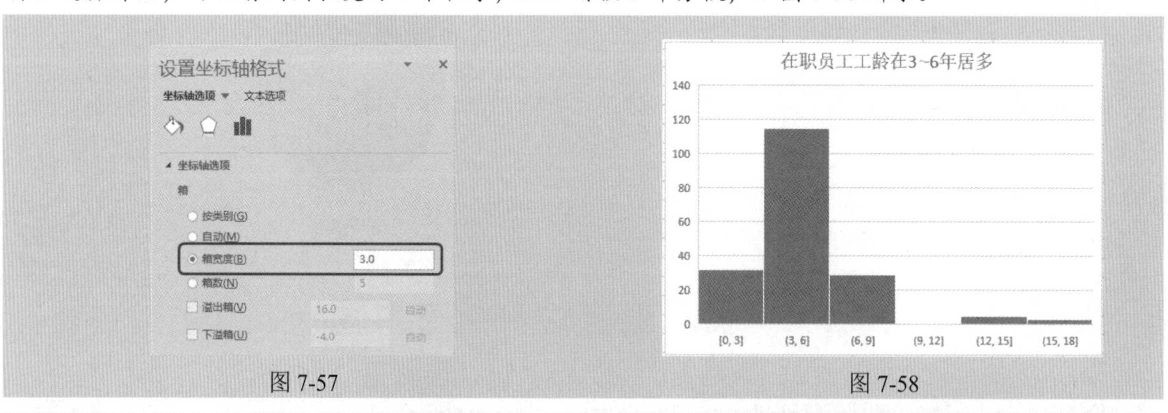

图 7-57　　图 7-58

经验之谈

箱数就是柱子的数量，柱子越多，就会对数据进行更细致的划分。这个数量也可以按需要设置，即进行自定义设置。

7.4.2 图表优化设置

扫一扫，看视频

根据“工龄”列数据创建直方图后，可以重新设置直方图的样式、标题和数据标签。

❶ 选中图表并右击，在弹出的快捷菜单中选择“添加数据标签”→“添加数据标签”命令，如图 7-59 所示。

❷ 此时可以为图表快速套用样式。单击“图表元素”按钮，在弹出的下拉列表中选择“图表样式”→“样式 3”选项（如图 7-60 所示），即可为图表快速应用指定的样式。

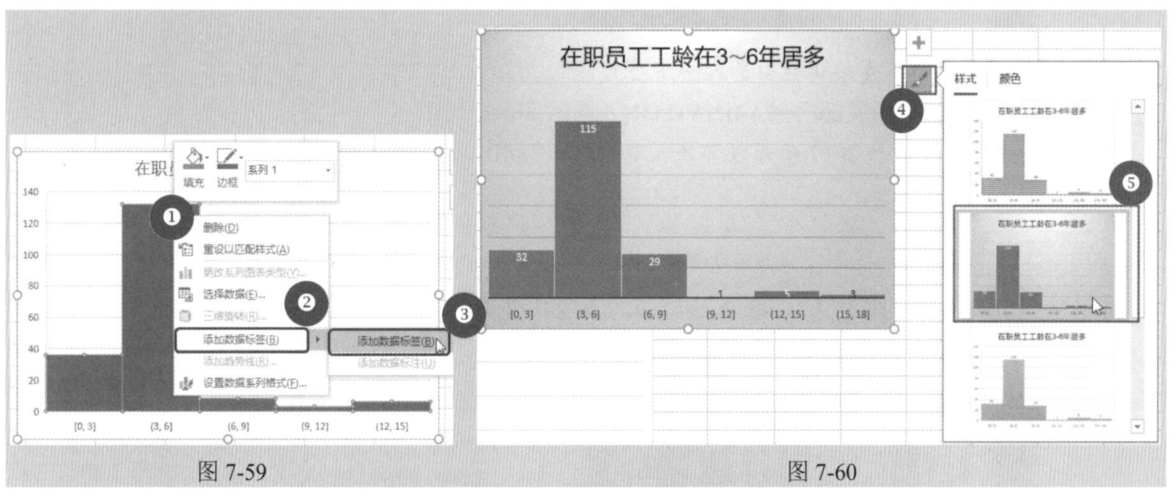

图 7-59　　　　图 7-60

7.5 人员流动情况分析表（两年内）

扫一扫，看视频

企业的人员流动情况分析是很有必要的，它能帮助企业从多维度、多指标中分析员工离职的根本原因，从而发现企业日常管理中存在的问题，并加以改善。因为公司大小不同、公司关注人员流动的侧重点不同、HR 的思维习惯不同等，所以对人员流动情况的分析在维度和指标上会有差异。

本节主要讲解如何建立人员流动情况分析表。在人员流动情况分析表中，可以根据人事信息数据表中的离职时间和所属部门数据，统计出各个部门中近两年的入职人数和离职人数。

❶ 创建“人员流动情况分析”表，选中 B4 单元格，在编辑栏中输入如下公式：

=SUMPRODUCT((所属部门=$A4)*(YEAR(离职时间)=2017))

按 Enter 键即可统计出 2017 年客服部的离职人数，如图 7-61 所示。

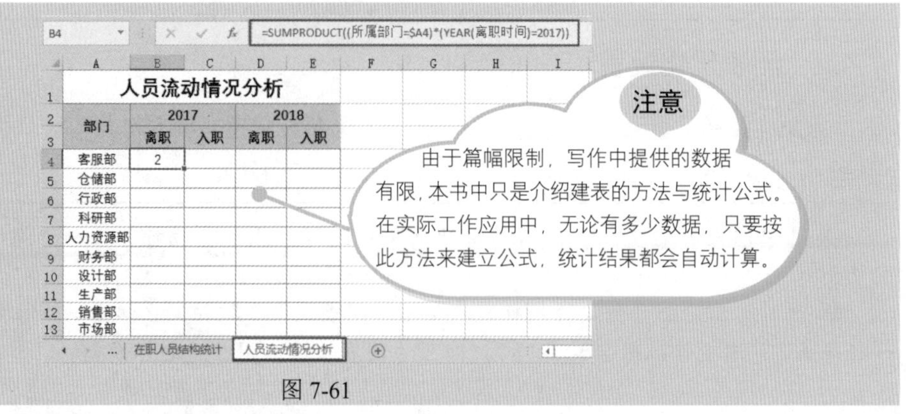

B4 =SUMPRODUCT((所属部门=$A4)*(YEAR(离职时间)=2017))

人员流动情况分析				
部门	2017		2018	
	离职	入职	离职	入职
客服部	2			
仓储部				
行政部				
科研部				
人力资源部				
财务部				
设计部				
生产部				
销售部				
市场部				

图 7-61

❷ 选中 C4 单元格，在编辑栏中输入如下公式：

=SUMPRODUCT((所属部门=$A4)*(YEAR(入职时间)=2017))

按 Enter 键即可统计出 2017 年客服部的入职人数，如图 7-62 所示。

C4 =SUMPRODUCT((所属部门=$A4)*(YEAR(入职时间)=2017))

人员流动情况分析				
部门	2017		2018	
	离职	入职	离职	入职
客服部	2	0		
仓储部				
行政部				
科研部				
人力资源部				
财务部				
设计部				

图 7-62

❸ 选中 D4 单元格，在编辑栏中输入如下公式：

=SUMPRODUCT((所属部门=$A4)*(YEAR(离职时间)=2018))

按 Enter 键即可统计出 2018 年客服部的离职人数，如图 7-63 所示。

D4 =SUMPRODUCT((所属部门=$A4)*(YEAR(离职时间)=2018))

人员流动情况分析				
部门	2017		2018	
	离职	入职	离职	入职
客服部	2	0	0	
仓储部				
行政部				
科研部				
人力资源部				

图 7-63

❹ 选中 E4 单元格，在编辑栏中输入如下公式：

=SUMPRODUCT((所属部门=$A4)*(YEAR(入职时间)=2018))

按 Enter 键即可统计出 2018 年客服部的入职人数，如图 7-64 所示。

❺ 选中 B4:E4 单元格区域，将鼠标指针指向该区域的右下角，按住鼠标左键向下拖动复制公式，依次得到其他部门近两年的离职人数和入职人数，如图 7-65 所示。

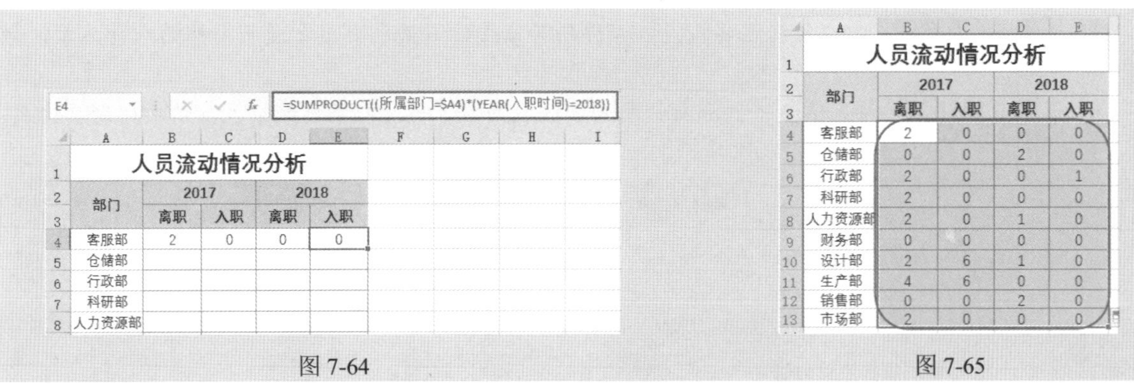

人员流动情况分析				
部门	2017		2018	
	离职	入职	离职	入职
客服部	2	0	0	0
仓储部				
行政部				
科研部				
人力资源部				

图 7-64

人员流动情况分析				
部门	2017		2018	
	离职	入职	离职	入职
客服部	2	0	0	0
仓储部	0	0	2	0
行政部	2	0	0	1
科研部	2	0	0	0
人力资源部	2	0	1	0
财务部	0	0	0	0
设计部	2	6	1	0
生产部	4	6	0	0
销售部	0	0	2	0
市场部	2	0	0	0

图 7-65

公式解析

=SUMPRODUCT((所属部门=$A4)*(YEAR(离职时间)=2017))

条件 1：即所属部门是 A4 中指定的部门。

条件 2：使用 YEAR 函数提取离职时间中的年份值，再判断其离职时间中的年份是否等于 2017。如果是即为满足条件的记录。

7.6 离职原因统计表

人事信息数据表记录了每一位离职人员的离职原因。离职的原因有很多种，企业可以根据实际情况调查离职人员的离职原因，并分期进行数据统计，从而了解哪些原因是造成公司人员流动的主要因素，再有针对性地完善公司制度和管理结构。

扫一扫，看视频

❶ 创建“人员离职原因汇总分析”表，选中 B3 单元格，在编辑栏中输入如下公式：

=SUMPRODUCT((离职原因=$A3)*(YEAR(离职时间)=B$2))

按 Enter 键即可统计出在 2016 年因“不满意公司制度”而离职的人员总数，如图 7-66 所示。

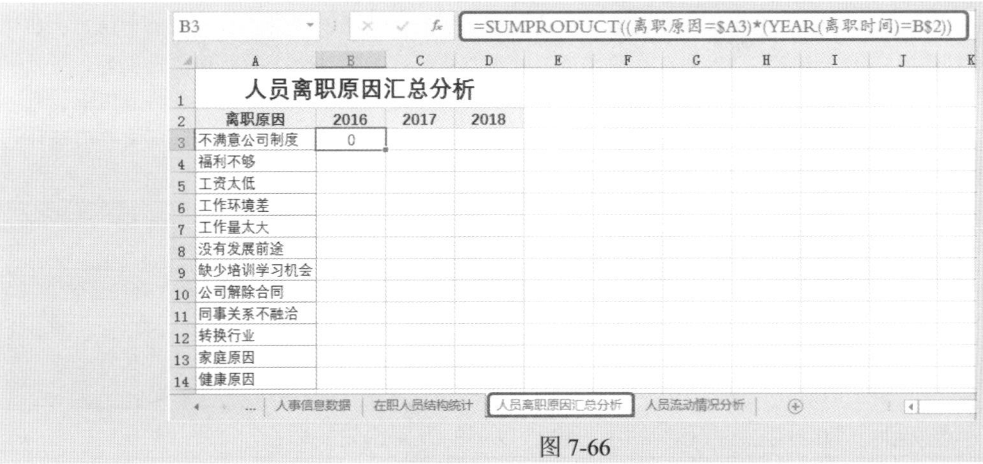

人员离职原因汇总分析			
离职原因	2016	2017	2018
不满意公司制度	0		
福利不够			
工资太低			
工作环境差			
工作量太大			
没有发展前途			
缺少培训学习机会			
公司解除合同			
同事关系不融洽			
转换行业			
家庭原因			
健康原因			

图 7-66

❷ 选中 B3 单元格，向右复制此公式，依次得到其他年份不满意公司制度而离职的人员总数，如图 7-67 所示。

❸ 选中 B3:D3 单元格区域，将鼠标指针指向该区域的右下角，向下复制公式，依次得到其他离职原因在近三年的总人数，如图 7-68 所示。

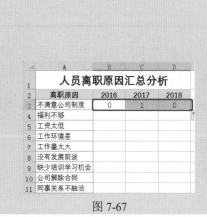

人员离职原因汇总分析			
离职原因	2016	2017	2018
不满意公司制度	0	1	0
福利不够			
工资太低			
工作环境差			
工作量太大			
没有发展前途			
缺少培训学习机会			
公司解除合同			
同事关系不融洽			

图 7-67

人员离职原因汇总分析			
离职原因	2016	2017	2018
不满意公司制度	0	1	0
福利不够	0	1	2
工资太低	1	4	1
工作环境差	0	0	0
工作量太大	0	2	1
没有发展前途	0	0	0
缺少培训学习机会	0	2	0
公司解除合同	0	1	0
同事关系不融洽	0	0	0
转换行业	2	1	0
家庭原因	1	2	2
健康原因	0	2	0

图 7-68

公式解析

条件 1：离职原因是 A3 中的原因。

=SUMPRODUCT((离职原因=$A3)*(YEAR(离职时间)=B$2))

条件 2：使用 YEAR 函数提取离职时间中的年份值，再判断其离职时间中的年份是否是 B2 中的指定年份。如果是即为满足条件的记录。

扩展

公式既要向下复制又要向右复制，所以注意单元格的引用方式。

经验之谈

对有固定需求的数据，可以事先建立一套完善的统计表格，进行一次性的劳动以后可以重复使用；临时需求的数据可以临时统计。如在职、入职人员的学历、性别、年龄、工龄统计分析是固定需要的，另外还有人事报表、人员流动情况、临时工聘用情况等，对这些项目可以建立相应的统计分析表格和图表，每次需要时打开工作表查看即可。临时统计的统计表可以使用数据透视表快速统计，而一些固定需要的统计表则可以使用函数进行统计。

扫一扫，看视频

7.7 职级考核评定表

员工职级考核评定表是根据一年一度的员工考核成绩给出评定结果。例如，判定大于 90 分以上的予以晋升，90 分以下的维持原先的职级。

❶ 选中 E2 单元格，在编辑栏中输入如下公式：

=IF(D2>90,"晋升 1 级","维持")

按 Enter 键即可根据考核成绩得到评定结果，如图 7-69 所示。

❷ 选中 E2 单元格，拖动右下角的填充柄向下复制公式，依次得到其他员工的考核评定结果，如图 7-70 所示。

E2 =IF(D2>90,"晋升1级","维持")

	A	B	C	D	E
1	员工编号	姓名	职级	考核成绩	考核结果
2	LX-22	苏瑾	客户主任A级	98	晋升1级
3	LX-23	龙富春	客户主任A级	90	
4	LX-29	李思	客户经理B级	66	
5	LX-55	陈欧	客户主任A级	98	
6	LX-28	李多多	客户主任B级	100	
7	LX-56	张毅君	客户主任B级	98	
8	LX-69	胡娇娇	客户主任B级	75	
9	LX-78	董晓迪	客户主任C级	90	
10	LX-89	张振梅	客户经理A级	88	
11	LX-111	张俊	客户主任C级	87	
12	LX-125	桂萍	客户主任C级	97	
13	LX-128	古晨	客户经理A级	88	
14	LX-135	王先仁	客户经理A级	95	
15	LX-137	章华	客户经理B级	95	
16	LX-166	潘美玲	客户经理B级	91	
17	LX-167	李鹏	客户经理C级	90	
18	LX-280	廖凯	客户经理C级	85	
19	LX-297	霍晶	客户经理C级	84	

职级考核评定表

图 7-69

	A	B	C	D	E
1	员工编号	姓名	职级	考核成绩	考核结果
2	LX-22	苏瑾	客户主任A级	98	晋升1级
3	LX-23	龙富春	客户主任A级	90	维持
4	LX-29	李思	客户经理B级	66	维持
5	LX-55	陈欧	客户主任A级	98	晋升1级
6	LX-28	李多多	客户主任B级	100	晋升1级
7	LX-56	张毅君	客户主任B级	98	晋升1级
8	LX-69	胡娇娇	客户主任B级	75	维持
9	LX-78	董晓迪	客户主任C级	90	维持
10	LX-89	张振梅	客户经理A级	88	维持
11	LX-111	张俊	客户主任C级	87	维持
12	LX-125	桂萍	客户主任C级	97	晋升1级
13	LX-128	古晨	客户经理A级	88	维持
14	LX-135	王先仁	客户经理A级	95	晋升1级
15	LX-137	章华	客户经理B级	95	晋升1级
16	LX-166	潘美玲	客户经理B级	91	晋升1级
17	LX-167	李鹏	客户经理C级	90	维持
18	LX-280	廖凯	客户经理C级	85	维持
19	LX-297	霍晶	客户经理C级	84	维持

图 7-70

公式解析

IF 函数是 Excel 中最常用的函数之一，它根据指定的条件来判断“真”（TRUE）、“假”（FALSE），从而返回其相对应的内容。

① IF 函数判断 D2 单元格考核成绩是否大于 90 分。

③ 如果①步条件为假，则返回“维持”。

=IF(D2>90,"晋升 1 级","维持")

② 如果①步条件为真，则返回“晋升 1 级”。

7.8 员工岗位异动表

在公司人事管理工作中，员工的岗位调动是一项重要的工作。根据员工升职、降职、平调等实际情况，可以建立员工岗位异动表，以管理人事调动。岗位异动需要由人事部门经理、接收岗位主管以及原先的岗位主管签字同意，并将填写好的岗位异动表和人事信息档案表一起保管起来。

扫一扫，看视频

图 7-71 所示为建立的员工岗位异动表范例。根据设计者思路不同，岗位异动表会有少许差异，但一般都会包含如下基本元素，读者可根据自己企业的实际情况做出调整。

领先科技公司员工岗位异动表							
姓名		工号		部门		入职时间	
调整类型	异动调整	□ 升职 □ 降职 □ 调动		调整前部门		调整前职位	
				调整后部门		调整后职位	
	特殊调整						
调整前薪酬	基本工资			调整后薪酬	基本工资		
	绩效工资				绩效工资		
	福利补贴				福利补贴		
调动生效日期							
调出部门意见		部门经理：			____年____月____日		
		主管/副总：			____年____月____日		
调入部门意见		部门经理：			____年____月____日		
		主管/副总：			____年____月____日		
总经理意见						____年____月____日	

图 7-71

7.9　劳动合同续签维护表

扫一扫，看视频

为了管理公司员工的劳动合同，可以创建劳动合同续签维护表，以记录员工的基本信息、合同的续签原因和时间等。

图 7-72 所示为建立的劳动合同续签维护表范例。根据设计者思路不同，此表会有少许差异，但一般都会包含如下基本元素，读者可根据自己企业的实际情况做出调整。

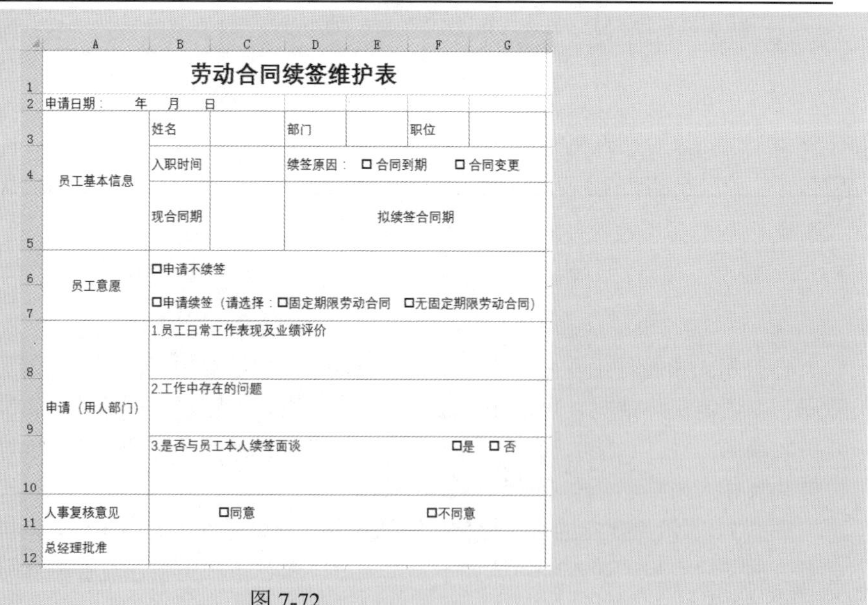

劳动合同续签维护表						
申请日期：　年　月　日						
员工基本信息	姓名		部门		职位	
	入职时间		续签原因：　□ 合同到期　□ 合同变更			
	现合同期		拟续签合同期			
员工意愿	□申请不续签 □申请续签（请选择：□固定期限劳动合同　□无固定期限劳动合同）					
申请（用人部门）	1.员工日常工作表现及业绩评价					
	2.工作中存在的问题					
	3.是否与员工本人续签面谈　□是　□否					
人事复核意见	□同意　□不同意					
总经理批准						

图 7-72

第 8 章

日常财务管理中的表格

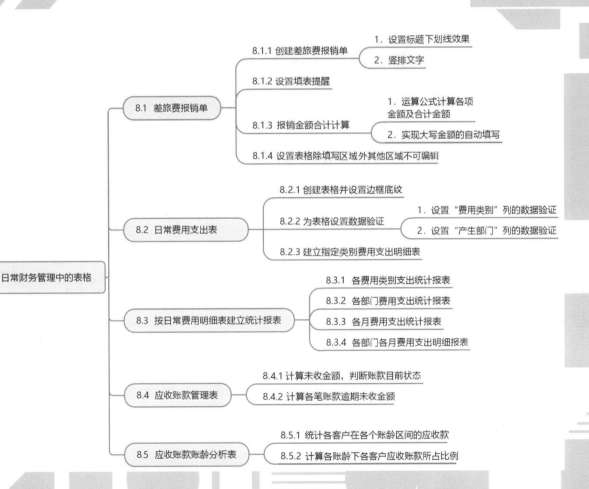

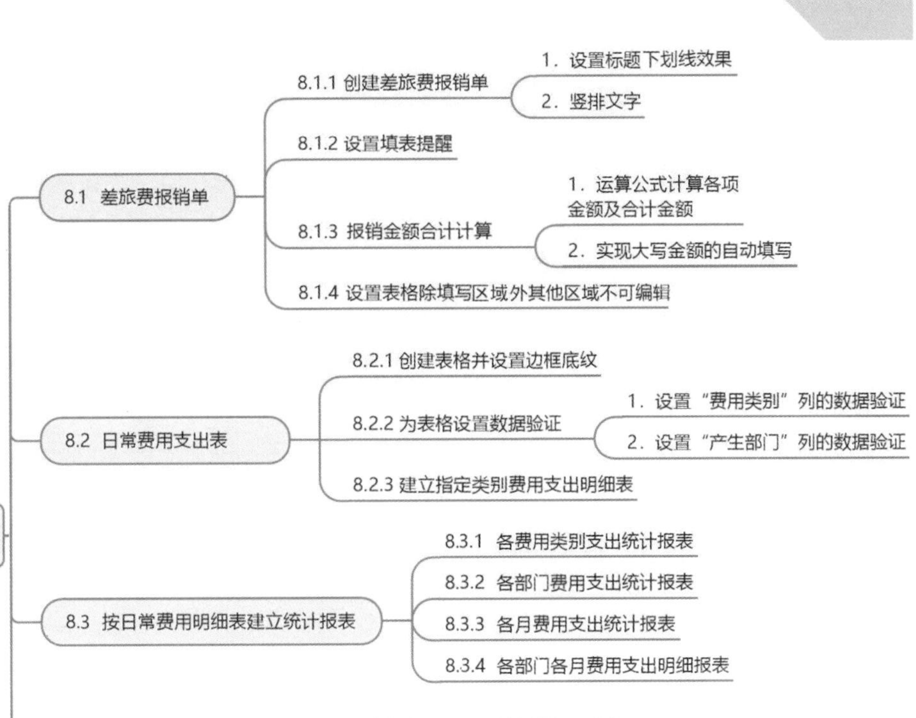

日常财务管理中的表格
8.1 差旅费报销单
8.1.1 创建差旅费报销单
1．设置标题下划线效果
2．竖排文字
8.1.2 设置填表提醒
8.1.3 报销金额合计计算
1．运算公式计算各项金额及合计金额
2．实现大写金额的自动填写
8.1.4 设置表格除填写区域外其他区域不可编辑
8.2 日常费用支出表
8.2.1 创建表格并设置边框底纹
8.2.2 为表格设置数据验证
1．设置“费用类别”列的数据验证
2．设置“产生部门”列的数据验证
8.2.3 建立指定类别费用支出明细表
8.3 按日常费用明细表建立统计报表
8.3.1 各费用类别支出统计报表
8.3.2 各部门费用支出统计报表
8.3.3 各月费用支出统计报表
8.3.4 各部门各月费用支出明细报表
8.4 应收账款管理表
8.4.1 计算未收金额，判断账款目前状态
8.4.2 计算各笔账款逾期未收金额
8.5 应收账款账龄分析表
8.5.1 统计各客户在各个账龄区间的应收款
8.5.2 计算各账龄下各客户应收账款所占比例

8.1 差旅费报销单

差旅费报销单是企业中常用的一种财务单据，它是用于差旅费用报销前记录各项明细数据的表单。根据企业性质或个人设计思路不同，其框架结构也会稍有不同，但一般都会包括报销项目、金额以及相应的原始单据等。下面通过一个实例介绍创建差旅费报销单的方法。

扫一扫，看视频

8.1.1 创建差旅费报销单

创建表格前，要根据企业的实际情况规划好差旅费报销单应包含哪些项目，可以在稿纸上粗略规划表格。表格创建过程中要对表格进行格式调整，还可以进行数据验证设置及建立计算公式。

1. 设置标题下划线效果

标题下划线效果是财务报表中一种常用的应用格式，可以为“差旅费报销单”应用此格式。

❶ 新建工作表，将其重命名为“差旅费报销单”。选中 A1 单元格并输入标题文字，在“开始”选项卡的“字体”组中单击“对话框启动器”按钮，如图 8-1 所示。

❷ 打开“设置单元格格式”对话框，选择“字体”选项卡，在“字体”列表框中选择“方正楷体简体”，在“下划线”下拉列表框中选择“会计用单下划线”，在“字形”列表框中选择“加粗”，在“字号”列表框中选择 22，如图 8-2 所示。

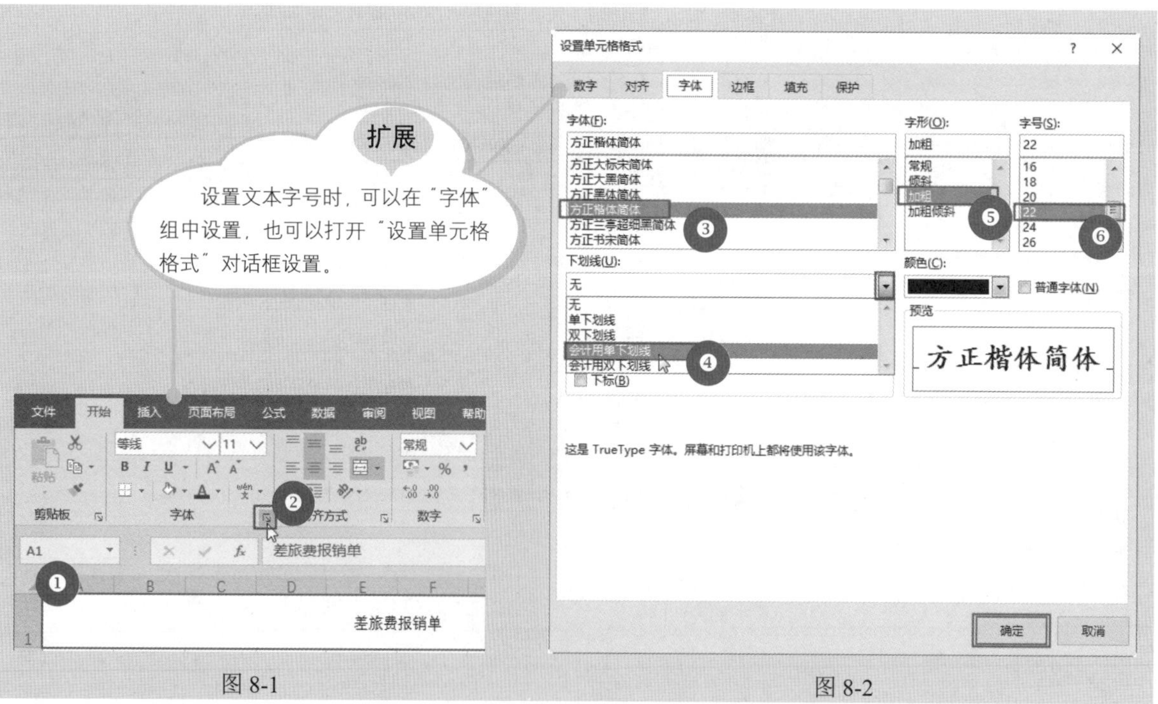

图 8-1　　图 8-2

❸ 单击“确定”按钮，即可看到带有下划线的标题效果，如图 8-3 所示。

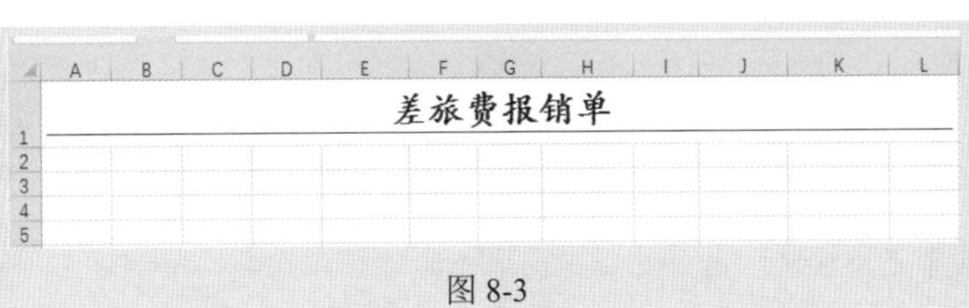

图 8-3

❹ 把拟订好的项目输入表格中（可以根据需要在草稿上先规划内容，然后再输入表格），对需要合并的单元格区域进行合并，字体的使用及大小设置可按实际需要设定，基本框架如图 8-4 所示。

❺ 为表格编辑区域添加边框。按住 Ctrl 键，选中要设置底纹的单元格，在“开始”选项卡的“字体”组中单击“填充颜色”下拉按钮，在弹出的下拉列表中选择灰色作为底纹色，如图 8-5 所示。

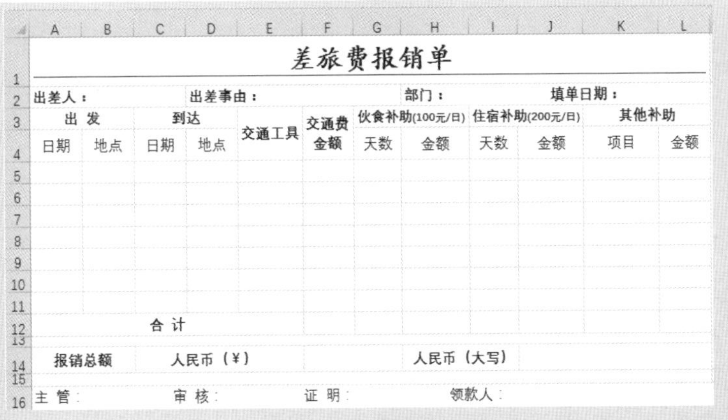

图 8-4

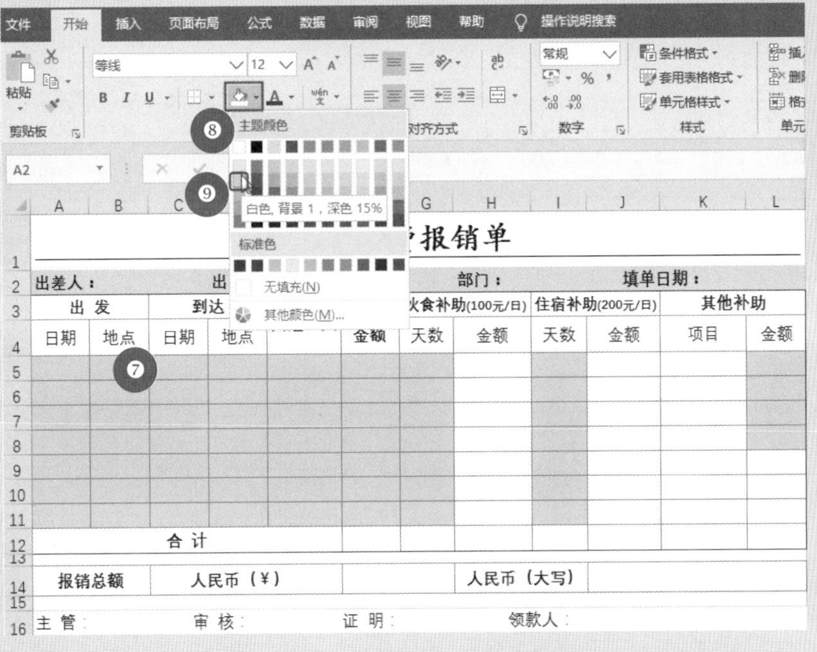

图 8-5

2. 竖排文字

在单元格中输入文字时，默认是横向显示，当该单元格行较高、列较窄，适合竖向输入文字时，可以利用“文字方向”功能更改横排文字为竖排文字。

❶ 选中 M2:M14 单元格区域，在“开始”选项卡的“对齐方式”组中单击“合并后居中”按钮，如图 8-6 所示。

❷ 选中 M2 单元格，在编辑栏中输入“附单据　张”，如图 8-7 所示。

❸ 按 Enter 键，完成文本的输入。选中 M2 单元格，在“开始”选项卡的“对齐方式”组中单击“方向”下拉按钮，在弹出的下拉列表中选择“竖排文字”选项（如图 8-8 所示），即可实现文字的竖向显示，如图 8-9 所示。

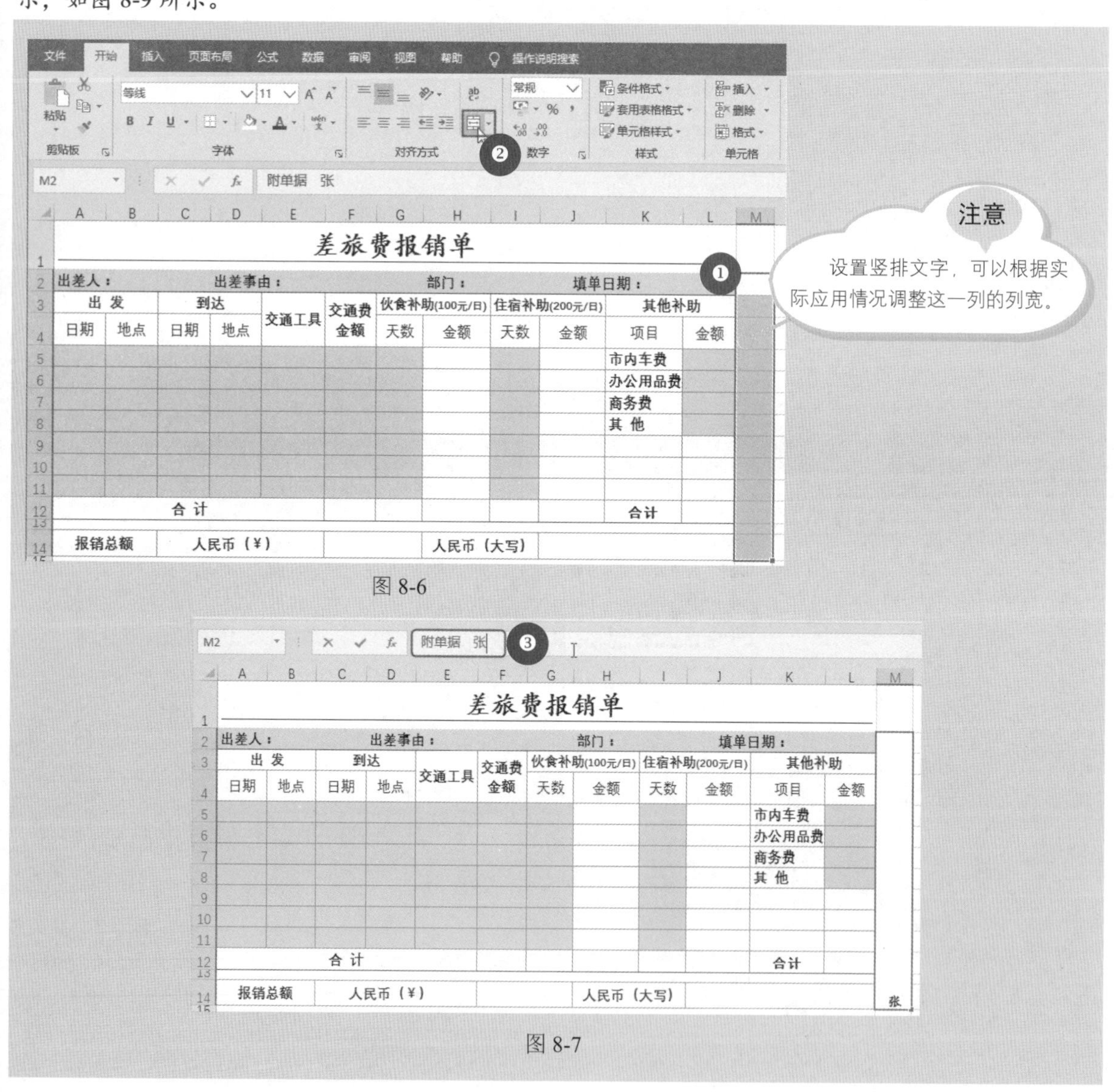

图 8-6

图 8-7

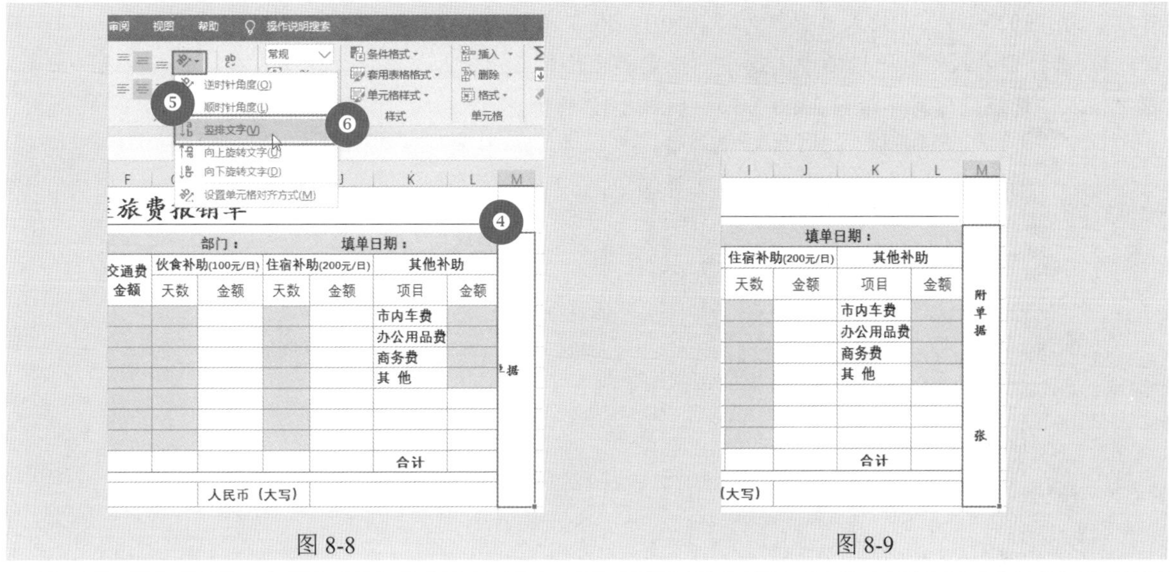

图 8-8　　　　图 8-9

8.1.2 设置填表提醒

扫一扫，看视频

通过设置数据验证可以对单元格中输入的数据从内容到范围进行限制，或设置选中时就显示输入提醒。制作完成的差旅费报销单是需要发放到各个部门投入使用的，因此使用数据验证功能实现选中单元格时给出输入提示是非常必要的。

❶ 选中 A5:A11 和 C5:C11 单元格区域，在“数据”选项卡的“数据工具”组中单击“数据验证”下拉按钮，如图 8-10 所示。

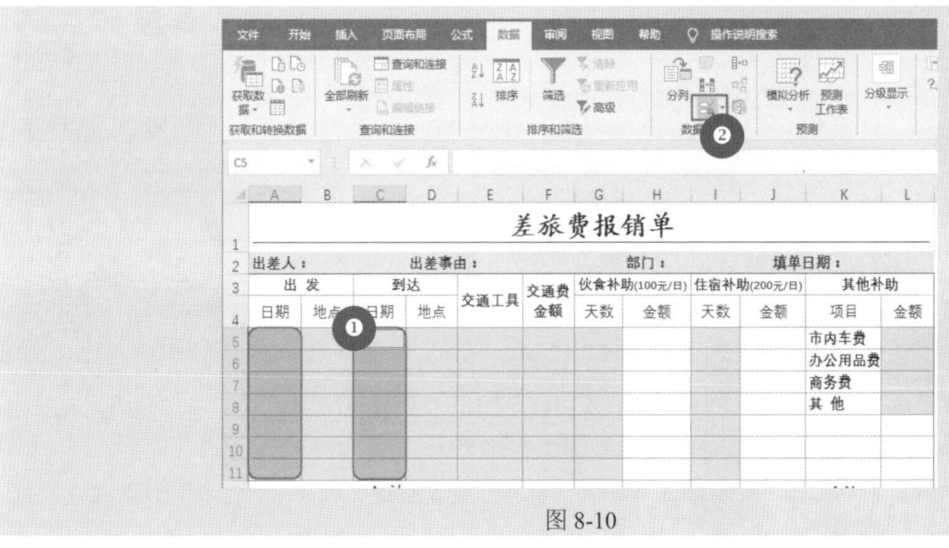

图 8-10

❷ 在弹出的下拉列表中选择“数据验证”选项，打开“数据验证”对话框。选择“设置”选项卡，在“允许”下拉列表框中选择“日期”选项，在“数据”下拉列表框中选择“介于”选项，设置“开始

日期”为“2020/1/1”，“结束日期”为“2020/12/30”，如图 8-11 所示。

❸ 选择“输入信息”选项卡，选中“选定单元格时显示输入信息”复选框，在“输入信息”文本框中输入“请规范填写。示例 2020/3/5”，如图 8-12 所示。

图 8-11　　　　图 8-12

❹ 选择“出错警告”选项卡，选中“输入无效数据时显示出错警告”复选框，在“样式”下拉列表框中选择“警告”选项，在“错误信息”文本框中输入“请规范填写。示例 2020/3/5”，如图 8-13 所示。

❺ 单击“确定”按钮，完成数据验证的操作。返回工作表中，选中设置了数据验证的单元格，会立刻出现提醒，如图 8-14 所示。

❻ 当输入错误的时间时，系统会弹出提示对话框，如图 8-15 所示。

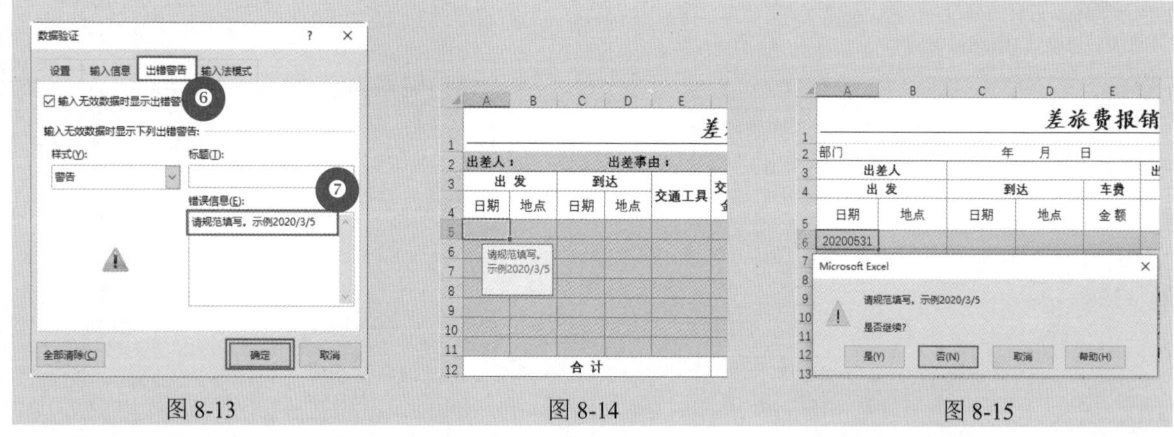

图 8-13　　　　图 8-14　　　　图 8-15

❼ 按住 Ctrl 键，依次选中不连续的 F12、H12、J12、L12、F14 和 J14 单元格，在“数据”选项卡的“数据工具”组中单击“数据验证”下拉按钮，如图 8-16 所示。

❽ 在弹出的下拉列表中选择“数据验证”选项，打开“数据验证”对话框。选择“输入信息”选项卡，在“输入信息”文本框中输入“无须填写，公式自动计算”，如图 8-17 所示。

❾ 单击“确定”按钮，完成数据验证的操作。返回到工作表中，单击 H12 单元格，即出现输入提醒，如图 8-18 所示。

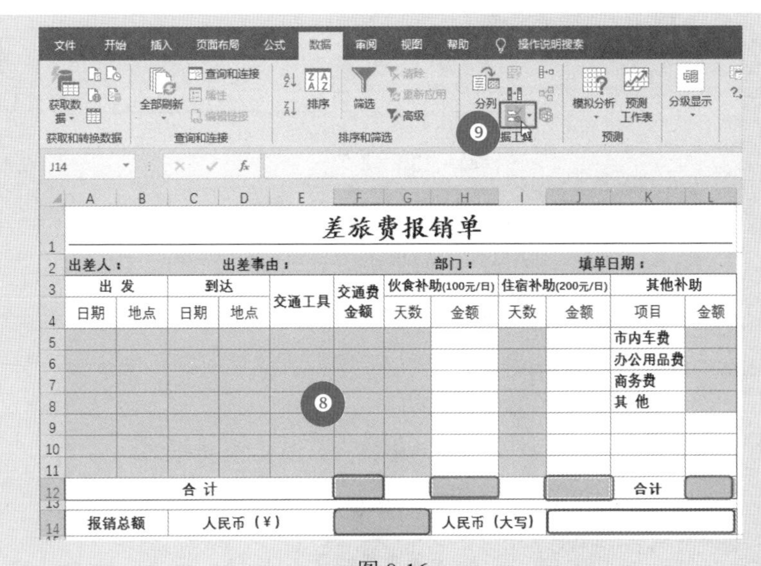

图 8-16

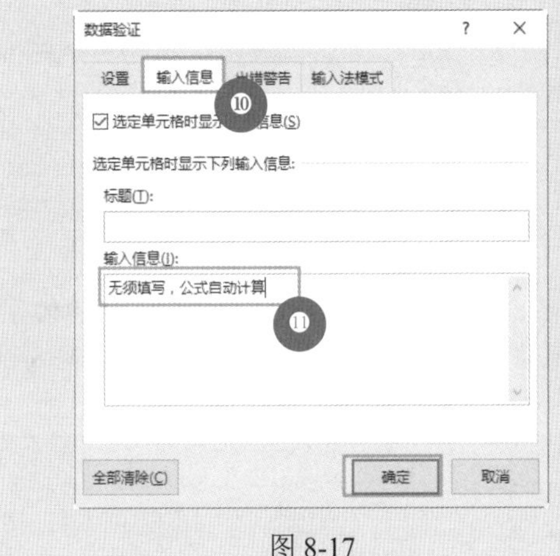

图 8-17

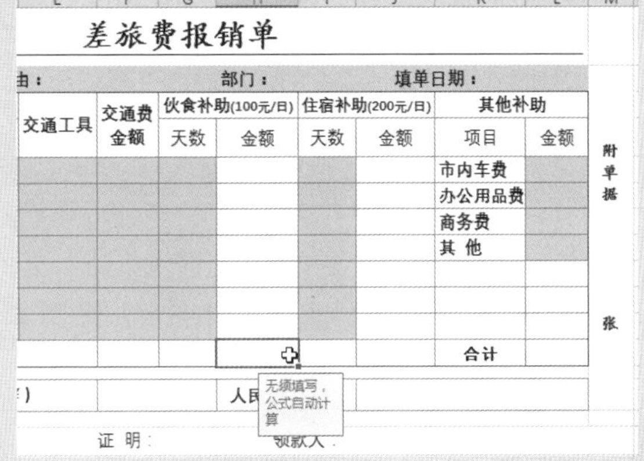

图 8-18

8.1.3 报销金额合计计算

扫一扫，看视频

在 Excel 中填制差旅费报销单时有一个好处，即相关的统计金额可以自动计算。当然，这要得力于公式的使用，这里多处使用到的公式是 SUM 求和函数。

1. 运用公式计算各项金额及合计金额

"差旅费报销单"中的金额计算包括两项，一是根据伙食补助的天数与住宿补助的天数计算补助金额，二是各项合计金额及总合计金额的计算。

❶ 选中 H5 单元格，在编辑栏中输入如下公式：

=G5*100

按 Enter 键即可根据伙食补助的天数计算补助金额，如图 8-19 所示。

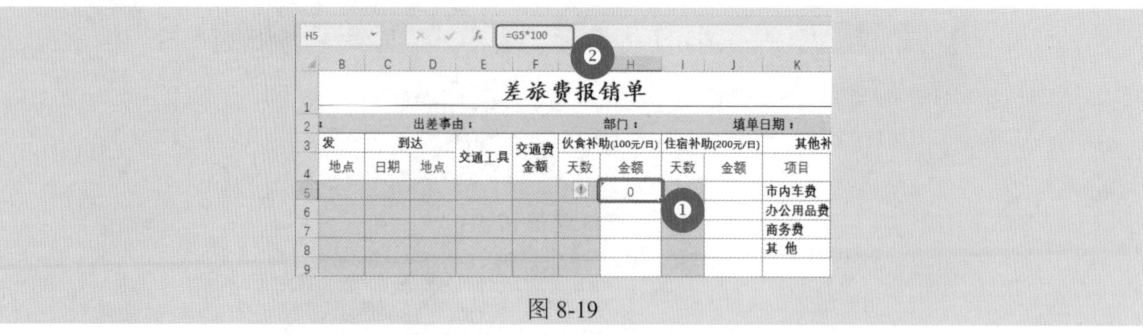

图 8-19

❷ 选中 J5 单元格，在编辑栏中输入如下公式：

=I5*200

按 Enter 键即可根据住宿补助的天数计算补助金额，如图 8-20 所示。

图 8-20

❸ 选中 F12 单元格，在“公式”选项卡的“函数”组中单击“自动求和”下拉按钮，在弹出的下拉列表中选择“求和”选项（如图 8-21 所示），即可在 F12 单元格中输入求和公式“=SUM()”，如图 8-22 所示。

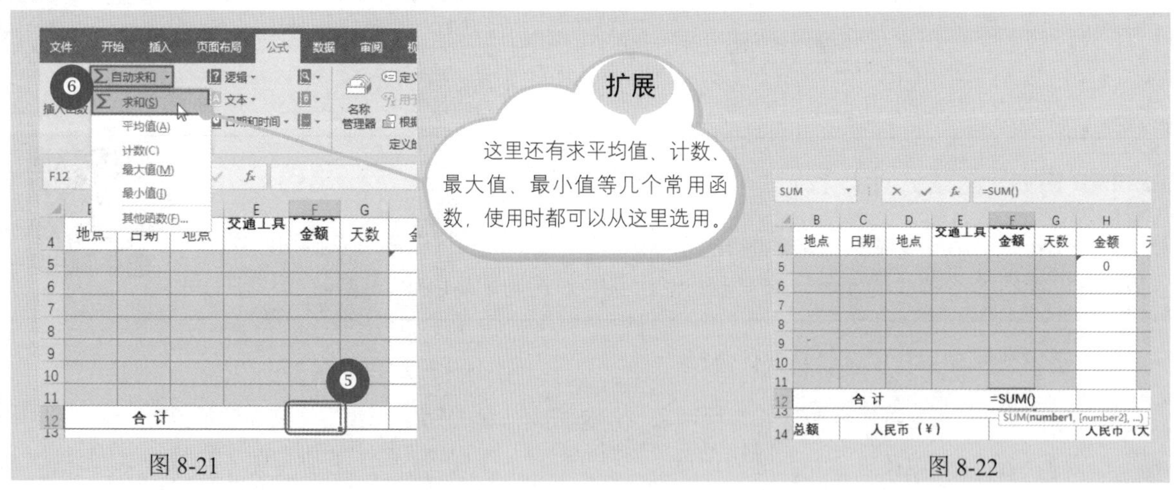

图 8-21　　图 8-22

❹ 选中参与计算的 F5:F11 单元格区域，如图 8-23 所示。

❺ 按 Enter 键，完成公式的设置（因为当前 F5:F11 单元格区域无数据，所以计算结果为 0），如图 8-24 所示。

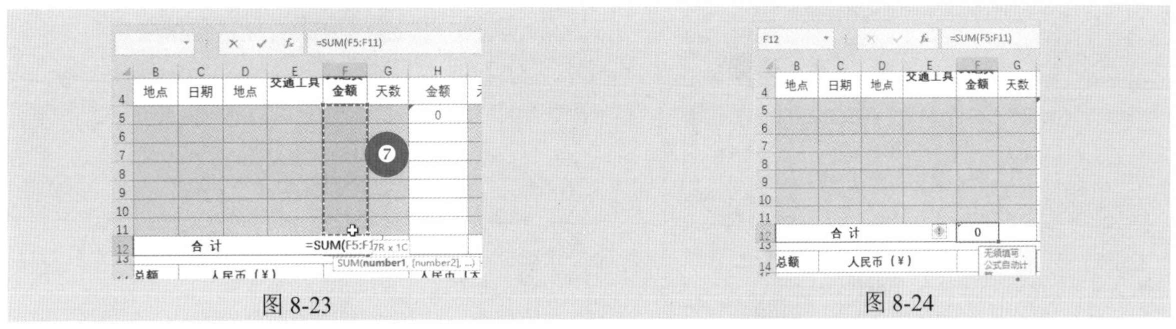

图 8-23　　图 8-24

❻ 按上述相同的方法在 H12 单元格设置自动求和公式“=SUM(H5:H11)”，如图 8-25 所示。在 J12 单元格设置自动求和公式“=SUM(J5:J11)”，如图 8-26 所示。在 L12 单元格设置自动求和公式“=SUM(L5:L11)”，如图 8-27 所示。

❼ 在 F14 单元格设置求和公式“=F12+H12+J12+L12”，建立计算总金额的公式，如图 8-28 所示。

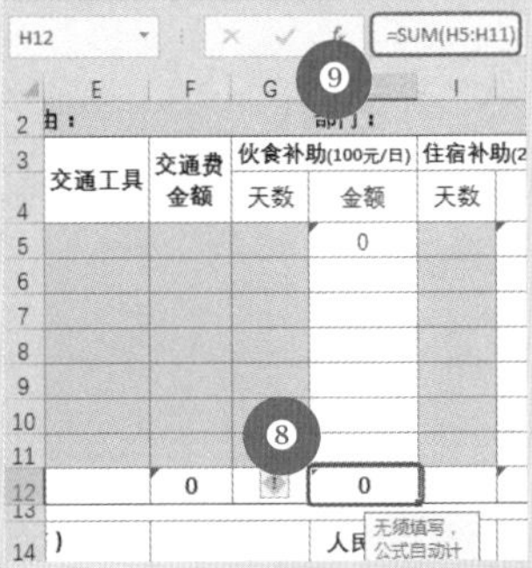

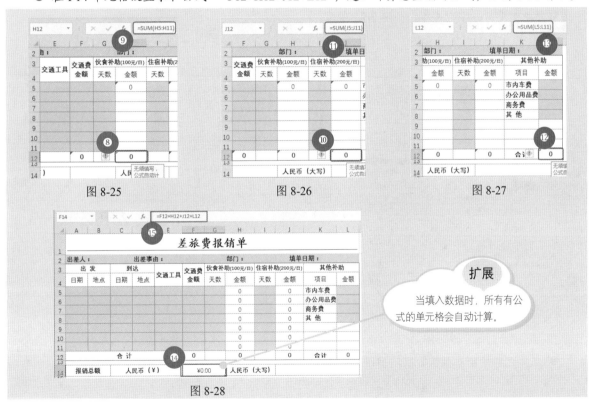

图 8-25 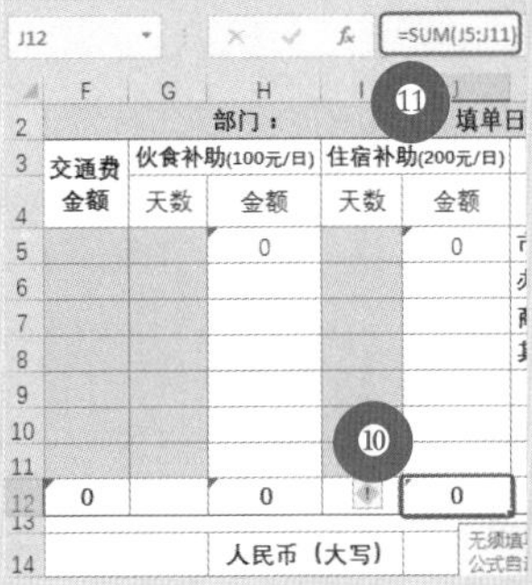　　图 8-26 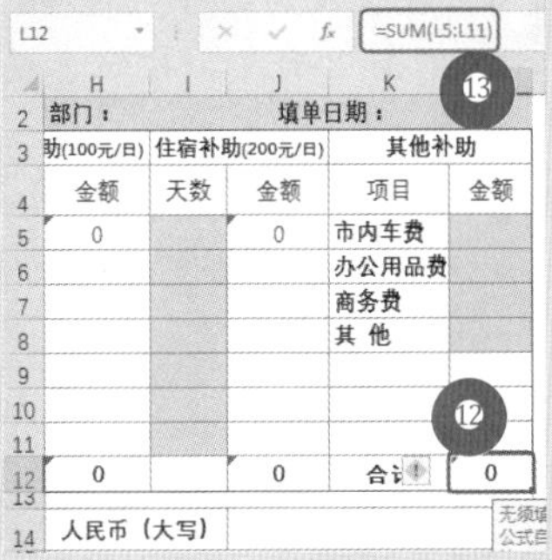　　图 8-27

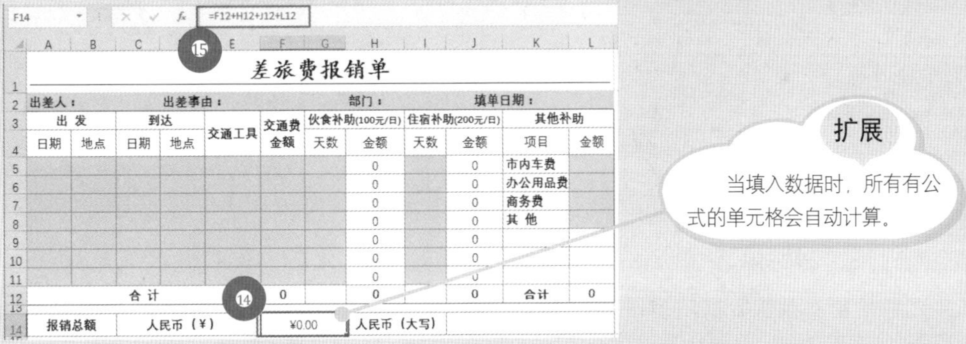

扩展

当填入数据时，所有有公式的单元格会自动计算。

图 8-28

2．实现大写金额的自动填写

在完成金额的核算后，往往需要向单据中填写大写金额，而 Excel 可以通过单元格格式的设置实现大写金额的自动填写。

❶ 选中 J14 单元格，在编辑栏中输入公式“=F14”，如图 8-29 所示。

❷ 按 Enter 键得到结果。在“开始”选项卡的“数字”组中单击“对话框启动器”按钮，如图 8-30 所示。

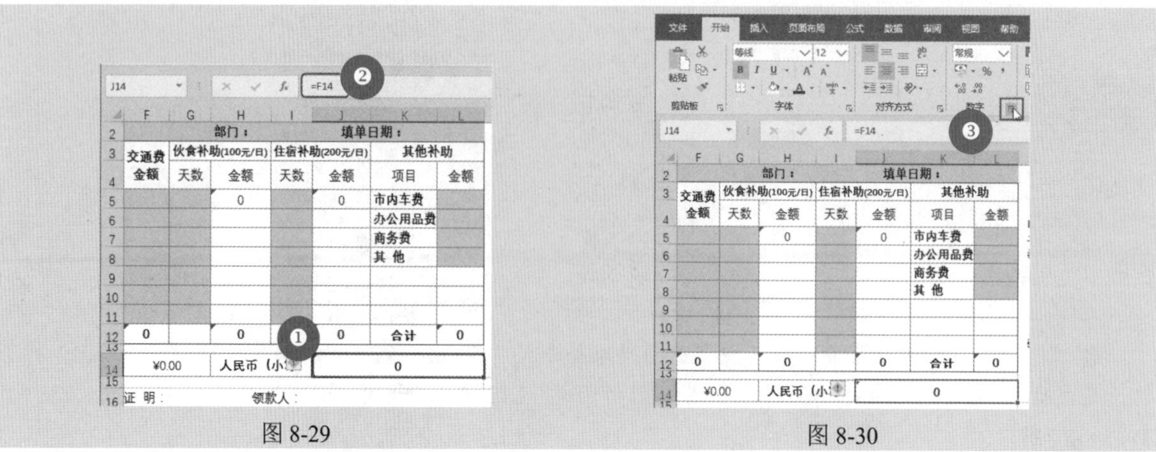

图 8-29　　　　图 8-30

❸ 打开“设置单元格格式”对话框，在“分类”列表框中选择“特殊”选项，在“类型”列表框中选择“中文大写数字”选项，如图 8-31 所示。

❹ 单击“确定”按钮，返回工作表中，即可看到原先的数字 0 变成了中文大写数字“零”，如图 8-32 所示。

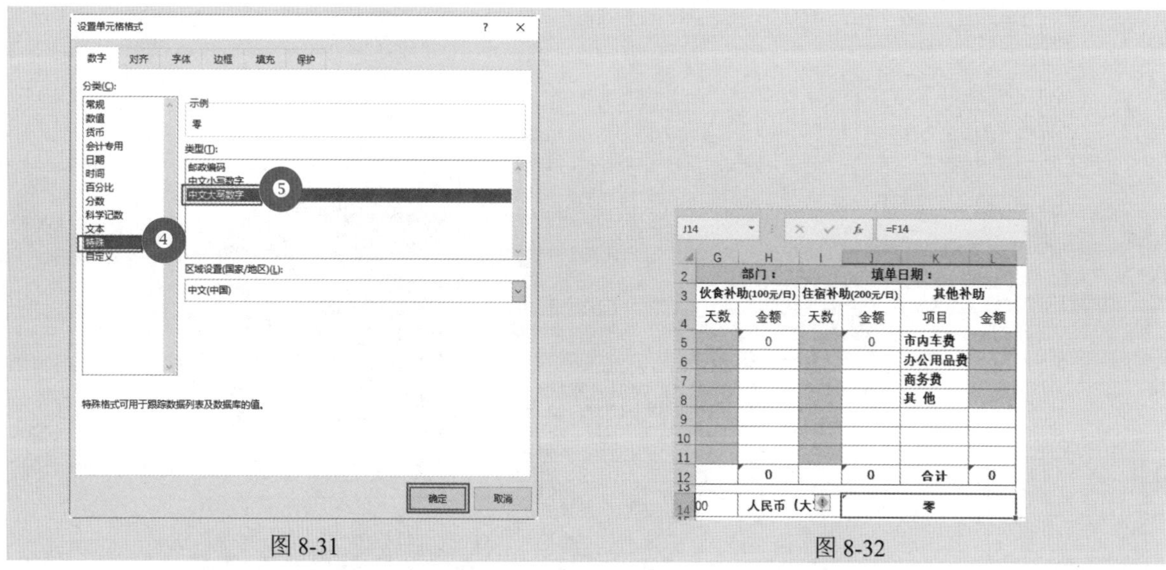

图 8-31　　　　图 8-32

❺ 在单元格中输入数值验证，如图 8-33 所示。

差旅费报销单											
出差人：			出差事由：				部门：		填单日期：		
出发		到达		交通工具	交通费金额	伙食补助(100元/日)		住宿补助(200元/日)		其他补助	
日期	地点	日期	地点			天数	金额	天数	金额	项目	金额
					286	2	200	1	200	市内车费	162
					288		0		0	办公用品费	
							0		0	商务费	
							0		0	其 他	
							0		0		
							0		0		
							0		0		
合 计					574		200		200	合计	102
报销总额		人民币（¥）			¥1,136.00		人民币（大写）		壹仟壹佰叁拾陆		

图 8-33

8.1.4　设置表格除填写区域外其他区域不可编辑

本小节的操作想要实现表格中灰色的区域允许编辑，其他单元格区域既不能被编辑又不能被选择。可以利用“保护工作表”功能实现这种效果。

❶ 按住 Ctrl 键拖动鼠标，依次选取灰色单元格区域（灰色是需要填写的区域），然后右击，在弹出的快捷菜单中选择“设置单元格格式”命令，如图 8-34 所示。

❷ 打开“设置单元格格式”对话框，选择“保护”选项卡，取消选中“锁定”复选框，如图 8-35 所示。

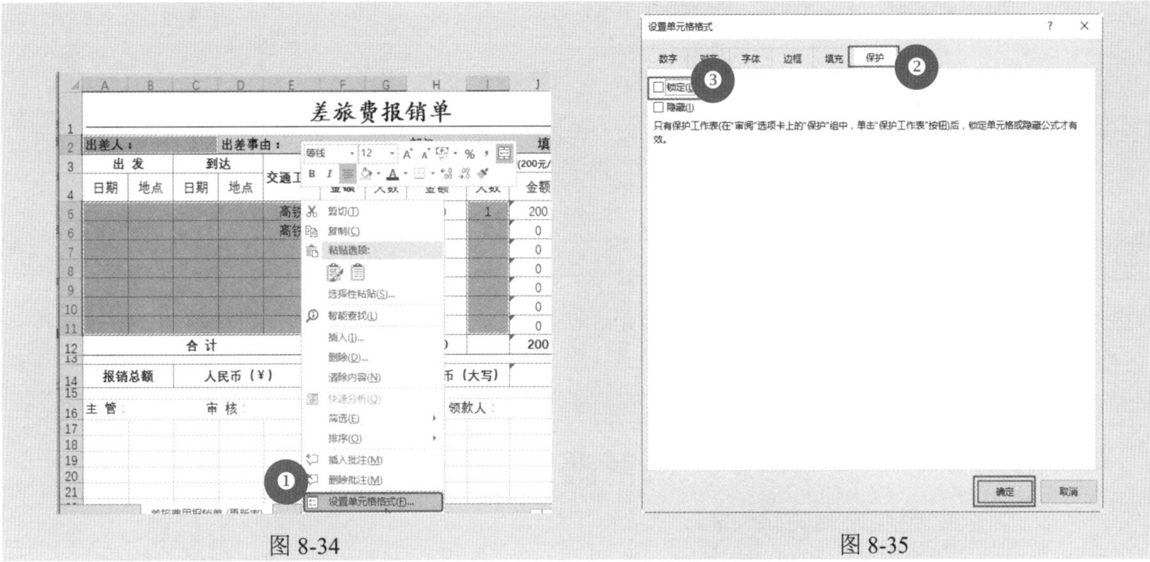

图 8-34　　　　图 8-35

❸ 单击“确定”按钮，返回到工作表中，在“审阅”选项卡的“更改”组中单击“保护工作表”按钮，如图 8-36 所示。

❹ 打开“保护工作表”对话框，在“取消工作表保护时使用的密码”文本框中输入密码，然后在“允许此工作表的所有用户进行”列表框中只选中“选定解除锁定的单元格”复选框，其他都不选中，如图 8-37 所示。

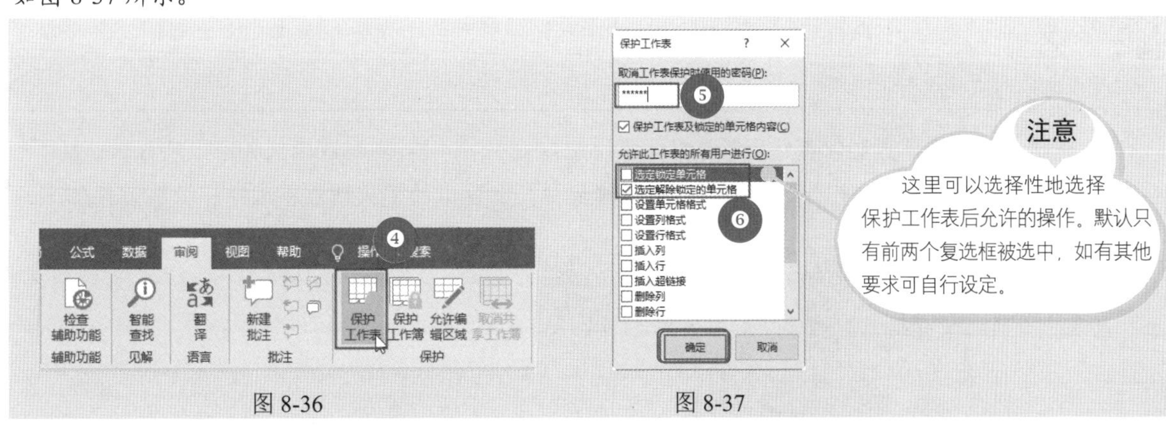

图 8-36　　　　图 8-37

❺ 单击“确定”按钮，打开“确认密码”对话框。在“重新输入密码”文本框中再次输入密码，单击“确定”按钮，完成操作。返回工作表中，此时可以看到灰色单元格区域处于可编辑状态，如图 8-38 所示；而其他任意区域都不能编辑，连选择都无法做到，如图 8-39 所示。

F	G	H	I	J	K	L
差旅费报销单						
		部门：		填单日期：		
交通费	伙食补助(100元/日)		住宿补助(200元/日)		其他补助	
金额	天数	金额	天数	金额	项目	金额
286	2	200	1	200	市内车费	200
288		0		0	办公用品费	
		0		0	商务费	
		0		0	其 他	
		0		0		
		0		0		
		0		0		
574		200		200	合计	200

图 8-38

H	I	J	K	L	M
销单					
部门：		填单日期：			
助(100元/日)	住宿补助(200元/日)		其他补助		
金额	天数	金额	项目	金额	附单据
200	1	200	市内车费	200	
0		0	办公用品费		
0		0	商务费		
0		0	其 他		
0		0			
		0			
0		0			张

图 8-39

经验之谈

设置表格除填写区域外其他区域不可编辑的原理是，工作表的保护只对锁定了的单元格有效。因此首先取消对整张表的锁定，然后设置只锁定需要保护的部分单元格区域，最后再执行保护工作表的操作，其保护操作只对这一部分单元格有效。

8.2 日常费用支出表

日常费用支出表是企业中常用的一种财务表单，用于记录公司日常费用的明细数据。表格中应当包含费用支出部门、费用类别名称、费用支出总额等项目。根据日常费用支出表，可以延伸建立各费用类别支出统计表、各部门费用支出统计表等。

扫一扫，看视频

8.2.1 创建表格并设置边框底纹

创建表格前，要根据企业的实际情况规划好费用支出表应包含哪些项目。另外，为了增强表格的可视化效果，还需要调整格式。

❶ 新建工作表，将其重命名为“日常费用统计表”。选中 A4:F4 单元格区域并输入列标识，在“开始”选项卡的“字体”组中单击“填充颜色”下拉按钮，在弹出的下拉列表中选择一种填充颜色，如图 8-40 所示。

❷ 选中表格数据区域，在“开始”选项卡的“字体”组中单击“所有框线”下拉按钮，在弹出的下拉列表中选择“所有框线”选项，如图 8-41 所示。

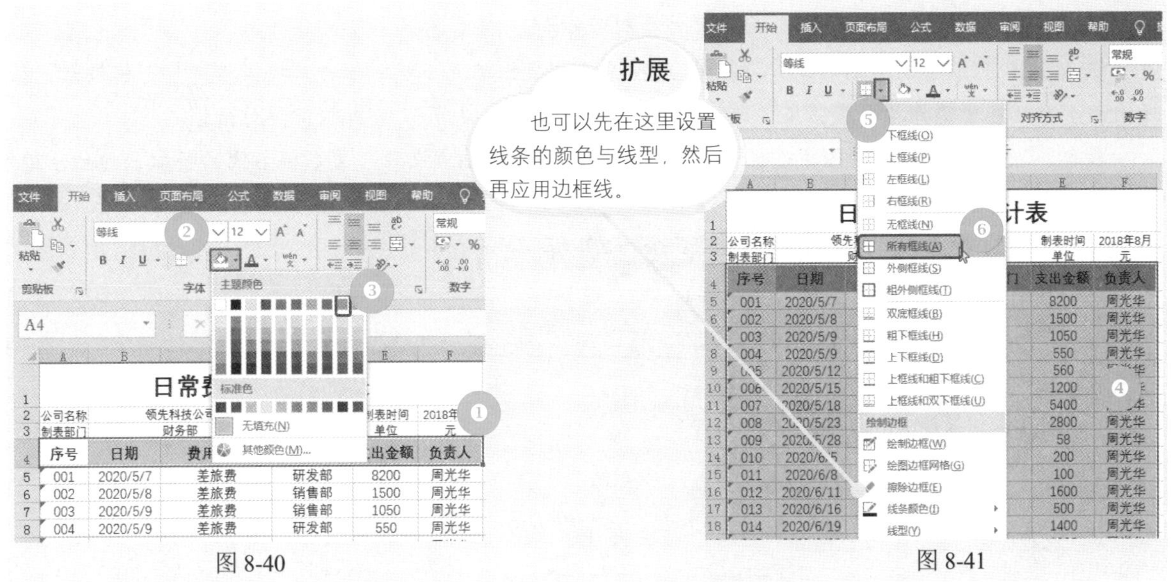

图 8-40　　图 8-41

❸ 此时即可看到添加底纹的列标识区域，以及添加边框线的数据区域，如图 8-42 所示。

日常费用支出统计表

公司名称	领先科技公司			制表时间	2020年5月
制表部门	财务部			单位	元
序号	日期	费用类别	产生部门	支出金额	负责人
001	2020/5/7			8200	周光华
002	2020/5/8			1500	周光华
003	2020/5/9			1050	周光华
004	2020/5/9			550	周光华
005	2020/5/12			560	周光华
006	2020/5/15			1200	周光华
007	2020/5/18			5400	周光华
008	2020/5/23			2800	周光华
009	2020/5/28			58	周光华
010	2020/6/5			200	周光华
011	2020/6/8			100	周光华
012	2020/6/11			1600	周光华
013	2020/6/16			500	周光华
014	2020/6/19			1400	周光华
015	2020/6/20			1000	周光华
016	2020/6/23			3200	周光华
017	2020/6/27			1200	周光华
018	2020/6/30			2120	王正波
019	2020/7/2			6470	王正波

日常费用统计表

图 8-42

8.2.2　为表格设置数据验证

费用支出表中包括部门和费用的支出类别，这两列数据都有几个选项可供选择，因此可以通过设置数据验证实现通过序列选择输入。

扫一扫，看视频

1．设置“费用类别”列的数据验证

“日常费用支出统计表”中的费用类别一般包括“差旅费”“餐饮费”“会务费”“办公用品费用”等，可以根据实际情况定义费用类别名称。

❶ 首先在表格的空白区域输入所有费用类别名称。

❷ 选中C列“费用类别”，在“数据”选项卡的“数据工具”组中单击“数据验证”下拉按钮，在弹出的下拉列表中选择“数据验证”选项（如图 8-43 所示），打开“数据验证”对话框。

❸ 在“允许”下拉列表框中选择“序列”选项，然后单击“来源”文本框右侧的拾取器按钮，进入数据拾取状态，如图 8-44 所示。

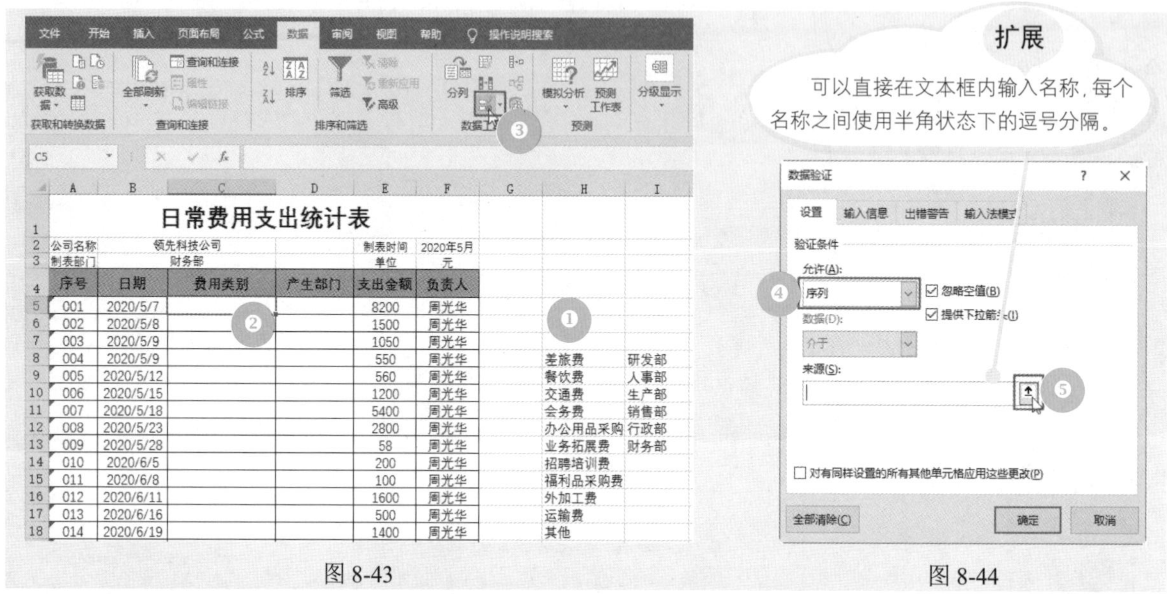

图 8-43　　　　图 8-44

❹ 选取表格中的 H8:H18 单元格区域，单击右侧的拾取器按钮（如图 8-45 所示），返回“数据验证”对话框，即可看到数据来源拾取的区域，如图 8-46 所示。

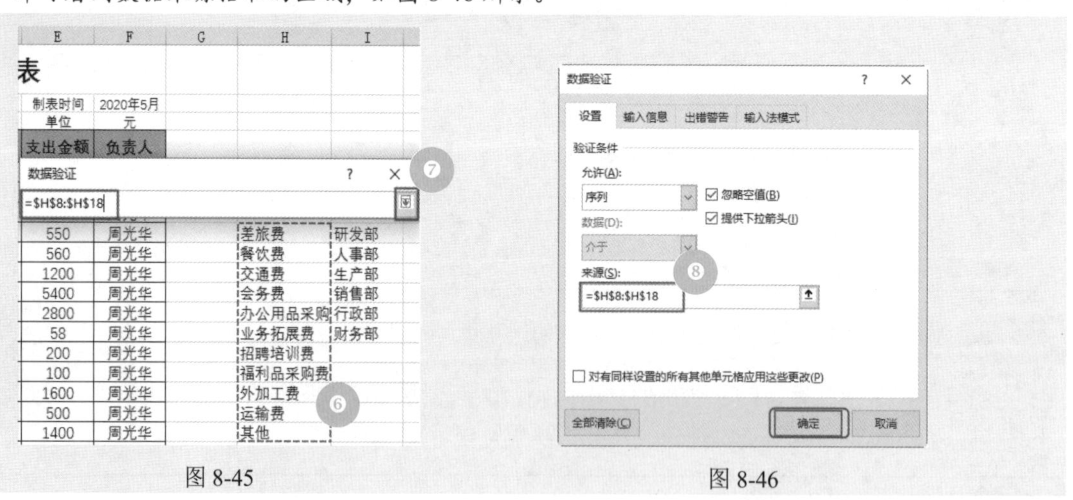

图 8-45　　　　图 8-46

❺ 切换至“输入信息”选项卡，在“输入信息”文本框中输入“从下拉列表选择费用类别名称”（如图 8-47 所示），单击“确定”按钮，完成数据验证的设置。单击“费用类别”列任一单元格右侧的下拉按钮，即可在弹出的下拉列表中选择输入费用类别，如图 8-48 所示。

❻ 依次完成费用类别的选择输入，如图 8-49 所示。

图 8-47　　图 8-48　　图 8-49

2. 设置“产生部门”列的数据验证

“日常费用支出统计表”中的产生部门是根据公司的实际部门来设定填写的，可以根据实际情况定义产生部门的名称。

❶ 首先在表格的空白区域输入所有部门名称。

❷ 选中 D 列，在“数据”选项卡的“数据工具”组中单击“数据验证”下拉按钮，在弹出的下拉列表中选择“数据验证”选项（如图 8-50 所示），打开“数据验证”对话框。

❸ 在“允许”下拉列表框中选择“序列”选项，在“来源”文本框中输入单元格区域，如图 8-51 所示。

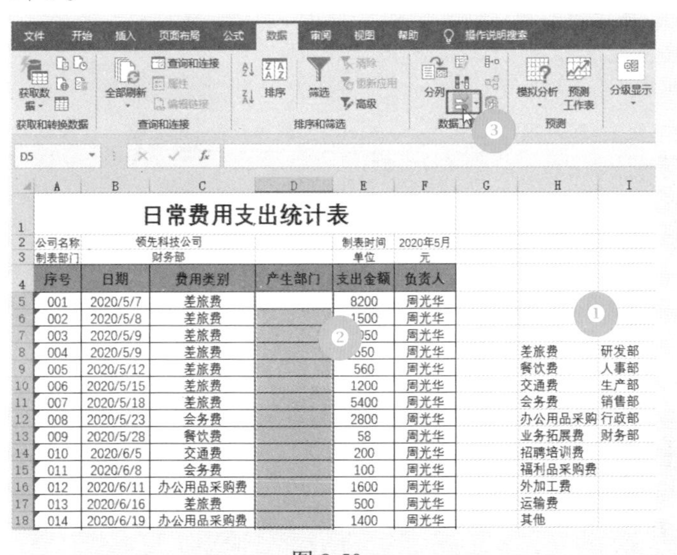

图 8-50

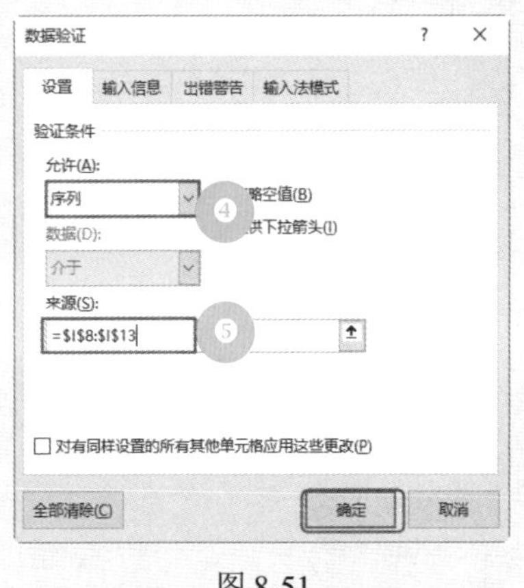

图 8-51

❹ 切换至“输入信息”选项卡，在“输入信息”文本框中输入“从下拉列表中选择产生部门”（如图 8-52 所示），单击“确定”按钮，完成数据验证的设置。单击“产生部门”列任一单元格右侧的下拉按钮，即可在弹出的下拉列表中选择产生部门，如图 8-53 所示。

❺ 依次选择相应的部门名称，如图 8-54 所示。

图 8-52　　图 8-53　　图 8-54

8.2.3　建立指定类别费用支出明细表

扫一扫，看视频

建立了“日常费用支出统计表”后，如果只想筛查某一类数据，就要应用数据的“筛选”功能，在筛选出目标数据后建立指定类别费用支出明细表。本例中想筛选出费用类别为“差旅费”的所有支出记录，从而建立差旅费支出明细表。

❶ 选中 A4:F4 单元格，在“数据”选项卡的“排序和筛选”组中单击“筛选”按钮（如图 8-55 所示），即可为表格添加自动筛选按钮。

❷ 单击“费用类别”列右侧的筛选按钮，在弹出的下拉列表中取消选中“全选”复选框，再单独选中“差旅费”复选框即可，如图 8-56 所示。

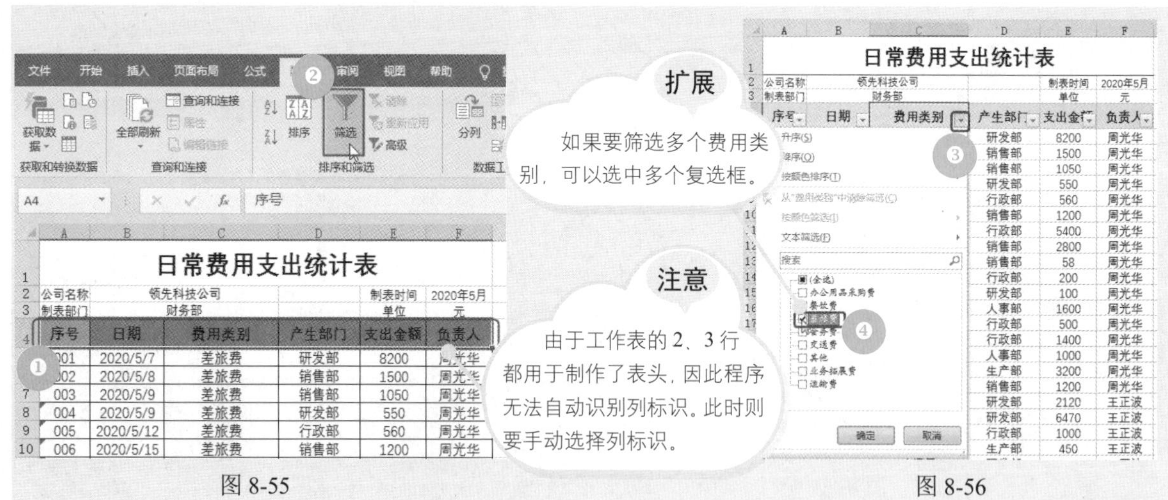

扩展
如果要筛选多个费用类别，可以选中多个复选框。
注意
由于工作表的 2、3 行都用于制作了表头，因此程序无法自动识别列标识。此时则要手动选择列标识。

图 8-55　　图 8-56

❸ 此时只会将“差旅费”的所有支出记录筛选出来显示。再选中所有筛选出的数据区域，按 Ctrl+C 组合键执行复制操作，如图 8-57 所示。

❹ 打开新工作表，单击 A2 单元格，按 Ctrl+V 组合键执行粘贴操作，然后为表格添加标题，如“差旅费支出明细表”，效果如图 8-58 所示。

日常费用支出统计表					
公司名称	领先科技公司			制表时间	2020年5月
制表部门	财务部			单位	元
序号	日期	费用类别	产生部门	支出金额	负责人
001	2020/5/7	差旅费	研发部	8200	周光华
002	2020/5/8	差旅费	销售部	1500	周光华
003	2020/5/9	差旅费	销售部	1050	周光华
004	2020/5/9	差旅费	研发部	550	周光华
005	2020/5/12	差旅费	行政部	560	周光华
006	2020/5/15	差旅费	销售部	1200	周光华
007	2020/5/18	差旅费	行政部	5400	周光华
013	2020/6/16	差旅费	行政部	500	周光华
018	2020/6/30	差旅费	研发部	2120	王正波
024	2020/7/16	差旅费	人事部	560	李艾
025	2020/7/20	差旅费	人事部	1200	李艾
028	2020/7/29	差旅费	销售部	58	李艾
034	2020/8/4	差旅费	行政部	750	李艾
036	2020/8/6	差旅费	销售部	50	王正波

图 8-57

差旅费支出明细表					
序号	日期	费用类别	产生部门	支出金额	负责人
001	2020/5/7	差旅费	研发部	8200	周光华
002	2020/5/8	差旅费	销售部	1500	周光华
003	2020/5/9	差旅费	销售部	1050	周光华
004	2020/5/9	差旅费	研发部	550	周光华
005	2020/5/12	差旅费	行政部	560	周光华
006	2020/5/15	差旅费	销售部	1200	周光华
007	2020/5/18	差旅费	行政部	5400	周光华
013	2020/6/16	差旅费	行政部	500	周光华
018	2020/6/30	差旅费	研发部	2120	王正波
024	2020/7/16	差旅费	人事部	560	李艾
025	2020/7/20	差旅费	人事部	1200	李艾
028	2020/7/29	差旅费	销售部	58	李艾
034	2020/8/4	差旅费	行政部	750	李艾
036	2020/8/6	差旅费	销售部	50	王正波

图 8-58

8.3 按日常费用明细表建立统计报表

根据 8.2 节中创建的“日常费用支出统计表”，可以使用“数据透视表”功能统计分析企业这一时期的费用支出情况，如各费用类别支出汇总、各部门支出费用统计、各月费用支出统计等，从而建立各种统计报表。

8.3.1 各费用类别支出统计报表

数据透视表可以按照各费用类别合计统计“日常费用支出统计表”中的数据。插入数据透视表后，可以添加相应字段到指定列表区域，按照费用类别汇总统计表格中的支出金额。

扫一扫，看视频

❶ 选中表格数据区域，在“插入”选项卡的“表格”组中单击“数据透视表”按钮（如图 8-59 所示），打开“创建数据透视表”对话框。

❷ 保持默认设置，单击“确定”按钮（如图 8-60 所示），即可创建数据透视表。

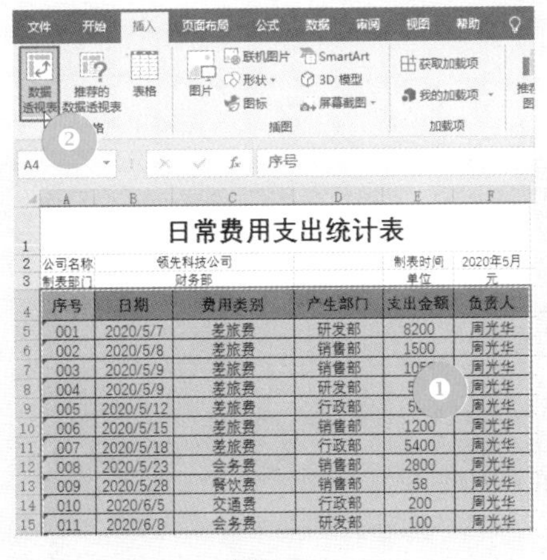

图 8-59

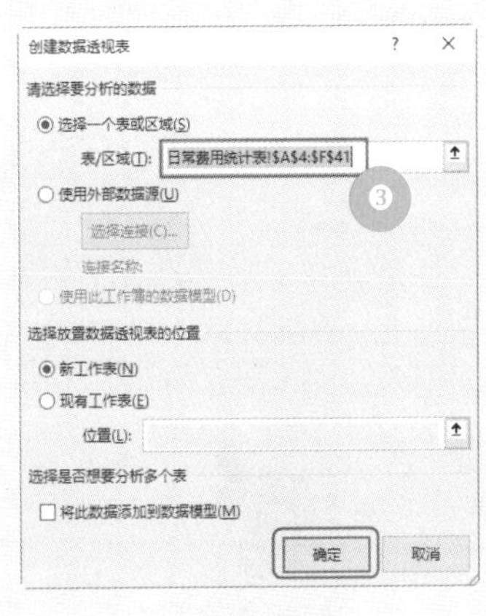

图 8-60

经验之谈

如果表格的首行为列标识或第一行为标题，建立数据透视表时只要选中表格区域的任意单元格，执行“数据透视表”命令时则会自动扩展整个数据区域作为数据透视表的数据源。但由于本例工作表的2、3行都用于制作了表头，因此破坏了表格的连续性，程序无法自动识别数据区域。在这种情况下，建立数据透视表则需要手动选择包含列标识在内的整个数据区域。

❸ 添加“费用类别”字段至“行”区域，添加“支出金额”字段至“值”区域，得到图8-61所示的数据透视表，可以看到各费用类别的支出合计金额。

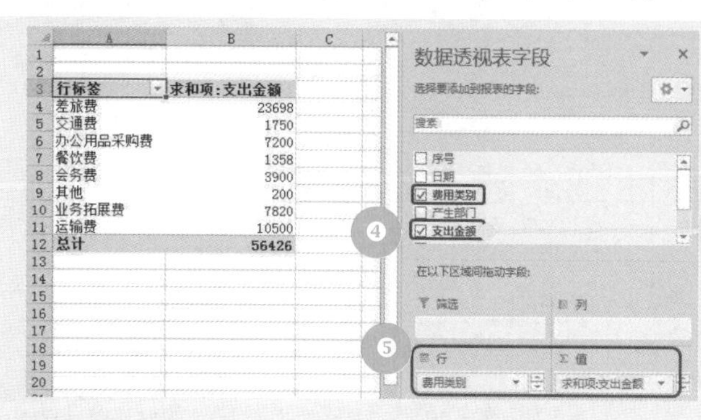

注意

选中这两个字段复选框后，也会默认将“费用类别”添加至“行”区域，将“支出金额”添加至“值”区域。因此，添加字段时可以先选择，如果默认添加的位置不是自己想要的，再将字段拖到其他区域中。

图8-61

扫一扫，看视频

8.3.2 各部门费用支出统计报表

数据透视表可以将“日常费用支出统计表”中的数据按照各部门进行合计统计。插入数据透视表后，可以添加相应字段到指定列表区域，按照部门对表格中的支出金额进行汇总统计。

❶ 继续沿用8.3.1小节中的数据透视表，取消选中“费用类别”字段复选框。

❷ 再重新添加“产生部门”字段至“行”区域，添加“支出金额”字段至“值”区域，得到图8-62所示的数据透视表，可以看到各部门的支出合计金额。

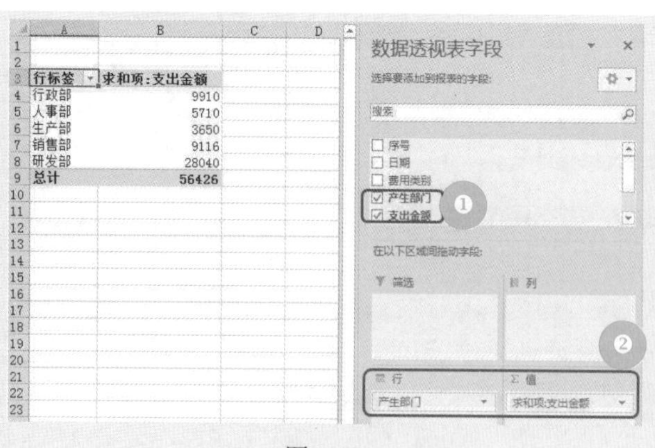

图8-62

8.3.3 各月费用支出统计报表

数据透视表可以按照月份统计日常费用支出表中的支出金额数据。插入数据透视表后，可以添加相应字段到指定列表区域，按照月份对表格中的支出金额进行汇总统计。

扫一扫，看视频

❶ 继续沿用 8.3.2 小节中的数据透视表结果，取消选中“产生部门”字段复选框。

❷ 添加“月”字段至“行”区域，添加“支出金额”字段至“值”区域，得到图 8-63 所示的数据透视表，可以看到各月的支出合计金额。

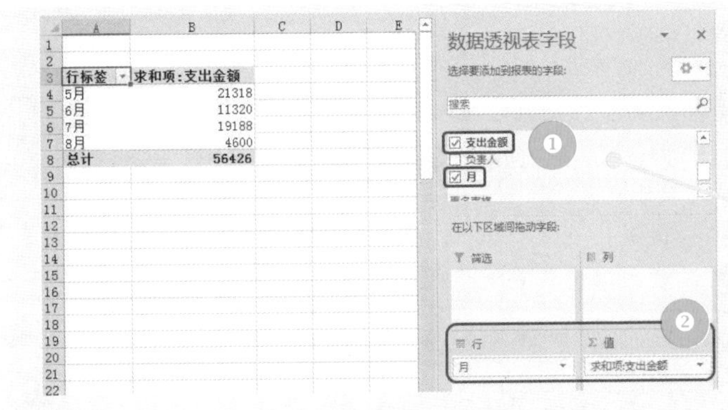

注意

如果有日期字段，建立数据透视表后会自动产生一个“月”字段，即将日期数据按“月”进行汇总统计。

图 8-63

8.3.4 各部门各月费用支出明细报表

8.3.3 小节通过在数据透视表中添加字段统计出了各月的支出金额合计值。如果要建立各部门各月费用支出明细表，则可以通过补充添加字段来实现统计。

扫一扫，看视频

❶ 继续沿用 8.3.3 小节中的数据透视表结果。

❷ 重新添加“产生部门”字段至“行”区域，添加“月”字段至“列”区域，添加“支出金额”字段至“值”区域，得到图 8-64 所示的数据透视表。可以看到统计结果按照部门对各月费用支出金额进行了统计。

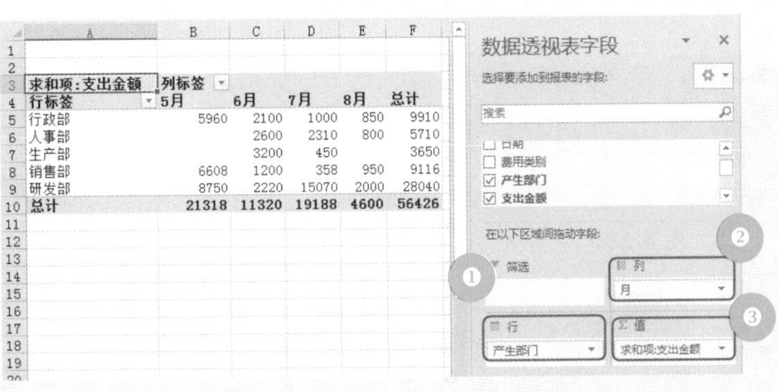

图 8-64

8.4 应收账款管理表

应收账款表示企业在销售过程中被购买单位所占用的资金。企业日常经营中产生的每笔应收账款都需要记录，同时企业应及时收回应收账款，以弥补企业在生产经营过程中的各种耗费，保障企业持续经营。

企业产生的每一笔应收账款都可以通过建立 Excel 表格来统一管理，并利用函数或相关统计分析工具进行统计分析，从统计结果中进行账龄的分析，从而做出正确的财务决策。

扫一扫，看视频

8.4.1 计算未收金额，判断账款目前状态

应收账款统计表包括公司名称、开票日期、应收金额、付款期、是否到期等信息。未收金额及目前状态可以根据当前应收金额的实际情况用公式计算得到。

❶ 新建工作簿，并将其命名为“应收账款管理表”。将 Sheet1 工作表重命名为“应收账款记录表”，建立图 8-65 所示的列标识。对表格进行格式设置，以使其更便于阅读。

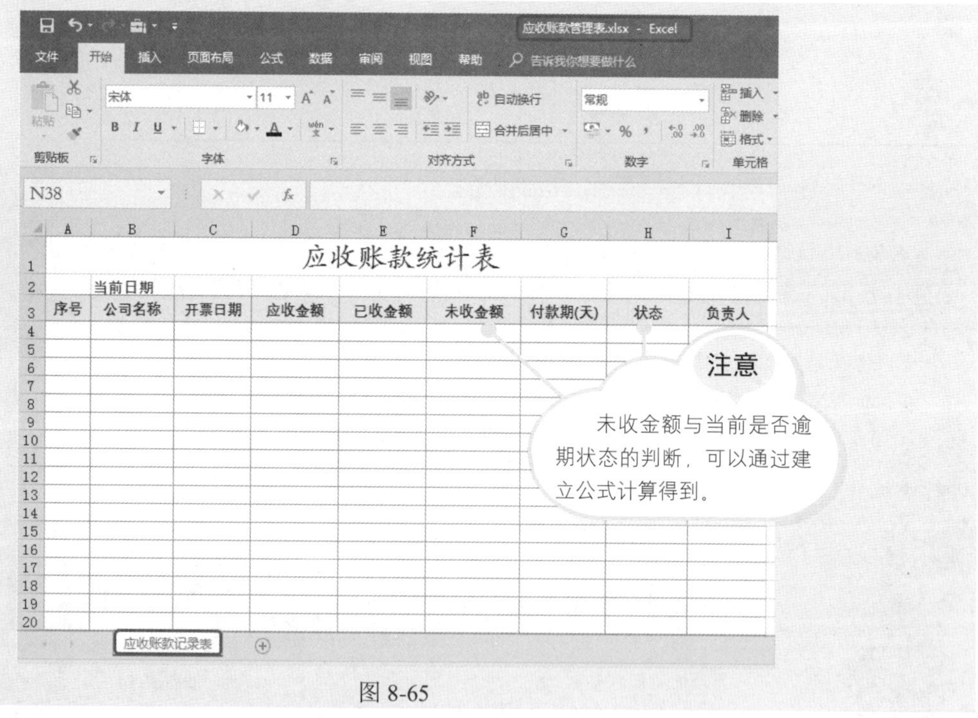

图 8-65

❷ 选中 F4 单元格，在编辑栏中输入如下公式：

=D4-E4

按 Enter 键即可得到第一条账款的未收金额，如图 8-66 所示。

❸ 选中 F4 单元格，拖动右下角的填充柄，向下填充公式到 F21 单元格，一次性计算出其他记录中各款项的未收金额，如图 8-67 所示。

F4 =D4-E4

	A	B	C	D	E	F
1	应收账款统计表					
2		当前日期	2020/4/30			
3	序号	公司名称	开票日期	应收金额	已收金额	未收金额
4	001	声立科技	19/4/4	¥ 22,000.00	¥ 10,000.00	¥ 12,000.00
5	002	汇达网络科技	20/2/5	¥ 10,000.00	¥ 5,000.00	
6	003	诺力文化	20/2/8	¥ 29,000.00	¥ 5,000.00	
7	004	伟伟科技	20/1/31	¥ 28,700.00	¥ 10,000.00	
8	005	声立科技	20/4/10	¥ 15,000.00	¥ 15,000.00	
9	006	云端科技	20/2/22	¥ 22,000.00	¥ 8,000.00	

图 8-66

	A	B	C	D	E	F
1	应收账款统计表					
2		当前日期	2020/4/30			
3	序号	公司名称	开票日期	应收金额	已收金额	未收金额
4	001	声立科技	19/4/4	¥ 22,000.00	¥ 10,000.00	¥ 12,000.00
5	002	汇达网络科技	20/2/5	¥ 10,000.00	¥ 5,000.00	¥ 5,000.00
6	003	诺力文化	20/2/8	¥ 29,000.00	¥ 5,000.00	¥ 24,000.00
7	004	伟伟科技	20/1/31	¥ 28,700.00	¥ 10,000.00	¥ 18,700.00
8	005	声立科技	20/4/10	¥ 15,000.00	¥ 15,000.00	¥ -
9	006	云端科技	20/2/22	¥ 22,000.00	¥ 8,000.00	¥ 14,000.00
10	007	伟伟科技	20/4/28	¥ 18,000.00		¥ 18,000.00
11	008	诺力文化	20/2/20	¥ 22,000.00	¥ 5,000.00	¥ 17,000.00
12	009	诺力文化	20/3/4	¥ 23,000.00	¥ 10,000.00	¥ 13,000.00
13	010	大力文化	20/4/5	¥ 24,000.00	¥ 10,000.00	¥ 14,000.00
14	011	声立科技	20/3/28	¥ 30,000.00	¥ 10,000.00	¥ 20,000.00
15	012	大力文化	20/3/30	¥ 8,000.00		¥ 8,000.00
16	013	大力文化	20/3/23	¥ 8,500.00	¥ 5,000.00	¥ 3,500.00
17	014	汇达网络科技	20/3/22	¥ 8,500.00	¥ 1,000.00	¥ 7,500.00
18	015	伟伟科技	20/2/15	¥ 28,000.00	¥ 8,000.00	¥ 20,000.00
19	016	云端科技	20/3/17	¥ 22,000.00	¥ 10,000.00	¥ 12,000.00
20	017	汇达网络科技	20/4/17	¥ 6,000.00	¥ 6,000.00	¥ -
21	018	声立科技	20/4/2	¥ 28,600.00	¥ 5,000.00	¥ 23,600.00

图 8-67

❹ 选中 H4 单元格，在编辑栏中输入如下公式：

=IF(D4=E4,"已冲销√",IF((C4+G4)<$C$2,"已逾期","未到结账期"))

按 Enter 键即可得到第一条账款的状态，如图 8-68 所示。

H4 =IF(D4=E4,"已冲销√",IF((C4+G4)<$C$2,"已逾期","未到结账期"))

	A	B	C	D	E	F	G	H	I
1	应收账款统计表								
2		当前日期	2020/4/30						
3	序号	公司名称	开票日期	应收金额	已收金额	未收金额	付款期(天)	状态	负责人
4	001	声立科技	19/4/4	¥ 22,000.00	¥ 10,000.00	¥ 12,000.00	20	已逾期	苏佳
5	002	汇达网络科技	20/2/5	¥ 10,000.00	¥ 5,000.00	¥ 5,000.00	20		刘瑶
6	003	诺力文化	20/2/8	¥ 29,000.00	¥ 5,000.00	¥ 24,000.00	60		关小伟
7	004	伟伟科技	20/1/31	¥ 28,700.00	¥ 10,000.00	¥ 18,700.00	20		谢军
8	005	声立科技	20/4/10	¥ 15,000.00	¥ 15,000.00	¥ -	15		刘瑶

图 8-68

❺ 选中 H4 单元格，拖动右下角的填充柄，向下填充公式到 H21 单元格，一次性计算出其他记录中各款项的状态，如图 8-69 所示。

	A	B	C	D	E	F	G	H
1	应收账款统计表							
2		当前日期	2020/4/30					
3	序号	公司名称	开票日期	应收金额	已收金额	未收金额	付款期(天)	状态
4	001	声立科技	19/4/4	¥ 22,000.00	¥ 10,000.00	¥ 12,000.00	20	已逾期
5	002	汇达网络科技	20/2/5	¥ 10,000.00	¥ 5,000.00	¥ 5,000.00	20	已逾期
6	003	诺力文化	20/2/8	¥ 29,000.00	¥ 5,000.00	¥ 24,000.00	60	已逾期
7	004	伟伟科技	20/1/31	¥ 28,700.00	¥ 10,000.00	¥ 18,700.00	20	已逾期
8	005	声立科技	20/4/10	¥ 15,000.00	¥ 15,000.00	¥ -	15	已冲销√
9	006	云端科技	20/2/22	¥ 22,000.00	¥ 8,000.00	¥ 14,000.00	15	已逾期
10	007	伟伟科技	20/4/28	¥ 18,000.00		¥ 18,000.00	90	未到结账期
11	008	诺力文化	20/2/20	¥ 22,000.00	¥ 5,000.00	¥ 17,000.00	20	已逾期
12	009	诺力文化	20/3/4	¥ 23,000.00	¥ 10,000.00	¥ 13,000.00	40	已逾期
13	010	大力文化	20/4/5	¥ 24,000.00	¥ 10,000.00	¥ 14,000.00	60	未到结账期
14	011	声立科技	20/3/28	¥ 30,000.00	¥ 10,000.00	¥ 20,000.00	30	已逾期
15	012	大力文化	20/3/30	¥ 8,000.00		¥ 8,000.00	10	已逾期
16	013	大力文化	20/3/23	¥ 8,500.00	¥ 5,000.00	¥ 3,500.00	25	已逾期
17	014	汇达网络科技	20/3/22	¥ 8,500.00	¥ 1,000.00	¥ 7,500.00	10	已逾期
18	015	伟伟科技	20/2/15	¥ 28,000.00	¥ 8,000.00	¥ 20,000.00	90	未到结账期
19	016	云端科技	20/3/17	¥ 22,000.00	¥ 10,000.00	¥ 12,000.00	60	未到结账期
20	017	汇达网络科技	20/4/17	¥ 6,000.00	¥ 6,000.00	¥ -	15	已冲销√
21	018	声立科技	20/4/2	¥ 28,600.00	¥ 5,000.00	¥ 23,600.00	30	未到结账期

图 8-69

公式解析

IF 函数是 Excel 中最常用的函数之一，它根据指定条件来判断“真”（TRUE）、“假”（FALSE），从而返回相对应的内容。

① 这是一个 IF 函数多层嵌套的公式，首先判断“D4=E4”，如果是，返回“已冲销✓”，如果不是，则进入下一层 IF 判断。

=IF(D4=E4,"已冲销√",IF((C4+G4)<$C$2,"已逾期","未到结账期"))

② 判断“(C4+G4)<$C$2”是否为真，如果是，返回“已逾期”，否则返回“未到结账期”。

扫一扫，看视频

8.4.2 计算各笔账款逾期未收金额

根据应收账款中的已收金额和未收金额，可以对各笔应收账款的逾期未收金额进行统计（分时段统计），它是 8.5 节中进行账龄分析的基础。可以利用公式进行计算。

❶ 在“应收账款记录表”的右侧建立账龄分段标识（因为各个账龄段未收金额的计算数据来源于“应收账款记录表”，因此将统计表建立在此处更便于对数据的引用），如图 8-70 所示。

	A	B	C	D	E	F	G	H	I	J	K	L	M
1	应收账款统计表												
2		当前日期	2020/4/30							逾期未收金额			
3	序号	公司名称	开票日期	应收金额	已收金额	未收金额	付款期(天)	状态	负责人	0-30	30-60	60-90	90天以上
4	001	声立科技	19/4/4	¥ 22,000.00	¥ 10,000.00	¥ 12,000.00	20	已逾期	苏佳				
5	002	汇达网络科技	20/2/5	¥ 10,000.00	¥ 5,000.00	¥ 5,000.00	20	已逾期	刘瑶				
6	003	诺力文化	20/2/8	¥ 29,000.00	¥ 5,000.00	¥ 24,000.00	60	已逾期	关小伟				
7	004	伟伟科技	20/1/31	¥ 28,700.00	¥ 10,000.00	¥ 18,700.00	20	已逾期	谢军				
8	005	声立科技	20/4/10	¥ 15,000.00	¥ 15,000.00	¥ -	15	已冲销√	刘瑶				
9	006	云端科技	20/2/22	¥ 22,000.00	¥ 8,000.00	¥ 14,000.00	15	已逾期	乔远				
10	007	伟伟科技	20/4/28	¥ 18,000.00		¥ 18,000.00	90	未到结账期	谢军				
11	008	诺力文化	20/2/20	¥ 22,000.00	¥ 5,000.00	¥ 17,000.00	20	已逾期	关小伟				
12	009	诺力文化	20/3/4	¥ 23,000.00	¥ 10,000.00	¥ 13,000.00	40	已逾期	张军				

图 8-70

❷ 选中 J4 单元格，在编辑栏中输入如下公式：

=IF(AND($C$2-(C4+G4)>0,$C$2-(C4+G4)<=30),D4-E4,0)

按 Enter 键即可得到逾期未收金额，如图 8-71 所示。

J4 | fx | =IF(AND($C$2-(C4+G4)>0,$C$2-(C4+G4)<=30),D4-E4,0)

	B	C	D	E	F	G	H	I	J	K	L	M
1	应收账款统计表											
2	当前日期	2020/4/30							逾期未收金额			
3	公司名称	开票日期	应收金额	已收金额	未收金额	付款期(天)	状态	负责人	0-30	30-60	60-90	90天以上
4	声立科技	19/4/4	¥ 22,000.00	¥ 10,000.00	¥ 12,000.00	20	已逾期	苏佳	0			
5	汇达网络科技	20/2/5	¥ 10,000.00	¥ 5,000.00	¥ 5,000.00	20	已逾期	刘瑶				
6	诺力文化	20/2/8	¥ 29,000.00	¥ 5,000.00	¥ 24,000.00	60	已逾期	关小伟				
7	伟伟科技	20/1/31	¥ 28,700.00	¥ 10,000.00	¥ 18,700.00	20	已逾期	谢军				
8	声立科技	20/4/10	¥ 15,000.00	¥ 15,000.00	¥ -	15	已冲销√	刘瑶				
9	云端科技	20/2/22	¥ 22,000.00	¥ 8,000.00	¥ 14,000.00	15	已逾期	乔远				
10	伟伟科技	20/4/28	¥ 18,000.00		¥ 18,000.00	90	未到结账期	谢军				
11	诺力文化	20/2/20	¥ 22,000.00	¥ 5,000.00	¥ 17,000.00	20	已逾期	关小伟				

图 8-71

❸ 选中 K4 单元格，在编辑栏中输入如下公式：

=IF(AND($C$2-(C4+G4)>30,$C$2-(C4+G4)<=60),D4-E4,0)

按 Enter 键即可得到逾期未收金额，如图 8-72 所示。

K4 =IF(AND($C$2-(C4+G4)>30,$C$2-(C4+G4)<=60),D4-E4,0)

	B	C	D	E	F	G	H	I	J	K	L	M
1	应收账款统计表											
2	当前日期	2020/4/30							逾期未收金额			
3	公司名称	开票日期	应收金额	已收金额	未收金额	付款期(天)	状态	负责人	0-30	30-60	60-90	90天以上
4	声立科技	19/4/4	¥ 22,000.00	¥ 10,000.00	¥ 12,000.00	20	已逾期	苏佳	0	0		
5	汇达网络科技	20/2/5	¥ 10,000.00	¥ 5,000.00	¥ 5,000.00	20	已逾期	刘瑶				
6	诺力文化	20/2/8	¥ 29,000.00	¥ 5,000.00	¥ 24,000.00	60	已逾期	关小伟				
7	伟伟科技	20/1/31	¥ 28,700.00	¥ 10,000.00	¥ 18,700.00	20	已逾期	谢军				
8	声立科技	20/4/10	¥ 15,000.00	¥ 15,000.00	¥ -	15	已冲销√	刘瑶				
9	云端科技	20/2/22	¥ 22,000.00	¥ 8,000.00	¥ 14,000.00	15	已逾期	乔远				
10	伟伟科技	20/4/28	¥ 18,000.00		¥ 18,000.00	90	未到结账期	谢军				

图 8-72

❹ 选中 L4 单元格，在编辑栏中输入如下公式：

=IF(AND($C$2-(C4+G4)>60,$C$2-(C4+G4)<=90),D4-E4,0)

按 Enter 键即可得到逾期未收金额，如图 8-73 所示。

L4 =IF(AND($C$2-(C4+G4)>60,$C$2-(C4+G4)<=90),D4-E4,0)

	B	C	D	E	F	G	H	I	J	K	L	M
1	应收账款统计表											
2	当前日期	2020/4/30							逾期未收金额			
3	公司名称	开票日期	应收金额	已收金额	未收金额	付款期(天)	状态	负责人	0-30	30-60	60-90	90天以上
4	声立科技	19/4/4	¥ 22,000.00	¥ 10,000.00	¥ 12,000.00	20	已逾期	苏佳	0	0	0	
5	汇达网络科技	20/2/5	¥ 10,000.00	¥ 5,000.00	¥ 5,000.00	20	已逾期	刘瑶				
6	诺力文化	20/2/8	¥ 29,000.00	¥ 5,000.00	¥ 24,000.00	60	已逾期	关小伟				
7	伟伟科技	20/1/31	¥ 28,700.00	¥ 10,000.00	¥ 18,700.00	20	已逾期	谢军				
8	声立科技	20/4/10	¥ 15,000.00	¥ 15,000.00	¥ -	15	已冲销√	刘瑶				
9	云端科技	20/2/22	¥ 22,000.00	¥ 8,000.00	¥ 14,000.00	15	已逾期	乔远				
10	伟伟科技	20/4/28	¥ 18,000.00		¥ 18,000.00	90	未到结账期	谢军				

图 8-73

❺ 选中 M4 单元格，在编辑栏中输入如下公式：

=IF($C$2-(C4+G4)>90,D4-E4,0)

按 Enter 键即可得到逾期未收金额，如图 8-74 所示。

M4 =IF($C$2-(C4+G4)>90,D4-E4,0)

	B	C	D	E	F	G	H	I	J	K	L	M
1	应收账款统计表											
2	当前日期	2020/4/30							逾期未收金额			
3	公司名称	开票日期	应收金额	已收金额	未收金额	付款期(天)	状态	负责人	0-30	30-60	60-90	90天以上
4	声立科技	19/4/4	¥ 22,000.00	¥ 10,000.00	¥ 12,000.00	20	已逾期	苏佳	0	0	0	12000
5	汇达网络科技	20/2/5	¥ 10,000.00	¥ 5,000.00	¥ 5,000.00	20	已逾期	刘瑶				
6	诺力文化	20/2/8	¥ 29,000.00	¥ 5,000.00	¥ 24,000.00	60	已逾期	关小伟				
7	伟伟科技	20/1/31	¥ 28,700.00	¥ 10,000.00	¥ 18,700.00	20	已逾期	谢军				
8	声立科技	20/4/10	¥ 15,000.00	¥ 15,000.00	¥ -	15	已冲销√	刘瑶				
9	云端科技	20/2/22	¥ 22,000.00	¥ 8,000.00	¥ 14,000.00	15	已逾期	乔远				
10	伟伟科技	20/4/28	¥ 18,000.00		¥ 18,000.00	90	未到结账期	谢军				

图 8-74

❻ 选中 J4:M4 单元格区域，拖动右下角的填充柄，向下填充公式至 M21 单元格，即可得到所有账款不同账龄期间的逾期未收金额，如图 8-75 所示。

应收账款统计表

	当前日期	2020/4/30							逾期未收金额			
序号	公司名称	开票日期	应收金额	已收金额	未收金额	付款期(天)	状态	负责人	0-30	30-60	60-90	90天以上
001	声立科技	19/4/4	¥ 22,000.00	¥ 10,000.00	¥ 12,000.00	20	已逾期	苏佳	0	0	0	12000
002	汇达网络科技	20/2/5	¥ 10,000.00	¥ 5,000.00	¥ 5,000.00	20	已逾期	刘瑶	0	0	5000	0
003	诺力文化	20/2/8	¥ 29,000.00	¥ 5,000.00	¥ 24,000.00	60	已逾期	关小伟	24000	0	0	0
004	伟伟科技	20/1/31	¥ 28,700.00	¥ 10,000.00	¥ 18,700.00	20	已逾期	谢军	0	0	18700	0
005	声立科技	20/4/10	¥ 15,000.00	¥ 15,000.00	¥ -	15	已冲销√	刘瑶	0	0	0	0
006	云端科技	20/2/22	¥ 22,000.00	¥ 8,000.00	¥ 14,000.00	15	已逾期	乔远	0	14000	0	0
007	伟伟科技	20/4/28	¥ 18,000.00		¥ 18,000.00	90	未到结账期	谢军	0	0	0	0
008	诺力文化	20/2/20	¥ 22,000.00	¥ 5,000.00	¥ 17,000.00	20	已逾期	关小伟	0	17000	0	0
009	诺力文化	20/3/4	¥ 23,000.00	¥ 10,000.00	¥ 13,000.00	40	已逾期	张军	13000	0	0	0
010	大力文化	20/4/5	¥ 24,000.00	¥ 10,000.00	¥ 14,000.00	60	未到结账期	刘瑶	0	0	0	0
011	声立科技	20/3/28	¥ 30,000.00	¥ 10,000.00	¥ 20,000.00	30	已逾期	苏佳	20000	0	0	0
012	大力文化	20/3/30	¥ 8,000.00		¥ 8,000.00	10	已逾期	乔远	8000	0	0	0
013	大力文化	20/3/23	¥ 8,500.00	¥ 5,000.00	¥ 3,500.00	25	已逾期	彭丽丽	3500	0	0	0
014	汇达网络科技	20/3/22	¥ 8,500.00	¥ 1,000.00	¥ 7,500.00	10	已逾期	张军	7500	0	0	0
015	伟伟科技	20/2/15	¥ 28,000.00	¥ 8,000.00	¥ 20,000.00	90	未到结账期	乔远	0	0	0	0
016	云端科技	20/3/17	¥ 22,000.00	¥ 10,000.00	¥ 12,000.00	60	未到结账期	关小伟	0	0	0	0
017	汇达网络科技	20/4/17	¥ 6,000.00	¥ 6,000.00	¥ -	15	已冲销√	张文轩	0	0	0	0
018	声立科技	20/4/2	¥ 28,600.00	¥ 5,000.00	¥ 23,600.00	30	未到结账期	张军	0	0	0	0

图 8-75

公式解析

=IF(AND($C$2-(C4+G4)>0,$C$2-(C4+G4)<=30),D4-E4,0)

① "C4+G4" 求取的是开票日期与付款期的和，即到期日期。用 C2 单元格的当前日期减去到期日期，得到的是逾期天数，并判断这个天数是否大于 0。

② 同前面①步，判断逾期天数是否小于等于 30 天。

③ 这一部分是 AND 函数判断 "$C$2-(C4+G4)>0" "$C$2-(C4+G4)<=30" 这两个条件是否同时满足。如果是，返回 TRUE，如果不是，返回 FALSE。当同时满足时，返回 "D4-E4" 的值，否则返回 0。

④ IF 返回的是当②步结果为 TRUE 时返回 "D4-E4" 的值，否则返回 0。

经验之谈

上面几个单元格的公式都是使用 IF 与 AND 函数的组合进行不同逾期天数区间的判断，即时改动公式中的天数区间即可，因此都可以按上面的公式解析理解。

8.5 应收账款账龄分析表

账龄分析是有效管理应收账款的基础。应收账款账龄分析表可以真实地反映企业实际的资金流动情况，对难度较大的应收账款早做准备，同时对逾期较长的款项采取相应的催收措施。本节中的账龄分析表由 8.4 节中建立的应收账款管理表中的数据计算得到，它将各个客户的应收金额统计出来，并计算占比数据。

扫一扫，看视频

8.5.1 统计各客户在各个账龄区间的应收款

根据应收账款管理表统计出客户信用期内及各个账龄区间的未收金额，可以让财务人员清楚地了解哪些客户是企业的重点债务对象。统计客户在各个账龄区间的未收款主要使用 SUMIF 函数进行按条件求和运算。

❶ 建立"应收账款账龄分析表"，其表格结构如图 8-76 所示。

应收账款账龄分析表								
公司名称	0~30天		30~60天		60~90天		90天以上	
	应收账款	比重	应收账款	比重	应收账款	比重	应收账款	比重
声立科技								
汇达网络科技								
诺力文化								
伟伟科技								
云端科技								
大力文化								
合计								

图 8-76

❷ 选中 B4 单元格，在编辑栏中输入如下公式：

=SUMIF(应收账款记录表!$B$4:$B$25,$A4,应收账款记录表!J$4:J$25)

按 Enter 键即可得到“声立科技”在账龄 0～30 天内的应收账款，如图 8-77 所示。

=SUMIF(应收账款记录表!$B$4:$B$25,$A4,应收账款记录表!J$4:J$25)

应收账款账龄分析表								
公司名称	0~30天		30~60天		60~90天		90天以上	
	应收账款	比重	应收账款	比重	应收账款	比重	应收账款	比重
声立科技	20000							
汇达网络科技								
诺力文化								
伟伟科技								
云端科技								
大力文化								

图 8-77

❸ 选中 D4 单元格，在编辑栏中输入如下公式：

=SUMIF(应收账款记录表!$B$4:$B$25,$A4,应收账款记录表!K$4:K$25)

按 Enter 键即可得到“声立科技”在账龄 30～60 天内的应收账款，如图 8-78 所示。

=SUMIF(应收账款记录表!$B$4:$B$25,$A4,应收账款记录表!K$4:K$25)

应收账款账龄分析表								
公司名称	0~30天		30~60天		60~90天		90天以上	
	应收账款	比重	应收账款	比重	应收账款	比重	应收账款	比重
声立科技	20000		0					
汇达网络科技								
诺力文化								
伟伟科技								
云端科技								
大力文化								
合计								

图 8-78

❹ 选中 F4 单元格，在编辑栏中输入如下公式：

=SUMIF(应收账款记录表!$B$4:$B$25,$A4,应收账款记录表!L$4:L$25)

按 Enter 键即可得到“声立科技”在账龄 60～90 天内的应收账款，如图 8-79 所示。

=SUMIF(应收账款记录表!$B$4:$B$25,$A4,应收账款记录表!L$4:L$25)

应收账款账龄分析表								
公司名称	0~30天		30~60天		60~90天		90天以上	
	应收账款	比重	应收账款	比重	应收账款	比重	应收账款	比重
声立科技	20000		0		0			
汇达网络科技								
诺力文化								
伟伟科技								
云端科技								
大力文化								

图 8-79

❺ 选中 H4 单元格，在编辑栏中输入如下公式：

=SUMIF(应收账款记录表!$B$4:$B$25,$A4,应收账款记录表!M$4:M$25)

按 Enter 键即可得到“声立科技”在账龄 90 天以上的应收账款，如图 8-80 所示。

H4 =SUMIF(应收账款记录表!$B$4:$B$25,$A4,应收账款记录表!M$4:M$25)

	A	B	C	D	E	F	G	H	I
1	应收账款账龄分析表								
2	公司名称	0~30天		30~60天		60~90天		90天以上	
3		应收账款	比重	应收账款	比重	应收账款	比重	应收账款	比重
4	声立科技	20000		0		0		12000	
5	汇达网络科技								
6	诺力文化								
7	伟伟科技								
8	云端科技								
9	大力文化								

图 8-80

❻ 分别向下填充公式，依次得到所有客户在各个账龄区间的应收账款，如图 8-81 所示。

	A	B	C	D	E	F	G	H	I
1	应收账款账龄分析表								
2	公司名称	0~30天		30~60天		60~90天		90天以上	
3		应收账款	比重	应收账款	比重	应收账款	比重	应收账款	比重
4	声立科技	20000		0		0		12000	
5	汇达网络科技	7500		0		5000		0	
6	诺力文化	37000		17000		0		0	
7	伟伟科技	0		0		18700		0	
8	云端科技	0		14000		0		0	
9	大力文化	11500		0		0		0	
10	合计								

图 8-81

❼ 选中 B10 单元格，在“公式”选项卡的“函数库”组中单击“自动求和”按钮（如图 8-82 所示），此时函数是根据当前选中单元格的数据默认参与运算的单元格区域。

❽ 按 Enter 键即可返回第一条记录中的合计值，如图 8-83 所示。

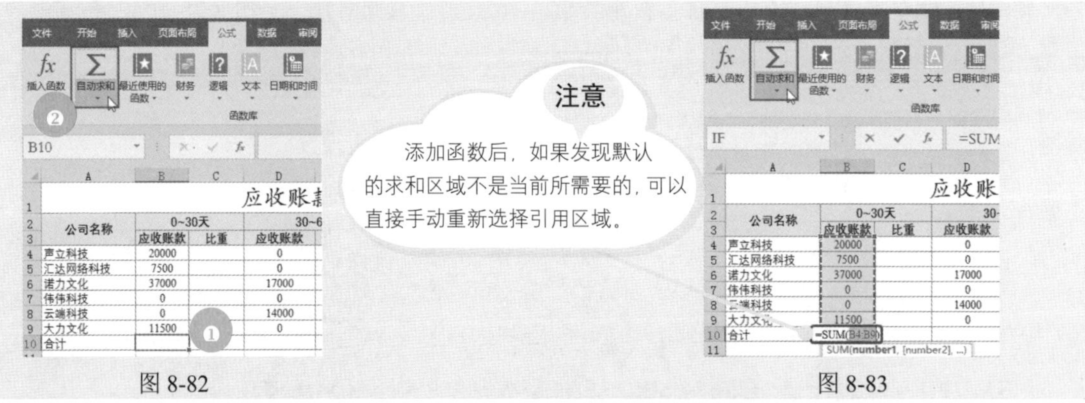

注意
添加函数后，如果发现默认的求和区域不是当前所需要的，可以直接手动重新选择引用区域。

图 8-82 图 8-83

❾ 按照和步骤❼相同的方法依次计算出其他账龄区间的合计值，如图 8-84 所示。

	A	B	C	D	E	F	G	H
1	应收账款账龄分析表							
2	公司名称	0~30天		30~60天		60~90天		90天以
3		应收账款	比重	应收账款	比重	应收账款	比重	应收账款
4	声立科技	20000		0		0		12000
5	汇达网络科技	7500		0		5000		0
6	诺力文化	37000		17000		0		0
7	伟伟科技	0		0		18700		0
8	云端科技	0		14000		0		0
9	大力文化	11500		0		0		0
10	合计	76000		31000		23700		12000

图 8-84

公式解析

SUMIF 函数可以先进行条件判断，然后对满足条件的数据区域进行求和。

= SUMIF($A$2:$A$5,E2,$C$2:$C$5)

① 第 1 个参数是用于条件判断区域，必须是单元格引用。

② 第 2 个参数是求和条件，可以是数字、文本、单元格引用或公式等。如果是文本，必须使用双引号。

③ 第 3 个参数是用于求和区域，行、列数应与第 1 个参数相同。

扩展

此参数中可以使用通配符来设计条件，其目的是对一类数据进行求和。

扩展

如果用于条件判断的区域（第 1 个参数）与用于求和的区域（第 3 个参数）是同一区域，则可以省略第 3 个参数。

=SUMIF(应收账款记录表!$B$4:$B$25,$A4,应收账款记录表!J$4:J$25)

公式表示先判断"应收账款记录表!$B$4:$B$25"中哪些单元格为 A4 指定的公司名称，找到后将对应在"应收账款记录表!J$4:J$25"上的值进行求和计算。

8.5.2 计算各账龄下各客户应收账款所占比例

计算出各个账龄段的应收账款后，可以对它们占总应收账款的比例进行计算。

扫一扫，看视频

❶ 选中 C4 单元格，在编辑栏中输入如下公式：

=B4/$B$10

按 Enter 键即可得到"声立科技"在 0～30 天账龄区间占所有公司应收账款的比值（这里得到的默认值为小数形式），如图 8-85 所示。

C4 =B4/$B$10

	A	B	C	D	E
1	应收账款账龄				
2	公司名称	0~30天		30~60天	
3		应收账款	比重	应收账款	比重
4	声立科技	20000	0.2631579	0	
5	汇达网络科技	7500		0	
6	诺力文化	37000		17000	
7	伟伟科技	0		0	
8	云端科技	0		14000	
9	大力文化	11500		0	
10	合计	76000		31000	

图 8-85

注意

$B$10 是一种绝对引用方式，随着公式向下复制，该公式引用的值始终是 76000；而 B4 是相对引用方式，随着公式向下复制，不断向下引用其他公司的应收账款数据。

❷ 向下填充公式，依次得到其他客户的应收账款比值。选中 C4:C9 单元格区域，在"开始"选项卡的"数字"组中打开"数字格式"下拉列表，从中选择"百分比"选项（如图 8-86 所示），即可将数字格式转换为百分比，如图 8-87 所示。

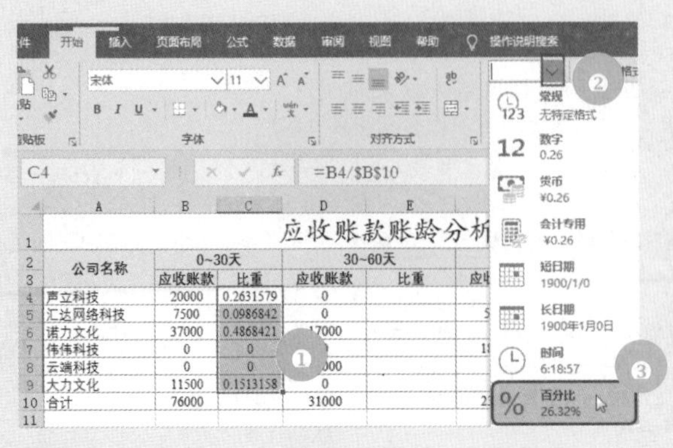

图 8-86

	A	B	C
1			
2	公司名称	0~30天	
3		应收账款	比重
4	声立科技	20000	26.32%
5	汇达网络科技	7500	9.87%
6	诺力文化	37000	48.68%
7	伟伟科技	0	0.00%
8	云端科技	0	0.00%
9	大力文化	11500	15.13%
10	合计	76000	

图 8-87

❸ 分别选中 E4、G4、I4 单元格，在编辑栏中输入如下公式：

=D4/$D$10

=F4/$F$10

=H4/$H$10

按 Enter 键即可依次得到其他账龄区间的比值，如图 8-88 所示。

❹ 依次向下复制公式，得到所有客户应收账款的比重，如图 8-89 所示。

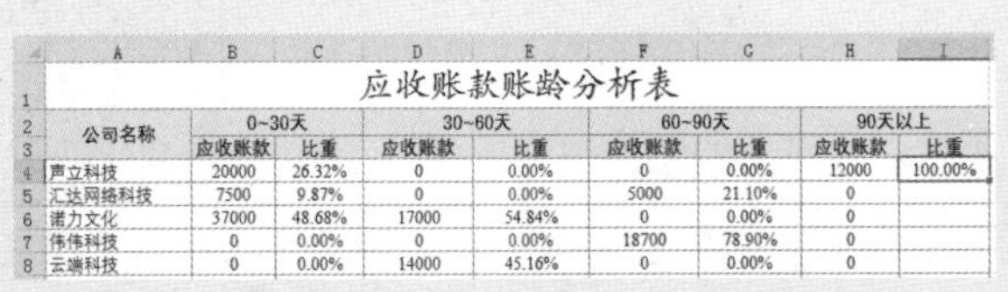

应收账款账龄分析表

公司名称	0~30天		30~60天		60~90天		90天以上	
	应收账款	比重	应收账款	比重	应收账款	比重	应收账款	比重
声立科技	20000	26.32%	0	0.00%	0	0.00%	12000	100.00%
汇达网络科技	7500	9.87%	0	0.00%	5000	21.10%	0	
诺力文化	37000	48.68%	17000	54.84%	0	0.00%	0	
伟伟科技	0	0.00%	0	0.00%	18700	78.90%	0	
云端科技	0	0.00%	14000	45.16%	0	0.00%	0	

图 8-88

应收账款账龄分析表

公司名称	0~30天		30~60天		60~90天		90天以上	
	应收账款	比重	应收账款	比重	应收账款	比重	应收账款	比重
声立科技	20000	26.32%	0	0.00%	0	0.00%	12000	100.00%
汇达网络科技	7500	9.87%	0	0.00%	5000	21.10%	0	0.00%
诺力文化	37000	48.68%	17000	54.84%	0	0.00%	0	0.00%
伟伟科技	0	0.00%	0	0.00%	18700	78.90%	0	0.00%
云端科技	0	0.00%	14000	45.16%	0	0.00%	0	0.00%
大力文化	11500	15.13%	0	0.00%	0	0.00%	0	0.00%
合计	76000		31000		23700		12000	

图 8-89

第 9 章

考勤加班管理中的表格

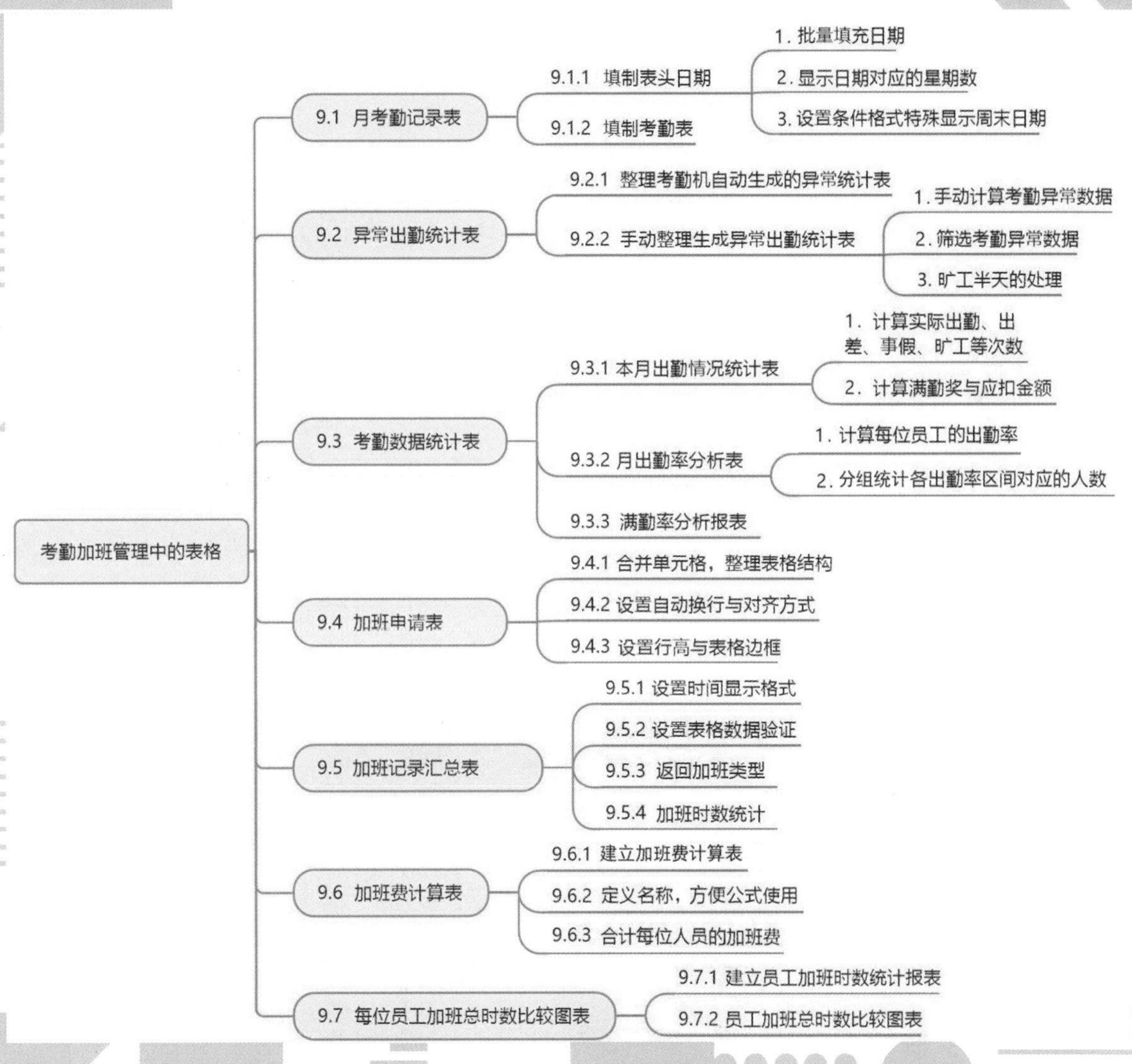

考勤加班管理中的表格
9.1 月考勤记录表
9.1.1 填制表头日期
1. 批量填充日期
2. 显示日期对应的星期数
3. 设置条件格式特殊显示周末日期
9.1.2 填制考勤表
9.2 异常出勤统计表
9.2.1 整理考勤机自动生成的异常统计表
9.2.2 手动整理生成异常出勤统计表
1. 手动计算考勤异常数据
2. 筛选考勤异常数据
3. 旷工半天的处理
9.3 考勤数据统计表
9.3.1 本月出勤情况统计表
1. 计算实际出勤、出差、事假、旷工等次数
2. 计算满勤奖与应扣金额
9.3.2 月出勤率分析表
1. 计算每位员工的出勤率
2. 分组统计各出勤率区间对应的人数
9.3.3 满勤率分析报表
9.4 加班申请表
9.4.1 合并单元格，整理表格结构
9.4.2 设置自动换行与对齐方式
9.4.3 设置行高与表格边框
9.5 加班记录汇总表
9.5.1 设置时间显示格式
9.5.2 设置表格数据验证
9.5.3 返回加班类型
9.5.4 加班时数统计
9.6 加班费计算表
9.6.1 建立加班费计算表
9.6.2 定义名称，方便公式使用
9.6.3 合计每位人员的加班费
9.7 每位员工加班总时数比较图表
9.7.1 建立员工加班时数统计报表
9.7.2 员工加班总时数比较图表

9.1 月考勤记录表

考勤工作是人事部门的一项重要工作。多数企业会使用考勤机来进行考勤管理，但考勤机一般不具备记录请假、未打卡、迟到早退等异常情况的功能，因此人事部门的工作人员还是用考勤机记录打卡的情况，然后自己处理迟到、早退、未打卡等情况，再辅以请假、休假的实际情况生成最终的考勤表。9.2 节也会介绍关于异常出勤情况的处理与统计方法。

对于生成完整的考勤表，则可以使用一些分析工具建立统计表与分析表。

扫一扫，看视频

9.1.1 填制表头日期

考勤表的基本元素包括员工的工号、部门以及姓名和整月的考勤日期及对应的星期数，我们把这些信息称为考勤表的表头信息。正确填写表头日期是正确记录考勤信息的前提。

1. 批量填充日期

输入首个日期并设置格式后，通过批量填充的方式可以得到全月日期。

❶ 建立“4 月考勤记录表”，先录入“工号”“姓名”“部门”数据（可以从人事部获取这些数据），如图 9-1 所示。

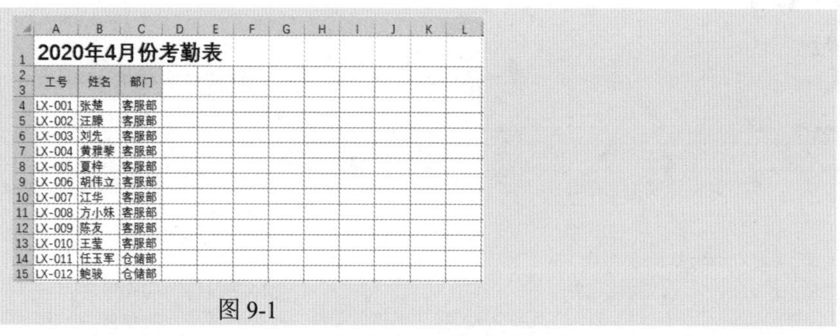

2020年4月份考勤表

工号	姓名	部门
LX-001	张楚	客服部
LX-002	汪滕	客服部
LX-003	刘先	客服部
LX-004	黄雅黎	客服部
LX-005	夏梓	客服部
LX-006	胡伟立	客服部
LX-007	江华	客服部
LX-008	方小妹	客服部
LX-009	陈友	客服部
LX-010	王莹	客服部
LX-011	任玉军	仓储部
LX-012	鲍骏	仓储部

图 9-1

❷ 在 D2 单元格中输入“2020/4/1”，在“开始”选项卡的“数字”组中单击“对话框启动器”按钮，如图 9-2 所示。

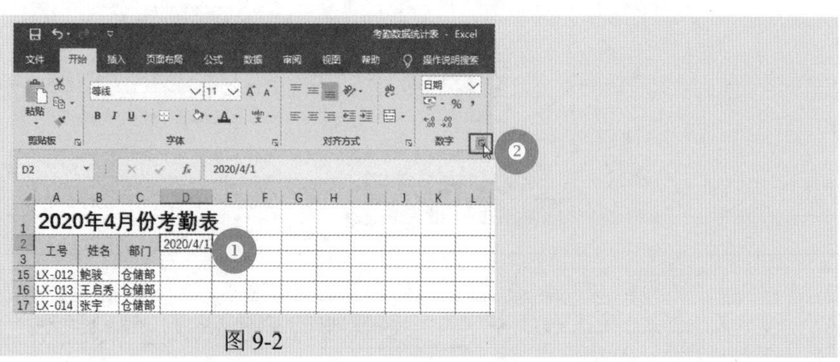

图 9-2

❸ 打开“设置单元格格式”对话框，在“分类”列表框中选择“自定义”选项，设置“类型”为“d”，表示只显示日，如图 9-3 所示。

❹ 单击“确定”按钮，可以看到 D2 单元格显示指定日期格式，如图 9-4 所示。

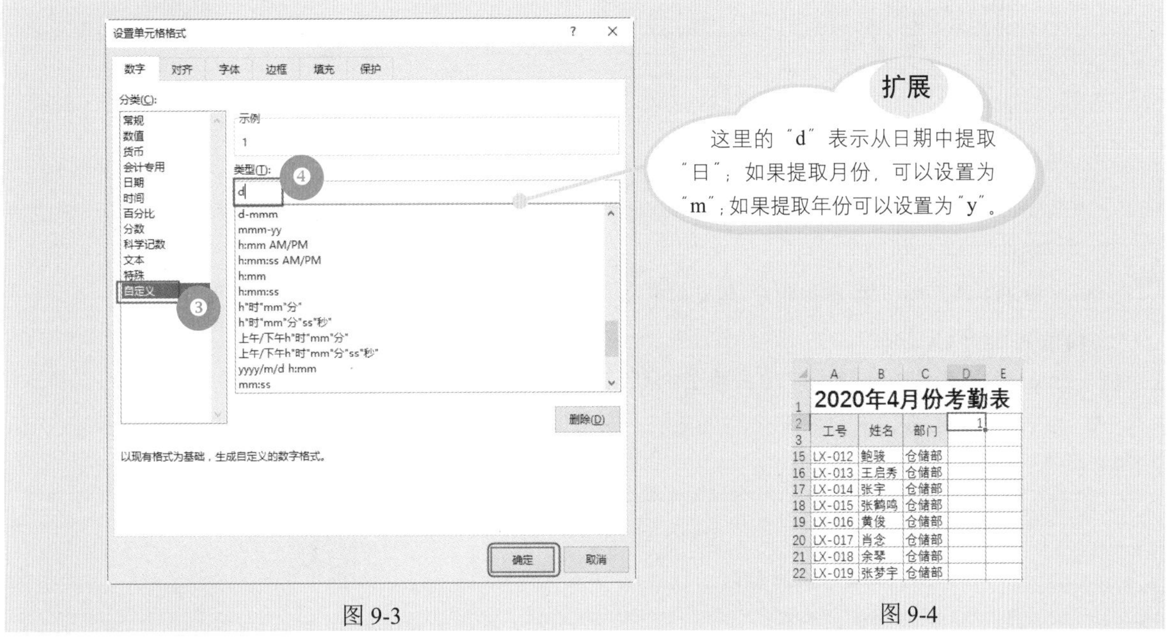

扩展
这里的“d”表示从日期中提取“日”；如果提取月份，可以设置为“m”；如果提取年份可以设置为“y”。

图 9-3　　图 9-4

经验之谈

进行日期格式自定义设置的目的是在单元格中填入考勤起始日期“2020/4/1”，并依次向右填充到本月的最后一天，由于日期占用宽度很大，不方便整个数据表的查看。表格标题中已指定年份与月份，因此这里只要显示出“日”即可。

❺ 选中 D2 单元格，将鼠标指针指向单元格右下角，向右批量填充日期至 4 月份的最后一天（即 30 日）。

❻ 为了能更方便地查看整月日期，继续保持单元格区域的选中状态，在“开始”选项卡的“单元格”组中单击“格式”下拉按钮，在弹出的下拉列表中选择“自动调整列宽”选项，如图 9-5 所示。此时可以看到所有单元格自动适应内部文本的宽度，效果如图 9-6 所示。

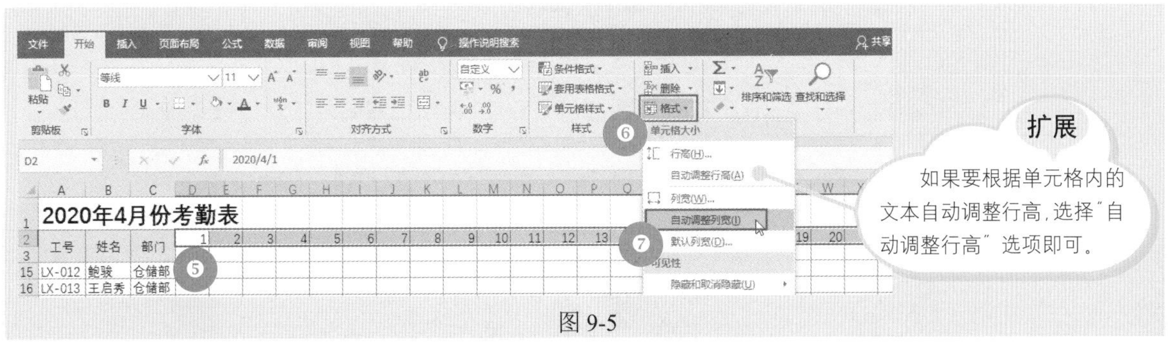

扩展
如果要根据单元格内的文本自动调整行高，选择“自动调整行高”选项即可。

图 9-5

2020年4月份考勤表

工号	姓名	部门	1	2	3	4	5	6	7	8	9	10	11	12	13	14	15	16	17	18	19	20	21	22	23	24	25	26	27	28	29	30
LX-001	张楚	客服部																														
LX-002	汪滕	客服部																														
LX-003	刘先	客服部																														
LX-004	黄雅黎	客服部																														
LX-005	夏梓	客服部																														
LX-006	胡伟立	客服部																														
LX-007	江华	客服部																														

图 9-6

2. 显示日期对应的星期数

上一小节中使用自定义数字格式将日期显示为“d”格式（即只显示日数），本小节可以显示出每日对应的星期数。

❶ 选中 D3 单元格，在编辑栏中输入如下公式：

=TEXT(D2,"AAA")

按 Enter 键即可根据日期返回对应的星期数，如图 9-7 所示。

❷ 选中 D3 单元格，拖动右下角的填充柄，向右复制公式，即可依次返回各日期对应的星期数，如图 9-8 所示。

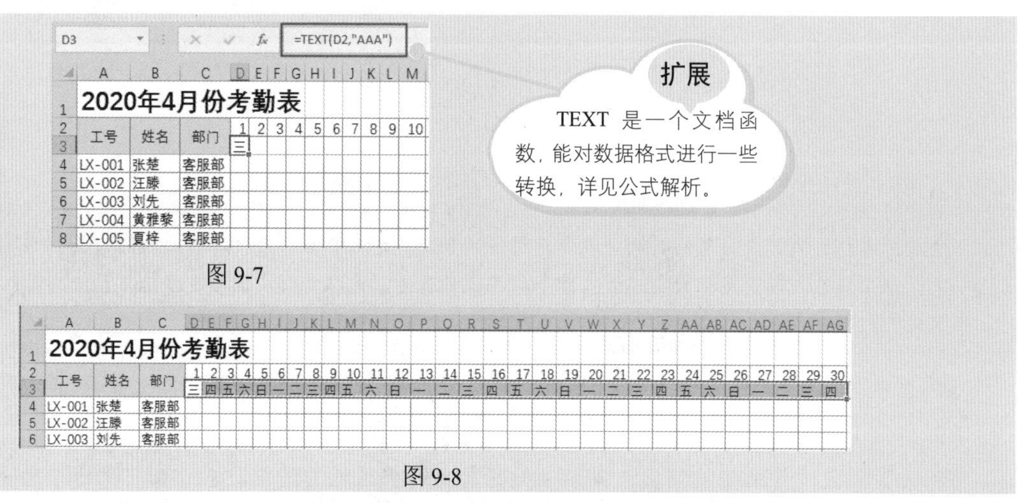
=TEXT(D2,"AAA")
2020年4月份考勤表
扩展
TEXT 是一个文档函数，能对数据格式进行一些转换，详见公式解析。

图 9-7

图 9-8

公式解析

TEXT 函数用于将数值转换为按指定数字格式表示的文本。

=TEXT(❶数据,❷想更改为的文本格式)

第 2 个参数是格式代码。用来告诉 TEXT 函数，应该将第 1 个参数的数据更改成什么样子。多数自定义格式的代码都可以直接用在 TEXT 函数中。如果不知道怎样给 TEXT 函数设置格式代码，可以打开“设置单元格格式”对话框，在“分类”列表框中选择“自定义”选项，在“类型”列表框中参考 Excel 已经准备好的自定义数字格式代码，这些代码可以作为 TEXT 函数的第 2 个参数。

=TEXT(D2,"AAA")

“AAA”是指返回日期对应的文本值，即星期数。

经验之谈

关于 TEXT 函数，再给出两个应用示例如下。

例如，在图 9-9 中使用公式“**=TEXT(A2,"0 年 00 月 00 日")**”，可以将 A2 单元格的数据转换为 C2 单元格的样式（因此它也可以用于将非标准日期转换为标准日期）。

例如，在图 9-10 中使用公式“**=TEXT(A2,"上午/下午 h 时 mm 分")**”，可以将 A 列中单元格的数据转换为 C 列中对应的样式。

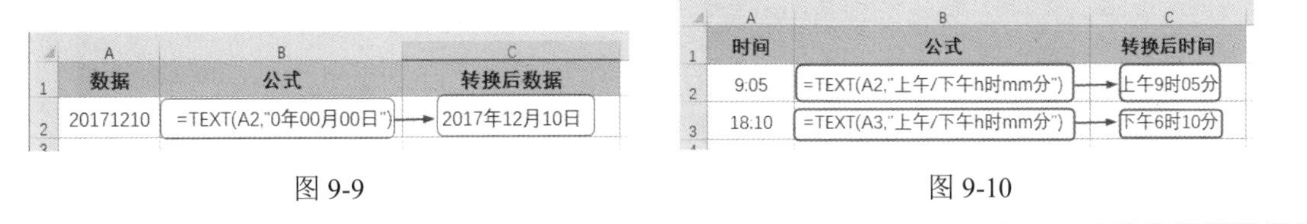

图 9-9　　　　图 9-10

3. 设置条件格式特殊显示周末日期

在考勤表中，为了直观地显示周末日期，可以通过设置条件格式让“星期六”“星期日”显示为特殊颜色，以方便员工填写实际考勤数据。

❶ 选中 D2:AG2 单元格区域，在“开始”选项卡的“样式”组中单击“条件格式”下拉按钮，在弹出的下拉列表中选择“新建规则”选项（如图 9-11 所示），打开“新建格式规则”对话框。

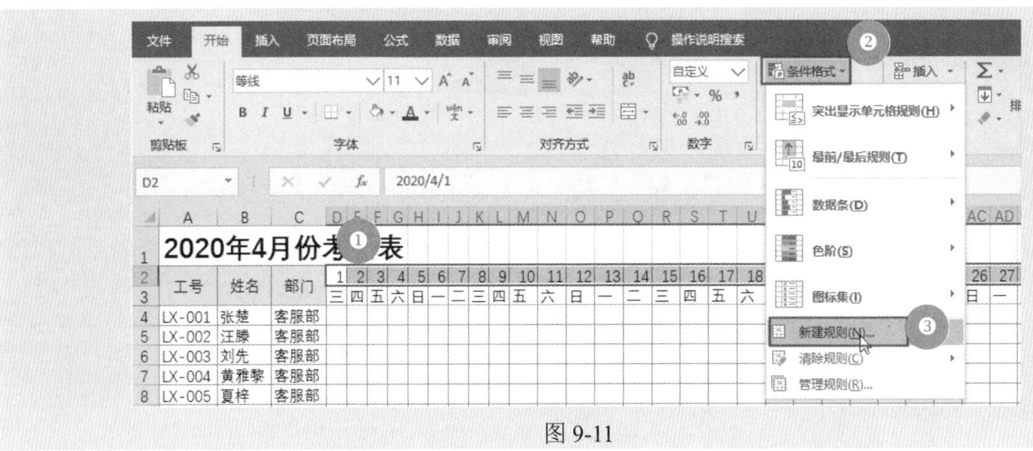

图 9-11

❷ 选择“使用公式确定要设置格式的单元格”规则类型，在“为符合此公式的值设置格式”文本框中输入“**=WEEKDAY(D2,2)=6**”，如图 9-12 所示。

❸ 单击“格式”按钮，打开“设置单元格格式”对话框。切换到“填充”选项卡，设置特殊背景色，如图 9-13 所示。

❹ 单击“确定”按钮完成设置，返回到工作表中，可以看到所有“周六”都显示为绿色，如图 9-14 所示。

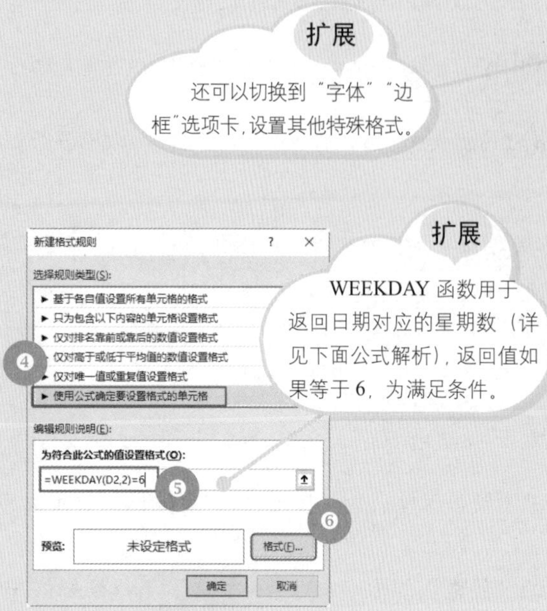

扩展

还可以切换到"字体""边框"选项卡，设置其他特殊格式。

扩展

WEEKDAY 函数用于返回日期对应的星期数（详见下面公式解析），返回值如果等于 6，为满足条件。

图 9-12

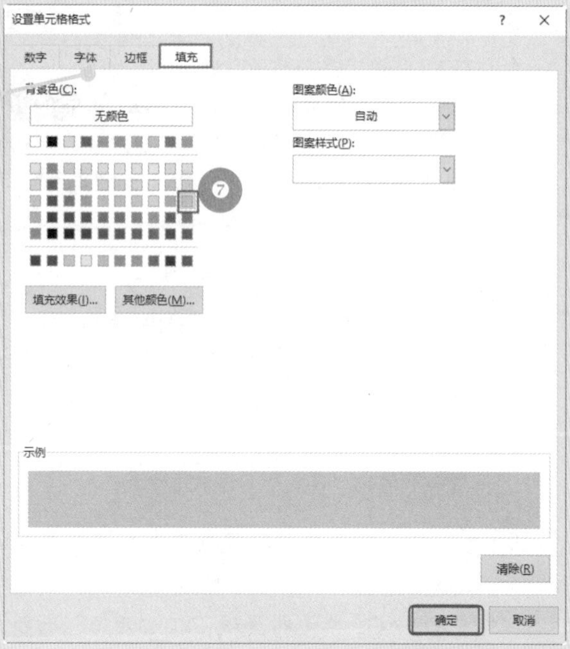

图 9-13

图 9-14

❺ 选中显示日期的区域，打开"新建格式规则"对话框。选择"使用公式确定要设置格式的单元格"规则类型，在"为符合此公式的值设置格式"文本框中输入"**=WEEKDAY(D2,2)=7**"，如图 9-15 所示。按照和步骤❸相同的办法设置填充颜色为红色即可。

❻ 单击"确定"按钮完成设置，可以看到所有"周日"显示红色，如图 9-16 所示。

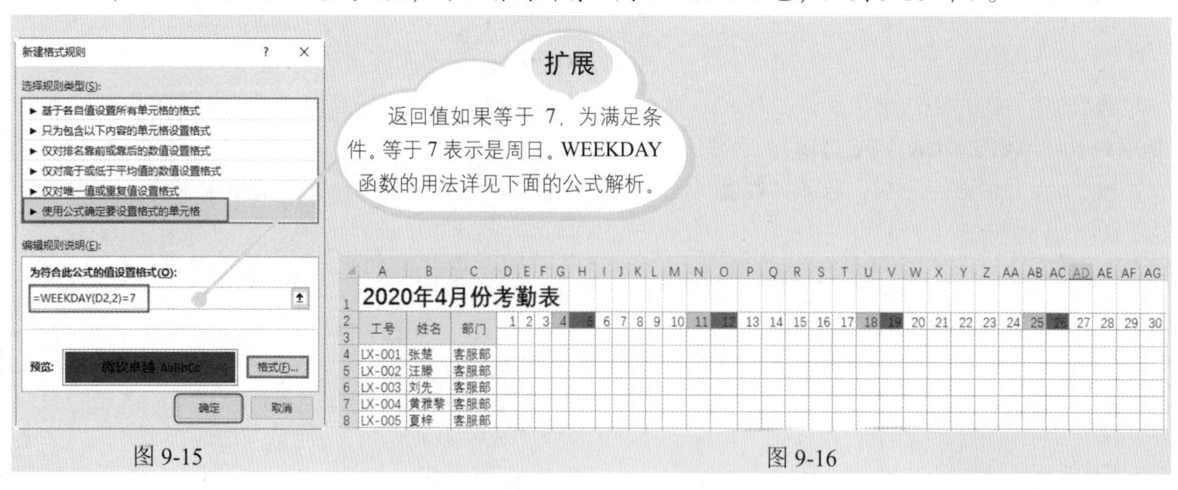

图 9-15

图 9-16

公式解析

WEEKDAY 函数用于返回日期对应的星期数。在默认情况下，其值为 1（星期日）到 7（星期六）。

=WEEKDAY(❶指定日期,❷返回值类型)

指定为数字 1 或省略时，则 1~7 代表星期日到星期六；指定为数字 2 时，则 1~7 代表星期一到星期日；指定为数字 3 时，则 0~6 代表星期一到星期日。

注意

指定参数为 2 最符合使用习惯，因为返回几就表示星期几，例如返回 4 就表示星期四。

① 参数为 2，则 1~7 代表星期一到星期日。

=WEEKDAY(D2,2)=6

② WEEKDAY 函数判断 D2 中返回的日期数值是否为 6，是则表示星期六，符合条件。符合条件的就被设置为特殊格式。

9.1.2 填制考勤表

4 月考勤记录表里的数据是人事部门的工作人员根据每日实际考勤情况手动填制的，这个表的填制要参考“考勤异常”表，无异常的即为正常出勤，有异常的就手动填写（这里考勤记录的有些数据就是根据异常表格中的数据填制的），9.2 节会介绍考勤异常的数据统计办法。

扫一扫，看视频

填制时要注意“考勤异常”表中的“旷工”情况。“旷工”是因为未打卡，而未打卡是因为事假、病假、出差而没有打卡记录，核实真实情况后需要手动将“旷工”改为“出差”“事假”“病假”等文字。

填制考勤表之前，可以对表格的填写区域进行“数据验证”设置，从而实现考勤数据的选择输入。

❶ 首先选中表格中的考勤记录填写区，在“数据”选项卡的“数据工具”组中单击“数据验证”下拉按钮，在弹出的下拉列表中选择“数据验证”选项，如图 9-17 所示。

图 9-17

❷ 打开“数据验证”对话框，选择“设置”选项卡，在“允许”下拉列表框中选择“序列”选项，在“来源”文本框中输入“休,旷工,旷（半）,迟到,早退,事假,出差,病假”，如图 9-18 所示。

❸ 单击“确定”按钮，返回工作表，单击 G5 单元格右侧的下拉按钮，即可在下拉列表中选择快速填充考勤记录，如图 9-19 所示。

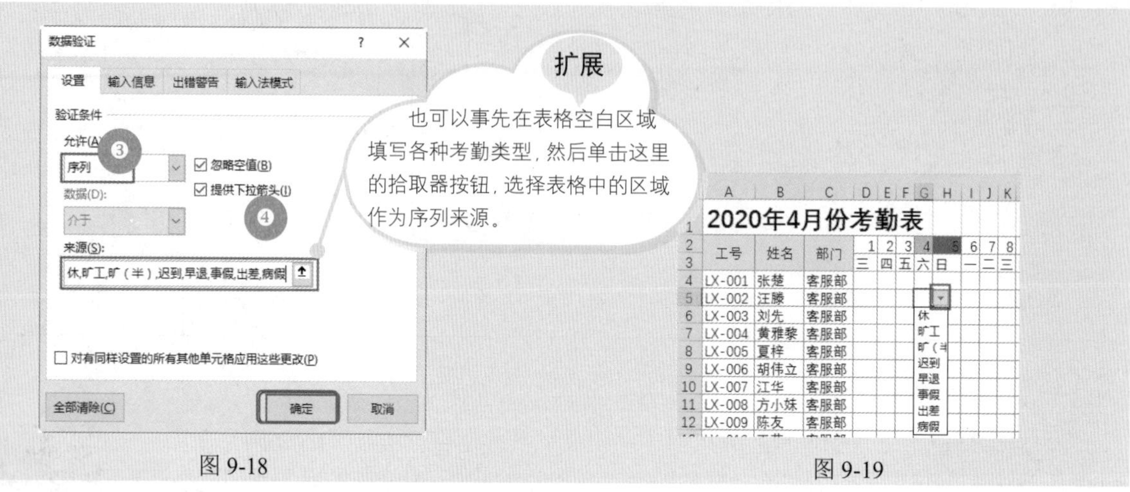

图 9-18　　图 9-19

❹ 按照实际情况依次填写每一位员工的考勤记录即可，最终效果如图 9-20 所示。

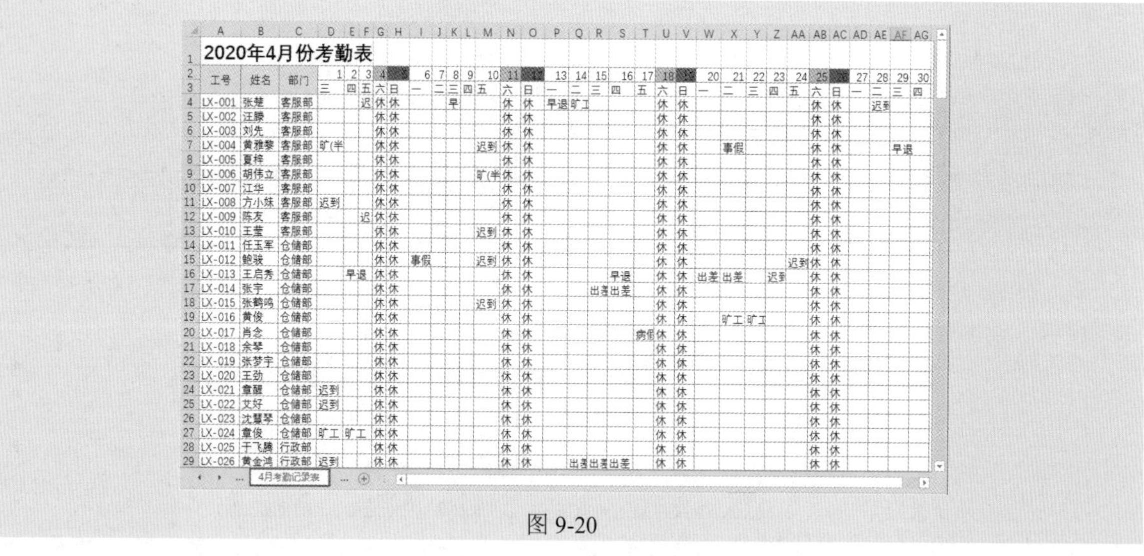

图 9-20

9.2　异常出勤统计表

在月末时，需要将考勤机数据导入电脑并以其作为原始数据，对本月的考勤情况进行核对、填制、统计，从而生成本月的考勤数据表（9.1 节的表格是结合考勤机数据和异常数据表对全月的考勤数据进行了核查并记录的结果）。

本节介绍数据如何导入考勤机并进行整理。前面已经强调过异常数据，它需要人事部门通过数据核实填入考勤表。

例如，在例中考勤机统计了 4 月份所有公司员工的打卡情况，包括上班和下班时间（图 9-21 所示为考勤机中导入的考勤数据）。针对考勤机的数据，还需要对异常数据进行整理。有些考勤机能自动生成异常数据统计表，这样可以在异常数据统计表中处理。有些考勤机不能自动生成异常数据统计表，这时需根据原始考勤表来手动整理异常数据。

9.2.1 整理考勤机自动生成的异常统计表

考勤机生成的异常统计表中统计了员工的迟到时间或早退时间，这样的记录均为异常数据。如果迟到或早退的时间太多，则做异常旷工处理。例如，本例中约定如果迟到或者早退时间超过 40 分钟，做旷工半天的处理，因此需要通过使用公式在异常考勤数据表中对旷工半天的记录做出标记。

扫一扫，看视频

	A	B	C	D	E	F
1	员工编号	姓名	部门	刷卡日期	上班卡	下班卡
2	LX-001	张楚	客服部	2020/4/1	7:51:52	17:19:15
3	LX-001	张楚	客服部	2020/4/2	7:42:23	17:15:08
4	LX-001	张楚	客服部	2020/4/3	8:10:40	17:19:15
5	LX-001	张楚	客服部	2020/4/6	7:51:52	17:19:15
6	LX-001	张楚	客服部	2020/4/7	7:49:09	17:20:21
7	LX-001	张楚	客服部	2020/4/8	7:58:11	16:55:31
8	LX-001	张楚	客服部	2020/4/9	7:56:53	18:30:22
9	LX-001	张楚	客服部	2020/4/10	7:52:38	17:26:15
10	LX-001	张楚	客服部	2020/4/13	7:52:21	16:50:09
11	LX-001	张楚	客服部	2020/4/14		
12	LX-001	张楚	客服部	2020/4/15	7:51:35	17:21:12
13	LX-001	张楚	客服部	2020/4/16	7:50:36	17:00:23
14	LX-001	张楚	客服部	2020/4/17	7:52:38	17:26:15
15	LX-001	张楚	客服部	2020/4/20	7:52:38	19:22:00
16	LX-001	张楚	客服部	2020/4/21	7:52:38	17:26:15
17	LX-001	张楚	客服部	2020/4/22	7:52:38	17:26:15
18	LX-001	张楚	客服部	2020/4/23	7:52:38	17:26:15
19	LX-001	张楚	客服部	2020/4/24	7:52:38	17:05:10
20	LX-001	张楚	客服部	2020/4/27	7:52:38	17:26:15
21	LX-001	张楚	客服部	2020/4/28	8:10:15	17:09:21
22	LX-001	张楚	客服部	2020/4/29	7:52:38	17:26:15
23	LX-001	张楚	客服部	2020/4/30	7:52:38	17:11:55
24	LX-002	汪滕	客服部	2020/4/1	8:00:00	17:09:31
25	LX-002	汪滕	客服部	2020/4/2	7:42:23	17:15:08
26	LX-002	汪滕	客服部	2020/4/3	7:52:40	18:16:11
27	LX-002	汪滕	客服部	2020/4/6	7:51:52	17:19:15
28	LX-002	汪滕	客服部	2020/4/7	7:49:09	17:20:21

考勤机数据

图 9-21

❶ 图 9-22 所示为考勤机生成的异常数据记录，这里的记录一般是对上班打卡时间晚于设定的上班时间、下班打卡时间早于设定的下班时间以及未打卡的情况进行反馈。

❷ 选中 M5 单元格，在编辑栏中输入如下公式：

=IF(OR(K5>40,L5>40),"旷(半)","")

按 Enter 键即可判断出第一条记录是否作为旷工半天处理，如图 9-23 所示。

异常统计表

统计日期： 2020-4-01 ~ 2020-4-30 制表日期： 2020-4-30

工号	姓名	部门	日期	时间段一 上班	时间段一 下班	时间段二 上班	时间段二 下班	加班时段 签到	加班时段 签退	迟到时间（分钟）	早退时间（分钟）
LX-001	张楚	客服部	2020/4/3	8:10:40						10	0
LX-001	张楚	客服部	2020/4/8		16:55:31					0	5
LX-001	张楚	客服部	2020/4/13		16:50:09					0	10
LX-001	张楚	客服部	2020/4/14								
LX-001	张楚	客服部	2020/4/28	8:10:15						10	0
LX-004	黄雅黎	客服部	2020/4/1	8:44:00						44	0
LX-005	夏梓	客服部	2020/4/10	8:12:00						12	0
LX-005	夏梓	客服部	2020/4/29		16:57:15					0	3
LX-006	胡伟立	客服部	2020/4/10	8:42:15						42	0
LX-007	江华	客服部	2020/4/20		16:55:15					0	5
LX-008	方小妹	客服部	2020/4/1	8:05:05						5	0
LX-009	陈友	客服部	2020/4/3	8:12:40						12	
LX-010	王莹	客服部	2020/4/10	8:22:15						22	
LX-012	鲍骏	仓储部	2020/4/10	8:19:00						19	
LX-013	王启秀	仓储部	2020/4/24	8:10:38						10	
LX-028	程鹏飞	行政部	2020/4/6		16:15:08						45
LX-030	马童颜	行政部	2020/4/15		16:55:09						5
LX-042	葛玲玲	科研部	2020/4/10	7:52:21	16:50:09						10
LX-044	陆婷婷	科研部	2020/4/10	8:52:30	17:10:09					52	

考勤机数据 考勤异常

图 9-22

M5 =IF(OR(K5>40,L5>40),"旷(半)","")

异常统计表

统计日期： 2020-4-01 ~ 2020-4-30 制表日期： 2020-4-30

工号	姓名	部门	日期	时间段一 上班	时间段一 下班	时间段二 上班	时间段二 下班	加班时段 签到	加班时段 签退	迟到时间（分钟）	早退时间（分钟）	旷工半天处理
LX-001	张楚	客服部	2020/4/3	8:10:40						10	0	
LX-001	张楚	客服部	2020/4/8		16:55:31					0	5	
LX-001	张楚	客服部	2020/4/13		16:50:09					0	10	
LX-001	张楚	客服部	2020/4/14									
LX-001	张楚	客服部	2020/4/28	8:10:15						10	0	
LX-004	黄雅黎	客服部	2020/4/1	8:44:00						44	0	
LX-005	夏梓	客服部	2020/4/10	8:12:00						12	0	
LX-005	夏梓	客服部	2020/4/29		16:57:15					0	3	
LX-006	胡伟立	客服部	2020/4/10	8:42:15						42	0	

图 9-23

❸ 选中 M5 单元格，拖动右下角的填充柄，向下填充公式，一次性判断出其他员工是否作为旷工半天处理，如图 9-24 所示。

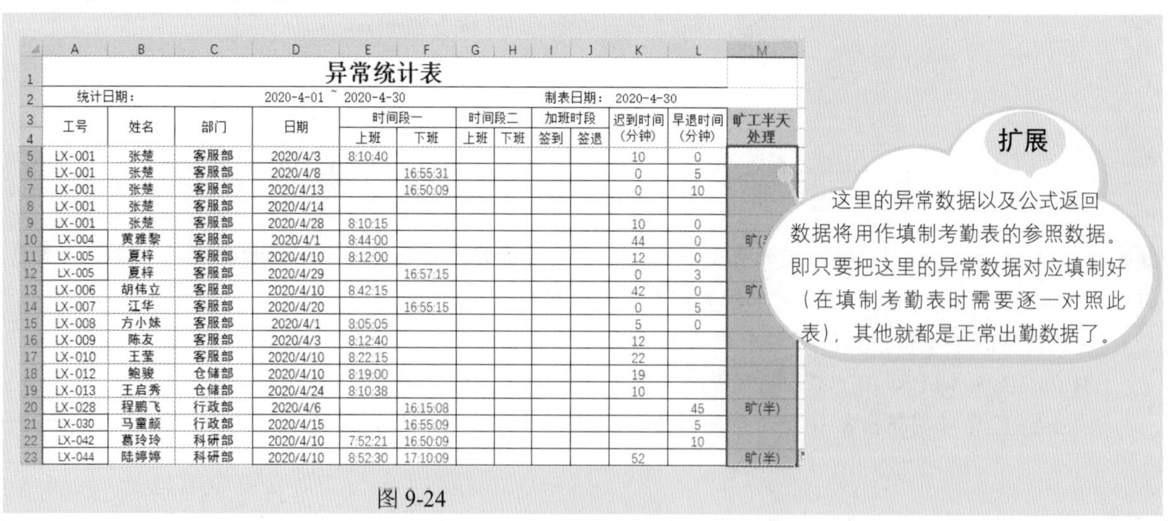

异常统计表

统计日期： 2020-4-01 ~ 2020-4-30 制表日期： 2020-4-30

工号	姓名	部门	日期	时间段一 上班	时间段一 下班	时间段二 上班	时间段二 下班	加班时段 签到	加班时段 签退	迟到时间（分钟）	早退时间（分钟）	旷工半天处理
LX-001	张楚	客服部	2020/4/3	8:10:40						10	0	
LX-001	张楚	客服部	2020/4/8		16:55:31					0	5	
LX-001	张楚	客服部	2020/4/13		16:50:09					0	10	
LX-001	张楚	客服部	2020/4/14									
LX-001	张楚	客服部	2020/4/28	8:10:15						10	0	
LX-004	黄雅黎	客服部	2020/4/1	8:44:00						44	0	旷(半
LX-005	夏梓	客服部	2020/4/10	8:12:00						12	0	
LX-005	夏梓	客服部	2020/4/29		16:57:15					0	3	
LX-006	胡伟立	客服部	2020/4/10	8:42:15						42	0	旷(
LX-007	江华	客服部	2020/4/20		16:55:15					0	5	
LX-008	方小妹	客服部	2020/4/1	8:05:05						5	0	
LX-009	陈友	客服部	2020/4/3	8:12:40						12		
LX-010	王莹	客服部	2020/4/10	8:22:15						22		
LX-012	鲍骏	仓储部	2020/4/10	8:19:00						19		
LX-013	王启秀	仓储部	2020/4/24	8:10:38						10		
LX-028	程鹏飞	行政部	2020/4/6		16:15:08						45	旷(半)
LX-030	马童颜	行政部	2020/4/15		16:55:09						5	
LX-042	葛玲玲	科研部	2020/4/10	7:52:21	16:50:09						10	
LX-044	陆婷婷	科研部	2020/4/10	8:52:30	17:10:09					52		旷(半)

扩展
这里的异常数据以及公式返回数据将用作填制考勤表的参照数据。即只要把这里的异常数据对应填制好（在填制考勤表时需要逐一对照此表），其他就都是正常出勤数据了。

图 9-24

公式解析

OR 函数的参数中任意一个条件为 TRUE，即返回 TRUE；当所有条件为 FALSE 时，才返回 FALSE。

=OR(B2>60,C2>60)

条件 1，是条件值或表达式。　　条件 2，是条件值或表达式。

只要条件 1 与条件 2 有一个为 TRUE，最终结果就为 TRUE。

② IF 函数根据①步结果返回对应内容，如果①步结果为真，则返回“旷(半)”；如果为 FALSE，则返回空白值。

=IF(OR(K5>40,L5>40),"旷(半)","")

① OR 函数判断 K5 和 L5 单元格中的时间是否大于 40 分钟，只要有一个满足条件，即可返回 TRUE，两个都不满足，返回 FALSE。

9.2.2　手动整理生成异常出勤统计表

根据所使用的考勤机不同，有些考勤机不一定会生成异常数据。如果考勤机只记录了上下班的打卡时间，那么也可以按本节介绍的方法手动整理异常数据。可以先根据考勤打卡时间判断迟到、早退、旷工等情况，然后再利用筛选功能整理出所有有异常的数据，形成异常表格。

扫一扫，看视频

1．手动计算考勤异常数据

在考勤机数据表中，可以利用公式进行迟到、早退、旷工等的判断，当迟到或早退超过 40 分钟时，还可以利用公式处理为旷工半天。

❶ 选中 G2 单元格，在编辑栏中输入如下公式：

=IF(E2>TIMEVALUE("08:00"),"迟到","")

按 Enter 键即可返回第一位员工的迟到情况，如图 9-25 所示。

G2　=IF(E2>TIMEVALUE("08:00"),"迟到","")

	A	B	C	D	E	F	G	H	I
1	员工编号	姓名	部门	刷卡日期	上班卡	下班卡	迟到情况	早退情况	旷工情况
2	LX-001	张楚	客服部	2020/4/1	7:51:52	17:19:15			
3	LX-001	张楚	客服部	2020/4/2	7:42:23	17:15:08			
4	LX-001	张楚	客服部	2020/4/3	8:10:40	17:19:15			
5	LX-001	张楚	客服部	2020/4/6	7:51:52	17:19:15			
6	LX-001	张楚	客服部	2020/4/7	7:49:09	17:20:21			
7	LX-001	张楚	客服部	2020/4/8	7:58:11	16:55:31			
8	LX-001	张楚	客服部	2020/4/9	7:56:53	18:30:22			
9	LX-001	张楚	客服部	2020/4/10	7:52:38	17:26:15			
10	LX-001	张楚	客服部	2020/4/13	7:52:21	16:50:09			
11	LX-001	张楚	客服部	2020/4/14					
12	LX-001	张楚	客服部	2020/4/15	7:51:35	17:21:12			
13	LX-001	张楚	客服部	2020/4/16	7:50:36	17:00:23			
14	LX-001	张楚	客服部	2020/4/17	7:52:38	17:26:15			
15	LX-001	张楚	客服部	2020/4/20	7:52:38	19:22:00			
16	LX-001	张楚	客服部	2020/4/21	7:52:38	17:26:15			

考勤机数据　考勤异常

扩展

TIMEVALUE 函数用于构建可用于计算的时间，如 TIMEVALUE("8:00") 就是将 8 点构建为一个标准时间，否则无法进行比较运算。

注意

没有返回值表示是正常出勤，没有出现迟到的情况。

图 9-25

公式解析

TIMEVALUE 函数将非标准格式的时间转换为可以进行计算的时间。

① 将"08:00"转换为可计算的时间值。

=IF(E2>TIMEVALUE("08:00"),"迟到","")

② 使用 IF 函数判断 E2 单元格的上班时间是否大于①步中的时间，即 8:00。如果是，则返回"迟到"，否则返回空值。

❷ 选中 H2 单元格，在编辑栏中输入如下公式：

=IF(F2="","",IF(F2<TIMEVALUE("17:00"),"早退",""))

按 Enter 键即可返回第一位员工的早退情况，如图 9-26 所示。

H2　=IF(F2="","",IF(F2<TIMEVALUE("17:00"),"早退",""))

	A	B	C	D	E	F	G	H	I
1	员工编号	姓名	部门	刷卡日期	上班卡	下班卡	迟到情况	早退情况	旷工情况
2	LX-001	张楚	客服部	2020/4/1	7:51:52	17:19:15			
3	LX-001	张楚	客服部	2020/4/2	7:42:23	17:15:08			
4	LX-001	张楚	客服部	2020/4/3	8:10:40	17:19:15			
5	LX-001	张楚	客服部	2020/4/6	7:51:52	17:19:15			
6	LX-001	张楚	客服部	2020/4/7	7:49:09	17:20:21			
7	LX-001	张楚	客服部	2020/4/8	7:58:11	16:55:31			
8	LX-001	张楚	客服部	2020/4/9	7:56:53	18:30:22			
9	LX-001	张楚	客服部	2020/4/10	7:52:38	17:26:15			
10	LX-001	张楚	客服部	2020/4/13	7:52:21	16:50:09			
11	LX-001	张楚	客服部	2020/4/14					

注意

没有返回值表示是正常出勤，没有出现早退的情况。

图 9-26

公式解析

① 首先判断 F2 单元格的下班时间是否为空，如果是空，则返回空值，如果不是，则执行下面一个 IF 判断。

=IF(F2="","",IF(F2<TIMEVALUE("17:00"),"早退",""))

② 当①步结果不为空值，则判断 F2 中的时间是否小于下班时间"17:00"，如果是，则返回"早退"，如果不是，则返回空值。

❸ 选中 I2 单元格，在编辑栏中输入如下公式：

=IF(COUNTBLANK(E2:F2)=2,"旷工","")

按 Enter 键即可返回第一位员工的旷工情况，如图 9-27 所示。

I2　=IF(COUNTBLANK(E2:F2)=2,"旷工","")

	A	B	C	D	E	F	G	H	I
1	员工编号	姓名	部门	刷卡日期	上班卡	下班卡	迟到情况	早退情况	旷工情况
2	LX-001	张楚	客服部	2020/4/1	7:51:52	17:19:15			
3	LX-001	张楚	客服部	2020/4/2	7:42:23	17:15:08			
4	LX-001	张楚	客服部	2020/4/3	8:10:40	17:19:15			
5	LX-001	张楚	客服部	2020/4/6	7:51:52	17:19:15			
6	LX-001	张楚	客服部	2020/4/7	7:49:09	17:20:21			
7	LX-001	张楚	客服部	2020/4/8	7:58:11	16:55:31			
8	LX-001	张楚	客服部	2020/4/9	7:56:53	18:30:22			
9	LX-001	张楚	客服部	2020/4/10	7:52:38	17:26:15			
10	LX-001	张楚	客服部	2020/4/13	7:52:21	16:50:09			

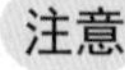

没有返回值表示是正常出勤，没有出现旷工的情况。

图 9-27

公式解析

COUNTBLANK 函数用于计算给定单元格区域中空白单元格的个数。

=IF(COUNTBLANK(E2:F2)=2,"旷工","")

判断 E2:F2 单元格中空值的个数是否等于 2（即没有上下班打卡记录）。
如果是返回“旷工”，否则返回空值。

❹ 选中 G2:I2 单元格区域，向下复制填充公式，一次性返回其他员工迟到、早退以及旷工情况，如图 9-28 所示。

	A	B	C	D	E	F	G	H	I
1	员工编号	姓名	部门	刷卡日期	上班卡	下班卡	迟到情况	早退情况	旷工情况
2	LX-001	张楚	客服部	2020/4/1	7:51:52	17:19:15			
3	LX-001	张楚	客服部	2020/4/2	7:42:23	17:15:08			
4	LX-001	张楚	客服部	2020/4/3	8:10:40	17:19:15	迟到		
5	LX-001	张楚	客服部	2020/4/6	7:51:52	17:19:15			
6	LX-001	张楚	客服部	2020/4/7	7:49:09	17:20:21			
7	LX-001	张楚	客服部	2020/4/8	7:58:11	16:55:31		早退	
8	LX-001	张楚	客服部	2020/4/9	7:56:53	18:30:22			
9	LX-001	张楚	客服部	2020/4/10	7:52:38	17:26:15			
10	LX-001	张楚	客服部	2020/4/13	7:52:21	16:50:09		早退	
11	LX-001	张楚	客服部	2020/4/14					旷工
12	LX-001	张楚	客服部	2020/4/15	7:51:35	17:21:12			
13	LX-001	张楚	客服部	2020/4/16	7:50:36	17:00:23			
14	LX-001	张楚	客服部	2020/4/17	7:52:38	17:26:15			
15	LX-001	张楚	客服部	2020/4/20	7:52:38	19:22:00			
16	LX-001	张楚	客服部	2020/4/21	7:52:38	17:26:15			
17	LX-001	张楚	客服部	2020/4/22	7:52:38	17:26:15			
18	LX-001	张楚	客服部	2020/4/23	7:52:38	17:26:15			
19	LX-001	张楚	客服部	2020/4/24	7:52:38	17:05:10			
20	LX-001	张楚	客服部	2020/4/27	7:52:38	17:26:15			
21	LX-001	张楚	客服部	2020/4/28	8:10:15	17:09:21	迟到		

图 9-28

2. 筛选考勤异常数据

由于考勤数据表中的条目众多（整月中每一位员工就有 20 多条考勤记录），因此可以使用筛选功能，将所有考勤异常的记录都筛选出来，形成考勤异常表。这样填制考勤表时，只要把这些异常数据对应填制好，其他数据都填为正常出勤即可。

❶ 新建工作表并在工作表标签上双击，将其重命名为“考勤异常（手动）”。接着在 A1:C4 单元格区域建立筛选条件。

❷ 在“数据”选项卡的“排序和筛选”组中单击“高级”按钮，如图 9-29 所示。

❸ 打开“高级筛选”对话框，选中“将筛选结果复制到其他位置”单选按钮，再分别设置“列表区域”“条件区域”和“复制到”，如图 9-30 所示。

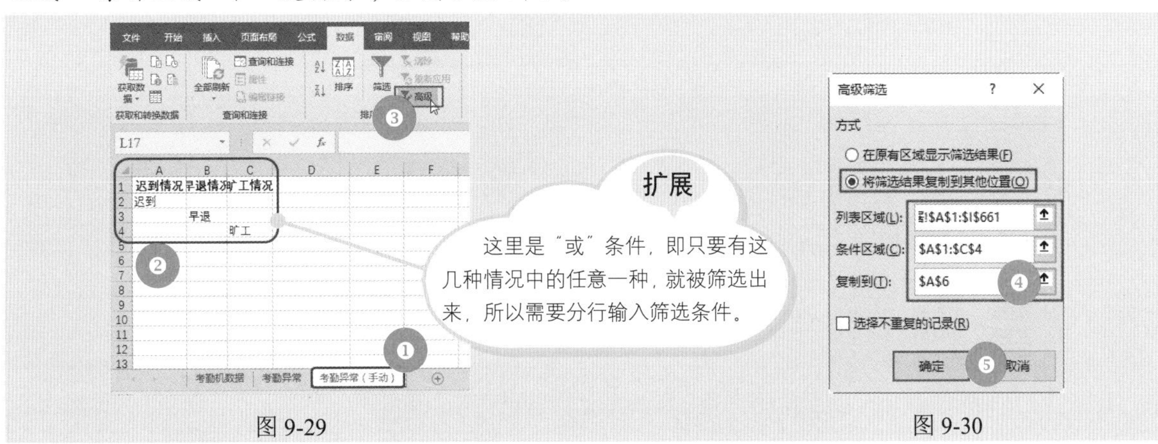

图 9-29　　图 9-30

❹ 单击“确定”按钮，即可筛选出有迟到、早退和旷工的所有员工的记录，如图 9-31 所示。

	A	B	C	D	E	F	G	H	I
1	迟到情况	早退情况	旷工情况						
2	迟到								
3		早退							
4			旷工						
5									
6	员工编号	姓名	部门	刷卡日期	上班卡	下班卡	迟到情况	早退情况	旷工情况
7	LX-001	张楚	客服部	2020/4/3	8:10:40	17:19:15	迟到		
8	LX-001	张楚	客服部	2020/4/8	7:58:11	16:55:31		早退	
9	LX-001	张楚	客服部	2020/4/13	7:52:21	16:50:09		早退	
10	LX-001	张楚	客服部	2020/4/14					旷工
11	LX-001	张楚	客服部	2020/4/28	8:10:15	17:09:21	迟到		
12	LX-004	黄雅黎	客服部	2020/4/1	8:44:00	17:09:31	迟到		
13	LX-004	黄雅黎	客服部	2020/4/10	8:12:00	17:09:21	迟到		
14	LX-004	黄雅黎	客服部	2020/4/29	7:52:38	16:57:15		早退	
15	LX-006	胡伟立	客服部	2020/4/10	8:42:15	17:09:21	迟到		
16	LX-007	江华	客服部	2020/4/20	7:52:38	16:55:15		早退	
17	LX-008	方小妹	客服部	2020/4/1	8:05:05	17:09:31	迟到		
18	LX-009	陈友	客服部	2020/4/3	8:12:40	18:16:11	迟到		
19	LX-010	王莹	客服部	2020/4/10	8:22:15	17:09:21	迟到		
20	LX-012	鲍骏	仓储部	2020/4/10	8:19:00	17:09:21	迟到		
21	LX-012	鲍骏	仓储部	2020/4/24	8:10:38	17:26:15	迟到		
22	LX-013	王启秀	仓储部	2020/4/2	7:42:23	16:17:08		早退	
23	LX-013	王启秀	仓储部	2020/4/16	7:50:36	16:00:23		早退	
24	LX-013	王启秀	仓储部	2020/4/20					旷工
25	LX-013	王启秀	仓储部	2020/4/21					旷工
26	LX-013	王启秀	仓储部	2020/4/23	8:02:38	17:26:15	迟到		

考勤机数据　考勤异常　考勤异常（手动）

图 9-31

3. 旷工半天的处理

如果员工迟到的时间或早退的时间超过 40 分钟，则处理为旷工半天，可以使用公式来自动判断。

❶ 选中 J7 单元格，在编辑栏中输入如下公式：

=IF(I7="旷工","",IF(OR(E7-TIMEVALUE("8:00")>TIMEVALUE("0:40"),TIMEVALUE("17:00")-F7>TIMEVALUE("0:40")),"旷(半)",""))

按 Enter 键即可根据日期返回旷工半天处理结果，如图 9-32 所示。

❷ 选中 J7 单元格，拖动右下角的填充柄，向下复制公式，一次性判断出是否对其他员工做旷工半天处理，如图 9-33 所示。

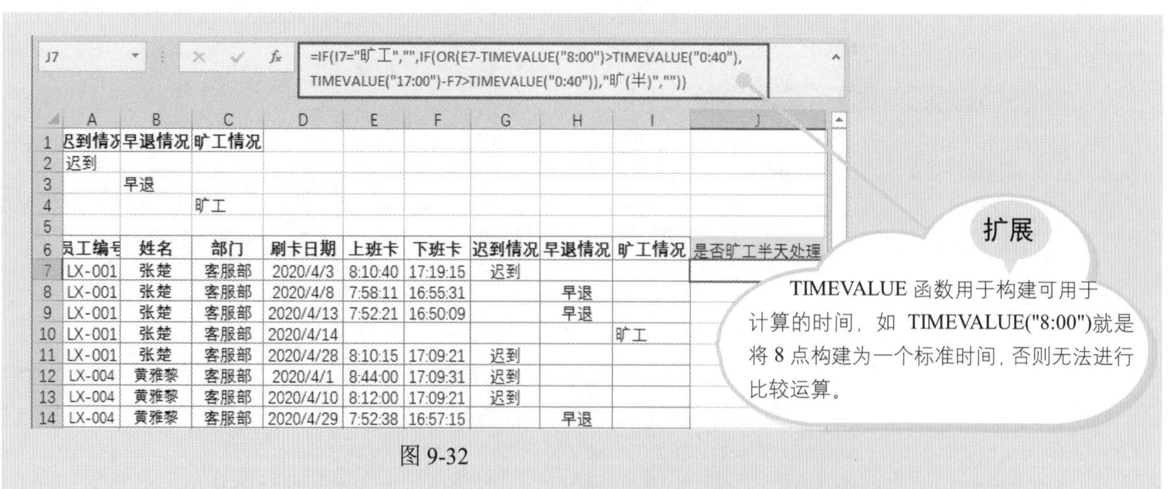

J7　=IF(I7="旷工","",IF(OR(E7-TIMEVALUE("8:00")>TIMEVALUE("0:40"),TIMEVALUE("17:00")-F7>TIMEVALUE("0:40")),"旷(半)",""))

	A	B	C	D	E	F	G	H	I	J
1	迟到情况	早退情况	旷工情况							
2	迟到									
3		早退								
4			旷工							
5										
6	员工编号	姓名	部门	刷卡日期	上班卡	下班卡	迟到情况	早退情况	旷工情况	是否旷工半天处理
7	LX-001	张楚	客服部	2020/4/3	8:10:40	17:19:15	迟到			
8	LX-001	张楚	客服部	2020/4/8	7:58:11	16:55:31		早退		
9	LX-001	张楚	客服部	2020/4/13	7:52:21	16:50:09		早退		
10	LX-001	张楚	客服部	2020/4/14					旷工	
11	LX-001	张楚	客服部	2020/4/28	8:10:15	17:09:21	迟到			
12	LX-004	黄雅黎	客服部	2020/4/1	8:44:00	17:09:31	迟到			
13	LX-004	黄雅黎	客服部	2020/4/10	8:12:00	17:09:21	迟到			
14	LX-004	黄雅黎	客服部	2020/4/29	7:52:38	16:57:15		早退		

扩展
TIMEVALUE 函数用于构建可用于计算的时间，如 TIMEVALUE("8:00")就是将 8 点构建为一个标准时间，否则无法进行比较运算。

图 9-32

	A	B	C	D	E	F	G	H	I	J
5										
6	员工编号	姓名	部门	刷卡日期	上班卡	下班卡	迟到情况	早退情况	旷工情况	是否旷工半天处理
7	LX-001	张楚	客服部	2020/4/3	8:10:40	17:19:15	迟到			
8	LX-001	张楚	客服部	2020/4/8	7:58:11	16:55:31		早退		
9	LX-001	张楚	客服部	2020/4/13	7:52:21	16:50:09		早退		
10	LX-001	张楚	客服部	2020/4/14					旷工	
11	LX-001	张楚	客服部	2020/4/28	8:10:15	17:09:21	迟到			
12	LX-004	黄雅黎	客服部	2020/4/1	8:44:00	17:09:31	迟到			旷(半)
13	LX-004	黄雅黎	客服部	2020/4/10	8:12:00	17:09:21	迟到			
14	LX-004	黄雅黎	客服部	2020/4/29	7:52:38	16:57:15		早退		
15	LX-006	胡伟立	客服部	2020/4/10	8:42:15	17:09:21	迟到			旷(半)
16	LX-007	江华	客服部	2020/4/20	7:52:38	16:55:15		早退		
17	LX-008	方小妹	客服部	2020/4/1	8:05:05	17:09:31	迟到			
18	LX-009	陈友	客服部	2020/4/3	8:12:40	18:16:11	迟到			
19	LX-010	王莹	客服部	2020/4/10	8:22:15	17:09:21	迟到			
20	LX-012	鲍骏	仓储部	2020/4/10	8:19:00	17:09:21	迟到			
21	LX-012	鲍骏	仓储部	2020/4/24	8:10:38	17:26:15	迟到			
22	LX-013	王启秀	仓储部	2020/4/2	7:42:23	16:17:08		早退		旷(半)
23	LX-013	王启秀	仓储部	2020/4/16	7:50:36	16:00:23		早退		旷(半)
24	LX-013	王启秀	仓储部	2020/4/20					旷工	
25	LX-013	王启秀	仓储部	2020/4/21					旷工	

图 9-33

公式解析

1. OR 函数

OR 函数的参数中任意一个条件为 TRUE，即返回 TRUE；当所有条件为 FALSE 时，才返回 FALSE。

2. TIMEVALUE 函数

TIMEVALUE 函数将非标准格式的时间转换为可以进行计算的时间。

① 首先判断 I7 单元是否为旷工，如果是，返回空值，如果不是，进入下一个 IF 判断。

② E7 是上班打卡时间，判断这个时间减去上班时间是否大于 40

=IF(I7="旷工","",IF(OR(E7-TIMEVALUE("8:00")>TIMEVALUE("0:40"),TIMEVALUE("17:00")-F7>TIMEVALUE("0:40")),"旷(半)",""))

③ F7 是下班打卡时间，判断下班时间减去这个时间是否大于 40

④ 只要②步与③步两项判断中有一个为 TRUE，则返回"旷(半)"，否则返回空。

9.3 考勤数据统计表

9.1 节已经按实际情况记录了员工在 4 月份的出勤记录，现在需要对当月的考勤数据进行统计分析。可以根据“4 月考勤记录表”中的考勤情况建立“出勤情况统计”分析表格，如统计各员工本月请假天数、迟到次数、病假天数、事假天数等。根据这些统计结果可以计算每一位员工的满勤奖和应扣金额，这些数据会影响员工本月工资的最终核算。

根据出勤统计数据还可以便于相关部门对月出勤率、满勤率等进行分析，方便人事部门对出勤情况进行进一步的管理。

9.3.1 本月出勤情况统计表

扫一扫，看视频

员工本月出勤数据表格中包括员工的基本信息、应出勤的天数、实际出勤天数、各种假别天数等，这些数据都可以使用函数来计算。有了这些数据才能实现对出勤率的统计。

1．计算实际出勤、出差、事假、旷工等次数

本例中对各种假别天数的统计主要使用的是 COUNTIF 函数，该函数用于统计给定区域中满足指定条件的记录条数，是一个经常使用的统计函数。

❶ 新建工作表，将其重命名为“出勤情况统计表”。建立表头，将员工基本信息数据复制进来，并输入规划好的统计计算列标识，设置好表格的填充及边框效果，如图 9-34 所示。

2020年4月份考勤情况统计表

工号	姓名	部门	应该出勤	实际出勤	出差	事假	病假	旷工	迟到	早退	旷(半)	满勤奖	应扣合计
LX-001	张楚	客服部											
LX-002	汪滕	客服部											
LX-003	刘先	客服部											
LX-004	黄雅黎	客服部											
LX-005	夏梓	客服部											
LX-006	胡伟立	客服部											
LX-007	江华	客服部											
LX-008	方小妹	客服部											
LX-009	陈友	客服部											
LX-010	王莹	客服部											
LX-011	任玉军	仓储部											
LX-012	鲍骏	仓储部											
LX-013	王启秀	仓储部											
LX-014	张宇	仓储部											
LX-015	张鹤鸣	仓储部											
LX-016	黄俊	仓储部											
LX-017	肖念	仓储部											
LX-018	余琴	仓储部											

4月考勤记录表　出勤情况统计表

图 9-34

❷ 选中 D3 单元格，在编辑栏中输入如下公式：

=NETWORKDAYS(DATE(2020,4,1),EOMONTH(DATE(2020,4,1),0))

按 Enter 键即可返回第一位员工 4 月份的应该出勤天数，如图 9-35 所示。

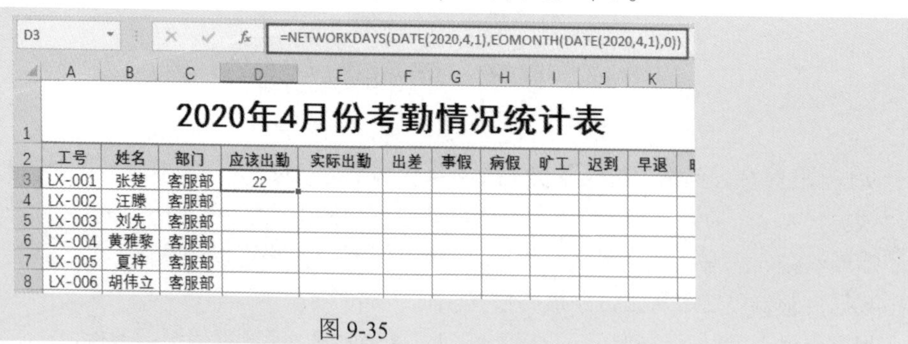

D3　=NETWORKDAYS(DATE(2020,4,1),EOMONTH(DATE(2020,4,1),0))

2020年4月份考勤情况统计表

工号	姓名	部门	应该出勤	实际出勤	出差	事假	病假	旷工	迟到	早退
LX-001	张楚	客服部	22							
LX-002	汪滕	客服部								
LX-003	刘先	客服部								
LX-004	黄雅黎	客服部								
LX-005	夏梓	客服部								
LX-006	胡伟立	客服部								

图 9-35

❸ 选中 E3 单元格，在编辑栏中输入如下公式：

=COUNTIF('4 月考勤记录表'!D4:AG4,"")

按 Enter 键即可返回第一位员工的实际出勤天数，如图 9-36 所示。

❹ 选中 F3 单元格，在编辑栏中输入如下公式：

=COUNTIF('4 月考勤记录表'!$D4:$AG4,F$2)

按 Enter 键即可返回第一位员工的出差天数，如图 9-37 所示。

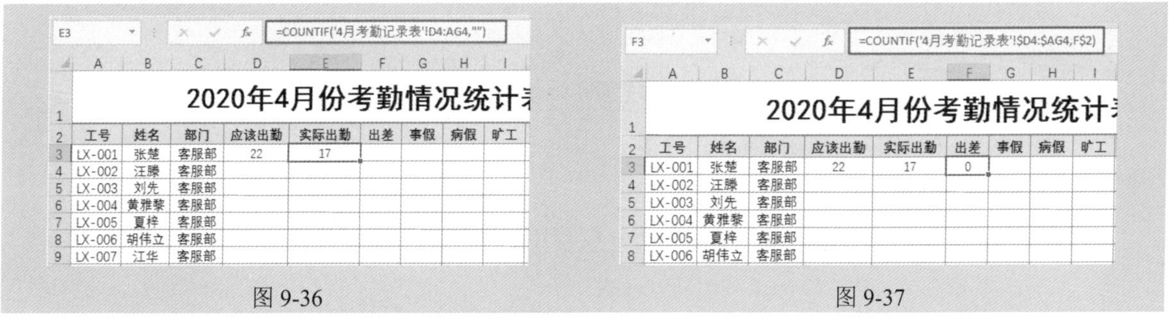

图 9-36　　　　图 9-37

❺ 选中 F3 单元格并向右复制公式至 L3 单元格，依次得到第一位员工的事假、病假、旷工、迟到、早退以及旷（半）天数，如图 9-38 所示。

❻ 选中 F3:L3 单元格区域，向下复制公式，依次得到每位员工的出勤天数、其他各假别天数，如图 9-39 所示。

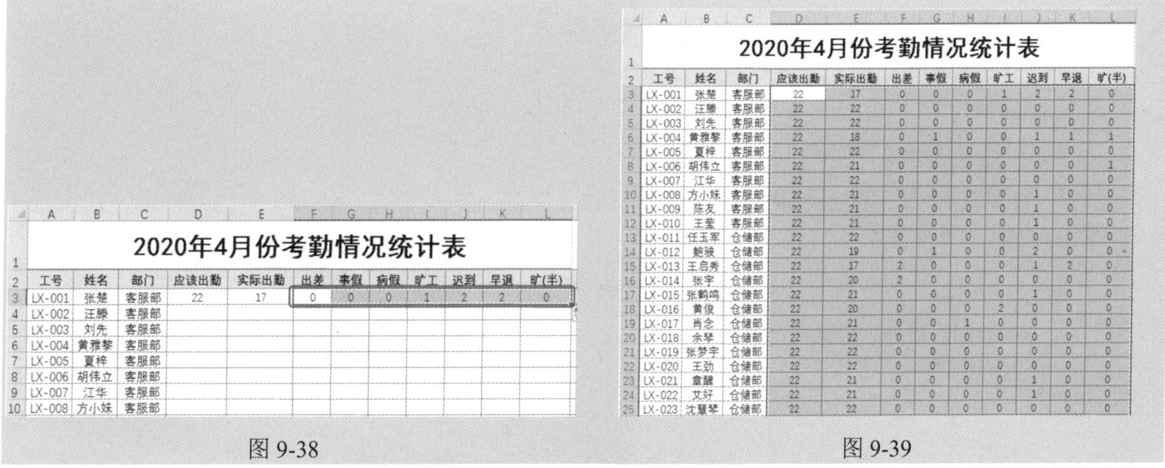

图 9-38　　　　图 9-39

公式解析

1. COUNTIF 函数

COUNTIF 函数用于统计给定区域中满足指定条件的记录条数，是最常用的函数之一，专门用于解决按条件计数的问题。

=COUNTIF(❶计数区域,❷计数条件)

2. NETWORKDAYS 函数

NETWORKDAYS 函数表示返回两个日期间的工作日数。

= NETWORKDAYS (❶起始日期,❷终止日期,❸节假日)

可选。除去周天之外另外再指定的不计算在内的日期。没有可以不指定。

3. DATE 函数

DATE 函数用于返回表示某个日期的序列号，该日期与指定日期 (start_date) 相隔（之前或之后）指示的月份数。

4. EOMONTH 函数

EOMONTH 函数用于返回某个月份最后一天的序列号，该月份与 start_date 相隔（之后或之后）指示的月份数。

① 计数区域为考勤表中 D4:AG4 单元格区域。

=COUNTIF("4 月考勤记录表"!D4:AG4,"")

② 计数条件，即判断 D4:AG4 单元格区域有多少为空值。

① 返回指定日期 2020/4/1 的日期序列号。　　② 返回 4 月份最后一天的序列号。

=NETWORKDAYS(DATE(2020,4,1),EOMONTH(DATE(2020,4,1),0))

③ 返回①和②步中两个日期间的工作日天数。

2．计算满勤奖与应扣金额

根据考勤统计结果可以计算出满勤奖与应扣工资，这一数据在财务部门进行工资核算时需要使用。本例中假设满勤奖的奖金为 300 元；病假扣 30 元，事假扣 50 元，迟到/早退扣 20 元，旷工扣 200 元，旷（半）扣 100 元，可以设置公式计算满勤奖和考勤应扣的合计值。

❶ 选中 M3 单元格，在编辑栏中输入如下公式：

=IF(E3=D3,300,"")

按 Enter 键即可返回第一位员工的满勤奖，如图 9-40 所示。

❷ 选中 N3 单元格，在编辑栏中输入如下公式：

=G3*50+H3*30+I3*200+J3*20+K3*20+L3*100

按 Enter 键即可返回第一位员工的应扣合计，如图 9-41 所示。

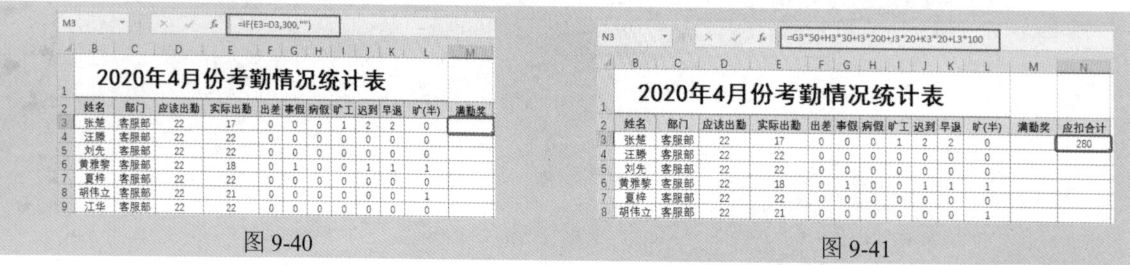

姓名	部门	应该出勤	实际出勤	出差	事假	病假	旷工	迟到	早退	旷(半)	满勤奖
张楚	客服部	22	17	0	0	0	1	2	2	0	
汪滕	客服部	22	22	0	0	0	0	0	0	0	
刘先	客服部	22	22	0	0	0	0	0	0	0	
黄雅黎	客服部	22	18	0	1	0	0	1	1	1	
夏梓	客服部	22	22	0	0	0	0	0	0	0	
胡伟立	客服部	22	21	0	0	0	0	0	0	1	
江华	客服部	22	22	0	0	0	0	0	0	0	

图 9-40

姓名	部门	应该出勤	实际出勤	出差	事假	病假	旷工	迟到	早退	旷(半)	满勤奖	应扣合计
张楚	客服部	22	17	0	0	0	1	2	2	0		280
汪滕	客服部	22	22	0	0	0	0	0	0	0		
刘先	客服部	22	22	0	0	0	0	0	0	0		
黄雅黎	客服部	22	18	0	1	0	0	1	1	1		
夏梓	客服部	22	22	0	0	0	0	0	0	0		
胡伟立	客服部	22	21	0	0	0	0	0	0	1		

图 9-41

❸ 选中 M3:N3 单元格区域，向下填充公式，一次性返回其他员工的满勤奖和应扣合计金额，如图 9-42 所示。

2020年4月份考勤情况统计表

姓名	部门	应该出勤	实际出勤	出差	事假	病假	旷工	迟到	早退	旷(半)	满勤奖	应扣合计
张楚	客服部	22	17	0	0	0	1	2	2	0		280
汪滕	客服部	22	22	0	0	0	0	0	0	0	300	0
刘先	客服部	22	22	0	0	0	0	0	0	0	300	0
黄雅黎	客服部	22	18	0	1	0	0	1	1	1		190
夏梓	客服部	22	22	0	0	0	0	0	0	0	300	0
胡伟立	客服部	22	21	0	0	0	0	0	0	1		100
江华	客服部	22	22	0	0	0	0	0	0	0	300	0
方小妹	客服部	22	21	0	0	0	0	1	0	0		20
陈友	客服部	22	21	0	0	0	0	1	0	0		20
王莹	客服部	22	21	0	0	0	0	1	0	0		20
任玉军	仓储部	22	22	0	0	0	0	0	0	0	300	0
鲍骏	仓储部	22	19	0	1	0	0	2	0	0		90
王启秀	仓储部	22	17	2	0	0	0	1	2	0		60
张宇	仓储部	22	20	2	0	0	0	0	0	0		0
张鹤鸣	仓储部	22	21	0	0	0	0	1	0	0		20
黄俊	仓储部	22	20	0	0	0	2	0	0	0		400
肖念	仓储部	22	21	0	0	1	0	0	0	0		30
余琴	仓储部	22	22	0	0	0	0	0	0	0	300	0
张梦宇	仓储部	22	22	0	0	0	0	0	0	0	300	0
王劲	仓储部	22	22	0	0	0	0	0	0	0	300	0
卓醒	仓储部	22	21	0	0	0	0	1	0	0		20
艾好	仓储部	22	21	0	0	0	0	1	0	0		20

图 9-42

公式解析

IF 函数是 Excel 中最常用的函数之一，它根据指定的条件来判断“真”（TRUE）、“假”（FALSE），从而返回其相对应的内容。

=IF(E3=D3,300,"")

判断应该出勤和实际出勤天数是否相同；如果相同，则应增加合计值为 300 元，否则返回空值。

9.3.2 月出勤率分析表

扫一扫，看视频

本节会根据出勤情况统计表中的各项数据统计员工的出勤率。然后再根据每位员工的出勤率建立月出勤率分析表，对各个出勤率区间的出勤人数进行统计。

1. 计算每位员工的出勤率

根据员工出勤情况统计表中的实际出勤天数和应该出勤天数可以新建“出勤率”计算列，计算每一位员工的出勤率。

❶ 选中 M3 单元格，在编辑栏中输入如下公式：

=E3/D3

按 Enter 键即可返回第一位员工的出勤率，如图 9-43 所示。

M3 =E3/D3

	A	B	C	D	E	F	G	H	I	J	K	L	M
1	2020年4月份考勤情况统计表												
2	工号	姓名	部门	应该出勤	实际出勤	出差	事假	病假	旷工	迟到	早退	旷(半)	出勤率
3	LX-001	张楚	客服部	22	17	0	0	0	1	2	2	0	0.7727273
4	LX-002	汪滕	客服部	22	22	0	0	0	0	0	0	0	
5	LX-003	刘先	客服部	22	22	0	0	0	0	0	0	0	
6	LX-004	黄雅黎	客服部	22	18	0	1	0	0	1	1	1	
7	LX-005	夏梓	客服部	22	22	0	0	0	0	0	0	0	
8	LX-006	胡伟立	客服部	22	21	0	0	0	0	0	0	1	

图 9-43

❷ 选中 M3 单元格，拖动右下角的填充柄向下复制公式，得到每一位员工的出勤率（这时候返回的数值是小数值）。保持单元格区域的选中状态，在“开始”选项卡的“数字”组中打开“数据格式”下拉列表，从中选择“百分比”选项，如图 9-44 所示。即可将数值更改为百分比格式，效果如图 9-45 所示。

	A	B	C	D	E	F	G	H	L	M
1	2020年4月份考勤情况统									
2	工号	姓名	部门	应该出勤	实际出勤	出差	事假	病假	(半)	出勤率
3	LX-001	张楚	客服部	22	17	0	0	0	0	0.7727273
4	LX-002	汪滕	客服部	22	22	0	0	0	0	1
5	LX-003	刘先	客服部	22	22	0	0	0	0	1
6	LX-004	黄雅黎	客服部	22	18	0	1	0	1	0.8181818
7	LX-005	夏梓	客服部	22	22	0	0	0	0	1
8	LX-006	胡伟立	客服部	22	21	0	0	0	1	0.9545455
9	LX-007	江华	客服部	22	22	0	0	0	0	1
10	LX-008	方小妹	客服部	22	21	0	0	0	0	0.9545455
11	LX-009	陈友	客服部	22	21	0	0	0	0	0.9545455
12	LX-010	王莹	客服部	22	21	0	0	0	0	0.9545455
13	LX-011	任玉军	仓储部	22	22	0	0	0	0	1
14	LX-012	鲍骏	仓储部	22	19	0	1	0	0	0.8636364
15	LX-013	王启秀	仓储部	22	17	2	0	0	0	0.7727273

图 9-44

	A	B	C	D	E	F	G	H	I	J	K	L	M
1	2020年4月份考勤情况统计表												
2	工号	姓名	部门	应该出勤	实际出勤	出差	事假	病假	旷工	迟到	早退	旷(半)	出勤率
3	LX-001	张楚	客服部	22	17	0	0	0	1	2	2	0	77.27%
4	LX-002	汪滕	客服部	22	22	0	0	0	0	0	0	0	100.00%
5	LX-003	刘先	客服部	22	22	0	0	0	0	0	0	0	100.00%
6	LX-004	黄雅黎	客服部	22	18	0	1	0	0	1	1	1	81.82%
7	LX-005	夏梓	客服部	22	22	0	0	0	0	0	0	0	100.00%
8	LX-006	胡伟立	客服部	22	21	0	0	0	0	0	0	1	95.45%
9	LX-007	江华	客服部	22	22	0	0	0	0	0	0	0	100.00%
10	LX-008	方小妹	客服部	22	21	0	0	0	0	1	0	0	95.45%
11	LX-009	陈友	客服部	22	21	0	0	0	0	1	0	0	95.45%
12	LX-010	王莹	客服部	22	21	0	0	0	0	1	0	0	95.45%
13	LX-011	任玉军	仓储部	22	22	0	0	0	0	0	0	0	100.00%
14	LX-012	鲍骏	仓储部	22	19	0	1	0	0	2	0	0	86.36%
15	LX-013	王启秀	仓储部	22	17	2	0	0	0	1	2	0	77.27%
16	LX-014	张宇	仓储部	22	20	2	0	0	0	0	0	0	90.91%
17	LX-015	张鹤鸣	仓储部	22	21	0	0	0	0	1	0	0	95.45%

图 9-45

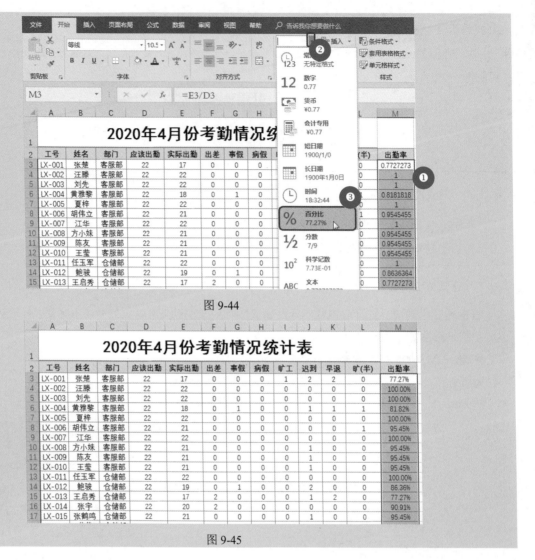

2. 分组统计各出勤率区间对应的人数

根据出勤情况统计表中的出勤率，可以建立月出勤率分析表，使用 COUNTIFS 函数计算不同出勤率区间对应的人数。

❶ 在工作表空白区域添加出勤率范围以及数量表格，并设置表格格式，如图 9-46 所示。

	M	N	O	P
1			月出勤率分析表	
2	出勤率		出勤率	人数
3	77.27%		100%	
4	100.00%		95%-100%	
5	100.00%		90%-95%	
6	81.82%		<90%	
7	100.00%			

图 9-46

❷ 选中 P3 单元格，在编辑栏中输入如下公式：

=COUNTIFS(M3:M300,"=100%")

按 Enter 键即可返回出勤率为 100%的人数，如图 9-47 所示。

❸ 选中 P4 单元格，在编辑栏中输入如下公式：

=COUNTIFS(M3:M300,"<100%",M3:M300,">=95%")

按 Enter 键即可返回出勤率为 95%～100%的人数，如图 9-48 所示。

P3 =COUNTIFS(M3:M300,"=100%")

	M	N	O	P
1			月出勤率分析表	
2	出勤率		出勤率	人数
3	77.27%		100%	131
4	100.00%		95%-100%	
5	100.00%		90%-95%	
6	81.82%		<90%	
7	100.00%			
8	95.45%			
9	100.00%			

图 9-47

P4 =COUNTIFS(M3:M300,"<100%",M3:M300,">=95%")

	M	N	O	P
1			月出勤率分析表	
2	出勤率		出勤率	人数
3	77.27%		100%	131
4	100.00%		95%-100%	32
5	100.00%		90%-95%	
6	81.82%		<90%	
7	100.00%			
8	95.45%			
9	100.00%			

图 9-48

公式解析

COUNTIFS 函数将条件应用于跨多个区域的单元格，然后统计满足所有条件的次数。

=COUNTIFS(❶区域,❷定义要计数的单元格范围,❸其他关联条件)

条件的形式为数字、表达式、单元格引用或文本，它定义了要计数的单元格范围。例如，条件可以表示为 32、">32"、B4、"apples"或 "32"。

表示返回 M3:M300 数组区域的等于 100%单元格数据的记录条数。

=COUNTIFS(M3:M300,"=100%")

=COUNTIFS(M3:M300,"<100%",M3:M300,">=95%")

表示统计 95%~100%之间的数据所在的单元格个数。

❹ 选中 P5 单元格，在编辑栏中输入如下公式：

=COUNTIFS(M3:M300,"<95%",M3:M300,">=90%")

按 Enter 键即可返回出勤率为 90%～95%的人数，如图 9-49 所示。

❺ 选中 P6 单元格，在编辑栏中输入如下公式：

=COUNTIFS(M3:M300,"<90%")

按 Enter 键即可返回出勤率为 90%以下的人数，如图 9-50 所示。

P5 =COUNTIFS(M3:M300,"<95%",M3:M300,">=90%")

	M	N	O	P
1			月出勤率分析表	
2	出勤率		出勤率	人数
3	77.27%		100%	131
4	100.00%		95%-100%	32
5	100.00%		90%-95%	13
6	81.82%		<90%	
7	100.00%			
8	95.45%			
9	100.00%			

图 9-49

P6 =COUNTIFS(M3:M300,"<90%")

	M	N	O	P
1			月出勤率分析表	
2	出勤率		出勤率	人数
3	77.27%		100%	131
4	100.00%		95%-100%	32
5	100.00%		90%-95%	13
6	81.82%		<90%	9
7	100.00%			
8	95.45%			

图 9-50

扫一扫，看视频

9.3.3 满勤率分析报表

下面需要根据出勤情况统计表中的员工实际出勤天数创建数据透视表，根据实际出勤的人数分别分析不同出勤天数下总人数的百分比，了解满勤率人员在总体人员中占的比例是大还是小。

❶ 在出勤情况统计表中选中“实际出勤”列的数据，在“插入”选项卡的“表格”组中单击“数据透视表”按钮，如图 9-51 所示。打开“创建数据透视表”对话框，保持默认设置不变，如图 9-52 所示。

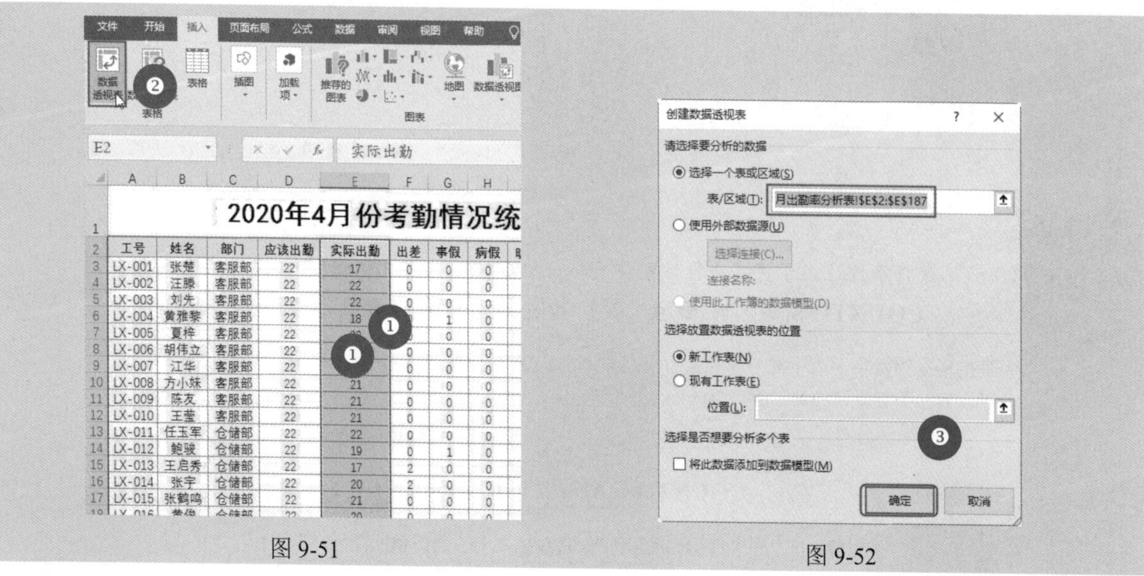

图 9-51　　图 9-52

❷ 单击“确定”按钮，创建数据透视表。将其工作表标签重命名为“分析各工作天数对应人数的占比情况”，分别设置“实际出勤”字段为“行”标签与“值”标签，如图 9-53 所示（这里默认的汇总方式是“求和”）。

❸ 选中 B4 单元格并右击，在弹出的快捷菜单中选择“值汇总依据”→“计数”命令（如图 9-54 所示），即可更改汇总方式为计数，统计出的是不同出勤天数下的实际出勤人数。

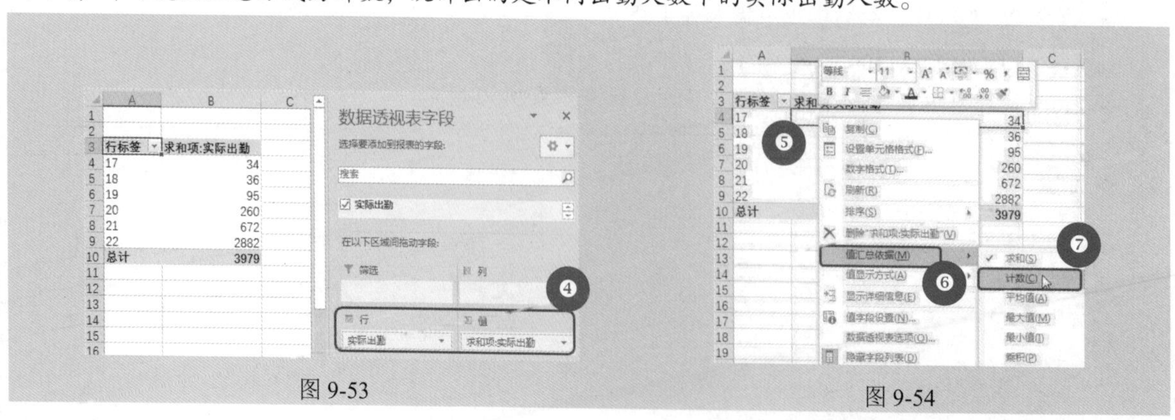

图 9-53　　图 9-54

❹ 继续选中B4单元格并右击，在弹出的快捷菜单中选择“值显示方式”→“列汇总的百分比”命令（如图9-55所示），即可更改显示方式为百分比。

❺ 直接在B3单元格中修改字段名称为“占比”，将工作表重命名为“满勤率分析报表”，如图9-56所示。

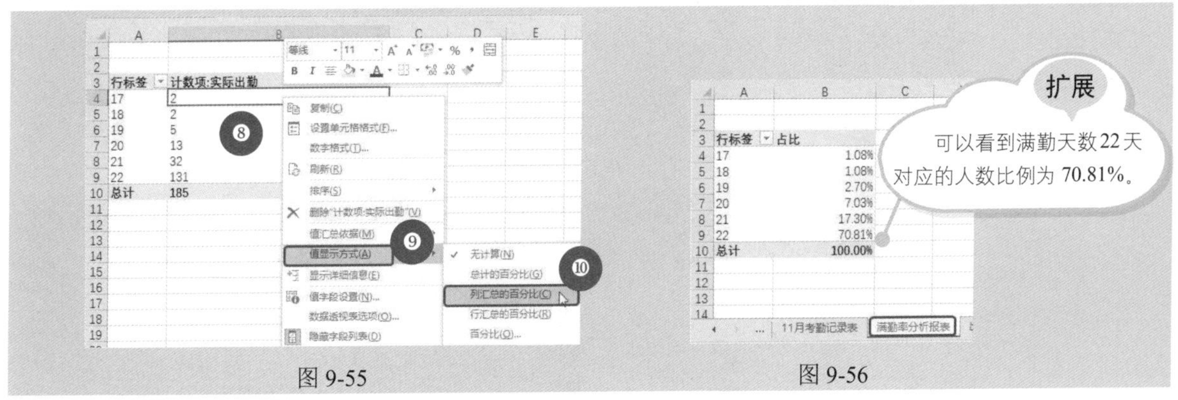

图 9-55　　图 9-56

9.4　加班申请表

员工加班之前需要填写加班申请表，人事部门可以根据加班申请表正确记录公司员工的加班情况。加班申请表包含加班人的基本信息、加班的原因、加班时间以及主管审批信息。加班申请表是汇总加班记录的基础表格。

9.4.1　合并单元格，整理表格结构

扫一扫，看视频

创建加班申请表并输入基本文字后，需要将标题所在的单元格和一些特定单元格执行合并，让表格的结构更加合理。

❶ 首先创建新表格，并命名为“加班申请表”，规划表格应包含的项目并输入，如图9-57所示。

❷ 按住Ctrl键，选中需要合并的多个单元格区域，在“开始”选项卡的“对齐方式”组中单击“合并后居中”按钮（如图9-58所示），即可合并居中多个单元格区域。

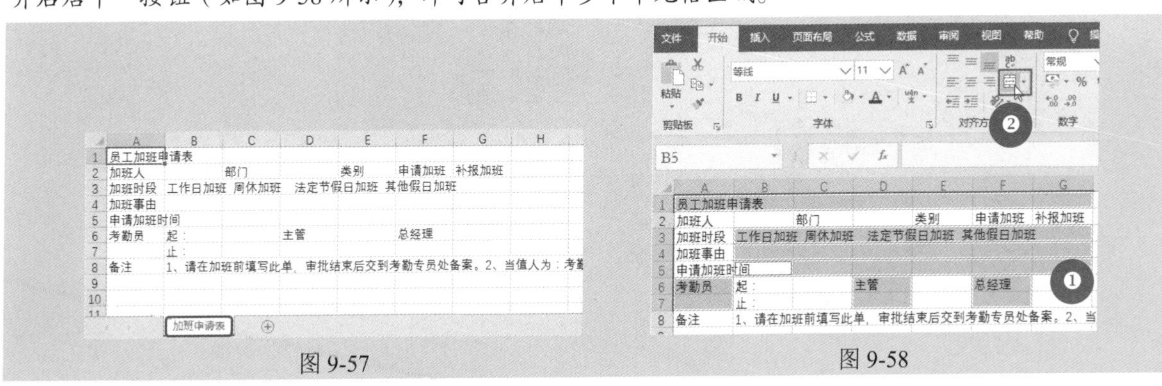

图 9-57　　图 9-58

扫一扫，看视频

9.4.2 设置自动换行与对齐方式

在加班申请表中输入备注信息后，由于文本过长导致无法全部显示。此时可以将单元格内的文本设置为自动换行，让文本能根据单元格的宽度自动换行显示。

❶ 选中 B8 单元格，在“开始”选项卡的“对齐方式”组中单击“自动换行”按钮，即可完整显示所有文本，如图 9-59 所示。

❷ 选中所有需要设置文本对齐的单元格，在“开始”选项卡的“对齐方式”组中单击“居中”和“垂直居中”按钮，即可对齐所有文本，如图 9-60 所示。

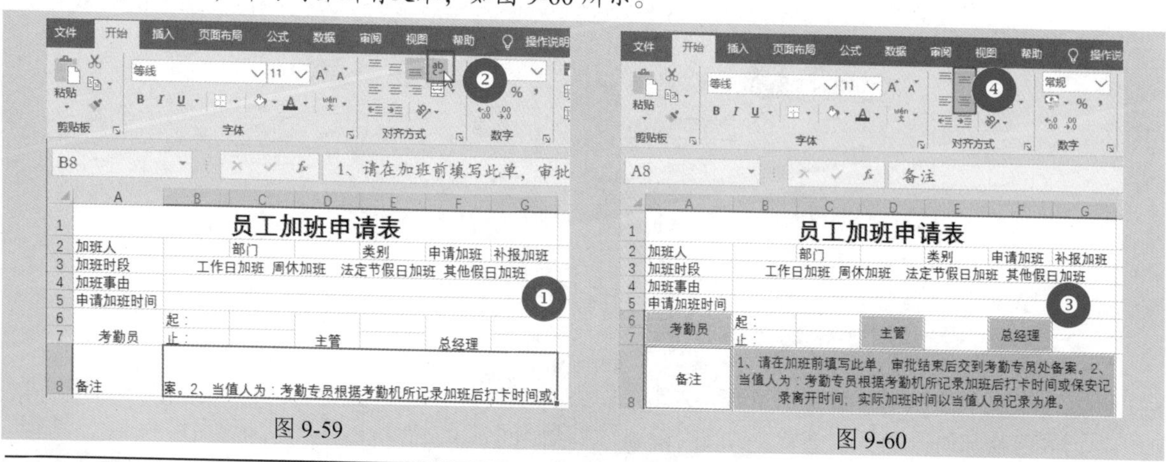

图 9-59　　图 9-60

扫一扫，看视频

9.4.3 设置行高与表格边框

为了让加班申请表打印出来更加美观，可以为表格数据区域设置边框，并将默认的行高值更改为“20”。

❶ 选中要调整行高的单元格区域，在“开始”选项卡的“单元格”组中单击“格式”下拉按钮，在弹出的下拉列表中选择“行高”选项，如图 9-61 所示。

❷ 打开“行高”对话框，设置“行高”为 20，如图 9-62 所示。

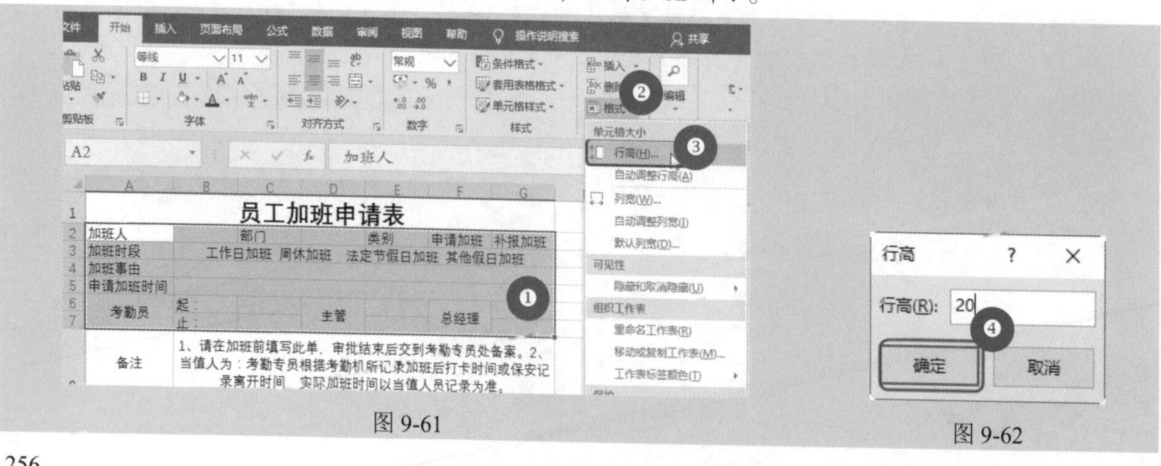

图 9-61　　图 9-62

❸ 单击“确定”按钮，即可完成行高的设置。选中要添加边框的单元格区域，在“开始”选项卡的“字体”组中单击“对话框启动器”按钮，如图 9-63 所示。

❹ 打开“设置单元格格式”对话框，选择“边框”选项卡，设置边框样式、颜色，单击“内部”按钮；继续重新设置边框颜色、样式，再单击“外边框”按钮，如图 9-64 所示。

❺ 单击“确定”按钮，即可为表格添加外边框和内部边框，效果如图 9-65 所示。

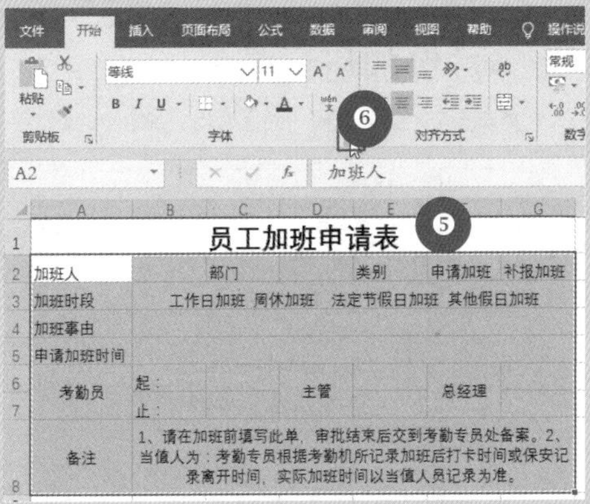

图 9-63

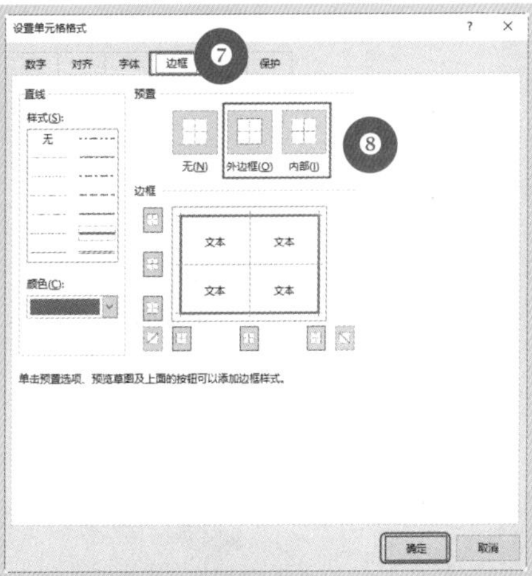

图 9-64

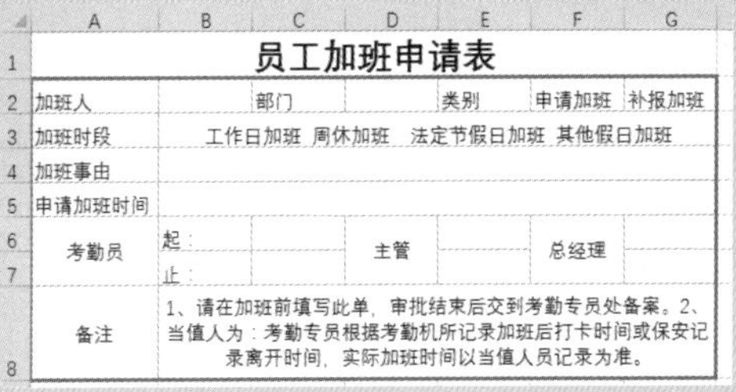

图 9-65

9.5 加班记录汇总表

加班记录表是按加班人、加班开始时间、加班结束时间逐条记录的。加班记录汇总表的数据都来源于员工平时填写的加班申请表（也就是 9.4 节中创建的表格）。在月末时，将这些审核无误的审核表汇总到一张 Excel 表格中，即形成加班记录表。利用这些原始数据可以进行加班费的核算，该内容会在 9.6 节中介绍。

9.5.1 设置时间显示格式

扫一扫，看视频

输入加班记录时，需要输入每一位加班员工的加班开始时间和加班结束时间，这两项数据会影响到每位加班人员的加班总时数。

❶ 新建工作表并在工作表标签上双击，重命名表格为“加班记录表”。选中“开始时间”和“结束时间”列，在“开始”选项卡的“数字”组中打开“数字格式”下拉列表，从中选择“时间”，如图 9-66 所示。

❷ 设置完成后，在这两列中输入时间，即可显示正确的时间格式，如图 9-67 所示。

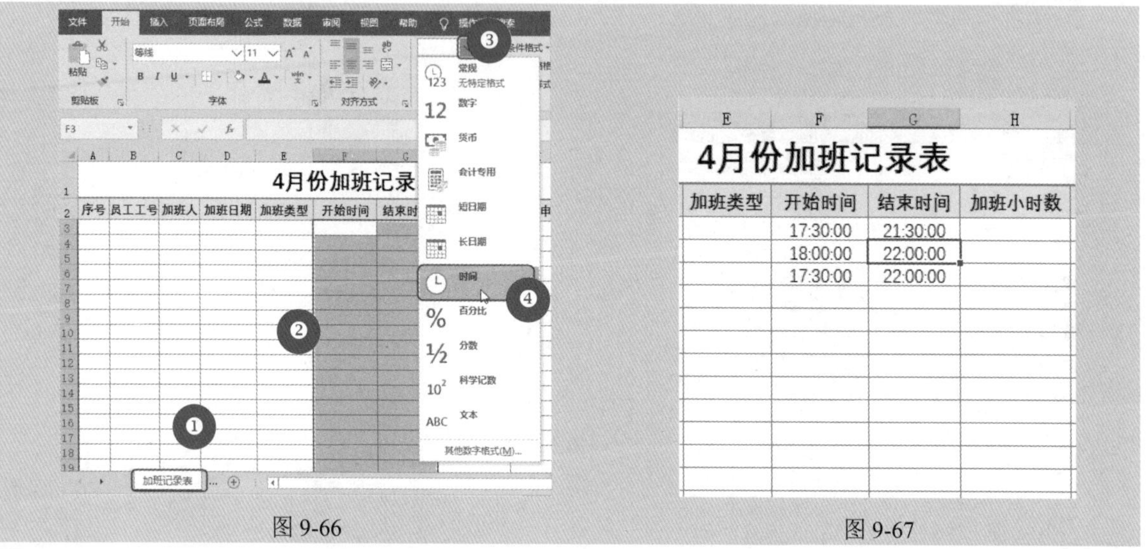

图 9-66　　　　图 9-67

扫一扫，看视频

9.5.2　设置表格数据验证

加班记录汇总表中包含加班是否提前申请以及加班员工的处理结果，这两项内容都可以通过设置数据验证实现数据的快速填写。

❶ 选中 I 列，在“数据”选项卡的“数据工具”组中单击“数据验证”下拉按钮，在弹出的下拉列表中选择“数据验证”选项，如图 9-68 所示。

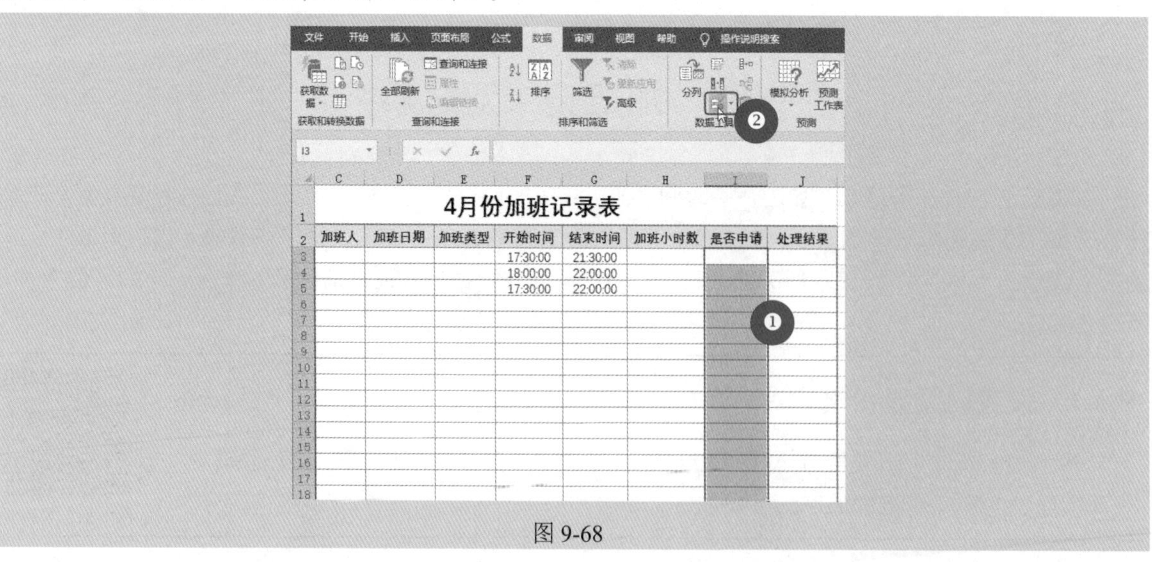

图 9-68

❷ 打开“数据验证”对话框，选择“设置”选项卡，在“允许”下拉列表框中选择“序列”，在“来源”文本框中输入“是,否”，如图 9-69 所示。

❸ 单击“确定”按钮，返回表格后单击 I3 单元格，可以看到下拉列表，如图 9-70 所示。

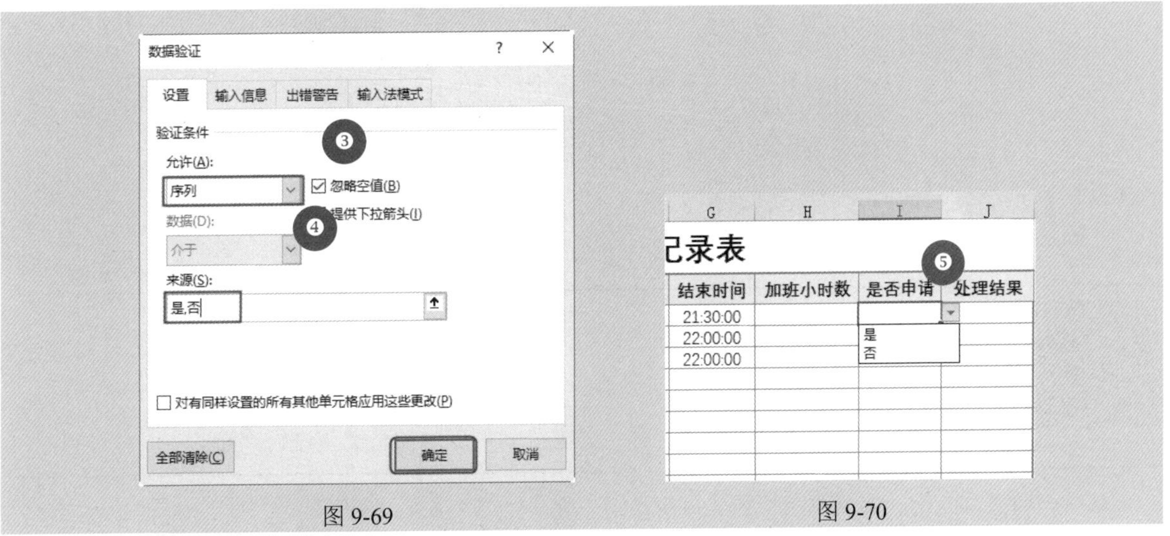

图 9-69　　图 9-70

❹ 选中“处理结果”列（如图 9-71 所示），打开“数据验证”对话框。在“允许”下拉列表框中选择“序列”，在“来源”文本框中输入“付加班工资,补休”（英文状态下输入逗号），如图 9-72 所示。

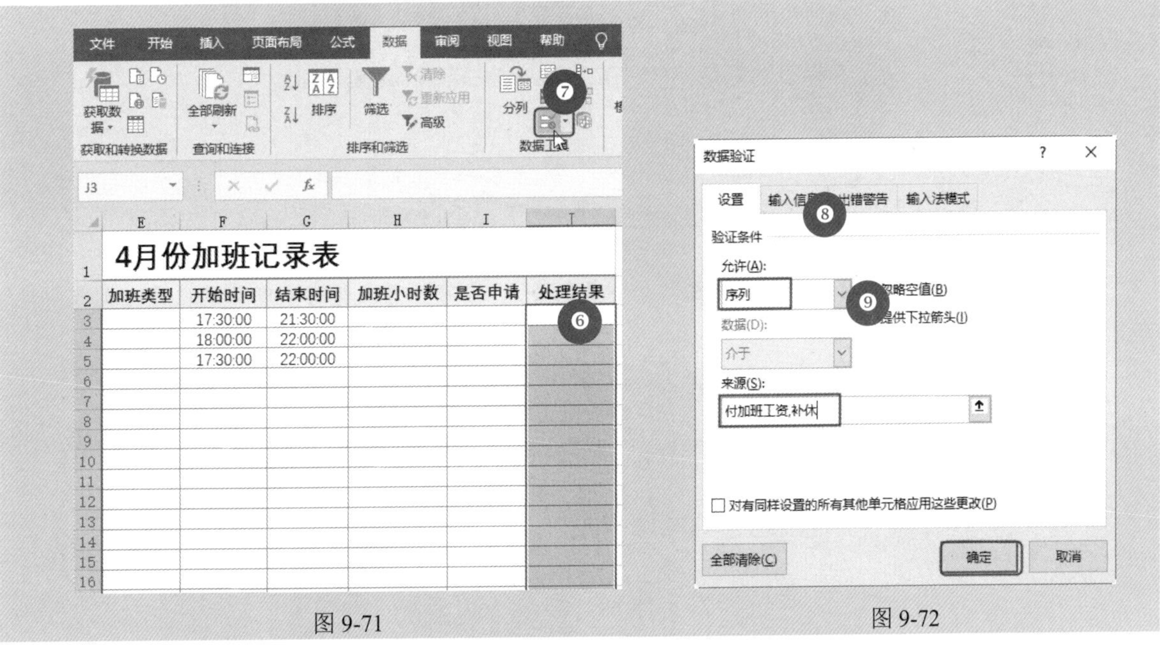

图 9-71　　图 9-72

❺ 单击“确定”按钮，完成数据验证的设置。按需要在下拉列表中选择输入“是否申请”列数据和“处理结果”列数据即可，如图 9-73 所示。

4月份加班记录表

序号	员工工号	加班人	加班日期	加班类型	开始时间	结束时间	加班小时数	是否申请	处理结果
1	LX-004	黄雅黎	2020/4/2		17:30:00	21:30:00		是	付加班工资
2	LX-007	江华	2020/4/2		18:00:00	22:00:00		是	付加班工资
4	LX-008	方小妹	2020/4/4		17:30:00	22:00:00		是	付加班工资
5	LX-011	任玉军	2020/4/4		17:30:00	21:00:00		是	付加班工资
6	LX-022	唐虎	2020/4/5		9:00:00	17:30:00		是	补休
7	LX-039	胡丽丽	2020/4/6		9:00:00	17:30:00		是	付加班工资
8	LX-007	江华	2020/4/7		17:30:00	20:00:00		是	付加班工资
9	LX-042	张毅君	2020/4/8		18:30:00	22:00:00		是	付加班工资
10	LX-037	徐春天	2020/4/9		17:30:00	22:00:00		是	付加班工资
11	LX-011	任玉军	2020/4/10		17:30:00	22:00:00		是	付加班工资
12	LX-010	王莹	2020/4/10		17:30:00	21:00:00		是	付加班工资
13	LX-004	黄雅黎	2020/4/11		17:30:00	21:30:00		是	付加班工资
14	LX-046	张俊	2020/4/12		9:00:00	17:30:00		是	补休
15	LX-018	张菲	2020/4/13		18:00:00	21:30:00		是	付加班工资
16	LX-046	王莹	2020/4/14		17:30:00	20:00:00		是	付加班工资
17	LX-008	方小妹	2020/4/15		18:00:00	22:00:00		是	付加班工资
18	LX-042	张毅君	2020/4/15		17:30:00	22:00:00		是	付加班工资

图 9-73

扫一扫，看视频

9.5.3 返回加班类型

根据加班日期的不同，加班类型也有所不同，本例中将加班日期分为“平常日”和“公休日”两类。通过建立公式可以对加班类型进行判断。

❶ 选中 E3 单元格，在编辑栏中输入如下公式：

=IF(WEEKDAY(D3,2)>=6,"公休日","平常日")

按 Enter 键即可判断出第一条记录的加班类型，如图 9-74 所示。

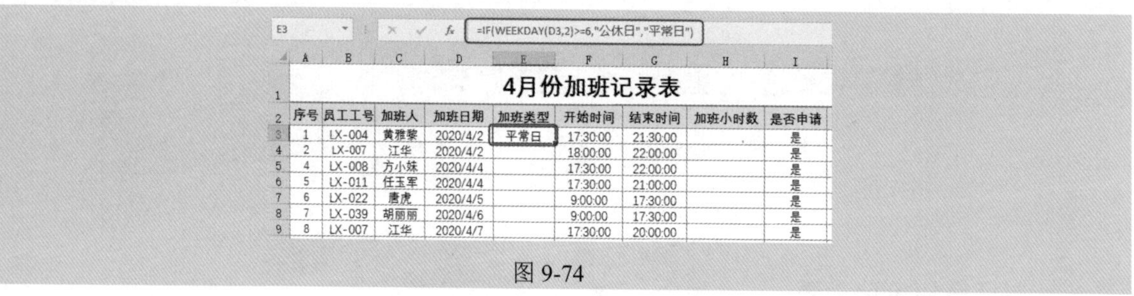

E3　=IF(WEEKDAY(D3,2)>=6,"公休日","平常日")

4月份加班记录表

序号	员工工号	加班人	加班日期	加班类型	开始时间	结束时间	加班小时数	是否申请
1	LX-004	黄雅黎	2020/4/2	平常日	17:30:00	21:30:00		是
2	LX-007	江华	2020/4/2		18:00:00	22:00:00		是
4	LX-008	方小妹	2020/4/4		17:30:00	22:00:00		是
5	LX-011	任玉军	2020/4/4		17:30:00	21:00:00		是
6	LX-022	唐虎	2020/4/5		9:00:00	17:30:00		是
7	LX-039	胡丽丽	2020/4/6		9:00:00	17:30:00		是
8	LX-007	江华	2020/4/7		17:30:00	20:00:00		是

图 9-74

❷ 选中 E3 单元格，拖动右下角的填充柄向下复制公式，即可计算出所有加班日期对应的加班类型，如图 9-75 所示。

4月份加班记录表

序号	员工工号	加班人	加班日期	加班类型	开始时间	结束时间	加班小时数	是否申请	处理结果
1	LX-004	黄雅黎	2020/4/2	平常日	17:30:00	21:30:00		是	付加班工资
2	LX-007	江华	2020/4/2	平常日	18:00:00	22:00:00		是	付加班工资
4	LX-008	方小妹	2020/4/4	公休日	17:30:00	22:00:00		是	付加班工资
5	LX-011	任玉军	2020/4/4	公休日	17:30:00	21:00:00		是	付加班工资
6	LX-022	唐虎	2020/4/5	公休日	9:00:00	17:30:00		是	补休
7	LX-039	胡丽丽	2020/4/6	平常日	9:00:00	17:30:00		是	付加班工资
8	LX-007	江华	2020/4/7	平常日	17:30:00	20:00:00		是	付加班工资
9	LX-042	张毅君	2020/4/8	平常日	18:30:00	22:00:00		是	付加班工资
10	LX-037	徐春天	2020/4/9	平常日	17:30:00	22:00:00		是	付加班工资
11	LX-011	任玉军	2020/4/10	平常日	17:30:00	22:00:00		是	付加班工资
12	LX-010	王莹	2020/4/10	平常日	17:30:00	21:00:00		是	付加班工资
13	LX-004	黄雅黎	2020/4/11	公休日	17:30:00	21:30:00		是	付加班工资
14	LX-046	张俊	2020/4/12	公休日	9:00:00	17:30:00		是	补休
15	LX-018	张菲	2020/4/13	平常日	18:00:00	21:00:00		是	付加班工资
16	LX-046	王莹	2020/4/14	平常日	17:30:00	20:00:00		是	付加班工资
17	LX-008	方小妹	2020/4/15	平常日	18:00:00	22:00:00		是	付加班工资

图 9-75

公式解析

WEEKDAY 函数用于返回某日期对应的星期数。默认情况下，其值为 1（星期日）到 7（星期六）。

=WEEKDAY(❶指定日期, ❷返回值类型)

数字 1 或省略时，则 1 至 7 代表星期天到星期六；指定为数字 2 时，则 1 至 7 代表星期一到星期日；指定为数字 3 时，则 0 至 6 代表星期一到星期日。

① 判断 C3 单元格中日期的星期数是否大于等于 6，等于 6 表示周六，等于 7 表示周日。

=IF(WEEKDAY(D3,2)>=6,"公休日","平常日")

② IF 函数根据①步结果返回对应内容，如果①步结果为真，则返回"公休日"；如果为假，则返回"平常日"。

9.5.4 加班时数统计

扫一扫，看视频

根据每位员工的加班开始时间和结束时间，可以统计出总加班小时数。由于时间包含小时数和分钟数，因此需要使用 HOUR 函数结合 MINUTE 函数实现。

❶ 选中 H3 单元格，在编辑栏中输入如下公式：

=(HOUR(G3)+MINUTE(G3)/60)-(HOUR(F3)+MINUTE(F3)/60)

按 Enter 键即可计算出第一条记录的加班小时数（此时返回的是时间格式），如图 9-76 所示。

H3 =(HOUR(G3)+MINUTE(G3)/60)-(HOUR(F3)+MINUTE(F3)/60)

4月份加班记录表

序号	员工工号	加班人	加班日期	加班类型	开始时间	结束时间	加班小时数	是否申请
1	LX-004	黄雅黎	2020/4/2	平常日	17:30:00	21:30:00	0:00:00	是
2	LX-007	江华	2020/4/2	平常日	18:00:00	22:00:00		是
4	LX-008	方小妹	2020/4/4	公休日	17:30:00	22:00:00		是
5	LX-011	任玉军	2020/4/4	公休日	17:30:00	21:00:00		是
6	LX-022	唐虎	2020/4/5	公休日	9:00:00	17:30:00		是
7	LX-039	胡丽丽	2020/4/6	平常日	9:00:00	17:30:00		是

图 9-76

❷ 保持单元格选中状态，在"开始"选项卡的"数字"组中打开"数字格式"下拉列表，从中选择"常规"选项，如图 9-77 所示。

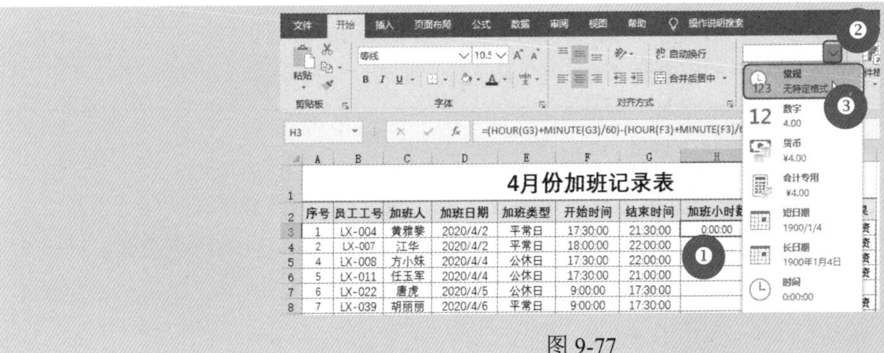

图 9-77

❸ 设置完成后即可返回正确的数字格式，向下复制公式，即可计算出各条记录的加班小时数，效果如图 9-78 所示。

序号	员工工号	加班人	加班日期	加班类型	开始时间	结束时间	加班小时数	是否申请	处理结果
1	LX-004	黄雅黎	2020/4/2	平常日	17:30:00	21:30:00	4	是	付加班工资
2	LX-007	江华	2020/4/2	平常日	18:00:00	22:00:00	4	是	付加班工资
4	LX-008	方小妹	2020/4/4	公休日	17:30:00	22:00:00	4.5	是	付加班工资
5	LX-011	任玉军	2020/4/4	公休日	17:30:00	21:00:00	3.5	是	付加班工资
6	LX-022	唐虎	2020/4/5	公休日	9:00:00	17:30:00	8.5	是	补休
7	LX-039	胡丽丽	2020/4/6	平常日	9:00:00	17:30:00	8.5	是	付加班工资
8	LX-007	江华	2020/4/7	平常日	17:30:00	20:00:00	2.5	是	付加班工资
9	LX-042	张毅君	2020/4/8	平常日	18:30:00	22:00:00	3.5	是	付加班工资
10	LX-037	徐春天	2020/4/9	平常日	17:30:00	22:00:00	4.5	是	付加班工资
11	LX-011	任玉军	2020/4/10	平常日	17:30:00	22:00:00	4.5	是	付加班工资
12	LX-010	王莹	2020/4/10	平常日	17:30:00	21:00:00	3.5	是	付加班工资
13	LX-004	黄雅黎	2020/4/11	公休日	17:30:00	21:30:00	4	是	付加班工资
14	LX-046	张俊	2020/4/12	公休日	9:00:00	17:30:00	8.5	是	补休
15	LX-018	张菲	2020/4/13	平常日	18:00:00	21:30:00	3.5	是	付加班工资
16	LX-046	王莹	2020/4/14	平常日	17:30:00	20:00:00	2.5	是	付加班工资

图 9-78

公式解析

HOUR 函数、MINUTE 函数、SECOND 函数都是时间函数，它们分别是根据已知的时间数据返回其对应的小时数、分钟数和秒数。

①HOUR 函数提取 G3 单元格内时间的小时数。

③HOUR 函数提取 F3 单元格内时间的小时数。

=(HOUR(G3)+MINUTE(G3)/60)-(HOUR(F3)+MINUTE(F3)/60)

②MINUTE 函数提取 G3 单元格内时间的分钟数再除以 60，即转换为小时数。与①步结果相加得出 G3 单元格中时间的小时数。

④MINUTE 函数提取 F3 单元格内时间的分钟数再除以 60，即转换为小时数。与③步结果相加得出 F3 单元格中时间的小时数。

9.6 加班费计算表

由于一位员工可能会对应多条加班记录，同时加班类型不同也会对应不同的加班工资。因此建立完加班记录表后，可以建立一张统计每位员工的加班时长并计算加班费的表。本例中规定：如果加班类型是“平常日加班”，则加班费是每小时 50 元；如果加班类型是“公休日加班”，则加班费是每小时 80 元。第 11 章中的工资核算表格需要使用到加班费计算表中的加班费数据。

9.6.1 建立加班费计算表

扫一扫，看视频

加班记录条目中的一位员工有可能存在 1 条记录、2 条记录或 3 条记录，当核算加班费时，同一员工的加班小时数需要合并计算，这时可以使用 SUNIFS 函数。而首先要获取本月中所有有加班记录的人员名单（即不重复的名单），这时可以用删除重复值的办法获取。

❶ 新建“加班费计算表”工作表。输入表格的基本数据，规划好应包含的列标识，按照前面介绍的方法美化设置表格的文字格式、边框底纹等，设置后的表格如图 9-79 所示。

❷ 切换到“加班记录表”中，选中“员工工号”和“加班人”列的数据，并复制到“加班费计算表”中，选中这两列数据，在“数据”选项卡的“数据工具”组中单击“删除重复值”按钮，如图 9-80 所示。

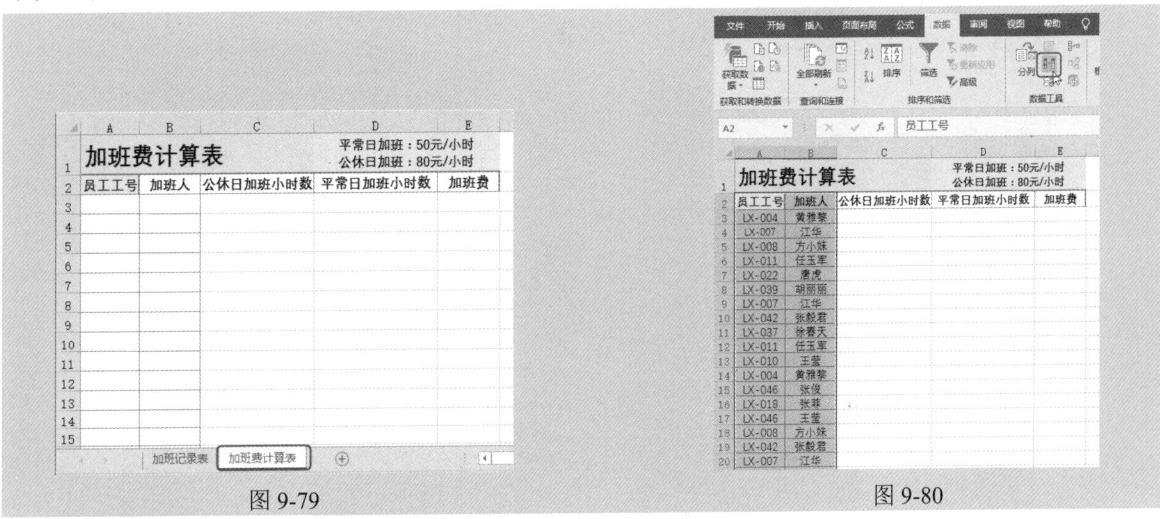

图 9-79

图 9-80

❸ 打开“删除重复值”对话框，保持默认的选项，如图 9-81 所示。

❹ 单击“确定”按钮弹出提示框，提示共删除了多少个重复项，如图 9-82 所示。保留下来的即为唯一项。

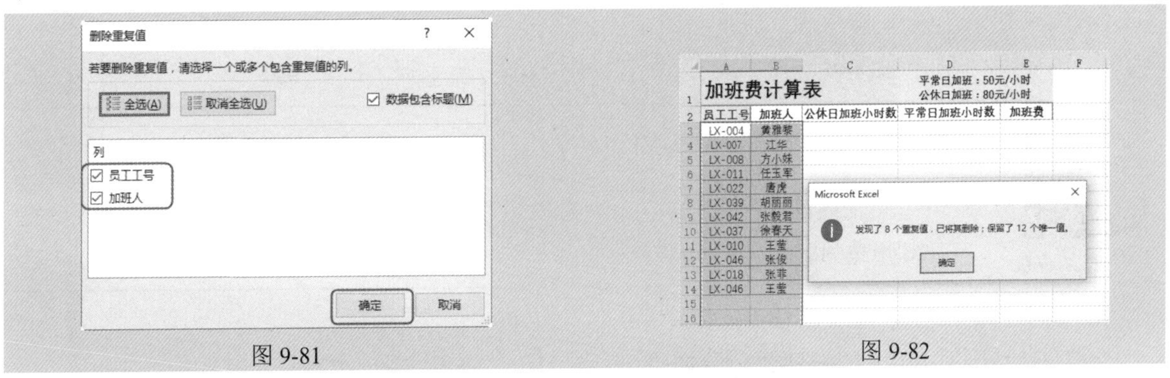

图 9-81

图 9-82

9.6.2 定义名称，方便公式使用

扫一扫，看视频

在加班费计算表中计算每位加班员工的加班费时，需要引用加班记录汇总表中的数据，也就是根据汇总得到的加班小时数和加班类型统计员工的总加班费用。

❶ 切换到“加班记录表”中，选中 C 列中的加班人数据，在名称框中输入“加班人”（如图 9-83 所示），按 Enter 键即可完成该名称的定义。

❷ 选中 E 列中的加班类型数据，在名称框中输入“加班类型”（如图 9-84 所示），按 Enter 键即可完成该名称的定义。

❸ 按上述相同的方法将 H 列中的加班小时数数据定义为“加班小时数”名称，将 J 列中的处理结果数据定义为“处理结果”名称，如图 9-85 和图 9-86 所示。

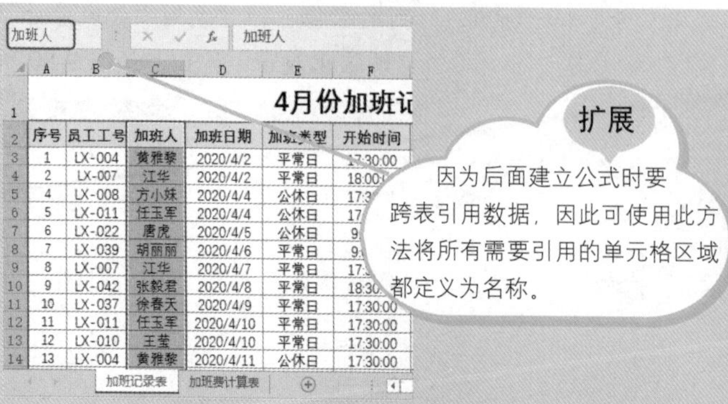

扩展

因为后面建立公式时要跨表引用数据，因此可使用此方法将所有需要引用的单元格区域都定义为名称。

图 9-83

图 9-84

图 9-85

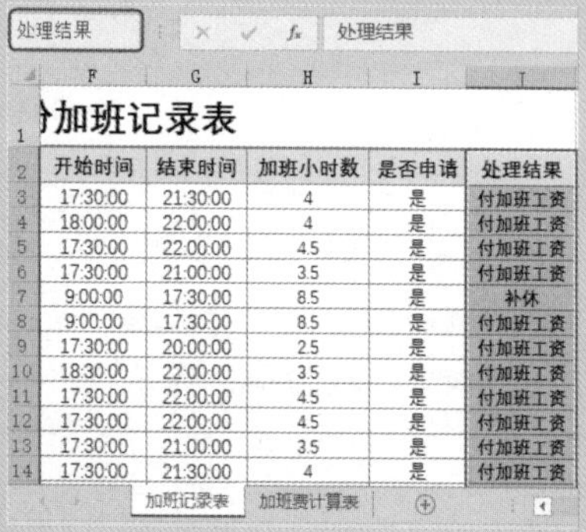

图 9-86

扫一扫，看视频

9.6.3 合计每位人员的加班费

在加班记录汇总表中定义好名称之后，可以使用 SUMIFS 函数计算每位员工的总加班费用。

❶ 选中 C3 单元格，在编辑栏中输入如下公式：

=SUMIFS(加班小时数,加班类型,"公休日",处理结果,"付加班工资",加班人,B3)

按 Enter 键即可返回第一条记录的公休日加班小时数，如图 9-87 所示。

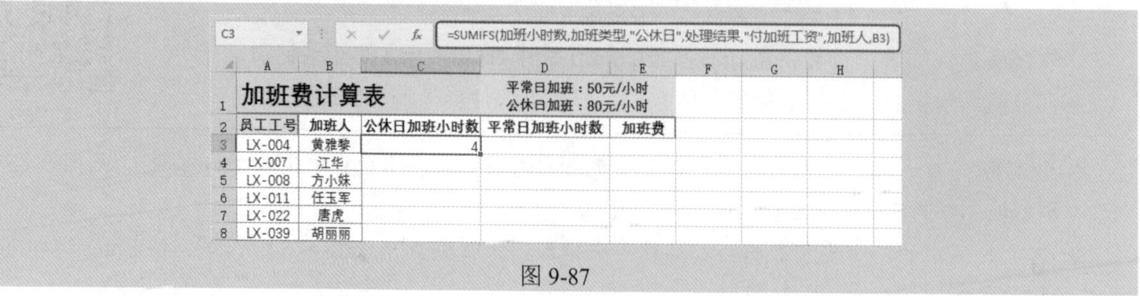

图 9-87

公式解析

SUMIFS 函数用于对同时满足多个条件进行判断，并对满足条件的数据执行求和运算。

=SUMIFS(❶用于求和的区域,❷用于条件判断的区域 1,❸条件 1,❹用于条件判断的区域 2,❺条件 2……)

扩展

SUMIF 函数只能设置一个条件，而 SUMIFS 可以设置多个条件。多条件就按"条件判断区域 1,条件 1,条件判断区域 2,条件 2……"这样的顺序依次设置即可。

=SUMIFS(加班小时数,加班类型,"公休日",处理结果,"付加班工资",加班人,B3)

①用于求和的区域

②第一个用于条件判断的区域和第一个条件。

③第二个用于条件判断的区域和第二个条件。

④第三个用于条件判断的区域和第三个条件。

公式要求同时满足②③④3 个条件，才对加班小时数进行合计。

❷ 选中 D3 单元格，在编辑栏中输入如下公式：

=SUMIFS(加班小时数,加班类型,"平常日",处理结果,"付加班工资",加班人,B3)

按 Enter 键即可返回第一条记录的平常日加班小时数，如图 9-88 所示。

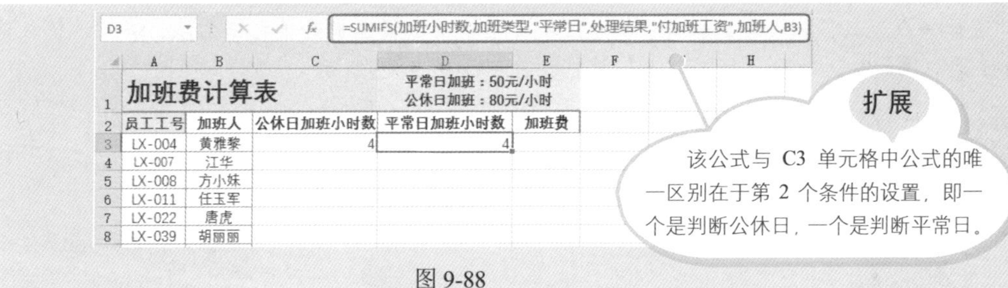

=SUMIFS(加班小时数,加班类型,"平常日",处理结果,"付加班工资",加班人,B3)
扩展
该公式与 C3 单元格中公式的唯一区别在于第 2 个条件的设置，即一个是判断公休日，一个是判断平常日。

图 9-88

❸ 选中 E3 单元格，在编辑栏中输入如下公式：

=C3*80+D3*50

按 Enter 键即可返回第一条记录的加班费合计，如图 9-89 所示。

❹ 选中 C3:E3 单元格区域，并向下复制公式，即可得出每位员工的加班费，从而完成"加班费计算表"的创建，如图 9-90 所示。

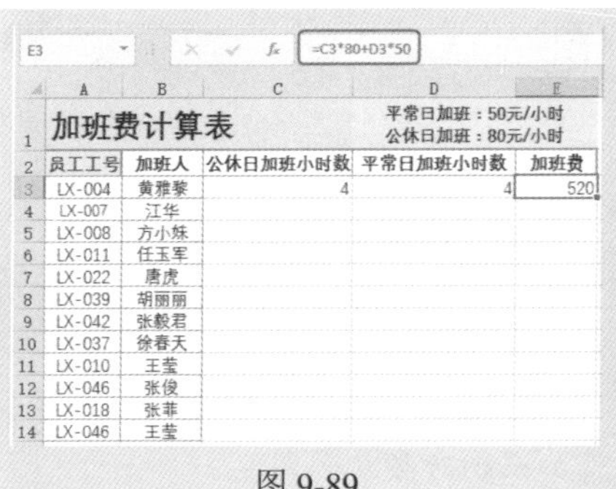

图 9-89

加班费计算表　平常日加班：50元/小时　公休日加班：80元/小时

员工工号	加班人	公休日加班小时数	平常日加班小时数	加班费
LX-004	黄雅黎	4	4	520
LX-007	江华	0	9.75	487.5
LX-008	方小妹	4.5	4	560
LX-011	任玉军	3.5	4.5	505
LX-022	唐虎	0	0	0
LX-039	胡丽丽	0	8.5	425
LX-042	张毅君	0	11.75	587.5
LX-037	徐春天	0	4.5	225
LX-010	王莹	0	6	300
LX-046	张俊	0	4	200
LX-018	张菲	0	3.5	175
LX-046	王莹	0	6	300

图 9-90

注意

选择"补休"的加班小时数将不会被统计出来，因为 SUNIFS 函数已指定了只统计"付加班工资"的记录。

经验之谈

计算加班小时数时，公式中大量使用了定义的名称，被定义为名称的单元格区域实际等同于对数据区域的绝对引用，如本例中用于求和的单元格。用于条件判断的单元格区域都是不能变动的，因此可以使用名称，而用于查询的对象是唯一变化的元素，所以使用相对引用方式。

9.7 每位员工加班总时数比较图表

根据 9.6 节的加班费计算表，可以通过创建数据透视表统计每位员工的加班总时数，并建立图表，直观地对数据结果进行比较。

扫一扫，看视频

9.7.1 建立员工加班时数统计报表

根据加班记录表可以建立数据透视表，统计出各位员工的加班总时数。

❶ 选中任意单元格，在“插入”选项卡的“表格”组中单击“数据透视表”按钮（如图 9-91 所示），打开“创建数据透视表”对话框。

❷ 选中“选择一个表或区域”单选按钮，“表/区域”框中显示了选中的单元格区域，在“选择放置数据透视表的位置”栏中默认选中“新工作表”单选按钮，如图 9-92 所示。

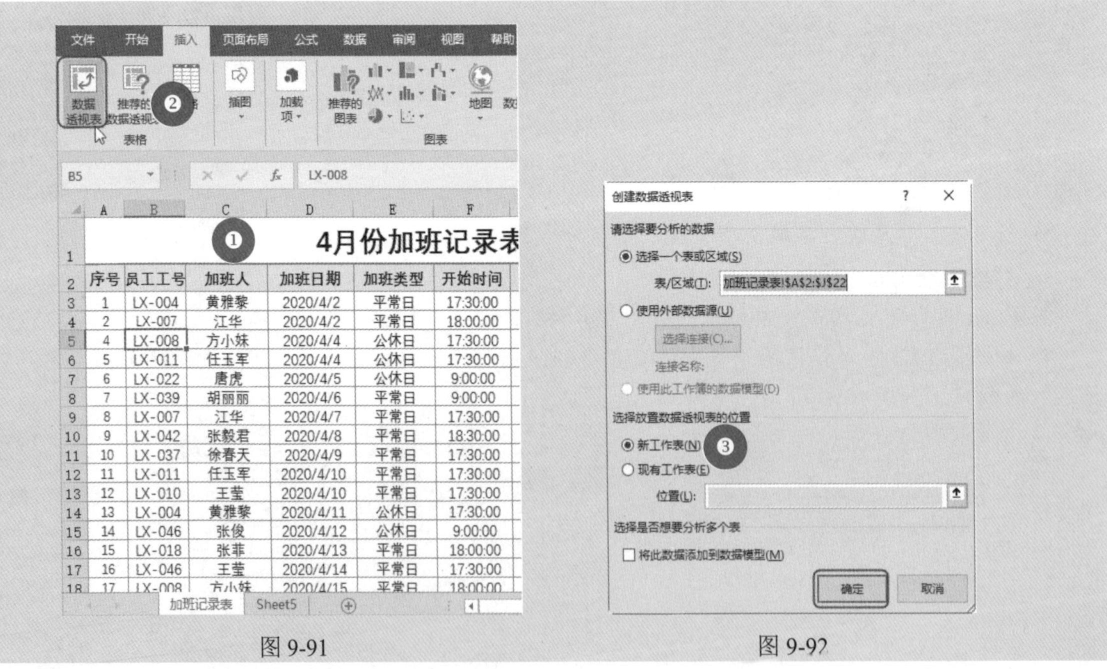

图 9-91　图 9-92

❸ 单击“确定”按钮，即可在新工作表中创建数据透视表。拖动“加班人”字段到“行”区域，拖动“加班小时数”字段到“值”区域中，得到每位加班人员的总加班小时数，如图 9-93 所示。

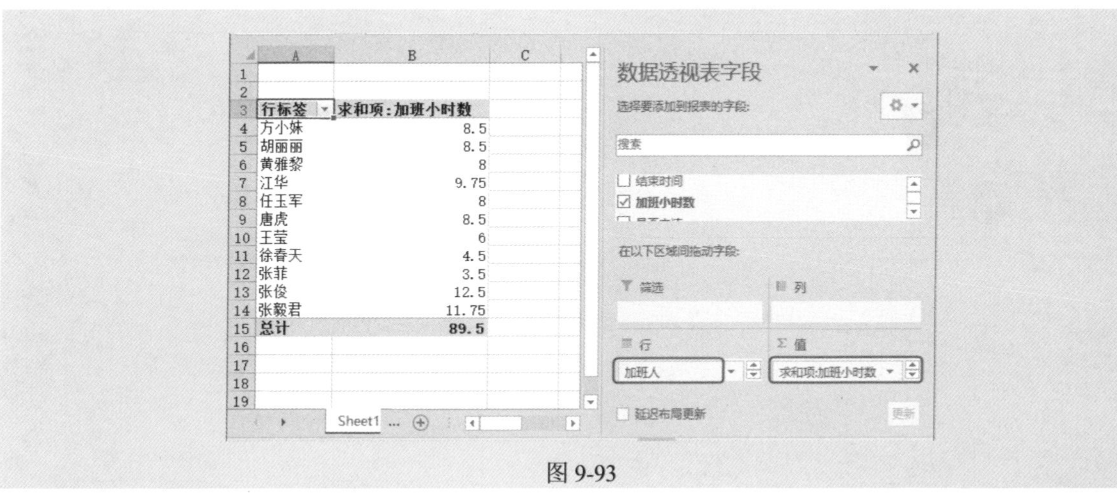

图 9-93

9.7.2　员工加班总时数比较图表

扫一扫，看视频

根据 9.7.1 节建立的数据透视表可以创建条形图，直观地分析每位员工的加班总时数并进行比较。

❶ 选中数据透视表中的任意单元格，在“数据透视表工具-分析”选项卡的“工具”组中单击“数据透视图”按钮（如图 9-94 所示），打开“插入图表”对话框。

图 9-94

❷ 选择合适的图表类型，例如“条形图”（如图 9-95 所示），单击“确定”按钮，即可创建默认的条形图图表，如图 9-96 所示。

❸ 选中图表，单击“图表元素”按钮，在弹出的下拉列表中单击“样式”标签，在样式列表中选择“样式 3”选项（如图 9-97 所示），即可为图表快速应用指定的样式。

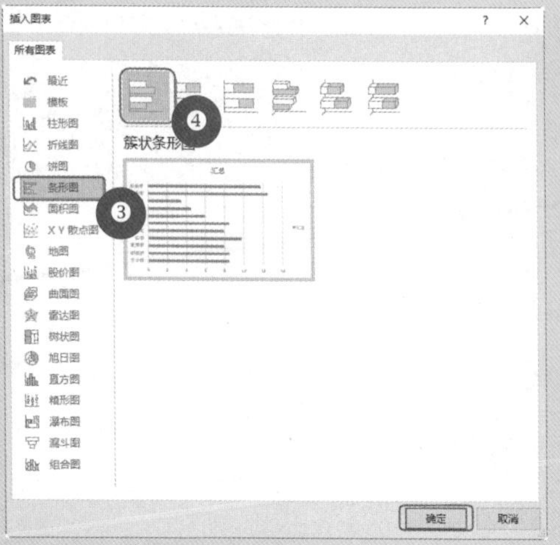

图 9-95

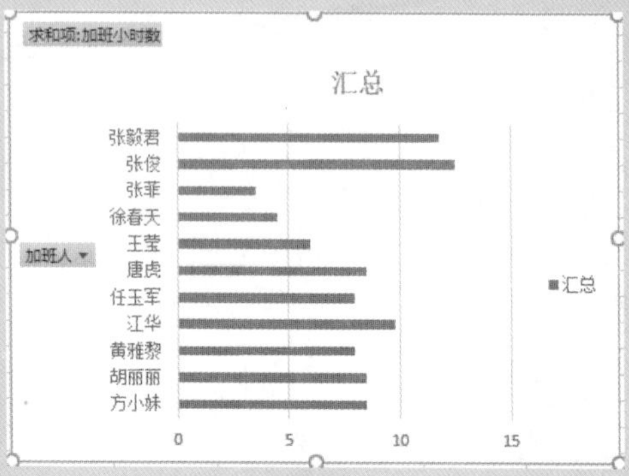

图 9-96

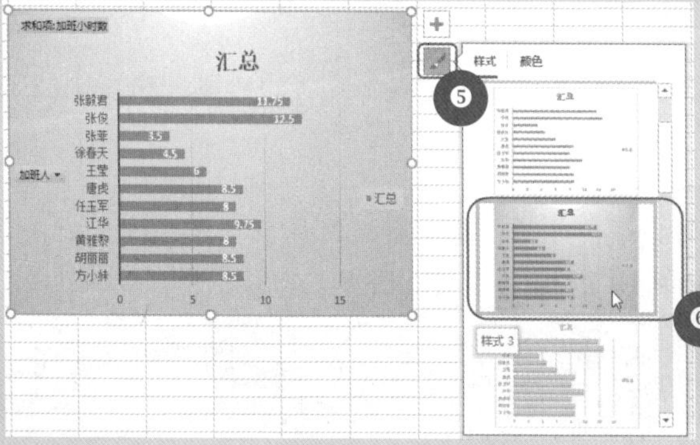

图 9-97

❹ 在图表标题框中重新输入标题。选中数据透视表中的任意单元格，在“数据”选项卡的“排序和筛选”组中单击“升序”按钮，可以看到图表已经过排序，此时可以更直观地比较员工的加班时长，如图 9-98 所示。

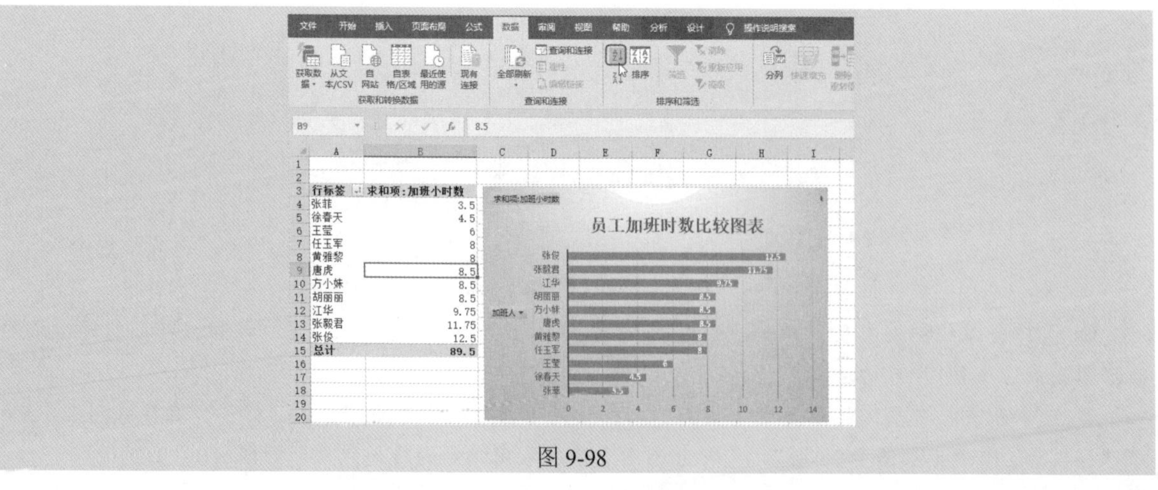

图 9-98

销售数据管理中的表格

- 销售数据管理中的表格
  - 10.1 销售记录汇总表
    - 10.1.1 计算销售额与折扣
    - 10.1.2 计算交易金额
  - 10.2 各类别商品月销售报表
    - 10.2.1 汇总各商品交易金额
    - 10.2.2 交易金额比较图表
  - 10.3 本期库存管理表
    - 10.3.1 建立商品底价表
    - 10.3.2 统计本期库存、本期毛利
    - 10.3.3 设置库存提醒
  - 10.4 本期毛利核算表
    - 10.4.1 计算毛利总额
    - 10.4.2 查询销售最理想的商品
  - 10.5 销售员业绩奖金计算表
  - 10.6 计划与实际销售分析表
    - 10.6.1 创建表格
    - 10.6.2 计划值与实际值比较图表
  - 10.7 季度销售额汇总表
    - 10.7.1 按位置合并计算
    - 10.7.2 按类别合并计算
  - 10.8 季度推广成本分析表
    - 10.8.1 自动求和计算各季度合计值
    - 10.8.2 各季度推广成本比较图表

10.1 销售记录汇总表

为了更好地管理商品的销售记录，可以分期建立销售记录表。通过建立完成的销售记录表可以进行数据计算、统计、分析，如计算销售员的业绩奖金、对各类别商品的销售额进行合并统计、分析哪种商品的销售额最高等。

销售记录汇总表包括销售日期、销售单号、货品名称、类别、销售数量和销售单价等基本信息。

10.1.1 计算销售额与折扣

扫一扫，看视频

商品销售表一般是按日期记录的，在填入各销售单据的销售数量与销售单价后，需要计算出各条记录的销售金额、折扣金额（是否存在此项，可根据实际情况而定），以及最终的交易金额。本例中约定单笔购买金额达到一定数额时给予相应的折扣。这里假设一个销售单号的总金额小于 1000 元无折扣，1000 ~ 2000 元给予 95 折，2000 元以上给予 9 折，可以通过建立公式自动计算商业折扣。

❶ 建立销售记录表，按实际销售情况填写销售日期、销售单号、货品名称、数量、单价等基本数据。

❷ 选中 G3 单元格，在编辑栏中输入如下公式：

=E3*F3

按 Enter 键，即可根据销售量和销售单价计算出销售金额，如图 10-1 所示。

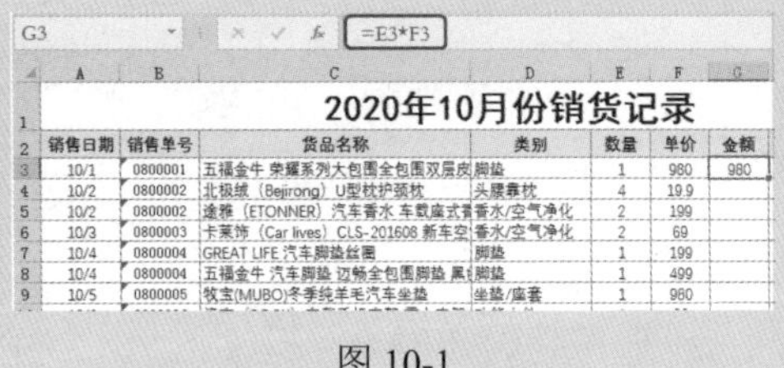

G3 =E3*F3

2020年10月份销货记录

销售日期	销售单号	货品名称	类别	数量	单价	金额
10/1	0800001	五福金牛 荣耀系列大包围全包围双层皮	脚垫	1	980	980
10/2	0800002	北极绒（Bejirong）U型枕护颈枕	头腰靠枕	4	19.9	
10/2	0800002	途雅（ETONNER）汽车香水 车载座式香	香水/空气净化	2	199	
10/3	0800003	卡莱饰（Car lives）CLS-201608 新车空	香水/空气净化	2	69	
10/4	0800004	GREAT LIFE 汽车脚垫丝圈	脚垫	1	199	
10/4	0800004	五福金牛 汽车脚垫 迈畅全包围脚垫 黑	脚垫	1	499	
10/5	0800005	牧宝(MUBO)冬季纯羊毛汽车坐垫	坐垫/座套	1	980	

图 10-1

❸ 选中 H3 单元格，在编辑栏中输入如下公式：

=LOOKUP(SUMIF($B:$B,$B3,$G:$G),{0,1000,2000},{1,0.95,0.9})

按 Enter 键，即可得到折扣数值，如图 10-2 所示。

H3 =LOOKUP(SUMIF($B:$B,$B3,$G:$G),{0,1000,2000},{1,0.95,0.9})

2020年10月份销货记录

销售日期	销售单号	货品名称	类别	数量	单价	金额	商业折扣	交易金额
10/1	0800001	五福金牛 荣耀系列大包围全包围双层皮	脚垫	1	980	980	1	
10/2	0800002	北极绒（Bejirong）U型枕护颈枕	头腰靠枕	4	19.9			
10/2	0800002	途雅（ETONNER）汽车香水 车载座式香	香水/空气净化	2	199			
10/3	0800003	卡莱饰（Car lives）CLS-201608 新车空	香水/空气净化	2	69			
10/4	0800004	GREAT LIFE 汽车脚垫丝圈	脚垫	1	199			
10/4	0800004	五福金牛 汽车脚垫 迈畅全包围脚垫 黑	脚垫	1	499			
10/5	0800005	牧宝(MUBO)冬季纯羊毛汽车坐垫	坐垫/座套	1	980			
10/6	0800006	洛克（ROCK）车载手机支架 重力支架	功能小件	1	39			
10/7	0800007	尼罗河（nile）四季通用汽车坐垫	坐垫/座套	1	680			

图 10-2

❹ 选中 G3:H3 单元格区域向下复制公式，可以依次根据各条记录计算出金额与对应的商业折扣，如图 10-3 所示。

	A	B	C	D	E	F	G	H
1	2020年10月份销货记录							
2	销售日期	销售单号	货品名称	类别	数量	单价	金额	商业折扣
3	10/1	0800001	五福金牛 荣耀系列大包围全包围双层皮	脚垫	1	980	980	1
4	10/2	0800002	北极绒（Bejirong）U型枕护颈枕	头腰靠枕	4	19.9	79.6	1
5	10/2	0800002	途雅（ETONNER）汽车香水 车载座式香	香水/空气净化	2	199	398	1
6	10/3	0800003	卡莱饰（Car lives）CLS-201608 新车空	香水/空气净化	2	69	138	1
7	10/4	0800004	GREAT LIFE 汽车脚垫丝圈	脚垫	1	199	199	1
8	10/4	0800004	五福金牛 汽车脚垫 迈畅全包围脚垫 黑	脚垫	1	499	499	1
9	10/5	0800005	牧宝(MUBO)冬季纯羊毛汽车坐垫	坐垫/座套	1	980	980	1
10	10/6	0800006	洛克（ROCK）车载手机支架 重力支架	功能小件	1	39	39	1
11	10/7	0800007	尼罗河（nile）四季通用汽车坐垫	坐垫/座套	1	680	680	1
12	10/8	080008	COMFIER汽车座垫按摩坐垫	坐垫/座套	2	169	338	1
13	10/8	080008	COMFIER汽车座垫按摩坐垫	坐垫/座套	1	169	169	1
14	10/8	080008	康车宝 汽车香水 空调出风口香水夹	香水/空气净化	4	68	272	1
15	10/9	080009	牧宝(MUBO)冬季纯羊毛汽车坐垫	坐垫/座套	2	980	1960	0.95
16	10/10	080010	南极人（nanJiren）汽车头枕腰靠	头腰靠枕	4	179	716	1
17	10/11	080011	康车宝 汽车香水 空调出风口香水夹	香水/空气净化	2	68	136	1
18	10/12	080012	毕亚兹 车载手机支架 C20 中控台磁吸式	功能小件	1	39	39	1
19	10/13	080013	倍逸舒 EBK-标准版 汽车腰靠办公腰垫	头腰靠枕	5	198	990	1
20	10/14	080014	快美特（CARMATE）空气科学 II 汽车	香水/空气净化	2	39	78	1
21	10/15	080015	固特异（Goodyear）丝圈汽车脚垫 飞足	脚垫	1	410	410	1
22	10/16	080016	绿联 车载手机支架 40808 银色	功能小件	1	45	45	1

图 10-3

公式解析

1. LOOKUP 函数

LOOKUP 函数可从单行或单列区域或者从一个数组返回值。LOOKUP 函数具有两种语法形式：向量形式和数组形式。

向量形式语法：= LOOKUP (❶查找值,❷数组 1,❸数组 2)

在单行区域或单列区域（称为“向量”）中查找值，然后返回第二个单行区域或单列区域中相同位置的值。即在数组 1 中查找对象，找到后返回对应在数组 2 中相同位置上的值。本例公式就是使用的向量形式语法。

数组形式语法：= LOOKUP (❶查找值,❷数组)

在数组的第一行或第一列中查找指定的值，并返回数组最后一行或最后一列内同一位置的值。即在数组的首列中查找对象，找到后返回对应在数组最后一列上的值。

2. SUMIF 函数

SUMIF 函数则可以先进行条件判断，然后对满足条件的数据区域进行求和。

= SUMIF(❶用于条件判断的区域,❷求和条件,❸用于求和的单元格区域)

第 2 个参数是求和条件，可以是数字、文本、单元格引用或表达式等。如果是文本，必须使用双引号。

注意

如果用于条件判断的区域（第 1 个参数）与用于求和的区域（第 3 个参数）是同一区域，则可以省略第 3 个参数。

① 利用 SUMIF 函数将 B 列中满足$B3 单元格的单号对应在$G:$G 区域中的销售额进行求和运算。当公式向下复制时，会依次判断 B4、B5、B6 单元格的单号，即找相同单号，是相同单号的就把它们的金额进行汇总计算。

=LOOKUP(SUMIF($B:$B,$B3,$G:$G),{0,1000,2000},{1,0.95,0.9})

② LOOKUP 函数的{0,1000,2000}{1,0.95,0.9}”两个参数，在前一个数组中判断金额区间，在后一个数组中返回对应的折扣。即销售金额小于 1000 元时没有折扣，返回为“1”；销售总金额为 1000～2000 元时给 95 折，返回“0.95”；销售总金额为 2000 元以上时给 9 折，返回“0.9”。

扫一扫，看视频

10.1.2 计算交易金额

得到商品的销售金额和商业折扣后，可以使用乘法运算计算交易金额。

❶ 选中 I3 单元格，在编辑栏中输入如下公式：

=G3*H3

按 Enter 键即可计算出折扣后的最终交易金额，如图 10-4 所示。

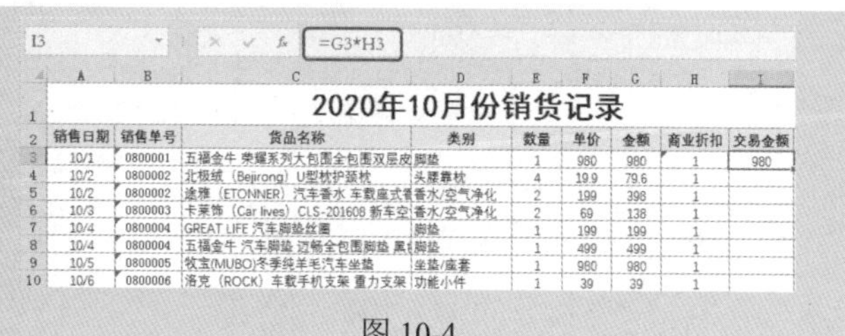

I3 =G3*H3

2020年10月份销货记录

销售日期	销售单号	货品名称	类别	数量	单价	金额	商业折扣	交易金额
10/1	0800001	五福金牛 荣耀系列大包围全包围双层皮	脚垫	1	980	980	1	980
10/2	0800002	北极绒（Bejirong）U型枕护颈枕	头腰靠枕	4	19.9	79.6	1	
10/2	0800002	途雅（ETONNER）汽车香水 车载座式香	香水/空气净化	2	199	398	1	
10/3	0800003	卡莱饰（Car lives）CLS-201608 新车空	香水/空气净化	2	69	138	1	
10/4	0800004	GREAT LIFE 汽车脚垫丝圈	脚垫	1	199	199	1	
10/4	0800004	五福金牛 汽车脚垫 迈畅全包围脚垫 黑	脚垫	1	499	499	1	
10/5	0800005	牧宝(MUBO)冬季纯羊毛汽车坐垫	坐垫/座套	1	980	980	1	
10/6	0800006	洛克（ROCK）车载手机支架 重力支架	功能小件	1	39	39	1	

图 10-4

❷ 选中 I3 单元格，向下复制公式，得到所有商品的交易金额，如图 10-5 所示。

2020年10月份销货记录

销售日期	销售单号	货品名称	类别	数量	单价	金额	商业折扣	交易金额	经办人
10/1	0800001	五福金牛 荣耀系列大包围全包围双层皮	脚垫	1	980	980	1	980	林玲
10/2	0800002	北极绒（Bejirong）U型枕护颈枕	头腰靠枕	4	19.9	79.6	1	79.6	林玲
10/2	0800002	途雅（ETONNER）汽车香水 车载座式香	香水/空气净化	2	199	398	1	398	李晶晶
10/3	0800003	卡莱饰（Car lives）CLS-201608 新车空	香水/空气净化	2	69	138	1	138	李晶晶
10/4	0800004	GREAT LIFE 汽车脚垫丝圈	脚垫	1	199	199	1	199	胡成芳
10/4	0800004	五福金牛 汽车脚垫 迈畅全包围脚垫 黑	脚垫	1	499	499	1	499	张军
10/5	0800005	牧宝(MUBO)冬季纯羊毛汽车坐垫	坐垫/座套	1	980	980	1	980	胡成芳
10/6	0800006	洛克（ROCK）车载手机支架 重力支架	功能小件	1	39	39	1	39	刘慧
10/7	0800007	尼罗河（nile）四季通用汽车坐垫	坐垫/座套	1	680	680	1	680	刘慧
10/8	080008	COMFIER汽车座垫按摩坐垫	坐垫/座套	2	169	338	1	338	胡成芳
10/8	080008	COMFIER汽车座垫按摩坐垫	坐垫/座套	1	169	169	1	169	刘慧
10/8	080008	康车宝 汽车香水 空调出风口香水夹	香水/空气净化	4	68	272	1	272	刘慧
10/9	080009	牧宝(MUBO)冬季纯羊毛汽车坐垫	坐垫/座套	2	980	1960	0.95	1862	刘慧
10/10	080010	南极人（nanJiren）汽车头枕腰靠	头腰靠枕	4	179	716	1	716	林玲
10/11	080011	康车宝 汽车香水 空调出风口香水夹	香水/空气净化	2	68	136	1	136	林玲
10/12	080012	毕亚兹 车载手机支架 C20 中控台磁吸式	功能小件	1	39	39	1	39	林玲
10/13	080013	倍逸舒 EBK-标准版 汽车腰靠办公腰垫	头腰靠枕	5	198	990	1	990	张军
10/14	080014	快美特（CARMATE）空气科学 II 汽车	香水/空气净化	2	39	78	1	78	张军
10/15	080015	固特异（Goodyear）丝圈汽车脚垫 飞足	脚垫	1	410	410	1	410	李晶晶
10/16	080016	绿联 车载手机支架 40808 银	功能小件	1	45	45	1	45	李晶晶
10/17	080017	洛克（ROCK）车载手机支架 重力支架	功能小件	1	39	39	1	39	李晶晶
10/18	080018	南极人（nanJiren）皮革汽车坐垫	坐垫/座套	1	468	468	1	468	刘慧
10/19	080019	卡饰社（CarSetCity）汽车头枕 便携式	头腰靠枕	2	79	158	1	158	张军
10/20	080020	卡饰社（CarSetCity）汽车头枕 便携式	头腰靠枕	2	79	158	1	158	张军

10月份销货记录表

图 10-5

10.2 各类别商品月销售报表

根据销售记录汇总表可以汇总出各类别商品的交易总金额，使用数据透视表可以快速按类别统计交易金额。

扫一扫，看视频

10.2.1 汇总各商品交易金额

建立了销售记录汇总表后，可以建立数据透视表，对各类别商品的交易金额进行分析。

❶ 选中表格中的任意单元格，在“插入”选项卡的“数据”组中单击“数据透视表”按钮，如图 10-6 所示。打开“创建数据透视表”对话框，保持默认设置不变，如图 10-7 所示。

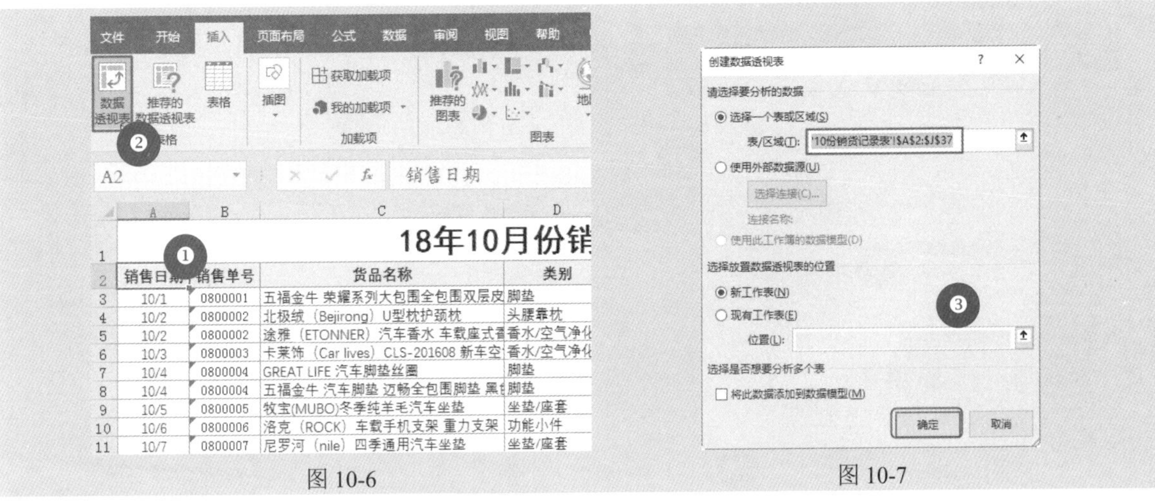

图 10-6　　　　图 10-7

❷ 单击“确定”按钮，创建数据透视表。添加“类别”字段至“行”区域，添加“交易金额”字段至“值”区域（如图 10-8 所示），即可看到各类别产品的交易金额汇总。

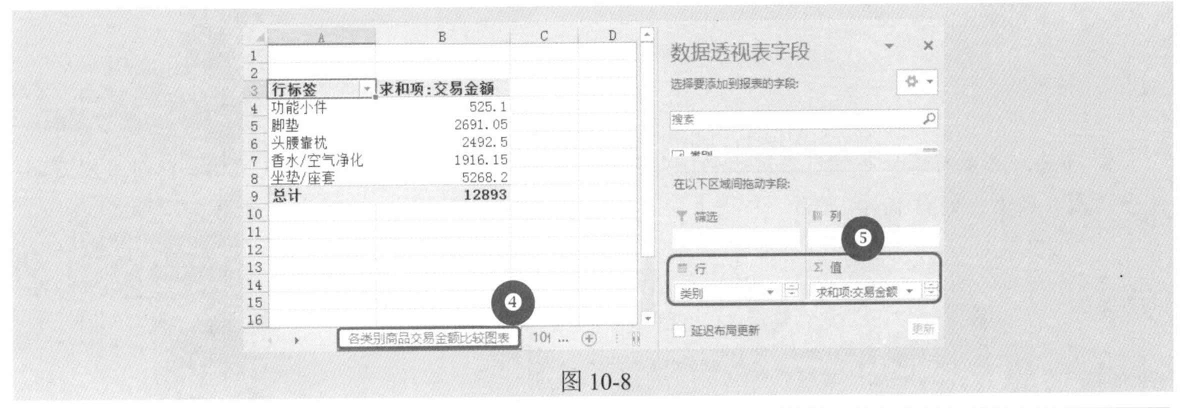

图 10-8

10.2.2　交易金额比较图表

扫一扫，看视频

建立数据透视表统计出各个类别商品的交易金额后，可以创建饼图数据透视图，以直观地比较本期中哪个类别的商品交易金额最高。

❶ 选中数据透视表中的任一单元格，在“数据透视表工具-分析”选项卡的“工具”组中单击“数据透视图”按钮（如图 10-9 所示），打开“插入图表”对话框。

❷ 选择图表类型为“饼图”，如图 10-10 所示。

❸ 单击“确定”按钮，创建图表。选中图表，单击“图表元素”按钮，在弹出的下拉列表中选择“数据标签”→“更多选项”选项（如图 10-11 所示），打开“设置数据标签格式”窗格。

❹ 分别选中“类别名称”和“百分比”复选框，如图 10-12 所示。

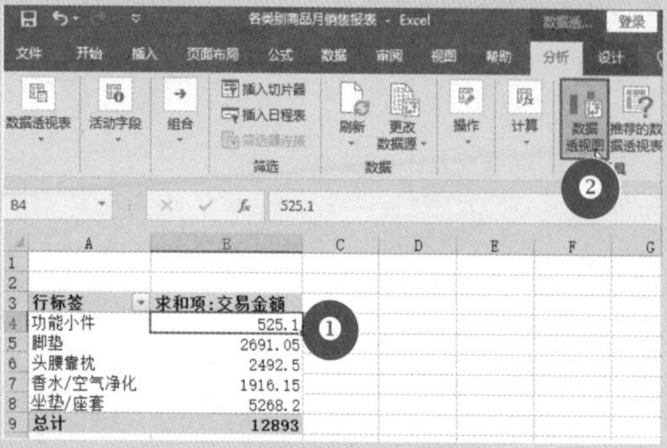

图 10-9

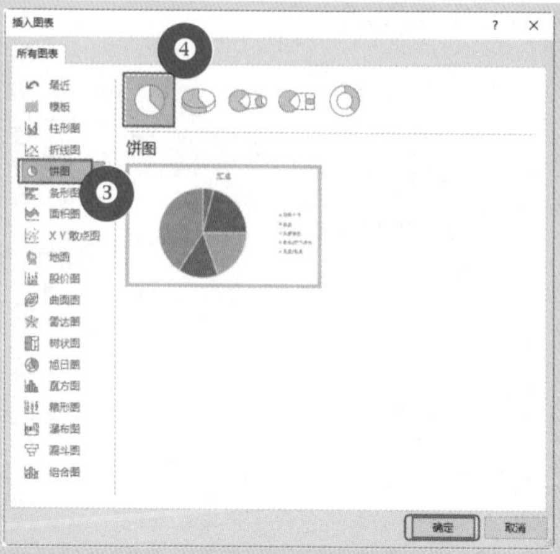

图 10-10

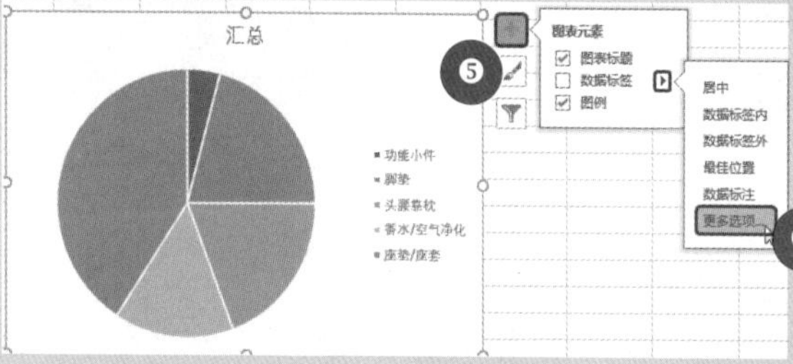

图 10-11

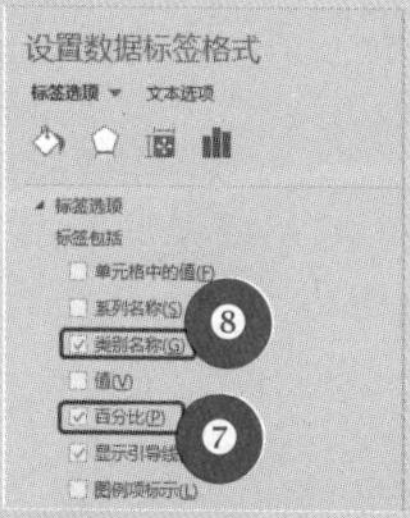

图 10-12

❺ 单击“图表样式”按钮，在弹出的下拉列表中选择“样式 2”，如图 10-13 所示。此时可以看到最终的图表效果，如图 10-14 所示。从图表中可以看到“坐垫/座套”的销量占比最高。

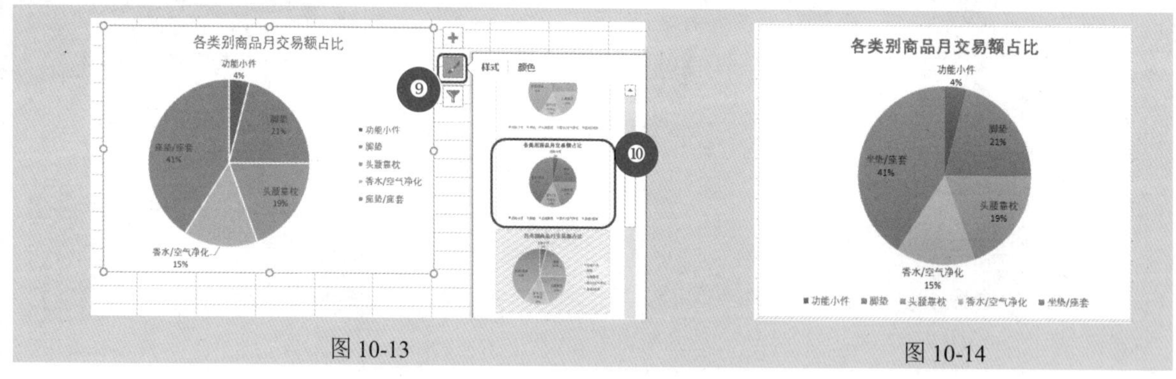

图 10-13

图 10-14

10.3 本期库存管理表

为了更好地管理商品，可以建立商品库存表格，该表格用于统计商品的库存量和销售量，还可以使用“条件格式”功能为库存不足的商品设置提醒，方便管理者更好地管理商品库存。在使用公式从“商品底价表”中返回销售单价信息时，需要使用 VLOOKUP 函数实现跨表查询并匹配数据。

10.3.1 建立商品底价表

商品底价表中记录了商品的名称、入库单价以及销售单价等信息。当有新商品增加或老商品淘汰时都在此表中编辑备案。

扫一扫，看视频

建立表格的档案信息，主要包括商品名称、入库单价与销售单价等信息，得到图 10-15 所示的“商品底价表”。

序号	名称	入库单价	销售单价
1	香木町 shamood 汽车香水	12	39.8
2	五福金牛 荣耀系列大包围全包围双层皮革丝圈	420	980
3	五福金牛 汽车脚垫 迈畅全包围脚垫 黑色	225	499
4	途雅（ETONNER）汽车香水 车载座式香水	112	199
5	尼罗河（nile）四季通用汽车坐垫	330	680
6	南极人（nanJiren）汽车头枕腰靠	80	179
7	南极人（nanJiren）皮革汽车坐垫	150	468
8	牧宝(MUBO)冬季纯羊毛汽车坐垫	500	980
9	绿联 车载手机支架 40998	21	59
10	绿联 车载手机支架 40808 银色	15	45
11	洛克（ROCK）车载手机支架 重力支架 万向球款-灰色	10	39
12	快美特（CARMATE）空气科学 II 汽车车载香水	10	39
13	康车宝 汽车香水 空调出风口香水夹	25	68
14	卡饰社（CarSetCity）汽车头枕 便携式记忆棉U型枕	20	79
15	卡饰社（CarSetCity）汽车头枕 便携式记忆棉U型枕	20	79
16	卡莱饰（Car lives）CLS-201608 新车空气净化光触媒180ml	30	69
17	卡莱饰 汽车净味长嘴狗竹炭包	12	28.9
18	固特异（Goodyear）丝圈汽车脚垫 飞足系列	220	410
19	毕亚兹 车载手机支架 C20 中控台磁吸式	12	39
20	倍逸舒 EBK-标准版 汽车腰靠办公腰垫靠垫	80	198
21	倍思（Baseus）车载手机支架	12	39.9
22	北极绒（Bejirong）U型枕护颈枕	5	19.9
23	GREAT LIFE 汽车脚垫丝圈	5	199
24	COMFIER汽车座垫按摩坐垫	59	169

各类别商品交易金额比较图表 | 10月份销货记录表 | 商品底价表

图 10-15

10.3.2 统计本期库存、本期毛利

根据销售记录汇总表中的明细数据可以依次计算出各种商品的本期销售量、库存量和销售单价，再根据返回的数据计算销售额和毛利值。

扫一扫，看视频

❶ 建立本期库存盘点表，如图 10-16 所示。

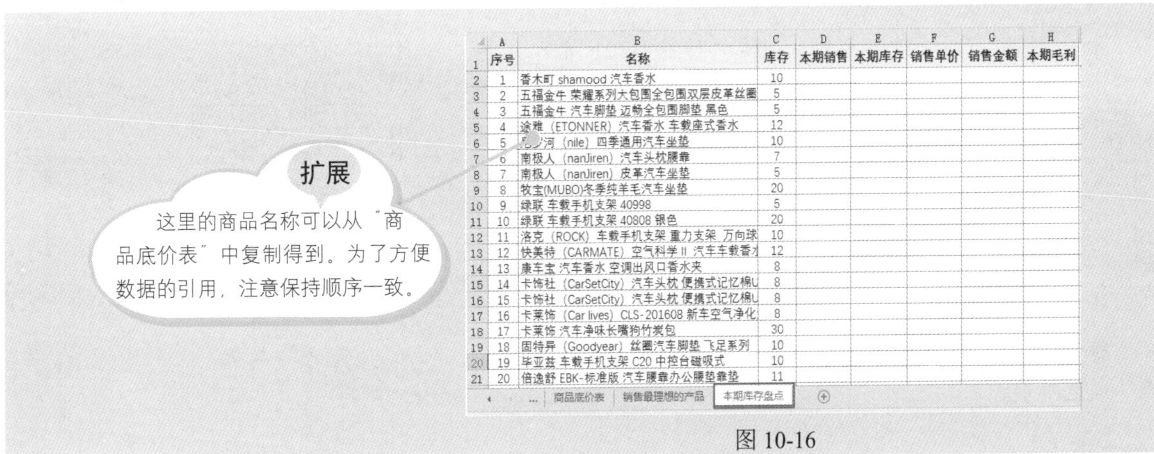

序号	名称	库存	本期销售	本期库存	销售单价	销售金额	本期毛利
1	香木町 shamood 汽车香水	10					
2	五福金牛 荣耀系列大包围全包围双层皮革丝圈	5					
3	五福金牛 汽车脚垫 迈畅全包围脚垫 黑色	5					
4	途雅（ETONNER）汽车香水 车载座式香水	12					
5	[illegible]河（nile）四季通用汽车坐垫	10					
6	南极人（nanJiren）汽车头枕腰靠	7					
7	南极人（nanJiren）皮革汽车坐垫	5					
8	牧宝(MUBO)冬季纯羊毛汽车坐垫	20					
9	绿联 车载手机支架 40998	5					
10	绿联 车载手机支架 40808 银色	20					
11	洛克（ROCK）车载手机支架 重力支架 万向球	10					
12	快美特（CARMATE）空气科学 II 汽车车载香水	12					
13	康车宝 汽车香水 空调出风口香水夹	8					
14	卡饰社（CarSetCity）汽车头枕 便携式记忆棉U	8					
15	卡饰社（CarSetCity）汽车头枕 便携式记忆棉U	8					
16	卡莱饰（Car lives）CLS-201608 新车空气净化	8					
17	卡莱饰 汽车净味长嘴狗竹炭包	30					
18	固特异（Goodyear）丝圈汽车脚垫 飞足系列	10					
19	毕亚兹 车载手机支架 C20 中控台磁吸式	10					
20	倍逸舒 EBK-标准版 汽车腰靠办公腰垫靠垫	11					

商品底价表 | 销售最理想的产品 | 本期库存盘点
扩展
这里的商品名称可以从“商品底价表”中复制得到。为了方便数据的引用，注意保持顺序一致。

图 10-16

❷ 选中 D2 单元格，在编辑栏中输入如下公式：

=SUMIF('10 月份销货记录表'!$C:$C,B2,'10 月份销货记录表'!$E:$E)

按 Enter 键，即可得到本期销售量，如图 10-17 所示。

扩展

因为一种商品会对应多条记录，因此需要使用 SUMIF 函数进行按条件求和统计。该公式是将 B2 中商品的总销售量统计出来。

图 10-17

❸ 选中 E2 单元格，在编辑栏中输入如下公式：

=C2-D2

按 Enter 键，即可得到本期库存量，如图 10-18 所示。

❹ 选中 F2 单元格，在编辑栏中输入如下公式：

=VLOOKUP(B2,商品底价表!$B:$D,3,FALSE)

按 Enter 键，即可返回销售单价，如图 10-19 所示。

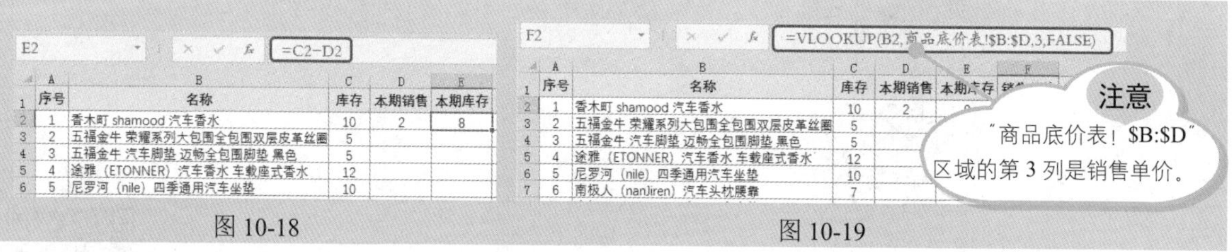

图 10-18　　图 10-19

❺ 选中 G2 单元格，在编辑栏中输入如下公式：

=D2*F2

按 Enter 键，即可计算出销售金额，如图 10-20 所示。

❻ 选中 H2 单元格，在编辑栏中输入如下公式：

=G2-D2*商品底价表!C2

按 Enter 键，即可得到本期毛利值，如图 10-21 所示。

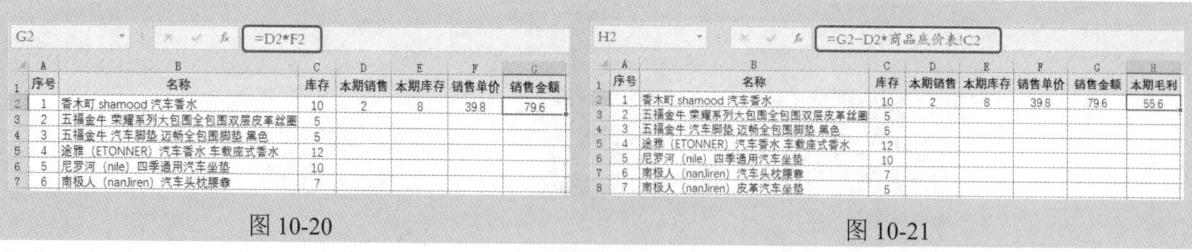

图 10-20　　图 10-21

❼ 选中 D2:H2 单元格区域并向下填充公式，依次得到其他产品的本期库存数据、毛利数据等，如图 10-22 所示。

	A	B	C	D	E	F	G	H
1	序号	名称	库存	本期销售	本期库存	销售单价	销售金额	本期毛利
2	1	香木町 shamood 汽车香水	10	2	8	39.8	79.6	55.6
3	2	五福金牛 荣耀系列大包围全包围双层皮革丝圈	5	1	4	980	980	560
4	3	五福金牛 汽车脚垫 迈畅全包围脚垫 黑色	5	1	4	499	499	274
5	4	途雅（ETONNER）汽车香水 车载座式香水	12	2	10	199	398	174
6	5	尼罗河（nile）四季通用汽车坐垫	10	2	8	680	1360	700
7	6	南极人（nanJiren）汽车头枕腰靠	7	6	1	179	1074	594
8	7	南极人（nanJiren）皮革汽车坐垫	5	1	4	468	468	318
9	8	牧宝(MUBO)冬季纯羊毛汽车坐垫	20	3	17	980	2940	1440
10	9	绿联 车载手机支架 40998	5	1	4	59	59	38
11	10	绿联 车载手机支架 40808 银色	20	1	19	45	45	30
12	11	洛克（ROCK）车载手机支架 重力支架 万向球	10	2	8	39	78	58
13	12	快美特（CARMATE）空气科学 II 汽车车载香水	12	2	10	39	78	58
14	13	康车宝 汽车香水 空调出风口香水夹	8	6	2	68	408	258
15	14	卡饰社（CarSetCity）汽车头枕 便携式记忆棉U	8	2	6	79	158	118
16	15	卡饰社（CarSetCity）汽车头枕 便携式记忆棉U	8	2	6	79	158	118
17	16	卡莱饰（Car lives）CLS-201608 新车空气净化	8	7	1	69	483	273
18	17	卡莱饰 汽车净味长嘴狗竹炭包	30	4	26	28.9	115.6	67.6
19	18	固特异（Goodyear）丝圈汽车脚垫 飞足系列	10	2	8	410	820	380
20	19	毕亚兹 车载手机支架 C20 中控台磁吸式	10	3	7	39	117	81

各类别商品交易金额比较图表 | 10月份销货记录表 | 销售员业绩奖金计算 | 商品底价表 | 本期库存盘点

图 10-22

公式解析

VLOOKUP 函数在表格或数值数组的首列查找指定的数值，并由此返回表格或数组当前行中指定列处的值。VLOOKUP 函数是一个常用的函数，在实现多表数据查找、匹配中发挥着重要的作用。

设置此区域时，注意查找目标一定要在该区域的第一列，并且该区域中一定要包含要返回值所在的列。

=VLOOKUP(❶要查找的值,❷用于查找的区域,❸要返回哪一列上的值)

第 3 个参数决定了要返回的内容，对于一条记录，它有多种属性的数据，分别位于不同的列中，通过对该参数的设置可以返回要查看的内容。

=SUMIF('10 月份销货记录表'!$C:$C,B2,'10 月份销货记录表'!$E:$E)

在'10 月份销货记录表'! $C:$C 中找到和 B2 单元格相同的商品名称，然后将对应在$E:$E 区域中的值进行求和运算。

=VLOOKUP(B2,商品底价表!$B:$D,3,FALSE)

在商品底价表!$B:$D 区域中的首列中查找 B2 单元格中指定的商品名称，找到后返回第 3 列的值，即销售单价。

10.3.3 设置库存提醒

扫一扫，看视频

在本期库存管理表中，为了提醒管理者及时补充商品库存，可以为低于 5 件的产品数据设置条件格式，让数据 5 及以下的单元格显示特殊格式。

❶ 选中 E 列的“本期库存”数据，在“开始”选项卡的“样式”组中单击“条件格式”下拉按钮，在弹出的下拉列表中选择“突出显示单元格规则”→“小于”选项（如图 10-23 所示），打开“小于”对话框。

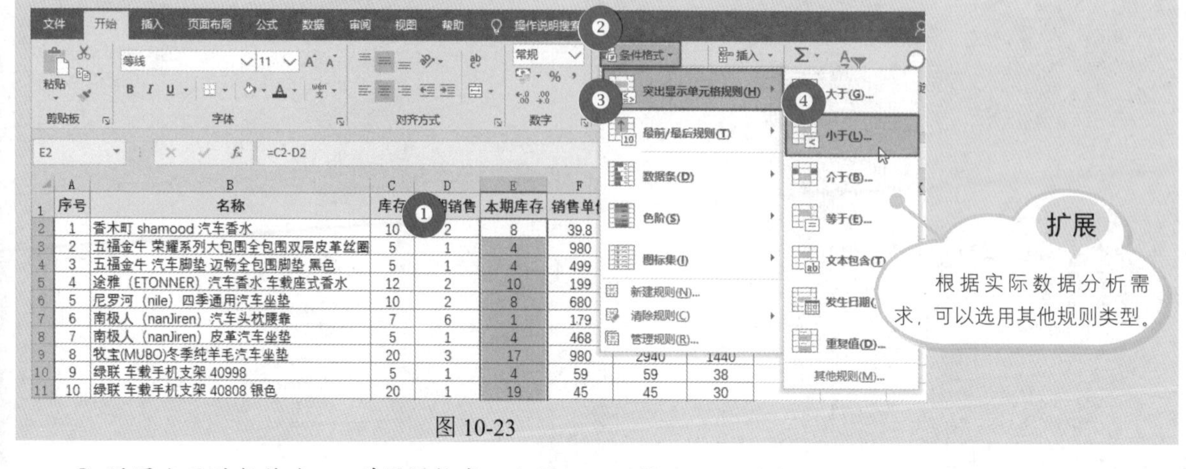

图 10-23

❷ 设置小于的数值为 5，并设置格式，如图 10-24 所示。

❸ 单击“确定”按钮，返回表格，可以看到库存量小于 5 的单元格都以特殊格式标记，如图 10-25 所示。

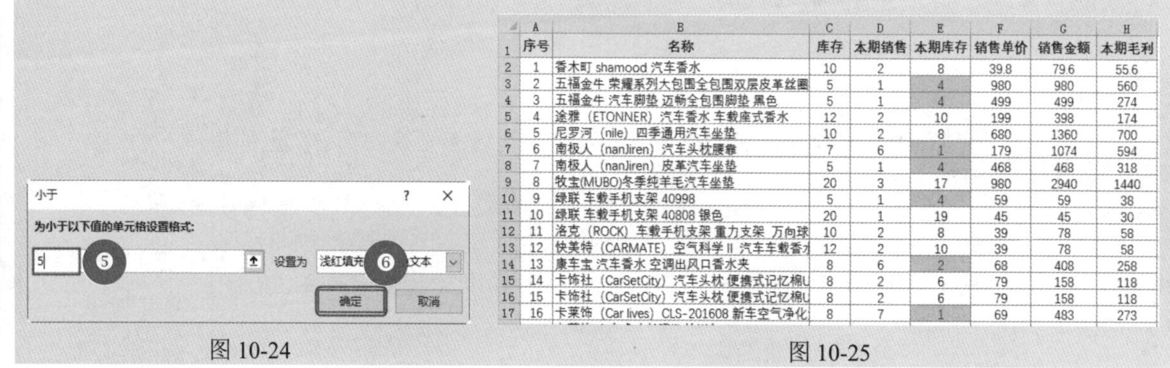

图 10-24

序号	名称	库存	本期销售	本期库存	销售单价	销售金额	本期毛利
1	香木町 shamood 汽车香水	10	2	8	39.8	79.6	55.6
2	五福金牛 荣耀系列大包围全包围双层皮革丝圈	5	1	4	980	980	560
3	五福金牛 汽车脚垫 迈畅全包围脚垫 黑色	5	1	4	499	499	274
4	途雅（ETONNER）汽车香水 车载座式香水	12	2	10	199	398	174
5	尼罗河（nile）四季通用汽车坐垫	10	2	8	680	1360	700
6	南极人（nanJiren）汽车头枕腰靠	7	6	1	179	1074	594
7	南极人（nanJiren）皮革汽车坐垫	5	1	4	468	468	318
8	牧宝(MUBO)冬季纯羊毛汽车坐垫	20	3	17	980	2940	1440
9	绿联 车载手机支架 40998	5	1	4	59	59	38
10	绿联 车载手机支架 40808 银色	20	1	19	45	45	30
11	洛克（ROCK）车载手机支架 重力支架 万向球	10	2	8	39	78	58
12	快美特（CARMATE）空气科学 II 汽车车载香水	12	2	10	39	78	58
13	康车宝 汽车香水 空调出风口香水夹	8	6	2	68	408	258
14	卡饰社（CarSetCity）汽车头枕 便携式记忆棉U	8	2	6	79	158	118
15	卡饰社（CarSetCity）汽车头枕 便携式记忆棉U	8	2	6	79	158	118
16	卡莱饰（Car lives）CLS-201608 新车空气净化	8	7	1	69	483	273

图 10-25

10.4 本期毛利核算表

建立好本期库存管理表后，可以根据“本期毛利”这一列数据使用求和函数计算出总毛利额。根据各商品的毛利数据，可以使用排序功能快速查看毛利最高的商品记录。

扫一扫，看视频

10.4.1 计算毛利总额

在本期毛利核算表中统计了每种商品的本期毛利值后，可以使用 SUM 函数统计 10 月份所有商品的毛利总额。

选中 H26 单元格，并输入如下公式：

=SUM(H2:H25)

按 Enter 键，即可计算出本期的毛利总额，如图 10-26 所示。

H26 =SUM(H2:H25)

	名称	库存	本期销售	本期库存	销售单价	销售金额	本期毛利
14	康车宝 汽车香水 空调出风口香水夹	8	6	2	68	408	258
15	卡饰社（CarSetCity）汽车头枕 便携式记忆棉U	8	2	6	79	158	118
16	卡饰社（CarSetCity）汽车头枕 便携式记忆棉U	8	2	6	79	158	118
17	卡莱饰（Car lives）CLS-201608 新车空气净化	8	7	1	69	483	273
18	卡莱饰 汽车净味长嘴狗竹炭包	30	4	26	28.9	115.6	67.6
19	固特异（Goodyear）丝圈汽车脚垫 飞足系列	10	2	8	410	820	380
20	毕亚兹 车载手机支架 C20 中控台磁吸式	10	3	7	39	117	81
21	倍逸舒 EBK-标准版 汽车腰靠办公腰垫靠垫	11	5	6	198	990	590
22	倍思（Baseus）车载手机支架	10	1	9	39.9	39.9	27.9
23	北极绒（Bejirong）U型枕护颈枕	15	6	9	19.9	119.4	89.4
24	GREAT LIFE 汽车脚垫丝圈	5	2	3	199	398	388
25	COMFIER汽车座垫按摩坐垫	5	3	2	169	507	330
26						毛利总额	7020.5

图 10-26

10.4.2 查询销售最理想的商品

扫一扫，看视频

建立好本期库存表后，如果想快速查看多条记录中销售金额最高的商品，可以使用数据排序功能。

选中“销售金额”列的任一单元格，在“数据”选项卡的“排序和筛选”组中单击“降序”按钮（如图 10-27 所示），即可从高到低排序数据。可以看到排在第一条的即为销售最理想的商品，如图 10-28 所示。

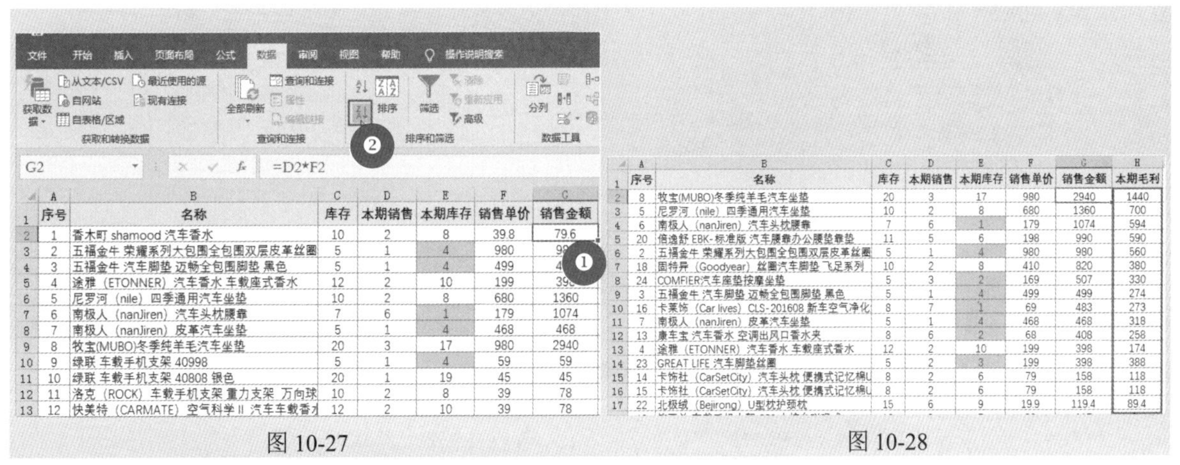

	序号	名称	库存	本期销售	本期库存	销售单价	销售金额
2	1	香木町 shamood 汽车香水	10	2	8	39.8	79.6
3	2	五福金牛 荣耀系列大包围全包围双层皮革丝圈	5	1	4	980	[illegible]
4	3	五福金牛 汽车脚垫 迈畅全包围脚垫 黑色	5	1	4	499	[illegible]
5	4	途雅（ETONNER）汽车香水 车载座式香水	12	2	10	199	[illegible]
6	5	尼罗河（nile）四季通用汽车坐垫	10	2	8	680	1360
7	6	南极人（nanJiren）汽车头枕腰靠	7	6	1	179	1074
8	7	南极人（nanJiren）皮革汽车坐垫	5	1	4	468	468
9	8	牧宝(MUBO)冬季纯羊毛汽车坐垫	20	3	17	980	2940
10	9	绿联 车载手机支架 40998	5	1	4	59	59
11	10	绿联 车载手机支架 40808 银色	20	1	19	45	45
12	11	洛克（ROCK）车载手机支架 重力支架 万向球	10	2	8	39	78
13	12	快美特（CARMATE）空气科学 II 汽车车载香水	12	2	10	39	78

图 10-27

	序号	名称	库存	本期销售	本期库存	销售单价	销售金额	本期毛利
2	8	牧宝(MUBO)冬季纯羊毛汽车坐垫	20	3	17	980	2940	1440
3	5	尼罗河（nile）四季通用汽车坐垫	10	2	8	680	1360	700
4	6	南极人（nanJiren）汽车头枕腰靠	7	6	1	179	1074	594
5	20	倍逸舒 EBK-标准版 汽车腰靠办公腰垫靠垫	11	5	6	198	990	590
6	2	五福金牛 荣耀系列大包围全包围双层皮革丝圈	5	1	4	980	980	560
7	18	固特异（Goodyear）丝圈汽车脚垫 飞足系列	10	2	8	410	820	380
8	24	COMFIER汽车座垫按摩坐垫	5	3	2	169	507	330
9	3	五福金牛 汽车脚垫 迈畅全包围脚垫 黑色	5	1	4	499	499	274
10	16	卡莱饰（Car lives）CLS-201608 新车空气净化	8	7	1	69	483	273
11	7	南极人（nanJiren）皮革汽车坐垫	5	1	4	468	468	318
12	13	康车宝 汽车香水 空调出风口香水夹	8	6	2	68	408	258
13	4	途雅（ETONNER）汽车香水 车载座式香水	12	2	10	199	398	174
14	23	GREAT LIFE 汽车脚垫丝圈	5	2	3	199	398	388
15	14	卡饰社（CarSetCity）汽车头枕 便携式记忆棉U	8	2	6	79	158	118
16	15	卡饰社（CarSetCity）汽车头枕 便携式记忆棉U	8	2	6	79	158	118
17	22	北极绒（Bejirong）U型枕护颈枕	15	6	9	19.9	119.4	89.4

图 10-28

10.5 销售员业绩奖金计算表

扫一扫，看视频

为了计算每位业务员的奖金，可以利用 10.1 节中的“销售记录汇总表”中的销售额数据统计出每位业务员当月的总销售额，再按照不同的提成率计算奖金。

本例规定，如果销售业绩小于等于 2000 元，则提成率为 0.03，销售业绩在 2000～5000 元之间，提成率为 0.05，销售业绩在 5000 元以上的，提成率为 0.08。

❶ 建立“销售员业绩奖金计算”表，选中 B2 单元格，在编辑栏中输入如下公式：

=SUMIF('10 月份销货记录表'!$J$3:$J$37,A2,'10 月份销货记录表'!$I$3:$I$37)

按 Enter 键，即可返回销售额，如图 10-29 所示。

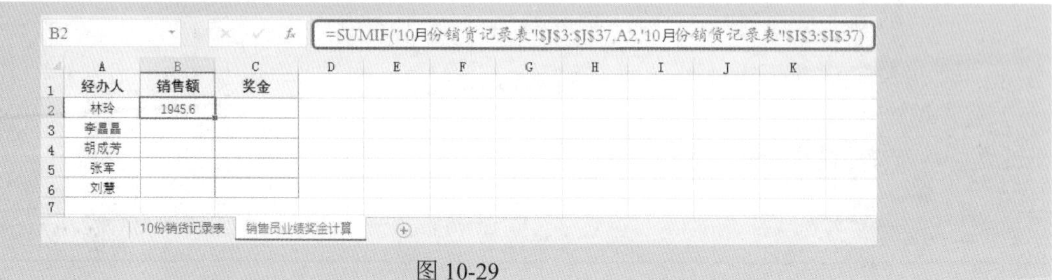

图 10-29

❷ 选中 C2 单元格，在编辑栏中输入如下公式：

=IF(B2<=2000,B2*0.03,IF(B2<=5000,B2*0.05,B2*0.08))

按 Enter 键，即可得到奖金，如图 10-30 所示。

❸ 选中 B2:C2 单元格区域，并向下填充公式，依次得到每位销售员的销售额和奖金，如图 10-31 所示。

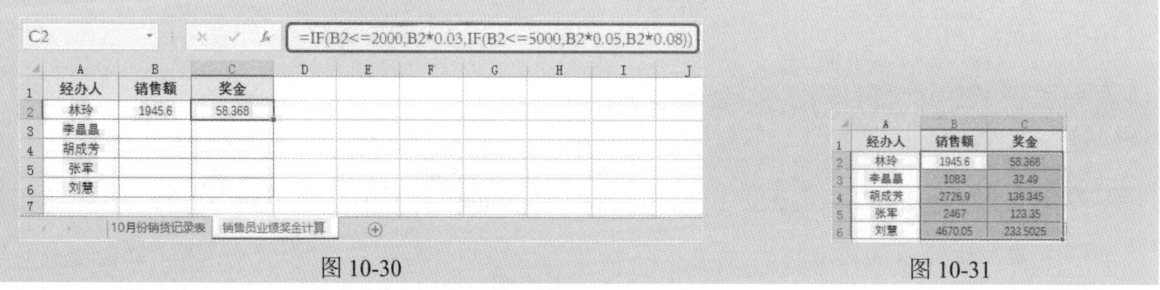

图 10-30　　图 10-31

公式解析

SUMIF 函数则可以先进行条件判断，然后对满足条件的数据区域进行求和。

= SUMIF(❶用于条件判断的区域,❷求和条件,❸用于求和的单元格区域)

第 2 个参数是求和条件，可以是数字、文本、单元格引用或表达式等。如果是文本，必须使用双引号。

=SUMIF('10 月份销货记录表'!$J$3:$J$37,A2,'10 月份销货记录表'!$I$3:$I$37)

在'10 月份销货记录表'!J3:J37 中找到和 A2 单元格相同的经办人姓名。然后将对应在 I3:I37 区域中的值求和运算。

①判断 B2 的值是否小于等于 2000 元，如果是，则提成率为 0.03。

=IF(B2<=2000,B2*0.03,IF(B2<=5000,B2*0.05,B2*0.08))

②判断 B2 的值是否在 2000～5000 元之间，如果是，则提成率为 0.05，如果值大于 5000 元，则提成率为 0.08。

10.6 计划与实际销售分析表

计划与实际销售表主要用于对目标达成情况的核算，一般月末、季末或年末都需要建立这样的分析表格。

10.6.1 创建表格

计划与实际销售额比较的表格设计非常简单，只需要输入各店面或各商品的实际销售数据和计划销售数据即可。

扫一扫，看视频

❶ 选中要设置边框的数据区域，在“开始”选项卡的“字体”组中单击“对话框启动器”按钮，如图 10-32 所示。

❷ 打开“设置单元格格式”对话框，切换到“边框”选项卡，在“样式”列表框中选择外边框的线条样式，在“颜色”下拉列表中选择外边框的颜色，在“预置”栏中单击“外边框”按钮；选择内边框样式为虚线条，在“预置”栏中单击“内部”按钮，如图 10-33 所示。

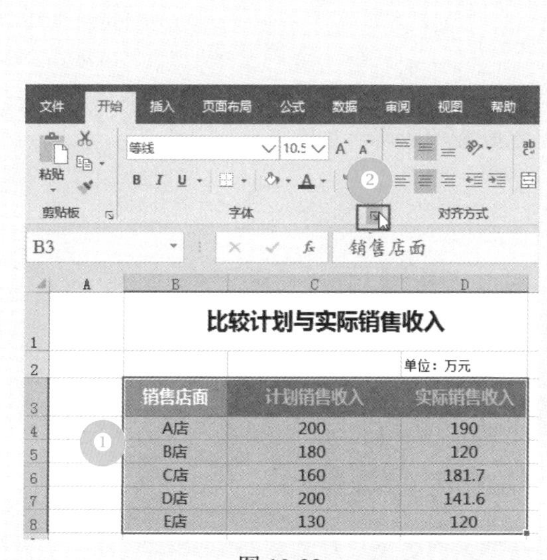

图 10-32

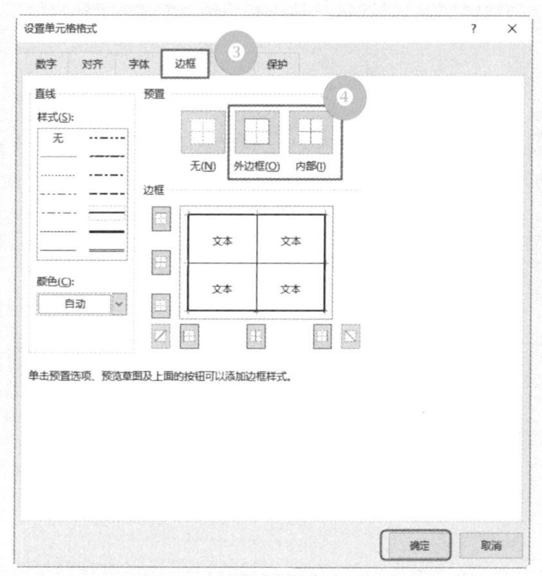

图 10-33

❸ 单击“确定”按钮，即可得到最终的效果，如图 10-34 所示。

比较计划与实际销售收入

单位：万元

销售店面	计划销售收入	实际销售收入
A店	200	190
B店	180	120
C店	160	181.7
D店	200	141.6
E店	130	120

图 10-34

扫一扫，看视频

10.6.2　计划值与实际值比较图表

根据各店面的计划销售收入和实际销售收入数据表格，可以建立柱形图比较计划值与实际值，了解哪些店铺的实际值超过了计划值。

❶ 选中要创建图表的数据区域，在“插入”选项卡的“图表”组中单击“插入柱形图或条形图”下拉按钮，在弹出的下拉列表中选择“簇状柱形图”（如图 10-35 所示），即可创建默认格式的图表，如图 10-36 所示。

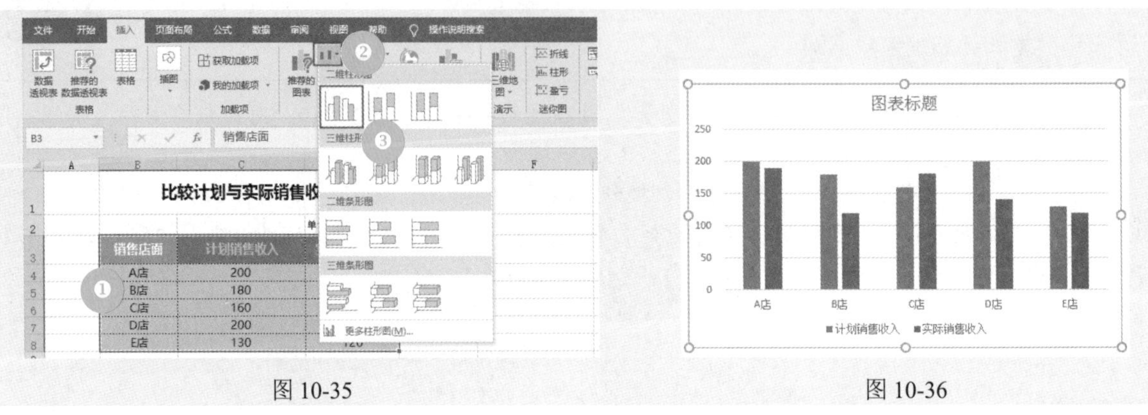

图 10-35　　　　图 10-36

❷ 在“实际销售收入”数据系列上单击一次，将其选中，然后右击，在弹出的快捷菜单中选择“设置数据系列格式”命令（如图 10-37 所示），打开“设置数据系列格式”窗格。

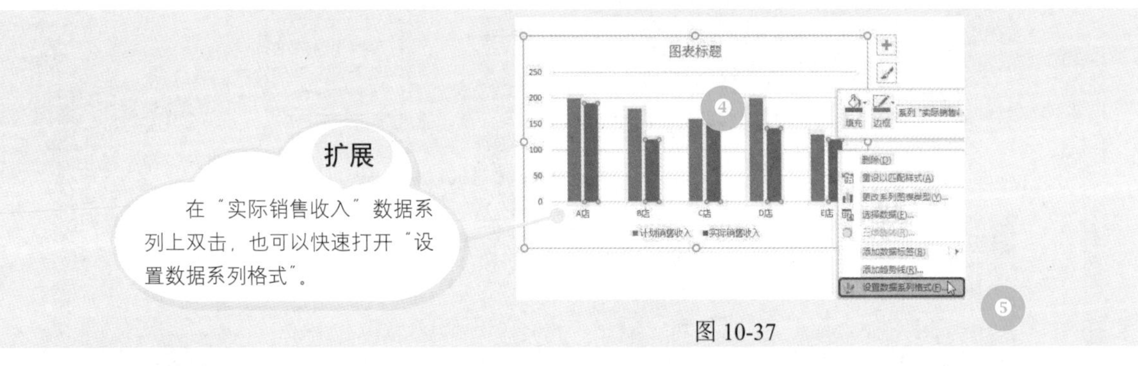

图 10-37

❸ 选中“次坐标轴”单选按钮（此操作将“实际业绩”系列沿次坐标轴绘制），并将“间隙宽度”设置为 400%，如图 10-38 所示。设置后图表显示为图 10-39 所示的效果。

图 10-38

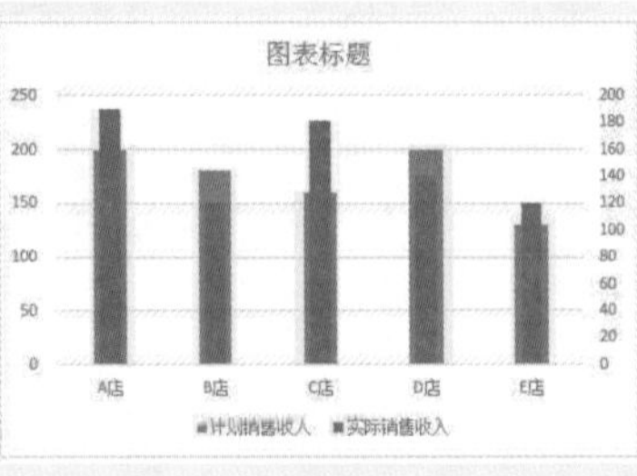

图 10-39

❹ 在“计划销售收入”数据系列上双击，打开“设置数据系列格式”窗格，选中“主坐标轴”单选按钮，设置“间隙宽度”为 140%（如图 10-40 所示），即可实现让“实际销售收入”系列位于“计划销售收入”系列内部的效果，如图 10-41 所示。

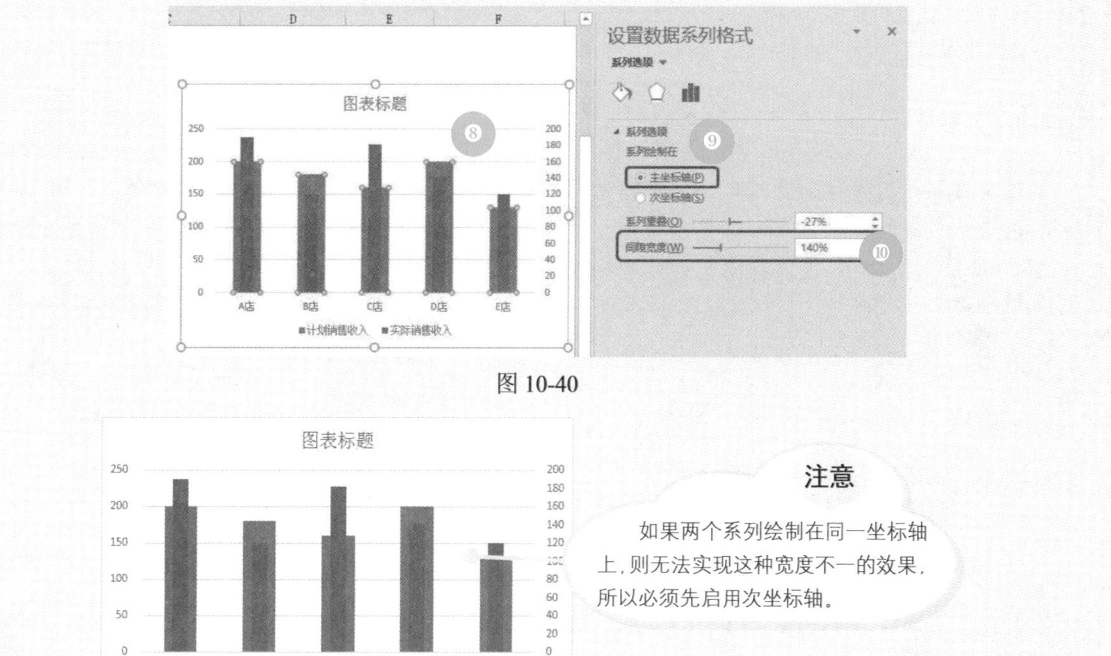

图 10-40

图 10-41

注意

如果两个系列绘制在同一坐标轴上，则无法实现这种宽度不一的效果，所以必须先启用次坐标轴。

❺ 选中“计划销售收入”数据系列并右击，在弹出的快捷菜单中选择“填充”下拉按钮，在弹出的下拉列表中选择黑色（如图 10-42 所示），将其填充为黑色。按照上述相同的方法选中“实际销售收入”数据系列，将其填充为黄色，如图 10-43 所示。

❻ 选中整个图表区后右击，在弹出的快捷菜单中选择“填充”下拉按钮，在弹出的下拉列表中选择灰色，即可为图表区设置灰色填充效果，如图 10-44 所示。

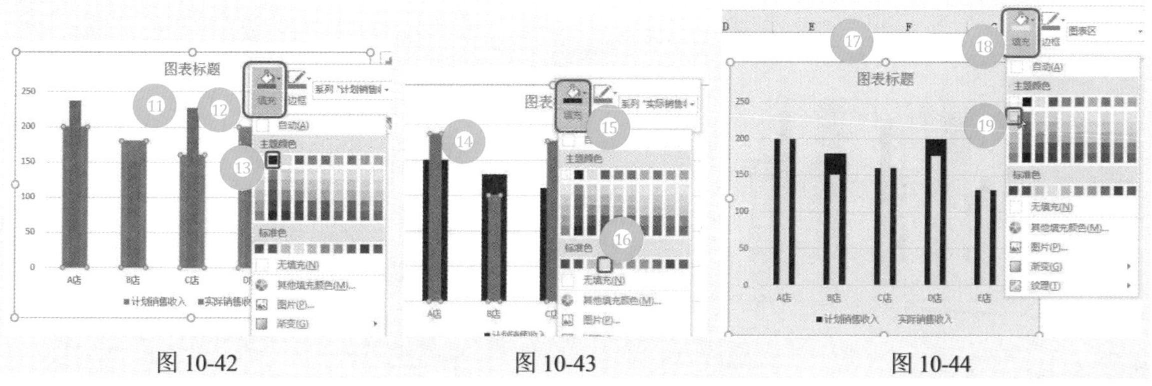

图 10-42　　图 10-43　　图 10-44

经验之谈

图表区、绘图区、系列等都是图表中的对象，要实现对某个对象的操作，要先准确地选中它。比如想设置各个对象的填充色（如上面的步骤中分别设置了两个不同系列与图表区），其操作方法都是一样的，选中的是哪个对象，设置效果就应用于哪个对象。

一般都是准确选中图表中的对象，但如果针对图表中较小且不容易选中的对象，可以先选中图表，切换到“图表工具-格式”选项卡的“当前所选内容”组中，单击“图表元素”文本框下拉按钮，下拉列表中显示的则是这个图表包含的所有对象。

❼ 选中右侧的次坐标轴并右击，在弹出的快捷菜单中选择“设置坐标轴格式”命令（如图 10-45 所示），打开“设置坐标轴格式”窗格，设置“最大值”为 250，如图 10-46 所示（这一步的关键操作详见图 10-47 旁解析文字）。设置后的图表效果如图 10-47 所示。

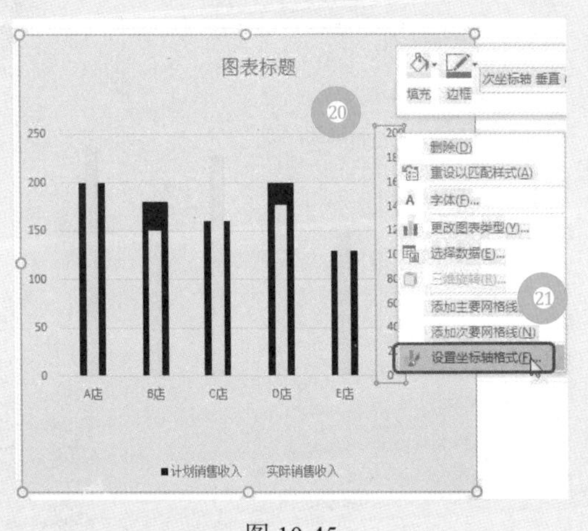

图 10-45

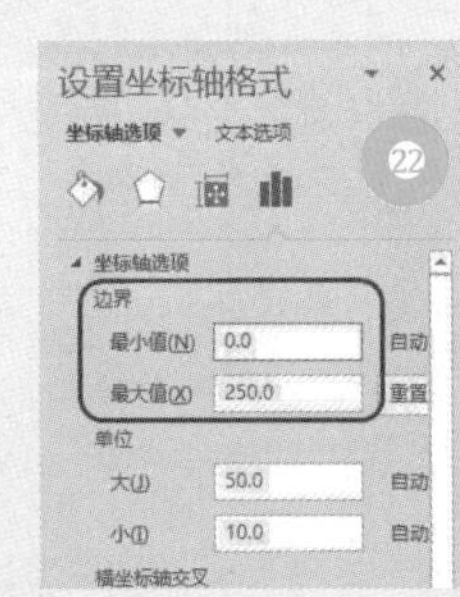

图 10-46

❽ 在“插入”选项卡的“文本”组中单击“文本框”下拉按钮，在弹出的下拉列表中选择“绘制横排文本框”（如图 10-48 所示），按住鼠标左键，在标题左下角拖动绘制一个大小合适的文本框并输入文字，如图 10-49 所示。

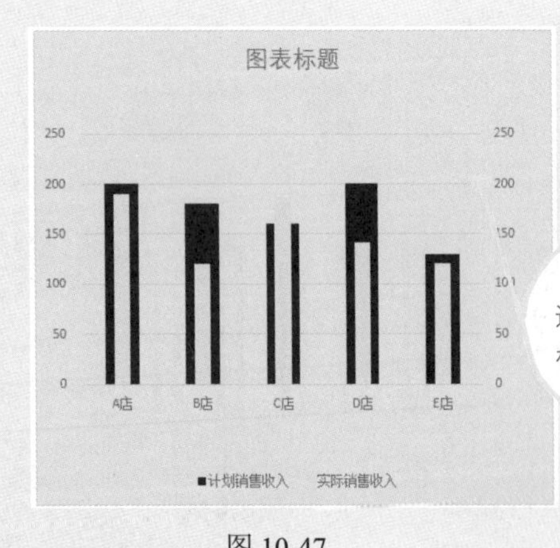

图 10-47

注意

这里一定要说一下为何要进行这项设置。当启用此坐标轴时，右侧坐标轴的最大值是自动生成的，一定要查看其值是否与左侧坐标轴保持一致。如果不一致，则必须通过本例这种方法设置为一致，否则反映到图表中的图形在比较时不具备相同的量纲，得出的比较结果也是错的。图 10-45 所示是未设置前的图表，图 10-47 所示是设置后的图表，可结合原数据进行比较。

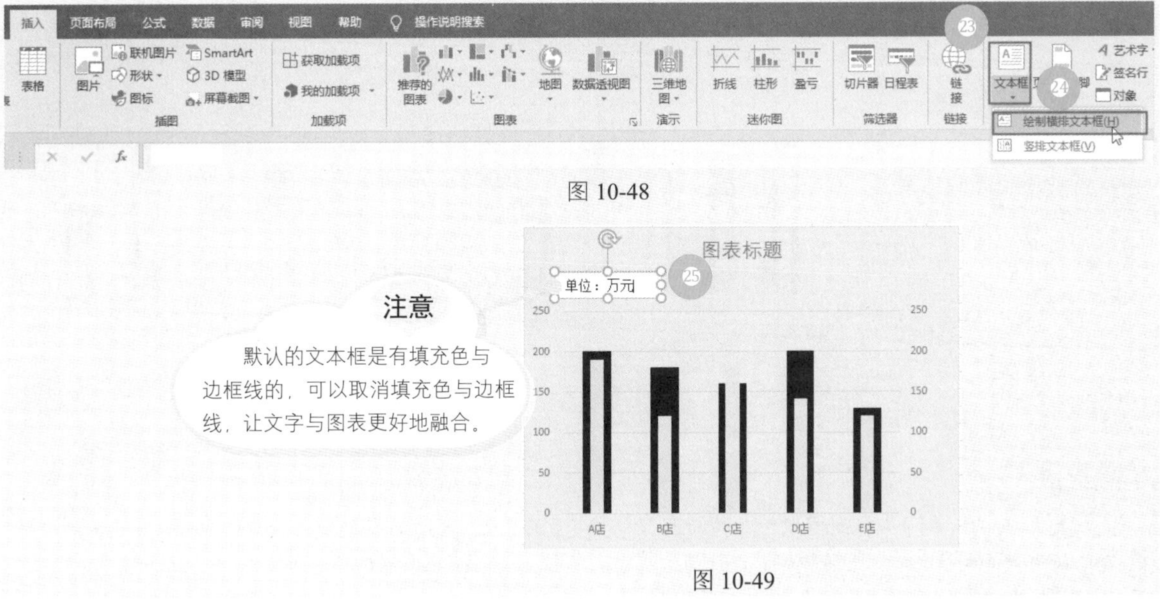

图 10-48

注意

默认的文本框是有填充色与边框线的，可以取消填充色与边框线，让文字与图表更好地融合。

图 10-49

⑨ 选中文本框，在“绘图工具-格式”选项卡的“形状样式”组中单击“形状填充”下拉按钮，在弹出的下拉列表中选择“无填充”选项（如图 10-50 所示）；然后单击下面的“形状轮廓”下拉按钮，在弹出的下拉列表中选择“无轮廓”选项（如图 10-51 所示），即可设置文本框为无填充与无轮廓。接着复制文本框，移到图表左下角，输入“数据来源”信息，如图 10-52 所示。

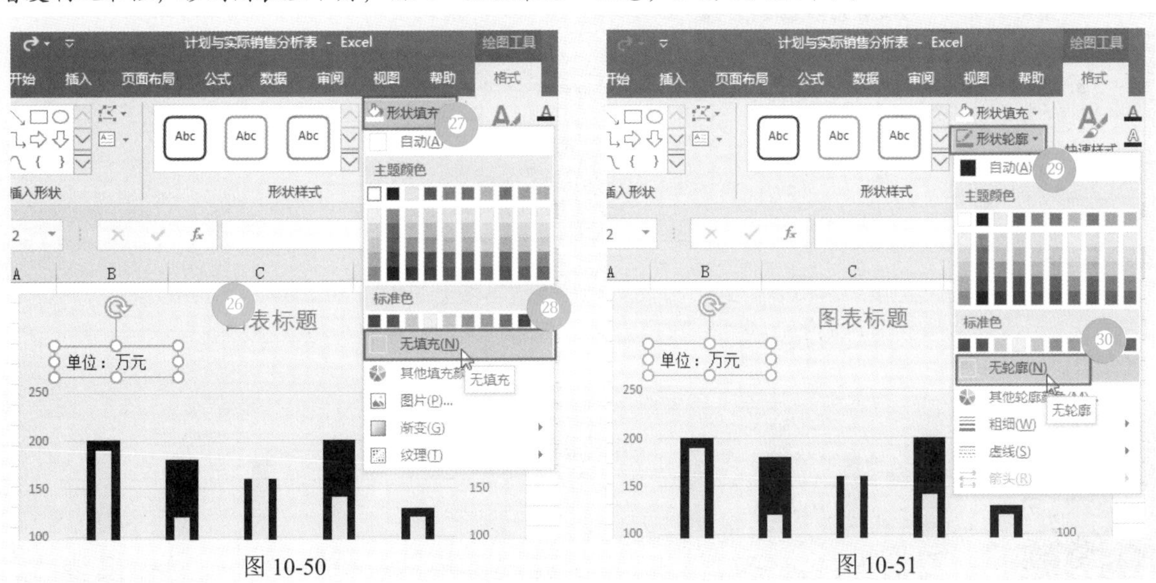

图 10-50

图 10-51

⑩ 重新输入标题，在“开始”选项卡的“字体”组中设置字体、大小和颜色等。从图 10-53 所示的图表中可以看到，只有 C 店达到了计划销售收入，其他店铺均未达到，并且 B 店与 D 店的实际销售收入远远小于计划销售收入，应找出经营不善的原因。

扩展

在图表中添加文本框属于图表的辅助编辑，目的是让图表更加规范，表达效果更好。

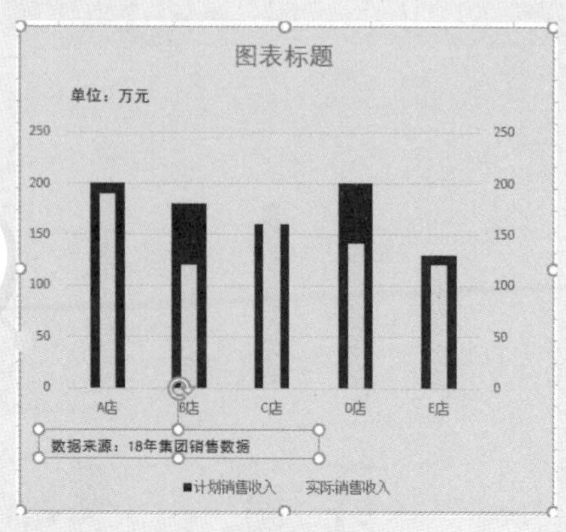

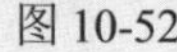

图 10-52

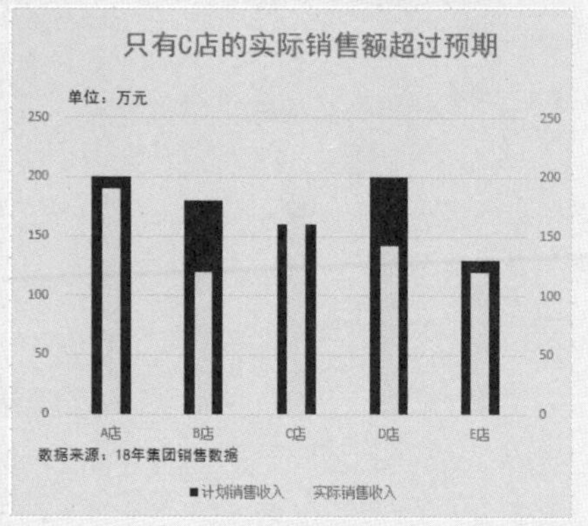

图 10-53

经验之谈

在美化图表时，新手切忌追求过于花哨和颜色太过丰富的设计，尽量以简约整洁为设计原则。太过复杂的图表会给使用者造成信息读取上的障碍。设计简洁的图表不但美观，而且展示数据更加直观。下面介绍一些简约整洁的美化宗旨，新手可以按照这些规则设计图表。

- 背景填充色因图而异，需要时用淡色。
- 网格线有时不需要，需要时使用淡色。
- 坐标轴有时不需要，需要时使用淡色。
- 图例有时不需要。
- 慎用渐变色（涉及颜色搭配技巧，新手不容易掌握）。
- 不需要应用 3D 效果。
- 注意对比强烈（在弱化非数据元素的同时即增强和突出了数据元素）。

10.7 季度销售额汇总表

销售员业绩通常是按照月份统计的，在季度末进行销售额汇总时，可以利用“合并计算”功能汇总统计每个工作表中的数据。本例介绍两种数据合并计算的方法，从而将分散表格的数据进行合并计算，建立相应的数据汇总表。

本例的工作簿包含了 3 张工作表，分别是 1 月、2 月、3 月的工作表，现在需要将这 3 张工作表中的业绩都合计汇总显示到“统计表”中，计算出一季度中各名销售员的总业绩。

扫一扫，看视频

10.7.1 按位置合并计算

假设 3 个月工作表中显示的销售员姓名的位置都是一样的，而且姓名没有增加也没有减少，表格框架结构也是完全一致的，这时可以使用按位置合并统计每位销售员的第一季度总销售额。

❶ 图 10-54～图 10-56 所示分别为 3 个月中各个销售员的业绩数据。

注意

各表格基本框架是一致的。

图 10-54

图 10-55

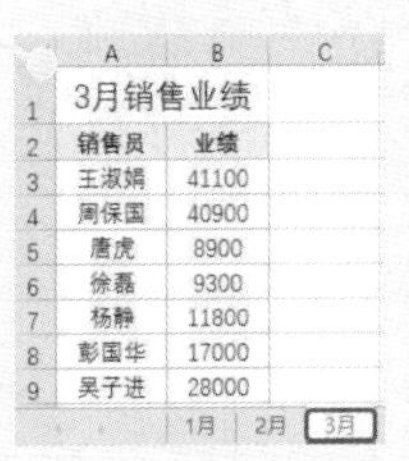

图 10-56

❷ 建立“统计表”工作表，“销售员”列可以从前面表格中复制得到。选中 B3 单元格，在“数据”选项卡的“数据工具”组中单击“合并计算”按钮，如图 10-57 所示。

❸ 打开“合并计算”对话框，设置“函数”为“求和”，单击“引用位置”文本框右侧的“拾取器”按钮（如图 10-58 所示），进入表格区域选取状态。

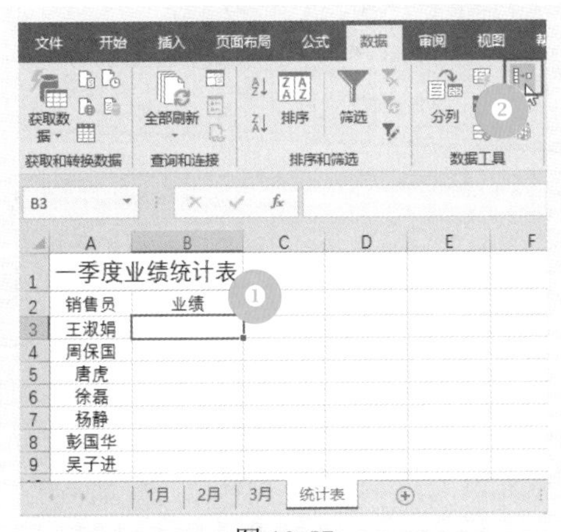

图 10-57

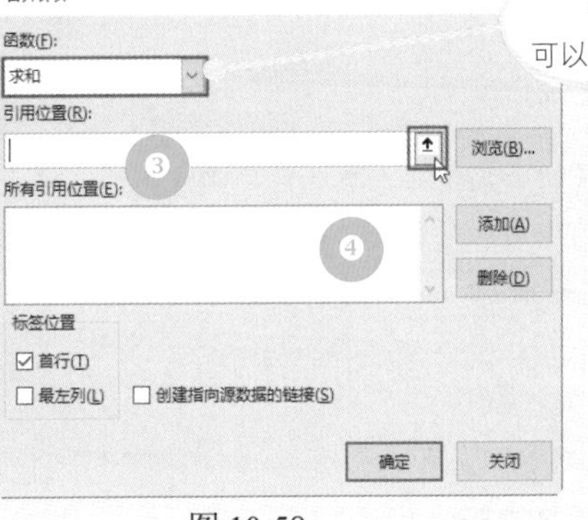

扩展

根据合并计算的目的，可以在此处选择其函数。

图 10-58

❹ 拾取“1 月”工作表中的 B3:B9 单元格区域（如图 10-59 所示），再次单击“拾取器”按钮返回“合并计算”对话框。单击“添加”按钮，即可将选定区域添加至“所有引用位置”列表框中，如图 10-60 所示。

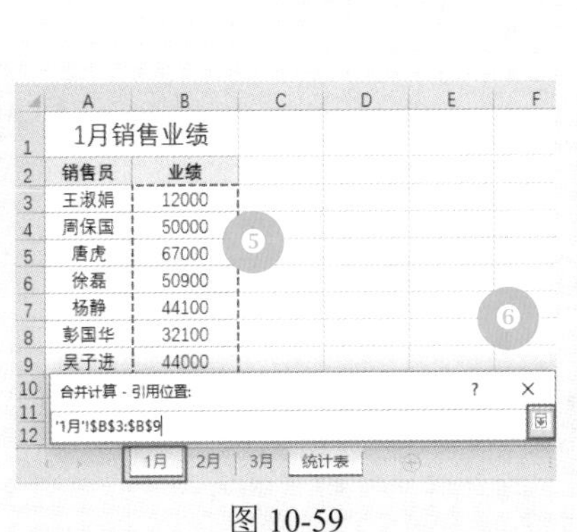

图 10-59

图 10-60

❺ 继续拾取“2 月”工作表中的 B3:B9 单元格区域（如图 10-61 所示），然后单击“拾取器”按钮，

返回“合并计算”对话框。单击“添加”按钮，即可将选定区域添加至“所有引用位置”列表框中。

❻ 按照相同的方法添加“3 月”工作表中的 B3:B9 单元格区域到“所有引用位置”列表框中，如图 10-62 所示。

❼ 单击“确定”按钮，“统计表”工作表中统计出了各销售员在第一季度的销售业绩总和，如图 10-63 所示。

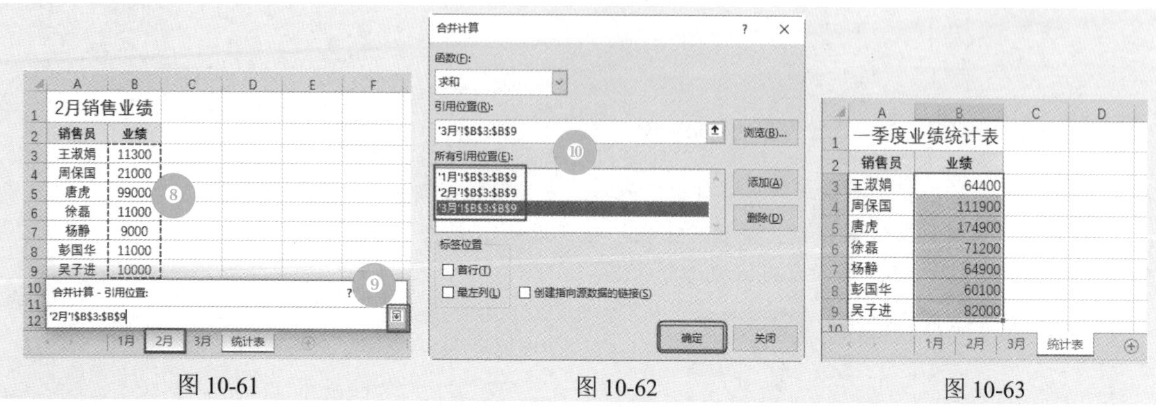

图 10-61　　图 10-62　　图 10-63

经验之谈

使用按位置合并计算需要确保每个数据区域都采用列表格式，每列的第一行都有一个标签，列中包含相似的数据，并且列表中没有空白的行或列，确保每个区域都具有相同的布局。

扫一扫，看视频

10.7.2 按类别合并计算

如果在第一季度的 3 个月中有些销售员离职，或者新进了销售员，那么销售员的姓名就无法保证完全一致，这时候就可以按类别进行合并计算。

❶ 图 10-64～图 10-66 所示分别为 3 个月中各个销售员的业绩数据（其中有增减销售员的姓名，而且位置也不一样）。

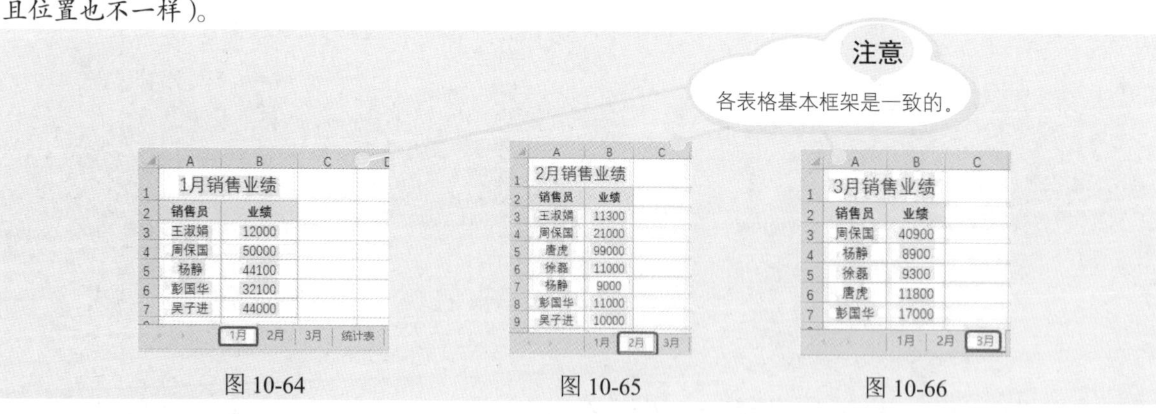

图 10-64　　图 10-65　　图 10-66

❷ 打开“统计表”工作表，并选中 A2 单元格，在“数据”选项卡的“数据工具”组中单击“合并计算”按钮，如图 10-67 所示。

❸ 打开“合并计算”对话框，设置“函数”为“求和”，单击“引用位置”文本框右侧的“拾取器”

按钮（如图 10-68 所示），进入表格区域选取状态。

④ 拾取“1 月”工作表中的 A2:B7 单元格区域（如图 10-69 所示），然后单击“拾取器”按钮，返回“合并计算”对话框。单击“添加”按钮，即可将选定区域添加至“所有引用位置”列表框中，如图 10-70 所示。

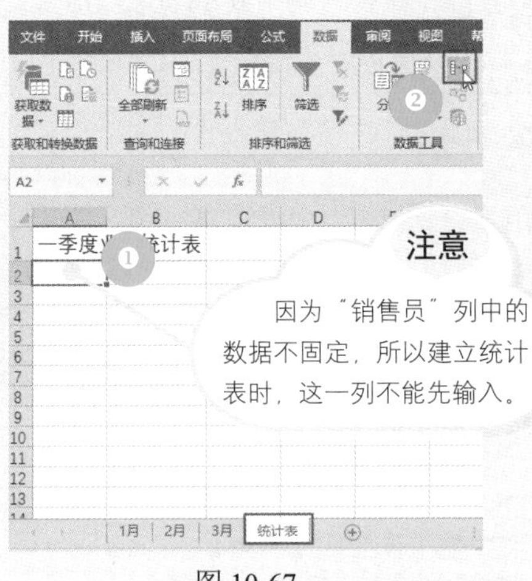

图 10-67

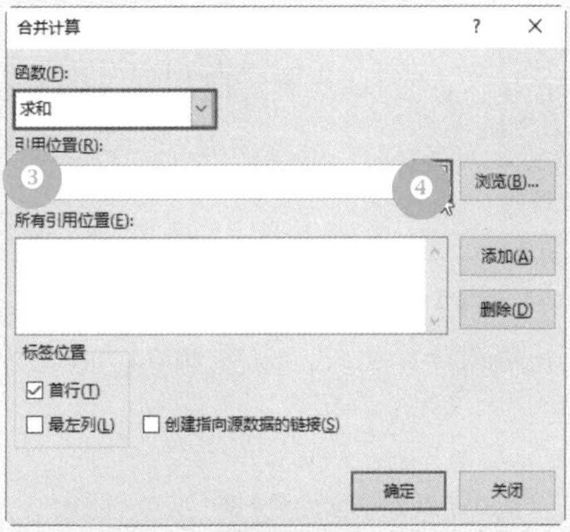

图 10-68

图 10-69

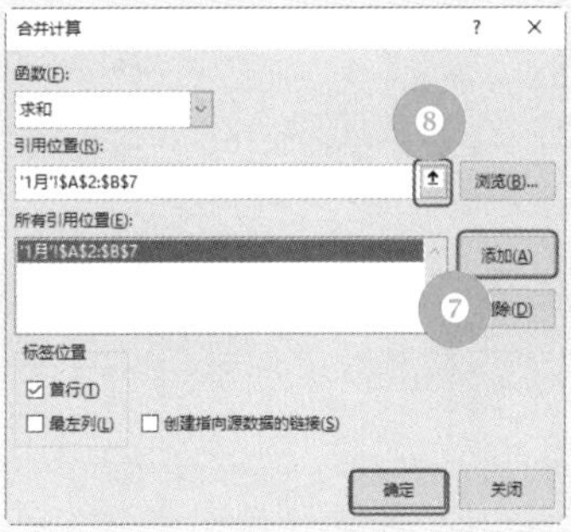

图 10-70

⑤ 按照相同的方法分别拾取“2 月”和“3 月”工作表中的相应区域，并将其添加至“所有引用位置”列表框中，分别选中“首行”和“最左列”复选框，如图 10-71 所示。

⑥ 单击“确定”按钮完成设置，返回“统计表”工作表，可以看到统计出了各销售员在第一季度的销售业绩总和（包括了新进销售员数据），如图 10-72 所示。

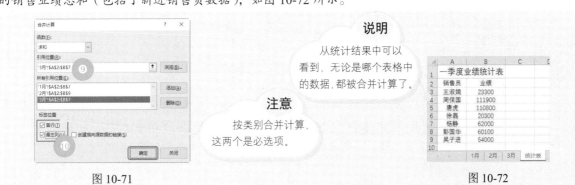

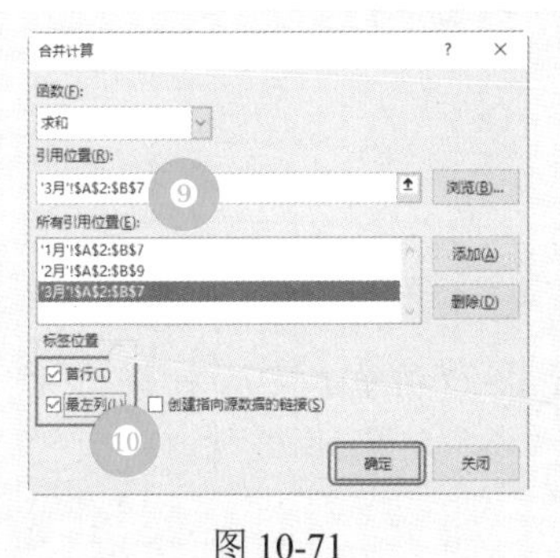

图 10-71

说明

从统计结果中可以看到，无论是哪个表格中的数据，都被合并计算了。

注意

按类别合并计算，这两个是必选项。

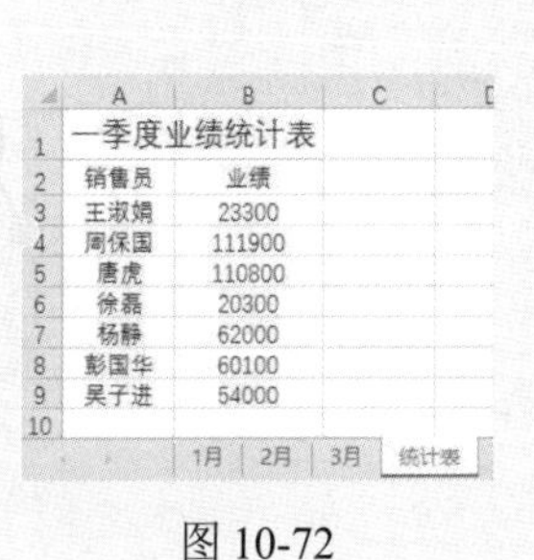

一季度业绩统计表	
销售员	业绩
王淑娟	23300
周保国	111900
唐虎	110800
徐磊	20300
杨静	62000
彭国华	60100
吴子进	54000

图 10-72

10.8 季度推广成本分析表

为了分析公司各个季度在不同推广渠道的投入成本，可以建立季度推广成本统计表格，为这一阶段的利润核算提供必备数据。根据这些数据可以建立图表，直观地查看哪个季度的推广成本最高，以及哪个推广渠道投入最多。

扫一扫，看视频

10.8.1 自动求和计算各季度合计值

在季度推广成本分析表格中使用“自动求和”运算功能，可以直接计算出各个季度下各个推广渠道的总投入成本，也可以计算全年中各个推广渠道的总投入成本。

❶ 选中 F3 单元格，在“公式”选项卡的“函数库”组中单击“自动求和”按钮（如图 10-73 所示），即可直接得到计算公式，如图 10-74 所示。

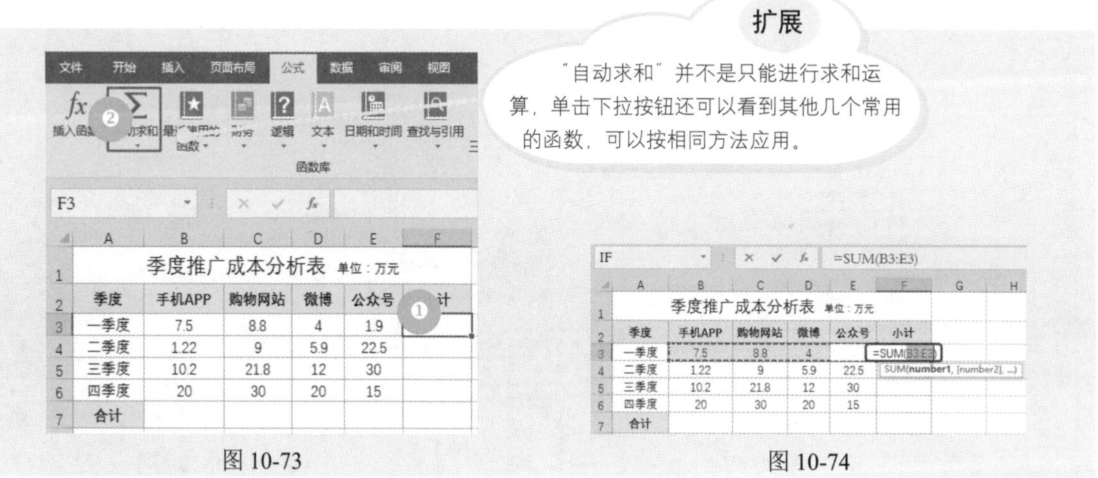

扩展
“自动求和”并不是只能进行求和运算，单击下拉按钮还可以看到其他几个常用的函数，可以按相同方法应用。
=SUM(B3:E3)

图 10-73　　图 10-74

❷ 按 Enter 键即可得到合计值，如图 10-75 所示。选中 F3 单元格并向下复制公式至 F6 单元格，依次得到各个季度下不同推广渠道的总投入额，如图 10-76 所示。

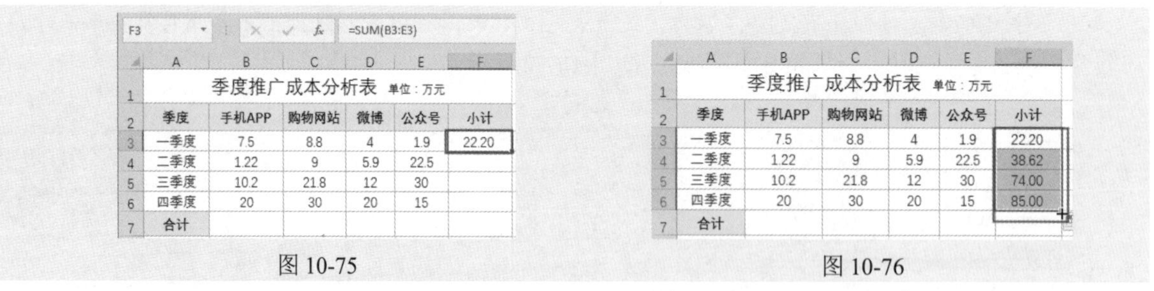

图 10-75　　图 10-76

❸ 选中 B7 单元格，使用“自动求和”按钮得到计算公式，如图 10-77 所示。按 Enter 键，即可得到合计值。向右复制公式至 E7 单元格，得到各个推广渠道下全年的投入额，如图 10-78 所示。

	A	B	C	D	E	F
1	季度推广成本分析表 单位：万元					
2	季度	手机APP	购物网站	微博	公众号	小计
3	一季度	7.5	8.8	4	1.9	22.20
4	二季度	12.2	9	5.9	22.5	
5	三季度	10.2	21.8	12	30	
6	四季度	20	30	20	15	
7		=SUM(B3:B6)				
8		SUM(number1, [number2], ...)				

IF =SUM(B3:B6)

图 10-77

	A	B	C	D	E	F
1	季度推广成本分析表 单位：万元					
2	季度	手机APP	购物网站	微博	公众号	小计
3	一季度	7.5	8.8	4	1.9	22.20
4	二季度	12.2	9	5.9	22.5	
5	三季度	10.2	21.8	12	30	
6	四季度	20	30	20	15	
7	合计	38.92	69.60	41.90	69.40	

图 10-78

10.8.2 各季度推广成本比较图表

根据季度推广成本分析表中的数据，要统计推广成本最高的季度，可以建立堆积条形图，通过条形图长短直观比较数据大小。

扫一扫，看视频

❶ 选中表格中的 A2:E6 单元格区域，在“插入”选项卡的“图表”组中单击“插入柱形图和条形图”下拉按钮，在弹出的下拉列表中选择“堆积条形图”选项（如图 10-79 所示），即可建立默认格式的堆积条形图，如图 10-80 所示。

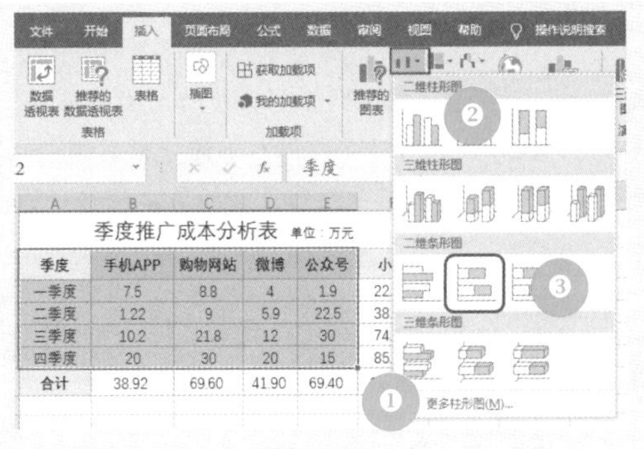

图 10-79

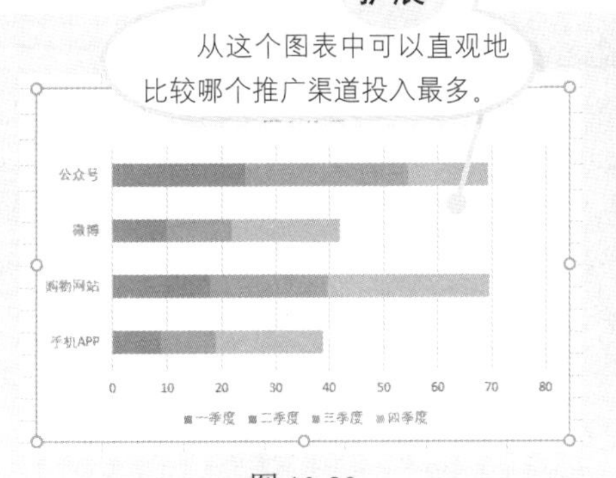

图 10-80

❷ 选中图表，在“图表工具-设计”选项卡的“数据”组中单击“切换行/列”按钮（如图 10-81 所示），即可切换行列数据显示，如图 10-82 所示。

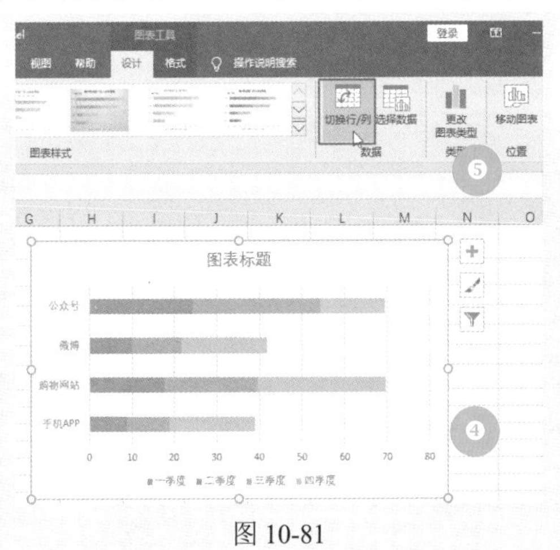

图 10-81

图表标题
四季度
三季度
二季度
一季度
0 20 40 60 80 100
手机APP 购物网站 微博 公众号

图 10-82

❸ 单击“图表样式”按钮，在弹出的下拉列表中选择“样式 2”（如图 10-83 所示），此时可以看到最终的图表效果。

❹ 重新修改图表名称。从图表中可以看到第四季度的推广成本最高，如图 10-84 所示。

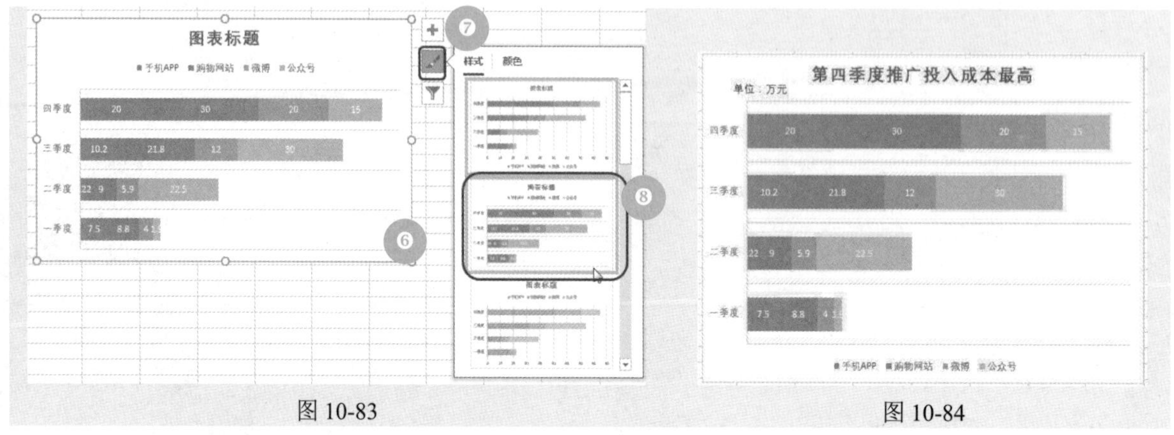

图 10-83　　图 10-84

经验之谈

如果数据源既有行标识又有列标识，创建图表时会默认数据标签与数据系列，将季度作为数据标签，将推广渠道作为系列，可以直观地比较哪一种推广渠道投入最多（如图 10-80 所示）。但本例的分析目的是比较哪一个季度投入的推广成本最多，则通过“切换行/列”的操作（即将数据标签与系列作了调换），将推广渠道作为数据标签，将季度作为系列，从而得到图 10-82 所示的图表。

第 11 章

工资核算系统中的表格

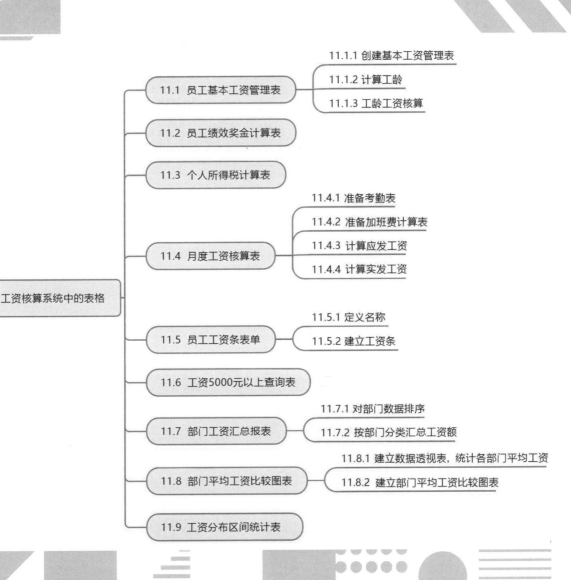

工资核算系统中的表格

- 11.1 员工基本工资管理表
  - 11.1.1 创建基本工资管理表
  - 11.1.2 计算工龄
  - 11.1.3 工龄工资核算
- 11.2 员工绩效奖金计算表
- 11.3 个人所得税计算表
- 11.4 月度工资核算表
  - 11.4.1 准备考勤表
  - 11.4.2 准备加班费计算表
  - 11.4.3 计算应发工资
  - 11.4.4 计算实发工资
- 11.5 员工工资条表单
  - 11.5.1 定义名称
  - 11.5.2 建立工资条
- 11.6 工资5000元以上查询表
- 11.7 部门工资汇总报表
  - 11.7.1 对部门数据排序
  - 11.7.2 按部门分类汇总工资额
- 11.8 部门平均工资比较图表
  - 11.8.1 建立数据透视表，统计各部门平均工资
  - 11.8.2 建立部门平均工资比较图表
- 11.9 工资分布区间统计表

11.1 员工基本工资管理表

员工基本工资管理表包括员工工号、姓名、部门、基本工资、入职时间以及使用公式计算的工龄工资。因为这个表格中的基本工资与工龄工资数据要参与工资的核算。

扫一扫，看视频

11.1.1 创建基本工资管理表

基本工资管理表最重要的是要包含员工的工号、姓名、入职时间等基本信息。当这些基本资料有变动时，可以在此表中修改。后面的工资核算表会使用公式，从此表中匹配数据。如果这里的数据变动了，工资核算表中的数据也会自动变动。

❶建立“基本工资表”，然后设置边框，合并单元格，进行底纹填充，以及设置文字格式等，效果如图 11-1 所示（前面几章已经介绍过设置方法）。

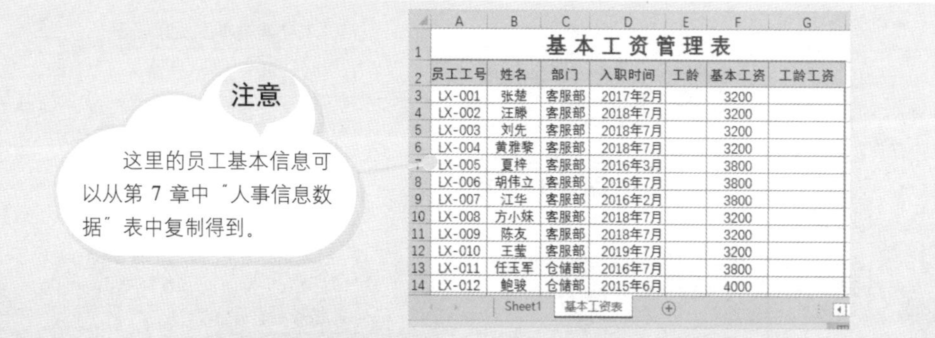

注意
这里的员工基本信息可以从第 7 章中“人事信息数据”表中复制得到。

基本工资管理表

员工工号	姓名	部门	入职时间	工龄	基本工资	工龄工资
LX-001	张楚	客服部	2017年2月		3200	
LX-002	汪滕	客服部	2018年7月		3200	
LX-003	刘先	客服部	2018年7月		3200	
LX-004	黄雅黎	客服部	2018年7月		3200	
LX-005	夏梓	客服部	2016年3月		3800	
LX-006	胡伟立	客服部	2016年7月		3800	
LX-007	江华	客服部	2016年2月		3800	
LX-008	方小妹	客服部	2018年7月		3200	
LX-009	陈友	客服部	2018年7月		3200	
LX-010	王莹	客服部	2019年7月		3200	
LX-011	任玉军	仓储部	2016年7月		3800	
LX-012	鲍骏	仓储部	2015年6月		4000	

Sheet1　基本工资表

图 11-1

扫一扫，看视频

11.1.2 计算工龄

根据基本工资表中显示的员工入职时间，可以使用 YEAR 函数计算员工的工龄。

❶ 选中 E3 单元格，在编辑栏中输入如下公式：

=YEAR(TODAY())-YEAR(D3)
该函数计算结果会返回日期值，需要重新设置数字格式为“常规”。

按 Enter 键，即可根据入职时间和系统当前时间计算出第一位员工的工龄，如图 11-2 所示。

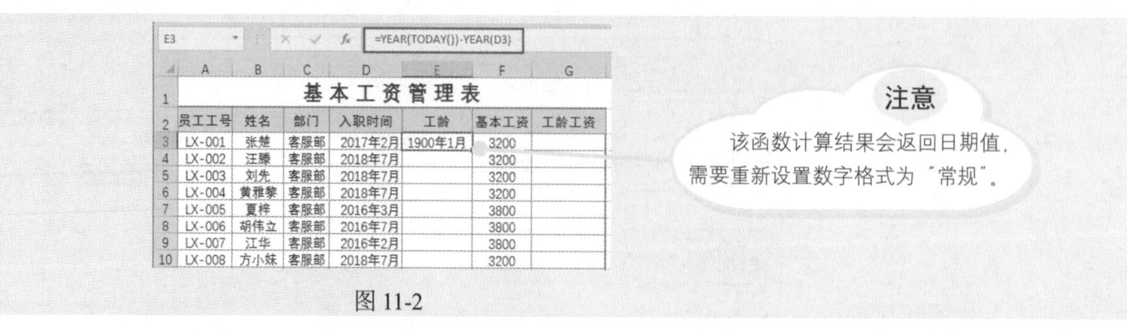

基本工资管理表

员工工号	姓名	部门	入职时间	工龄	基本工资	工龄工资
LX-001	张楚	客服部	2017年2月	1900年1月	3200	
LX-002	汪滕	客服部	2018年7月		3200	
LX-003	刘先	客服部	2018年7月		3200	
LX-004	黄雅黎	客服部	2018年7月		3200	
LX-005	夏梓	客服部	2016年3月		3800	
LX-006	胡伟立	客服部	2016年7月		3800	
LX-007	江华	客服部	2016年2月		3800	
LX-008	方小妹	客服部	2018年7月		3200	

图 11-2

❷ 选中 E3 单元格，在“开始”选项卡的“数字”组中打开“数字格式”下拉列表，从中选择“常规”选项（如图 11-3 所示），即可正确显示出工龄数。

❸ 选中 E3 单元格，并向下复制公式，依次得到其他员工的工龄，如图 11-4 所示。

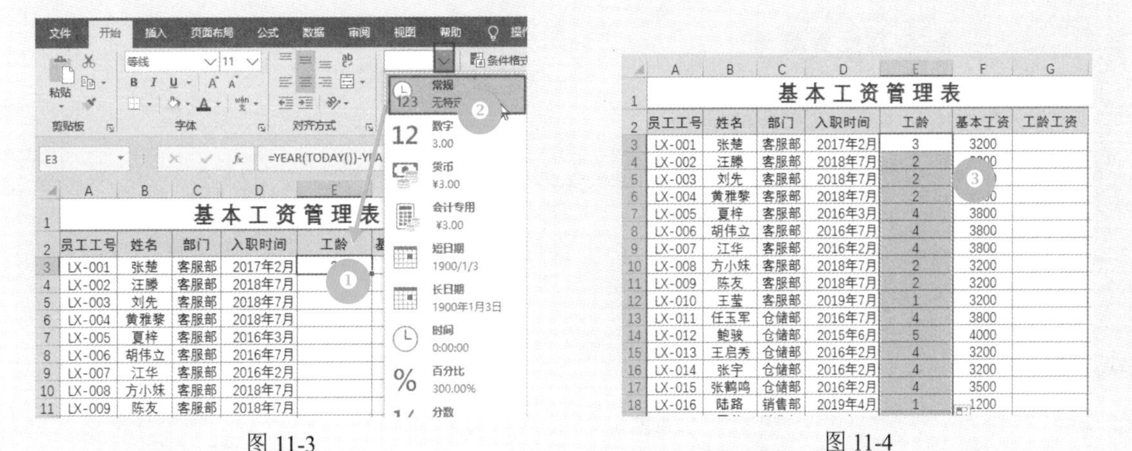

图 11-3　　图 11-4

公式解析

1. YEAR 函数

YEAR 函数用于返回某日期对应的年数，返回值为 1900～9999 之间的整数。它只有一个参数，即日期值。

=YEAR(日期值)

2. TODAY 函数

TODAY 函数用于返回当前日期的序列号。

① TODAY 函数返回系统当前时间。再使用 YEAR 函数提取年份值。

=YEAR(TODAY())-YEAR(D3)

② YEAR 函数提取 D3 中日期的年份。

11.1.3　工龄工资核算

工龄工资是工资核算的一部分。计算出工龄后，则可以通过建立公式计算工龄工资。随着工龄的增长，工龄工资则自动重新核算。本例中规定 1 年以下的员工的工龄工资为 0，1 年以上的员工，每一年增加 200 元/月的工龄工资。

扫一扫，看视频

❶ 选中 G3 单元格，在编辑栏中输入如下公式：

=IF(E3<=1,0,(E3-1)*200)

按 Enter 键，即可根据工龄计算出工龄工资，如图 11-5 所示。

❷ 选中 G3 单元格，并向下复制公式，依次得到其他员工的工龄工资，如图 11-6 所示。

G3 =IF(E3<=1,0,(E3-1)*200)

	A	B	C	D	E	F	G
1	基本工资管理表						
2	员工工号	姓名	部门	入职时间	工龄	基本工资	工龄工资
3	LX-001	张楚	客服部	2017年2月	3	3200	400
4	LX-002	汪滕	客服部	2018年7月	2	3200	
5	LX-003	刘先	客服部	2018年7月	2	3200	
6	LX-004	黄雅黎	客服部	2018年7月	2	3200	
7	LX-005	夏梓	客服部	2016年3月	4	3800	
8	LX-006	胡伟立	客服部	2016年7月	4	3800	
9	LX-007	江华	客服部	2016年2月	4	3800	
10	LX-008	方小妹	客服部	2018年7月	2	3200	
11	LX-009	陈友	客服部	2018年7月	2	3200	

图 11-5

	A	B	C	D	E	F	G
1	基本工资管理表						
2	员工工号	姓名	部门	入职时间	工龄	基本工资	工龄工资
3	LX-001	张楚	客服部	2017年2月	3	3200	400
4	LX-002	汪滕	客服部	2018年7月	2	3200	200
5	LX-003	刘先	客服部	2018年7月	2	3200	200
6	LX-004	黄雅黎	客服部	2018年7月	2	3200	200
7	LX-005	夏梓	客服部	2016年3月	4	3800	600
8	LX-006	胡伟立	客服部	2016年7月	4	3800	600
9	LX-007	江华	客服部	2016年2月	4	3800	600
10	LX-008	方小妹	客服部	2018年7月	2	3200	200
11	LX-009	陈友	客服部	2018年7月	2	3200	200
12	LX-010	王莹	客服部	2019年7月	1	3200	0
13	LX-011	任玉军	仓储部	2016年7月	4	3800	600
14	LX-012	鲍骏	仓储部	2015年6月	5	4000	800
15	LX-013	王启秀	仓储部	2016年2月	4	3200	600
16	LX-014	张宇	仓储部	2016年2月	4	3200	600
17	LX-015	张鹤鸣	仓储部	2016年2月	4	3500	600

图 11-6

公式解析

IF 函数是 Excel 中最常用的函数之一，它根据指定的条件来判断其“真”（TRUE）、“假”（FALSE），从而返回其相对应的内容。

① IF 函数判断 E3 中的工龄是否小于等于 1，如果是，则返回工龄工资为 0，否则执行(E3-1)*200；

=IF(E3<=1,0,(E3-1)*200)

② 如果工龄大于 1 年，则将其减去 1 后再乘以 200，即为工龄工资。

11.2　员工绩效奖金计算表

扫一扫，看视频

除了基本工资和工龄工资外，销售人员的绩效奖金也是工资中最重要的一部分。因此，也需要建立一张表格来独立管理员工的绩效奖金，进行工资核算时，也会引用此表中的数据。

本例中企业规定不同销售额对应的提成比例如下：当销售金额小于等于 20000 元时，提成比例为 3%；当销售金额在 20000～50000 元时，提成比例为 5%；当销售金额大于 50000 元时，提成比例为 8%。

❶ 创建“员工销售提成”表，将所有有销售业绩的记录复制到本表中，注意员工工号要一一对应，如图 11-7 所示。

❷ 选中 E3 单元格，在编辑栏中输入如下公式：

=IF(D3<=20000,D3*0.03,IF(D3<=50000,D3*0.05,D3*0.08))

按 Enter 键，即可根据销售业绩计算出业绩提成，如图 11-8 所示。

	A	B	C	D	E
1	员工绩效奖金计算表				
2	员工工号	姓名	部门	销售业绩	业绩提成
3	LX-089	陆路	销售部	75[illegible]00	
4	LX-090	罗佳	销售部	105260	
5	LX-091	张菲	销售部	45000	
6	LX-092	吕梁	销售部	9600	
7	LX-93	王淑娟	销售部	550	
8	LX-94	周保国	销售部	250	
9	LX-95	唐虎	销售部	3200	
10	LX-96	徐磊	销售部	198000	
11	LX-97	杨静	销售部	90600	
12	LX-98	彭国华	销售部	75200	
13	LX-99	吴子进	销售部	356000	
14	LX-100	赵小军	销售部	12500	
15	LX-101	扬帆	销售部	75200	
16	LX-102	邓鑫	销售部	86000	
17	LX-103	王达	销售部	10100	

基本工资表　员工销售提成

注意

创建此表时，注意也要以“员工工号”为识别标识，因为后面的工资核算要以员工工号为统一标识。

=IF(D3<=20000,D3*0.03,IF(D3<=50000,D3*0.05,D3*0.08))

	B	C	D	E	F	G	H
	员工绩效奖金计算表						
2	员工工号	姓名	部门	销售业绩	业绩提成		
3	LX-089	陆路	销售部	75800	6064		
4	LX-090	罗佳	销售部	105260			
5	LX-091	张菲	销售部	45000			
6	LX-092	吕梁	销售部	96000			
7	LX-93	王淑娟	销售部	55000			
8	LX-94	周保国	销售部	25000			
9	LX-95	唐虎	销售部	32000			
10	LX-96	徐磊	销售部	198000			
11	LX-97	杨静	销售部	90600			

图 11-7　　图 11-8

❸ 选中 E3 单元格，并向下复制公式，依次得到其他员工的业绩提成，如图 11-9 所示。

	A	B	C	D	E	F
1	员工绩效奖金计算表					
2	员工工号	姓名	部门	销售业绩	业绩提成	
3	LX-089	陆路	销售部	75800	6064	
4	LX-090	罗佳	销售部	105260	8420.8	
5	LX-091	张菲	销售部	45000	2250	
6	LX-092	吕梁	销售部	96000	7680	
7	LX-93	王淑娟	销售部	55000	4400	
8	LX-94	周保国	销售部	25000	1250	
9	LX-95	唐虎	销售部	32000	1600	
10	LX-96	徐磊	销售部	198000	15840	
11	LX-97	杨静	销售部	90600	7248	
12	LX-98	彭国华	销售部	75200	6016	
13	LX-99	吴子进	销售部	356000	28480	
14	LX-100	赵小军	销售部	12500	375	
15	LX-101	扬帆	销售部	75200	6016	
16	LX-102	邓鑫	销售部	86000	6880	
17	LX-103	王达	销售部	10100	303	

图 11-9

公式解析

IF 函数是 Excel 中最常用的函数之一，它根据指定的条件来判断其“真”（TRUE）、“假”（FALSE），从而返回相对应的内容。

① 判断 D3 单元格中的业绩是否小于等于 20000 元，如果是，则执行 D3*0.03，否则执行下一个 IF 判断。

=IF(D3<=20000,D3*0.03,IF(D3<=50000,D3*0.05,D3*0.08))

② IF 函数判断 D3 中的业绩是否小于等于 50000 元而大于 20000 元，如果是则执行 D3*0.05；如果业绩大于 50000 元，则执行 D3*0.08。

11.3　个人所得税计算表

扫一扫，看视频

对于个人所得税的计算，要根据月度工资核算表中的应发工资额来计算税率、速算扣除数之后才能得出最终的缴税额，计算步骤较多，因此可以单独建一张表格来计算应缴所得税额，再将这个应缴所得税额匹配到月度工资核算表中。

用 IF 函数配合其他函数计算个人所得税。相关规则如下。

- 起征点为 5000 元。
- 税率及速算扣除数如表 11-1 所示。

表 11-1

应纳税所得额/元	税率/%	速算扣除数/元
不超过 3000	3	0
3001~12000	10	210
12001~25000	20	1410
25001 ~ 35000	25	2660
35001 ~ 55000	30	4410
55001 ~ 80000	35	7160
超过 80001	45	15160

❶ 创建“个人所得税计算表”，建立表格标识，包括“姓名”“应发工资”“应缴税所得额”“税率”“速算扣除数”“应缴所得税”等标识。

❷ 选中 E3 单元格，在编辑栏中输入如下公式：

=IF(D3>5000,D3-5000,0)

按 Enter 键，即可得到应缴所得税额，由于这里的应发工资为空值，所以返回 0 值（后面的 11.4 节中计算出月度工资核算表，就可以返回具体的数值），如图 11-10 所示。

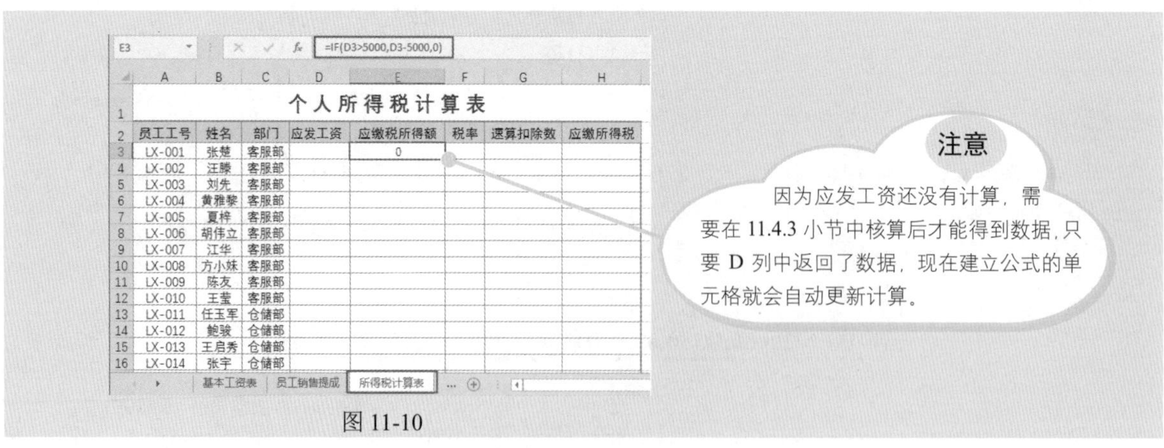

图 11-10

❸ 选中 F3 单元格，在编辑栏中输入如下公式：

=IF(E3<=3000,0.03,IF(E3<=12000,0.1,IF(E3<=25000,0.2,IF(E3<=35000,0.25,IF(E3<=55000,0.3, IF(E3<=80000,0.35,0.45))))))

按 Enter 键，即可得到税率。由于这里的应缴所得税额为空值，所以返回的税率都为最低值 0.03（11.4 节中计算出应发工资后，这里就可以根据实际值计算），如图 11-11 所示。

F3 =IF(E3<=3000,0.03,IF(E3<=12000,0.1,IF(E3<=25000,0.2,IF(E3<=35000,0.25, IF(E3<=55000,0.3, IF(E3<=80000,0.35,0.45))))))

个人所得税计算表

员工工号	姓名	部门	应发工资	应缴税所得额	税率	速算扣除数	应缴所得税
LX-001	张楚	客服部		0	0.03		
LX-002	汪滕	客服部					
LX-003	刘先	客服部					
LX-004	黄雅黎	客服部					
LX-005	夏梓	客服部					
LX-006	胡伟立	客服部					
LX-007	江华	客服部					

图 11-11

❹ 选中 G3 单元格，在编辑栏中输入如下公式：

=VLOOKUP(F3,{0.03,0;0.1,210;0.2,1410;0.25,2660;0.3,4410;0.35,7160;0.45,15160},2,)

按 Enter 键，建立计算速算扣除数的公式，如图 11-12 所示。

G3 =VLOOKUP(F3,{0.03,0;0.1,210;0.2,1410;0.25,2660;0.3,4410;0.35,7160;0.45,15160},2,)

个人所得税计算表

员工工号	姓名	部门	应发工资	应缴税所得额	税率	速算扣除数	应缴所得税
LX-001	张楚	客服部		0	0.03	0	
LX-002	汪滕	客服部					
LX-003	刘先	客服部					
LX-004	黄雅黎	客服部					
LX-005	夏梓	客服部					
LX-006	胡伟立	客服部					
LX-007	江华	客服部					

图 11-12

❺ 选中 H3 单元格，在编辑栏中输入如下公式：

=E3*F3-G3

按 Enter 键，建立计算应缴所得税的公式，如图 11-13 所示。

H3 =E3*F3-G3

个人所得税计算表

员工工号	姓名	部门	应发工资	应缴税所得额	税率	速算扣除数	应缴所得税
LX-001	张楚	客服部		0	0.03	0	0
LX-002	汪滕	客服部					
LX-003	刘先	客服部					
LX-004	黄雅黎	客服部					
LX-005	夏梓	客服部					
LX-006	胡伟立	客服部					

图 11-13

❻ 选中 E3:H3 单元格区域，向下填充公式，一次性计算出其他员工的“应缴税所得额”“税率”“速算扣除数”“应缴所得税”，如图 11-14 所示（注意当前只是完成公式的建立）。

❼ 选中 D3 单元格，在编辑栏中输入如下公式：

=员工月度工资表!K3

按 Enter 键，即可得到应发工资（11.4 节中计算出月度工资核算表后，就可以返回具体的数值），如图 11-15 所示。

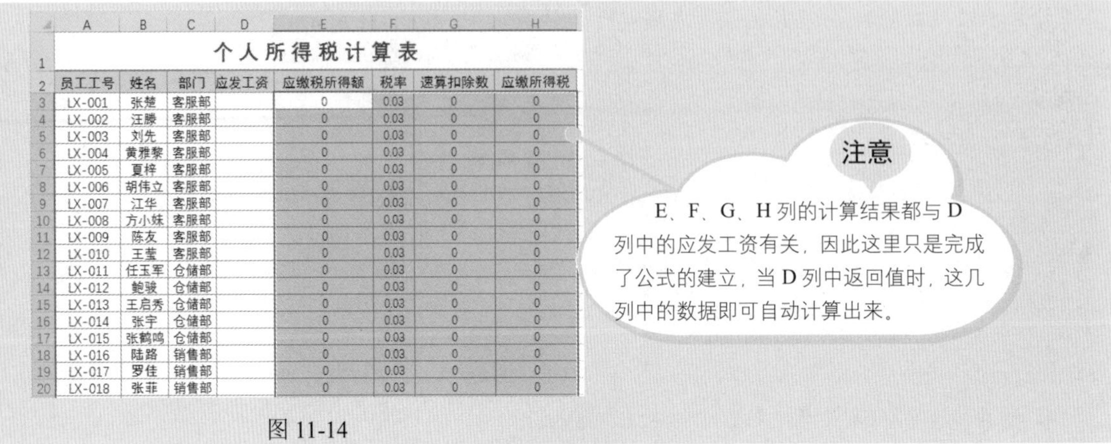

注意
E、F、G、H 列的计算结果都与 D 列中的应发工资有关，因此这里只是完成了公式的建立，当 D 列中返回值时，这几列中的数据即可自动计算出来。

图 11-14

⑧ 选中 D3 单元格，并向下复制公式，依次得到其他员工的应发工资，如图 11-16 所示。

D3 =员工月度工资表!K3

个人所得税计算表

员工工号	姓名	部门	应发工资	应缴税所得
LX-001	张楚	客服部	0	0
LX-002	汪滕	客服部		0
LX-003	刘先	客服部		0
LX-004	黄雅黎	客服部		0
LX-005	夏梓	客服部		0
LX-006	胡伟立	客服部		0
LX-007	江华	客服部		0
LX-008	方小妹	客服部		0
LX-009	陈友	客服部		0
LX-010	王莹	客服部		0

注意

11.4.3 节中将会对应发工资进行核算。核算后的数据如果不显示在 K 列，只要将 D 列的公式重新修改一下即可。例如，将应发工资显示在 H 列，那么这里的公式就是 "=员工月度工资表!H3"。

图 11-15

个人所得税计算表

员工工号	姓名	部门	应发工资	应缴税所得额	税率	速算扣除数	应缴所得税
LX-001	张楚	客服部	0	0	0.03	0	0
LX-002	汪滕	客服部	0	0	0.03	0	0
LX-003	刘先	客服部	0	0	0.03	0	0
LX-004	黄雅黎	客服部	0	0	0.03	0	0
LX-005	夏梓	客服部	0	0	0.03	0	0
LX-006	胡伟立	客服部	0	0	0.03	0	0
LX-007	江华	客服部	0	0	0.03	0	0
LX-008	方小妹	客服部	0	0	0.03	0	0
LX-009	陈友	客服部	0	0	0.03	0	0
LX-010	王莹	客服部	0	0	0.03	0	0
LX-011	任玉军	仓储部	0	0	0.03	0	0
LX-012	鲍骏	仓储部	0	0	0.03	0	0
LX-013	王启秀	仓储部	0	0	0.03	0	0
LX-014	张宇	仓储部	0	0	0.03	0	0
LX-015	张鹤鸣	仓储部	0	0	0.03	0	0
LX-016	陆路	销售部	0	0	0.03	0	0
LX-017	罗佳	销售部	0	0	0.03	0	0
LX-018	张菲	销售部	0	0	0.03	0	0

图 11-16

公式解析

1. IF 函数

IF 函数是 Excel 中最常用的函数之一，它根据指定的条件来判断其"真"（TRUE）、"假"（FALSE），从而返回其相对应的内容。

2. VLOOKUP 函数

函数用于在表格或数值数组的首列查找指定的数值，并返回表格或数组中指定列所对应位置的数值。

设置此区域时，注意查找目标一定要在该区域的第一列，并且该区域中一定要包含要返回值所在的列。

=VLOOKUP(❶要查找的值,❷用于查找的区域,❸要返回哪一列上的值)

第 3 个参数决定了要返回的内容。对于一条记录，它有多种属性的数据，分别位于不同的列中，通过对该参数的设置可以指定返回哪一列上的值。

=IF(E3<=3000,0.03,IF(E3<=12000,0.1,IF(E3<=25000,0.2,IF(E3<=35000,0.25,IF(E3<=55000,0.3,IF(E3<=80000,0.35,0.45))))))

这是一个 IF 函数多层嵌套的例子，因为判断条件较多，所以应用了多层嵌套，实际理解起来并不难。例如，首先判断 E3 中的应缴税所得额是否小于等于 3000 元，如果是，则返回税率为 0.03，否则进入下一层 IF 判断，判断"E3<=12000"是否成立，如果成立，返回 0.1，否则再进入下一层 IF 判断，按照此规律直到写入所有判断条件。

=VLOOKUP(F3,{0.03,0;0.1,210;0.2,1410;0.25,2660;0.3,4410;0.35,7160;0.45,15160},2,)

这是 VLOOKUP 函数参数的另一种写法，大括号内代表两列数据，逗号间隔的是两列，分号间隔的是两列中的各个值，然后在首列中查找，找到满足条件的返回对应在第二列上的值。即查找数据为 F3 中的税率，如果税率是 0.03，则返回速算扣除数为 0；如果税率是 0.1，则返回速算扣除数为 210；以此类推。

11.4 月度工资核算表

为了方便财务部管理员工的薪酬，可以建立员工工资核算表。薪酬的管理要结合员工各项所得工资（如根据销售记录计算的销售提成、根据考勤表计算的满勤奖等），以及应扣除项目（考勤扣款、个人所得税等），合计后才能得到最终的工资额。而像"出勤情况统计表"和"加班费计算表"等，第 9 章中已介绍过建立方法。其实，在企业整个运作过程中，这些数据都是相互应用的，比如财务部门在月末进行工资核算时，就可以从人事部门或行政部门中获取核算表，以方便数据的引用与匹配。

11.4.1 准备考勤表

获取"出勤情况统计表"到月度工资核算表所在工作簿中。

扫一扫，看视频

❶ 在当前的"工资核算"工作簿中创建新工作表，并将工作表标签重命名为"出勤情况统计表"。

❷ 打开第 9 章的"考勤数据统计表"工作簿，单击"出勤情况统计表"工作表标签，进入表格中，选中考勤统计数据，并按 Ctrl+C 组合键复制，如图 11-17 所示。

2020年4月份考勤情况统计表

工号	姓名	部门	应该出勤	实际出勤	出差	事假	病假	旷工	迟到	早退	旷(半)	满勤奖	应扣合计
LX-001	张楚	客服部	22	17	0	0	0	1	2	2	0		260
LX-002	汪滕	客服部	22	22	0	0	0	0	0	0	0	300	0
LX-003	刘先	客服部	22	22	0	0	0	0	0	0	0	300	0
LX-004	黄雅黎	客服部	22	18	0	1	0	0	1	1	1		190
LX-005	夏梓	客服部	22	22	0	0	0	0	0	0	0	300	0
LX-006	胡伟立	客服部	22	21	0	0	0	0	0	0	1		100
LX-007	江华	客服部	22	22	0	0	0	0	0	0	0	300	0
LX-008	方小妹	客服部	22	21	0	0	0	0	1	0	0		20
LX-009	陈友	客服部	22	21	0	0	0	0	1	0	0		20
LX-010	王莹	客服部	22	21	0	0	0	0	1	0	0		20
LX-011	任玉军	仓储部	22	22	0	0	0	0	0	0	0	300	0
LX-012	鲍骏	仓储部	22	19	0	1	0	0	2	0	0		90
LX-013	王启秀	仓储部	22	17	2	0	0	0	1	2	0		60
LX-014	张宇	仓储部	22	20	2	0	0	0	0	0	0		0
LX-015	张鹤鸣	仓储部	22	21	0	0	0	0	1	0	0		20

图 11-17

注意

在 11.4.3 小节中计算应发工资时，需要用到"满勤奖"列数据；在 11.4.4 小节中计算应扣合计时，需要用到"应扣合计"列数据。

❸ 切换到“工资核算”工作簿中，进入“出勤情况统计表”中。选中 A2 单元格，按 Ctrl+V 组合键粘贴，然后单击右下角出现的“粘贴选项”按钮，在弹出的下拉列表中选择“值”选项（如图 11-18 所示），即可粘贴表格。

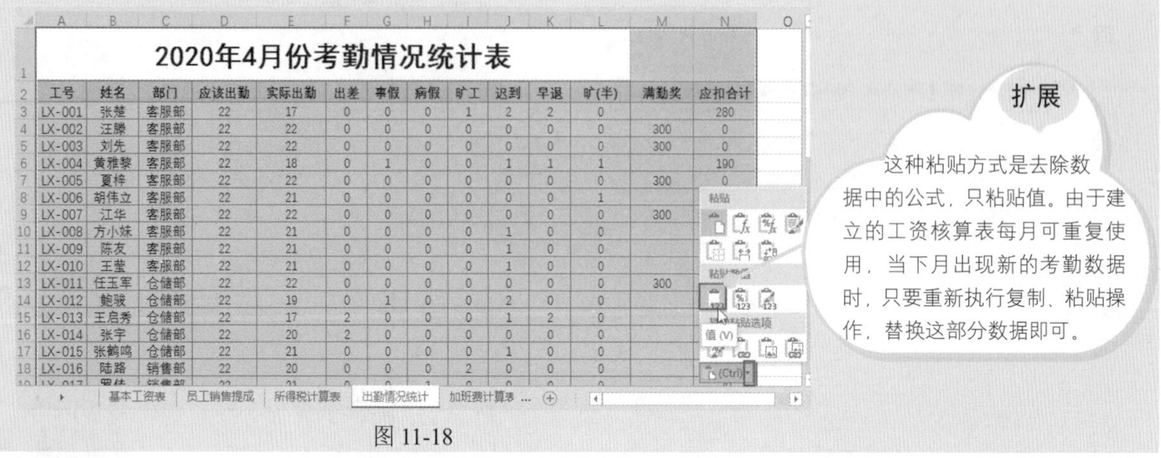

2020年4月份考勤情况统计表

工号	姓名	部门	应该出勤	实际出勤	出差	事假	病假	旷工	迟到	早退	旷(半)	满勤奖	应扣合计
LX-001	张楚	客服部	22	17	0	0	0	1	2	2	0		280
LX-002	汪滕	客服部	22	22	0	0	0	0	0	0	0	300	0
LX-003	刘先	客服部	22	22	0	0	0	0	0	0	0	300	0
LX-004	黄雅黎	客服部	22	18	0	1	0	0	1	1	1		190
LX-005	夏梓	客服部	22	22	0	0	0	0	0	0	0	300	0
LX-006	胡伟立	客服部	22	21	0	0	0	0	0	0	1		
LX-007	江华	客服部	22	22	0	0	0	0	0	0	0	300	
LX-008	方小妹	客服部	22	21	0	0	0	0	1	0	0		
LX-009	陈友	客服部	22	21	0	0	0	0	1	0	0		
LX-010	王莹	客服部	22	21	0	0	0	0	1	0	0		
LX-011	任玉军	仓储部	22	22	0	0	0	0	0	0	0	300	
LX-012	鲍骏	仓储部	22	19	0	1	0	0	2	0	0		
LX-013	王启秀	仓储部	22	17	2	0	0	0	1	2	0		
LX-014	张宇	仓储部	22	20	2	0	0	0	0	0	0		
LX-015	张鹤鸣	仓储部	22	21	0	0	0	0	1	0	0		
LX-016	陆路	销售部	22	20	0	0	0	2	0	0	0		

基本工资表
员工销售提成
所得税计算表
出勤情况统计
加班费计算表
粘贴
值(V)
扩展
这种粘贴方式是去除数据中的公式，只粘贴值。由于建立的工资核算表每月可重复使用，当下月出现新的考勤数据时，只要重新执行复制、粘贴操作，替换这部分数据即可。

图 11-18

扫一扫，看视频

11.4.2 准备加班费计算表

复制“加班费计算表”到月度工资核算表所在的工作簿中。

打开第 9 章的“考勤数据统计表”工作簿，单击“加班费计算表”工作表标签进入表格中，按照和 11.4.1 节中相同的方法，将其以“值”的方式粘贴到“工资核算”工作簿中，如图 11-19 所示。

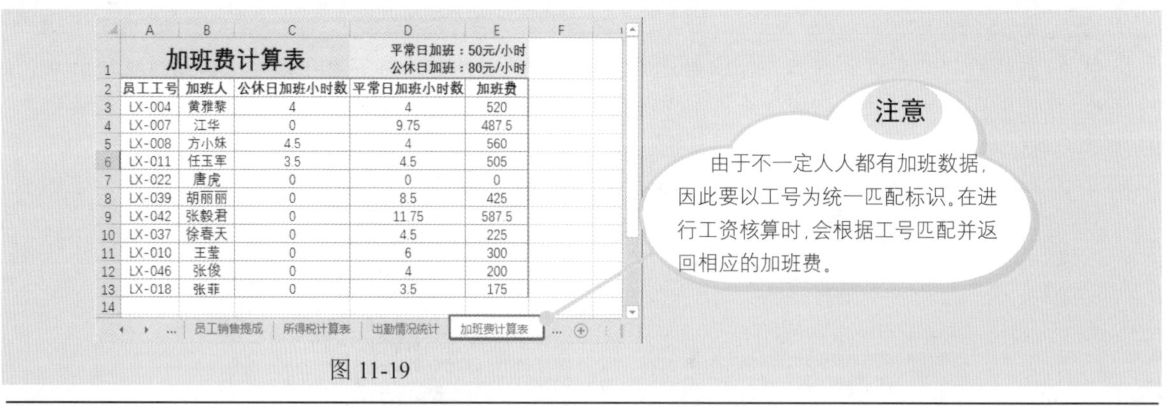

加班费计算表　平常日加班：50元/小时　公休日加班：80元/小时

员工工号	加班人	公休日加班小时数	平常日加班小时数	加班费
LX-004	黄雅黎	4	4	520
LX-007	江华	0	9.75	487.5
LX-008	方小妹	4.5	4	560
LX-011	任玉军	3.5	4.5	505
LX-022	唐虎	0	0	0
LX-039	胡丽丽	0	8.5	425
LX-042	张毅君	0	11.75	587.5
LX-037	徐春天	0	4.5	225
LX-010	王莹	0	6	300
LX-046	张俊	0	4	200
LX-018	张菲	0	3.5	175

员工销售提成
所得税计算表
出勤情况统计
加班费计算表
注意
由于不一定人人都有加班数据，因此要以工号为统一匹配标识。在进行工资核算时，会根据工号匹配并返回相应的加班费。

图 11-19

扫一扫，看视频

11.4.3 计算应发工资

“员工月度工资表”中将对每位员工工资的各个明细项进行核算。首先要合理规划此表应包含的元素。在员工月度工资统计表中，需要从之前建立的与工资核算相关的表格中依次匹配返回各项明细数据，如“基本工资”“工龄工资”来自“基本工资表”，“绩效奖金”来自“员工销售提成”，“加班工资”来自“加班费计算表”等。

❶ 创建“员工月度工资表”，合理规划此表应包含的元素，如图 11-20 所示。

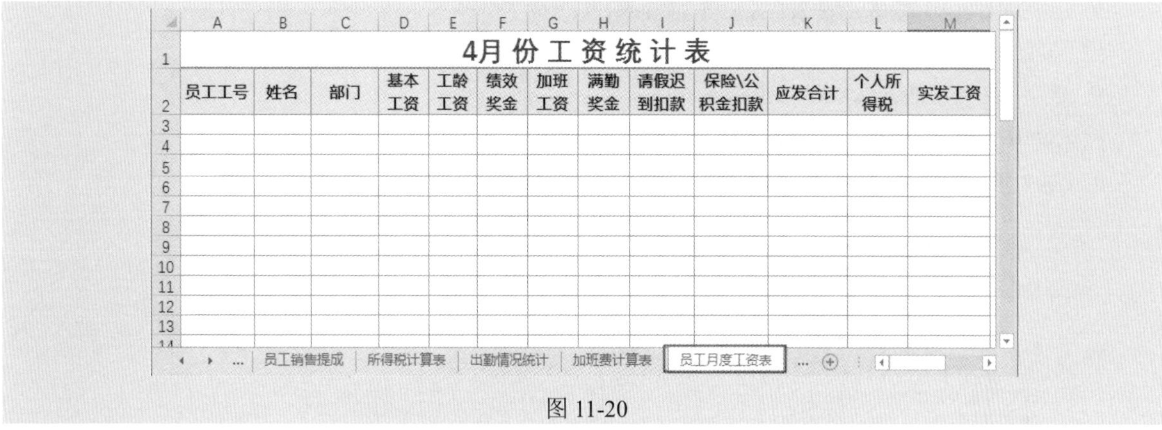

图 11-20

❷ 选中 A3 单元格，在编辑栏中输入如下公式：

=基本工资表!A3

按 Enter 键，即可返回员工编号，如图 11-21 所示。

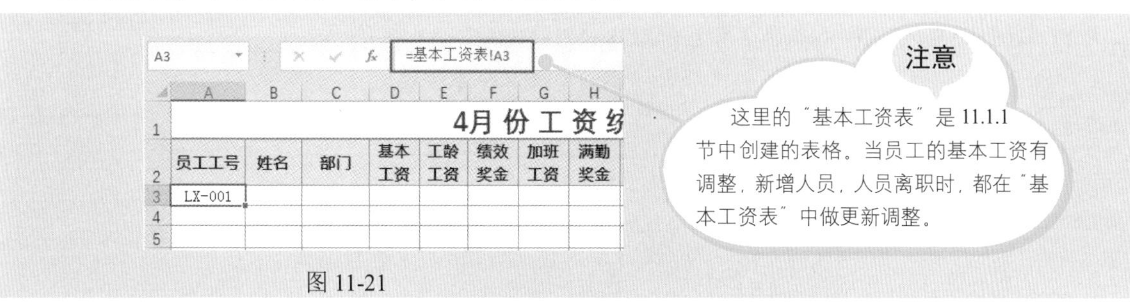

图 11-21

❸ 选中 A3 单元格，先向右填充公式至 C3 单元格，再选中 A3:C3 单元格区域，向下填充公式至最后一条条目，依次返回员工工号、姓名和部门，如图 11-22 所示。

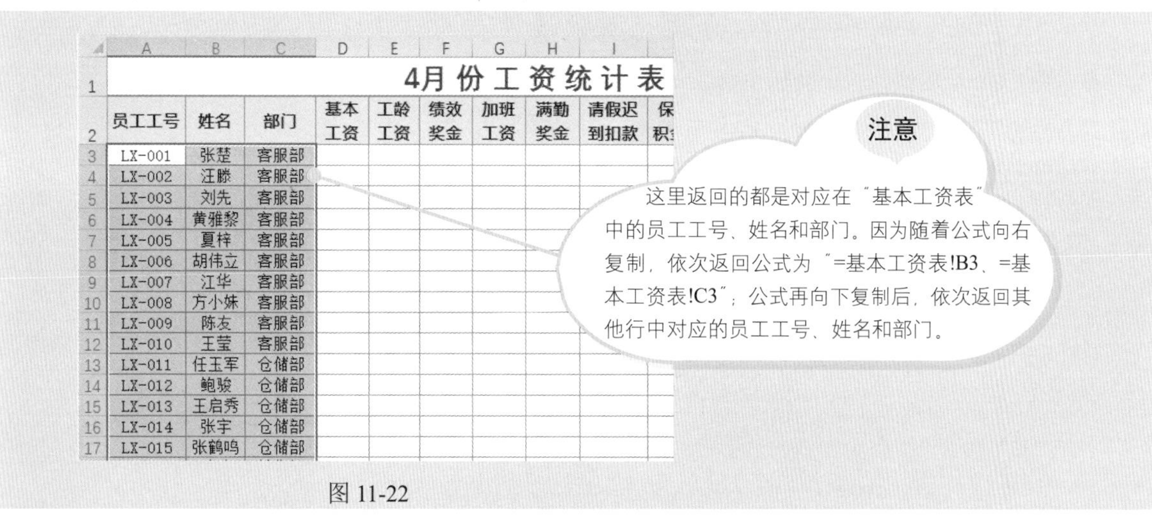

员工工号	姓名	部门
LX-001	张楚	客服部
LX-002	汪滕	客服部
LX-003	刘先	客服部
LX-004	黄雅黎	客服部
LX-005	夏梓	客服部
LX-006	胡伟立	客服部
LX-007	江华	客服部
LX-008	方小妹	客服部
LX-009	陈友	客服部
LX-010	王莹	客服部
LX-011	任玉军	仓储部
LX-012	鲍骏	仓储部
LX-013	王启秀	仓储部
LX-014	张宇	仓储部
LX-015	张鹤鸣	仓储部

图 11-22

❹ 选中 D3 单元格，在编辑栏中输入如下公式：

=VLOOKUP(A3,基本工资表!$A$2:$G$60,6,FALSE)

按 Enter 键，即可返回基本工资，如图 11-23 所示。

❺ 选中 E3 单元格，在编辑栏中输入如下公式：

=VLOOKUP(A3,基本工资表!$A$2:$G$60,7,FALSE)

按 Enter 键，即可返回第一位员工的工龄工资，如图 11-24 所示。

D3 =VLOOKUP(A3,基本工资表!$A$2:$G$60,6,FALSE)

4月份工资统计表									
员工工号	姓名	部门	基本工资	工龄工资	绩效奖金	加班工资	满勤奖金	请假迟到扣款	保险积金
LX-001	张楚	客服部	3200						
LX-002	汪滕	客服部							
LX-003	刘先	客服部							
LX-004	黄雅黎	客服部							
LX-005	夏梓	客服部							
LX-006	胡伟立	客服部							

图 11-23

E3 =VLOOKUP(A3,基本工资表!$A$2:$G$60,7,FALSE)

4月份工资统计表									
员工工号	姓名	部门	基本工资	工龄工资	绩效奖金	加班工资	满勤奖金	请假迟到扣款	保险积金
LX-001	张楚	客服部	3200	400					
LX-002	汪滕	客服部							
LX-003	刘先	客服部							
LX-004	黄雅黎	客服部							
LX-005	夏梓	客服部							
LX-006	胡伟立	客服部							

图 11-24

❻ 选中 F3 单元格，在编辑栏中输入如下公式：

=IFERROR(VLOOKUP(A3,员工销售提成!$A$2:$E$20,5,FALSE),"")

按 Enter 键，即可返回第一位员工的绩效奖金，如图 11-25 所示。

F3 =IFERROR(VLOOKUP(A3,员工销售提成!$A$2:$E$20,5,FALSE),"")

4月份工资统计表										
员工工号	姓名	部门	基本工资	工龄工资	绩效奖金	加班工资	满勤奖金	请假迟到扣款	保险\公积金扣款	应发合
LX-001	张楚	客服部	3200	400						
LX-002	汪滕	客服部								
LX-003	刘先	客服部								
LX-004	黄雅黎	客服部								
LX-005	夏梓	客服部								
LX-006	胡伟立	客服部								

图 11-25

❼ 选中 G3 单元格，在编辑栏中输入如下公式：

=IFERROR(VLOOKUP(A3,加班费计算表!$A$2:$E$19,5,FALSE),"")

按 Enter 键，即可返回第一位员工的加班工资，如图 11-26 所示。

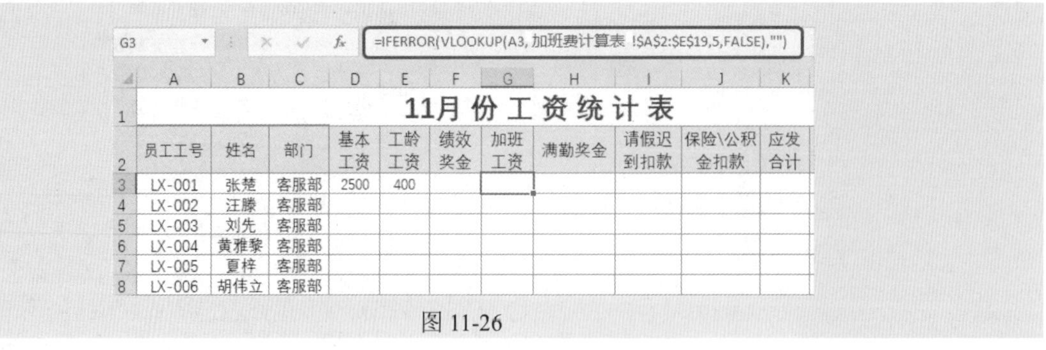

G3 =IFERROR(VLOOKUP(A3, 加班费计算表 !$A$2:$E$19,5,FALSE),"")

11月份工资统计表										
员工工号	姓名	部门	基本工资	工龄工资	绩效奖金	加班工资	满勤奖金	请假迟到扣款	保险\公积金扣款	应发合计
LX-001	张楚	客服部	2500	400						
LX-002	汪滕	客服部								
LX-003	刘先	客服部								
LX-004	黄雅黎	客服部								
LX-005	夏梓	客服部								
LX-006	胡伟立	客服部								

图 11-26

⑧ 选中 H3 单元格，在编辑栏中输入如下公式：

=VLOOKUP(A3,出勤情况统计!$A$2:$N$60,13,FALSE)

按 Enter 键，即可返回第一位员工的满勤奖金，如图 11-27 所示。

H3 =VLOOKUP(A3,出勤情况统计!$A$2:$N$60,13,FALSE)

4月份工资统计表									
员工工号	姓名	部门	基本工资	工龄工资	绩效奖金	加班工资	满勤奖金	请假迟到扣款	保险\公积金扣款
LX-001	张楚	客服部	3200	400					
LX-002	汪滕	客服部	3200	200					
LX-003	刘先	客服部	3200	200					
LX-004	黄雅黎	客服部	3200	200					
LX-005	夏梓	客服部	3800	600					
LX-006	胡伟立	客服部	3800	600					

注意

“绩效奖金”“加班工资”“满勤奖金”几项无值，表示第一位员工无绩效奖金、加班工资和满勤奖，即在相应的表格中匹配不到。

图 11-27

⑨ 选中 I3 单元格，在编辑栏中输入如下公式：

=VLOOKUP(A3,出勤情况统计!$A$2:$N$60,14,FALSE)

按 Enter 键，即可返回第一位员工的请假迟到扣款金额，如图 11-28 所示。

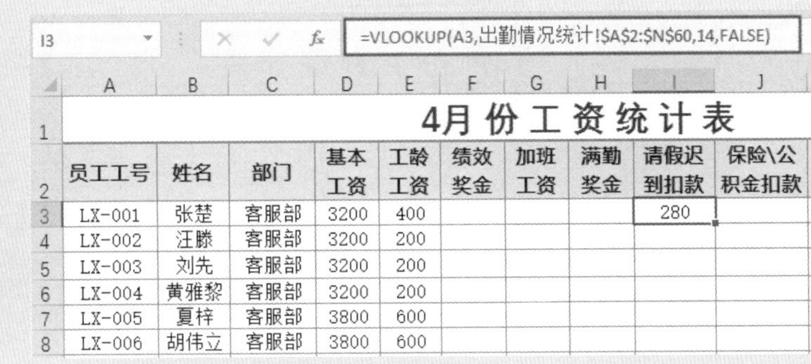

I3 =VLOOKUP(A3,出勤情况统计!$A$2:$N$60,14,FALSE)

4月份工资统计表									
员工工号	姓名	部门	基本工资	工龄工资	绩效奖金	加班工资	满勤奖金	请假迟到扣款	保险\公积金扣款
LX-001	张楚	客服部	3200	400				280	
LX-002	汪滕	客服部	3200	200					
LX-003	刘先	客服部	3200	200					
LX-004	黄雅黎	客服部	3200	200					
LX-005	夏梓	客服部	3800	600					
LX-006	胡伟立	客服部	3800	600					

图 11-28

公式解析

本例公式

=VLOOKUP(A3,出勤情况统计! $A$2:$N$60,14,FALSE)

A3 是查询的员工工号，查询范围是在“出勤情况统计!A2:N60”，对应查询范围的数据范围是第 14 列，即请假迟到扣款金额。

下面计算应当扣除的保险费用，保险及公积金扣款约定如下。

- 养老保险个人缴纳比例为：（基本工资+岗位工资+工龄工资）*10%。
- 医疗保险个人缴纳比例为：（基本工资+岗位工资+工龄工资）*2%。
- 住房公积金个人缴纳比例为：（基本工资+岗位工资+工龄工资）*8%。

⑩ 在表格中选中 J3 单元格，在编辑栏中输入如下公式：

=IF(E3=0,0,(D3+E3)*0.08+(D3+E3)*0.02+(D3+E3)*0.1)

按 Enter 键，即可返回第一位员工的保险/公积金扣款金额，如图 11-29 所示。

J3 | =IF(E3=0,0,(D3+E3)*0.08+(D3+E3)*0.02+(D3+E3)*0.1)

	A	B	C	D	E	F	G	H	I	J
1	4月份工资统计表									
2	员工工号	姓名	部门	基本工资	工龄工资	绩效奖金	加班工资	满勤奖金	请假迟到扣款	保险\公积金扣款
3	LX-001	张楚	客服部	3200	400				280	720
4	LX-002	汪滕	客服部	3200	200					
5	LX-003	刘先	客服部	3200	200					
6	LX-004	黄雅黎	客服部	3200	200					
7	LX-005	夏梓	客服部	3800	600					
8	LX-006	胡伟立	客服部	3800	600					

图 11-29

⓫ 选中 K3 单元格，在编辑栏中输入如下公式：

=SUM(D3:H3)-SUM(I3:J3)

按 Enter 键即可返回第一位员工的应发工资合计，如图 11-30 所示。

K3 | =SUM(D3:H3)-SUM(I3:J3)

	B	C	D	E	F	G	H	I	J	K
1	4月份工资统计表									
2	姓名	部门	基本工资	工龄工资	绩效奖金	加班工资	满勤奖金	请假迟到扣款	保险\公积金扣款	应发合计
3	张楚	客服部	3200	400				280	720	2600
4	汪滕	客服部	3200	200						
5	刘先	客服部	3200	200						
6	黄雅黎	客服部	3200	200						
7	夏梓	客服部	3800	600						
8	胡伟立	客服部	3800	600						

图 11-30

公式解析

1. IFERROR 函数

如果公式的计算结果错误，则返回指定的值；否则返回公式的结果。使用 IFERROR 函数可捕获和处理公式中的错误。

2. VLOOKUP 函数

VLOOKUP 函数用于在表格或数值数组的首列查找指定的数值，并返回表格或数组中指定列所对应位置的数值。

设置此区域时，注意查找目标一定要在该区域的第一列，并且该区域中一定要包含要返回值所在的列。

=VLOOKUP(❶要查找的值,❷用于查找的区域,❸要返回哪一列上的值)

第 3 个参数决定了要返回的内容，对于一条记录，它有多种属性的数据，分别位于不同的列中，通过对该参数的设置可以返回要查看的内容。

=VLOOKUP(A3,基本工资表!$A$2:$G$205,7,FALSE)

在"基本工资表!$A$2:$G$205"单元格区域的首列中查找与 A3 匹配的编号，找到后返回该区域中对应在第 7 列上的值，即工龄工资。

=IFERROR(VLOOKUP(A3,员工销售提成!$A$2:$E$14,5,FALSE),"")

对这个公式，如果去掉外层的 IFERROR 部分，则与前面的 VLOOKUP 函数使用方法一样。但因为"员工销售提成"中并不是所有的员工都存在（一般只有销售部的人），所以会出现找不到的情况。当 VLOOKUP 函数找不到时，将会返回错误值。为避免错误值显示在单元格中，则在外层套 IFERROR 函数。此函数套在 VLOOKUP 函数的外面，起到的作用是判断 VLOOKUP 返回值是否为任意错误值，如果是，则返回空值。

11.4.4 计算实发工资

使用 VLOOKUP 函数可以匹配到个人所得税，再将应发合计减去个人所得税，得到员工实发工资。

扫一扫，看视频

❶ 选中 L3 单元格，在编辑栏中输入如下公式：

=VLOOKUP(A3,所得税计算表!$A$2:$H$60,8,FALSE)

按 Enter 键，即可返回第一位员工的个人所得税，如图 11-31 所示。

L3 =VLOOKUP(A3,所得税计算表!$A$2:$H$60,8,FALSE)

	B	C	D	E	F	G	H	I	J	K	L
1	4月份工资统计表										
2	姓名	部门	基本工资	工龄工资	绩效奖金	加班工资	满勤奖金	请假迟到扣款	保险\公积金扣款	应发合计	个人所得税
3	张楚	客服部	3200	400				280	720	2600	0
4	汪滕	客服部	3200	200							
5	刘先	客服部	3200	200							
6	黄雅黎	客服部	3200	200							
7	夏梓	客服部	3800	600							
8	胡伟立	客服部	3800	600							

图 11-31

公式解析

本例公式

=VLOOKUP(A3,所得税计算表!$A$2:$H$60,8,FALSE)

A3 是查询的员工编号，查询范围是在"所得税计算表!A2:H60"，对应查询范围的数据范围是第 8 列，即个人所得税额。

❷ 选中 M3 单元格，在编辑栏中输入如下公式：

=K3-L3

按 Enter 键，即可返回第一位员工的实发工资额，如图 11-32 所示。

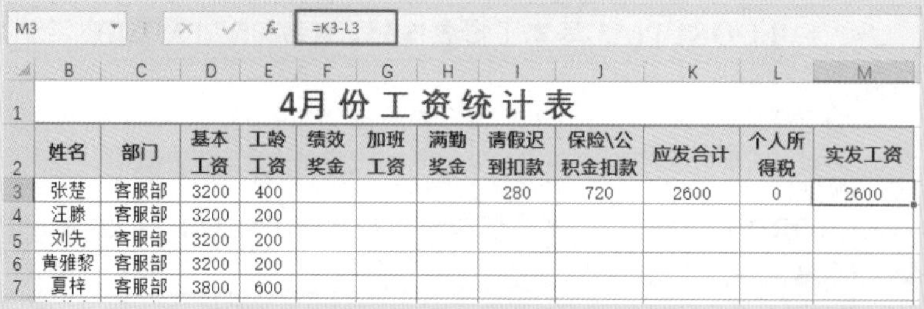

M3 =K3-L3

	B	C	D	E	F	G	H	I	J	K	L	M
1	4月份工资统计表											
2	姓名	部门	基本工资	工龄工资	绩效奖金	加班工资	满勤奖金	请假迟到扣款	保险\公积金扣款	应发合计	个人所得税	实发工资
3	张楚	客服部	3200	400				280	720	2600	0	2600
4	汪滕	客服部	3200	200								
5	刘先	客服部	3200	200								
6	黄雅黎	客服部	3200	200								
7	夏梓	客服部	3800	600								

图 11-32

❸ 选中 D3:M3 单元格区域，并向下填充公式至 M60 单元格，即可一次性得到所有员工的各项工资明细数据，如图 11-33 所示。

	A	B	C	D	E	F	G	H	I	J	K	L	M
1	4月份工资统计表												
2	员工工号	姓名	部门	基本工资	工龄工资	绩效奖金	加班工资	满勤奖金	请假迟到扣款	保险\公积金扣款	应发合计	个人所得税	实发工资
3	LX-001	张楚	客服部	3200	400				280	720	2600	0	2600
4	LX-002	汪滕	客服部	3200	200			300	0	680	3020	0	3020
5	LX-003	刘先	客服部	3200	200			300	0	680	3020	0	3020
6	LX-004	黄雅黎	客服部	3200	200		520		190	680	3050	0	3050
7	LX-005	夏梓	客服部	3800	600			300	0	880	3820	0	3820
8	LX-006	胡伟立	客服部	3800	600				100	880	3420	0	3420
9	LX-007	江华	客服部	3800	600		487.5	300	0	880	4307.5	0	4307.5
10	LX-008	方小妹	客服部	3200	200		560		20	680	3260	0	3260
11	LX-009	陈友	客服部	3200	200				20	680	2700	0	2700
12	LX-010	王莹	客服部	3200	0		300		20	0	3480	0	3480
13	LX-011	任玉军	仓储部	3800	600		505	300	0	880	4325	0	4325
14	LX-012	鲍骏	仓储部	4000	800				90	960	3750	0	3750
15	LX-013	王启秀	仓储部	3200	600				60	760	2980	0	2980
16	LX-014	张宇	仓储部	3200	600				0	760	3040	0	3040
17	LX-015	张鹤鸣	仓储部	3500	600				20	820	3260	0	3260
18	LX-016	陆路	销售部	1200	0	6064			400	0	6864	55.92	6808.08
19	LX-017	罗佳	销售部	1200	0	8421			30	0	9590.8	249.08	9341.72
20	LX-018	张菲	销售部	1200	0	2250	175	300	0	0	3925	0	3925
21	LX-019	吕梁	销售部	1200	0	7680		300	0	0	9180	208	8972

图 11-33

11.5 员工工资条表单

扫一扫，看视频

工资表生成以后，一方面用作存档，另一方面还需要打印工资条发给员工。工资条是员工领取工资的一个详单，便于员工详细地了解本月应发工资明细与应扣工资明细。

11.5.1 定义名称

建立工资条时，需要不断地使用公式引用“员工月度工资表”中的数据，为了方便数据的引用，可以先将“员工月度工资表”中的数据区域定义为名称。

首先在“员工月度工资表”中选中所有数据区域，然后在左上角的名称框内输入“工资表”，即可将数据区域定义为指定名称，如图 11-34 所示。

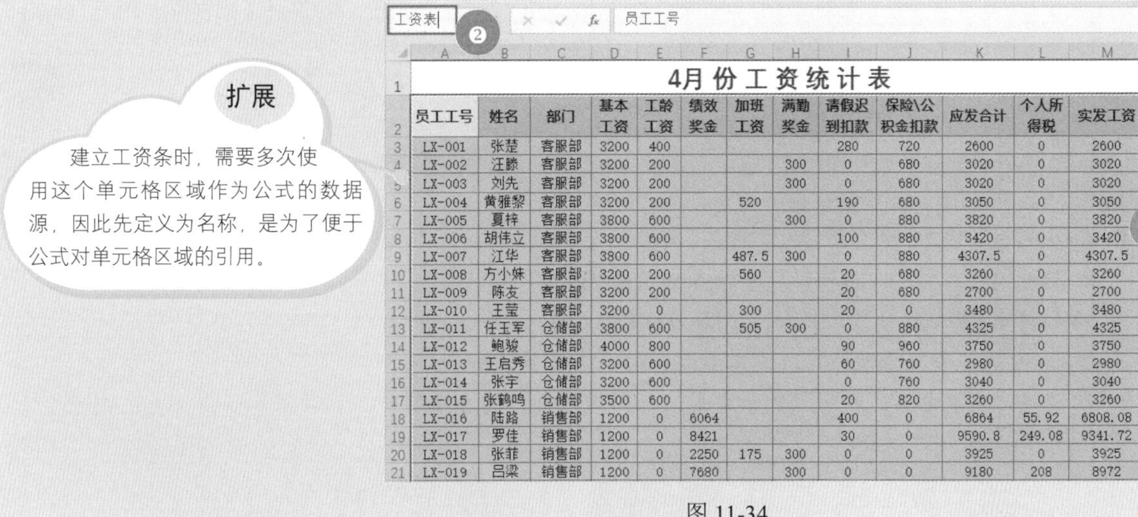

员工工号	姓名	部门	基本工资	工龄工资	绩效奖金	加班工资	满勤奖金	请假迟到扣款	保险\公积金扣款	应发合计	个人所得税	实发工资
LX-001	张楚	客服部	3200	400				280	720	2600	0	2600
LX-002	汪滕	客服部	3200	200			300	0	680	3020	0	3020
LX-003	刘先	客服部	3200	200			300	0	680	3020	0	3020
LX-004	黄雅黎	客服部	3200	200		520		190	680	3050	0	3050
LX-005	夏梓	客服部	3800	600			300	0	880	3820	0	3820
LX-006	胡伟立	客服部	3800	600				100	880	3420	0	3420
LX-007	江华	客服部	3800	600		487.5	300	0	880	4307.5	0	4307.5
LX-008	方小妹	客服部	3200	200		560		20	680	3260	0	3260
LX-009	陈友	客服部	3200	200				20	680	2700	0	2700
LX-010	王莹	客服部	3200	0		300		20	0	3480	0	3480
LX-011	任玉军	仓储部	3800	600		505	300	0	880	4325	0	4325
LX-012	鲍骏	仓储部	4000	800				90	960	3750	0	3750
LX-013	王启秀	仓储部	3200	600				60	760	2980	0	2980
LX-014	张宇	仓储部	3200	600				0	760	3040	0	3040
LX-015	张鹤鸣	仓储部	3500	600				20	820	3260	0	3260
LX-016	陆路	销售部	1200	0	6064			400	0	6864	55.92	6808.08
LX-017	罗佳	销售部	1200	0	8421			30	0	9590.8	249.08	9341.72
LX-018	张菲	销售部	1200	0	2250	175	300	0	0	3925	0	3925
LX-019	吕梁	销售部	1200	0	7680		300	0	0	9180	208	8972

图 11-34

11.5.2 建立工资条

工资条都是来自“员工月度工资表”，可以使用 VLOOKUP 函数，根据工号快速匹配获取各项明细数据，并且在生成第一位员工的工资条后，其他员工的工资条可以通过填充一次性得到。可以先从工资表中复制列标识，建立好工资条的框架，然后再建立公式。

❶ 建立“工资条”表格，在表格中选中 B2 单元格，输入员工工号作为查询对象，如图 11-35 所示。

❷ 选中 D2 单元格，在编辑栏中输入如下公式：

=VLOOKUP(B2,工资表,2,FALSE)

按 Enter 键，即可返回指定员工工号对应的员工姓名，如图 11-36 所示。

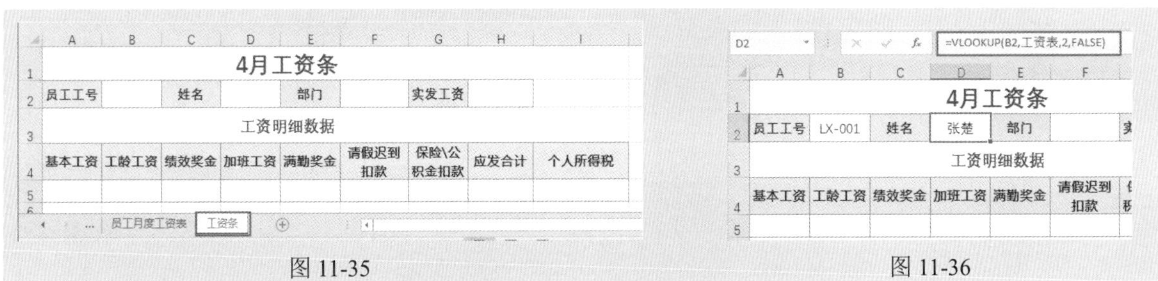

图 11-35

图 11-36

❸ 选中 F2 单元格，在编辑栏中输入如下公式：

=VLOOKUP(B2,工资表,3,FALSE)

按 Enter 键，即可返回指定员工工号对应的员工部门，如图 11-37 所示。

❹ 选中 H2 单元格，在编辑栏中输入如下公式：

=VLOOKUP(B2,工资表,13,FALSE)

按 Enter 键，即可返回指定员工工号对应的实发工资，如图 11-38 所示。

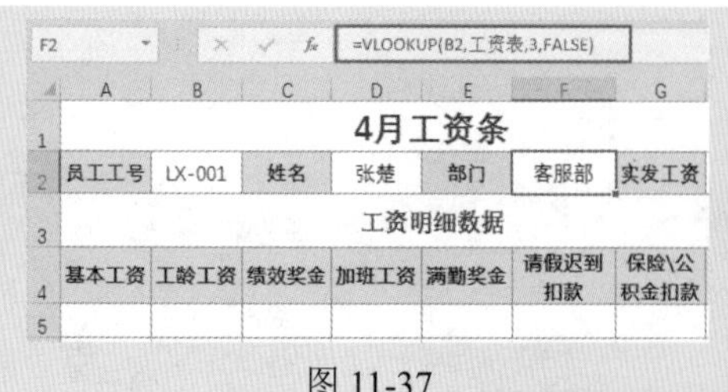

图 11-37

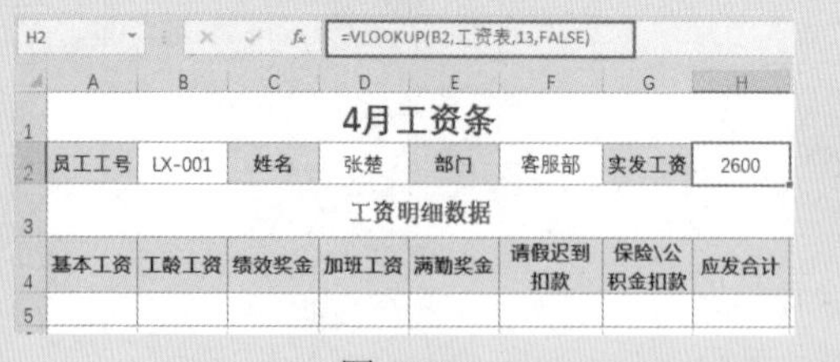

图 11-38

❺ 选中 A5 单元格，在编辑栏中输入如下公式：

=VLOOKUP($B2,工资表,COLUMN(D1),FALSE)

按 Enter 键，即可返回指定员工工号对应的基本工资，如图 11-39 所示。

❻ 选中 A5 单元格，并向右复制公式，得到该名员工的各项明细工资数据，如图 11-40 所示。

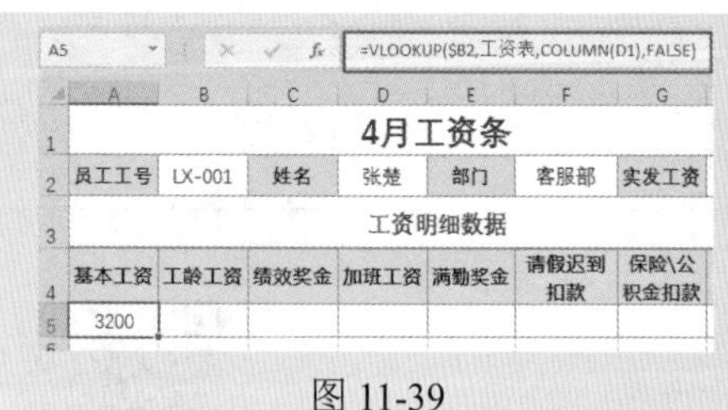

图 11-39

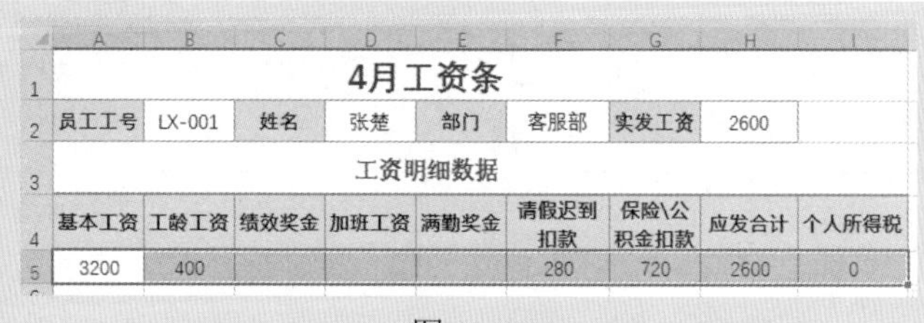

图 11-40

❼ 选中 A2:I6 单元格区域（如图 11-41 所示），向下填充公式，即可一次性得到所有员工的工资明细数据，如图 11-42 所示。

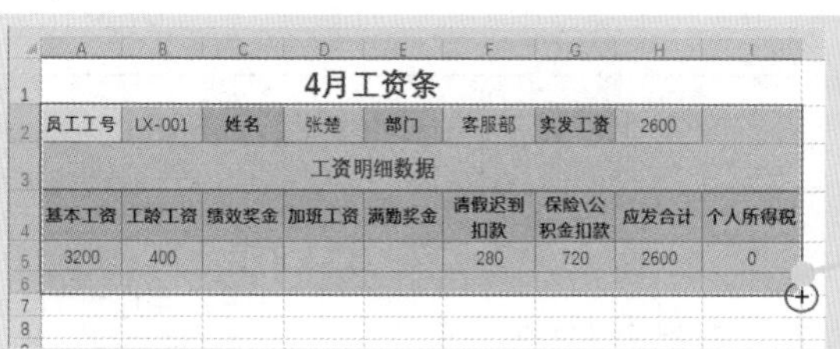

图 11-41

扩展

多选择一行空白行，是为了向下复制公式得到每位员工的工资明细数据后，使用空行隔开每个员工的明细数据，方便查看和裁剪。

4月工资条								
员工工号	LX-001	姓名	张楚	部门	客服部	实发工资	2600	
工资明细数据								
基本工资	工龄工资	绩效奖金	加班工资	满勤奖金	请假迟到扣款	保险\公积金扣款	应发合计	个人所得税
3200	400				280	720	2600	0
员工工号	LX-002	姓名	汪滕	部门	客服部	实发工资	3020	
工资明细数据								
基本工资	工龄工资	绩效奖金	加班工资	满勤奖金	请假迟到扣款	保险\公积金扣款	应发合计	个人所得税
3200	200			300	0	680	3020	0
员工工号	LX-003	姓名	刘先	部门	客服部	实发工资	3020	
工资明细数据								
基本工资	工龄工资	绩效奖金	加班工资	满勤奖金	请假迟到扣款	保险\公积金扣款	应发合计	个人所得税
3200	200			300	0	680	3020	0
员工工号	LX-004	姓名	黄雅黎	部门	客服部	实发工资	3050	
工资明细数据								
基本工资	工龄工资	绩效奖金	加班工资	满勤奖金	请假迟到扣款	保险\公积金扣款	应发合计	个人所得税
3200	200		520		190	680	3050	0

图 11-42

公式解析

1. VLOOKUP 函数

VLOOKUP 函数用于在表格或数值数组的首列查找指定的数值，并返回表格或数组中指定列所对应位置的数值。

设置此区域时，注意查找目标一定要在该区域的第一列，并且该区域中一定要包含要返回值所在的列。

=VLOOKUP(❶要查找的值,❷用于查找的区域,❸要返回哪一列上的值)

第 3 个参数决定了要返回的内容。对于一条记录，它有多种属性的数据，分别位于不同的列中，通过对该参数的设置可以返回要查看的内容。

2. COLUMN 函数

COLUMN 函数用于返回引用单元格的列号。如果没有参数，则表示返回公式所在单元格的列号。

① "COLUMN(D1)"，返回 D1 单元格所在的列号，因此当前返回结果为 4。

=VLOOKUP($B2,工资表,COLUMN(D1),FALSE)

② "COLUMN(D1)" 的返回值为 "4"，而 "基本工资" 正处于 "工资表"（之前定义的名称）单元格区域的第 4 列中。之所以这样设置，是为了接下来复制公式的方便，当复制 A5 单元格的公式到 B5 单元格中时，公式更改为：=VLOOKUP($B2,工资表,COLUMN(E1),FALSE)，"COLUMN(E1)" 返回值为 "5"，而 "工龄工资" 正处于 "工资表" 单元格区域的第 5 列中，以此类推。如果不采用这种办法来设置公式，则需要依次手动更改 VLOOKUP 函数的第 3 个参数，即指定要返回哪一列上的值。

=VLOOKUP(B2,工资表,2,FALSE)

查找 B2 单元格中的工号在 "工资表" 中第 2 列的数据，即员工姓名。

11.6 工资 5000 元以上查询表

扫一扫，看视频

创建完员工月度工资表后，可以使用 Excel 中的筛选、分类汇总、条件格式、数据透视表等工具来建立查询表、统计表、分析表等。还可以按部门汇总工资总额、查看工资过万的记录、查看工资最低的记录等。本例中可以使用"筛选"功能建立工资 5000 元以上查询表。

❶ 选中任意单元格，在"数据"选项卡的"数据工具"组中单击"筛选"按钮（如图 11-43 所示），即可为表格添加自动筛选按钮。

❷ 单击"实发工资"列标识右侧的筛选按钮，在弹出的下拉列表中选择"数字筛选"→"大于"选项（如图 11-44 所示），打开"自定义自动筛选方式"对话框。

❸ 设置实发工资的筛选条件为"大于 5000"，如图 11-45 所示。

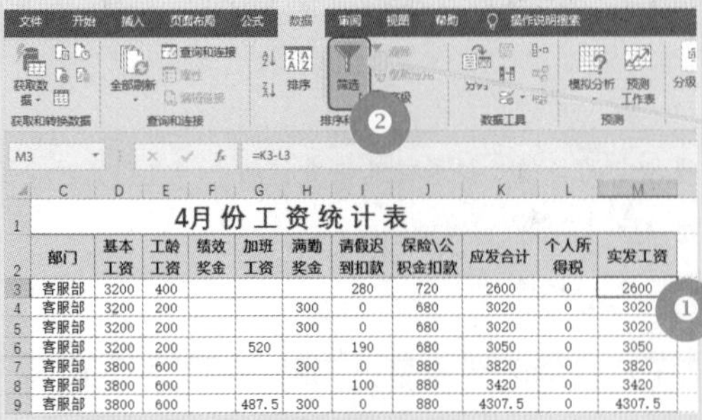

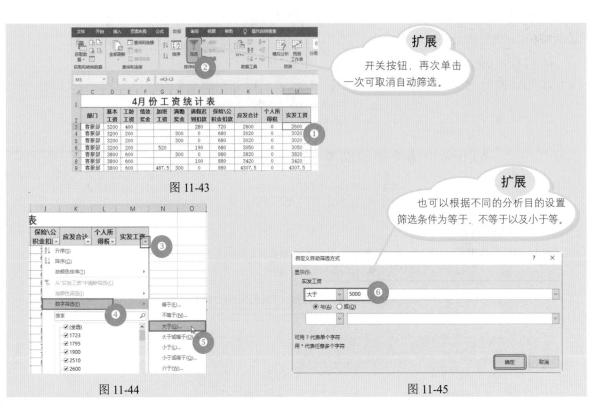

	部门	基本工资	工龄工资	绩效奖金	加班工资	满勤奖金	请假迟到扣款	保险\公积金扣款	应发合计	个人所得税	实发工资
3	客服部	3200	400				280	720	2600	0	2600
4	客服部	3200	200			300	0	680	3020	0	3020
5	客服部	3200	200			300	0	680	3020	0	3020
6	客服部	3200	200		520		190	680	3050	0	3050
7	客服部	3800	600			300	0	880	3820	0	3820
8	客服部	3800	600				100	880	3420	0	3420
9	客服部	3800	600		487.5	300	0	880	4307.5	0	4307.5

扩展

开关按钮，再次单击一次可取消自动筛选。

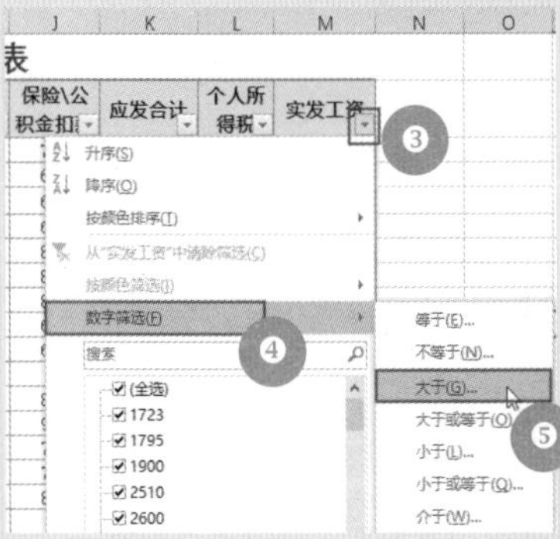

图 11-43

扩展

也可以根据不同的分析目的设置筛选条件为等于、不等于以及小于等。

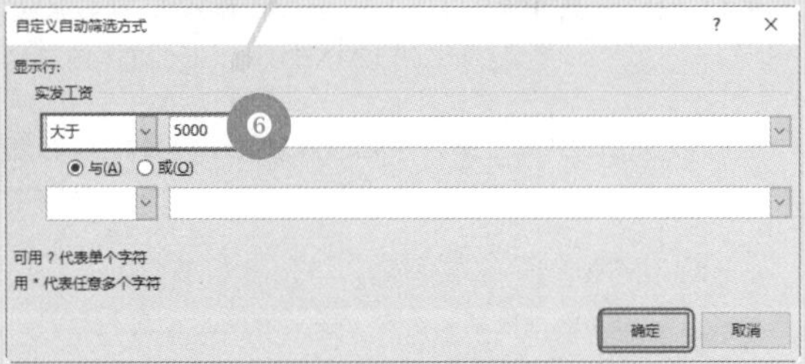

图 11-44

图 11-45

❹ 单击“确定”按钮，即可筛选出工资 5000 元以上的所有记录，如图 11-46 所示。

4月份工资统计表

	员工工号	姓名	部门	基本工资	工龄工资	绩效奖金	加班工资	满勤奖金	请假迟到扣款	保险\公积金扣款	应发合计	个人所得税	实发工资
18	LX-016	陆路	销售部	1200	0	6064			400	0	6864	55.92	6808.08
19	LX-017	罗佳	销售部	1200	0	8421			30	0	9590.8	249.08	9341.72
21	LX-019	吕梁	销售部	1200	0	7680		300	0	0	9180	208	8972
22	LX-020	王淑娟	销售部	1200	600	4400		300	0	360	6140	34.2	6105.8
25	LX-023	徐磊	销售部	2000	800	15840		300	0	560	18380	1266	17114
26	LX-024	杨静	销售部	1200	400	7248			400	320	8128	102.8	8025.2
27	LX-025	彭国华	销售部	1200	0	6016		300	0	0	7516	75.48	7440.52
28	LX-026	吴子进	销售部	2000	800	28480			20	560	30700	3765	26935
30	LX-028	扬帆	销售部	1200	200	6016			20	280	7116	63.48	7052.52
31	LX-029	邓鑫	销售部	1800	600	6880		300	0	480	9100	200	8900
44	LX-042	张毅君	设计部	6000	1200		587.5		20	1440	6327.5	39.825	6287.675

图 11-46

❺ 选中筛选结果数据区域并按 Ctrl+C 组合键复制（如图 11-47 所示），新建工作表，选中 A2 单元格，按 Ctrl+V 组合键粘贴，即可将筛选结果粘贴到新表格（保留了表格格式）中。

4月份工资统计表

	员工工号	姓名	部门	基本工资	工龄工资	绩效奖金	加班工资	满勤奖金	请假迟到扣款	保险\公积金扣款	应发合计	个人所得税	实发工资
18	LX-016	陆路	销售部	1200	0	6064			400	0	6864	55.92	6808.08
19	LX-017	罗佳	销售部	1200	0	8421			30	0	9590.8	249.08	9341.72
21	LX-019	吕梁	销售部	1200	0	7680		300	0	0	9180	208	8972
22	LX-020	王淑娟	销售部	1200	600	4400		300	0	360	6140	34.2	6105.8
25	LX-023	徐磊	销售部	2000	800	15840		300	0	560	18380	1266	17114
26	LX-024	杨静	销售部	1200	400	7248			400	320	8128	102.8	8025.2
27	LX-025	彭国华	销售部	1200	0	6016		300	0	0	7516	75.48	7440.52
28	LX-026	吴子进	销售部	2000	800	28480			20	560	30700	3765	26935
30	LX-028	扬帆	销售部	1200	200	6016			20	280	7116	63.48	7052.52
31	LX-029	邓鑫	销售部	1800	600	6880		300	0	480	9100	200	8900
44	LX-042	张毅君	设计部	6000	1200		587.5		20	1440	6327.5	39.825	6287.675

图 11-47

❻ 在第一行中为表格添加名称“工资 5000 元以上查询表”，效果如图 11-48 所示。

工资5000元以上查询表												
员工工号	姓名	部门	基本工资	工龄工资	绩效奖金	加班工资	满勤奖金	请假迟到扣款	保险\公积金扣款	应发合计	个人所得税	实发工资
LX-016	陆路	销售部	1200	0	6064			400	0	6864	55.92	6808.08
LX-017	罗佳	销售部	1200	0	8420.8			30	0	9590.8	249.08	9341.72
LX-019	吕梁	销售部	1200	0	7680		300	0	0	9180	208	8972
LX-020	王淑娟	销售部	1200	600	4400		300	0	360	6140	34.2	6105.8
LX-023	徐磊	销售部	2000	800	15840		300	0	560	18380	1266	17114
LX-024	杨静	销售部	1200	400	7248			400	320	8128	102.8	8025.2
LX-025	彭国华	销售部	1200	0	6016		300	0	0	7516	75.48	7440.52
LX-026	吴子进	销售部	2000	800	28480			20	560	30700	3765	26935
LX-028	扬帆	销售部	1200	200	6016			20	280	7116	63.48	7052.52
LX-029	邓鑫	销售部	1800	600	6880		300	0	480	9100	200	8900
LX-042	张毅君	设计部	6000	1200		587.5		20	1440	6327.5	39.825	6287.675

图 11-48

11.7 部门工资汇总报表

根据员工月度工资表中的数据，可以使用“分类汇总”功能按照部门汇总统计工资额。分类汇总可以为同一类别的记录自动添加合计或小计，如计算同一类数据的总和、平均值、最大值等，从而得到分散记录的合计数据。这项功能是数据分析（特别是大数据分析）中常用的功能之一。

11.7.1 对部门数据排序

如果要对员工月度工资表按照部门汇总合计值，首先要使用“排序”功能对部门列的数据执行降序或者升序排序（即先将相同部门的记录排列在一起），再使用分类汇总功能。

扫一扫，看视频

选中“部门”列任一单元格，在“数据”选项卡的“排序和筛选”组中单击“降序”按钮（如图 11-49 所示），即可将部门排序，如图 11-50 所示。

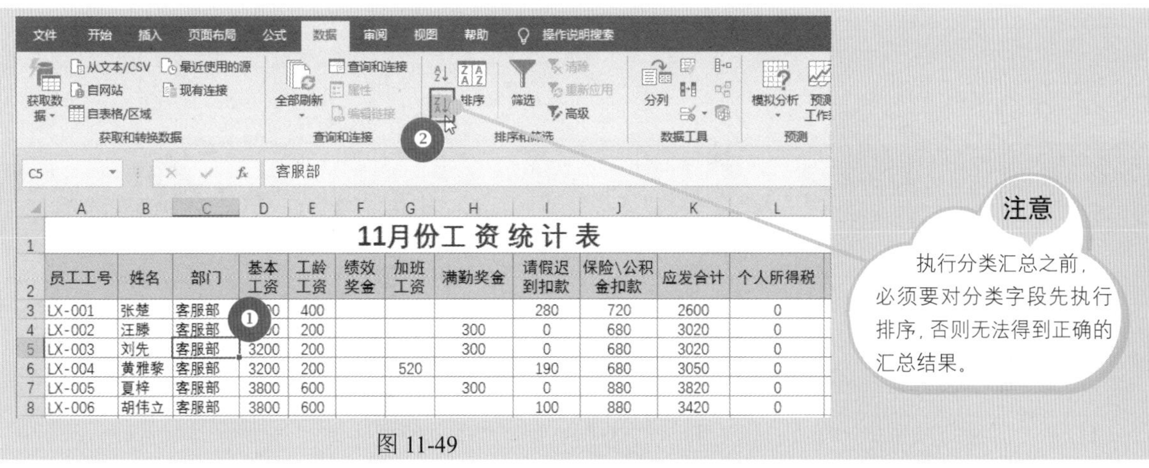

图 11-49

	A	B	C	D	E	F	G	H	I	J	K	L	M
1	11月份工资统计表												
2	员工工号	姓名	部门	基本工资	工龄工资	绩效奖金	加班工资	满勤奖金	请假迟到扣款	保险\公积金扣款	应发合计	个人所得税	实发工资
3	LX-016	陆路	销售部	1200	0	6064			400	0	6864	55.92	6808.08
4	LX-017	罗佳	销售部	1200	0	8421			30	0	9590.8	249.08	9341.72
5	LX-018	张菲	销售部	1200	0	2250	175	300	0	0	3925	0	3925
6	LX-019	吕梁	销售部	1200	0	7680		300	0	0	9180	208	8972
7	LX-020	王淑娟	销售部	1200	600	4400		300	0	360	6140	34.2	6105.8
8	LX-021	周保国	销售部	1200	400	1250			20	320	2510	0	2510
9	LX-022	唐虎	销售部	1200	400	1600	0		20	320	2860	0	2860
10	LX-023	徐磊	销售部	2000	800	15840		300	0	560	18380	1266	17114
11	LX-024	杨静	销售部	1200	400	7248			400	320	8128	102.8	8025.2
12	LX-025	彭国华	销售部	1200	0	6016		300	0	0	7516	75.48	7440.52
13	LX-026	吴子进	销售部	2000	800	28480			20	560	30700	3765	26935
14	LX-027	赵小军	销售部	1200	200	375		300	0	280	1795	0	1795
15	LX-028	扬帆	销售部	1200	200	6016			20	280	7116	63.48	7052.52
16	LX-029	邓鑫	销售部	1800	600	6880		300	0	480	9100	200	8900
17	LX-030	王达	销售部	1200	600	303			20	360	1723	0	1723
18	LX-040	陈欧	设计部	4000	400			300	0	880	3820	0	3820
19	LX-041	李多多	设计部	4000	600				20	920	3660	0	3660
20	LX-042	张毅君	设计部	6000	1200		587.5		20	1440	6327.5	39.825	6287.675
21	LX-043	胡娇娇	设计部	4000	600			300	0	920	3980	0	3980
22	LX-044	董晓迪	设计部	4000	600				120	920	3560	0	3560
23	LX-045	张振梅	设计部	4000	200			300	0	840	3660	0	3660

图 11-50

扫一扫，看视频

11.7.2 按部门分类汇总工资额

经过 11.7.1 小节的排序操作后，可以使用“分类汇总”功能将表格中相同部门的实发工资进行求和运算，得到按部门汇总工资额的统计表格。

❶ 选中任意单元格后，在“数据”选项卡的“分级显示”组中单击“分类汇总”按钮（如图 11-51 所示），打开“分类汇总”对话框。

❷ 设置“分类字段”为“部门”，“汇总方式”为“求和”，“选定汇总项”为“实发工资”，如图 11-52 所示。

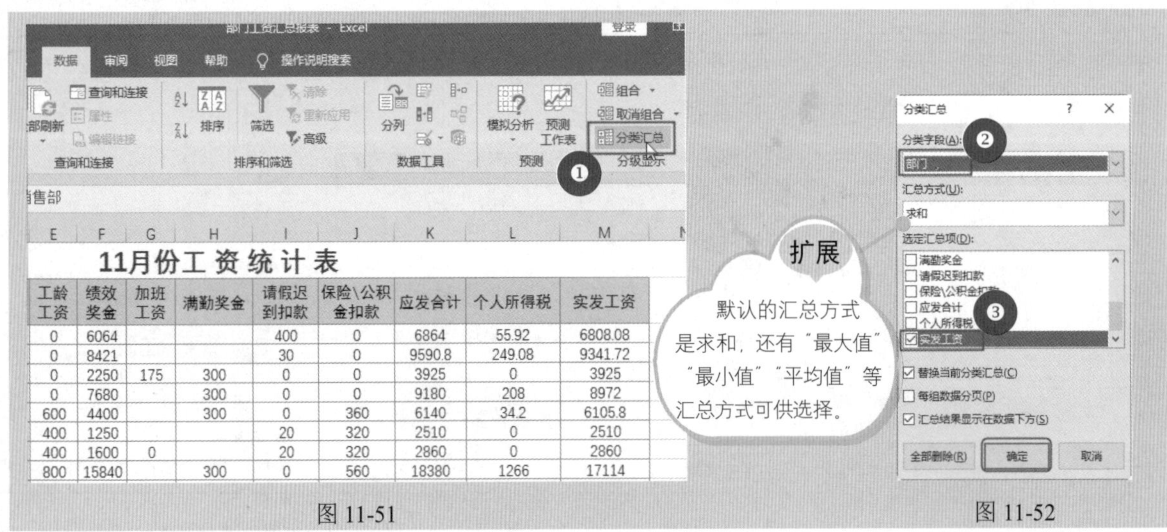

图 11-51　　图 11-52

❸ 单击“确定”按钮，即可得到分类汇总结果。单击左上角的数字 2 标签（如图 11-53 所示），即可只显示按部门汇总值，如图 11-54 所示。

扩展

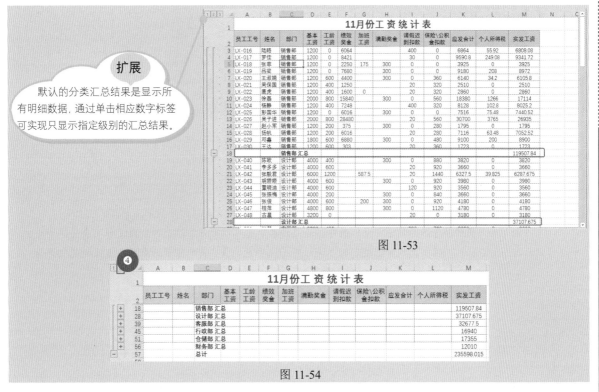

默认的分类汇总结果是显示所有明细数据，通过单击相应数字标签可实现只显示指定级别的汇总结果。

11月份工资统计表

员工工号	姓名	部门	基本工资	工龄工资	绩效奖金	加班工资	满勤奖金	请假迟到扣款	保险\公积金扣款	应发合计	个人所得税	实发工资
LX-016	陆路	销售部	1200	0	6064			400	0	6864	55.92	6808.08
LX-017	罗佳	销售部	1200	0	8421			30	0	9590.8	249.08	9341.72
LX-018	张菲	销售部	1200	0	2250	175	300	0	0	3925	0	3925
LX-019	吕梁	销售部	1200	0	7680		300	0	0	9180	208	8972
LX-020	王淑娟	销售部	1200	600	4400		300	0	360	6140	34.2	6105.8
LX-021	周保国	销售部	1200	400	1250			20	320	2510	0	2510
LX-022	唐虎	销售部	1200	400	1600	0		20	320	2860	0	2860
LX-023	徐磊	销售部	2000	800	15840		300	0	560	18380	1266	17114
LX-024	杨静	销售部	1200	400	7248			400	320	8128	102.8	8025.2
LX-025	彭国华	销售部	1200	0	6016		300	0	0	7516	75.48	7440.52
LX-026	吴子进	销售部	2000	800	28480			20	560	30700	3765	26935
LX-027	赵小军	销售部	1200	200	375		300	0	280	1795	0	1795
LX-028	扬帆	销售部	1200	200	6016			20	280	7116	63.48	7052.52
LX-029	邓鑫	销售部	1800	600	6880		300	0	480	9100	200	8900
LX-030	王达	销售部	1200	600	303			20	360	1723	0	1723
		销售部 汇总										119507.84
LX-040	陈欧	设计部	4000	400			300	0	880	3820	0	3820
LX-041	李多多	设计部	4000	600				20	920	3660	0	3660
LX-042	张毅君	设计部	6000	1200		587.5		20	1440	6327.5	39.825	6287.675
LX-043	胡娇娇	设计部	4000	600			300	0	920	3980	0	3980
LX-044	董晓迪	设计部	4000	600				120	920	3560	0	3560
LX-045	张振梅	设计部	4000	200			300	0	840	3660	0	3660
LX-046	张俊	设计部	4000	600		200	300	0	920	4180	0	4180
LX-047	桂萍	设计部	4800	800			300	0	1120	4780	0	4780
LX-048	古晨	设计部	3200	0				20	0	3180	0	3180
		设计部 汇总										37107.675

图 11-53

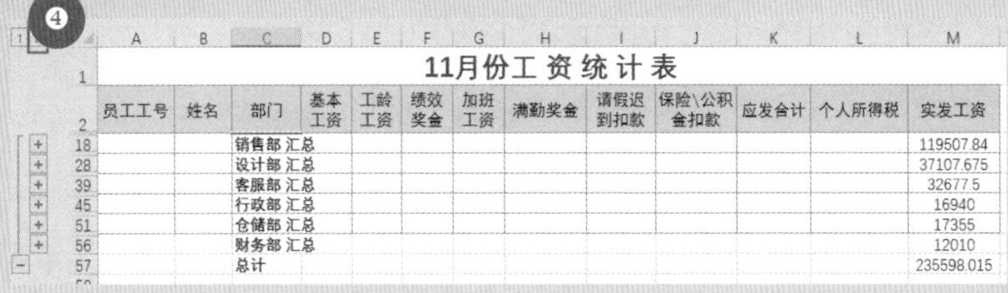

11月份工资统计表

员工工号	姓名	部门	基本工资	工龄工资	绩效奖金	加班工资	满勤奖金	请假迟到扣款	保险\公积金扣款	应发合计	个人所得税	实发工资
		销售部 汇总										119507.84
		设计部 汇总										37107.675
		客服部 汇总										32677.5
		行政部 汇总										16940
		仓储部 汇总										17355
		财务部 汇总										12010
		总计										235598.015

图 11-54

❹ 选中分类汇总结果数据区域，按键盘上的 F5 功能键，打开“定位”对话框，单击其中的“定位条件”按钮，打开“定位条件”对话框。

❺ 选中“可见单元格”单选按钮（如图 11-55 所示），单击“确定”按钮，即可选中所有可见单元格。按 Ctrl+C 组合键复制，如图 11-56 所示。

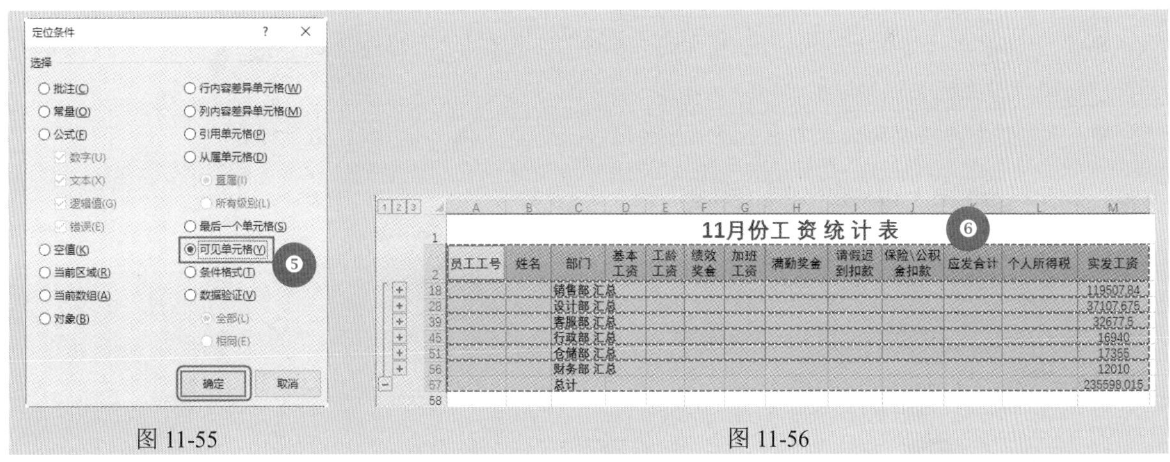

图 11-55　　图 11-56

❻ 新建工作表，按 Ctrl+V 组合键粘贴数据。然后选中要删除的列并右击，在弹出的快捷菜单中选择“删除”命令（如图 11-57 所示），只保留“部门”和“实发工资”列数据，重新整理表格并为表格添加名称，生成“部门工资汇总报表”，如图 11-58 所示。

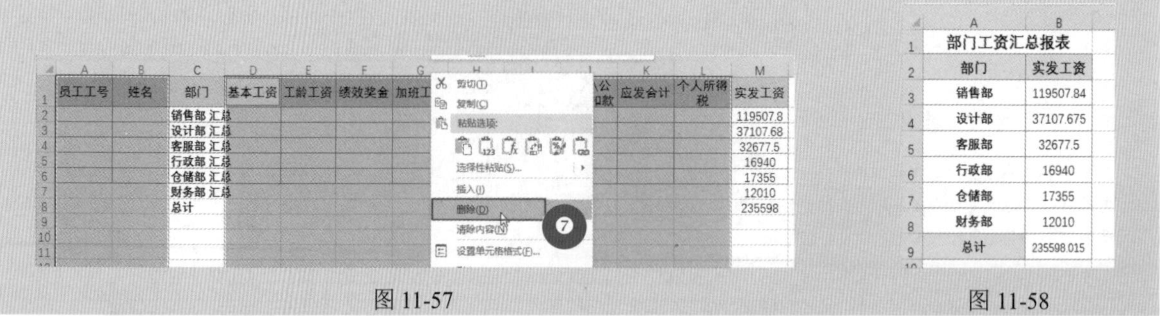

图 11-57　　图 11-58

经验之谈

在复制分类汇总的结果之前，进行了一项定位可见单元格的操作，这是因为分类汇总的结果包含了很多明细数据，可以通过左上角的序号选择显示哪一级的分类汇总结果，也可以展开显示明细数据。如果直接执行复制，则会复制所有明细数据。而要只复制当前显示的统计结果，就要先定位当前所显示的数据，再执行复制操作。

11.8　部门平均工资比较图表

根据员工月度工资表中的部门和实发工资数据，可以建立数据透视图，了解哪个部门的平均工资最高。

扫一扫，看视频

11.8.1　建立数据透视表，统计各部门平均工资

建立数据透视图之前，可以为当前表格建立数据透视表，并按部门统计工资额，然后再修改值的汇总方式为平均值，从而计算出每个部门的平均工资。

❶ 选中任意单元格，在“插入”选项卡的“表格”组中单击“数据透视表”按钮（如图 11-59 所示），打开“创建数据透视表”对话框。

❷ “表/区域”框中默认选中了当前表格的所有数据单元格，如图 11-60 所示。

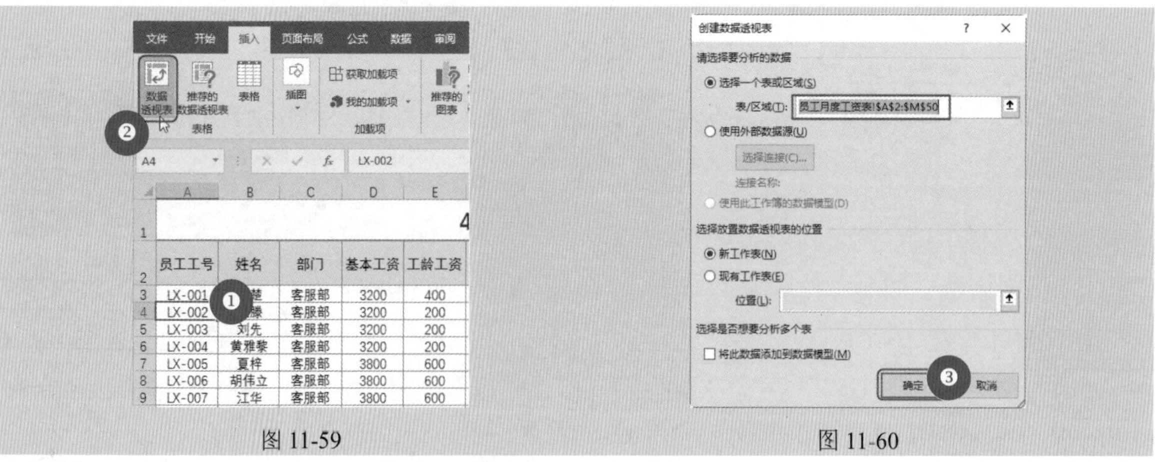

图 11-59　　图 11-60

❸ 单击"确定"按钮，即可在新工作表中创建数据透视表。将表格重命名为"部门平均工资比较图表"；在字段列表中选中"部门"字段，拖至"行"区域中；选中"实发工资"字段，拖至"值"区域中，效果如图 11-61 所示。

❹ 选中 B4 单元格后右击，在弹出的快捷菜单中选择"值汇总依据"→"平均值"命令，如图 11-62 所示。完成设置后，即可计算出各个部门的平均工资。

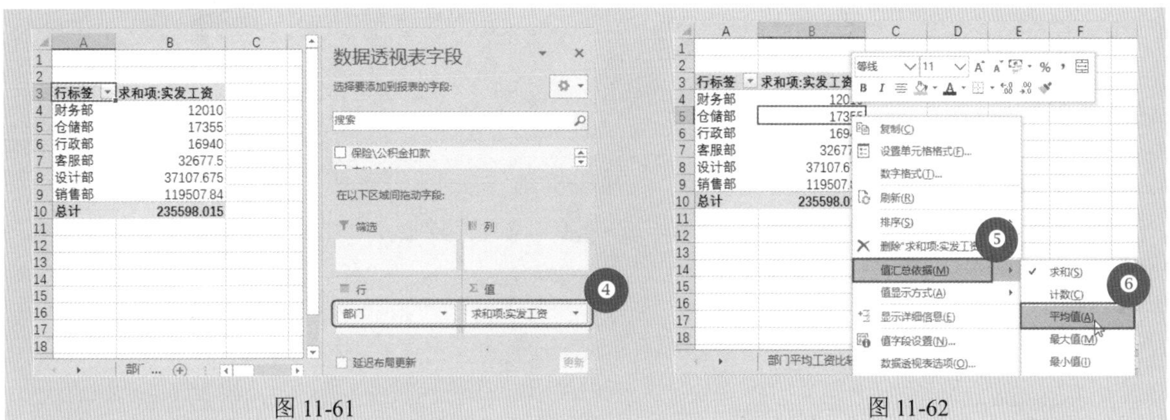

图 11-61　　　　图 11-62

❺ 选中 B4:B13 单元格区域，在"开始"选项卡的"数字"组中打开"数字格式"下拉列表，从中选择"会计专用"选项，如图 11-63 所示。设置后的数据显示如图 11-64 所示。

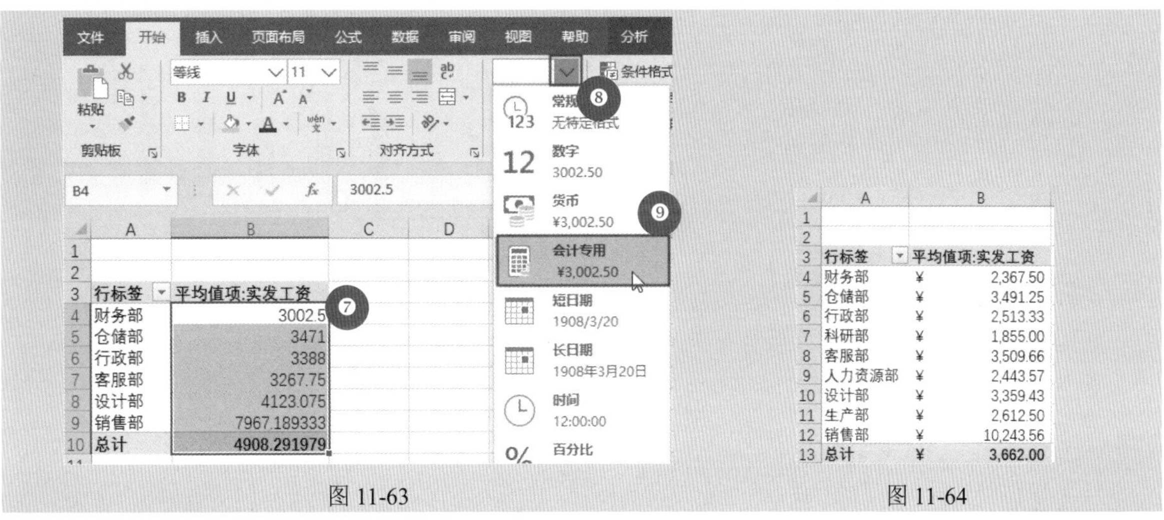

图 11-63　　　　图 11-64

11.8.2　建立部门平均工资比较图表

扫一扫，看视频

根据 11.8.1 小节的数据透视表可以建立簇状柱形图。通过柱形图的高低可以直观地查看哪一个部门的平均工资最高。

❶ 选中数据透视表中的任一单元格，在"数据透视表工具-分析"选项卡的"工具"组中单击"数据透视图"按钮（如图 11-65 所示），打开"插入图表"对话框。

图 11-65

❷ 选择合适的图表类型（如图 11-66 所示），单击“确定”按钮，即可在工作表中插入默认格式的图表，如图 11-67 所示。

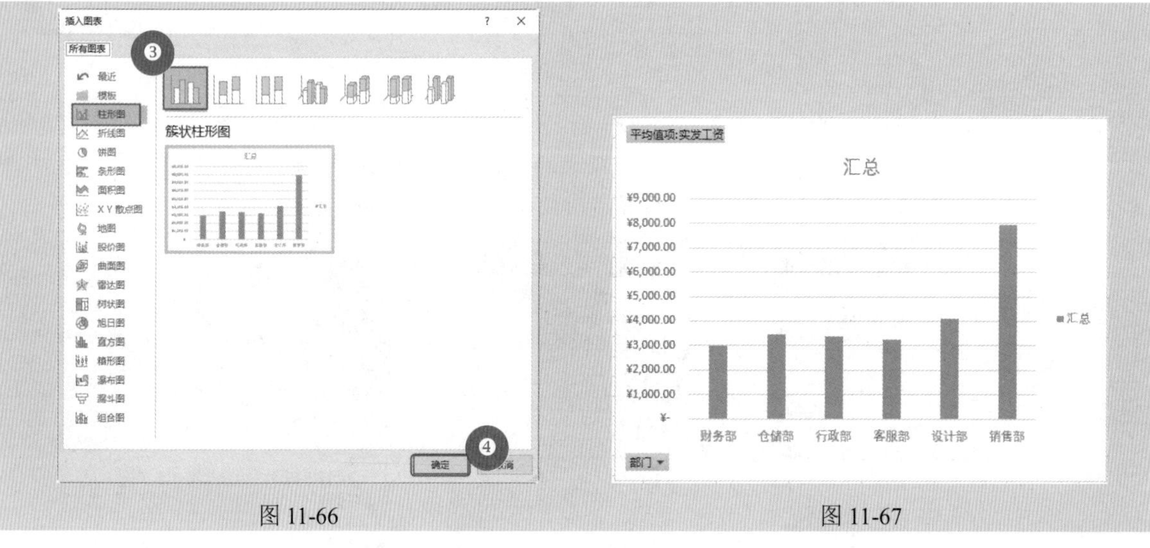

图 11-66　　图 11-67

❸ 编辑图表标题，可通过套用图表样式快速美化图表。从图表中可以直观地查看数据分析的结果，即销售部的平均工资是最高的，如图 11-68 所示。

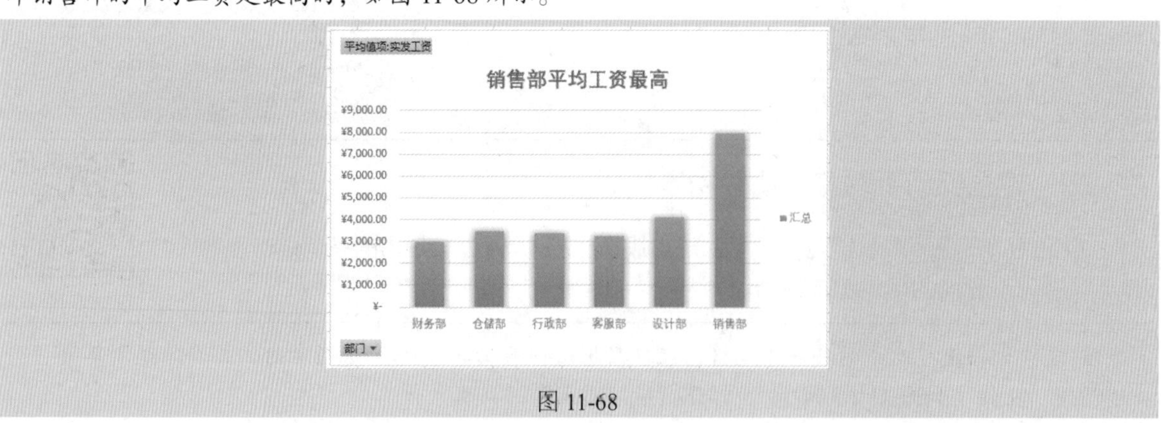

图 11-68

11.9 工资分布区间统计表

扫一扫，看视频

根据员工月度工资表中的实发工资列数据可以建立工资分布区间人数统计表，以实现对企业工资水平分布情况的研究。

❶ 在 O2:P6 单元格区域建立统计表格，并命名为“工资分布区间统计表”，如图 11-69 所示。

❷ 选中 P3 单元格，在编辑栏中输入如下公式：

=COUNTIFS(M3:M60,">=5000")

按 Enter 键，即可返回工资在 5000 元以上（含 5000 元）的员工的人数，如图 11-70 所示。

4月份工资统计表

工龄工资	绩效奖金	加班工资	满勤奖金	请假迟到扣款	保险\公积金扣款	应发合计	个人所得税	实发工资
400				280	720	2600	0	2600
200			300	0	680	3020	0	3020
200			300	0	680	3020	0	3020
200		520		190	680	3050	0	3050
600			300	0	880	3820	0	3820
600				100	880	3420	0	3420
600		487.5	300	0	880	4308	0	4307.5

工资分布区间统计表

工资区间	人数
>=5000	
4000-5000	
2000-4000	
<2000	

图 11-69

=COUNTIFS(M3:M60,">=5000")

工资分布区间统计表

工资区间	人数
>=5000	11
4000-5000	
2000-4000	
<2000	

图 11-70

❸ 选中 P4 单元格，在编辑栏中输入如下公式：

=COUNTIFS(M3:M60,"<5000",M3:M60,">=4000")

按 Enter 键，即可返回工资在 4000～5000 元之间员工的人数，如图 11-71 所示。

❹ 选中 P5 单元格，在编辑栏中输入如下公式：

=COUNTIFS(M3:M60,"<4000",M3:M60,">=2000")

按 Enter 键，即可返回工资在 2000～4000 元之间员工的人数，如图 11-72 所示。

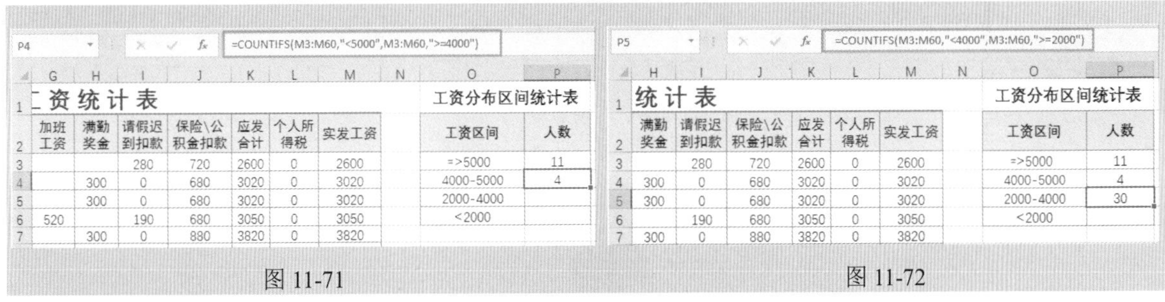

=COUNTIFS(M3:M60,"<5000",M3:M60,">=4000")

加班工资	满勤奖金	请假迟到扣款	保险\公积金扣款	应发合计	个人所得税	实发工资
		280	720	2600	0	2600
	300	0	680	3020	0	3020
	300	0	680	3020	0	3020
520		190	680	3050	0	3050
	300	0	880	3820	0	3820

工资分布区间统计表

工资区间	人数
=>5000	11
4000-5000	4
2000-4000	
<2000	

图 11-71

=COUNTIFS(M3:M60,"<4000",M3:M60,">=2000")

工资分布区间统计表

工资区间	人数
=>5000	11
4000-5000	4
2000-4000	30
<2000	

图 11-72

❺ 选中 P6 单元格，在编辑栏中输入如下公式：

=COUNTIFS(M3:M60,"<2000")

按 Enter 键，即可返回工资在 2000 元以下员工的人数，如图 11-73 所示。

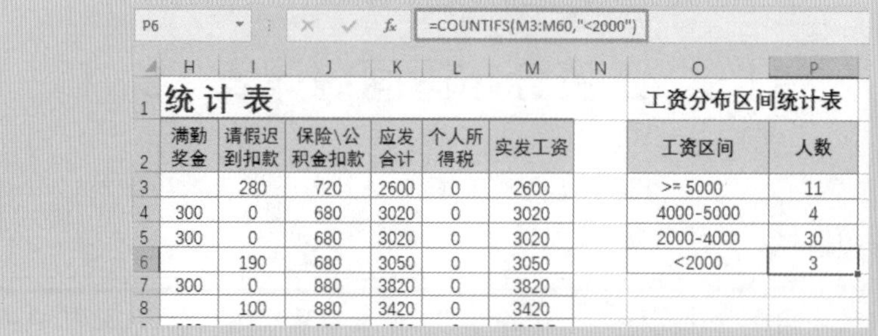

P6 =COUNTIFS(M3:M60,"<2000")

	H	I	J	K	L	M	N	O	P
1	统计表							工资分布区间统计表	
2	满勤奖金	请假迟到扣款	保险\公积金扣款	应发合计	个人所得税	实发工资		工资区间	人数
3		280	720	2600	0	2600		>= 5000	11
4	300	0	680	3020	0	3020		4000-5000	4
5	300	0	680	3020	0	3020		2000-4000	30
6		190	680	3050	0	3050		<2000	3
7	300	0	880	3820	0	3820			
8		100	880	3420	0	3420			

图 11-73

公式解析

COUNTIFS 函数用来计算多个区域中满足给定条件的单元格的个数，可以同时设定多个条件。

最终的统计结果是满足所有条件的条目数，多个条件是“与”关系。

=COUNTIFS(计数区域 1,条件 1,计数区域 2,条件 2…)

①判断 M3:M60 数组区域中实发工资是否小于 4000 元；

=COUNTIFS(M3:M60,"<4000",M3:M60,">=2000")

③COUNTIFS 函数将统计满足①②的条件的单元格数量，即实发工资在 2000～4000 元之间员工的人数。

②判断 M3:M60 数组区域中的实发工资是否大于等于 2000 元。

第 3 篇

PPT 文稿演示篇

第 12 章

产品介绍演示文稿范例

- 产品介绍演示文稿范例
  - 12.1 设计“首页”幻灯片
    - 12.1.1 裁剪图片适应设计版式
    - 12.1.2 利用文本框快速添加文本
    - 12.1.3 大号标题文字渐变填充效果
    - 12.1.4 绘制线条装饰版面
  - 12.2 设计“目录页”幻灯片
    - 12.2.1 绘制图形并在图形上编辑序号
    - 12.2.2 多个图形(对象)的快速对齐
  - 12.3 设计“转场页”幻灯片
    - 12.3.1 快速引用已有图形的格式
    - 12.3.2 在图形上使用文本框编排文本
    - 12.3.3 旋转图形并取消图形轮廓线
    - 12.3.4 将多对象组合成一个对象
  - 12.4 设计“正文页”幻灯片
    - 12.4.1 用多图形布局正文页幻灯片的版面
    - 12.4.2 排版正文幻灯片1
      - 1. 为图片设置阴影效果
      - 2. 绘制图形作为文本编辑区
    - 12.4.3 排版正文幻灯片2
      - 1. 自定义线条的粗细值
      - 2. 绘制自由曲线
      - 3. 设置图形与文字映射效果
    - 12.4.4 排版正文幻灯片3
      - 1. 插入SmartArt图并并编辑
      - 2. 快速套用SmartArt图形样式
      - 3. 更改默认的图形样式

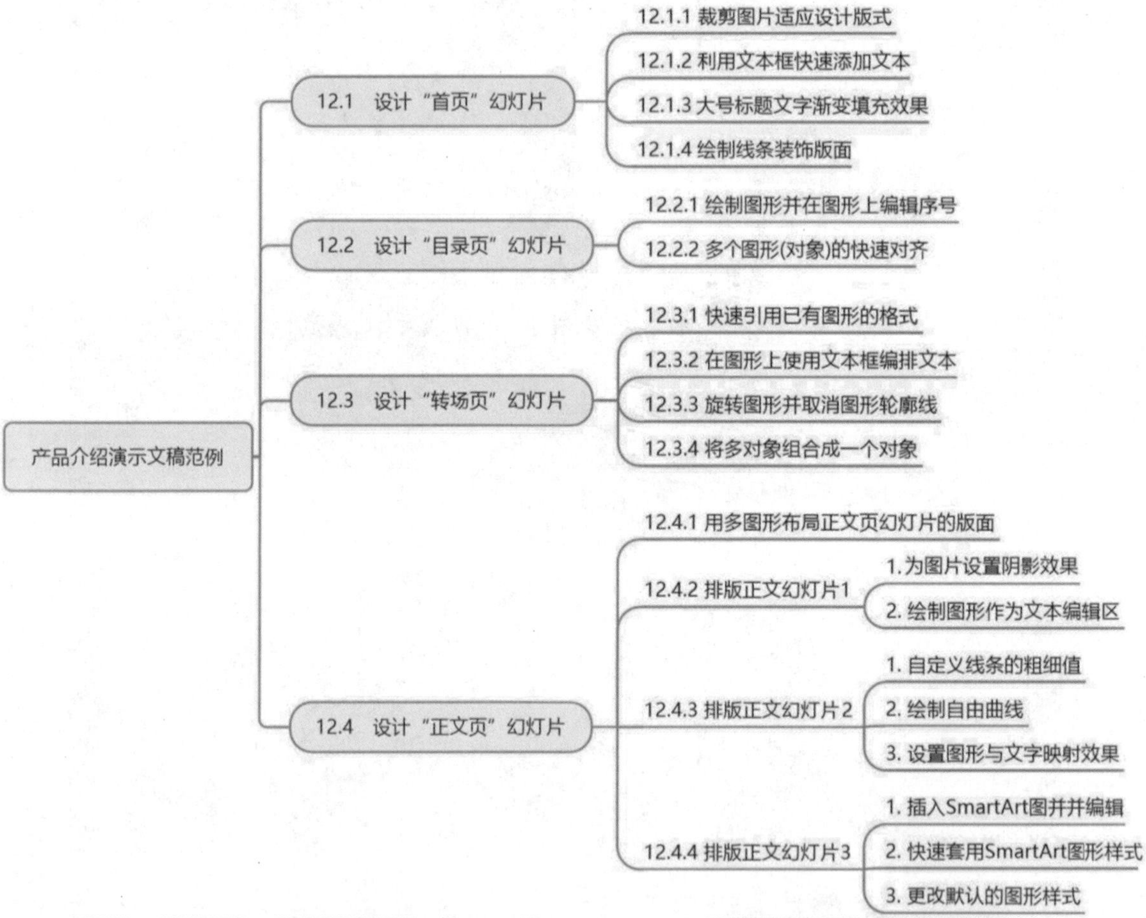

产品介绍属于宣传类的演示文稿，用于企业或公司向外界宣传新产品、新项目或服务项目等。制作这类 PPT 不仅需要丰富的内容，还要使幻灯片页面保持美感，达到吸引眼球、引起关注，甚至彰显企业专业精神的目的。

图 12-1 所示为一篇产品介绍演示文稿的部分幻灯片，本章将以这些幻灯片为例介绍 PPT 中的图文处理知识。

图 12-1

12.1 设计“首页”幻灯片

一篇完整的 PPT 包括首页、目录页、转场页、内容页等部分，首页是需要着重设计的幻灯片之一。首页幻灯片的设计方案多种多样，设计效果取决于设计者的思路。有了好的思路，则需要结合对图片、图形、文字的处理办法来完成设计。下面以图 12-1 的效果图为范例，介绍此演示文稿中首页幻灯片的制作方法，制作过程中将讲解多种文字、图片、图形处理等知识点。

扫一扫，看视频

12.1.1 裁剪图片适应设计版式

根据设计思路，本例幻灯片使用了上部分图片、下部分文字的版式。把找寻到的图片插入幻灯片中时，如果图片并不能完全符合设计要求，就需要对图片进行裁剪、大小和位置调整等。

❶ 打开 PowerPoint 程序，即可创建一个新的演示文稿。新演示文稿默认只有一张幻灯片，是一个只包括占位符的空白幻灯片。为了设计方便，可以在“开始”选项卡的“幻灯片”组中单击“版式”下拉按钮，在弹出的下拉列表中选择“空白”版式，如图 12-2 所示。应用后得到无任何元素的空白幻灯片。

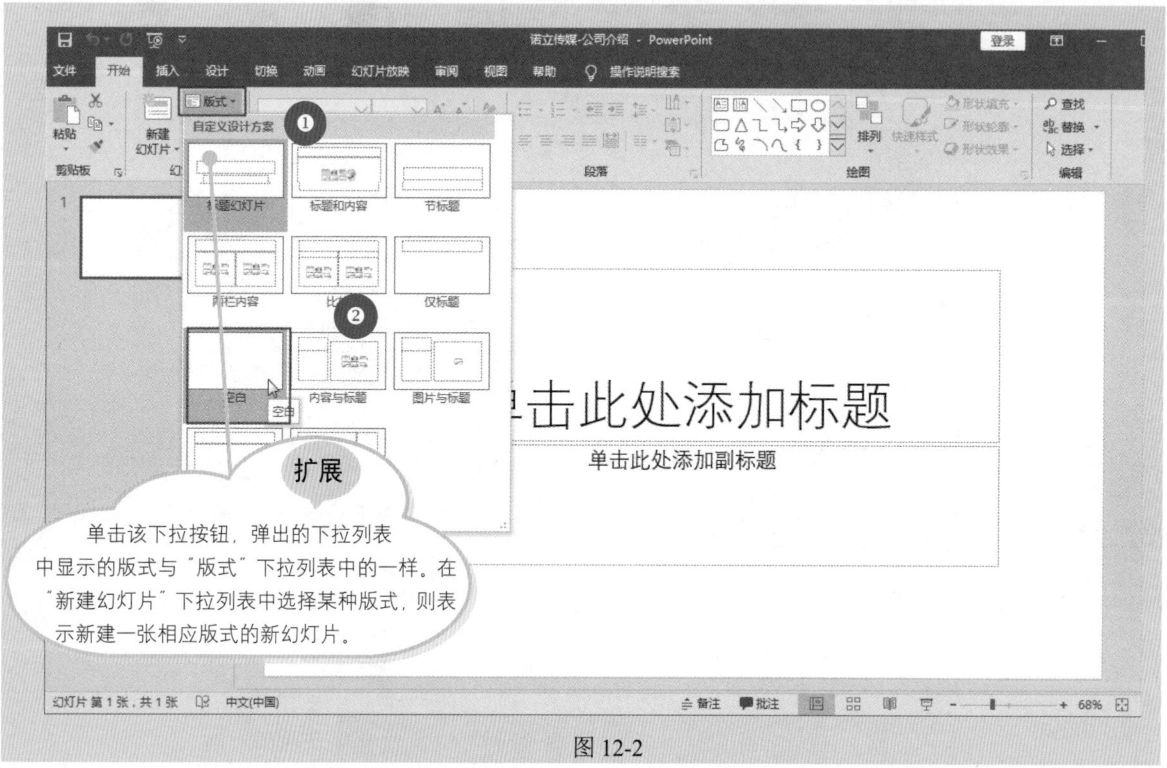

扩展

单击该下拉按钮，弹出的下拉列表中显示的版式与“版式”下拉列表中的一样。在“新建幻灯片”下拉列表中选择某种版式，则表示新建一张相应版式的新幻灯片。

图 12-2

❷ 在“插入”选项卡的“图像”组中单击“图片”按钮（如图 12-3 所示），打开“插入图片”对话框，进入保存素材图片的文件夹。选中目标图片（如图 12-4 所示），单击“插入”按钮，即可将该图片插入幻灯片中，如图 12-5 所示。

经验之谈

要完成一项设计，厘清设计思路后需要将各种素材准备好。例如，图片可以存入固定文件夹中备用。如果是临时使用图片，可以从百度图片中搜寻合适图片后执行复制，切换到目标幻灯片中，按 Ctrl+V 组合键粘贴，也可快速获取原始图片。

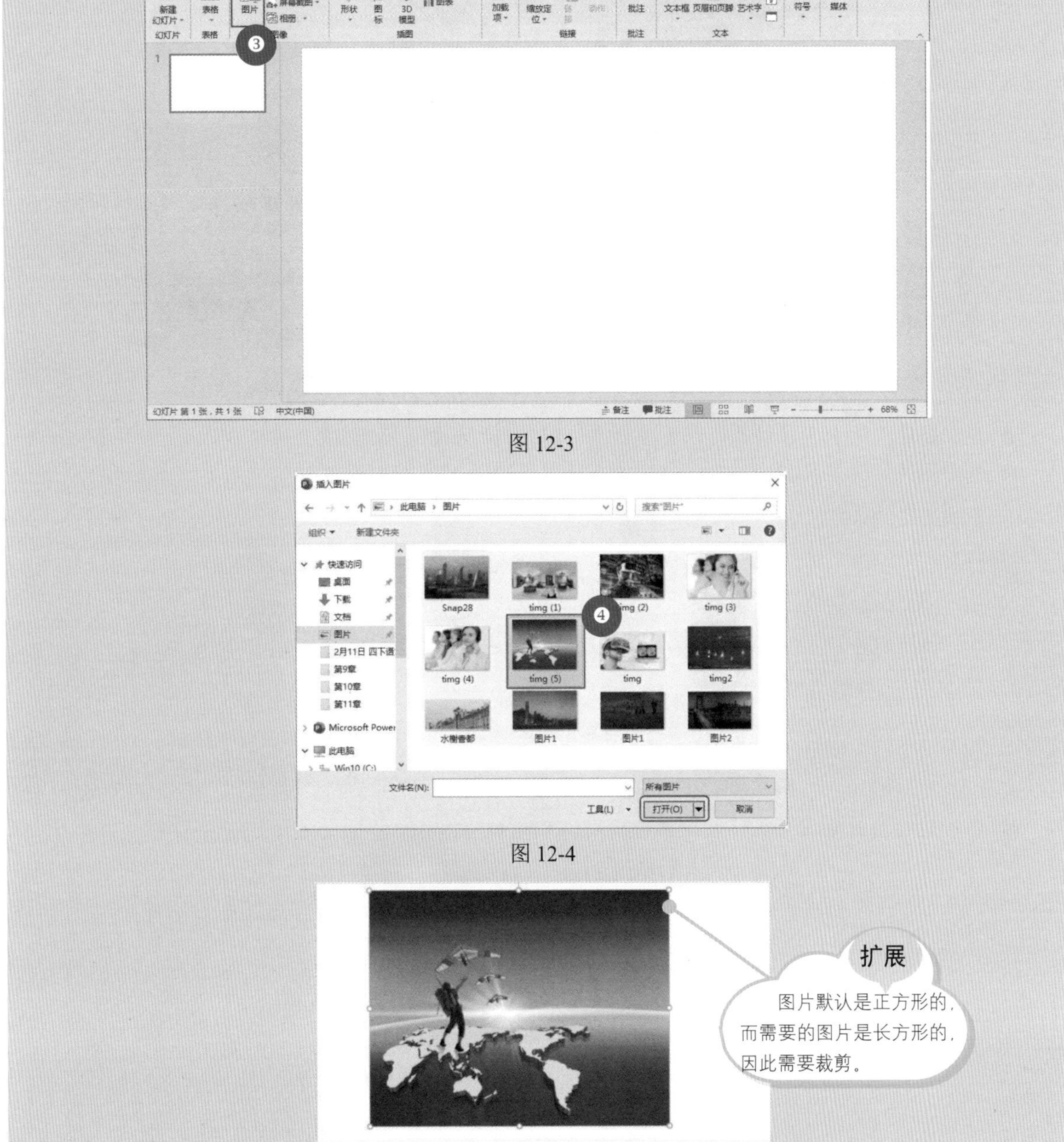

扩展
图片默认是正方形的，而需要的图片是长方形的，因此需要裁剪。

图 12-3

图 12-4

图 12-5

❸ 选中图片，在“图片工具-格式”选项卡的“大小”组中单击“裁剪”按钮（如图 12-6 所示），即可进入裁剪图片状态，如图 12-6 所示。

❹ 图片的上下左右都会出现裁剪控点，要上下裁剪，可拖动上面或下面的控点进行调整，如图 12-7 所示。

扩展
裁剪图片时，可以按实际需要对上下左右部分分别进行调整，保留最需要的部分即可。

图 12-6　　图 12-7

❺ 裁剪合适后，在图片以外的位置单击 1 次即可完成调整，如图 12-8 所示。

❻ 选中图片，将光标指向图片，当它变成十字形时拖动图片到合适位置（本例放置在幻灯片左上拐角），如图 12-9 所示。

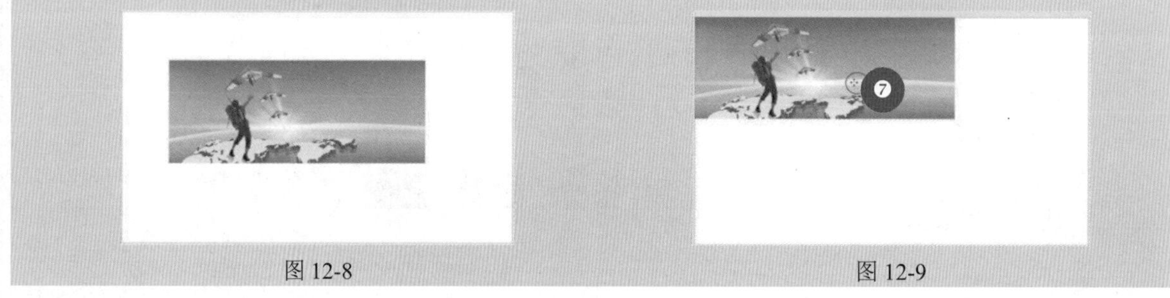

图 12-8　　图 12-9

❼ 将光标指向图片右下角，当它变成斜向对拉箭头形状时，拖动可成比例缩放图片，如图 12-10 所示。

图 12-10

扫一扫，看视频

12.1.2 利用文本框快速添加文本

处理首页幻灯片中的图片后，可以通过添加文本框来输入文本，并根据设计思路设置文字的格式。

❶ 在“插入”选项卡的“文本”组中单击“文本框”下拉按钮，在弹出的下拉列表中选择“绘制横排文本框”选项，如图 12-11 所示。

图 12-11

❷ 在页面上拖动，即可绘制文本框，然后在其中输入文本，如图 12-12 所示。

❸ 选中文本框（注意是选中文本框，并不是将光标定位在文本框中），在“开始”选项卡的“字体”组中重新设置字体、字号，并设置字形为“加粗”，如图 12-13 所示。

图 12-12　　图 12-13

❹ 按相同的方法在其他位置绘制文本框并输入文字，如图 12-14 所示。定位光标到“专注”文字后面（此位置要插入圆点符号装饰），在“插入”选项卡的“符号”组中单击“符号”按钮（如图 12-15 所示），打开“符号”对话框。

图 12-14

图 12-15

❺ 在符号列表中选择目标符号（如图 12-16 所示），单击“插入”按钮，即可插入选择的符号。然后按相同的方法在“品质”文字后面添加相同的符号，效果如图 12-17 所示。

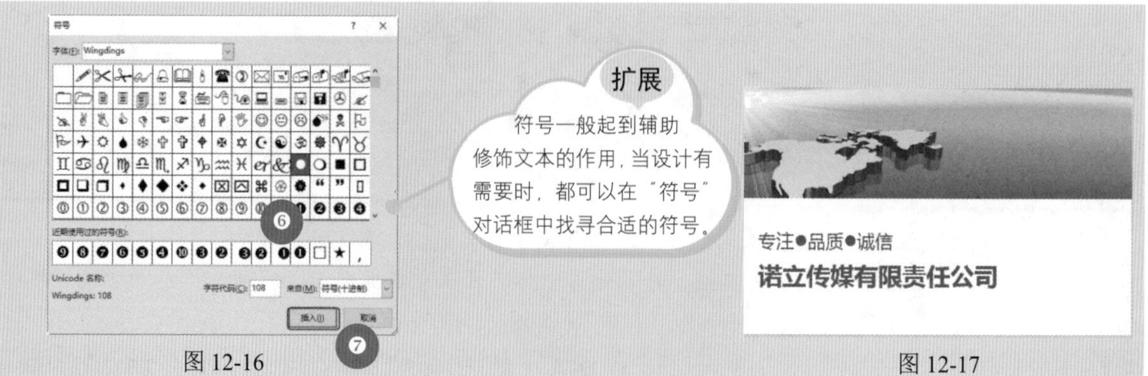

扩展
符号一般起到辅助修饰文本的作用，当设计有需要时，都可以在“符号”对话框中找寻合适的符号。
专注●品质●诚信
诺立传媒有限责任公司

图 12-16　　图 12-17

扫一扫，看视频

12.1.3　大号标题文字渐变填充效果

大号文字可以通过设置渐变填充效果进行美化。本例中为“产品介绍”文字设置渐变填充。

❶ 选中文本框，在“绘制工具-格式”选项卡的“艺术字样式”组中单击“对话框启动器”按钮（如图 12-18 所示），打开“设置形状格式”窗格。

❷ 单击“文本填充与轮廓”按钮，展开“文本填充”栏，选中“渐变填充”单选按钮，然后逐一设置渐变的类型、方向、角度、渐变光圈等，如图 12-19 所示。设置渐变的类型、方向、角度比较简单，只需从下拉列表中选择或在数值框中输入即可，这里着重说一下渐变光圈的设置。光圈的数量不够时，可以通过单击按钮添加（单击按钮删除）。要设置光圈的颜色，则在标尺上选中光圈，然后在下面的“颜色”下拉列表中设置颜色。接着定位下一个光圈，按相同方法继续重新设置颜色。

图 12-18　　图 12-19

经验之谈

渐变的光圈数决定了由几种颜色构成整体渐变效果。渐变效果至少要具备两个光圈。当使用多光圈时，建议使用同色系间的柔和渐变（如本例），忌使用五颜六色的渐变颜色。

选中每个光圈，单击下方的“颜色”下拉按钮，可更改光圈颜色（如图 12-20 所示），拖动光圈位置可调节渐变覆盖到的区域，如图 12-21 所示。

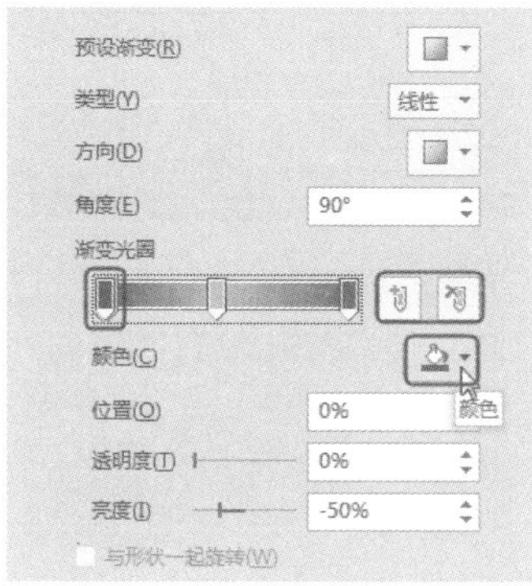

图 12-20

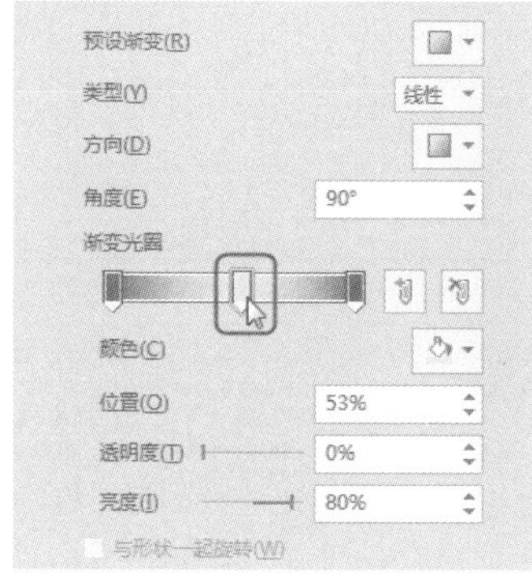

图 12-21

❸ 通过设置图 12-19 所示的渐变参数，可以让文字达到图 12-22 所示的填充效果。

图 12-22

12.1.4 绘制线条装饰版面

线条是装饰版面的重要元素。线条不是随意绘制的，而是要根据设计思路的需要绘制，这样才能真正起到美化版面的作用。

扫一扫，看视频

❶ 在“插入”选项卡的“插图”组中单击“形状”下拉按钮，在弹出的下拉列表中选择“直线”，如图 12-23 所示。

❷ 光标变成十字形，在目标位置拖动，即可绘制直线，如图 12-24 所示。

图 12-23　　图 12-24

❸ 选中直线，在“绘图工具-格式”选项卡的“形状样式”组中单击“形状轮廓”下拉按钮，设置线条颜色为浅茶色（可根据个人设计思路设置），如图 12-25 所示。

❹ 按上述相同方法绘制其他线条（相同线条可复制使用）装饰版面，如图 12-26 所示。

图 12-25　　图 12-26

12.2　设计“目录页”幻灯片

下面以图 12-1 所示的效果图为范例介绍此演示文稿中目录页幻灯片的制作，制作过程中将讲解多个知识点。

12.2.1 绘制图形并在图形上编辑序号

扫一扫，看视频

目录页幻灯片中通常都要使用序号来显示各个目录，而序号通常要使用图形来装饰。本例的设计思路是先绘制图形，然后在图形上编辑序号。

❶ 按 12.1 节中的知识点完成这一部分设计，如图 12-27 所示。涉及的知识点如下。

- 插入图片并调节（裁剪、大小缩放等）。
- 插入文本框并输入文字。
- 设置文本字体、字号 。

❷ 在“插入”选项卡的“插图”组中单击“形状”下拉按钮，在弹出的下拉列表中选择“菱形”，如图 12-28 所示。

❸ 光标变成十字形，在目标位置拖动，即可绘制菱形，如图 12-29 所示。

图 12-27

扩展

绘制后可通过拖动控点调节到合适的大小。

图 12-28 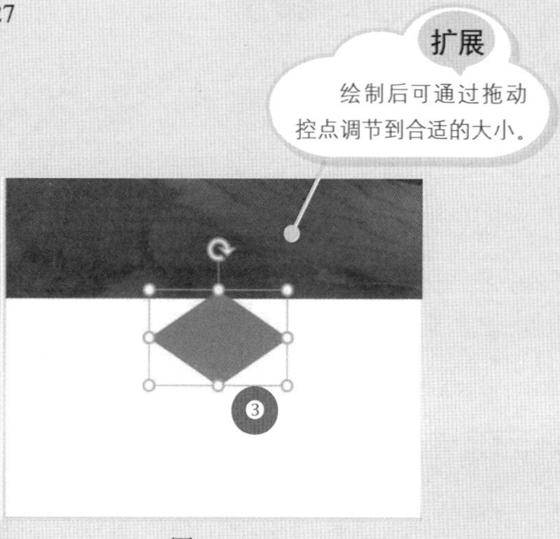　　图 12-29

❹ 在图形上右击，在弹出的快捷菜单中选择“设置形状格式”命令，打开“设置形状格式”窗格。在“填充”栏中选中“渐变填充”单选按钮，然后逐一设置渐变的类型、方向、角度、渐变光圈等，如图 12-30 所示。

❺ 切换到“线条”栏中，选中“无线条”单选按钮（此操作是取消图形默认的线条，即不使用边框线），如图 12-31 所示。

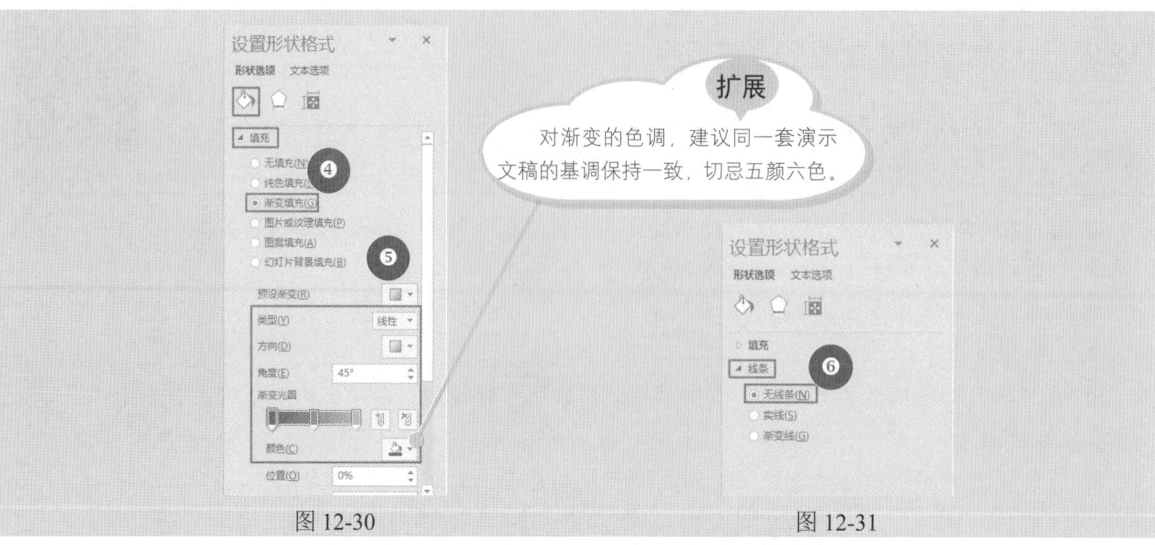

图 12-30　　图 12-31

❻ 完成上述设置后，图形填充效果如图 12-32 所示。在图形上双击可进入文字编辑状态，输入序号“01”，如图 12-33 所示。

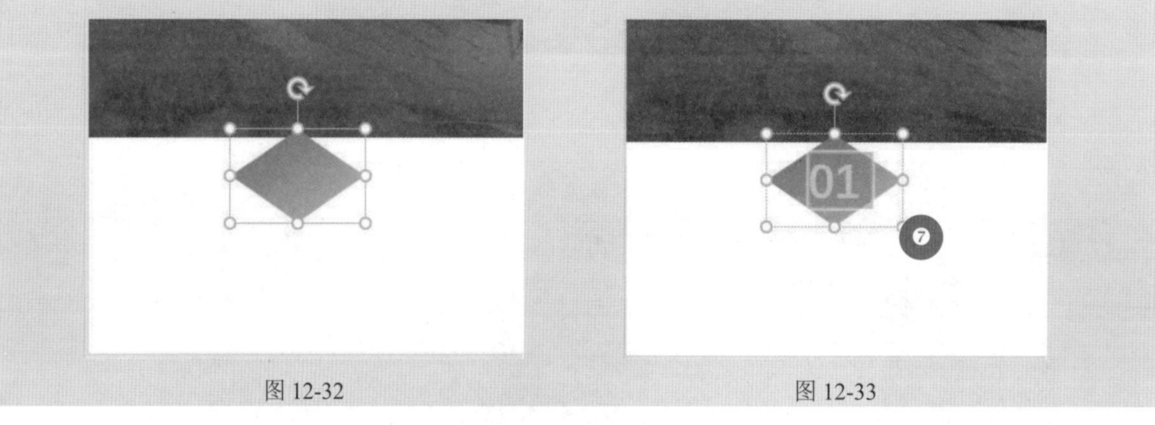

图 12-32　　图 12-33

❼ 将建立好的图形再复制 3 个，如图 12-34 所示。

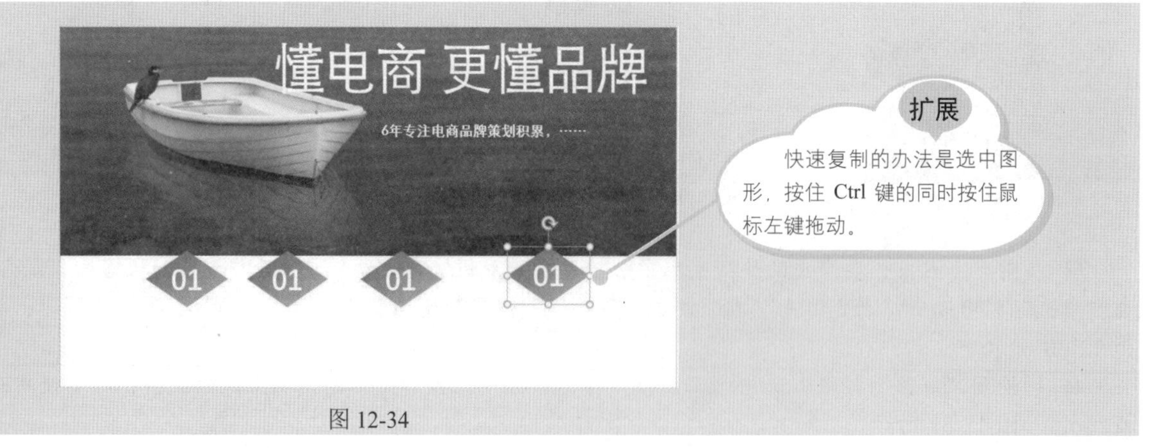

图 12-34

12.2.2　多个图形（对象）的快速对齐

扫一扫，看视频

当使用多个图形时，摆放整齐是前提，对齐方式有左对齐、右对齐、顶端对齐等，至少应遵循一种。例如，本例在复制出多个图形后，可能摆放得高低不一、间距大小不一，而手动放置难免不够精确，这时需要使用对齐命令。

❶ 选中多个图形，在“绘图工具-格式”选项卡的“排列”组中单击“对齐”下拉按钮，在弹出的下拉列表中选择“顶端对齐”选项（如图 12-35 所示），可让选中图形顶端对齐，如图 12-36 所示。

❷ 保持图形选中状态，在“绘图工具-格式”选项卡的“排列”组中单击“对齐”下拉按钮，在弹出的下拉列表中选择“横向分布”选项（如图 12-37 所示），可让选中的图形保持相等的间距，如图 12-38 所示。

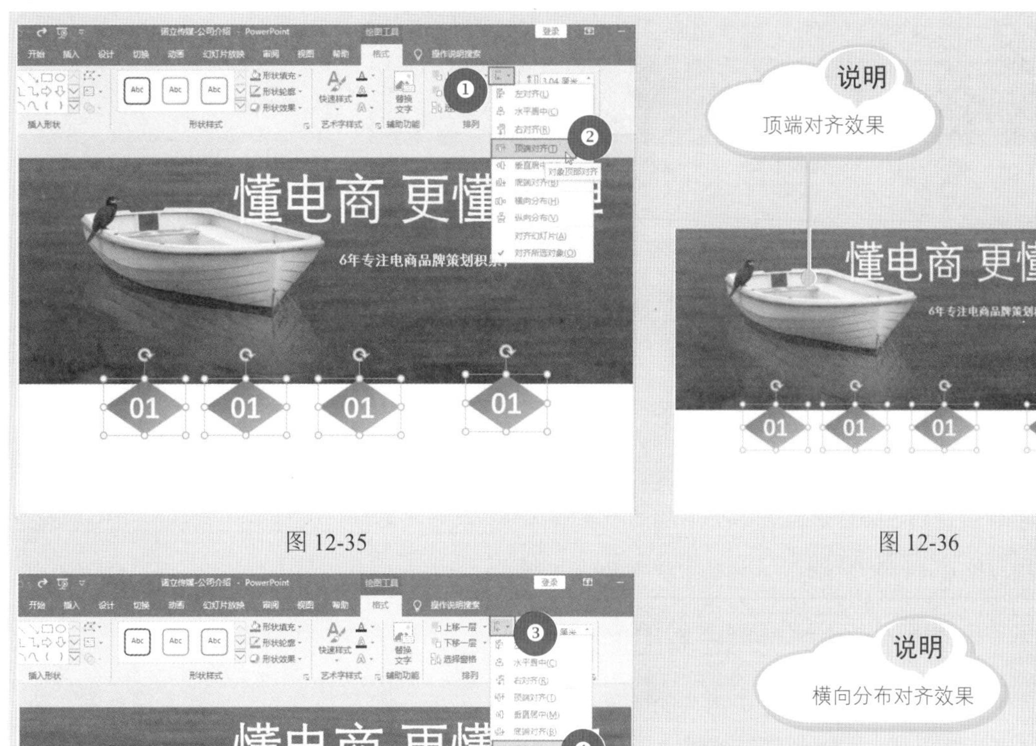

图 12-35

图 12-36

图 12-37

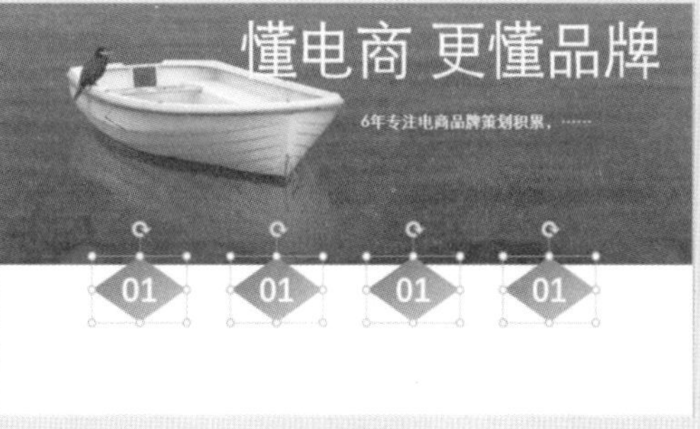

图 12-38

❸ 执行上面两步操作后，图形即可工整对齐。然后重新修改图形中的序号，在图形下绘制文本框，输入目录文字即可，如图 12-39 所示。

经验之谈

在制作演示文稿的过程中，经常需要同时编辑多个图形对象，逐一选取比较浪费时间，这里有一个一次性选择多个对象的办法：将鼠标指针指向空白位置，按住鼠标左键拖动框选，将所有想选中的对象框住后释放鼠标，即可将框住的对象一次性选中。

此操作虽简单，设计过程中使用得却非常频繁。

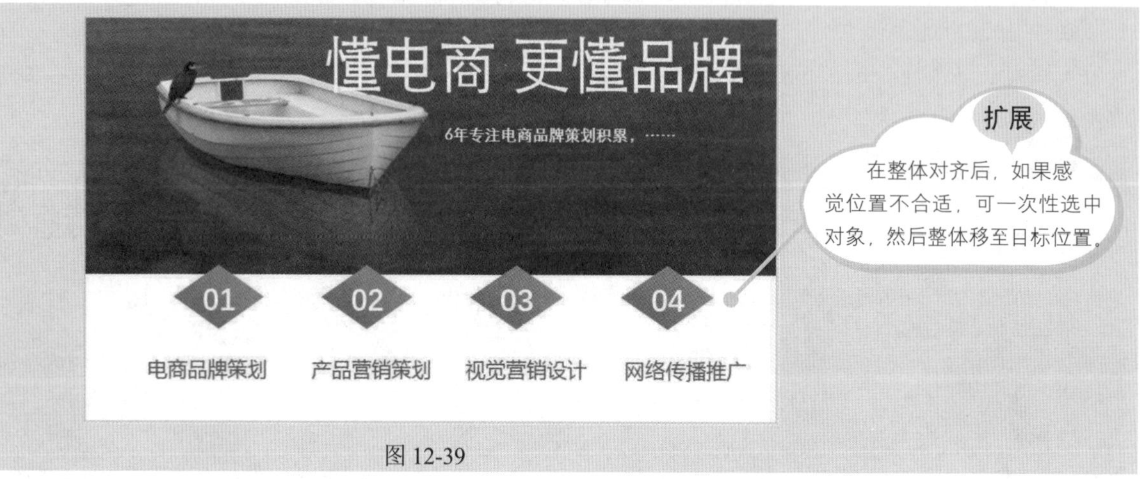

图 12-39

12.3 设计“转场页”幻灯片

转场页也称过渡页，即针对目录中列出的演示文稿区块，从一个区块过渡到另一区块时所使用的幻灯片。转场页可以让演示内容顺利过渡，不显突兀。

扫一扫，看视频

12.3.1 快速引用已有图形的格式

在幻灯片设计中图片的使用非常频繁，而且一套幻灯片通常会在图形外观、填充色调上保持相似或一致。如果新绘制图形想使用与前面图形相同的格式，则不必重新设置，可以使用格式刷来快速复制格式。

❶ 新建幻灯片，插入图片并裁剪，然后在“插入”选项卡的“插图”组中单击“形状”下拉按钮，在弹出的下拉列表中选择“菱形”。

❷ 按住鼠标左键拖动，绘制菱形，绘制时可参照参考线，保持图形与图片同宽（若未同宽，也可以再次重新调整），如图 12-40 所示。

❸ 切换到“目录页”幻灯片中，选中其中的菱形，在“开始”选项卡的“剪贴板”组中单击“格式刷”按钮，如图 12-41 所示。

图 12-40　　图 12-41

❹ 切换到“转场页”幻灯片中，指向绘制的图形（如图 12-42 所示），单击一次即可引用图形格式，如图 12-43 所示。

图 12-42　　图 12-43

12.3.2　在图形上使用文本框编排文本

除了直接在图形上编辑文字外，还有一种更常用的添加文字的方法，就是在图形上绘制文本框并编排。

扫一扫，看视频

❶ 在“插入”选项卡的“文本”组中单击“文本框”下拉按钮，在弹出的下拉列表中选择“绘制横排文本框”选项，如图 12-44 所示。在图形上按住鼠标左键拖动，即可绘制出文本框，如图 12-45 所示。

❷ 输入序号，并在“开始”选项卡的“字体”组中设置文字的格式。按相同方法再次添加文本框并输入 CONTENTS 文本，如图 12-46 所示。

图 12-44

图 12-45

图 12-46

经验之谈

有读者可能有疑问，在菱形图形上添加文本时，为何不直接在图形上编辑文本，而是使用文本框？这是因为：通过此处的设置效果可以看到，文本分为两行且字号大小不一（如果设计方案不同，有可能还有更加复杂的设计效果），如果直接在图形上编辑文本，会让两行文本不紧凑。因此，通常的设计办法就是使用多个文本框。由于默认文本框无边框无填充，因此可以任意交叠放置，直到让文字显示出满意的布局。

扫一扫，看视频

12.3.3 旋转图形并取消图形轮廓线

PowerPoint 提供了多种不同的图形样式，但这些图形不一定都满足当前的设计思路，有时需要对图形进行旋转调整。同时默认的图形有轮廓线，当不需要使用轮廓线时，可以取消。

❶ 在“插入”选项卡的“插图”组中单击“形状”下拉按钮，在弹出的下拉列表中选择“等腰三角形”，在 CONTENTS 文本下绘制图形，如图 12-47 所示。

❷ 在“绘图工具-格式”选项卡的“排列”组中单击“旋转”按钮，在弹出的下拉列表中选择“垂直翻转”选项（如图 12-48 所示），即可翻转图形。

❸ 在“绘图工具-格式”选项卡的“形状样式”组中单击“形状填充”下拉按钮，在弹出的下拉列表中选择“白色，背景 1”，如图 12-49 所示；单击“形状轮廓”下拉按钮，在弹出的下拉列表中选择“无轮廓”选项，如图 12-50 所示。

说明

默认绘制的尖角朝上，设计思路要求尖角向下，所以需要调节。

图 12-47

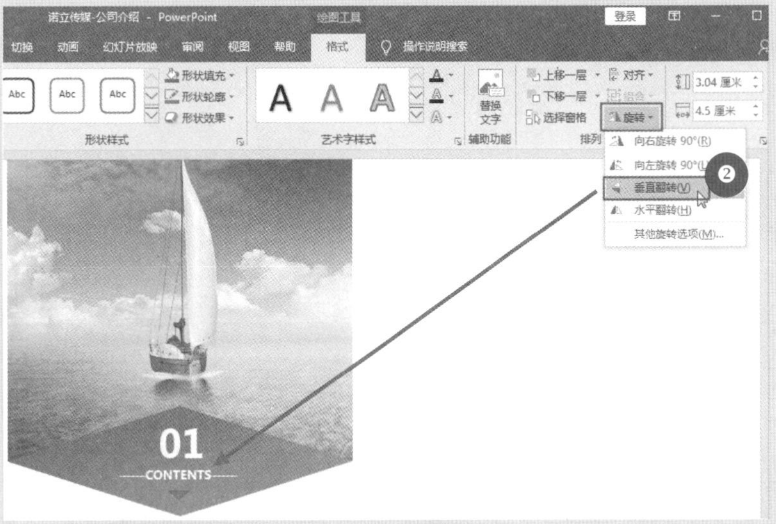

图 12-48

说明

白色填充，有轮廓。

图 12-49

说明

取消了轮廓。

图 12-50

12.3.4 将多个对象组合成一个对象

当使用多个对象完成一种设计时，一般需要对图形进行组合处理，从而方便整体移动等操作。

扫一扫，看视频

一次性选中菱形及其上的多个对象，右击，在弹出的快捷菜单中选择“组合”→“组合”命令（如图 12-51 所示），即可将多个对象组合为一个对象，如图 12-52 所示。

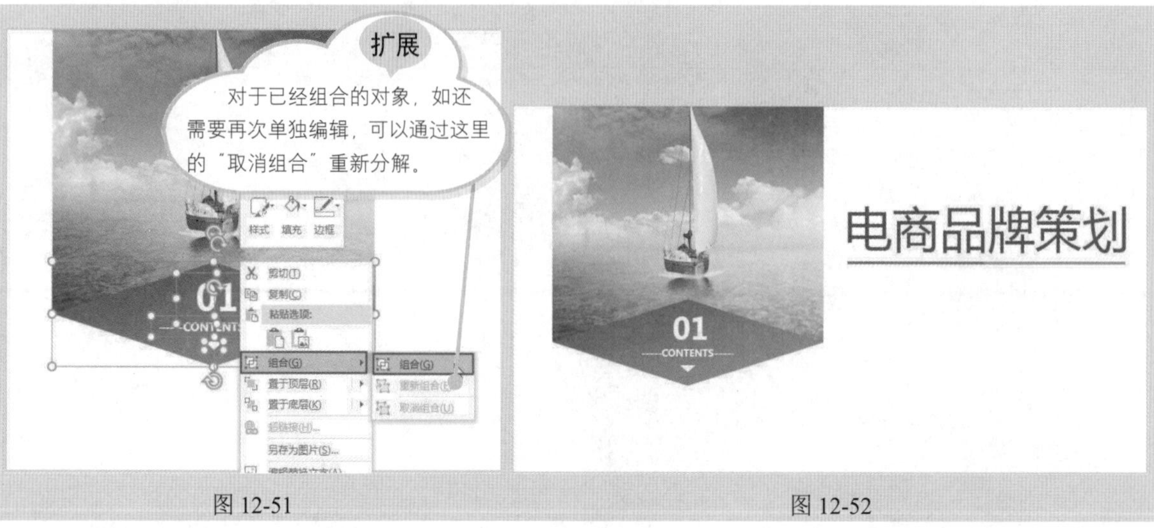

图 12-51　　图 12-52

经验之谈

一篇演示文稿中的转场页幻灯片是多次使用的，只要设计出一张转场页幻灯片，到下一转场时可直接复制并做少量修改即可。例如，在本例中只要更换图片、修改序号、修改文字即可，图 12-53 所示为第二张转场页幻灯片。

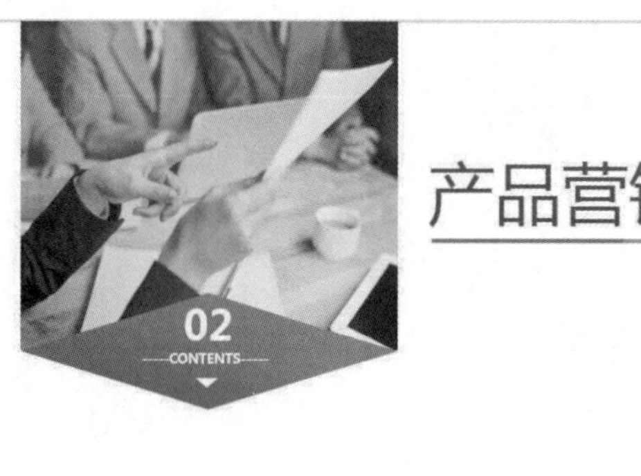

图 12-53

12.4　设计"正文页"幻灯片

正文页幻灯片可以界定为标题与正文两大部分，标题一般使用统一设计风格，而正文的安排则由具体内容而定。为了使得内容更加活跃、视觉效果更强，很多设计者会结合大量的图形、图片等进行设计，当然这需要一定的设计水平。我们应该在掌握一些基本操作要点的同时不断提高自己的设计水平。下面以图 12-1 所示的效果图为范例介绍此演示文稿中正文页幻灯片的制作。

12.4.1 用多图形布局正文页幻灯片的版面

扫一扫，看视频

正文页幻灯片的标题文字可以使用统一的图形修饰，页面中也可以使用图形进行统一布局。

❶ 新建幻灯片，在“插入”选项卡的“插图”组中单击“形状”下拉按钮，在弹出的下拉列表中选择“矩形”。按住 Shift 键的同时按住鼠标左键拖动，绘制一个长宽相等的正方形，如图 12-54 所示。

❷ 绘制几个矩形，也可以复制。将光标定位在右下角控点上（如图 12-55 所示），通过拖动控点来调节图形长宽比例，如图 12-56 所示。

扩展
要绘制正图形，也可同时按住 Ctrl+Shift 键绘制。

图 12-54　图 12-55　图 12-56

❸ 将图形按图 12-57 所示放置。注意图形被设置为无轮廓，填充色采用本演示文稿的主色调。

❹ 在“插入”选项卡的“插图”组中单击“形状”下拉按钮，在弹出的下拉列表中选择“直线”，在正方形下绘制直线，如图 12-58 所示。

图 12-57　图 12-58

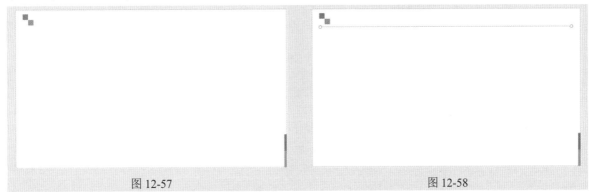

经验之谈

正文幻灯片一般要使用统一的布局风格。因此，在设置好版面布局后，其他正文幻灯片都可以复制使用（先复制再修改其中内容，无须更改页面布局）。

关于幻灯片的统一布局，后面的范例中会介绍母版。通过在母版中操作，可以一次性完成页面布局，后期只要创建新幻灯片则都会使用这个布局。

12.4.2 排版正文幻灯片 1

扫一扫，看视频

根据设计思路不同，正文幻灯片有很多种制作方法，以下面的幻灯片为例介绍几种排版方案。

1．为图片设置阴影效果

幻灯片的设计中还需要为图片设置阴影效果。

❶ 插入图片并调整至合适的大小，在“图片工具-格式”选项卡的“图片样式”组中单击“图片效果”下拉按钮，在弹出的下拉列表中选择“阴影”选项，在子列表的“内部”栏中选择左上效果，如图 12-59 所示。

❷ 执行上述操作后，图片呈现图 12-60 所示的效果。

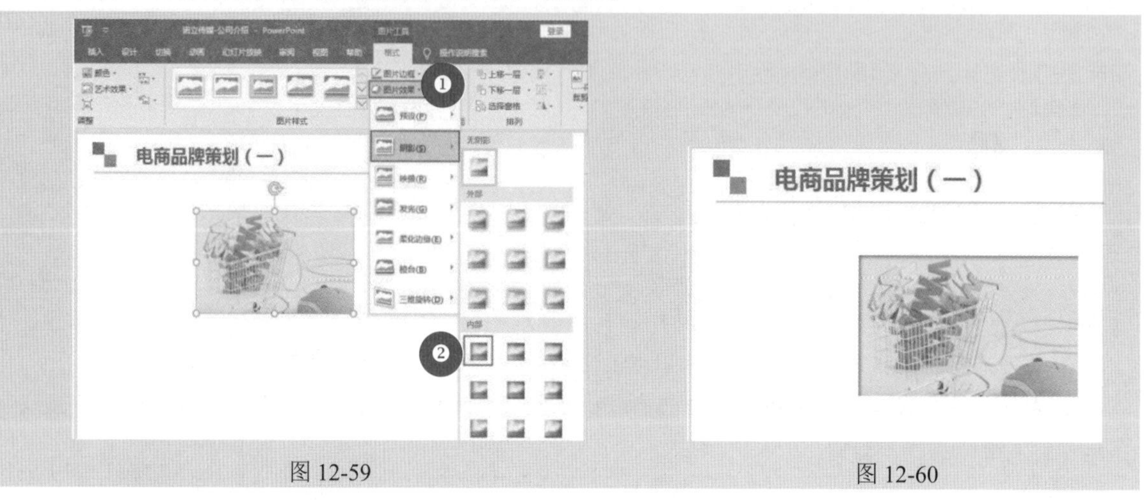

图 12-59　　图 12-60

2．绘制图形作为文本编辑区

用图形作为文字底纹是一种常用的设计方式，具体操作步骤如下。

❶ 在图片旁绘制矩形，如图 12-61 所示。

❷ 在图形上右击，在弹出的快捷菜单中选择“设置形状格式”命令，打开“设置形状格式”窗格。在“填充”栏中选中“渐变填充”单选按钮，然后逐一设置渐变的类型、方向、角度、渐变光圈等，如图 12-62 所示。应用渐变后呈现图 12-63 所示的效果。

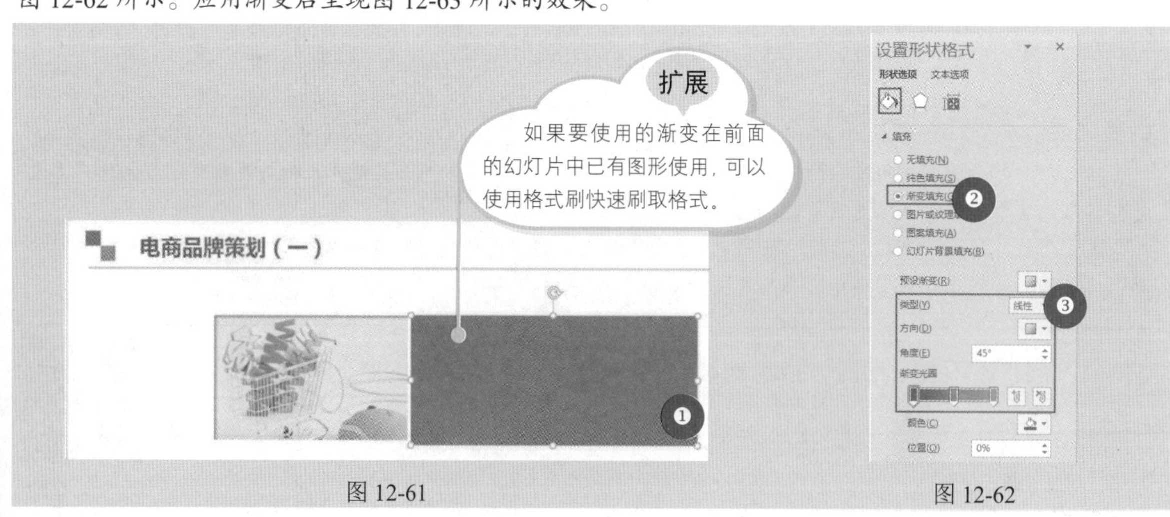

图 12-61　　图 12-62

❸ 在矩形左侧绘制三角形，如图 12-64 所示。

❹ 在“绘图工具-格式”选项卡的“排列”组中单击“旋转”下拉按钮，在弹出的下拉列表中选择“向左旋转 90° ”选项（如图 12-65 所示），即可旋转图形。

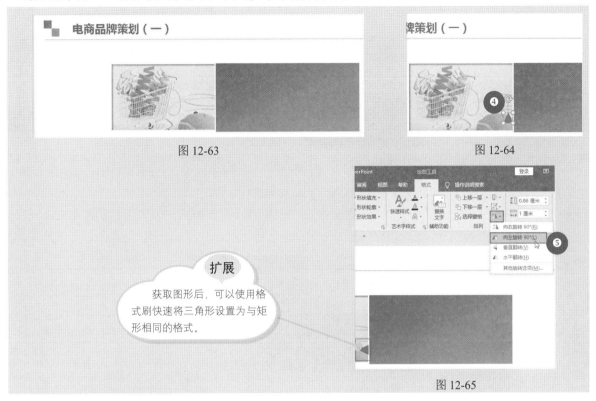

图 12-63

图 12-64

扩展

获取图形后，可以使用格式刷快速将三角形设置为与矩形相同的格式。

图 12-65

❺ 同时选中矩形与三角形，右击，在弹出的快捷菜单中选择“组合”→“组合”命令（如图 12-66 所示），将两个对象组合成一个整体。

❻ 复制❺步中组合完成的图形，如图 12-67 所示。

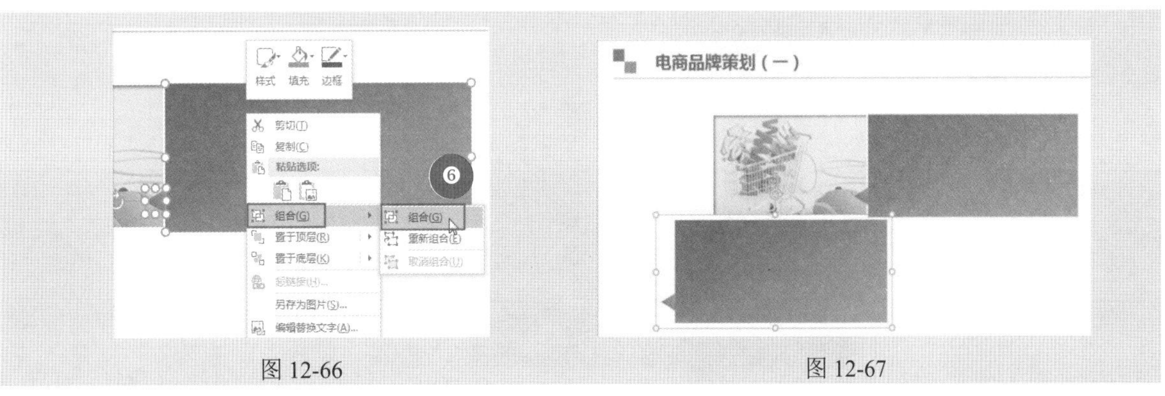

图 12-66　　图 12-67

❼ 选中复制后得到的图形，在“绘图工具-格式”选项卡的“排列”组中单击“旋转”下拉按钮，在弹出的下拉列表中选择“水平翻转”选项，得到翻转后的图形，如图 12-68 所示。

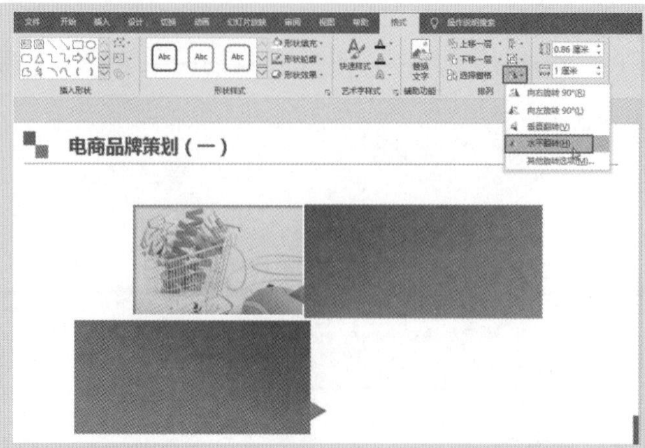

图 12-68

❽ 为翻转后的图形重新设置渐变色，如图 12-69 所示。

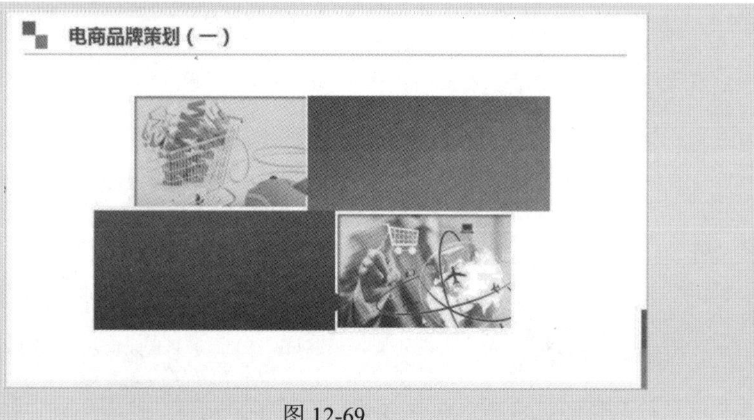

图 12-69

❾ 在图形上添加文本框并编辑文字，呈现的幻灯片效果如图 12-70 所示。

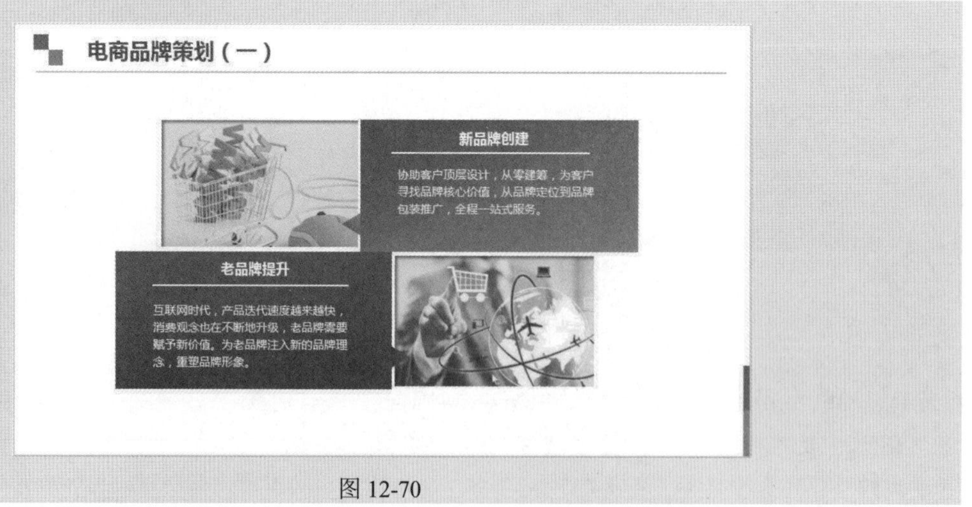

图 12-70

经验之谈

色彩的效果主要取决于颜色之间的相互搭配。根据不同的目的，按照一定的原则进行组合，而色彩应用的总原则应该是“总体协调，局部对比”，即主页的整体色彩效果应该是和谐的，只有局部的、小范围的地方可以有一些强烈色彩的对比。

在色彩的运用上，可以根据演示文稿内容的需要确定主色调，如军警的橄榄绿、医疗卫生的白色、金融行业的黄金色等。色彩还具有明显的心理感觉，如冷、暖的感觉，进、退的效果等。充分运用色彩的这些特性，可以使主页具有深刻的艺术内涵，从而提升主页的文化品位。

12.4.3 排版正文幻灯片 2

扫一扫，看视频

此节的幻灯片主要依靠自选图形来设计。

1. 自定义线条的粗细值

绘制图形时，其线条的粗细可以按设计思路自定义设置。另外，还可以使用“任意多边形”按钮绘制任意不规则线条。

❶ 在“插入”选项卡的“插图”组中单击“形状”下拉按钮，在弹出的下拉列表中选择“双大括号”，如图 12-71 所示。在幻灯片中绘制图形，如图 12-72 所示。

❷ 在“绘图工具-格式”选项卡的“形状样式”组中单击“形状轮廓”下拉按钮，在弹出的下拉列表中选择“粗细”→“其他线条”选项（如图 12-73 所示），打开“设置形状格式”窗格。

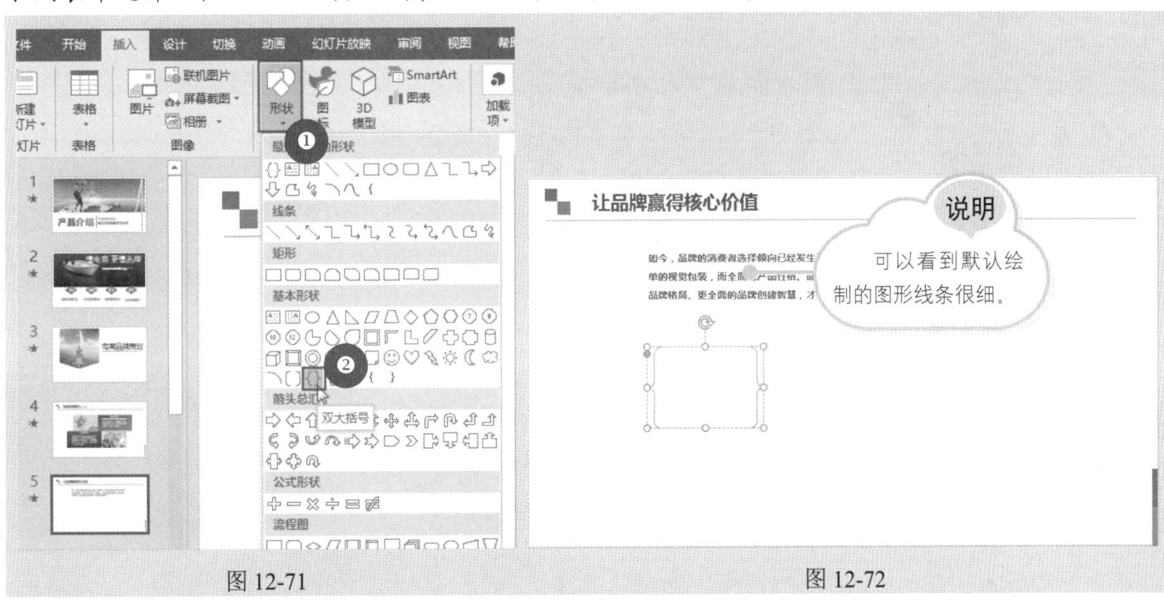

图 12-71　　图 12-72

❸ 设置“宽度”为“15 磅”，如图 12-74 所示。设置后的图形效果如图 12-75 所示。

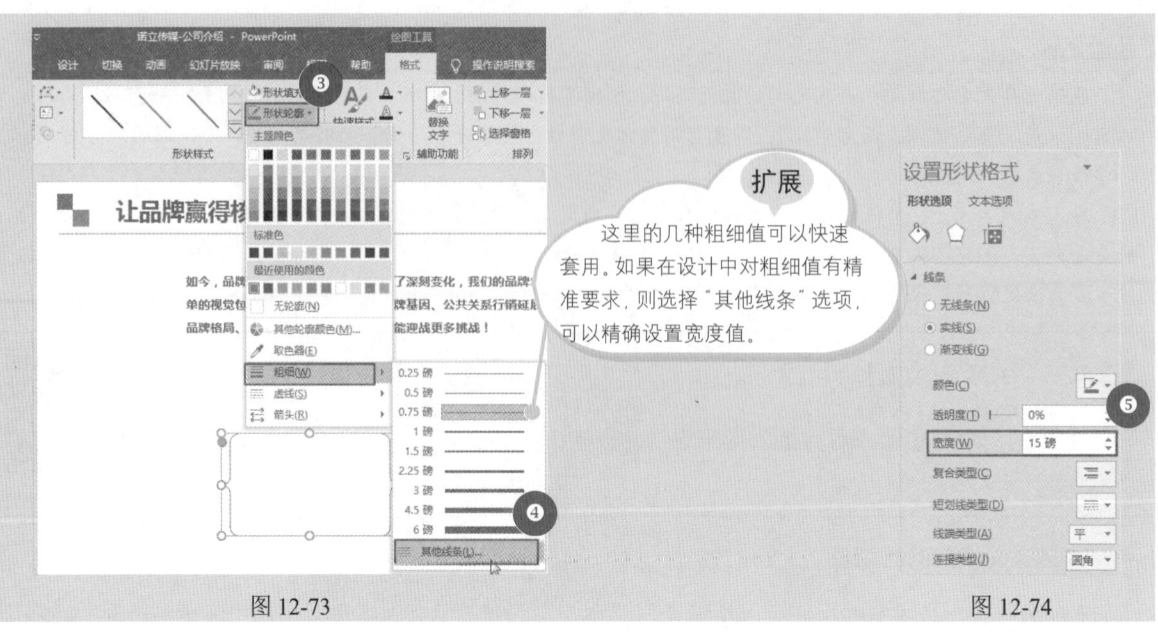

图 12-73　　图 12-74

❹ 选中图形，在图形左上角有一个黄色控点，拖动这个控点可以调节图形样式，图 12-76 所示是向右拖动控点后的调节效果。

图 12-75　　图 12-76

❺ 再复制一个图形，然后在图形内部添加文本框并输入文字，按设计思路设计文字的格式，呈现效果如图 12-77 所示。

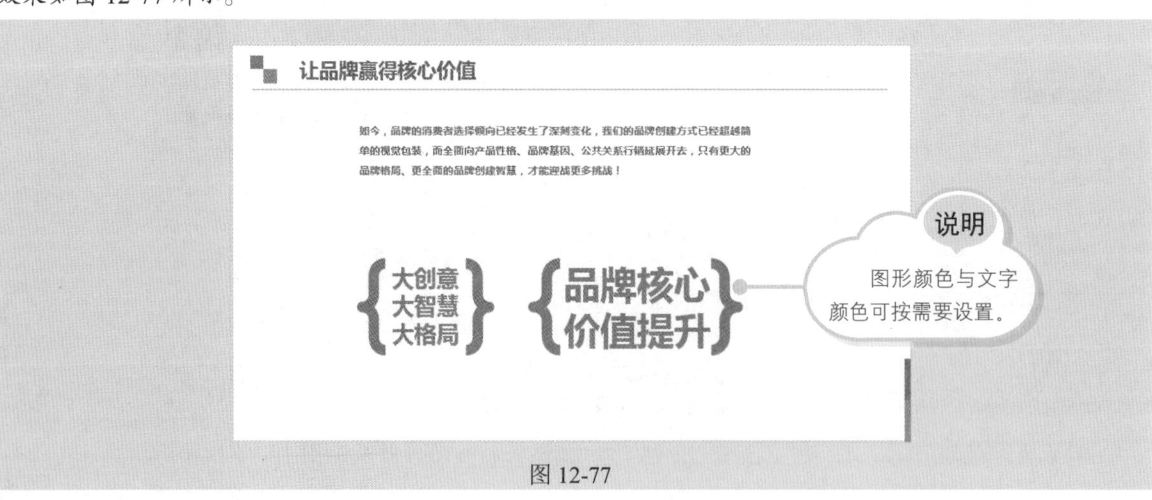

图 12-77

2. 绘制自由曲线

本例幻灯片中还需要使用一种自由曲线的装饰效果，具体操作方法如下。

❶ 在“插入”选项卡的“插图”组中单击“形状”下拉按钮，在弹出的下拉列表中选择“任意多边形：形状”，如图 12-78 所示。此时光标变为“+”形。在幻灯片中单击定位光标，拖动鼠标，绘制线条，如图 12-79 所示。每段线条结束时单击定位光标，并继续拖动鼠标绘制线条。绘制完成后双击，效果如图 12-80 所示。

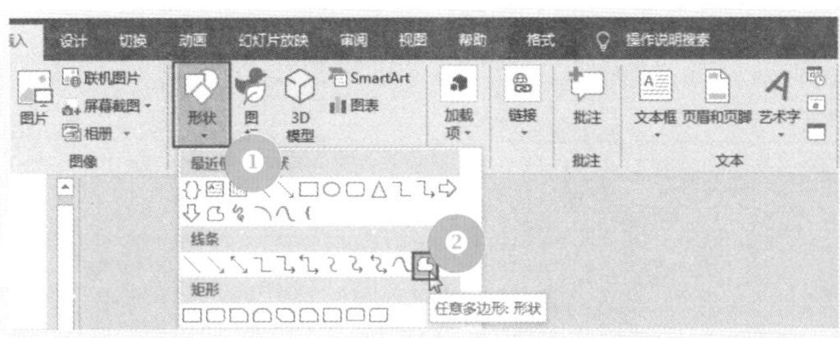

图 12-78

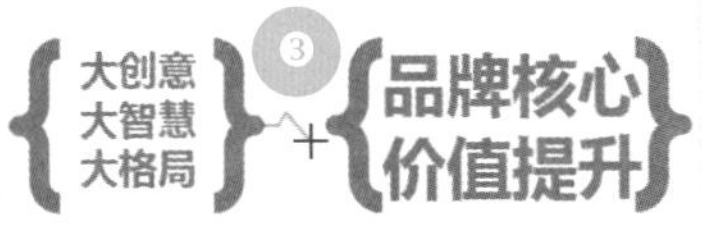

图 12-79

图 12-80

❷ 复制线条并将复制的线条移至第二个大括号图形的右侧，幻灯片呈现效果如图 12-81 所示。

图 12-81

> **说明**
>
> 图形颜色与文字颜色可按需要设置。

3. 设置图形与文字映射效果

制作完上面的图形与文字后，可以通过添加映射效果提升整体视觉效果。

❶ 一次性选中制作的图形与文本框对象，在“绘图工具-格式”选项卡的“形状样式”组中单击“形状效果”下拉按钮，在弹出的下拉列表中选择“映像”选项，从子列表中选择所需映像效果，如图 12-82 所示。

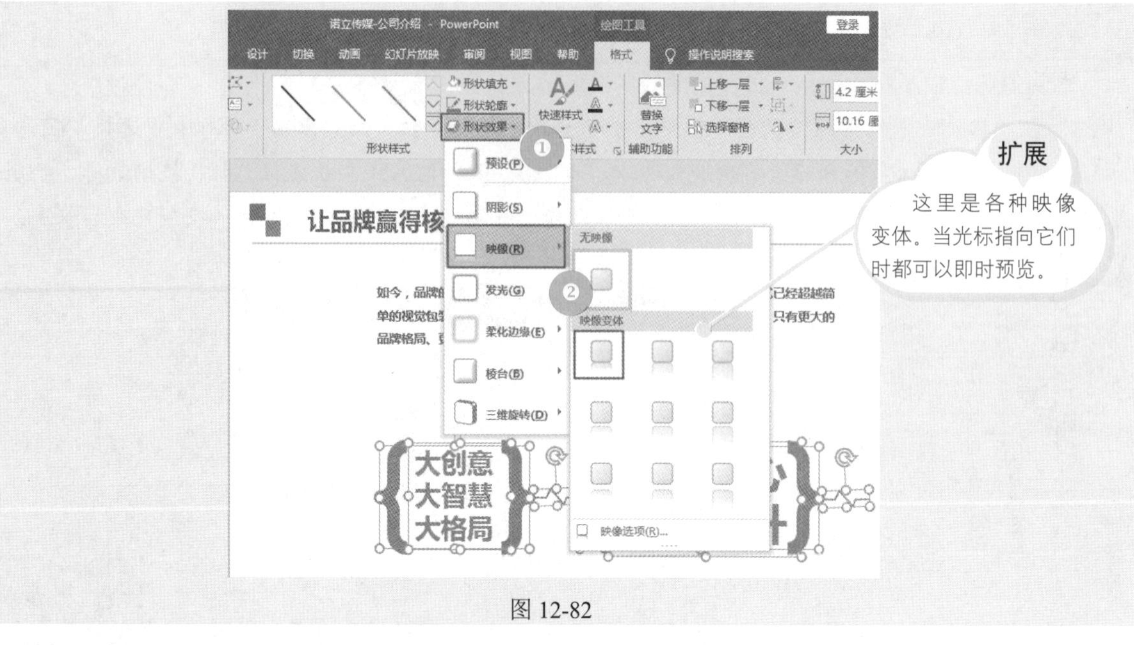

图 12-82

❷ 单击想使用的映像变体，呈现效果如图 12-83 所示。

图 12-83

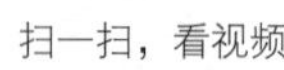
扫一扫，看视频

12.4.4 排版正文幻灯片 3

此节幻灯片需要插入 SmartArt 图示来表达数据关系。PPT 程序中提供了多种类型的 SmartArt 图示，用于表现不同的数据关系，如列表关系、流程关系、循环关系等。使用这种图示，一方面可以更直观地表达数据关系，另一方面也增强了版面的感染力与表现力，让幻灯片整体更加活跃而不沉闷。

1. 插入 SmartArt 图形并编辑

系统为用户提供了 9 大类形式多样的图示，不同的图示表达不同的文本关系，用户可以通过幻灯片中信息内容的关系选择对应类型的图形。

❶ 新建幻灯片，在“插入”选项卡的“插图”组中单击 SmartArt 按钮，如图 12-84 所示，打开“选择 SmartArt 图形”对话框。

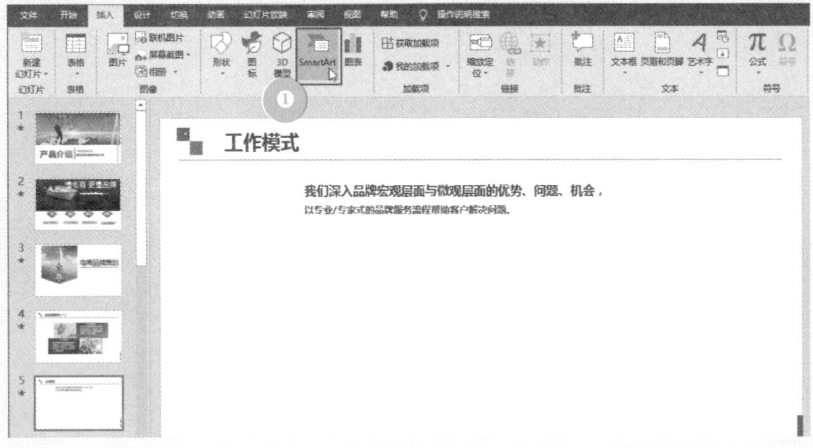

图 12-84

❷ 选择“流程”选项卡，在中间列表框中选择“步骤下移流程”图形，如图 12-85 所示，单击“确定”按钮，即可插入默认样式图形，如图 12-86 所示。

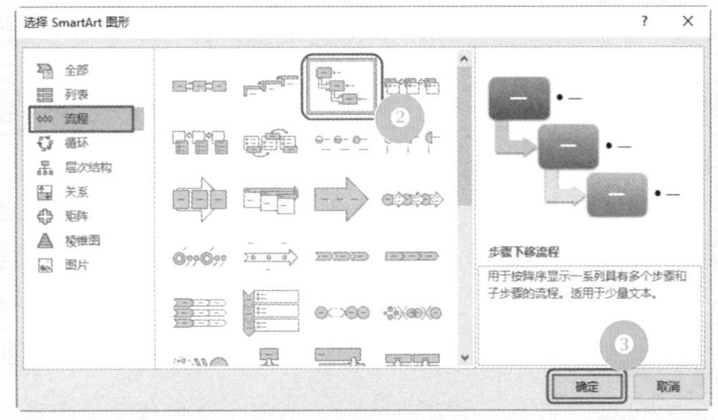

图 12-85

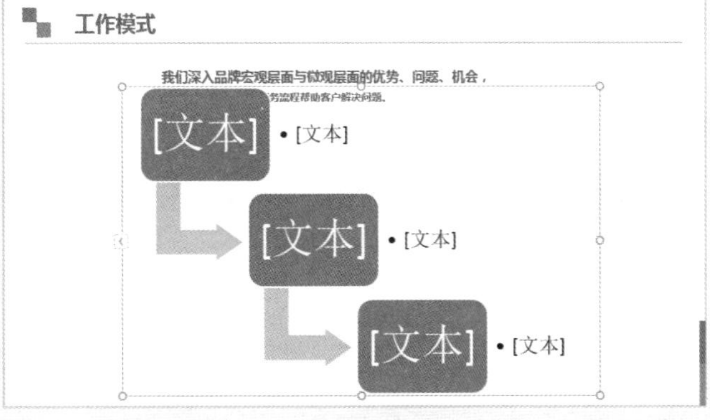

图 12-86

❸ 单击图形中的“文本”字样，即可进入文本编辑状态。首先输入一级文本，如图 12-87 所示。

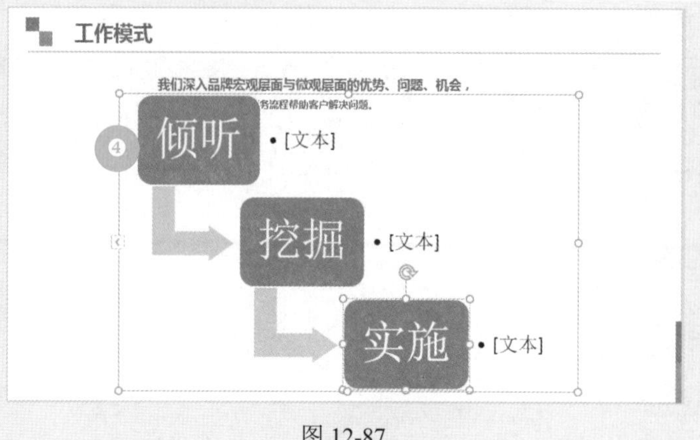

图 12-87

❹ 接着编辑二级文本。当有多个条目时则按 Enter 键换行，不同条目前自动添加项目符号，如图 12-88 所示。

❺ 按上述相同方法输入其他文本，如图 12-89 所示。

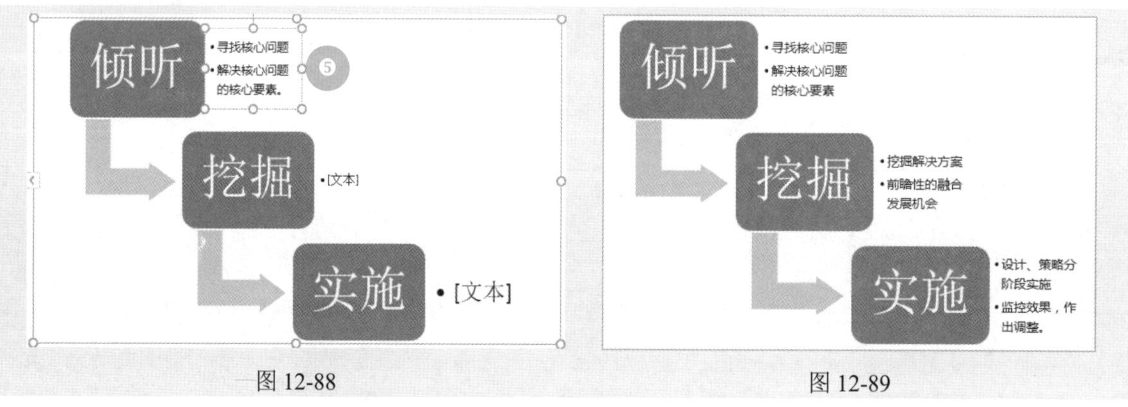

图 12-88　　　图 12-89

❻ 文字编辑完成后，可以选中图形，在“开始”选项卡的“字体”组中修改图形的文字格式。

经验之谈

插入 SmartArt 图时，一般都是默认包含 3 个图形，如果这个流程图还有第 4 个、第 5 个图形，则需要添加图形。选中目标形状，在“设计”选项卡的“创建图形”组中单击“添加形状”下拉按钮，在弹出的下拉列表中可以选择在哪个位置进行添加，如图 12-90 所示。

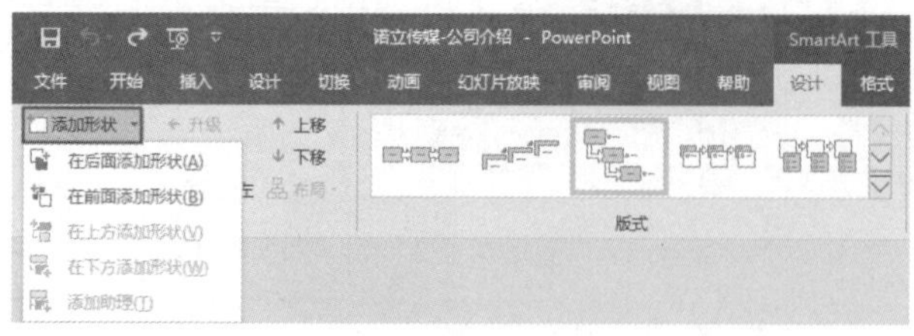

图 12-90

2. 快速套用 SmartArt 图形样式

默认插入的 SmartArt 图形的样式和颜色比较单调，使用一键美化功能就可以使幻灯片中的 SmartArt 图形效果更加美观。

❶ 选中 SmartArt 图形，在“设计”选项卡的“SmartArt 样式”组中可以选择想套用的样式，如图 12-91 所示。

❷ 单击“更改颜色”按钮，还可以选择配色，如图 12-92 所示。

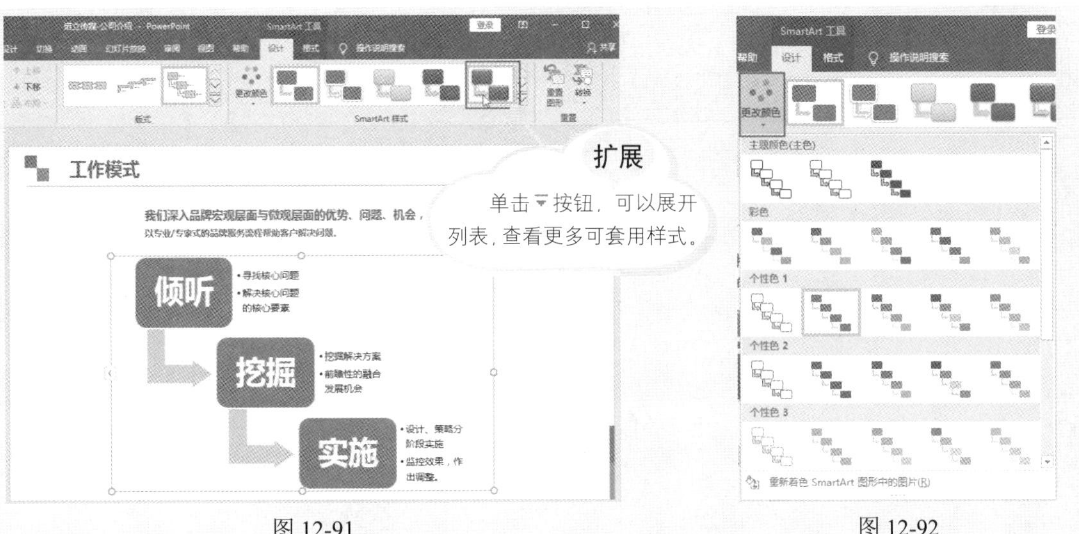

图 12-91　　图 12-92

3. 更改默认的图形样式

创建 SmartArt 图形样式显示的是默认样式。为了获取更好的视觉效果，可以按实际设计需要重新更改默认的图形样式。更改方法是利用“更改形状”按钮来操作。

❶ 选中需要更改样式的图形，在“SmartAtr 工具-格式”选项卡的“形状”组中单击“更改形状”下拉按钮，在弹出的下拉列表中重新选择使用的图形，如图 12-93 所示。

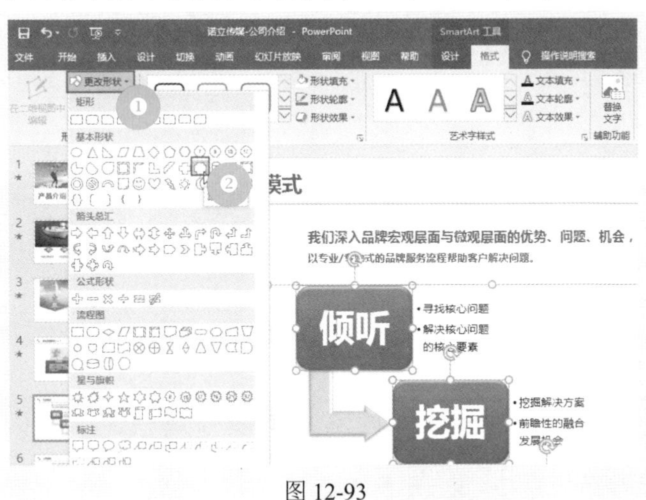

图 12-93

❷ 执行上述操作后，应用效果如图 12-94 所示。

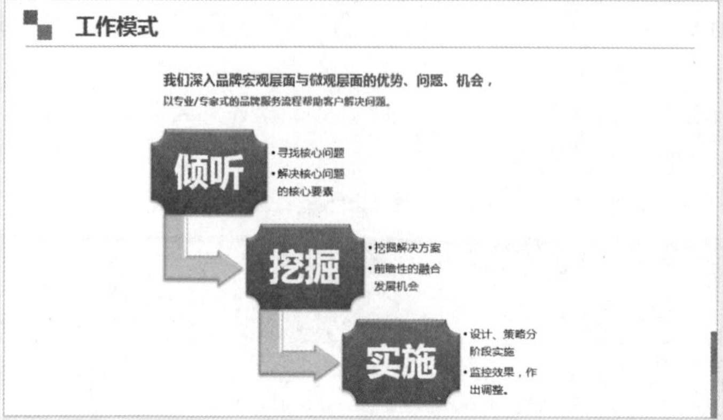

图 12-94

第13章

企业宣传演示文稿范例

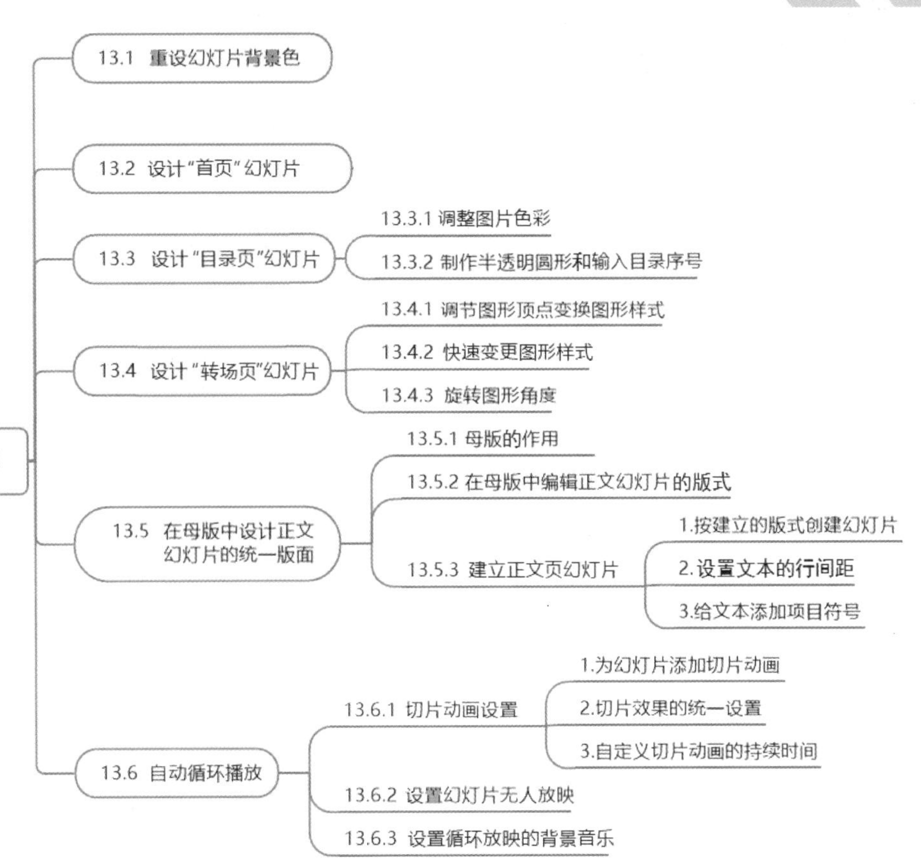

企业宣传演示文稿范例
13.1 重设幻灯片背景色
13.2 设计"首页"幻灯片
13.3 设计"目录页"幻灯片
13.3.1 调整图片色彩
13.3.2 制作半透明圆形和输入目录序号
13.4 设计"转场页"幻灯片
13.4.1 调节图形顶点变换图形样式
13.4.2 快速变更图形样式
13.4.3 旋转图形角度
13.5 在母版中设计正文幻灯片的统一版面
13.5.1 母版的作用
13.5.2 在母版中编辑正文幻灯片的版式
13.5.3 建立正文页幻灯片
1.按建立的版式创建幻灯片
2.设置文本的行间距
3.给文本添加项目符号
13.6 自动循环播放
13.6.1 切片动画设置
1.为幻灯片添加切片动画
2.切片效果的统一设置
3.自定义切片动画的持续时间
13.6.2 设置幻灯片无人放映
13.6.3 设置循环放映的背景音乐

企业宣传演示文稿是企业常用的演示文稿之一，用于展示企业风貌、发展历史，或者展示新产品、新技术、新服务等。

制作精美的企业宣传类 PPT 适合作为背景画面，在会场循环播放，如在招聘会、公司年会、新员工入职培训等场合。

图 13-1 所示为一篇企业宣传演示文稿的部分幻灯片，本章将以这些幻灯片为例来介绍 PPT 中的图文处理知识。

图 13-1

扫一扫，看视频

13.1 重设幻灯片背景色

新建演示文稿，默认的演示文稿为空白状态且为白色背景。如果使用其他颜色的背景，则可以重新设置，本例中要让所有幻灯片都使用浅灰色背景。

❶ 在空白幻灯片上右击，在弹出的快捷菜单中选择“设置背景格式”命令（如图 13-2 所示），打开“设置背景格式”窗格。

❷ 将填充色设置为浅灰色，然后单击下方的“应用到全部”按钮，如图 13-3 所示。

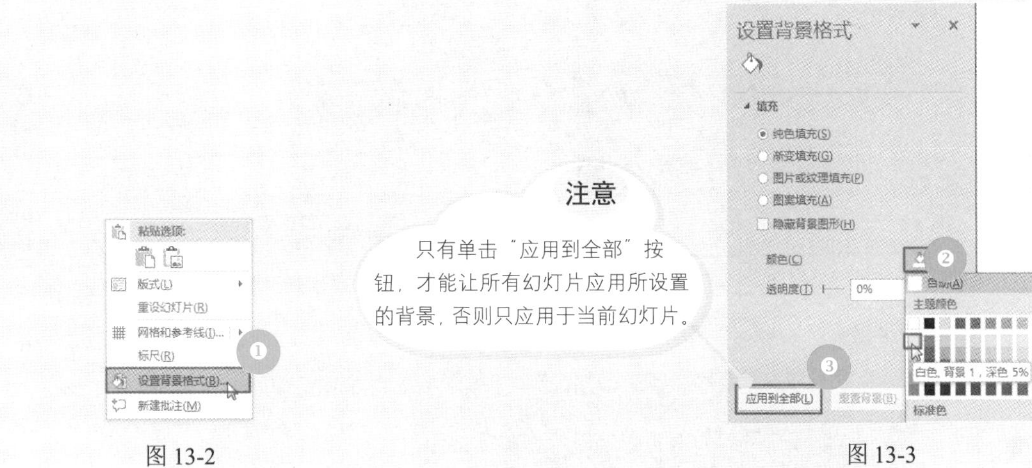

图 13-2　　　　图 13-3

❸ 完成上述设置后，所有新建的幻灯片都变为浅灰色背景，如图 13-4 所示。

图 13-4

13.2　设计“首页”幻灯片

扫一扫，看视频

本例的首页幻灯片要使用图片与半透明图形相结合的思路来设计。

无论为图形设置什么颜色，它都是不透明状态。根据设计思路也可以将图形设置为半透明状态。半透明的图形可以隐藏显示底层图片，是幻灯片中常用的一种设计方式。

❶ 插入图片并覆盖整张幻灯片（如果图片大小不合适，可按 12.1.1 节的方法裁剪），如图 13-5 所示。

❷ 在“插入”选项卡的“插图”组中单击“形状”下拉按钮，在弹出的下拉列表中选择“矩形:剪去对角”，如图 13-6 所示。

图 13-5

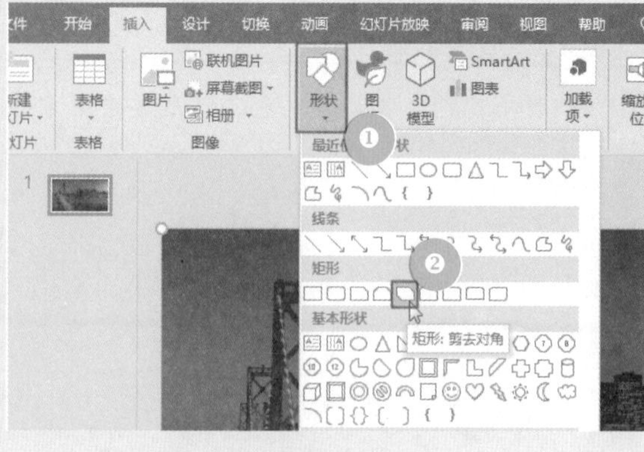

图 13-6

❸ 在幻灯片中绘制图形，如图 13-7 所示。

图 13-7

❹ 在图形上右击，在弹出的快捷菜单中选择“设置形状格式”命令，打开“设置形状格式”窗格。在“填充”栏中选中“纯色填充”单选按钮，设置填充颜色为白色，然后拖动“透明度”滑块至 82%，如图 13-8 所示。

图 13-8

❺ 切换到“线条”栏中，选中“实线”单选按钮，设置线条颜色为白色，并设置“宽度”为“0.5磅”，如图 13-9 所示。

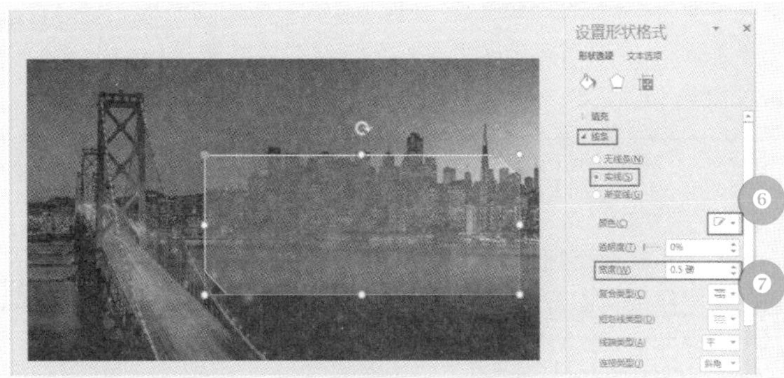

图 13-9

❻ 复制图形，并适当缩小，制作双层图形效果，如图 13-10 所示。

图 13-10

❼ 在图形上绘制文本框并输入文字，按设计思路分别设置不同的字体与大小。选中文本框，在“开始”选项卡的“段落”组中单击“右对齐”按钮，让文字右对齐，如图 13-11 所示。

图 13-11

13.3 设计“目录页”幻灯片

本例中的目录页幻灯片也采用半透明图形来制作。在一篇演示文稿中，对图形的处理采用同一种风格，是一种不错的设计思路。

扫一扫，看视频

13.3.1 调整图片色彩

选择素材图片时，如果图片色彩不符合设计要求，可在 PPT 中适当调节。如本例在制作目录页幻灯片时仍然使用首页幻灯片中的图片，但要调低图片色彩。

❶ 新建幻灯片，插入与首页中相同的图片，然后对图片进行裁剪处理，得到图 13-12 所示的图片。

❷ 选中图片，在“图片工具-格式”选项卡的“调整”组中单击“颜色”下拉按钮，在弹出的下拉列表中选择“饱和度：66%”（如图 13-13 所示），可降低原图片的色彩。

图 13-12

图 13-13

13.3.2 制作半透明圆形和输入目录序号

扫一扫，看视频

本例的目录序号依然使用与首页幻灯片风格相符的半透明图形来制作，具体操作如下。

❶ 在“插入”选项卡的“插图”组中单击“形状”下拉按钮，在弹出的下拉列表中选择“椭圆”，绘制一个正圆，如图 13-14 所示。

❷ 切换到首页幻灯片中，选中“矩形：剪去对角”图形，在“开始”选项卡的“剪贴板”组中单击“格式刷”按钮（如图 13-15 所示），引用其格式。

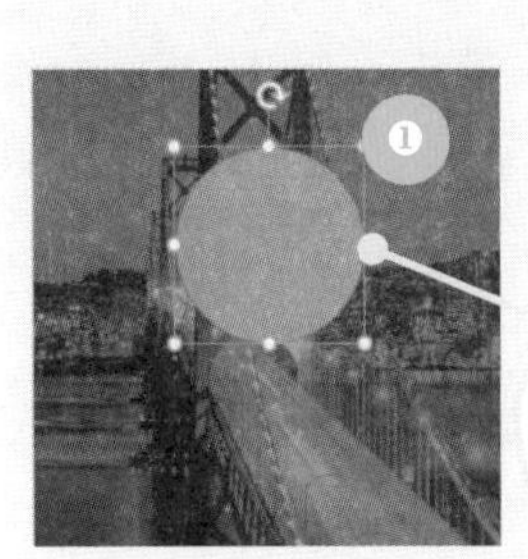
图 13-14

注意

绘制时按住Ctrl+Shift键，即可绘制正圆图形。

图 13-15

❸ 切换到目录页幻灯片中，在圆形上单击即可获取相同格式，如图 13-16 所示。

❹ 复制图形，并适当缩小，制作双层图形效果，如图 13-17 所示。

图 13-16

图 13-17

❺ 复制双层图形，并对齐摆放，如图 13-18 所示。

图 13-18

扩展

建议将第一个制作好的双层图形组合后再进行复制。复制后的图形如果无法精确对齐，则全选图形，在“绘图工具-格式”选项卡的“排列”组中使用“对齐”选项进行对齐（详见 12.2.2 节）。

⑥ 在图形上编辑序号，添加文本框并输入目录文字，完成目录页幻灯片的制作，效果如图 13-19 所示。

图 13-19

注意

有读者可能会问：这个序号的字体为什么找不到？这是因为这样的字体并不是软件自带的，需要自己下载并安装。

经验之谈

幻灯片设计对字体有要求，不同的字体带有不同的感情色彩，好的字体可以立即提升幻灯片的视觉效果。程序自带的字体有限，可以利用网络资源下载丰富字体。常见的字体下载网站主要有“模板王”“找字网”等，也可以直接在百度中以字体名称作为关键字搜索。

13.4 设计“转场页”幻灯片

本节的一个重要知识点是实现对图形顶点的调整。通过对图形顶点的调整，可以快速变更图形外观，将不同外观的图形用于各个转场页中，既保持风格统一，又灵动多变。

扫一扫，看视频

13.4.1 调节图形顶点变换图形样式

绘制图形后可以对顶点进行变换，以获取不同样式的造型。本例的设计思路是为图形填充图片效果，然后再调节图形的顶点，得到不规则的图片样式。

❶ 新建幻灯片，并在其中绘制一个与幻灯片等高的矩形，如图 13-20 所示。

❷ 选中图形并右击，在弹出的快捷菜单中选择“设置形状格式”命令，打开“设置形状格式”窗格，在“填充”栏中选中“图片或纹理填充”单选按钮，单击“文件”按钮，如图 13-21 所示。打开“插入图片”对话框，选择要作为填充的图片，并单击“插入”按钮，如图 13-22 所示。此时矩形被填充了图片，如图 13-23 所示。

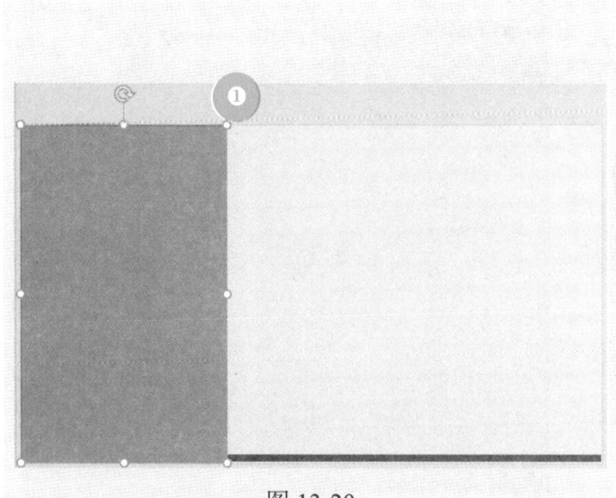

图 13-20

注意

当选中“图片或纹理填充”单选按钮后，窗格名称变为了“设置图片格式”。

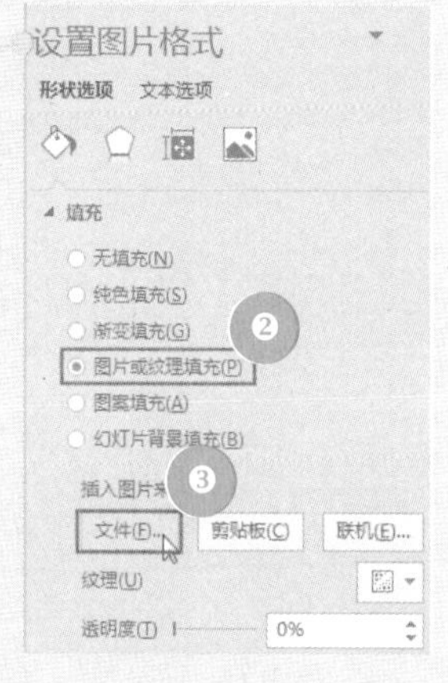

图 13-21

图 13-22

图 13-23

经验之谈

有读者会问：这里为何要先绘制矩形，再填充图片，而不是直接将图片裁剪为矩形样式呢？这是因为此处设计思路中要求使用不规则的三角形样式，而这种样式只能通过编辑图形的顶点得到，而图片无法进行顶点编辑。带着这个疑问可进入下面的学习步骤。

❸ 选中图形并右击，在弹出的快捷菜单中选择“编辑顶点”命令，如图 13-24 所示。此时图形添加了红色边框，并以黑实心正方形突出显示图形顶点，鼠标指针指向顶点即变为✥样式，如图 13-25 所示。

❹ 按住鼠标左键按一定路径拖动（如图 13-26 所示），到适当位置释放鼠标，效果如图 13-27 所示。

❺ 按照上述同样的操作方法拖动右下角的顶点，实现如图 13-28 所示的效果。

图 13-24

图 13-25

图 13-26

图 13-27

图 13-28

13.4.2 快速变更图形样式

扫一扫，看视频

在上一小节制作的图形上制作双层图形，并输入 PART1，如图 13-29 所示。由于这个双层图形与目录页中的双层图形效果一样，只是图形样式不一样，因此不必完全重新绘制图形再去逐步设置格式，而是可以复制目录页中的图形，再快速更改图形样式。

❶ 将目录页幻灯片中的双圆形复制并粘贴到当前幻灯片中（注意是组合后的双圆形）。

❷ 选中图形，在"图片工具-格式"选项卡的"插入形状"组中单击"编辑形状"下拉按钮，在弹出的下拉列表中选择"更改形状"→"矩形：圆角"（如图 13-30 所示），即可更改图形的形状。

❸ 调节图形长宽比例，重新输入文字，如图 13-31 所示。

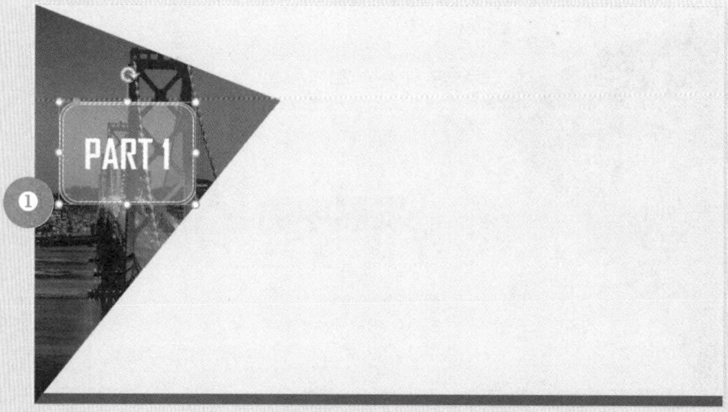

图 13-29

图 13-30

图 13-31

13.4.3 旋转图形角度

绘制图形后，也可以根据设计思路调整不同的角度。

扫一扫，看视频

❶ 插入图形后，选中图形，其顶端就会出现一个旋转按钮，如图 13-32 所示。将鼠标指针指向旋转按钮并拖动，即可旋转图形，如图 13-33 所示。

图 13-32

图 13-33

❷ 再复制几个小三角形（缩放为不同大小，旋转至不同角度，填充为不同颜色），然后添加文本框并输入文字，效果如图 13-34 所示。

图 13-34

❸ 制作其他转场页幻灯片时，也可以对幻灯片中的图形再次进行顶点编辑，让转场页幻灯片在保持相同风格的同时又不呆板。图 13-35 所示为第二张转场页幻灯片。

图 13-35

13.5　在母版中设计正文幻灯片的统一版面

全篇演示文稿可能只需一张标题幻灯片、一张目录幻灯片及有限的几张转场页，因此可以直接在普通视图中设计这些幻灯片。整篇演示文稿则需要多张内容幻灯片，而内容幻灯片通常要保持一致的设计风格（工作型幻灯片尤其有此要求），如统一标题装饰、统一的标题字体、统一页面布局等。要达到这些要求，可以通过在母版中编辑版式来实现。编辑后的版式可以在创建新幻灯片时应用。建立正文幻灯片的版式前，先了解一下幻灯片母版的知识。

13.5.1　母版的作用

扫一扫，看视频

幻灯片母版是用于定义演示文稿中所有幻灯片页面格式的幻灯片，包含演示文稿中的共有信息，因此可以借助母版来统一幻灯片的整体版式和页面风格，让演示文稿具有相同的外观布局。通过母版操作可以一次性实现对一篇演示文稿中多张幻灯片相同元素的设计，避免重复操作。

在“视图”选项卡的“母版视图”组中单击“幻灯片母版”按钮，即可进入母版视图，如图 13-36 所示。第一张是母版（一篇演示文稿可以有多个母版），下面是该母版包含的版式。

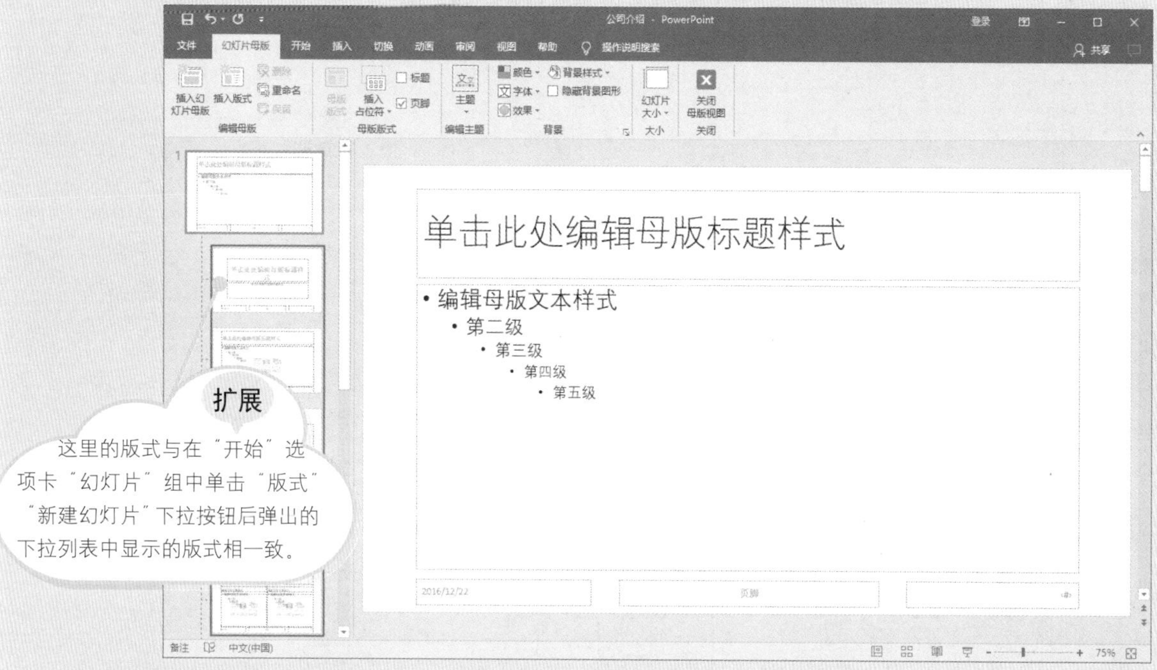

扩展

这里的版式与在“开始”选项卡“幻灯片”组中单击“版式”“新建幻灯片”下拉按钮后弹出的下拉列表中显示的版式相一致。

图 13-36

当选择任意一种版式添加相关元素、调节占位符位置、设置占位符中的字体格式等，回到普通视图中，在“新建幻灯片”功能下或“幻灯片”版式下都可以看到该元素已经添加到相应的版式上了。新建幻灯片时，只要选择这个版式就可以自动应用这些元素。下面举个例子说明。

❶ 在左侧选中“标题和内容”版式，默认样式如图 13-37 所示。

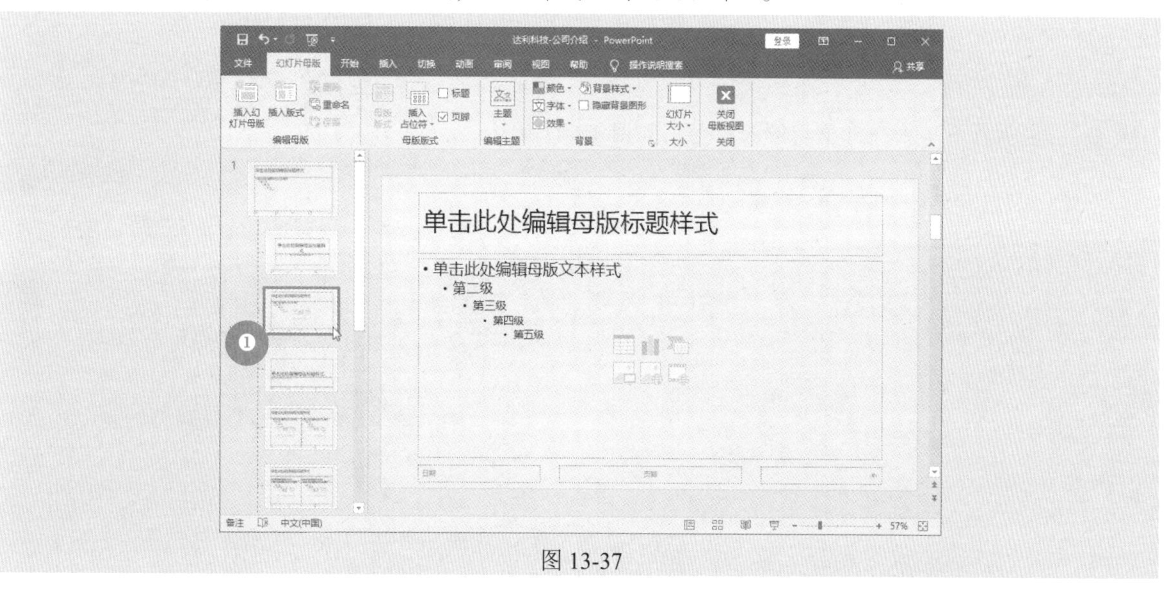

图 13-37

❷ 将此版式修改为图 13-38 所示的样式（添加了图形，调节了占位符位置与文字格式，删除了内容占位符）。

单击此处编辑母版标题样式
扩展
占位符就是供文本占位的。建立幻灯片后，在占位符中单击，原有的"单击此处……"的文字就会自动消失。另外，可以设置占位符文本的格式，设置后以此版式新建的幻灯片都会应用此文字格式。

图 13-38

❸ 单击"关闭母版视图"按钮，然后在"开始"选项卡的"幻灯片"组中单击"新建幻灯片"下拉按钮，在弹出的下拉列表中就可以看到刚才修改的版式了，如图 13-39 所示。单击这个版式就能以这个版式创建新幻灯片，如图 13-40 所示。

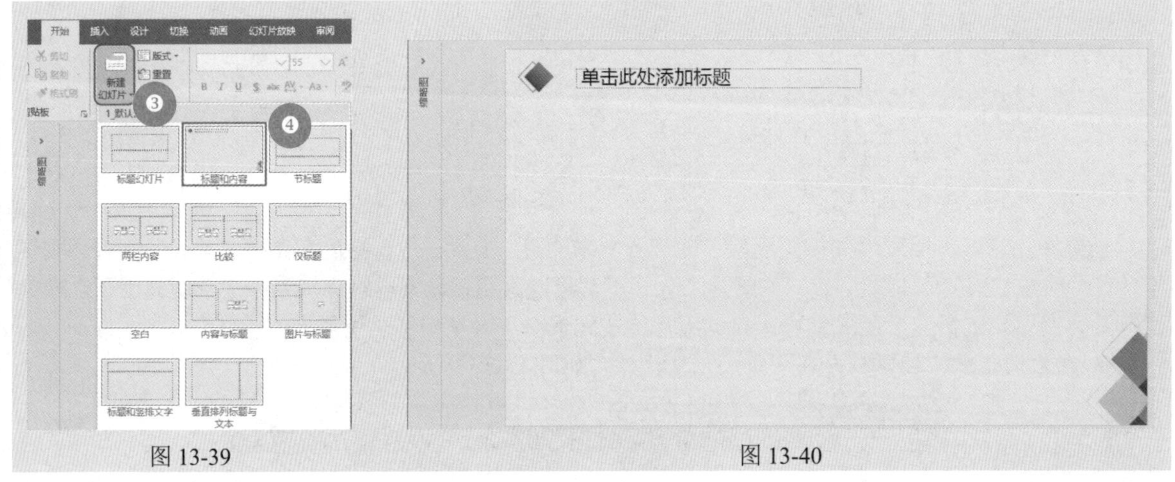

图 13-39　　图 13-40

❹ 在占位符中单击即可重新输入标题，如图 13-41 所示。

4. 需求与开发无缝对接
扩展
有了母版中设计的版式，以后只要想使用这个版式，就在"新建幻灯片"按钮下选择这个版式即可。

图 13-41

13.5.2 在母版中编辑正文幻灯片的版式

了解了母版的知识后，则可以为本例演示文稿编辑正文幻灯片的版式，版式使用图片、图形等元素构成，具体操作如下。

扫一扫，看视频

❶ 在“视图”选项卡的“母版视图”组中单击“幻灯片母版”按钮，进入母版视图。在左侧选中“标题和内容”版式，保留标题占位符，删除其他占位符，插入图片并裁剪为图 13-42 所示的样式。

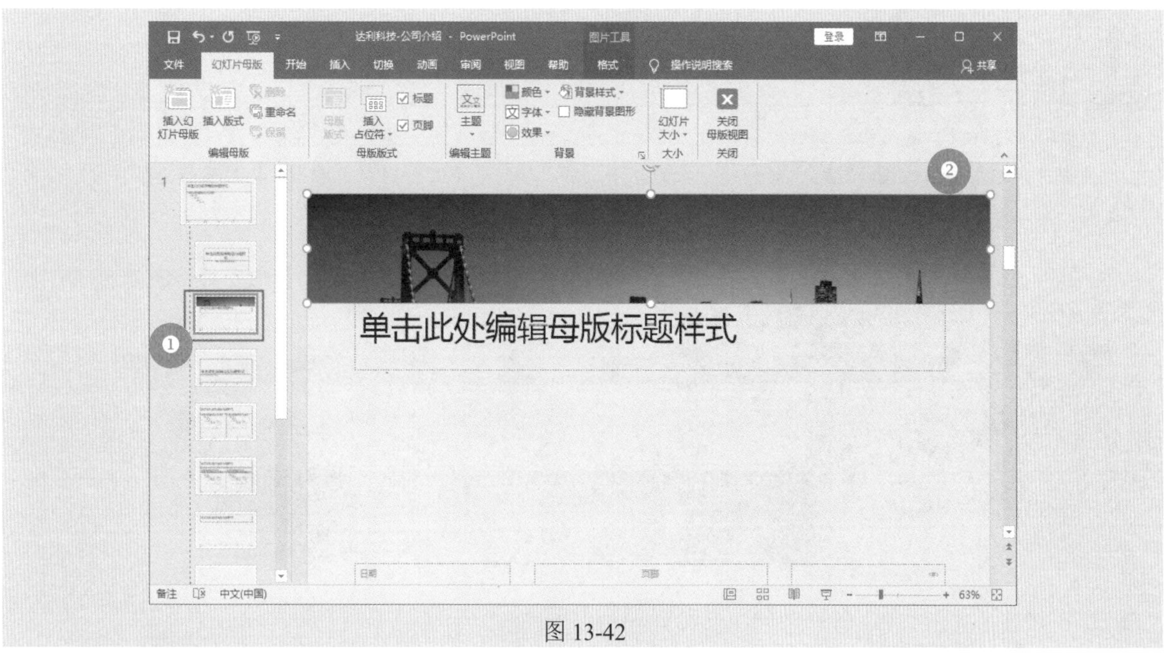

图 13-42

❷ 选中图片，在“图片工具-格式”选项卡的“调整”组中单击“艺术效果”下拉按钮，在下拉列表中选择“虚化”，如图 13-43 所示。

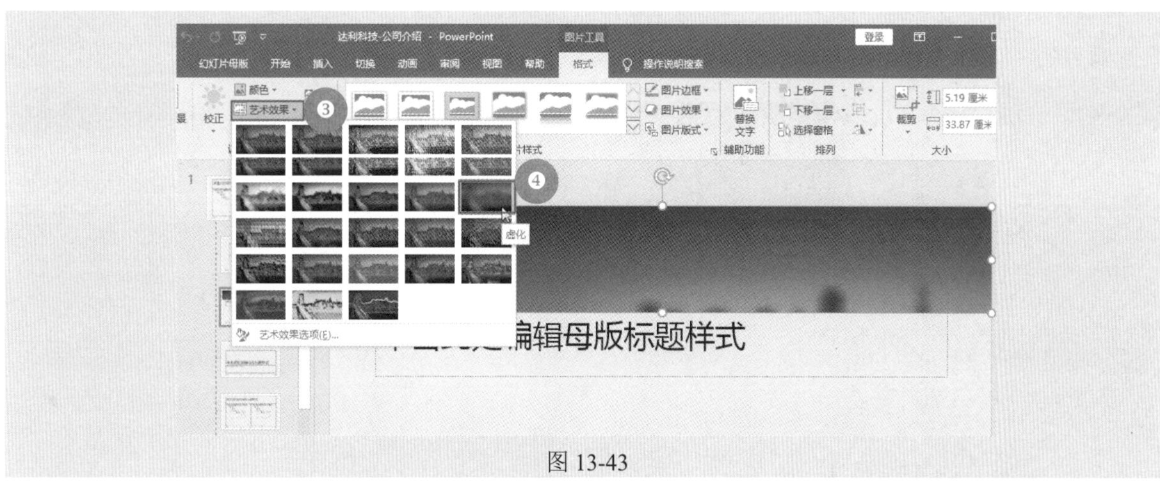

图 13-43

❸ 选中占位符，右击，在弹出的快捷菜单中选择“置于顶层”命令，如图 13-44 所示。

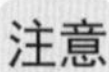

因为添加了图片，所以图片会在这个占位符的上一层。执行"置于顶层"命令，则可以将该占位符移到图片上。

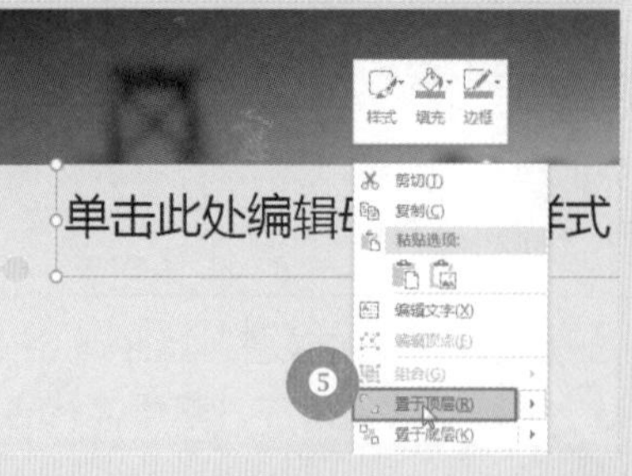

图 13-44

经验之谈

完成一项设计时，有时需要使用多个对象，而对象的显示顺序是先绘制的显示在底层，最后绘制的显示在最顶层。很多时候都需要根据设计思路重新调整对象的显示次序，这时选中目标对象，右击，按步骤❸的操作方法进行"上移一层"或"下移一层"的调节（"置于顶层"与"置于底层"都有子菜单）。

❹ 将占位符移到图片上并选中，在"开始"选项卡"字体"组中重新设置文字的格式，并在"段落"组中单击"居中"按钮，如图 13-45 所示。

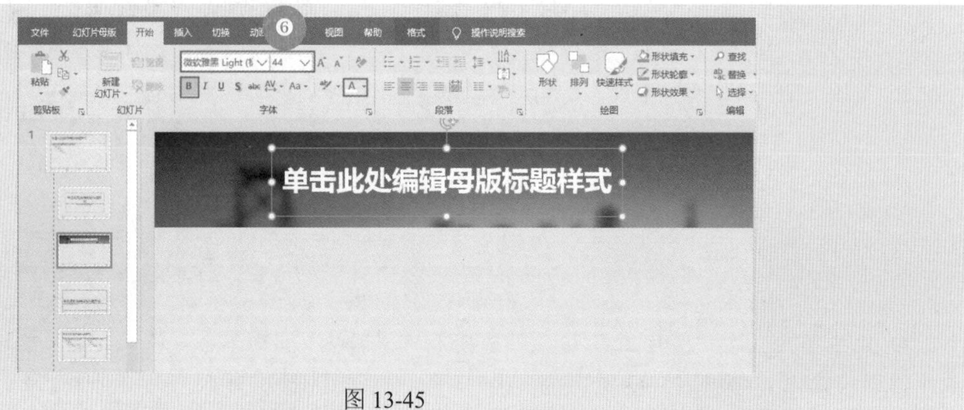

图 13-45

❺ 在占位符左侧添加双正方形图形，用于填写序号，如图 13-46 所示。

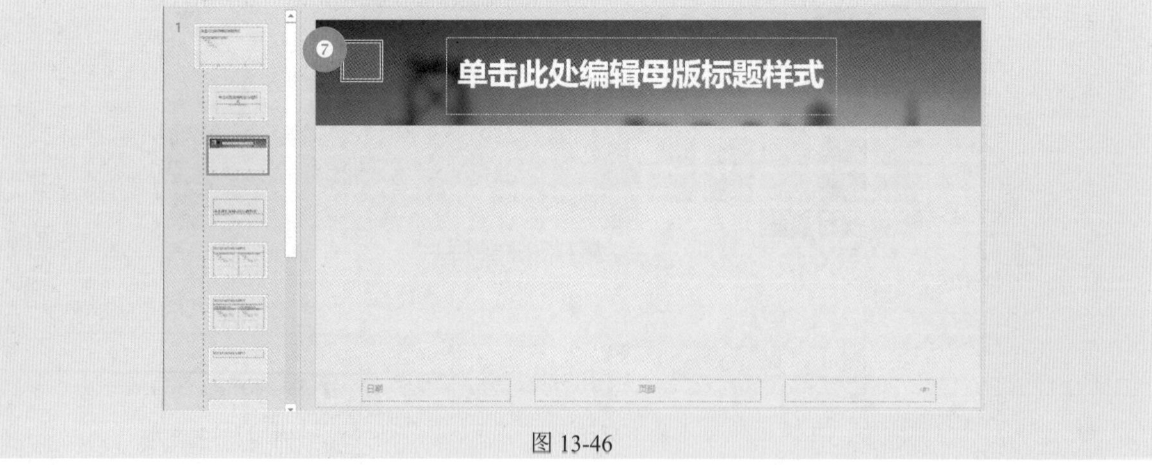

图 13-46

13.5.3 建立正文页幻灯片

扫一扫，看视频

在母版中为正文页幻灯片建立了版式后，创建正文幻灯片时都可以使用这个版式来新建，然后再根据实际情况编辑幻灯片的内容。

1. 按建立的版式创建幻灯片

在母版中修改的版式都保存在“新建幻灯片”下拉列表里，创建幻灯片时可以从中选择。

❶ 在“开始”选项卡的“幻灯片”组中单击“新建幻灯片”下拉按钮，在弹出的下拉列表中单击“标题和内容”（如图 13-47 所示），即可以这个版式创建新幻灯片，如图 13-48 所示。

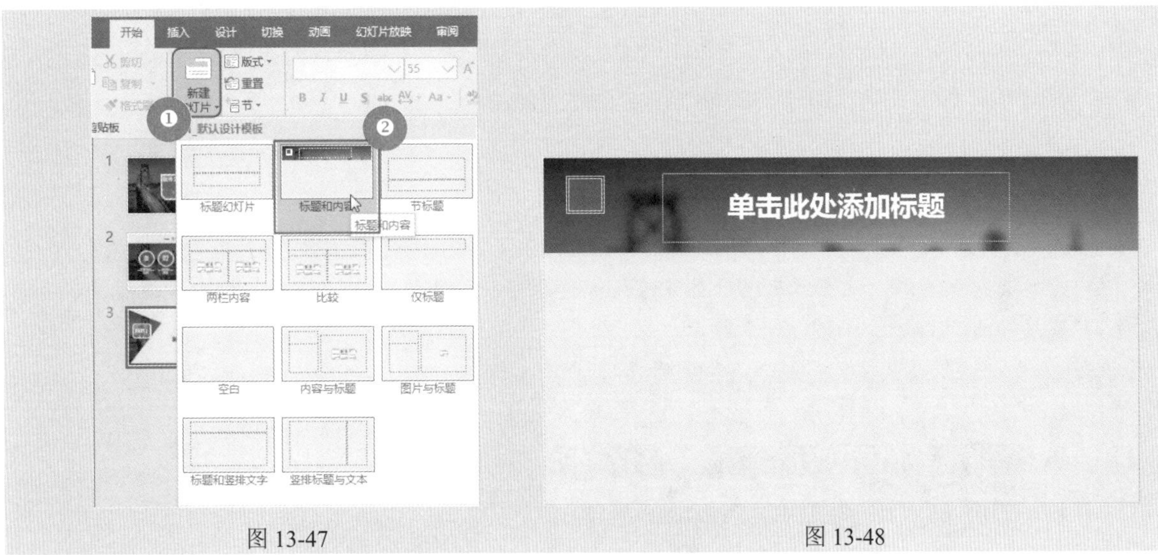

图 13-47　　图 13-48

❷ 在占位符处输入标题文字，如图 13-49 所示。

❸ 在“插入”选项卡的“插图”组中单击“形状”下拉按钮，在弹出的下拉列表中选择“六边形”，在幻灯片中绘制一个六边形，并设置为灰色（比底纹深的灰色），如图 13-50 所示。

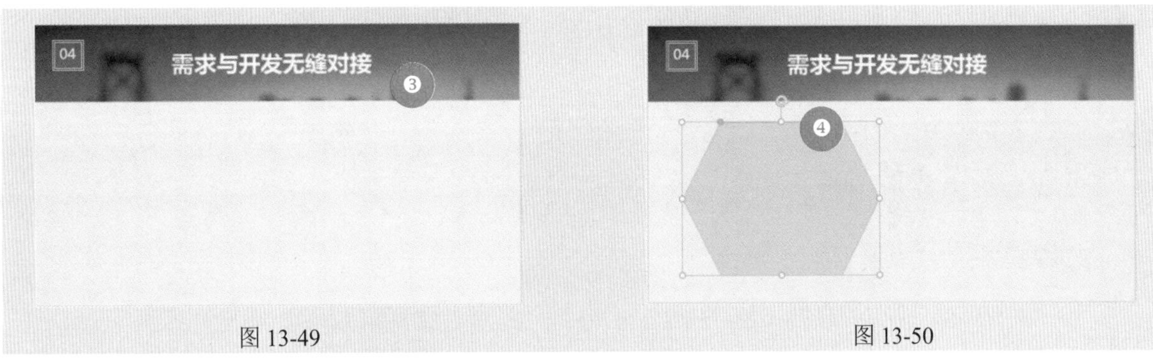

图 13-49　　图 13-50

❹ 复制六边形并同比例缩小，设置小六边形为无填充色，然后在“绘图工具-格式”选项卡的“形状样式”组中单击“形状轮廓”下拉按钮，在弹出的下拉列表中选择白色，如图 13-51 所示。

❺ 复制双六边形，如图 13-52 所示。

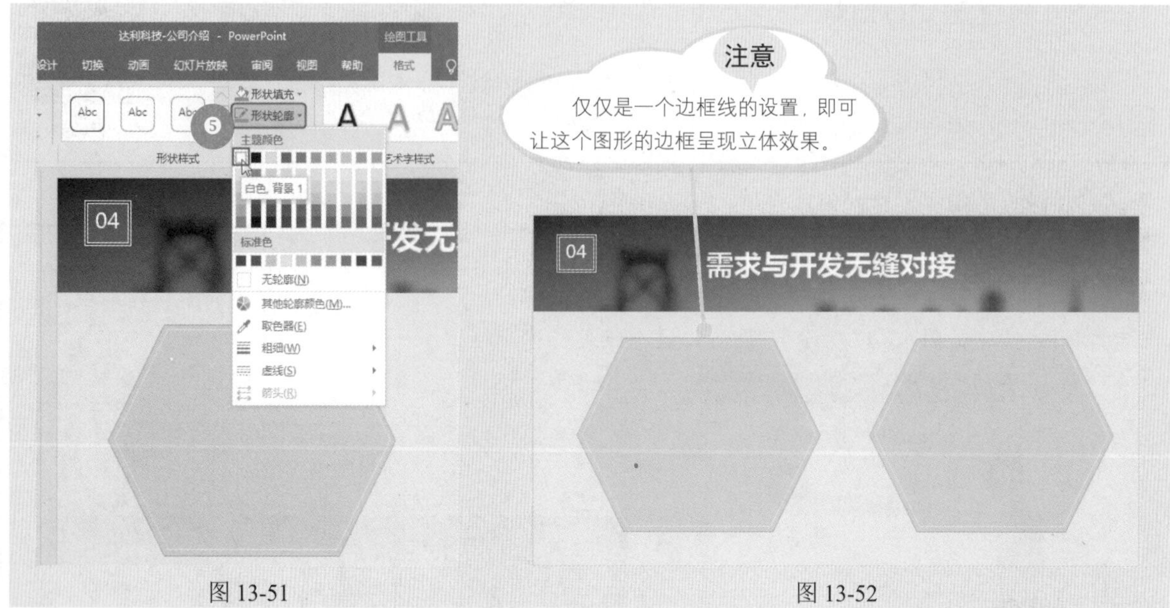

图 13-51　　图 13-52

❻ 叠加绘制六边形，设置填充色后打开“设置形状格式”窗格，在“线条”栏中设置线条颜色为绿色，“宽度”为“3 磅”，如图 13-53 所示。

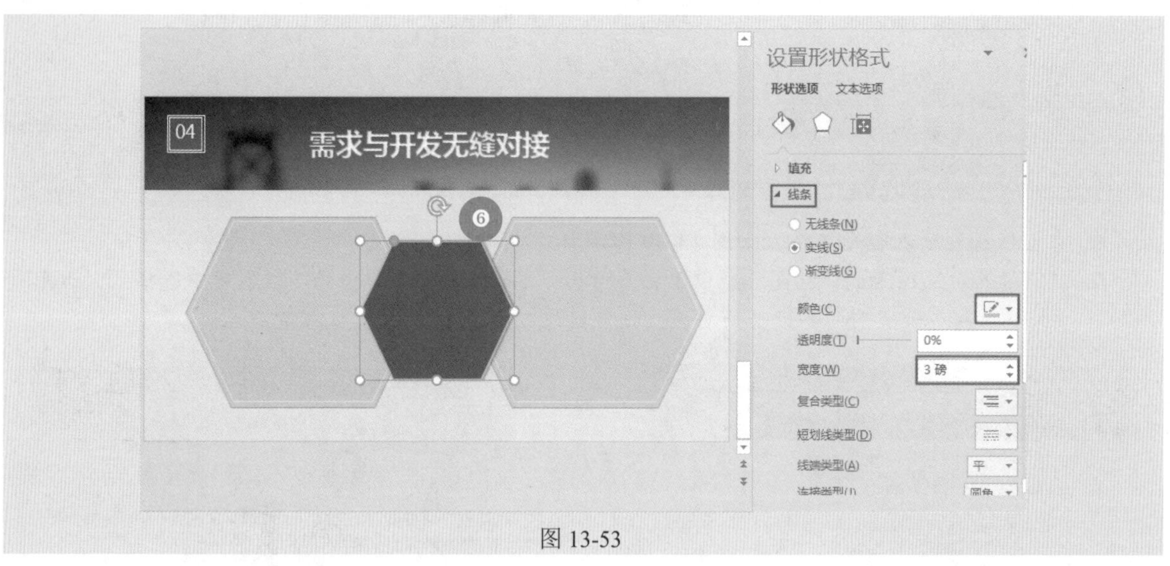

图 13-53

2. 设置文本的行间距

无论是在占位符还是文本框中输入文本，行与行之间是无间距的。为了满足排版需要，可以重新设置行间距。

在左侧六边形上绘制文本框，并输入文本。选中文本，在“开始”选项卡的“段落”组中单击“行距”下拉按钮，在弹出的下拉列表中选择 2.0（如图 13-54 所示），即可增大行距，如图 13-55 所示。

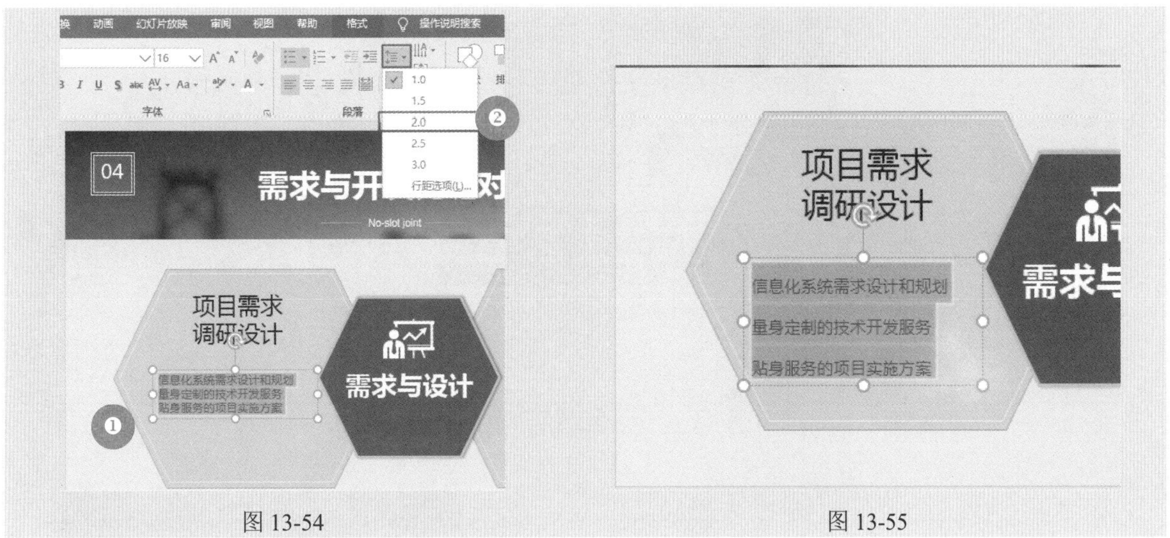

图 13-54　图 13-55

3. 给文本添加项目符号

在幻灯片中不要使用大篇幅毫无提炼的文本，而应对幻灯片内容进行归纳，提炼有用的信息，简洁有效的文本更便于信息的传递。因此幻灯片中经常会使用项目符号，让一些文本条目显示得更加清晰。

❶ 保持文本的选中状态，在“段落”组中单击“项目符号”下拉按钮，在弹出的下拉列表中选择项目符号样式（如图 13-56 所示），单击即可应用。

❷ 复制文本框到右侧六边形中，重新修改文本，即可完成此幻灯片的创建，如图 13-57 所示。

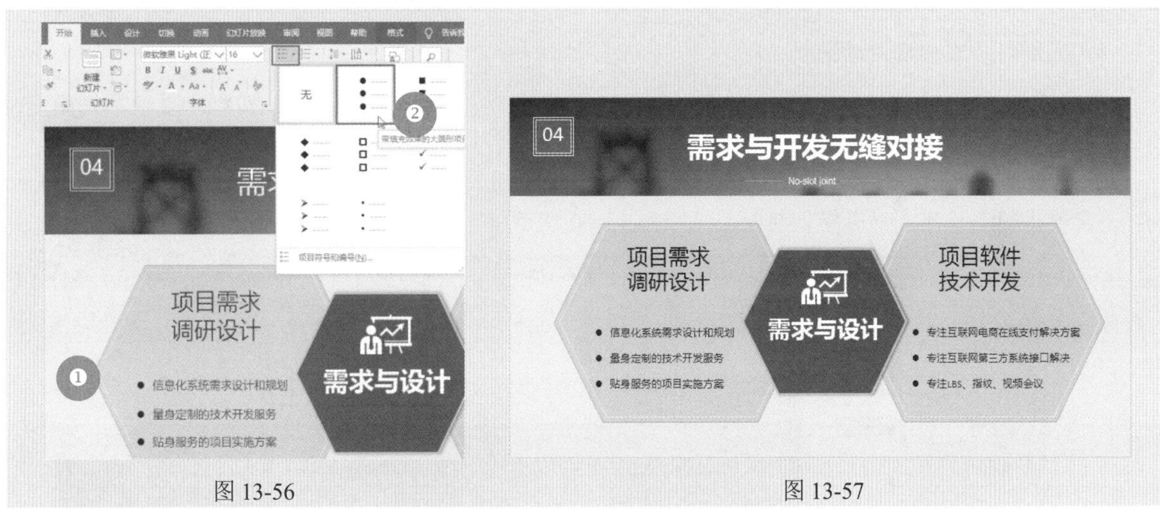

图 13-56　图 13-57

❸ 图 13-58 所示为一张正文幻灯片的范图，其设计要点如下。

- 在占位符处输入标题。
- 插入图片。
- 插入文本框。
- 插入图形并在图形上绘制文本框。

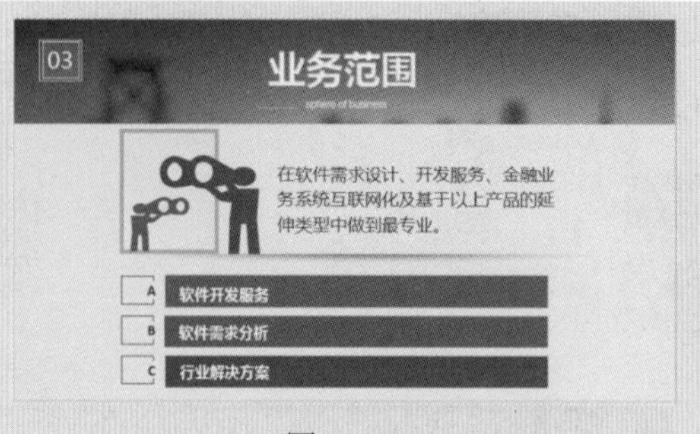

图 13-58

13.6 自动循环播放

企业宣传类的演示文稿可以用于一些场合的自动循环插放，即幻灯片在指定时间后就自动切换至下一张幻灯片。要实现自动循环播放，则进行本节的设置操作。

扫一扫，看视频

13.6.1 切片动画设置

在放映幻灯片时，前一张放映完并进入下一张放映时，可以设置不同的切换动画。程序中提供了非常多的切片效果以供使用。切换动画主要是为了缓解 PPT 页面之间转换时的单调感而设立的，应用这一功能使幻灯片放映时相对于传统幻灯片生动了许多。

1. 为幻灯片添加切片动画

在放映幻灯片的过程中，可以根据实际需要选择合适的切片动画。切片动画类型主要包括细微型、华丽型以及动态内容。

❶ 选中要设置的幻灯片，在“切换”选项卡的“切换到此幻灯片”组中单击 按钮（如图 13-59 所示），在弹出的下拉列表中选择切换效果，如图 13-60 所示。

图 13-59

图 13-60

❷ 选择“蜂巢”，即可应用切换效果。图 13-61 所示为切片动画播放时的效果。

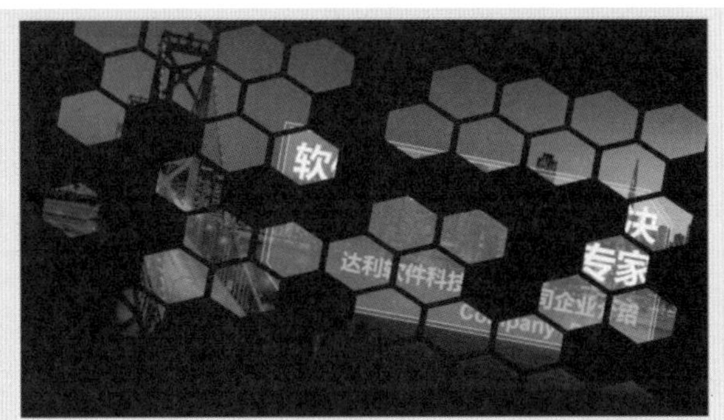

图 13-61

2. 切片效果的统一设置

设置好某一张幻灯片的切换效果后，为了省去逐一设置的麻烦，可以将幻灯片的切换效果一次性应用到所有幻灯片中。

具体操作方法为设置好幻灯片的切片效果后单击“切换”选项卡“计时”组中的“应用到全部”按钮（如图 13-62 所示），即可同时设置全部幻灯片的切片效果。

图 13-62

3. 自定义切片动画的持续时间

为幻灯片添加了切片动画后，其动画的持续时间有默认值。这个默认速度是可以更改的，而且根据不同的切换效果设置不同的时间，能够在视觉上呈现一种美感。

❶ 设置好幻灯片的切片效果后，在“切换”选项卡的“计时”组中的“持续时间”数值框里可以输入持续时间，或者通过微调按钮设置持续时间，如图 13-63 所示。

图 13-63

❷ 按照上述同样的操作方法，根据每张幻灯片的切片动画合理设置持续时间。

经验之谈

如果全局的幻灯片都设置了切换效果，可是有些幻灯片之间并不想设置切片动画，也可以局部清除。选择不需要动画的两张幻灯片，在“切换”选项卡的“切换到此幻灯片”组中选择“无”选项，即可将两张幻灯片之间的切换动画删除。

若是一次性全部清除，需要进入“视图”选项卡的“演示文稿视图”组中的“幻灯片浏览”按钮，按 Ctrl+A 组合键，选中所有幻灯片，然后重新将切片动画设置为“无”。

扫一扫，看视频

13.6.2 设置幻灯片无人放映

无人放映是指不使用鼠标控制，幻灯片能自动循环放映。要达到这种放映效果，需要进行如下设置。

❶ 按 13.6.1 小节中的操作设置好各幻灯片的切片动画。

❷ 选中第一张幻灯片，在“切换”选项卡的“计时”组中选中“设置自动换片时间”复选框，单击右侧数值框的微调按钮设置换片时间，如图 13-64 所示。

图 13-64

❸ 设置好换片时间后，在“计时”选项组中单击“应用到全部”按钮，即可一次性为整个演示文稿设置相同的换片时间。

经验之谈

值得注意的是，单击“应用到全部”按钮时，程序默认对切换、效果和计时都同时应用放映效果。如果要实现不同的幻灯片以不同的播放时间放映，就需要逐一单独设置。

❹ 在“幻灯片放映”选项卡的“设置”组中单击“设置幻灯片放映”按钮（如图 13-65 所示），打开“设置放映方式”对话框，选中“循环放映，按 ESC 键终止(L)”复选框，单击“确定”按钮即可，如图 13-66 所示。

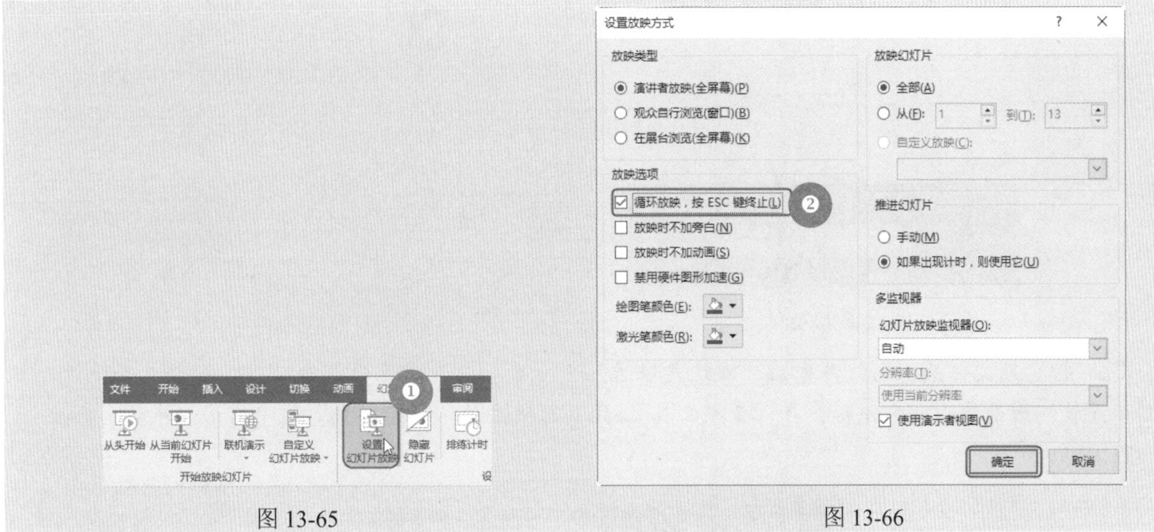

图 13-65　　　　图 13-66

13.6.3 设置循环放映的背景音乐

扫一扫，看视频

如果幻灯片被设置为无人自动播放，这时背景音乐的添加就非常必要。要实现的效果是让幻灯片一直伴随着音乐播放，直到结束。

❶ 选中目标幻灯片，在“插入”选项卡的“媒体”组中单击“音频”下拉按钮，在弹出的下拉列表中选择“PC 上的音频”选项（如图 13-67 所示），打开“插入音频”对话框。

图 13-67

❷ 找到音频文件的存放位置，选中并单击“插入”按钮（如图 13-68 所示），即可添加音频文件到幻灯片中。

❸ 插入的音频文件默认呈现为小喇叭图标。单击▶按钮，可在“播放”“暂停”间切换，如图 13-69 所示。

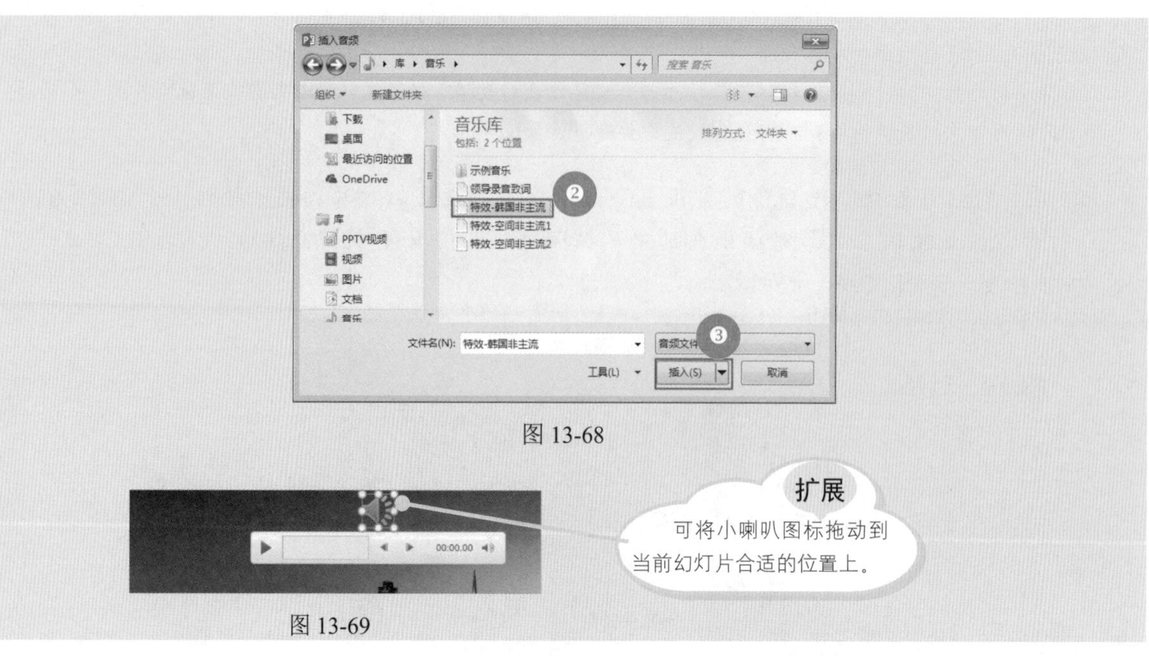

图 13-68

图 13-69

❹ 将音频文件插入幻灯片中后，默认是当进入下一个幻灯片时音乐就自动停止播放。如果想让其循环播放，则选中小喇叭图标，在“音频工具-播放”选项卡的“音频样式”组中启用“在后台播放”，如图 13-70 所示。

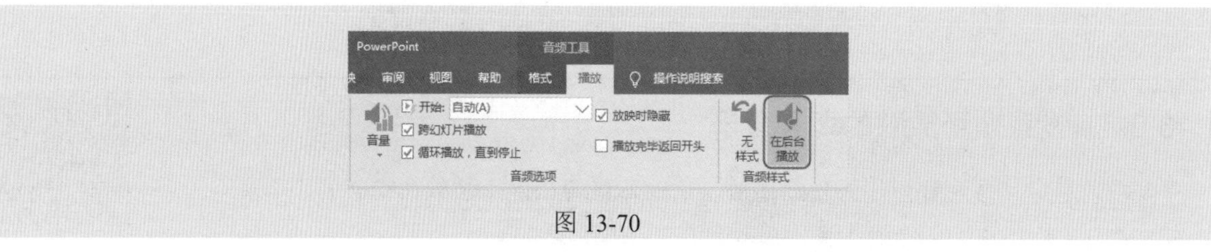

图 13-70

第 14 章

技能培训演示文稿范例

技能培训演示文稿范例

- 14.1　设计“首页”幻灯片
  - 14.1.1 从图片中抠图
  - 14.1.2 使用半透明图形、线条布局首页幻灯片
- 14.2　设计“目录页”幻灯片
  - 14.2.1 制作阴影立体图形
  - 14.2.2 使用制作的图形布局目录
- 14.3　设计“转场页”幻灯片
  - 14.3.1 用多边形布局转场页页面
  - 14.3.2 为图片设置边框线
- 14.4　在母版中设计正文幻灯片版面
  - 14.4.1 在母版中编辑正文幻灯片版式
  - 14.4.2 以新版式创建正文幻灯片
- 14.5　在幻灯片中编辑表格
  - 14.5.1 插入与编辑表格结构
    - 1. 合并单元格及数据对齐方式
    - 2. 调整列宽或行高
  - 14.5.2 美化表格底纹、框线

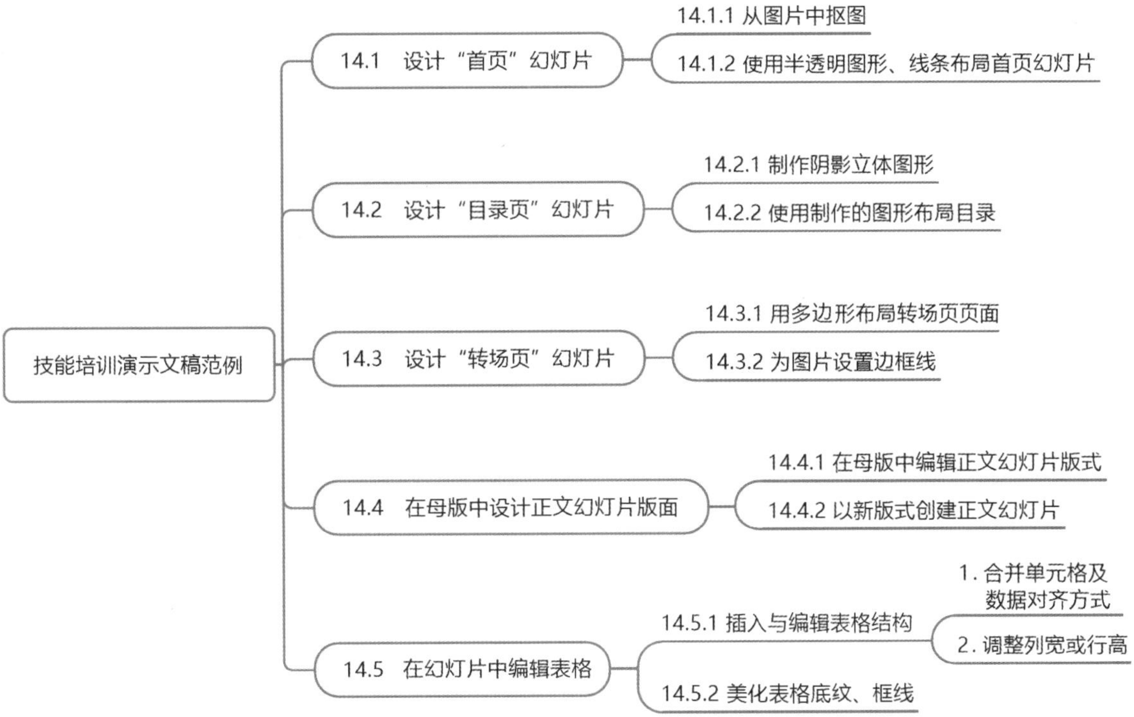

技能培训类的 PPT 是较为常见的 PPT 类别，无论是新员工入职，还是工作中某阶段针对某项业务等，都会有技能培训项目，而建立 PPT 是技能培训时最常用的讲解材料。如果希望培训能有良好的效果，设计一份优秀的 PPT 文稿是非常必要的，好的培训文稿可以让员工在轻松的环境中学习较枯燥的培训内容，提升培训效果。

图 14-1 所示为一篇技能培训演示文稿的部分幻灯片，本章将以这些幻灯片为例来介绍幻灯片的设计知识。

图 14-1

14.1 设计“首页”幻灯片

首页幻灯片使用图片、图形、文字相结合的方式来设计。其中图片使用无背景的人物图时，会涉及删除图片背景的知识点。

14.1.1 从图片中抠图

插入幻灯片中的图片通常会包含硬边框，显得与背景不协调，此时需要删除图片的背景，就像 Photoshop 中的“抠图”功能一样。

❶ 新建演示文稿，删除首页幻灯片中的占位符，插入图片，如图 14-2 所示。

图 14-2

❷ 选中图片，在“图片工具-格式”选项卡的“调整”组中单击“删除背景”按钮（如图 14-3 所示），进入背景消除状态，如图 14-4 所示。

图 14-3

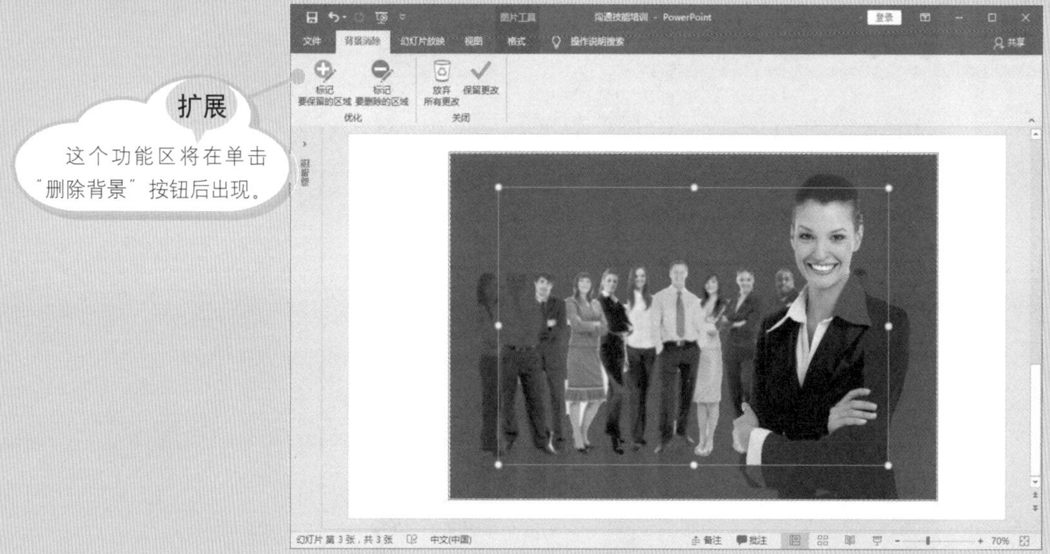

扩展

这个功能区将在单击“删除背景”按钮后出现。

图 14-4

❸ 调节图上的矩形框，框选要保留的大致区域。调节后，变色区域表示要删除的区域，保持本色的为要保留的区域，如图 14-5 所示。

❹ 在“图片工具-背景消除”选项卡的“优化”组中单击“标记要保留的区域”按钮，将光标移动到图片上，光标变为笔形。在需要保留的区域上单击并拖动，释放鼠标即可添加⊞样式（如图 14-6 所示），图片新增了要保留的区域（变为本色）。如果还有想保留而自动变色的区域，按此方法继续增加。

图 14-5

图 14-6

❺ 在“图片工具-背景消除”选项卡的“优化”组中单击“标记要删除的区域”按钮，将光标移动到图片上，光标变为笔形。在需要删除的区域上单击并拖动，释放鼠标即可添加⊟样式（如图 14-7 所示），图片新增了要删除的区域（变为红色）。继续按此方法标记要删除的区域，如图 14-8 所示。

图 14-7

图 14-8

❻ 标记完成后，在“关闭”组中单击“保留更改”按钮，即可删除图片背景，得到图 14-9 所示的图片。

图 14-9

经验之谈

由于图片背景的复杂程度不同，在删除图片背景只保留部分图片时，调节的次数也各不相同。但只要记住一点，变色的为即将删除的部分，未变色的为保留部分，都是使用“标记要保留的区域”按钮与“标记要删除的区域”按钮调节。如果图片背景复杂，调节的次数会多一些。

14.1.2 使用半透明图形、线条布局首页幻灯片

扫一扫，看视频

删除图片背景得到目标图片后，接着可以使用图形、线条来完成首页幻灯片的布局。使用图形时应用到半透明填充的知识点。

❶ 在“插入”选项卡的“插图”组中单击“形状”下拉按钮，在弹出的下拉列表中选择“矩形”，在幻灯片底部绘制与幻灯片同宽的矩形，如图 14-10 所示。

图 14-10

❷ 在“绘图工具-格式”选项卡的“形状样式”组中单击“形状填充”下拉按钮，在弹出的下拉列表中选择“其他填充颜色”选项，如图 14-11 所示。打开“颜色”对话框，设置颜色为绿色，“透明度”为 80%，单击“确定”按钮。如图 14-12 所示。

图 14-11　　图 14-12

❸ 在“绘图工具-格式”选项卡的“形状样式”组中单击“形状轮廓”下拉按钮，在弹出的下拉列表中选择“无轮廓”选项（如图 14-13 所示），取消图形默认的轮廓线。

图 14-13

❹ 在“插入”选项卡的“插图”组中单击“形状”下拉按钮，在弹出的下拉列表中选择“直线”，在矩形上边线上绘制同宽线条，设置颜色为绿色，如图 14-14 所示。

❺ 在幻灯片上编辑文本并设置字体、字号，效果如图 14-15 所示。

图 14-14　　图 14-15

经验之谈

文字在信息传达上有其独特的“表情”，即不同的字体传达信息时能表现出不同的感情色彩。例如，楷书使人感到规矩、稳重；隶书使人感到轻柔、舒畅；行书使人感到随和、宁静；黑体字比较端庄、凝重等。

在文字设计中，要学习并感受不同字体给人带来的不同情绪，并学着找到它们适用的规律与范围。结合演示文稿的主题合理设置文字字体，可以给予人不同的视觉感受和比较直接的视觉诉求。

值得注意的是，要学会只用 3 种以内的字体来做设计，因为过多字体既不规范工整，也很容易让设计效果产生廉价感。

14.2 设计“目录页”幻灯片

本例的目录页幻灯片使用纯图形来制作，其中用于显示目录文字的图形采用手动制作的一种立体图形。具体操作方法如下。

14.2.1 制作阴影立体图形

扫一扫，看视频

幻灯片中的图形可以直接添加阴影效果，阴影效果可以提升图形的立体感。除此之外，可以使用多图形组合的方式来制作立体图形。本例的设计思路就是使用立体图形作为目录文字的底图。

❶ 以空白版式新建幻灯片，在幻灯片中插入一个矩形，将其设置为无轮廓（设置方法在第 13 章中曾多次介绍），然后设置其填充色为本例的主色调绿色系，如图 14-16 所示。

❷ 再插入一个矩形，与前面的矩形同宽。在该矩形上右击，在弹出的快捷菜单中选择“编辑顶点”命令（如图 14-17 所示），矩形顶点呈现可调节状态，如图 14-18 所示。

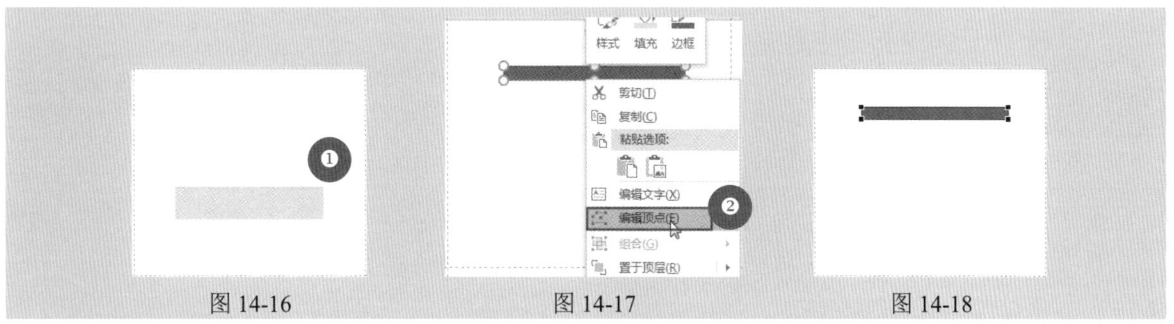

图 14-16 图 14-17 图 14-18

❸ 拖动右下角顶点与右上角重合，调整后的图形类似一个细长三角形，如图 14-19 所示。

❹ 打开“设置形状格式”窗格，选中“渐变填充”单选按钮，设置渐变颜色为从白色到浅灰色再到深灰色，设置渐变类型、方向，如图 14-20 所示。设置渐变后的图形效果如图 14-21 所示。

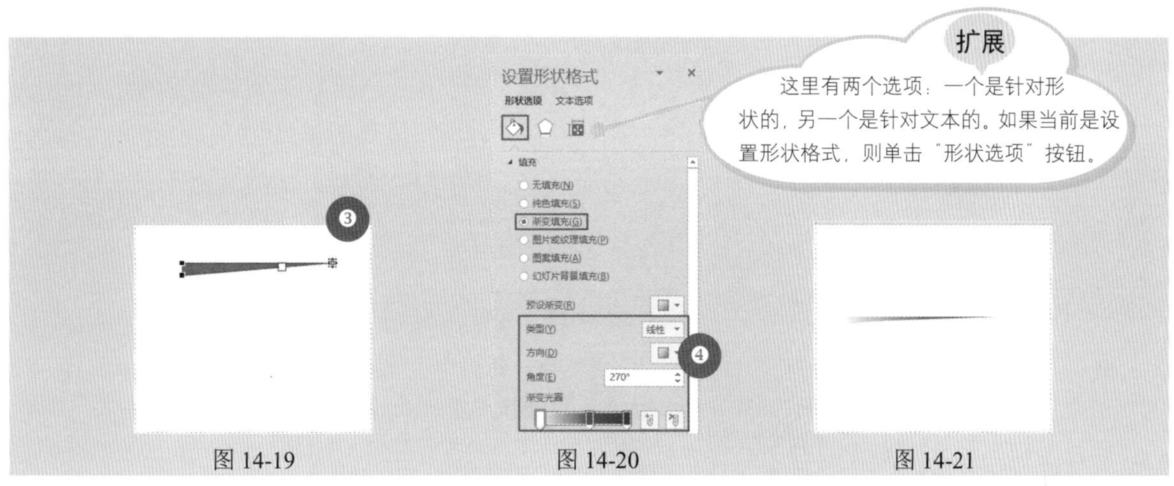

图 14-19 图 14-20 图 14-21

❺ 将长三角形放置于前面矩形的底部位置，形成影子效果，可以看到图形立即具有了立体化效果，如图 14-22 所示。

❻ 同时选中两个图形，右击，在弹出的快捷菜单中选择“组合”→“组合”命令，如图 14-23 所示。

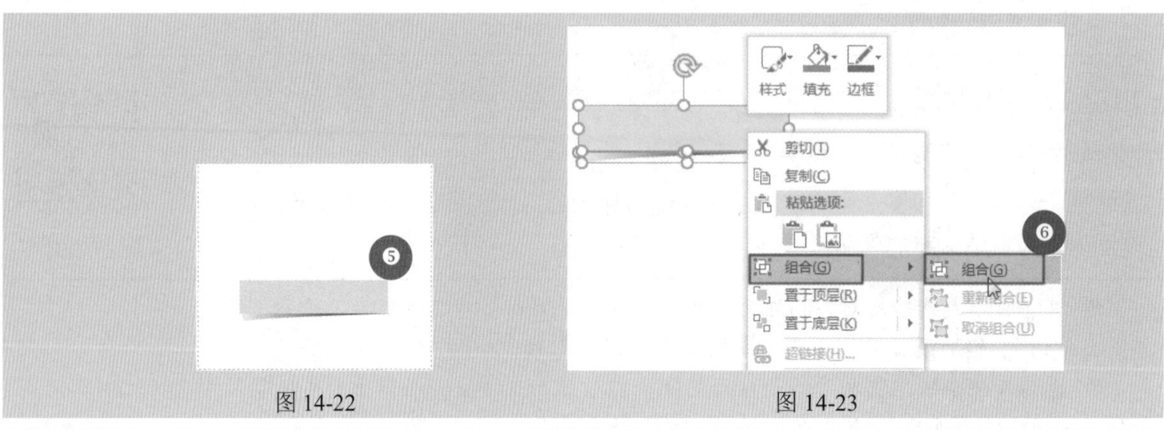

图 14-22　　图 14-23

扫一扫，看视频

14.2.2 使用制作的图形布局目录

建立了上面的立体图形后，就可以在这个图形上编辑目录文字，有几个目录就需要复制几个图形。

❶ 使用图形布局版面，如图 14-24 所示。涉及的知识点如下。

- 插入一个等腰三角形并做垂直翻转，将其调整至与幻灯片同宽，并设置填充色。
- 插入一条纵向直线。
- 插入文本框，输入“目录页”文字。

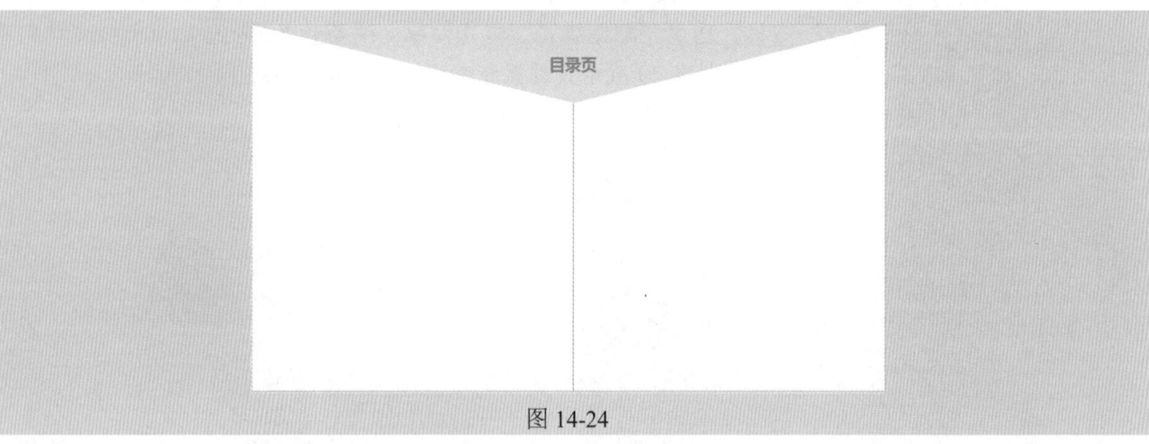

图 14-24

❷ 选中前面制作的组合后的图形并复制。选中复制后的图形，在“绘图工具-格式”选项卡的“排列”组中单击“旋转”下拉按钮，在弹出的下拉列表中选择“水平翻转”选项（如图 14-25 所示），即可将图形旋转过来，如图 14-26 所示。

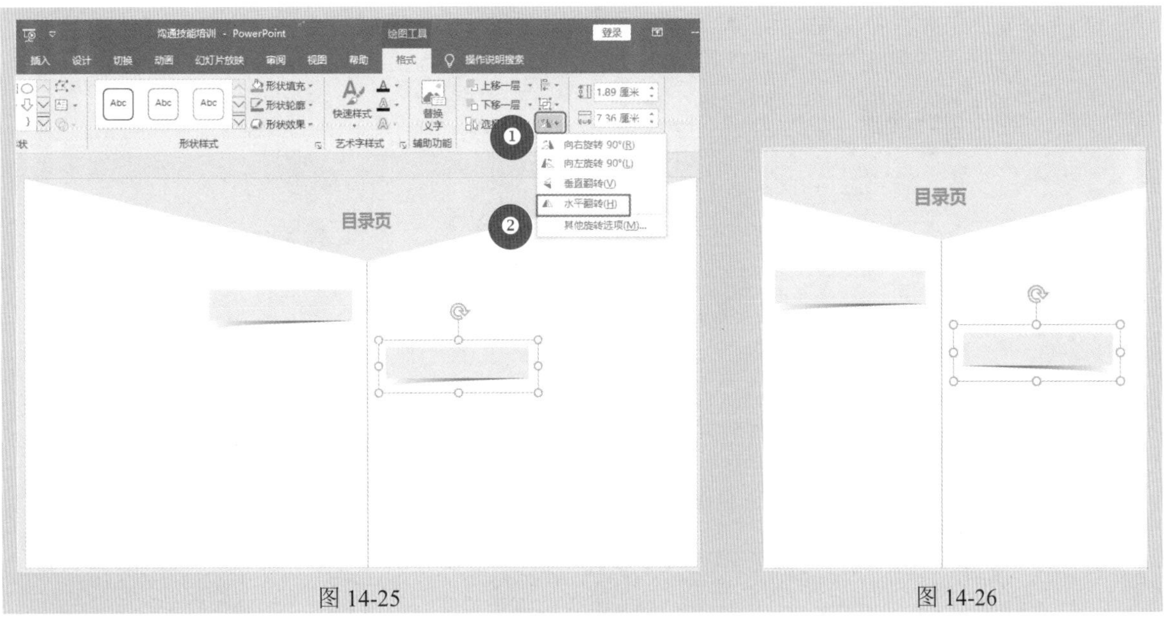
图 14-25　　图 14-26

❸ 绘制圆形并设置其为绿色（取消轮廓线）。选中圆形，在“绘图工具-格式”选项卡的“形状格式”组中单击“形状效果”下拉按钮，在弹出的下拉列表中选择“阴影”→“偏移 右上”（如图 14-27 所示），然后选择“阴影选项”选项，打开“设置形状格式”窗格。

❹ 重新设置“模糊”（增大）与“距离”（增大），如图 14-28 所示。

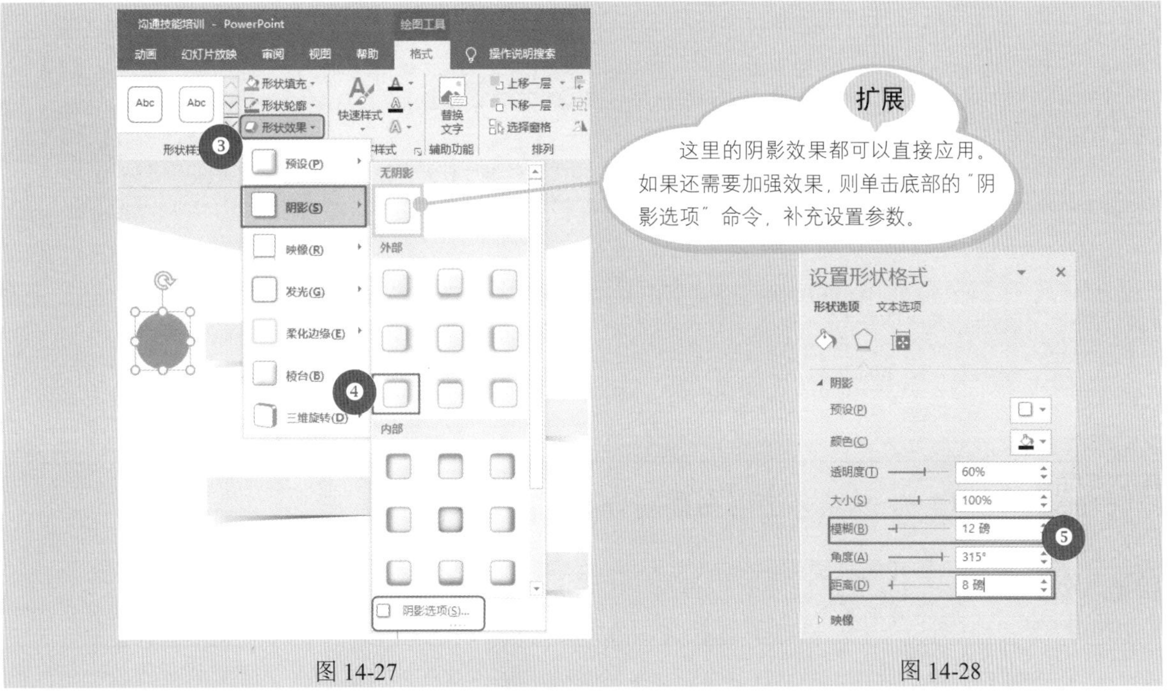

图 14-27　　图 14-28

❺ 设置后圆形的阴影效果如图 14-29 所示。

❻ 复制多个圆形，并在圆形上编辑序号，如图 14-30 所示。

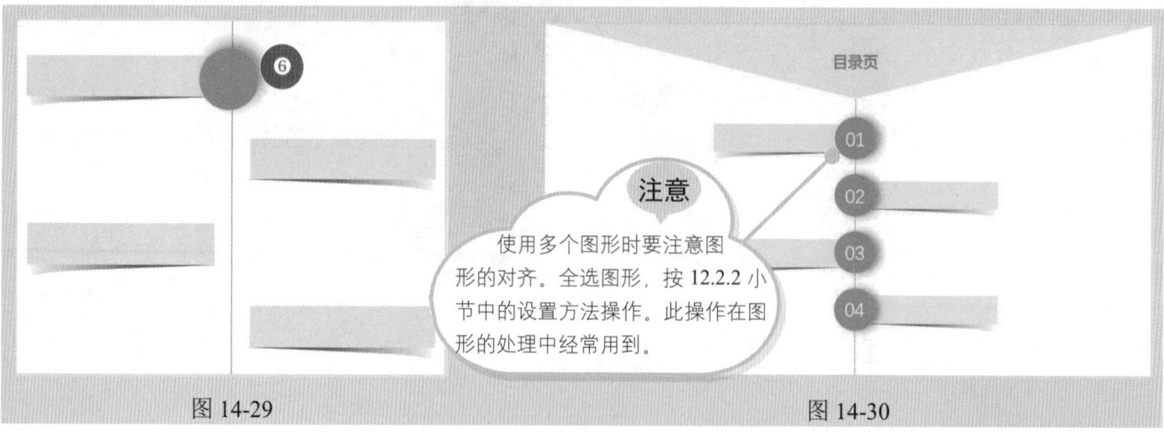

❻
目录页
01
02
03
04
注意
使用多个图形时要注意图形的对齐。全选图形，按 12.2.2 小节中的设置方法操作。此操作在图形的处理中经常用到。

图 14-29　　图 14-30

❼ 在图形上编辑文字，完成目录页的设计，如图 14-31 所示。

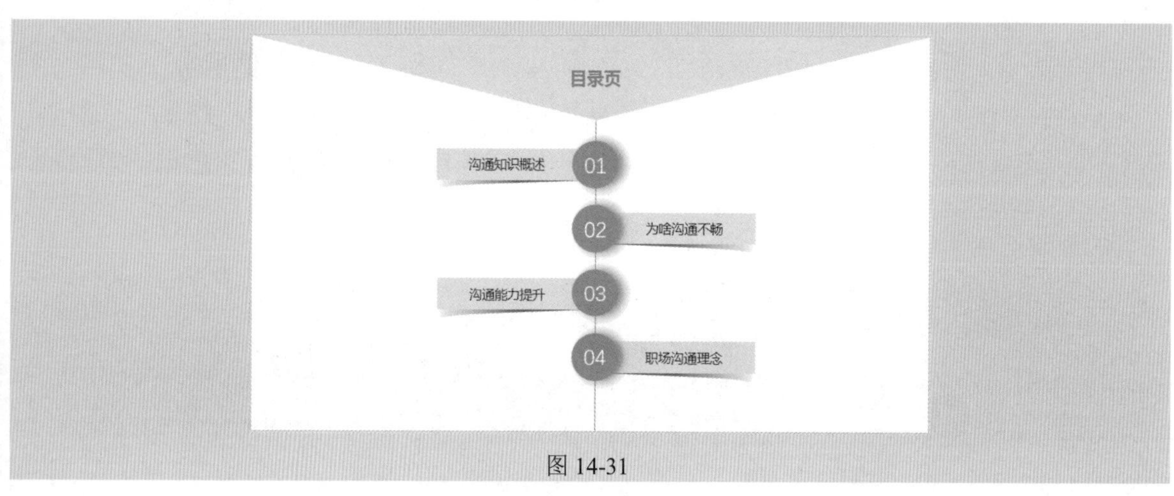

图 14-31

14.3　设计“转场页”幻灯片

本例转场页的设计思路仍然是使用图形、图片来布局，其中插入图片后会用到为图片添加边框的知识点。

扫一扫，看视频

14.3.1　用多边形布局转场页页面

转场页使用与首页幻灯片中风格类似的图形来布局，然后在图形上放置图片，并输入目录文本。

以空白版式新建幻灯片，在幻灯片中插入两个矩形，都设置为无轮廓，填充色采用本例的主色调绿色系，并按图 14-32 所示放置。

图 14-32

经验之谈

合理的配色是提升幻灯片质量的关键所在，但若非专业的设计人员，在配色方面总是达不到满意的效果。以下介绍几个 PPT 中的配色小技巧，读者可尝试使用。

（1）邻近色搭配：邻近色就是在色带上相临近的颜色，例如绿色与蓝色、红色和黄色。因为邻近色都具有相同的颜色，色相间的色彩倾向相似。所以，用邻近色搭配设计 PPT 可以避免色彩杂乱，易于达到页面的和谐统一。

（2）同色系搭配：同色系是指在一种颜色中不同的明暗度组成的颜色组。在幻灯片中使用同色系，在视觉上会显得比较单纯、柔和、协调。

（3）用好取色器，借鉴成功作品配色：在“形状填充”“形状轮廓”“文本填充”“背景颜色”等涉及颜色设置的功能按钮下都可以看到有一个“取色器”命令，如果看到想使用的配色，则可以先截取颜色图片，放到幻灯片上，然后在设置形状时，用“取色器”去取色。

14.3.2 为图片设置边框线

扫一扫，看视频

插入图片后默认无轮廓线，如果添加轮廓线，可以让图形的外观更加工整。

❶ 插入图片并调整至合适大小，放置到大矩形框内，如图 14-33 所示。

❷ 选中图片，在“图片工具-格式”选项卡的“图片样式”组中单击“图片边框”下拉按钮，在弹出的下拉列表中选择“白色，背景 1”（即图片使用白色的轮廓线），如图 14-34 所示。

图 14-33　　图 14-34

❸ 由于默认的白色轮廓线线条过细，因此选择“粗细”选项，在子列表中重新选择线条的粗细值，如图 14-35 所示。

扩展
为图片添加边框，可以让不规范的图片迅速规范起来。尤其是一些实拍图片，为它们应用统一的边框几乎是一项必备操作。

图 14-35

❹ 在幻灯片中添加文本框并编辑文字，得到此演示文稿的转场页幻灯片，如图 14-36 所示。

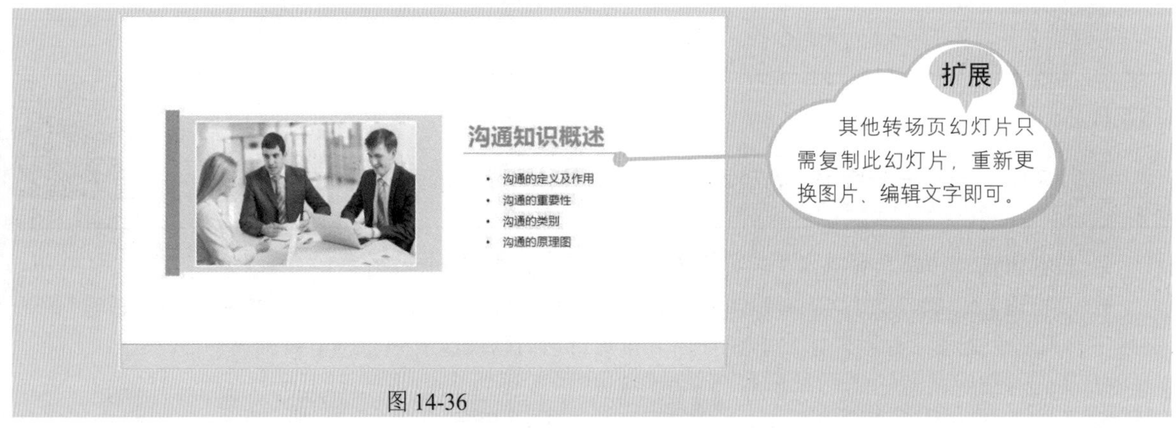

沟通的类别

其他转场页幻灯片只需复制此幻灯片，重新更换图片、编辑文字即可。

图 14-36

14.4 在母版中设计正文幻灯片版面

正文页幻灯片需要使用统一的元素来布局，从而让幻灯片具有统一的外观效果，这一操作需要进入母版中进行编辑。

扫一扫，看视频

14.4.1 在母版中编辑正文幻灯片版式

本例将在母版中调节标题框位置、设置标题字体并使用图形修饰，同时底部也可以使用设计图形装饰版面。

❶ 在“视图”选项卡的“母版视图”组中单击“幻灯片母版”按钮，进入母版视图。在左侧选中“标题和内容”版式，如图 14-37 所示。

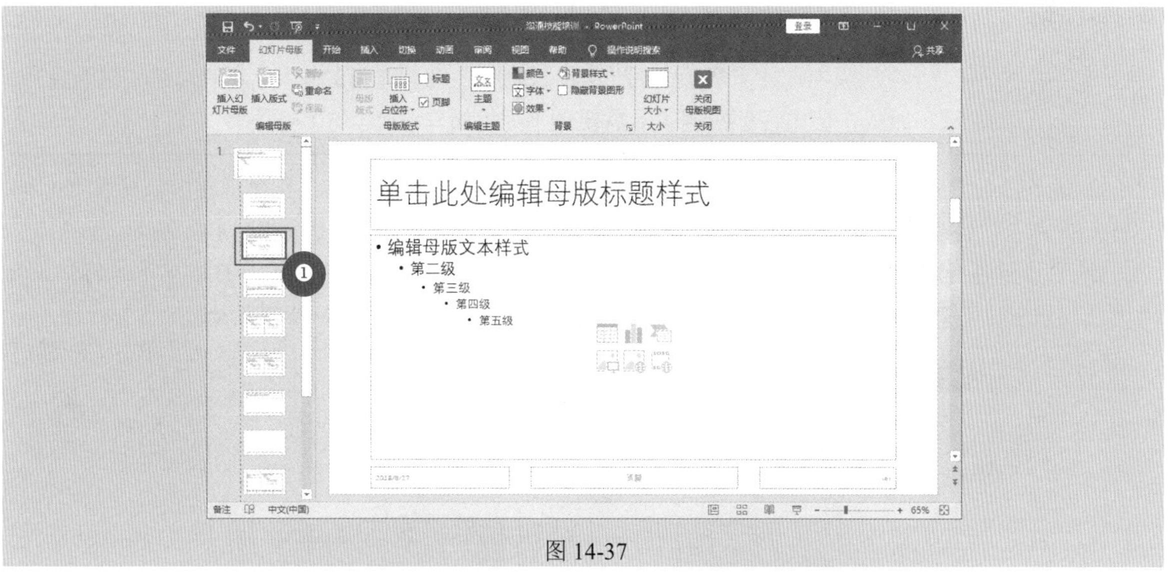

图 14-37

❷ 插入图形，布局如图 14-38 所示。

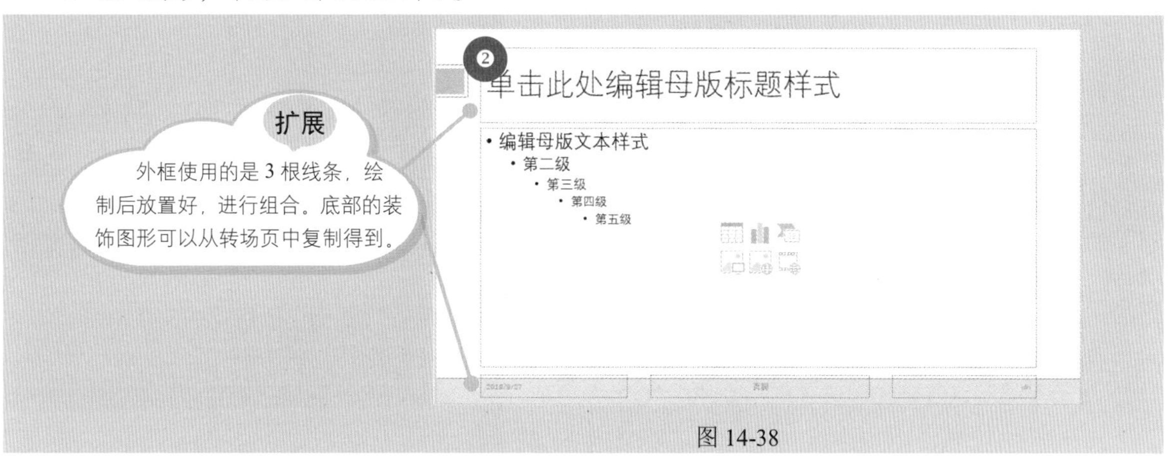

图 14-38

❸ 删除正文占位符，保留标题占位符，把标题占位符移至图形右侧，在“开始”选项卡的“字体”组中重设文字格式，并单击“段落”组中的“居中”按钮，如图 14-39 所示。

图 14-39

❹ 关闭母版视图。

扫一扫，看视频

14.4.2　以新版式创建正文幻灯片

在母版中创建完成版式后，接着以此版式来创建新幻灯片。所有内容幻灯片使用统一版式，但内容可根据实际需要做不同编辑与设计。

❶ 在“开始”选项卡的“幻灯片”组中单击“新建幻灯片”下拉按钮，在弹出的下拉列表中选择“标题和内容”版式（如图 14-40 所示），即可以建立的版式创建新幻灯片，如图 14-41 所示。

❷ 在占位符处输入标题文字，正文内容的排版与设计要根据设计思路。从前面章节介绍的正文幻灯片范例中可以看到，正文幻灯片不能只是文字的堆积，而应该懂得排版、懂得设计。

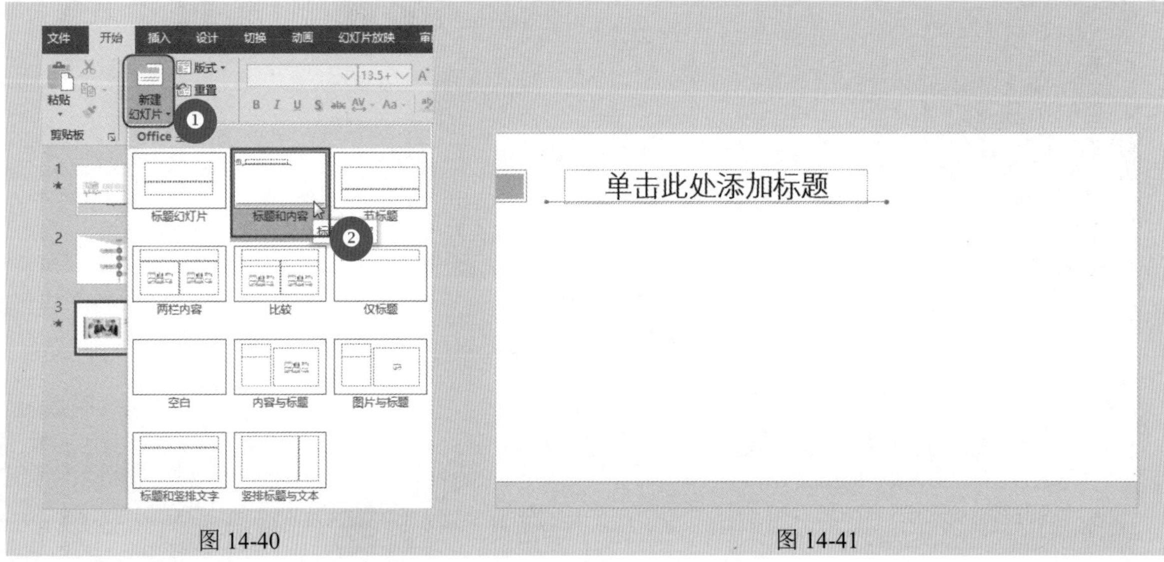

图 14-40　　　　图 14-41

图 14-42 所示幻灯片中使用了多个图形，这样设计既布局了版面又显示了条目式的文字关系。图 14-43 所示幻灯片中只有文字，但重点文字突出显示，排版合理。

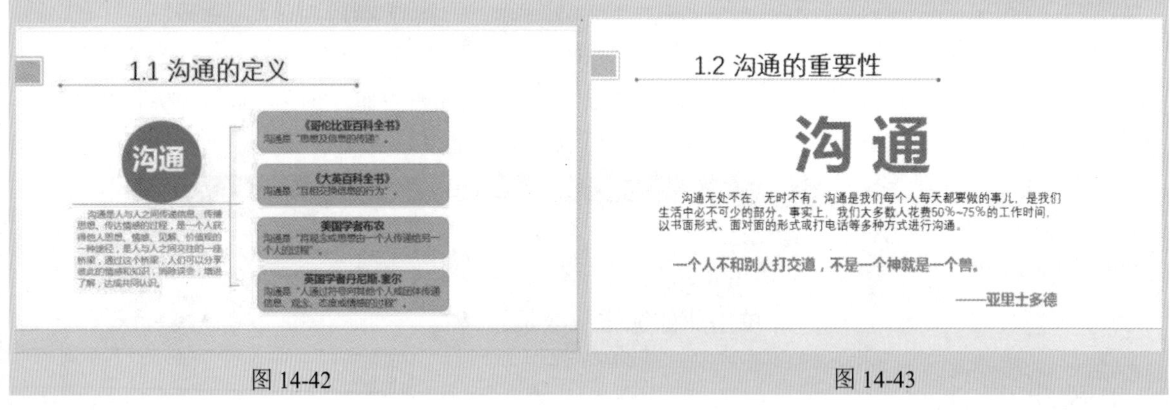

图 14-42　　　　图 14-43

经验之谈

在信息爆炸的时代，到处都是大段长文本，大家的注意力都不会坚持太久。我们需要将文字信息图示化、图形化，划分文字信息，分割段落，把文字信息缩短。再使用一些办法来突出全文的关键字，让观看者对这些核心的内容留下深刻印象。看见一张幻灯片时，能否在第一时间获取信息的关键在于这张幻灯片的重点内容是否突出，而不是需要从头看到尾进行仔细分析才明白。

在幻灯片中常用的突出关键点的方式主要有下面几种。

（1）加大字号，中文字体至少要加大 2~4 级号才能起到突出文字的效果。

（2）变色，颜色是最常用的突出方式。

（3）反衬，图形底衬是很常用的方法。

（4）变化字体，当前字体库中有众多好的字体可供选择。

14.5　在幻灯片中编辑表格

表格是幻灯片中的一个必要元素。如果想要给出统计数据，或者清晰地展示某些条目文本时，就可以使用表格。在幻灯片中插入的默认表格过于简易单调，而且效果粗劣，要想用好表格，表格的格式优化设置是必不可少的。本例的正文幻灯片中包含一张表格，下面利用此幻灯片来讲解如何在幻灯片中使用表格。

14.5.1　插入与编辑表格结构

扫一扫，看视频

在幻灯片中使用表格，首先需要插入表格，为减少后期调整的步骤，可以根据当前使用要求，在创建时就指定表格的行数与列数（后期行列不够或有多余时也可补充或删除）。同时，根据实际情况，还要对表格进行合并单元格、行高列宽调整等操作。

1．合并单元格及数据对齐方式

插入表格后，如果出现一对多的数据关系，则必须要对单元格进行合并处理。

❶ 在“插入”选项卡的“表格”组中单击“表格”下拉按钮，在弹出的下拉列表中移动光标至显示“3×7 表格”（表示表格为 3 列 7 行），如图 14-44 所示。

❷ 单击即可插入指定行列的表格，如图 14-45 所示。

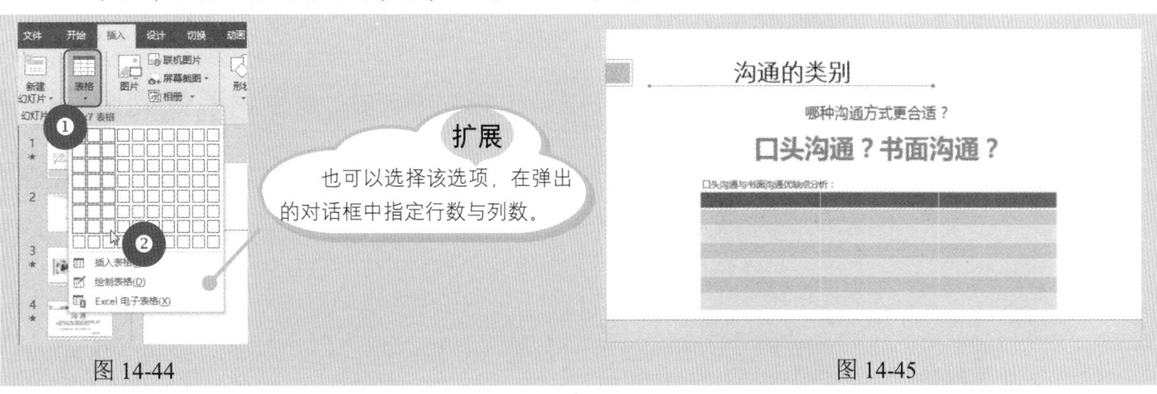

图 14-44　　图 14-45

❸ 如果在编辑过程中需要新增行列或删除不需要的行列，则先定位光标到目标单元格中，然后在“表格工具-布局”选项卡的“行和列”组中单击相应的插入或删除按钮即可，如图 14-46 所示。

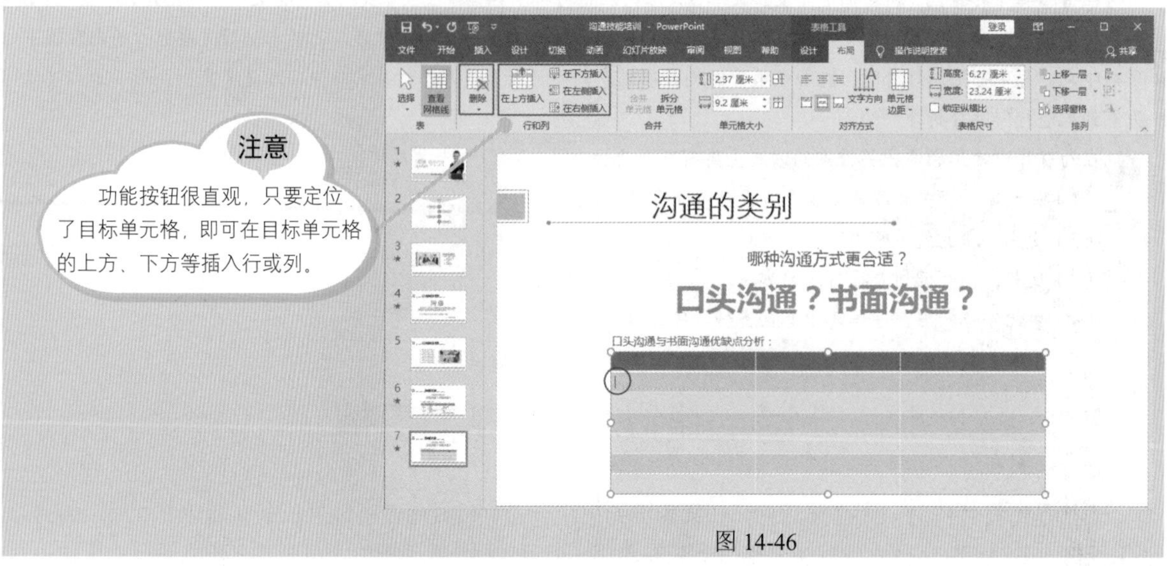

图 14-46

❹ 在单元格中输入文字，默认是左上对齐，如图 14-47 所示。

❺ 选中单元格区域，在“表格工具-布局”选项卡的“对齐方式”组中可以设置对齐方式。同时选中“居中”与“垂直居中”两个按钮，则表示水平方向与垂直方向同时居中，如图 14-48 所示。

❻ 当表格中出现一对多关系时，合并单元格的操作必不可少。选中要合并的单元格区域，在“表格工具-布局”选项卡的“合并”组中单击“合并单元格”按钮即可合并，如图 14-49 所示。

❼ 在合并后的单元格中输入文字，默认是从左上角开始显示，因此仍然要按步骤❺中的操作执行一次对齐操作居中显示，如图 14-50 所示。

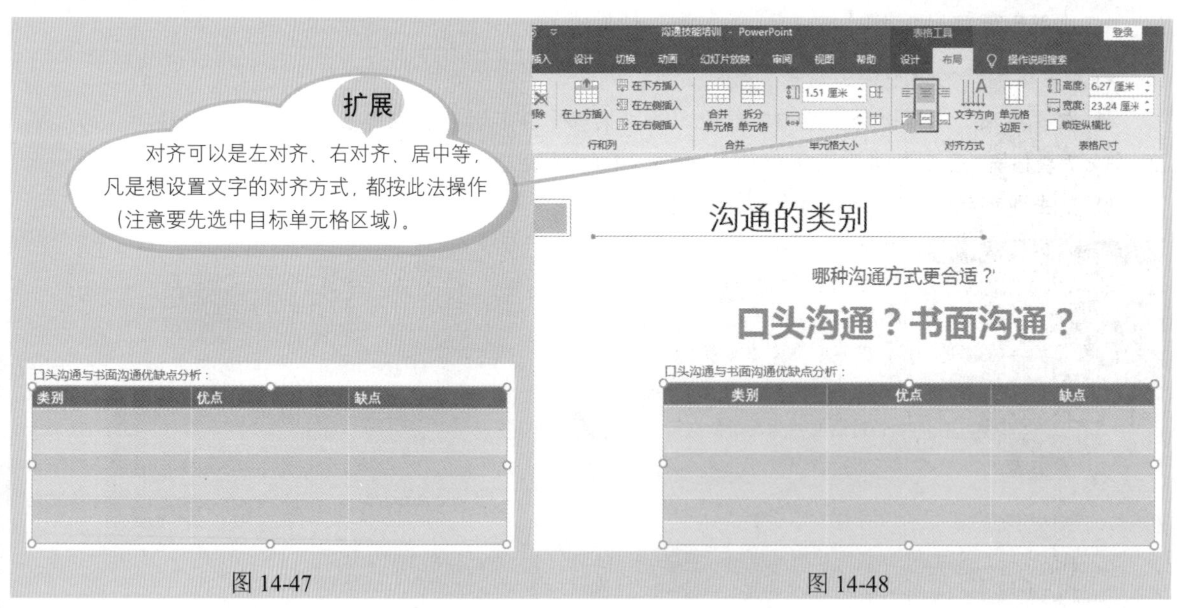

图 14-47　　图 14-48

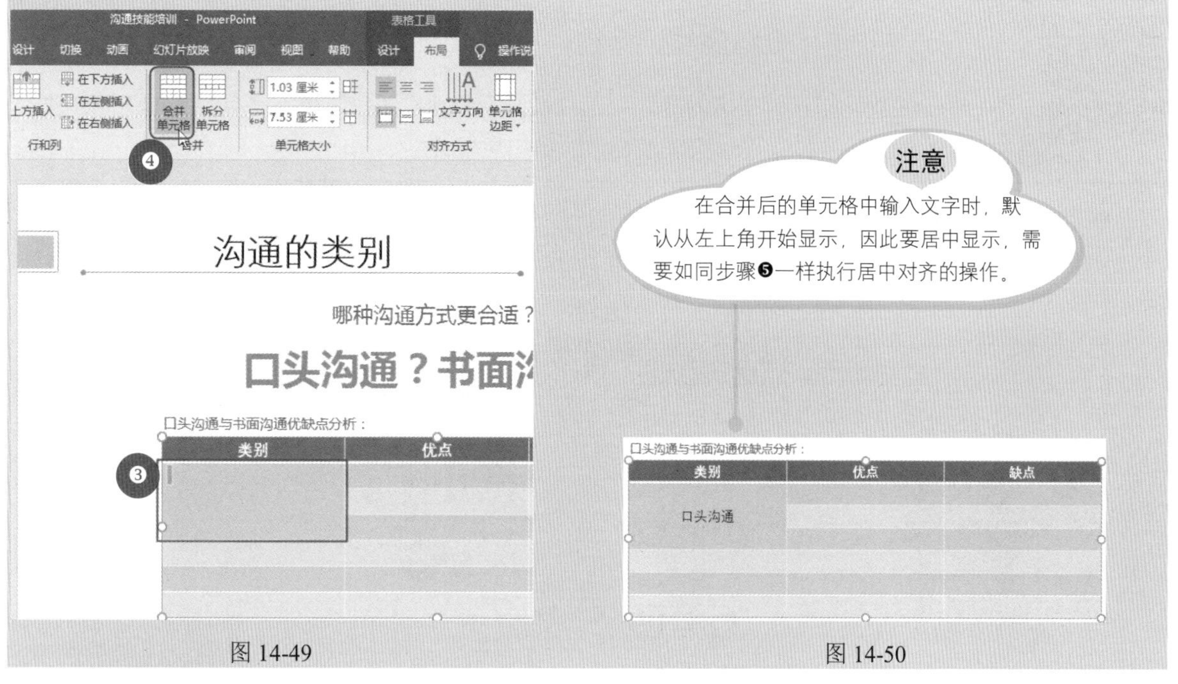
沟通技能培训 - PowerPoint
表格工具
设计
布局
合并单元格
拆分单元格
沟通的类别
哪种沟通方式更合适？
口头沟通？书面沟
口头沟通与书面沟通优缺点分析：
类别
优点
缺点
口头沟通
注意
在合并后的单元格中输入文字时，默认从左上角开始显示，因此要居中显示，需要如同步骤❺一样执行居中对齐的操作。

图 14-49　　图 14-50

2．调整列宽或行高

当单元格的宽度过宽或过窄时，需要进行行高列宽的调整。

❶ 将鼠标指针指向列边线上，当出现双向对拉箭头时（如图 14-51 所示），按住鼠标左键向右拖动即可增大列宽（向左拖动减小列宽），如图 14-52 所示。

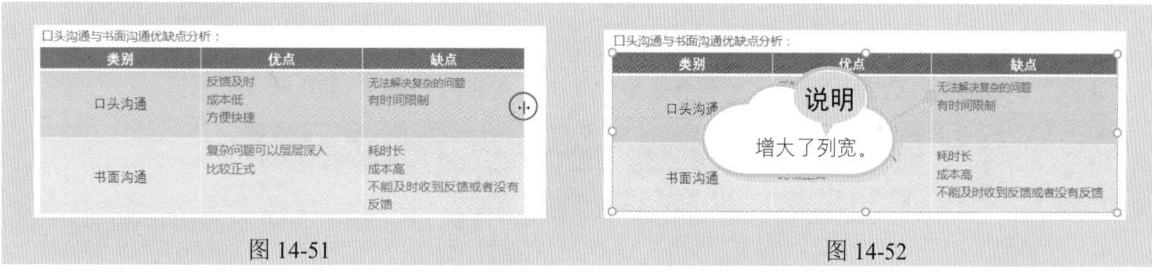
口头沟通与书面沟通优缺点分析：
类别
优点
缺点
口头沟通
反馈及时
成本低
方便快捷
无法解决复杂的问题
有时间限制
书面沟通
复杂问题可以层层深入
比较正式
耗时长
成本高
不能及时收到反馈或者没有反馈
说明
增大了列宽。

图 14-51　　图 14-52

❷ 将鼠标指针指向行边线上，当出现双向对拉箭头时（如图 14-53 所示），按住鼠标左键向下拖动即可增大行高，如图 14-54 所示。

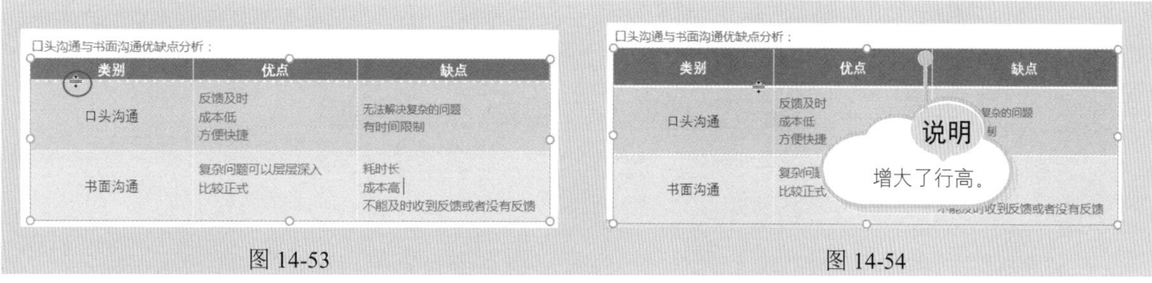
口头沟通与书面沟通优缺点分析：
类别
优点
缺点
口头沟通
反馈及时
成本低
方便快捷
无法解决复杂的问题
有时间限制
书面沟通
复杂问题可以层层深入
比较正式
耗时长
成本高
不能及时收到反馈或者没有反馈
说明
增大了行高。

图 14-53　　图 14-54

扫一扫，看视频

14.5.2 美化表格底纹、框线

在美化与设计表格的过程中，总是要不断地在边框或填充颜色的搭配上下工夫。可以设置线条样式，也可以按要求局部应用框线。

❶ 取消除首行外的其他行的默认底纹。选中除首行外的单元格区域，在“表格工具-设计”选项卡的“表格样式”组中单击“底纹”下拉按钮，在弹出的下拉列表中选择“无填充”选项，如图 14-55 所示。

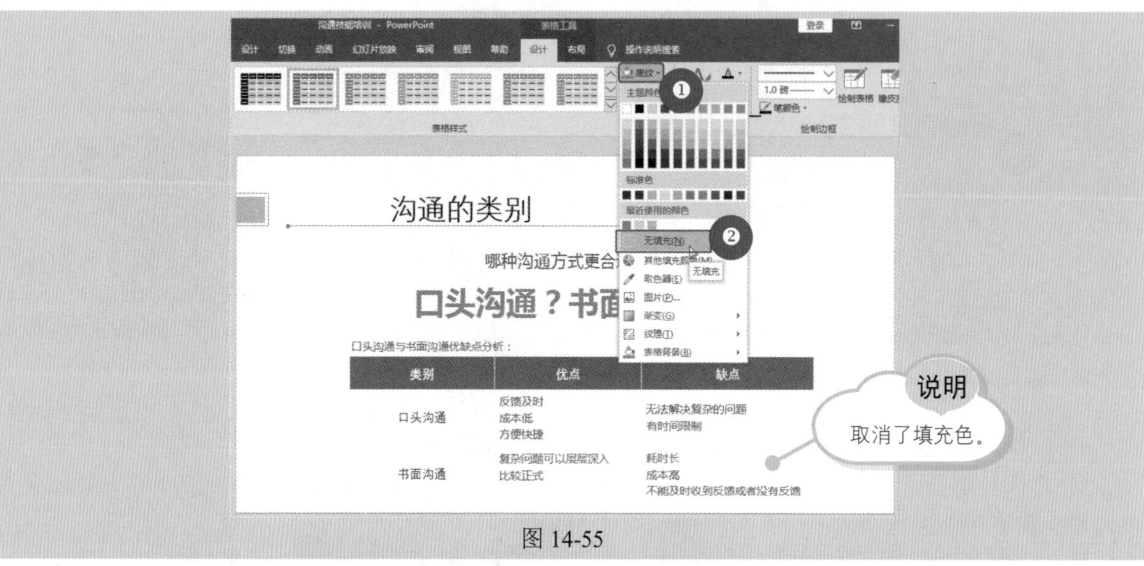

沟通的类别
哪种沟通方式更合
口头沟通？书面
口头沟通与书面沟通优缺点分析：
类别
优点
缺点
口头沟通
反馈及时
成本低
方便快捷
无法解决复杂的问题
有时间限制
书面沟通
复杂问题可以层层深入
比较正式
耗时长
成本高
不能及时收到反馈或者没有反馈
说明
取消了填充色。

图 14-55

❷ 重设首行的底纹色。选中首行单元格区域，在“表格工具-设计”选项卡的“表格样式”组中单击“底纹”下拉按钮，在弹出的下拉列表中选择需要的填充颜色，如图 14-56 所示。

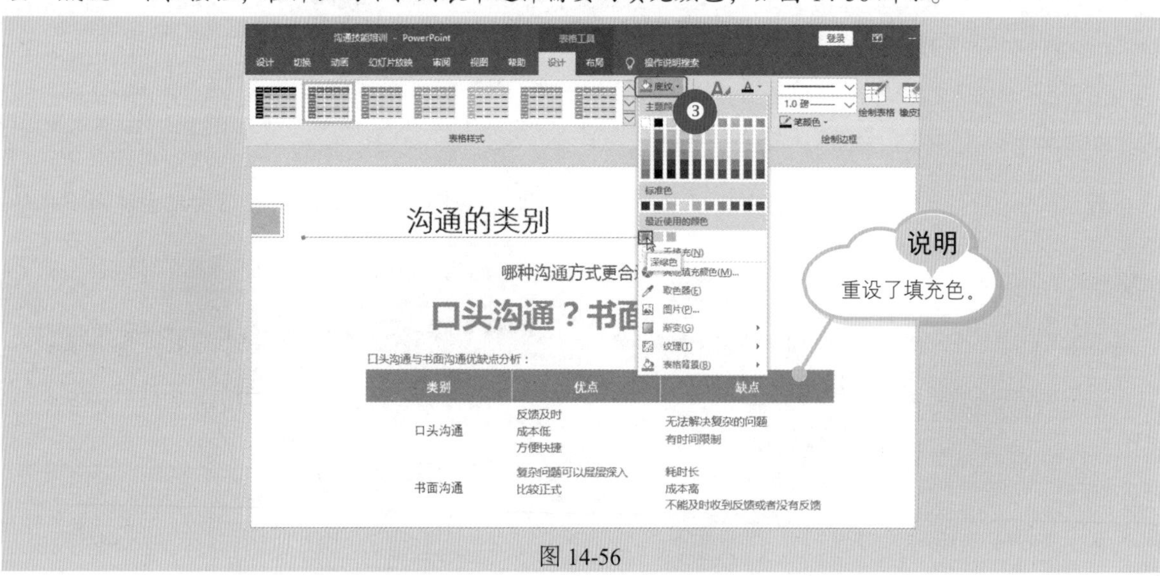

沟通的类别
哪种沟通方式更合
口头沟通？书面
口头沟通与书面沟通优缺点分析：
类别
优点
缺点
口头沟通
反馈及时
成本低
方便快捷
无法解决复杂的问题
有时间限制
书面沟通
复杂问题可以层层深入
比较正式
耗时长
成本高
不能及时收到反馈或者没有反馈
说明
重设了填充色。

图 14-56

❸ 设置首行上边线与下边线显示灰色粗线条。在“表格工具-设计”选项卡的“绘制边框”组中通过 3 个选项来设置线条的格式，一是线条的样式（实线、虚线等），二是线条的粗细值，三是线条的颜色（设置方法都是在相应的下拉列表中进行选择），如图 14-57 所示。

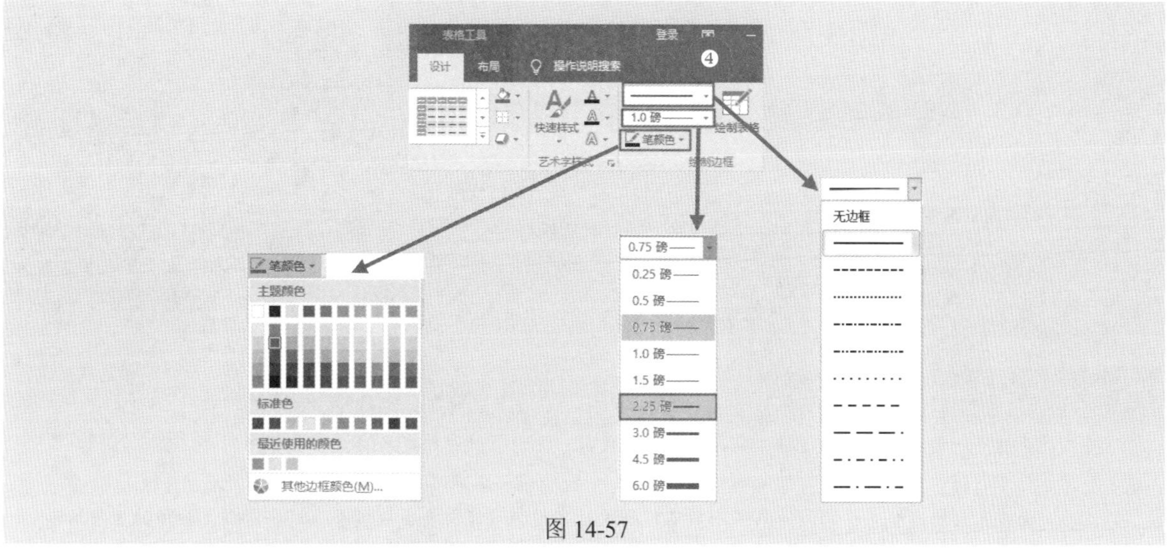

图 14-57

❹ 选中首行单元格区域，在“表格工具-设计”选项卡的“表格样式”组中单击“边框”下拉按钮，在弹出的下拉列表中分别选择“上框线”与“下框线”选项，如图 14-58 所示。这时可以看到表格的上框线与下框线分别应用了所设置的线条，如图 14-59 所示。

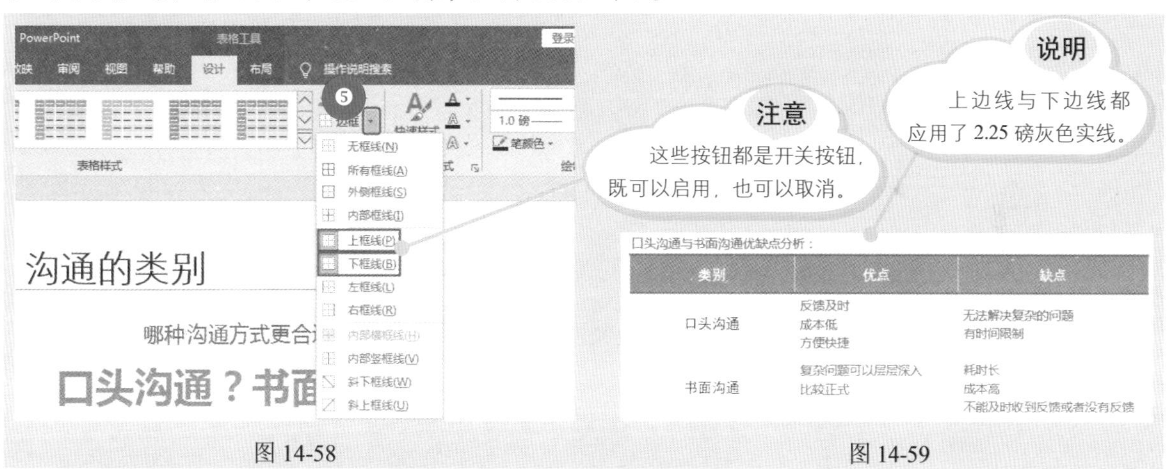

图 14-58　　图 14-59

❺ 按相同的方法设置表格框线，设置后效果如图 14-60 所示。其设置步骤如下。

① 选中除首行外的单元格，沿用上面的线条样式，在“边框”下拉列表中选择“下框线”。

② 保持当前选中状态，重新将线条的“粗细”改为 1.0，线条颜色与线型不变。

③ 在“边框”下拉列表中选择“内部横框线”。

沟通的类别
哪种沟通方式更合适？
口头沟通？书面沟通？
口头沟通与书面沟通优缺点分析：

类别	优点	缺点
口头沟通	• 反馈及时 • 成本低 • 方便快捷	• 无法解决复杂的问题 • 有时间限制
书面沟通	• 复杂问题可以层层深入 • 比较正式	• 耗时长 • 成本高 • 不能及时收到反馈或者没有反馈

表格内的文本也可以添加项目符号，从而让条目更加清晰。另外，对于长短不一的文本，建议使用左对齐。

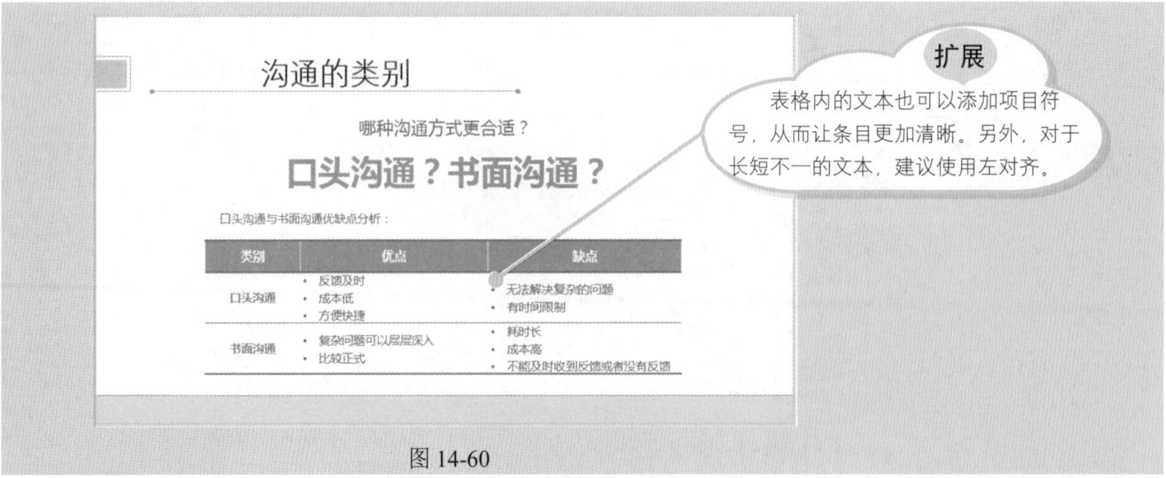

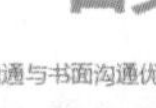

图 14-60

经验之谈

框线的设置是一个不断调整的过程，需要遵循 3 个步骤：①设置线条格式；②选中要应用的单元格；③将设置的线条应用于选中区域的那个部位。

当然，为一张表格设置满意的线条格式一般不能一次性实现，可能需要多次调整。只要按照上面讲的 3 步不断调整即可。

第 15 章

形象礼仪培训演示文稿范例

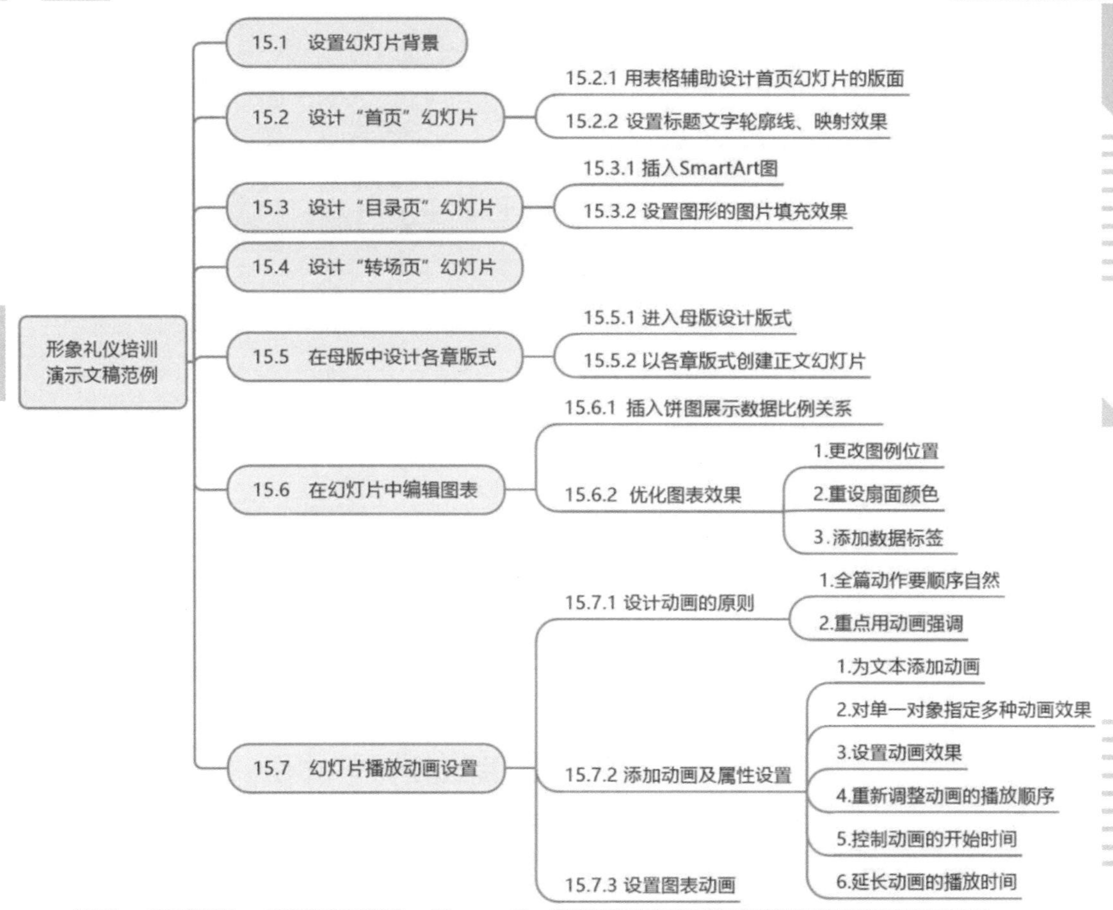

形象礼仪培训演示文稿范例
15.1 设置幻灯片背景
15.2 设计“首页”幻灯片
15.2.1 用表格辅助设计首页幻灯片的版面
15.2.2 设置标题文字轮廓线、映射效果
15.3 设计“目录页”幻灯片
15.3.1 插入SmartArt图
15.3.2 设置图形的图片填充效果
15.4 设计“转场页”幻灯片
15.5 在母版中设计各章版式
15.5.1 进入母版设计版式
15.5.2 以各章版式创建正文幻灯片
15.6 在幻灯片中编辑图表
15.6.1 插入饼图展示数据比例关系
15.6.2 优化图表效果
1.更改图例位置
2.重设扇面颜色
3.添加数据标签
15.7 幻灯片播放动画设置
15.7.1 设计动画的原则
1.全篇动作要顺序自然
2.重点用动画强调
15.7.2 添加动画及属性设置
1.为文本添加动画
2.对单一对象指定多种动画效果
3.设置动画效果
4.重新调整动画的播放顺序
5.控制动画的开始时间
6.延长动画的播放时间
15.7.3 设置图表动画

企业形象礼仪培训演示文稿也属于培训类演示文稿，此类演示文稿在工作型演示文稿中非常实用，又很常用。本范例意在引导读者的设计思路，举一反三，按此思路制作出自己需要的演示文稿。

图 15-1 所示为此篇演示文稿的部分幻灯片，本章将以此为例，再次介绍幻灯片中编辑的各种知识点与设计方案。

图 15-1

15.1 设置幻灯片背景

扫一扫，看视频

新建演示文稿，默认的演示文稿为空白状态且为白色背景。根据设计思路可以重新设置统一的背景色。例如本例中需要设置灰色网络状的背景。

❶ 在空白幻灯片上右击，在弹出的快捷菜单中选择“设置背景格式”命令（如图 15-2 所示），打开“设置背景格式”窗格。

❷ 选中“图案填充”单选按钮，然后设置图案的前景色与背景色，再选择“虚线网格”图案，如图 15-3 所示。

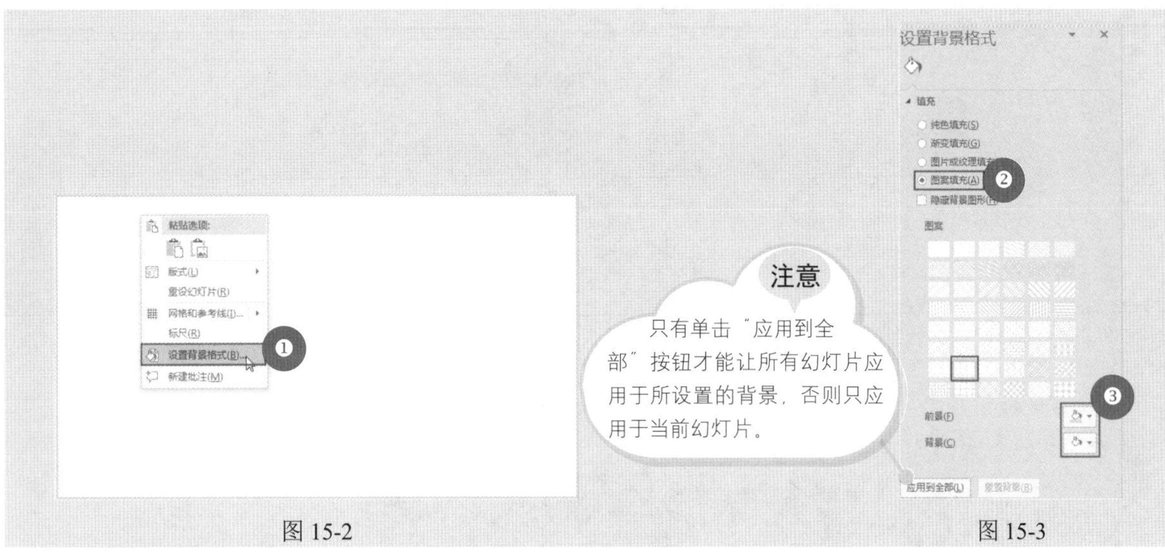

图 15-2　　　　图 15-3

❸ 完成上述设置后，所有新建的幻灯片都为灰色虚线网格背景，如图 15-4 所示。

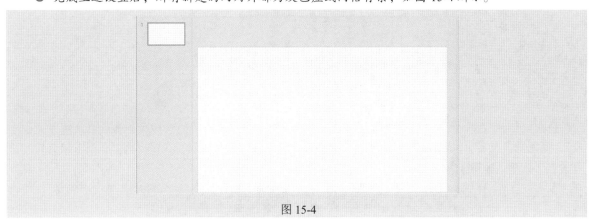

图 15-4

15.2　设计“首页”幻灯片

在 PPT 中，除了用表格显示与统计数据外，还可以借助表格的规范效果实现对齐文本、辅助排版、制作封面等功能。本例中的首页幻灯片将使用表格来布局。

15.2.1　用表格辅助设计首页幻灯片的版面

用表格辅助设计首页幻灯片的版面，需要将表格铺满整个幻灯片，然后再设置表格底纹、填充颜色等，具体操作方法如下。

扫一扫，看视频

❶ 在“插入”选项卡的“表格”组中单击“表格”下拉按钮，在弹出的下拉列表中移动光标至显示“9×7 表格”（表示表格为 9 列 7 行），如图 15-5 所示。单击即可插入默认表格，如图 15-6 所示。

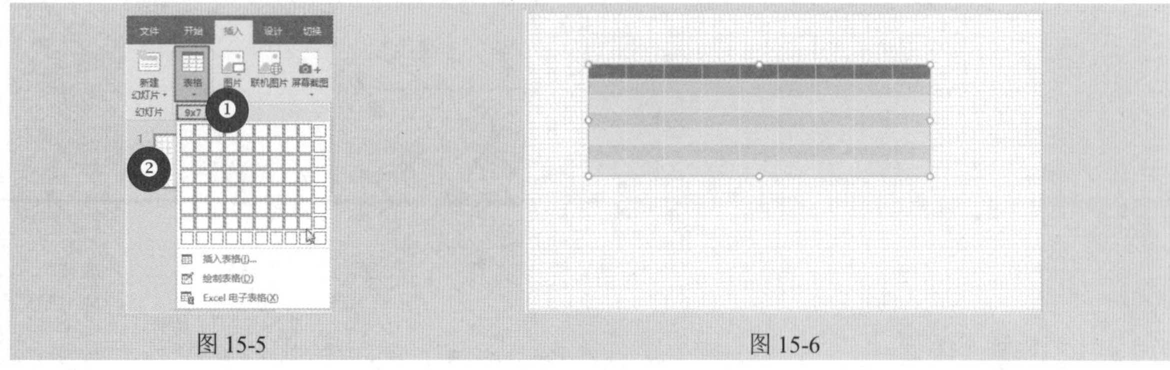

图 15-5　　图 15-6

❷ 将鼠标指针指向表格右下角，当出现斜向对拉箭头时拖动鼠标增大表格，将表格调至与幻灯片页面相同大小，如图 15-7 所示。

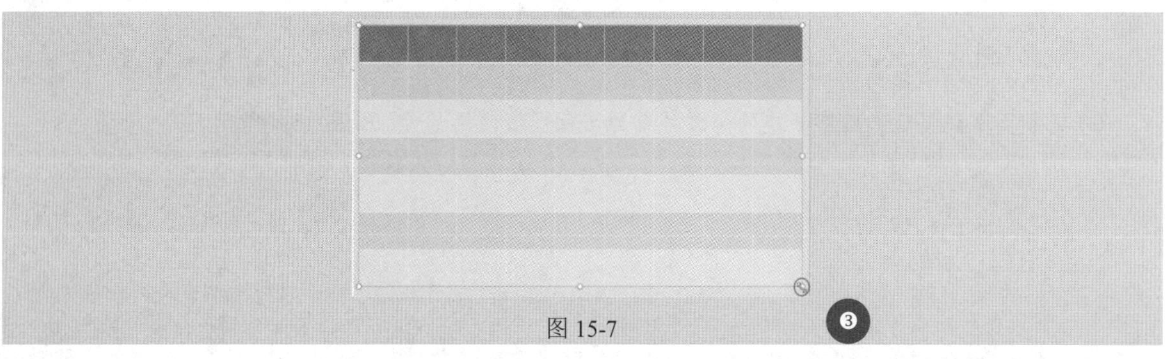

图 15-7

❸ 在“表格工具-设计”选项卡的“绘制边框”组中分别设置线条的粗细与颜色（线条使用“1.0 磅”，颜色使用白色），然后在“表格样式”组中单击“边框”下拉按钮，在弹出的下拉列表中选择“所有框线”选项，如图 15-8 所示。

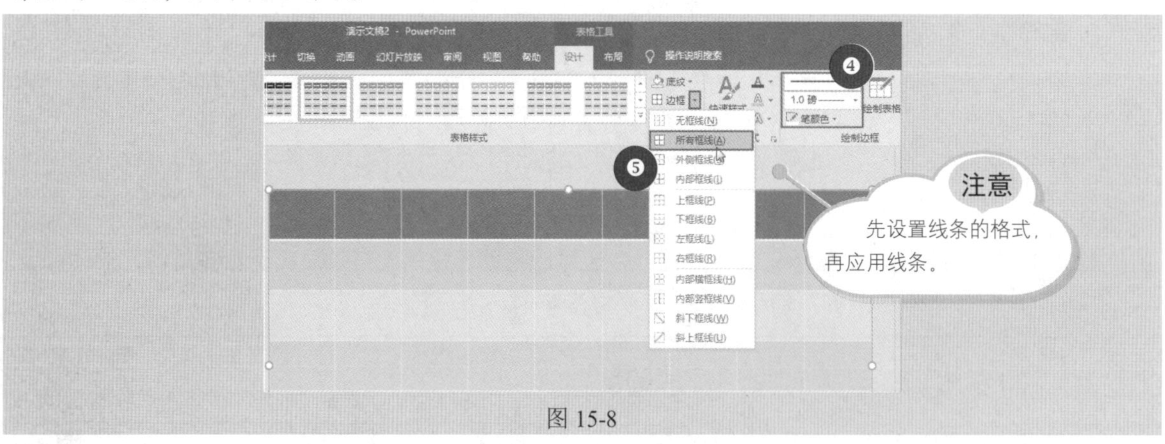

图 15-8

❹ 在“表格工具-设计”选项卡的“表格样式”组中单击“底纹”下拉按钮，在弹出的下拉列表中选择“表格背景”→“图片”选项（如图 15-9 所示），打开“插入图片”对话框。进入保存素材图片的

文件夹，选中目标图片，单击“插入”按钮，如图 15-10 所示。

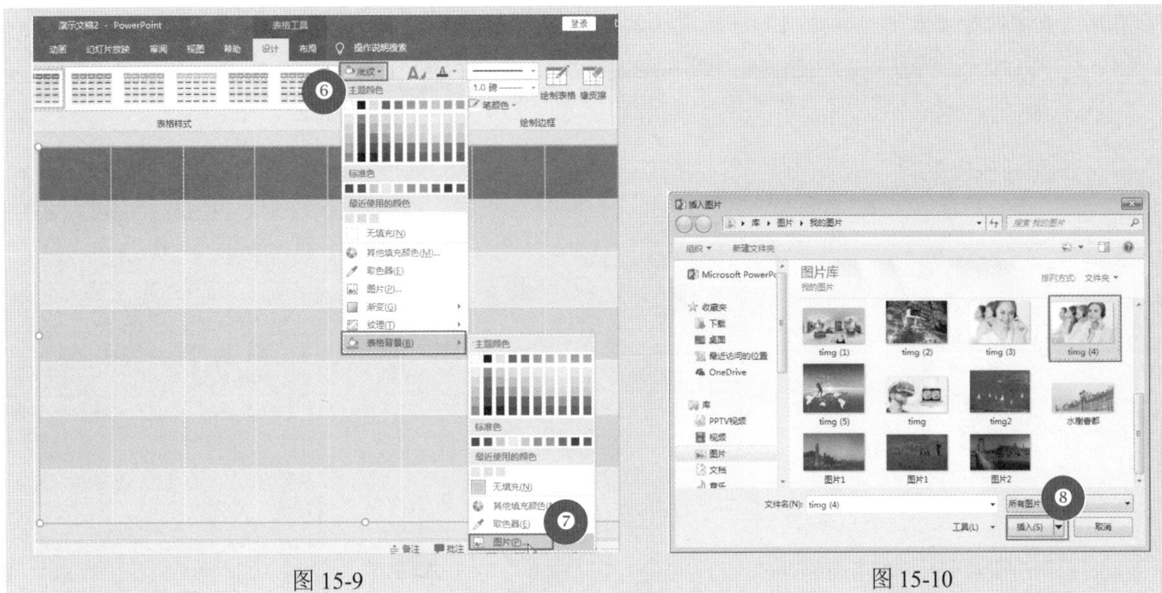

图 15-9　　　　图 15-10

❺ 在“表格工具-设计”选项卡的“表格样式”组中单击“底纹”下拉按钮，在弹出的下拉列表中选择“其他填充颜色”选项，如图 15-11 所示。打开“颜色”对话框，设置颜色为灰色，“透明度”为 40%，如图 15-12 所示。单击“确定”按钮，可以看到半透明的效果（图片背景也可以看到了），如图 15-13 所示。

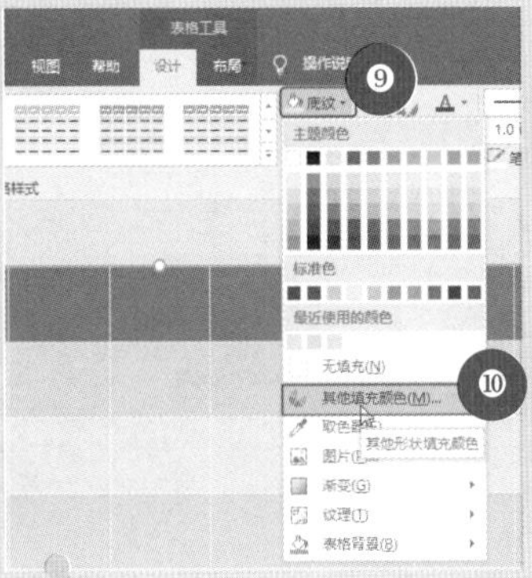

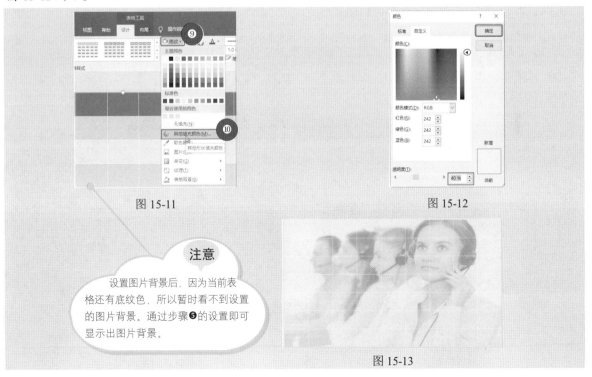

图 15-11

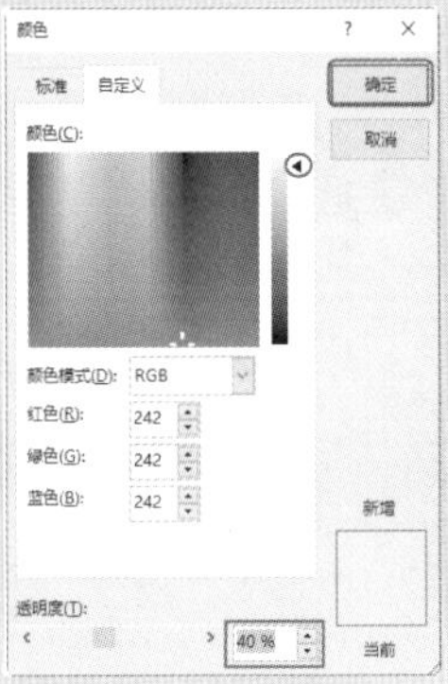

图 15-12

注意

设置图片背景后，因为当前表格还有底纹色，所以暂时看不到设置的图片背景。通过步骤❺的设置即可显示出图片背景。

图 15-13

❻ 选中单元格，在“表格工具-设计”选项卡的“表格样式”组中单击“底纹”下拉按钮，在弹出的下拉列表中选择“无填充”选项，可取消底纹，如图 15-14 所示。

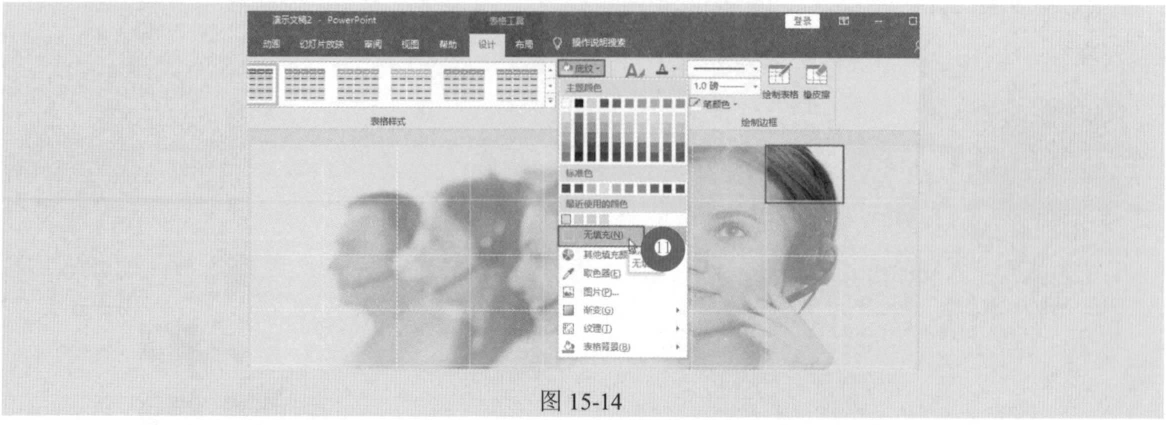

图 15-14

❼ 按上述相同的方法取消一些单元格的底纹，实现图 15-15 所示的效果。

图 15-15

❽ 选中部分单元格区域，在“表格工具-布局”选项卡的“合并”组中单击“合并单元格”按钮，实现图 15-16 所示的效果。

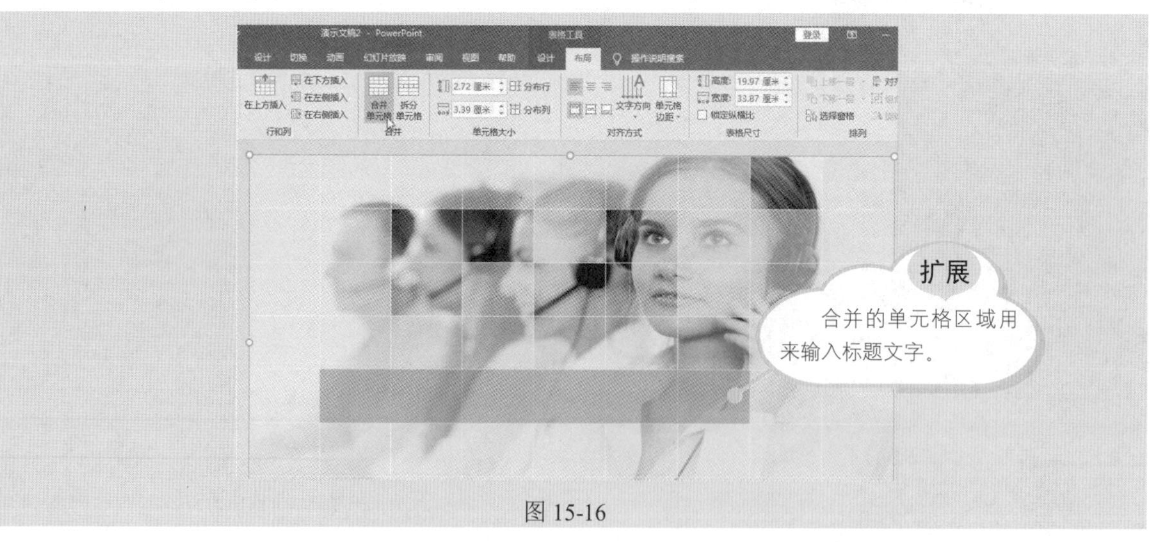

扩展
合并的单元格区域用来输入标题文字。

图 15-16

15.2.2 设置标题文字轮廓线、映射效果

前面的章节中介绍过为大号标题文字设置渐变填充效果。大号文字也可以设置轮廓线实现美化，同时还可以根据设计思路设置发光、映射等特殊效果。

❶ 在合并后的单元格中输入标题文字，字体为“方正大黑简体”，字号为 80，效果如图 15-17 所示。

图 15-17

❷ 在“表格工具-设计”选项卡的“艺术字样式”组中单击“文本轮廓”下拉按钮，在弹出的下拉列表中先设置轮廓线的颜色，接着选择“粗细”选项，在弹出的子列表中选择轮廓线的粗细值，如图 15-18 所示。在选中的粗细值上单击即可应用，图 15-19 所示为设置轮廓线后的效果。

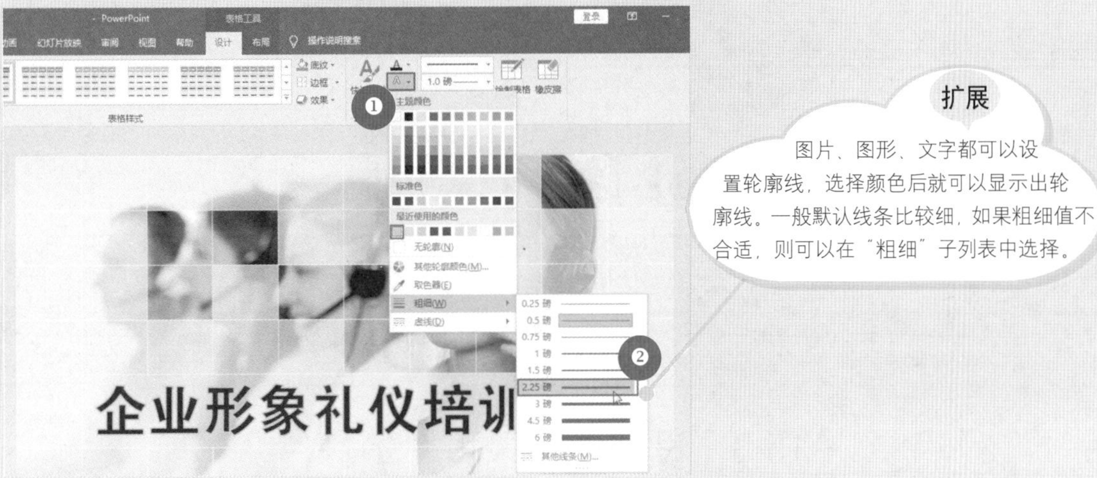

扩展

图片、图形、文字都可以设置轮廓线，选择颜色后就可以显示出轮廓线。一般默认线条比较细，如果粗细值不合适，则可以在“粗细”子列表中选择。

图 15-18

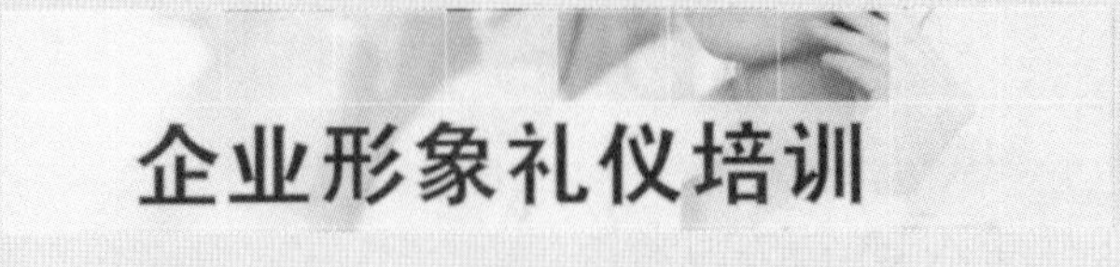

图 15-19

❸ 在“表格工具-设计”选项卡的“艺术字样式”组中单击“文本效果”下拉按钮，在弹出的下拉列表中选择“映像”选项，可从子列表中选择映像效果，如图 15-20 所示。

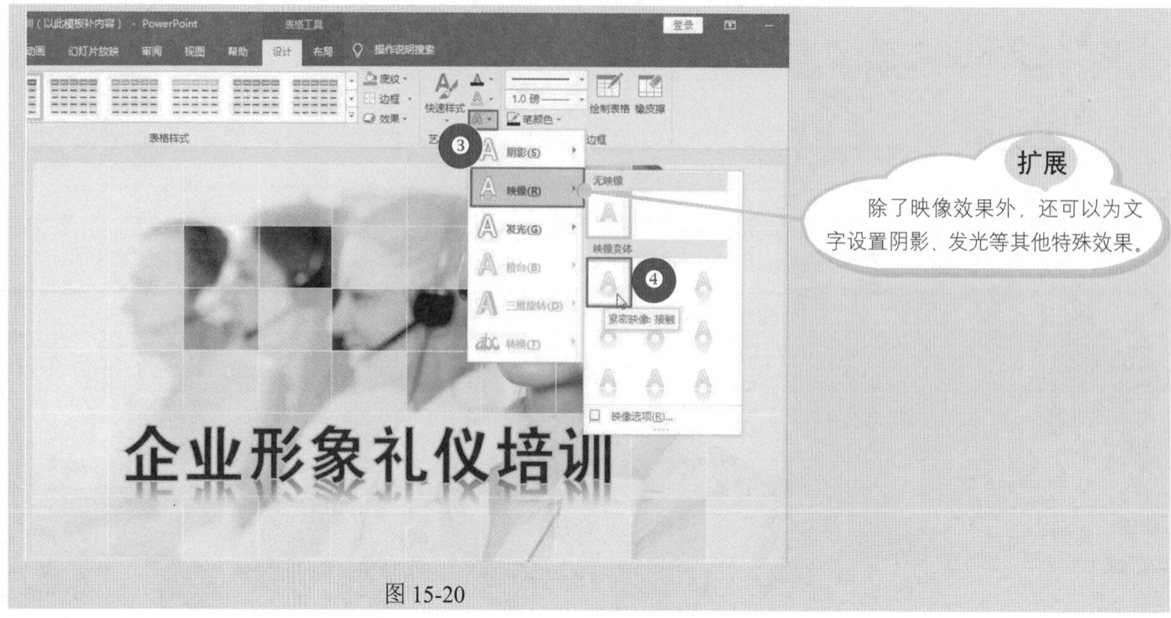

图 15-20

❹ 在幻灯片底部补充添加文字，完成首页幻灯片的设计，效果如图 15-21 所示。

图 15-21

15.3 设计"目录页"幻灯片

通过前面的范例可以看到，根据设计思路的不同，目录的设计方式多种多样。本例将使用 PPT 中的 SmartArt 图来辅助创建目录页幻灯片。

扫一扫，看视频

15.3.1 插入 SmartArt 图

SmartArt 图除了可以展示多种数据关系外，还可以实现对目录页的设计。具体操作如下。

❶ 以空白版式创建新幻灯片，在幻灯片中制作目录页左上角的图形。在“插入”选项卡的“插图”组中单击 SmartArt 按钮（如图 15-22 所示），打开“选择 SmartArt 图形”对话框。

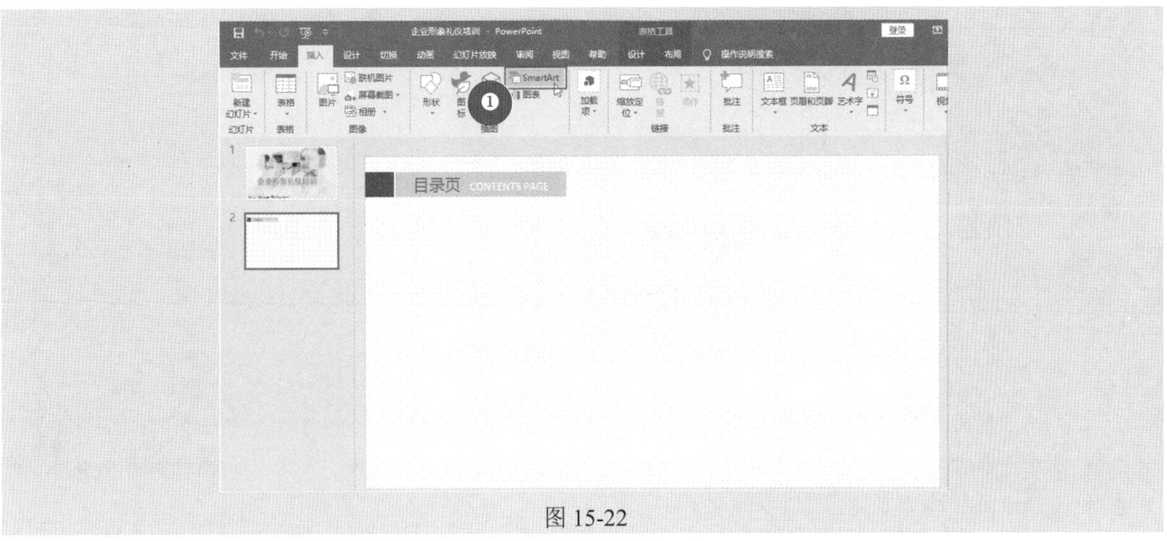

图 15-22

❷ 在中间的列表框中选择“基本饼图”（如图 15-23 所示），单击“确定”按钮，即可插入默认样式图形，如图 15-24 所示。

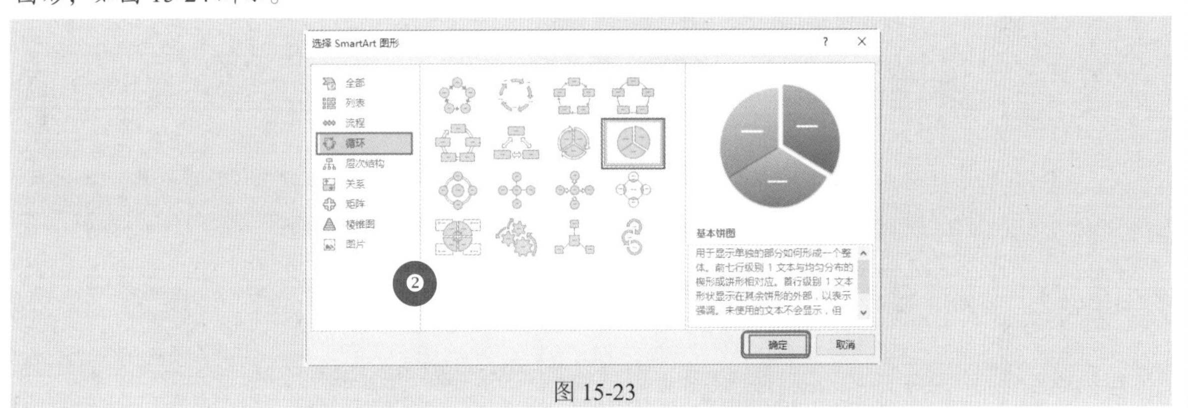

图 15-23

❸ 在“SmartArt 图工具-设计”选项卡的“创建图形”组中单击“添加形状”按钮，即可添加形状，如图 15-25 所示。

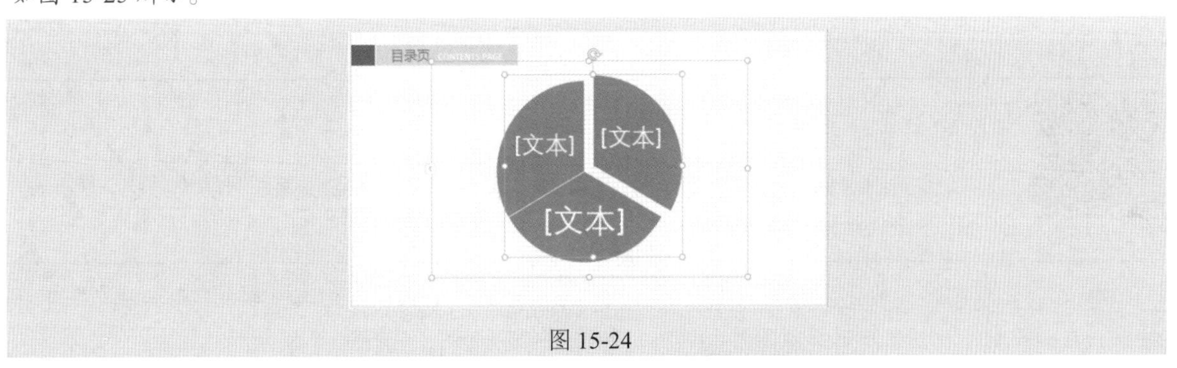

图 15-24

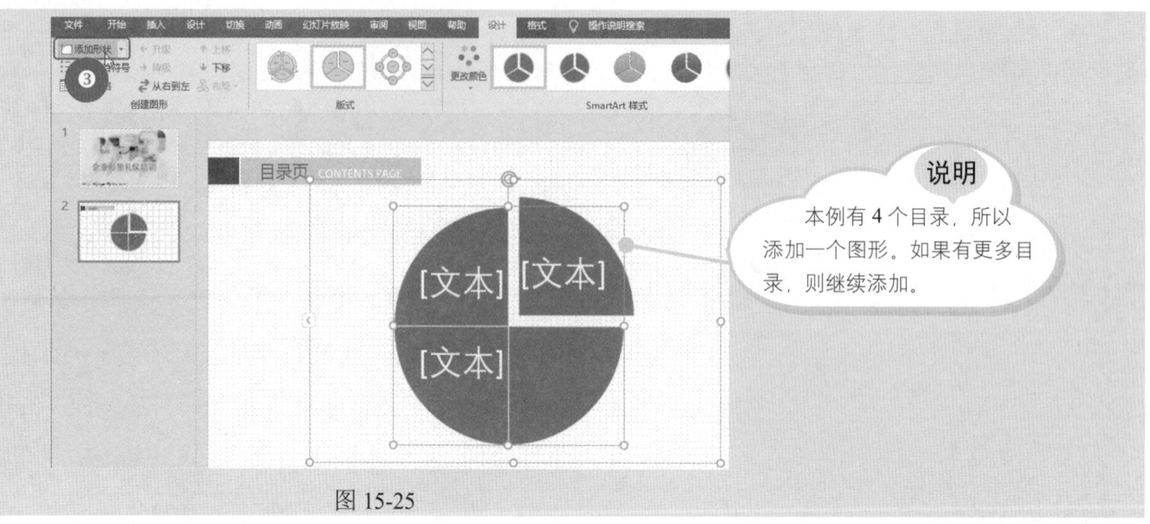

图 15-25

❹ 选中 SmartArt 图并右击，在弹出的快捷菜单中选择“转换为形状”命令（如图 15-26 所示），即可将 SmartArt 图转换为普通图形。

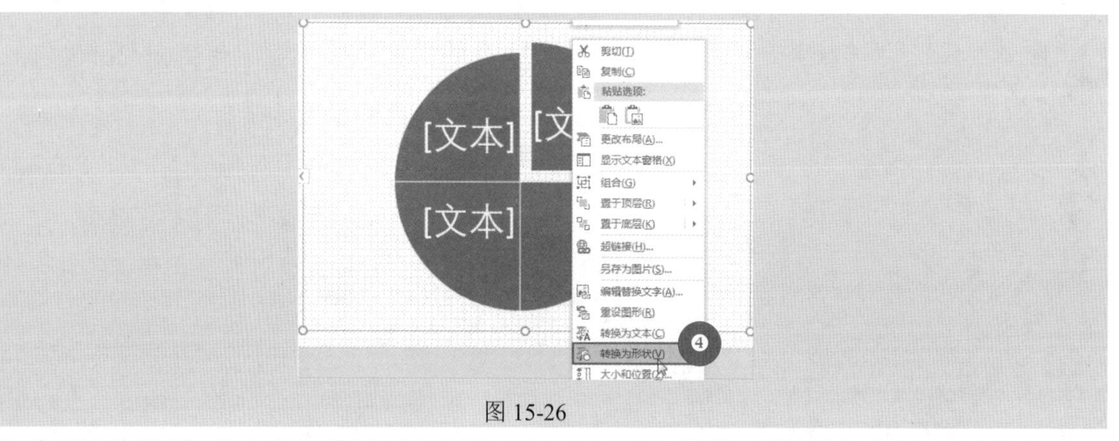

图 15-26

经验之谈

SmartArt 图形实际就是多个图形的组合，在实际制作幻灯片时，可以将 SmartArt 图形转换为普通图形，然后进行解除组合，将 SmartArt 图形拆分为多个单一的图形，然后可以自定义移动或编辑其中的图形，使其得到新的图形组合样式。这项操作是一项非常实用的操作，可以既使用 SmartArt 图样式，又能对不满意的效果进行局部完善。比如，本例就是巧妙地得到了几个扇形图形，如果靠手工绘制将会比较麻烦。

扫一扫，看视频

15.3.2 设置图形的图片填充效果

通过分解得到多个扇形图形后，本例设计需要对图形设置图片填充效果，从而表达各个目录的内容。

❶ 在左上角扇面上单击，在“绘图工具-格式”选项卡的“形状样式”组中单击“形状填充”下拉按钮，在弹出的下拉列表中选择“图片”选项，如图 15-27 所示。

❷ 打开“插入图片”对话框，进入保存素材图片的文件夹，选中目标图片（如图 15-28 所示），单击“插入”按钮，即可为扇面设置图片填充，如图 15-29 所示。

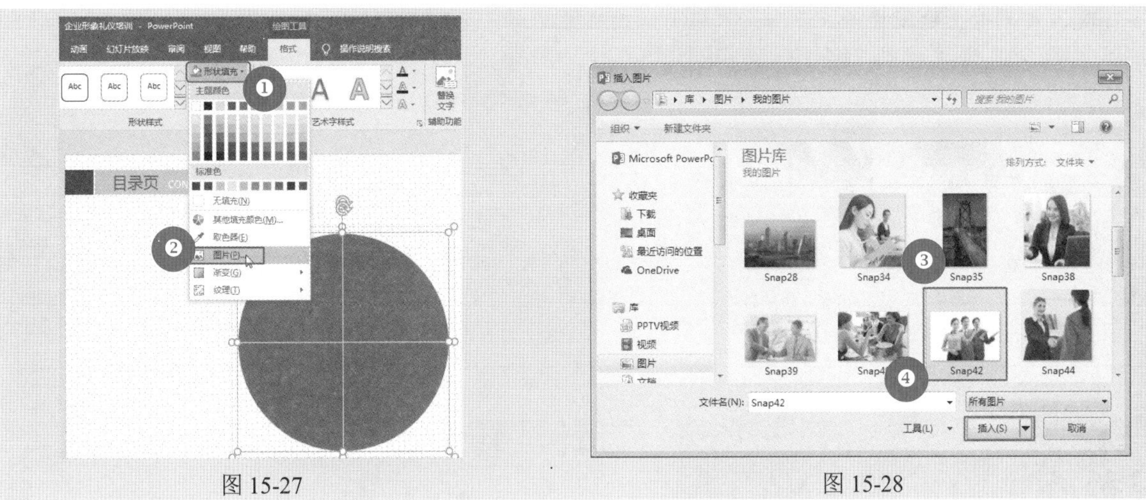

图 15-27　　图 15-28

❸ 使用上述相同的方法为各个扇面都设置图片填充效果，如图 15-30 所示。

❹ 选中所有扇面，在“绘图工具-格式”选项卡的“形状样式”组中单击“形状轮廓”下拉按钮，在弹出的下拉列表中选择灰色轮廓线，如图 15-31 所示。

图 15-29 　　图 15-30

说明

图形已显示出灰色边框线。

图 15-31

❺ 在扇面上右击，在弹出的快捷菜单中选择“编辑文字”命令（如图 15-32 所示），即可进入文字编辑状态。

❻ 在各图形上编辑序号，添加文本框并编辑目录文字，如图 15-33 所示。

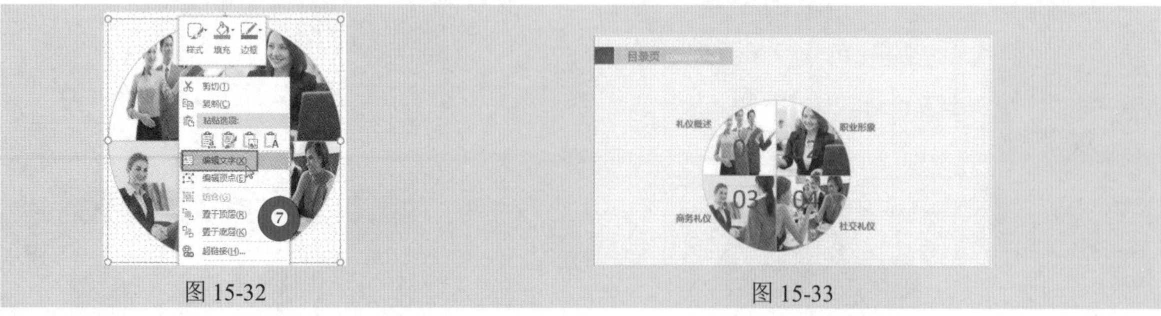

图 15-32　　　　图 15-33

扫一扫，看视频

15.4 设计“转场页”幻灯片

本例演示文稿转场页幻灯片的设计思路是在目录页幻灯片上稍做修改，即让当前目录显示彩色图片填充效果，其他目录显示灰色填充效果。具体操作如下。

❶ 选中目录页幻灯片，按 Ctrl+C 组合键复制幻灯片，按 Ctrl+V 组合键粘贴幻灯片。选中复制得到的幻灯片，将左上角的“目录页”文字更改为“过渡页”，如图 15-34 所示。

图 15-34

❷ 将除第一个扇面外的其他扇面都设置为灰色填充，如图 15-35 所示。

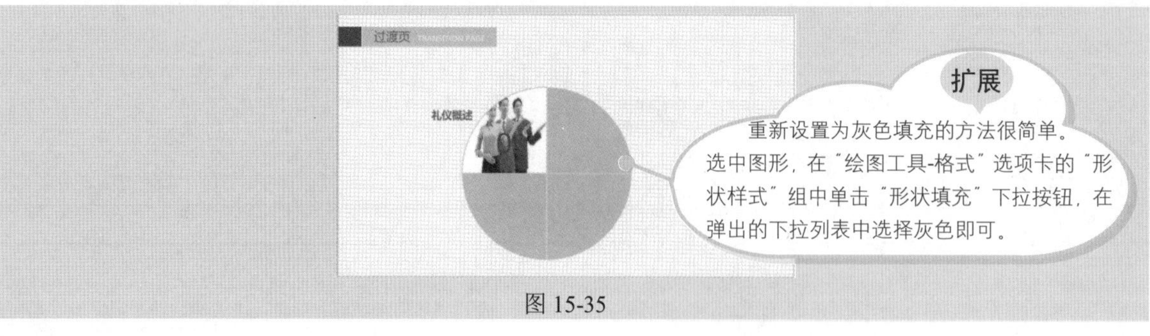

图 15-35

❸ 选中第一个扇面，按住鼠标左键向外拖动，将第一个扇面拖出，如图 15-36 所示。

❹ 在幻灯片中补充添加节目录文字，如图 15-37 所示。

❺ 当建立下一个转场页时，只要将第二个扇面保留图片填充，其他扇面为灰色即可，如图 15-38 所示。

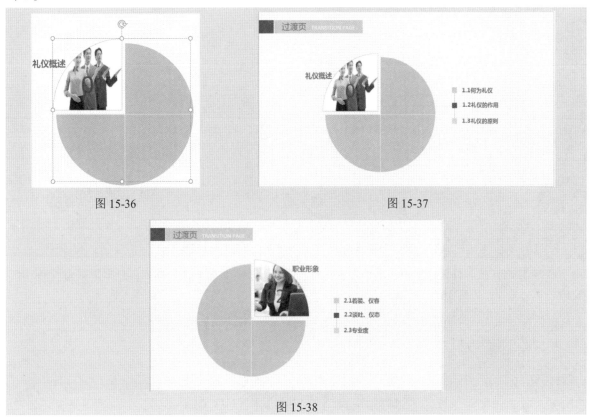

图 15-36

图 15-37

图 15-38

15.5 在母版中设计各章版式

本演示文稿的正文页设计思路是，要求各章幻灯片的底部能显示出章名称（本演示文稿共分为 4 章）。由于章名称不同，其底部的文字要由当前章名称而定。为了达到这个目的，需要在母版中设计好各章的版式，当进入哪一章的幻灯片制作时，就使用哪一章的版式来创建新幻灯片。

15.5.1 进入母版设计版式

在母版中可以编辑各章的版式。创建版式后，新建幻灯片时可以分别选择使用。

扫一扫，看视频

❶ 在“视图”选项卡的“母版视图”组中单击“幻灯片母版”按钮，进入母版视图。在左侧选中“标题和内容”版式（也可以选择其他版式），右击，在弹出的快捷菜单中选择“重命名版式”命令（如

图 15-39 所示），打开“重命名版式”对话框，输入版式名称“第一章”，单击“重命名”按钮，如图 15-40 所示。

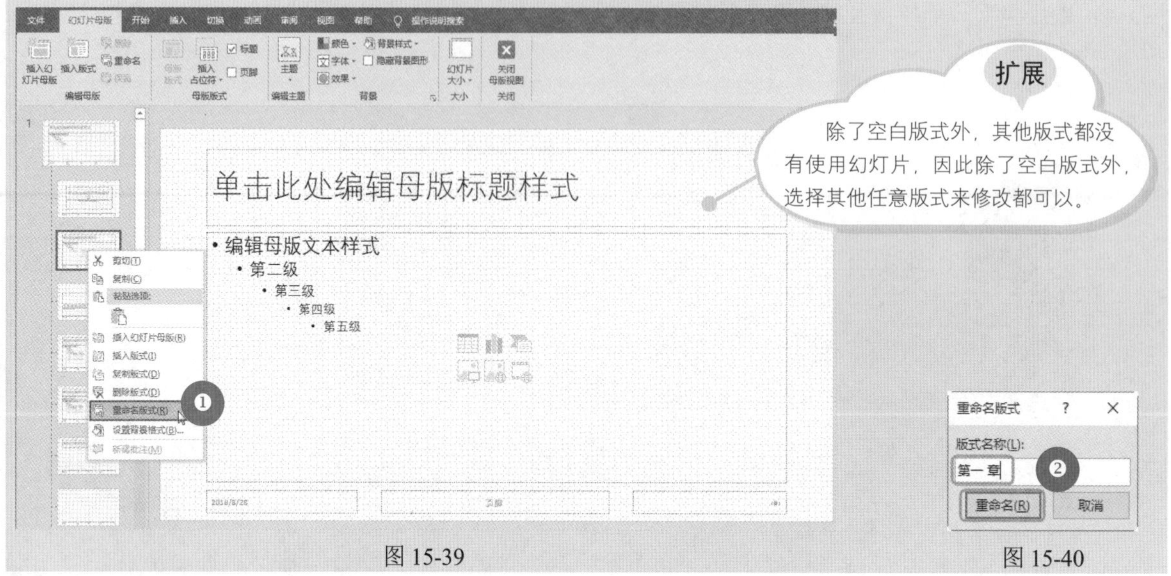

图 15-39　　　　图 15-40

❷ 删除除标题占位符以外的其他所有占位符，并用图形布局版面，在底部图形上绘制文本框，输入第一章的名称，如图 15-41 所示。

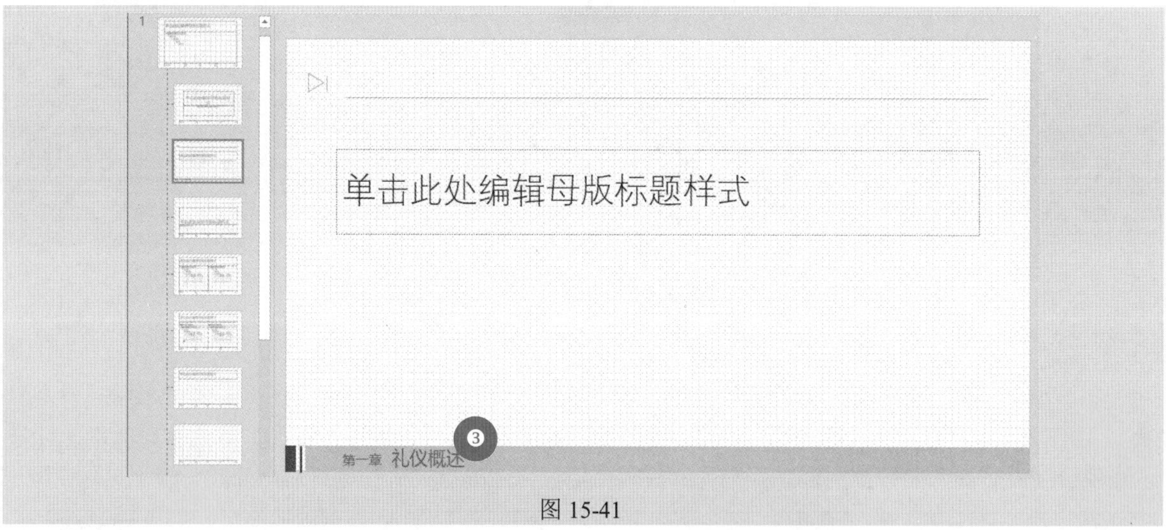

图 15-41

❸ 将标题占位符移至横线上，并重新设置文字的字体、字号（即所有幻灯片的标题文字就都会使用该格式），如图 15-42 所示。

❹ 重新在左侧选择另一个版式，先将版式重命名为“第二章”，采用与第一章相同的版式设置，将底部的章名称更改为第二章名称即可，如图 15-43 所示。

❺ 接着按上述相同的方法设置第三章与第四章的版式。关闭母版视图，在“开始”选项卡“幻灯片”组中的“版式”或“新建幻灯片”下拉列表中都可以看到建立的四章版式，如图 15-44 所示。

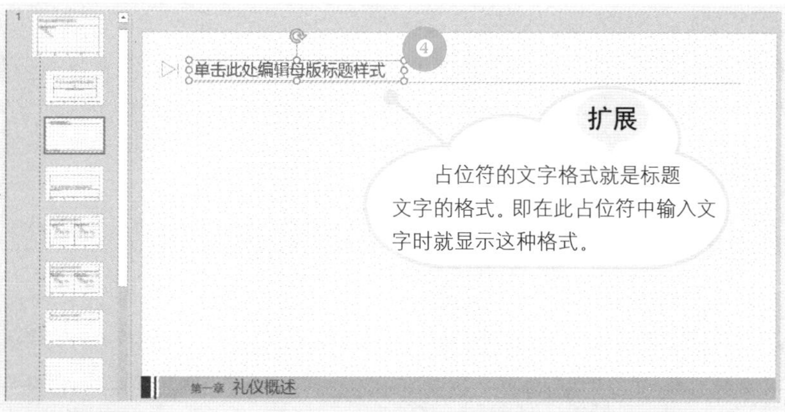

图 15-42

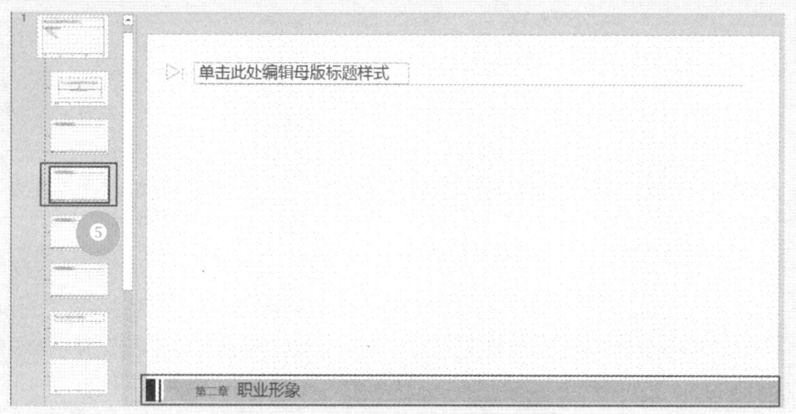

图 15-43

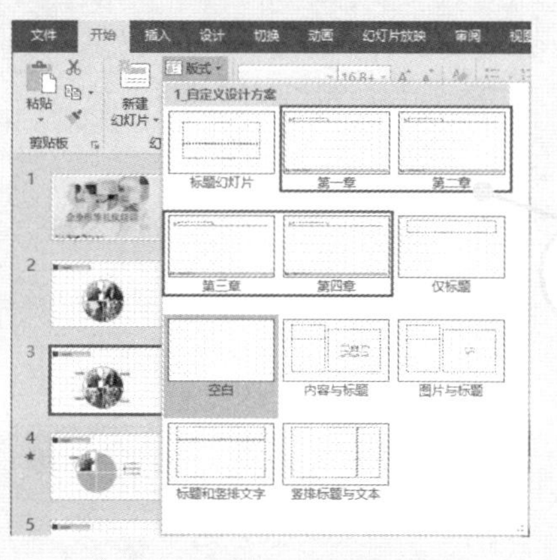

图 15-44

15.5.2 以各章版式创建正文幻灯片

有了创建好的版式，编辑第一章的幻灯片时就选择“第一章”版式，编辑第二章的幻灯片时就选择“第二章”版式，以此类推。

扫一扫，看视频

❶ 选中第一张过渡页幻灯片，在“开始”选项卡的“幻灯片”组中单击“新建幻灯片”下拉按钮，在弹出的下拉列表中选择“第一章”版式（如图 15-45 所示），即可以此版式创建新幻灯片，如图 15-46 所示。

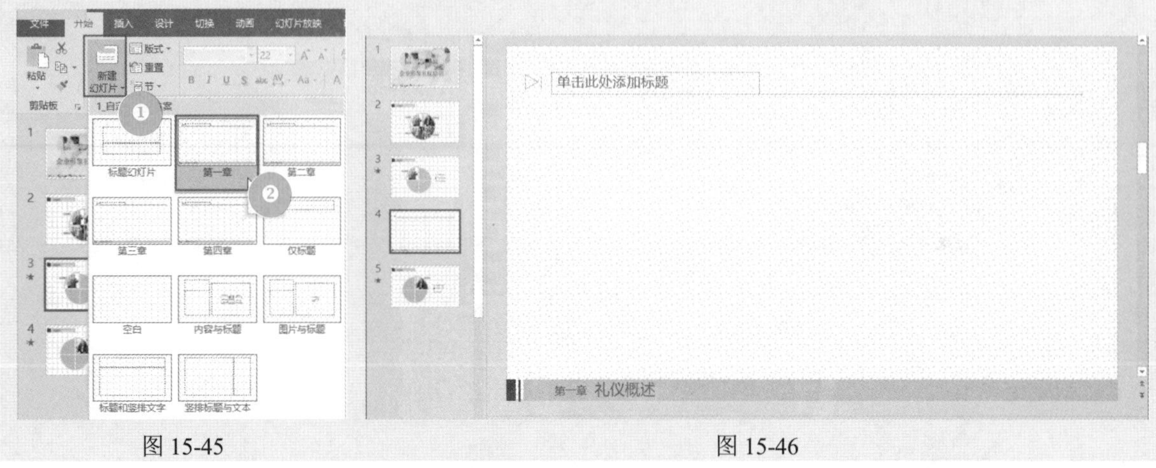

图 15-45　　　　图 15-46

❷ 在此版式中编辑正文幻灯片，如图 15-47 和图 15-48 所示。两张正文幻灯片在知识点方面没有难度，重点在于排版与设计思路。

图 15-47

图 15-48

❸ 进入第二章幻灯片的编辑时，在“开始”选项卡的“幻灯片”组中单击“新建幻灯片”下拉按钮，在弹出的下拉列表中选择“第二章”版式（如图 15-49 所示），则可以“第二章”版式创建新幻灯片，如图 15-50 所示。

图 15-49　　图 15-50

15.6　在幻灯片中编辑图表

数据图表是 PPT 中常见的元素，也是增强 PPT 的数据生动性和提升数据说服力的有效工具。合适的数据图表可以让复杂的数据更加可视化，这在幻灯片演示中尤其重要。因此，如果要制作的幻灯片涉及数据分析与比较时，建议使用图表来展示数据结果。

15.6.1　插入饼图展示数据比例关系

饼图显示一个数据系列中各项的大小与各项总和的比例。所以，在强调同系列某项数据占所有数据的比重（即展示数据的比例关系）时，饼图具有很好的效果。

扫一扫，看视频

❶ 以“第二章”版式创建新幻灯片，输入幻灯片标题及文字信息，如图 15-51 所示。

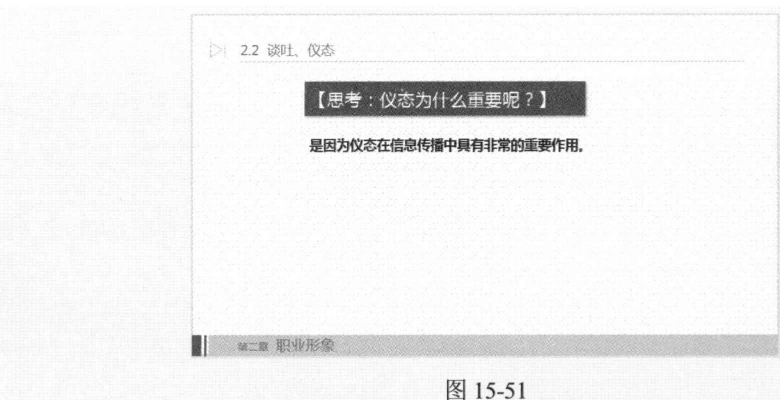

图 15-51

❷ 在“插入”选项卡的“插图”组中单击“图表”按钮（如图 15-52 所示），打开“插入图表”对话框。

图 15-52

❸ 选择“饼图”，在其右侧子图表类型下选择“饼图”，如图 15-53 所示。

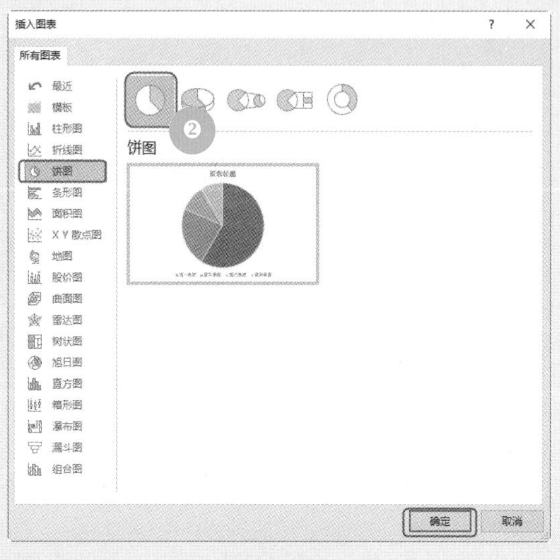

图 15-53

❹ 单击“确定”按钮，在幻灯片编辑区中显示出新图表，其中包含编辑数据的表格“Microsoft PowerPoint 中的图表”，如图 15-54 所示。

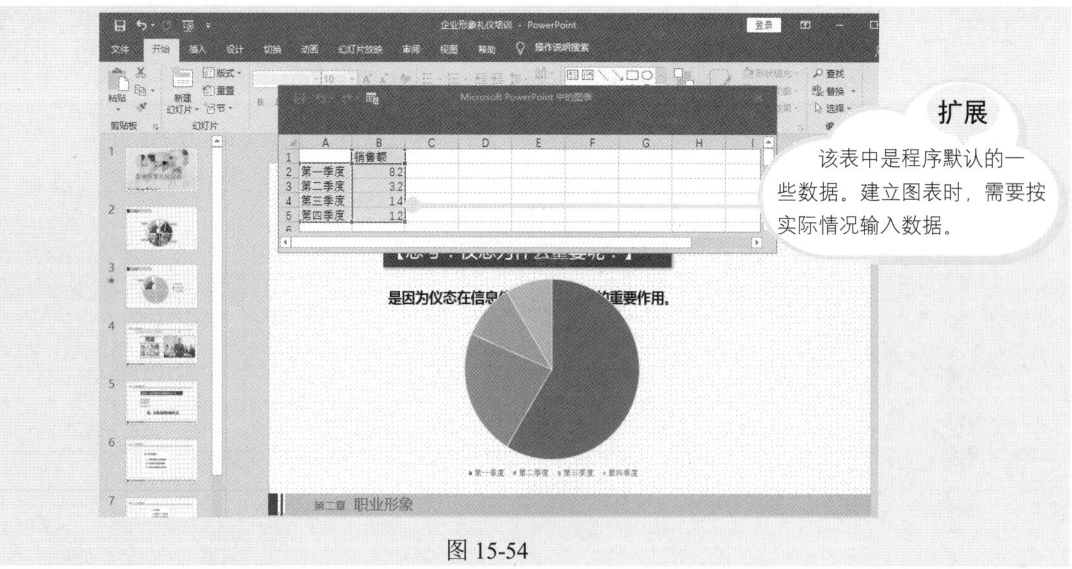

图 15-54

❺ 向单元格区域中输入数据，如图 15-55 所示。

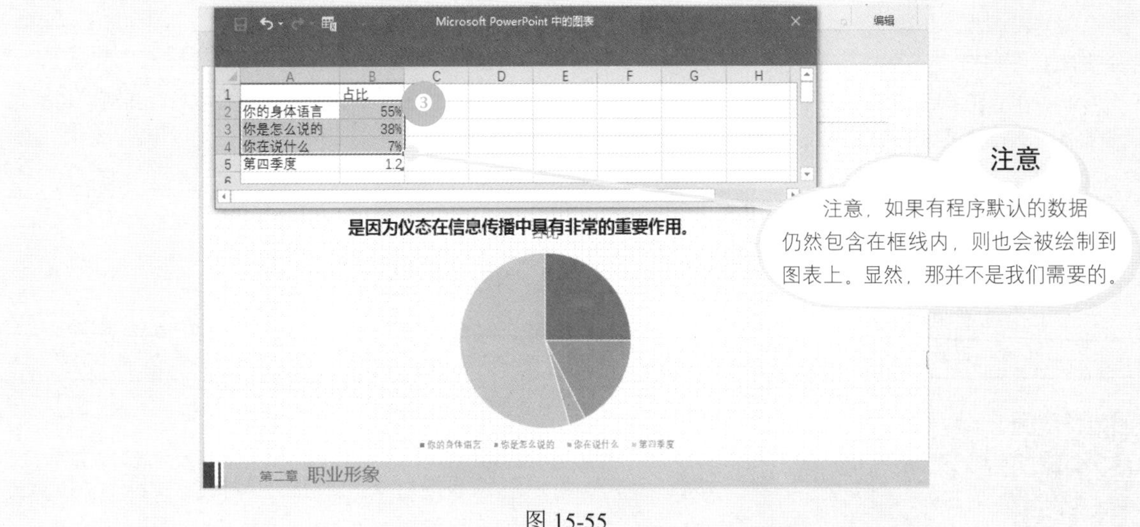

图 15-55

❻ 输入数据后，注意只选中本例中的数据源。其方法是图表的数据源区域右下角有一个蓝色填充柄，拖动这个填充柄让其只框选所输入的图表的数据源，如图 15-56 所示。关闭“Microsoft PowerPoint 中的图表”数据编辑框，默认图表如图 15-57 所示。

❼ 创建图表后，在图表的标题框中重新输入标题，如图 15-58 所示。

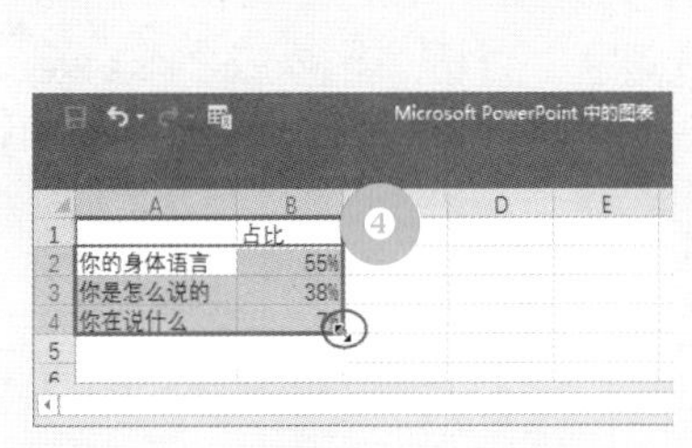

图 15-56

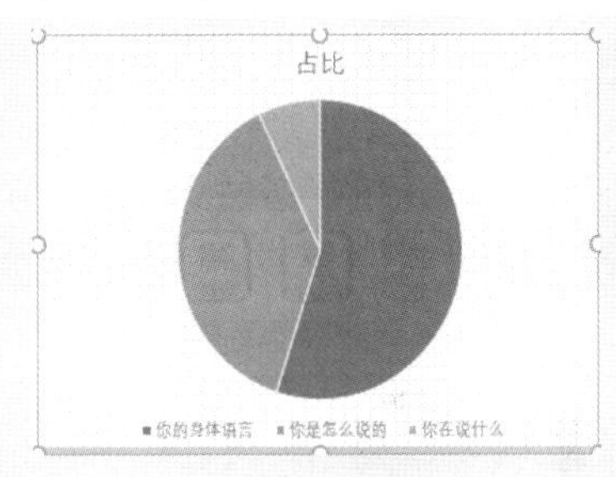

图 15-57

扩展

图表标题文字的格式也可以重新设置，其方法是准确选中，在“开始”选项卡的“字体”组中设置即可。

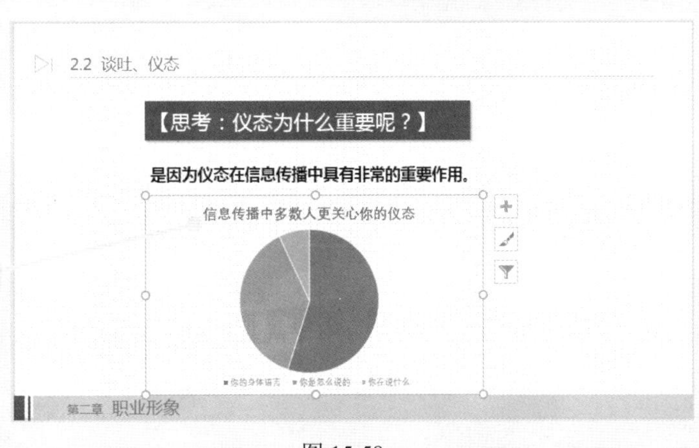

图 15-58

经验之谈

创建图表后，如果想重新修改图表的数据源，或添加新数据到图表中，不必重建图表，可以直接在原图表上更改。

在“图表工具-设计”选项卡的“数据”组中单击“编辑数据”按钮（如图 15-59 所示），打开图表的数据源表格，表格中显示的是原图表的数据源，然后按实际情况修改数据源即可。

图 15-59

扫一扫，看视频

15.6.2 优化图表效果

新插入图表保持默认格式，可以对图表进行优化设置，如有些元素显示位置的调整、是否隐藏等。也可以对图表进行美化设置，如设置图表中对象的填充色、轮廓线、显示效果等。

1. 更改图例位置

图例默认会显示在图表的底部，可以根据设计需要重新调整其显示位置。本例需要将图例显示到图表的右侧。

❶ 选中图表，图表右上角会出现几个按钮。单击“图表元素”按钮，在弹出的下拉列表中选中“图例”复选框，单击其右侧的▸按钮，在弹出的子列表中可以重新选择图例的显示位置，如图 15-60 所示。

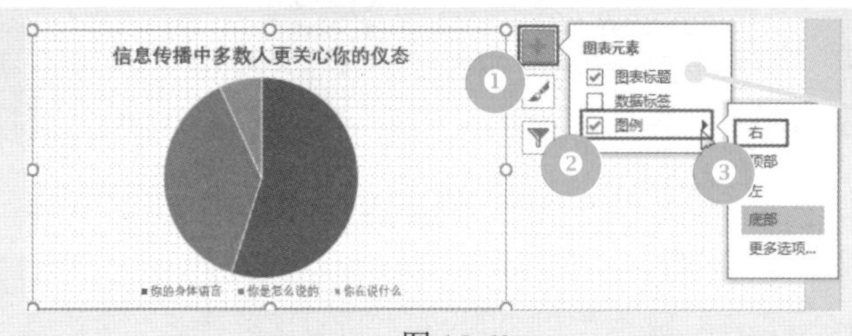

扩展

图表中所有对象都会显示于此。如果有些对象不需要显示，就在这里取消选中前面的复选框。如果要恢复显示，则重新选中即可。

图 15-60

❷ 选择“右”，则可以看到图例显示到图表的右侧，如图 15-61 所示。

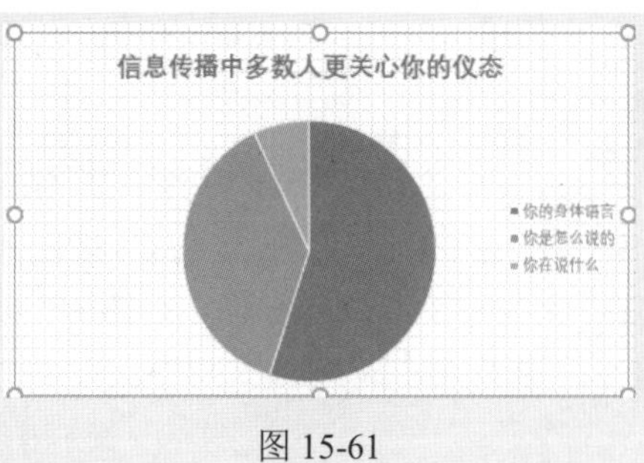

图 15-61

2. 重设扇面颜色

图表中的对象和图形一样，可以重新设置它们的填充色、轮廓线等，设置方法与对图形的操作一样，但在设置前一定要准确选中目标对象。本例要重新设置各个扇面的填充色，其操作方法如下。

❶ 在图表扇面上单击一次（选中的是所有扇面），再在最大扇面上单击一次，此时选中的就是最大扇面。在“图表工具-格式”选项卡的“形状样式”组中单击“形状填充”下拉按钮，在弹出的下拉列表中重新选择图形颜色，如图 15-62 所示。

❷ 选中后即可将颜色应用于选中的扇面。按上述相同的方法重设其他扇面的颜色。本例的设计思路是最大扇面突出显示，其他扇面灰色显示，如图 15-63 所示。

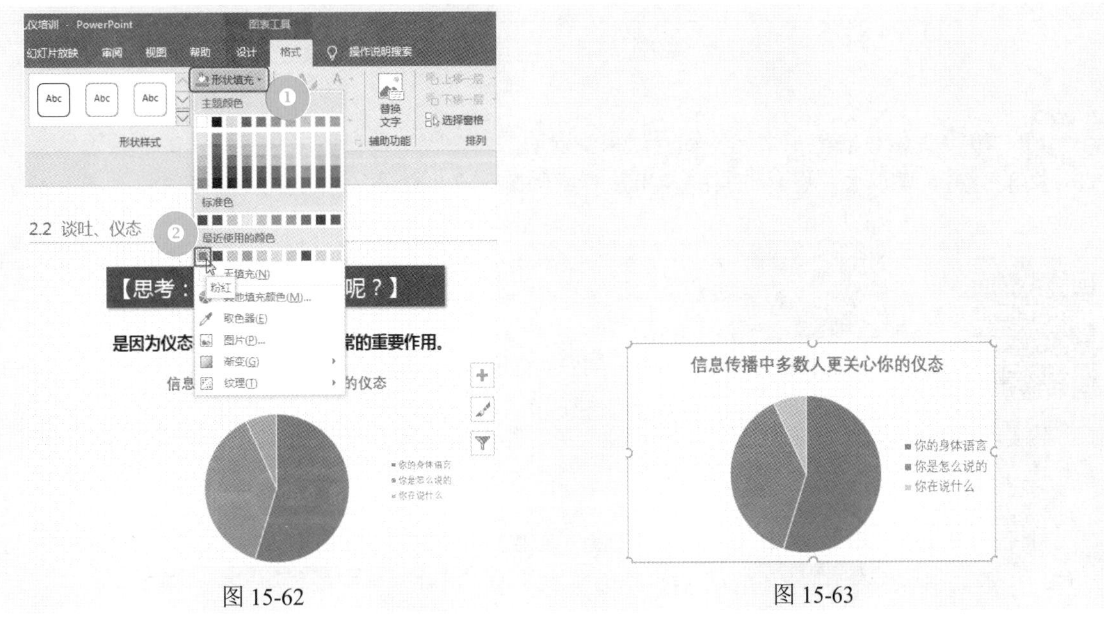

图 15-62　　图 15-63

3. 添加数据标签

数据标签是指将系列的值、类别名称、百分比等显示到图表中，数据标签可以让显示结果更加直观。

❶ 选中图表，单击“图表元素”按钮，在弹出的下拉列表选中“数据标签”复选框，就可以显示出值数据标签了，如图 15-64 所示。

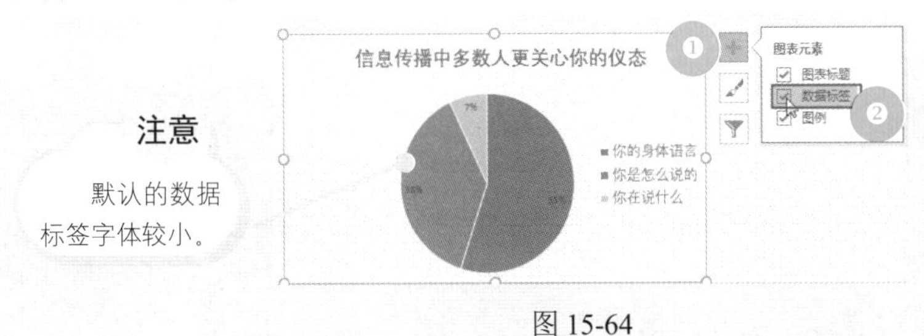

图 15-64

❷ 默认的数据标签字体较小，可以在数据标签上单击一次将其选中，然后在“开始”选项卡的“字体”组中重新设置字体与字号，如图 15-65 所示。

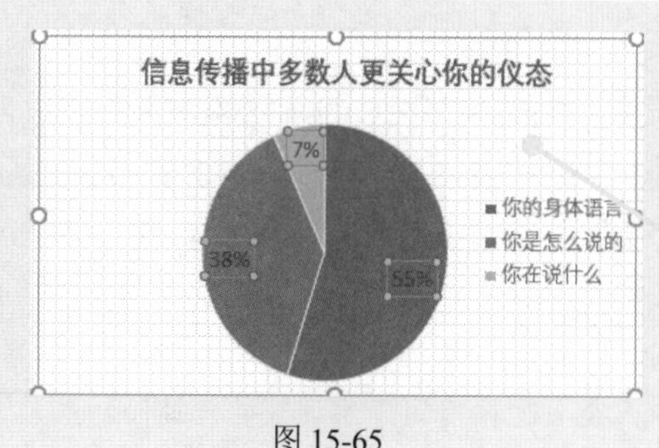

扩展

如果要单独选中一个数据标签，则在单击一次选中全部后再在那个数据标签上单击一次。

图 15-65

15.7　幻灯片播放动画设置

PPT 2019 提供了许多预定义的动画效果。很明显，相较于静态的呈现，合理的动画设置可以让幻灯片播放时更具表现力。但是动画的应用是有原则的，在保障原则的基础上必须掌握动画设计的一些方法。

扫一扫，看视频

15.7.1　设计动画的原则

能够使幻灯片元素有条理、有重点地展现动画效果的设计就是成功的。下面先来看一下动画设计的两大重要原则。

1. 全篇动作要顺序自然

所谓全篇动作要顺序自然，即文字、图形元素柔和出现的方式。任何动作都是有原因的，它与前后动作、周围动作都是有关联的。为使幻灯片内容有条理、清晰地展现给观众，有时需要一条一条按顺序自然地显示在幻灯片上。

常规的动画应遵循以下原则。

- 从上到下的自然顺序。
- 由远及近时肯定也会由小到大，反之亦然。
- 球形物体运动时往往伴随着旋转或弹跳。
- 两个物体相撞时肯定会发生抖动。
- 场景的更换最好是无接缝效果。
- 立体对象发生改变时，阴影也会发生改变。

通过图 15-66 上的序号可以看到，幻灯片中各个对象动作的顺序是按照从上到下的顺序依次播放的。添加多个动画后，默认是单击一次鼠标才进入下一动画，也可以设置让一个动画结束后自动进入下一动画，也可以调节动画的顺序、动画的播放时长等。

图 15-66

2. 重点用动画强调

在幻灯片中，有需要重点强调的内容时，动画就可以发挥很大的作用。使用动画可以吸引大家的注意力，达到强调的效果。其实，PPT 动画的初衷在于强调，用片头动画集中观众的视线；用逻辑动画引导观众的思路；用生动的情景动画调动观众的热情；在关键处用夸张的动画引起观众的重视。所以，在制作动画时，该强调的要强调，该突出的要突出。

如图 15-67 所示，首先设置“尊重”文字为“浮入”出现动画，伴随着讲解，文字放大变色进行强调，如图 15-68 所示。

图 15-67　　图 15-68

15.7.2　添加动画及属性设置

凡是添加到幻灯片中的对象，都可以为其添加动画，添加动画后还需要按实际情况调节动画顺序、控制动画开始时间、设置动画的播放时长等。

扫一扫，看视频

1. 为文本添加动画

为幻灯片添加动画效果后，加入的效果旁会用数字标识出来。

❶ 选中要设置动画的对象，在“动画”选项卡的“动画”组中单击 ▼ 按钮（如图 15-69 所示），弹出可供选择的动画列表，从中选择“进入”栏中的“形状”，如图 15-70 所示。

图 15-69

图 15-70

扩展

动画是分类的，有进入、强调、退出等类型。除了可在该下拉列表中选择，还可以选择下面的"更多进入效果"等选项，在弹出的对话框中选用更多效果。

❷ 在"预览"组中单击"预览"按钮，可以自动演示动画效果。

2. 对单一对象指定多种动画效果

对于需要重点突出显示的对象，可以对其设置多个动画效果，这样可以达到更好的强调效果。例如，幻灯片中已经为"尊重"文字添加了"浮入"出现动画，下面还要为其添加一种强调动画。

❶ 选中"尊重"文字，在"动画"选项卡的"高级动画"组中单击"添加动画"下拉按钮，在弹出的下拉列表的"强调"栏中选择"加粗展示"动画样式，如图 15-71 所示。

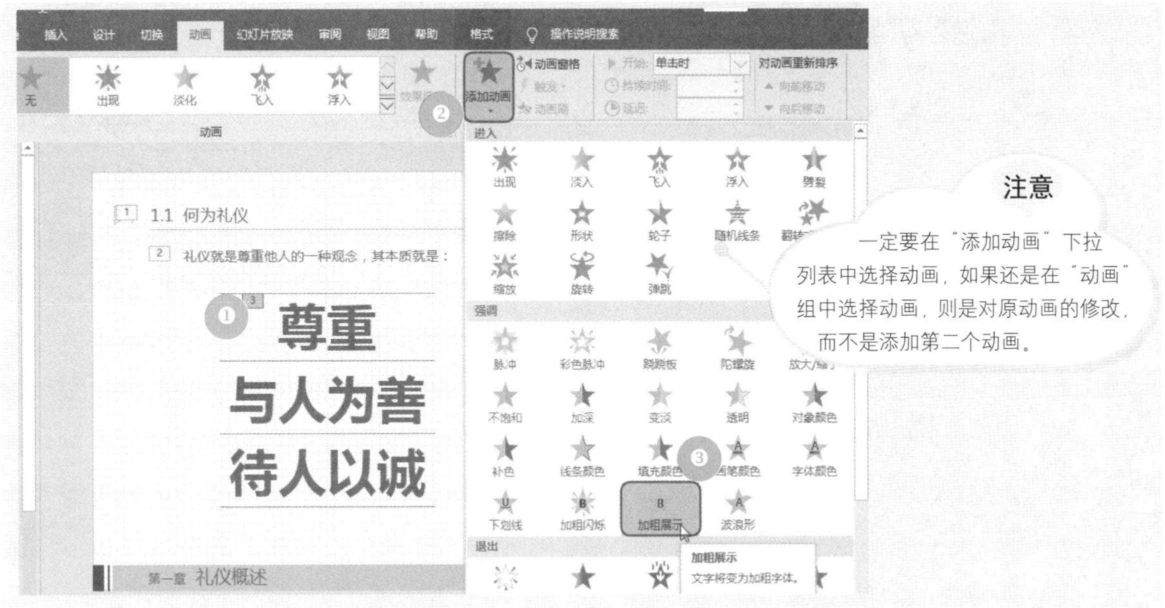

注意
一定要在"添加动画"下拉列表中选择动画，如果还是在"动画"组中选择动画，则是对原动画的修改，而不是添加第二个动画。

图 15-71

❷ 执行上述操作后，可以看到这两个字前显示了两个动画序号，如图 15-72 所示。

图 15-72

3. 设置动画效果

系统默认的动画如果不进行设置，其进入、退出路径都是默认的，通过设置可以改变进入的方向。例如，幻灯片中已经设置了文字的"飞入"动画（如图 15-73 所示），默认是从底部飞入，现在希望其能从左侧飞入。

具体操作方法为：选中要设置动画效果的对象，单击"动画"选项卡"动画"组中的"效果选项"下拉按钮，在弹出的下拉列表的"方向"栏中选择"自左侧"选项（如图 15-74 所示），即可实现从左侧"飞入"的动画效果。

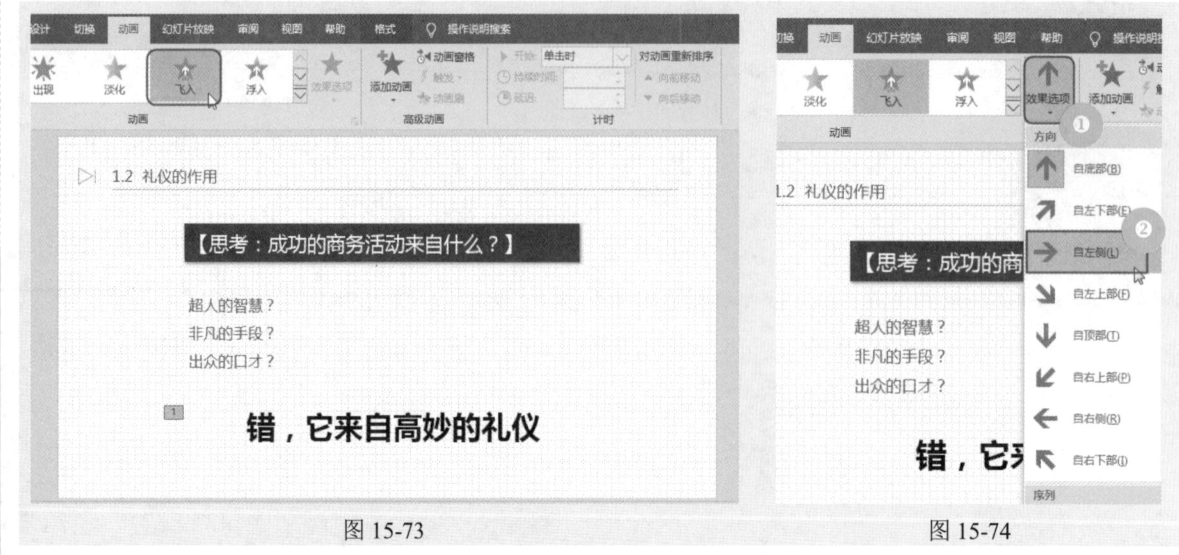

图 15-73　　图 15-74

4．重新调整动画的播放顺序

放映幻灯片时，默认情况下动画的播放顺序是按照设置动画时的先后顺序进行的。完成所有动画的添加后，如果对播放顺序不满意，可以进行调整，而不必重新设置。如图 15-75 所示，“尊重”文字的强调动画应该是在其出现动画后就播放，但由于是在最后才添加这个动画，所以它显示的序号是 7，现在需要将它调节为 4。

图 15-75

❶ 在“动画”选项卡的“高级动画”组中单击“动画窗格”按钮，打开“动画窗格”窗格，可以看到当前动画的播放次序，如图 15-76 所示。

❷ 选中第 7 个动画，按住鼠标左键拖动到需要放置的位置（如图 15-77 所示），放置后的效果如图 15-78 所示。

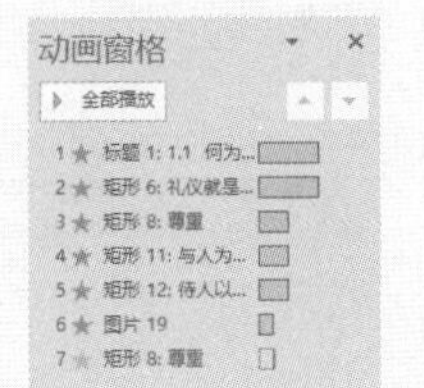

图 15-76

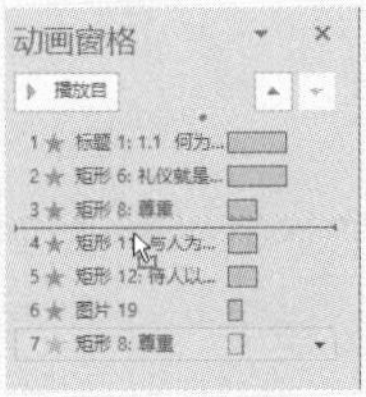

图 15-77

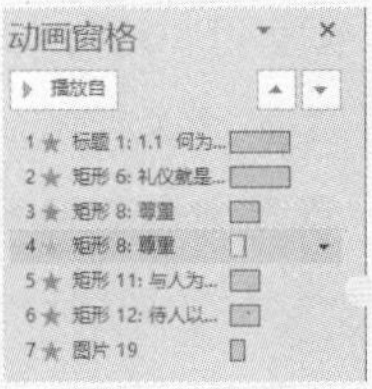

图 15-78

注意

在添加动画的过程中，动画顺序的调节是经常要进行的操作。因为添加动画的思路会不断调整，因此显示顺序总会有不足之处。

5．控制动画的开始时间

在添加多动画时，默认情况下从一个动画进入下一个动画时，需要单击一次鼠标。如果有些动画需要自动播放，则可以重新设置其开始时间，也可以设置让其在上一动画后延迟多少时间后自动进入播放。例如，在图 15-79 所示的幻灯片中希望动画 2 在动画 1 播放后自动播放，动画 6 在动画 5 播放后自动播放，动画 8 在动画 7 播放后自动播放，设置方法如下。

图 15-79

❶ 选中动画序号 2，在“动画”选项卡的“计时”组中打开“开始”下拉列表框，从中选择“上一动画之后”选项（如图 15-80 所示），然后在“延迟”数值框中里输入此动画开始播放距上一动画之后的时间，如图 15-81 所示。

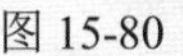

图 15-80

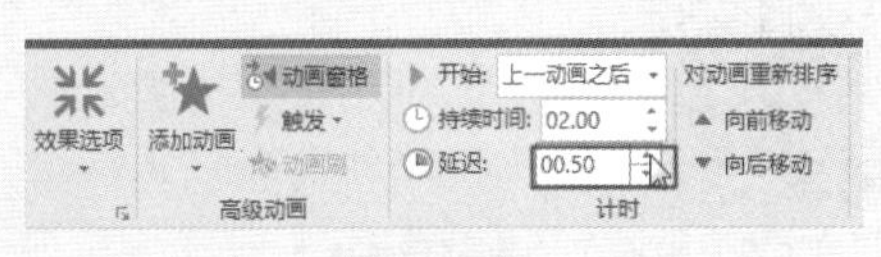

图 15-81

❷ 选中动画序号 3，在“动画”选项卡的“计时”组中打开“开始”下拉列表框，从中选择“上一动画之后”选项（如图 15-82 所示），并设置延迟时间。

❸ 按上述相同方法完成剩余设置，设置完成后动画的序号如图 15-83 所示。

图 15-82

图 15-83

6．延长动画的播放时间

一般动画播放时间默认为 00.50 秒，有时候并不适用于所有的幻灯片元素。为了控制所有的元素都能有条理地展现，可根据实际需要设置动画的播放时间。

选中动画的序号，在“动画”选项卡的“计时”组中的“持续时间”设置框里通过微调按钮设置动画的播放时间，如图 15-84 所示。

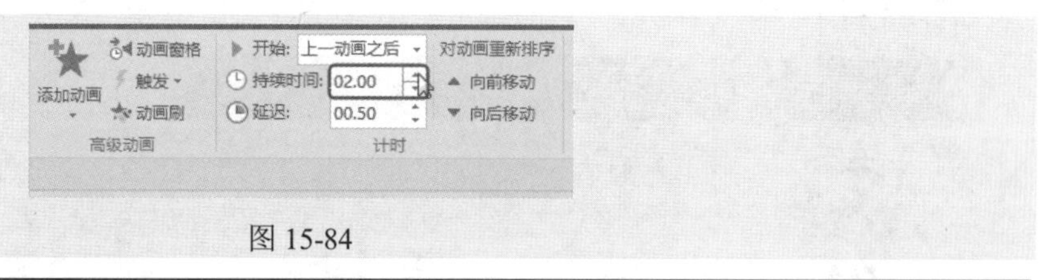

图 15-84

15.7.3 设置图表动画

扫一扫，看视频

为图表设置动画，可以让图表信息更加生动。首先需要分析图表的类型，以便选择合适的动画样式。下面举例介绍饼图的动画设置，最合适饼图的动画效果为轮子动画。

❶ 选中饼图，在“动画”选项卡的“动画”组中单击 ▾ 按钮，在弹出的下拉列表中选择“进入”栏中的“轮子”动画样式（如图 15-85 所示），即可为图表添加该动画效果。

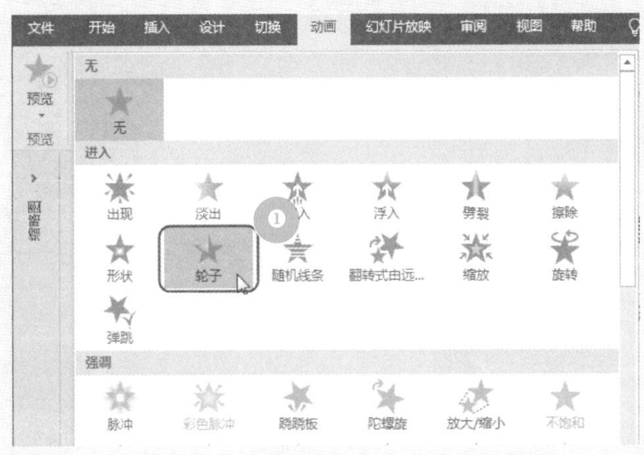

图 15-85

❷ 执行上述操作后，图表是作为一个对象旋转的，而一般都希望饼图的各个扇面逐一旋转，这时就需要优化动画效果。保持图表选中状态，单击“动画”选项卡“动画”组中的“效果选项”下拉按钮，在弹出的下拉列表中选择“序列”栏中的“按类别”选项（如图 15-86 所示），即可实现单个扇面逐个显示轮子动画的效果，如图 15-87 和图 15-88 所示。

经验之谈

设置柱形图表动画时，一般建议选择擦除动画。添加图表与 SmartArt 图的动画后，都要进行效果选项的设置，这样才能让它们逐一展现，而不是作为一个整体一次性出现。

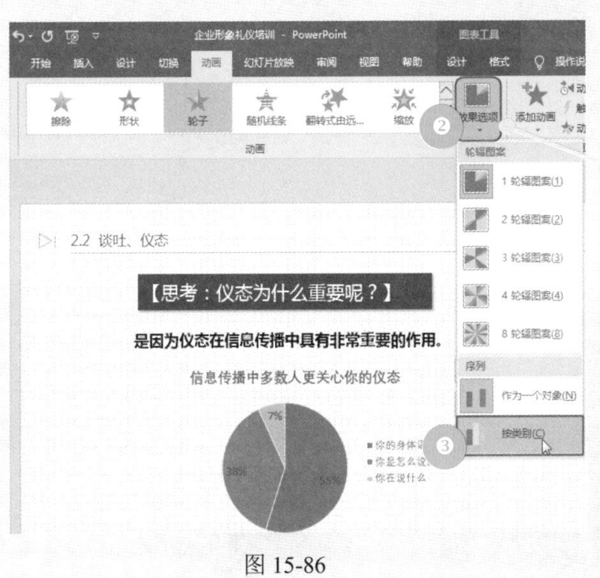

注意

效果选项是图表动画添加后必须要进行的设置，否则图表就会作为一个对象一次性动作。

图 15-86

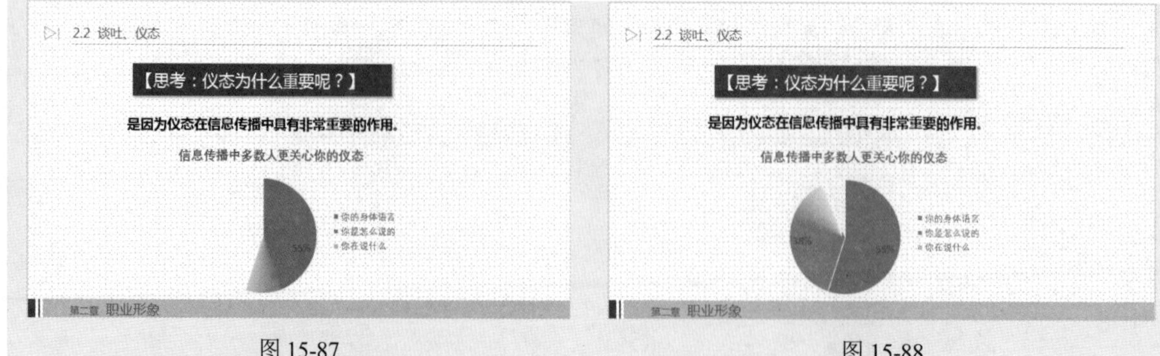
2.2 谈吐、仪态
【思考：仪态为什么重要呢？】
是因为仪态在信息传播中具有非常重要的作用。
信息传播中多数人更关心你的仪态
55%
你的身体语言
你是怎么说的
你在说什么
第二章 职业形象
2.2 谈吐、仪态
【思考：仪态为什么重要呢？】
是因为仪态在信息传播中具有非常重要的作用。
信息传播中多数人更关心你的仪态
55%
你的身体语言
你是怎么说的
你在说什么
第二章 职业形象

图 15-87　　图 15-88